2012年6月，水利部副部长、党组副书记矫勇（左三）检查长垣县防汛物资储备情况（赵东方 摄）

2010年11月，河南省水利厅厅长王仕尧（右二）检查长垣县水利工程（杨敬中 摄）

1999 年 11 月 16 日，新乡市市长王富均（左二）检查长垣县农田水利建设（杨敬中 摄）

2008 年 6 月，新乡市市长李庆贵（前排左一）检查长垣县防汛工作

2006年7月，中共新乡市委副书记邹文珠（右三）检查长垣县防汛工作

2011年4月，河南省水利专家评审三善园引黄调蓄工程

2012年6月，中共长垣县委书记薄学斌（左一）检查长垣县防汛工作

2019 年 6 月 4 日，河南省省长陈润儿（右二）视察长垣县水系建设（郭利爽 摄）

2020 年 4 月 26 日，河南省生态环境厅副厅长王朝军（右三）视察长垣市水系建设（郭利爽 摄）

2020 年 5 月 19 日，水利厅、财政厅领导查看长垣市中型灌区（王赟华 摄）

2020 年 6 月 10 日，河南省委考核组考察长垣市生态水系（郭利爽 摄）

2020 年 6 月 12 日，河南省人大副主任张维宁（前排右二）调研长垣市生态水系建设（郭利爽 摄）

2020 年 8 月 10 日，国家发展和改革委员会经济研究所领导调研长垣市生态水系（郭利爽 摄）

2020年8月18日，河南省政协副主席龚立群（前排左二）视察长垣市水利建设（郭利爽 摄）

2020年8月19日，河南省纪委副书记、省监委副主任吴宏亮（左二）调研长垣市生态水系（郭利爽 摄）

2022 年 9 月 5 日，水利部灌排中心处长顾涛（左二）调研郑寨灌区（王松 摄）

2022 年 8 月 18 日，长垣市市长邓国永（前排右二）视察王家潭生态水系工程（郭利爽 摄）

长垣市水利局党组书记、局长刘振红（赵华杰 摄）

临黄大堤鸟瞰图（王相川 摄）

太行堤鸟瞰图（王相川 摄）

石头庄闸鸟瞰图（王相川 摄）

杨小寨闸鸟瞰图（王相川 摄）

孙东闸鸟瞰图（王相川 摄）

大车闸鸟瞰图（王相川 摄）

大留寺控导工程鸟瞰图（王相川 摄）

周营上延控导工程鸟瞰图（王相川 摄）

周营控导工程鸟瞰图（王相川 摄）

2019 年改造提升后的天然文岩渠（张晗 摄）

瓦屋寨橡胶坝（张晗 摄）

石头庄橡胶坝（张晗 摄）

丁栾沟（秦杰 摄）

恼里水厂（徐洪坤 摄）

2020 年开园的王家潭公园（郭利爽 摄）

2022 年改造提升后的三善·恭敬园（郭利爽 摄）

2020 年开园的三善·明察园（郭利爽 摄）

2020 年开园的三善·忠信园（郭利爽 摄）

2020 年开园的人才公园（郭利爽 摄）

2019 年开园的九龙公园（秦杰 摄）

2021年建成的博爱路桥
（郭利爽 摄）

2021年建成的德邻大道桥
（郭利爽 摄）

2021年建成的宏力大道桥（郭利爽 摄）

2019 年通车的天然文岩渠上的彩虹桥（秦杰 摄）

2022 年建成的巨人大道桥
（郭利爽 摄）

2021 年建成的纬一路桥
（郭利爽 摄）

冯楼闸引黄提灌站（秦杰 摄）

郑寨闸引黄提灌站（秦杰 摄）

「所获荣誉」

红旗渠精神杯

大禹杯

《长垣市水利志》编纂委员会（岳程扬 摄）

后排右起：胡爱珍　赵　鑫　王庆芳　李海霞　李　顿　鑫　王学谦　张瑞现　徐洪坤

　　　　　王潇哲　张学民　王　宁　王洪伟　李海亮　李　斌　杨海亮　张鲲鹏

前排右起：赵华杰　田国波　李相军　袁玉玺　李建旭　刘振红　王　敏　吕敬勋

　　　　　付华鹏　甘永福　姚　磊

《长垣市水利志》总编室（岳程扬 摄）

右起：赵华杰　张瑞现　甘永福　王洪伟

《长垣市水利志》编纂办公室（岳程扬 摄）

前排右起：赵华杰　张瑞现　甘永福　王洪伟

中排右起：赵海霞　赵明明　王淑馨　吕 杨　郭利爽　董 凤　胡爱珍

　　　　　赵 鑫　韩 莹　郭会丽　董海丽　顿彩霞　姚盼盼

后排右起：吕敬民　王潇哲　王恒星　李 斌　李 双　程玉彬　石万澎

《长垣市水利志》专家评审委员会

主 任 委 员　王继新
委　　　员　国立杰　　李　娟　　李世军　　杨惠淑

《长垣市水利志》编纂委员会
（2023 年 5 月）

主 任 委 员　刘振红
副主任委员　韩子鹏　　王　敏　　李建旭　　袁玉玺　　李相军
　　　　　　甘永福　　付华鹏　　田国波　　吕敬勋
委　　　员　（以姓氏笔画为序）
　　　　　　王　宁　　王庆芳　　王学谦　　王洪伟　　王潇哲　　王慧敏
　　　　　　李　斌　　李　鑫　　李海霞　　张学民　　张瑞现　　张鲲鹏
　　　　　　杨海亮　　胡爱珍　　赵　鑫　　赵华杰　　姚　磊　　顿　辉
　　　　　　徐洪坤
主　　　编　甘永福
副 主 编　张瑞现　　王洪伟　　赵华杰

《长垣市水利志》编纂办公室
（2023 年 5 月）

主　　　任　甘永福
副 主 任　张瑞现　王洪伟　赵华杰
编　　　辑　（以姓氏笔画为序）
　　　　　　王相川　王洪伟　王恒星　王淑馨　王潇哲　王慧敏
　　　　　　石万澎　吕　杨　吕　莉　吕敬民　刘红伟　刘新坤
　　　　　　李　双　李　斌　何一晴　张瑞现　陈永杰　胡爱珍
　　　　　　赵　鑫　赵华杰　赵明明　赵海霞　侯国颜　姚盼盼
　　　　　　顿彩霞　郭会丽　郭利爽　韩　莹　董　凤　董海丽
　　　　　　程巧英　程玉彬
摄　　　影　徐洪坤　郭利爽　石万澎　岳程洋　张　晗　王相川
　　　　　　秦　杰

序

作为水利战线上的一名新兵,让我给《长垣市水利志》做序,心中不免有些惶恐。粗略翻阅这部厚厚的志书,直觉告诉我,此书一定是长垣水利百科全书,用宋代诗人杨万里"映日荷花别样红"的诗句来形容《长垣市水利志》这朵别样的映日荷花真是恰如其分。

长垣市位于黄河下游冲积平原上,东临黄河最薄弱的"豆腐腰"河段,洪涝灾害频繁发生。在长垣的历史上,既有洪水滔天、蛙生灶底、县城落河的悲惨写照,也有抗洪堵口、排除内涝、化险为夷的碑文传记;既有赤地千里、易子而食的旱灾记载,更有兴修水利、抗灾保丰的光辉业绩。水利与长垣的兴衰息息相关,长垣市的发展史就是一部治水史。

长垣先民注重兴修水利,留下许多治水史话。今仍是骨干河道的文明渠,即由首任县令子路于公元前487年亲率民众开挖。他治蒲3年,注重农耕,讲求水利,政绩卓著。孔子莅蒲,三称其善。自此,长垣就有了"三善之地"的美称。

中华人民共和国成立后,长垣人民在国家治水方针指引下,艰苦奋斗,砥砺前行,疏浚河道、复堤筑坝、修桥建闸、除涝治碱、发展引黄,探索出"疏沟大方、深沟河网、排灌合一、引蓄结合、以井保丰、以渠补源"的水利建设新路子。形成了以临黄堤、太行堤、贯孟堤和天然文岩渠右堤为屏障的稳固防洪工程体系;以丁栾沟、文明渠、回木沟、天然文岩渠为骨干的完善除涝工程体系;以井保丰、以渠补源的水资源可持续发展体系;跨县引水和境内引水相结合、直接引黄和间接引黄相结合、引黄灌溉和蓄水补源相结合的引黄工程体系。初步实现了从工程水利向资源水利、生态水利,从传统水利向现代水利、可持续发展水利的新跨越。1990年起,长垣曾4次荣获河南省农田水利基本建设红旗渠精神奖杯,16次获得新乡市农田水利基本建设大禹杯。

《长垣市水利志》客观翔实地记载了历代长垣人民抗御水旱灾害,发展水利事业,建设人水和谐环境的发展历程,其内容丰富,蕴含广泛,资料权威,具有时代性、系统性、科学性、专业性。其知往鉴今,以启未来,具有非同寻常的价值,是一笔宝贵的文化遗产。

在《长垣市水利志》正式付印之际,我真诚地希望长垣市各界更加关注和支持水利事业的发展,更寄希望广大水利工作者,在各级党委、政府的领导下,不断弘扬"忠诚、干净、担当,科学、求实、创新"的新时代水利精神,与时俱进,开拓创新,不断开创水利改革与发展的新局面。

长垣市水利局局长　刘振红

2023年6月

凡 例

一、《长垣市水利志》编纂以马克思列宁主义、毛泽东思想、邓小平理论、"三个代表"重要思想、科学发展观和习近平新时代中国特色社会主义思想为指导,坚持历史唯物主义和辩证唯物主义立场、观点和方法,把思想性、科学性、资料性有机结合,全面、系统、客观地记述长垣市治水的历史与现状。

二、本志采用章节体,按照志书体例要求,横排门类,纵述史实,附图列表,配以照片。

三、大事记采取编年体和纪事本末体相结合的方法,上限起自春秋战国时期,下限止于2022年底。为确保事物完整性,记述个别事件的时限适当下延。

四、人物收录原则:对在长垣治水业绩突出的人物,不论其是否长垣籍人,均收录入志,以彰其贡献。

五、本志采用语体文记述体,行文力求准确、朴实、简洁。使用简化字,以国家语言文字工作委员会1986年10月公布的《简化字总表》为准,用简化字记述古地名、古人名、古文献,易引起误解时,用繁体字或异体字。

六、本志民国以前的历史纪年,用汉字表示,并括注公元纪年;民国纪年用阿拉伯数字表示,括注公元纪年;1949年后的历史纪年采用公历纪年。公元前和公元1000年以内的公历纪年冠以"公元前"和"公元"字样,公元1000年以后则不加"公元"二字。例如:周定王五年(公元前602年)、隋大业十三年(公元617年)、民国26年(1937年)。年代未冠世纪的(如80年代),均指20世纪。

七、数字用法、计量单位、标点符号执行国家标准和相关规定。机构称谓和日常用语第一次出现时用全称,重复出现时用简称。例如:"中国共产党长垣市委员会"简称为"长垣市委","长垣市人民政府"简称为"长垣市政府","黄河水利委员会"简称为"黄委"。

八、水旱灾害记载,上限自能查到资料起,将本市资料与异地涉及的长垣资料一并收录入志。收录时以时间为序,同时加注公元纪年,以便于查阅。

九、长垣市引黄灌区内大多是排灌沟渠合一,难以严格分出灌渠排沟,在分章节叙述排灌工程时,会出现一个工程两个名字。

十、本志基本数据以长垣市水利局统计部门统计数据为准。

十一、本志资料来自志书、正史、档案、报刊、纪实文章、回忆录和水利局、黄河河务局、气象局、农业农村局、自然资源局提供的资料。

目　录

概　述

长垣市位于河南省东北部,东临黄河,与山东省东明县隔河相望,北接濮阳市,南与封丘县毗邻,西与滑县接壤。市域面积 1051 平方公里,耕地面积 6.96 万公顷,人口 90.5 万人,辖 11 个镇 2 个乡 5 个街道办事处 1 个省级高新技术开发区,596 个建制村,22 个城市社区。长垣市是全国文明城市、国家卫生县城、国家园林城市、国家新型城镇化综合试点城市、全国"城市双修"县级试点城市、全国农村人居环境整治成效明显激励县、河南省首批社会信用体系建设示范县、全省乡村振兴示范县。享有"中国起重机械名城""中国医疗耗材之都""中国防腐蚀之都""中国厨师之乡"等美誉。2011 年被确定为河南省直管试点县,2019 年撤县建市。

长垣市历史悠久,春秋置蒲邑,秦时设郡县,有多处仰韶、龙山文化遗址,是关龙逢、蘧伯玉的故里,是孔子杏坛施教、子路三载治蒲、齐魏桂陵之战、王仙芝首举义旗之所在。先民注重兴修水利,留下许多治水史话。今仍是骨干河道的文明渠,即由首任县令子路于公元前 487 年亲率民众开挖。他治蒲 3 年,注重农耕,讲求水利,政绩卓著。孔子莅蒲,三称其善。自此,长垣县有"三善之地"的美称。

长垣市统属黄河流域,黄河从市境东部流过,境内长 56 公里。长垣市东处黄河"豆腐腰"的要冲河段,中处天然文岩渠流域最下游,西处大功河涝水北排最前沿。全市黄河滩区面积大,背河洼地多,这种地貌和河道流势的特点,加大了洪涝灾害发生的概率。

纵观长垣历史,几乎年年有灾,非水即旱或水旱兼有,风调雨顺年份很少。大的水旱灾害曾使长垣大地"生灵涂炭,荒无人烟",从公元前 359 年到 1949 年的 2308 年中,黄河在长垣共决口 124 次,平均 19 年一遇,洪水造成的悲惨情景历史上曾有这样的描述:"水连年不退,淹没田园,冲走房屋,人抱草死,臭不可闻,骸骨弃野,人亦相食。"1949 年,全县水利设施除 45 眼砖井外,几乎一片空白,防洪堤防残缺不全,灌溉渠道没有 1 条,排水基本上依靠自然流势,能够提水浇种的耕地面积只有 13.33 公顷。中华人民共和国成立后,历届政府重视水利建设,社会各界积极参与兴利除害、夯实水利基础设施、改善农业生产条件的综合治理活动,取得巨大的建设成就,抗御水旱自然灾害的能力大大增强,黄河没有决过一次口,内涝干旱虽然时有发生,但水利工程发挥了充分的作用,使水旱灾害降到最低程度。纵观 73 年的治水历程,长垣水利工程建设可分为 3 个历史阶段。

1949—1978 年是水利工程建设奠基阶段

这个阶段水旱灾害频繁交替发生,治水特点主要是依据当时发生的水旱灾害,进行针对性规划和治理。大体上经历4个时期：

一是第一个五年计划时期（1949—1957年）。利用自然流势，重点开挖和疏导文明渠，大力发展井泉建设。1956年，打砖砌井1.1万眼，购置水车2815部，浇地面积达到639.07公顷，粮食产量由中华人民共和国初期的5866万公斤发展到1.3亿公斤（包括已划到封丘县的赵岗区），平均每年增长16%。建成全国第一个大型水利工程——石头庄溢洪堰。

二是第二个五年计划时期（1958—1962年）。1958年以后，确定"以蓄为主"的治水方针，提倡"一亩地对一亩天"。开辟红旗灌区，边建设边大引大灌，废井兴渠，推行"河网化""坑塘化""人造水库"，大面积引黄，只蓄不排，在河道内节节打坝拦蓄，违背自然流势，导致严重的内涝盐碱和水利纠纷，低洼易涝面积达3.33万公顷，盐碱地面积达3.24万公顷。农业生产遭受灾难性的破坏，到1962年，全县粮食总产量下跌到4180万公斤。

三是第三个五年计划时期（1963—1967年）。在总结治水经验教训的基础上，治水方针从"以蓄为主"改为"蓄排结合"，为控制盐碱，后又调整为"以排为主"。全面扒除阻水工程，开挖排水沟，先后扩大整治文明渠、丁栾沟、回木沟、天然文岩渠，打通排水出路，涝碱得到遏制。同时，开展群众性打井运动，从"废井兴渠"走向"废渠兴井"，把一些本来耗费大量人力、物力、财力的引黄灌溉渠道平掉。频繁变动的治水方针致使农业生产能力恢复缓慢，1966年全县粮食年产量达到7550万公斤。

四是第四、第五个五年计划时期（1968—1977年）。1970年，北方地区农业会议召开以后，重新开始大搞农田水利基本建设，机井建设得到迅速发展，并开始引黄灌溉，先后开辟孙东、冯楼、左寨、郑寨4个引黄口门。石头庄作为引黄灌区进行初级阶段的建设，逐步走向"井渠结合、排灌并举，以治水改土为中心，建设旱涝保收高产稳产田"的道路。防洪建设上，国家组织对临黄大堤进行第二次大规模复堤，同时兴建周营、周营上延、榆林、大留寺4处河道控导工程，达到防御黄河22300立方米每秒特大洪水的标准。

1978—2007年是水利工程建设发展壮大阶段

1978年12月中共十一届三中全会以后，长垣县水利行业奉行改革开放，不断解放思想、更新观念、开拓创新，坚持全面规划、综合治理、注重实效，水利事业实现了持续性发展。主要体现在3个时期：

一是整顿恢复时期（1979—1988年）。这个时期水利工作面临两个重大变革的新形势：第一，受国民经济调整影响，地方水利投入大幅削减；第二，农村由大集体变成以农户为单元的联产承包责任制。在实行家庭联产承包责任制初期，水利行业没有适应新形势的要求，造成面上农田水利设施损坏失修，一些大型固定提灌站停灌并遭到严重破坏，效益衰减。在"搞好续建配套，加强经营管理，狠抓工程实效，抓紧基础工作，提高科学水平，为今后发展做好准备"的水利方针指导下，首先是出台一系列工程的管理办法，工作重点向经营管理转移。建立乡（镇）水利站，开始征收农业水费。其次是注重水利建设前期工作，先后制定五年、十年水利发展规划及为争取国家立项投资的项目工程规划设计。再次是实行劳动积累工制度，建立水利发展基金，使水利用工有保证，配套资金有来源。最后是水利建设取得一定发展。经国家立项投资，新开辟杨小寨、大车两个引水口门，开展旱涝碱综合治理试点，对石头庄灌区进行续建配套，旱涝保收田建设项目转为粮食基地建设项目，开始田间工程系统配套。开辟"疏沟大方、深沟河网、排灌合一、引蓄结合、以井保丰、以渠补源"水利建设新路子。粮食基地水利建设经验被水利部推广，冬季引水经验被河南省水利厅推广。

二是水法规建设初期（1988—1997年）。1988年《中华人民共和国水法》颁布实施，长垣县按照《中华人民共和国水法》要求，成立水资源管理委员会，组建水政水资源办公室，配备水政监察人员。水资源归属水利局统一管理,节约用水办公室人、财、物从城建部门整体划转到水利部门,全面实施取水许可制度,开展水资源费征收工作,开创依法治水的新局面。在此期间,水利建设获得快速发展:其一,连续 10 年,分 3 期进行黄河滩区水利建设,先后新建贾庄引水闸、马寨淤串闸、禅房跨县引水闸,使整个滩区基本上都能够引黄灌溉,滩区群众温饱问题得以解决;其二,粮食基地建设、商品粮基地建设、黄淮海平原开发等一批以水利建设为主体的工程项目的实施,使全县农田水利建设得到逐步配套;其三,继续对石头庄灌区进行续建改造,同时恢复大功引黄灌区,配套建设 3 条干渠,引黄灌溉和引黄补源得到较大发展;其四,积极探索多渠道投资体制,鼓励个人投资办水利,引进竞争机制,在全县广泛开展"命脉杯"竞赛活动,实行以奖代补政策,推动水利建设快速有效发展。

三是改革发展时期(1997—2007 年)。1997 年中国共产党第十五次全国代表大会召开,为水利改革与发展注入新活力。推行小型农田水利工程产权制度改革,探索出"个体独资""联户入股""民办公助""租赁荒地""拍卖产权"5 种机井改制形式,并在全市推广。1998 年,大规模清淤丁栾沟、文明渠,全线加固大功总干渠、天然文岩渠堤防和贯孟堤,彻底打通临黄截渗沟,疏挖支斗农沟,形成完整排涝系统,达到 3～5 年一遇除涝标准。与此同时,抓住农业综合开发机遇,继续进行大功补源灌区的田间水利工程配套。兴修大功三干小屋蓄水闸、大功二干聂店蓄水闸。利用国家节水增效项目,建成满村、杜村、雨淋头 3 个节水增效示范区。依托水土保持项目,对方里、佘家大沙沟进行治理。石头庄灌区列入国家大型灌区,向国家申报大型灌区节水改造项目。长垣进入全省水利建设先进县行列。

2007—2022 年是水利工程建设快速发展阶段

这个时期的突出特点是水利政策好、建设项目多、投资力度大、发挥效益快。特别是 2011 年中共中央一号文件《中共中央 国务院关于加快水利改革发展的决定》和 2013 年《中共中央 国务院关于加快推进生态文明建设的意见》的发布,给水利建设带来前所未有的发展机遇。相继实施的项目有引黄灌区续建配套与节水改造、农村饮水安全、小型农田水利重点县建设、节水灌溉示范、抗旱应急灌溉、引黄调蓄、中小河流治理、天然文岩渠治理、农业综合开发、千亿斤粮食、土地整理、农资补贴和水生态文明建设,累计投资 70.50 亿元。截至 2022 年底,全县共建成引黄闸门 10 座、大型灌区 2 处、中型灌区 2 处;打机电井 1.20 万眼,总装机动力 10.15 万千瓦;开挖河道 892 条,长 1314 公里,建桥涵闸站 1855 座,整治坑塘 216 座;新建及改造调蓄湖 5 座,形成水面面积 600.73 公顷,蓄水量 1578.7 万立方米。全县有效灌溉面积 4.38 万公顷,旱涝保收田面积 3.96 万公顷,节水灌溉面积 1.86 万公顷。治理低洼易涝面积 3.21 万公顷,占治理总面积 3.27 万公顷的 98.17%;治理盐碱地面积 3.24 万公顷,占 100%。形成了以临黄堤、太行堤、贯孟堤和天然文岩渠右堤为屏障的稳固防洪工程体系,以天然文岩渠、丁栾沟、文明渠、回木沟、王家潭、明察园、恭敬园、忠信园、人才公园为骨干的除涝调蓄工程体系,以渠补源、以井保丰的水资源可持续发展体系,跨县引水和境内引水相结合、直接引黄和间接引黄相结合、引黄灌溉和蓄水补源相结合的引黄工程体系。

大 事 记

周

敬王三十三年(公元前487年) 首任县令子路亲率民众开挖文明渠。

显王十年(公元前359年) 楚国出师伐魏(长垣时为魏国),以水代兵,决黄河水灌长垣。此为长垣遭受河患之始。

赧王六年(公元前309年) 九月,长垣地区连续不断地下大雨,河水漫溢至延津外城。

汉

文帝前元十二年(公元前168年) 黄河在酸枣(今延津县东北)决口,河水经封丘直注长垣,给长垣县造成很大灾难。

宣帝地节四年(公元前66年) 长垣、武陟、沁阳、淇县、温县、汲县九月发生涝灾。

成帝建始四年(公元前29年) 长垣地区夏季出现雨雪天气,秋季连降十余日雨,引起涝灾。黄河在东郡金堤决口,兖、豫、千乘、济南4郡32县被淹,淹地15万余顷,房屋4万所。长垣受灾严重。

王莽天凤六年(公元19年) 长垣地区出现旱灾。济水枯竭。

章帝建初元年(公元76年) 长垣等地出现旱灾,粮价飞涨。朝廷免兖、豫、徐州3州田租,并实施救济。

顺帝永建四年(公元129年) 长垣、武陟、沁阳等地区连续降雨,致使农田受损。

献帝兴平元年(公元194年) 大旱。濮阳亡谷,百姓相食。长垣、濮阳发生特大旱灾,濮阳地区粮食绝收,出现人吃人现象。

魏

明帝景初元年(公元237年) 九月,长垣、武陟、汲县、淇县地区连续不断地下雨。冀、豫、兖、徐4州

出现淹死人、冲没财产的现象。(长垣属兖州)

晋

武帝泰始七年(公元 271 年)　六月,长垣、武陟、沁阳、获嘉、封丘等多地连绵不断降雨,引发涝灾,河水漫溢。

武帝咸宁三年(公元 277 年)　六月,长垣地区出现雨、雹、阴霜天气,损害庄稼。

武帝咸宁四年(公元 278 年)　七月,兖、冀、豫发生涝灾,妨碍秋耕,损坏房屋,数人死亡。

武帝太康二年(公元 281 年)　五月,长垣地区出现雨雹,损害庄稼。

惠帝元康五年(公元 295 年)　六月,长垣等地区发生涝灾。

怀帝永嘉三年(公元 309 年)　五月,长垣等地区发生旱灾。

成帝咸康二年(公元 336 年)　长垣等地出现旱灾。

北魏

献文帝皇兴三年(公元 469 年)　长垣地区连年出现旱灾,引起饥荒。

孝文帝延兴三年(公元 473 年)　长垣地区出现旱灾。

宣武帝景明元年(公元 500 年)　七月,兖、豫等 8 州,以及司州的颍川、汲郡发生涝灾,平地水深一丈五尺,百姓生存下来的仅四五成。

北齐

温公天统五年(公元 569 年)　长垣等地区因无雨引发旱灾,旱情严重者,朝廷给予免租。

隋

炀帝大业三年(公元 607 年)　秋季,山东、河南发生特大涝灾,30 余郡被淹,百姓流离失所,相卖为婢。

炀帝大业八年(公元 612 年)　长垣等地发生旱灾,出现瘟疫,患病者多数死亡。

炀帝大业十三年(公元 617 年)　九月,河南、山东发生特大涝灾,引起大饥荒,令黎阳仓开仓赈灾,官吏不按时放赈,导致日死数万人,尸横遍野。

唐

高宗永徽六年(公元 655 年)　长垣等地区发生涝灾,损害庄稼。

高宗永隆元年(公元 680 年)　九月,长垣、汲县、淇县等地发生涝灾,百姓、牲畜被淹。

高宗永隆二年(公元 681 年)　八月,长垣、汲县、淇县、汤阴发生涝灾,长垣、汲县、淇县受灾者无计,汤阴受灾 10 万余家。

武则天垂拱二年(公元 686 年)　长垣等地发生特大旱灾,出现人吃人现象。

武则天垂拱三年(公元 687 年)　全国发生饥荒,因大饥荒长垣出现人吃人现象。

中宗神龙元年(公元 705 年)　长垣地区发生旱灾,大风拔树。七月,长垣、汲县、沁阳、淇县、延津发生涝灾。

玄宗开元八年(公元 720 年)　长垣地区出现大雨雹造成庄稼受损。

玄宗开元十二年(公元 724 年)　长垣出现旱灾。秋季发生涝灾,庄稼受损。

玄宗开元十四年(公元 726 年)　秋季,因大雨长垣等地发生特大涝灾,河水漫溢,溺亡多人。

玄宗开元十五年(公元 727 年)　八月,长垣、辉县、汲县、淇县发生涝灾。

玄宗开元二十九年(公元 741 年)　秋季,长垣、汲县、淇县发生涝灾。

代宗大历十二年(公元 777 年)　长垣等地秋季发生涝灾,损害庄稼。

德宗贞元元年(公元 785 年)　长垣等地发生特大旱灾。

德宗贞元八年(公元 792 年)　秋季,长垣等地因大雨发生特大涝灾。

宪宗元和十二年(公元 817 年)　秋季,长垣、汲县、淇县发生涝灾,平地水深一丈。

文宗大和四年(公元 830 年)　长垣、郓、曹、濮等地因夏季大雨导致城墙、房屋、田地受损。

文宗开成三年(公元 838 年)　黄河在长垣决口,发生水灾。

后梁

太祖开平四年(公元 910 年)　十月,长垣等地发生涝灾,十二月,朝廷令滑、宋、辉、亳等州对其辖区对受灾地区实施救济。

后唐

庄宗同光三年(公元 925 年)　长垣等地接连降雨 75 天,发生特大涝灾,河流大都漫溢。

后晋

出帝开运三年(公元 946 年)　九月,长垣等地持续降雨,导致澶、滑、怀、卫河流漫溢。

后周

显德七年(公元 960 年)　长垣、濮阳地区发生旱灾。濮阳地区有蝗灾。

宋

太祖建隆三年(公元 962 年)　长垣等地区春夏发生旱灾。

太祖建隆四年(公元 963 年)　二月,长垣等地区发生旱灾。朝廷实施救济。

太祖乾德三年（公元 965 年）　长垣等地区秋季持续降大雨。阳武、梁、澶、郓河流漫决。

太祖开宝三年（公元 970 年）　长垣地区夏季发生旱灾，冬季无雪。

太祖开宝五年（公元 972 年）　河南、河北大范围内连续不断的大雨引起大饥荒。

太宗太平兴国三年（公元 978 年）　夏秋睢水漫溢，长垣农田受淹。

太宗太平兴国四年（公元 979 年）　九月，长垣、濮阳持续降雨。

真宗咸平三年（1000 年）　四月，长垣地区出现雨雹天气。

真宗大中祥符三年（1010 年）　五月，长垣地区出现大雨天气，房屋损坏严重，压死多人。

真宗天禧元年（1017 年）　十二月，长垣地区出现低温大雪天气，冻死多人。

仁宗天圣四年（1026 年）　长垣等地持续降雨，引发涝灾，庄稼受损。

仁宗天圣五年（1027 年）　夏秋大暑，毒气中人。

仁宗明道元年（1032 年）　长垣地区因干旱引起粮食歉收。

英宗治平元年（1064 年）　长垣地区发生涝灾，引发饥荒。同年，长垣、滑、濮地区发生旱灾。

神宗熙宁十年（1077 年）　黄河在长垣决口，房屋、农田受灾。

神宗元丰五年（1082 年）　八月，长垣、沁阳等地发生涝灾，河水泛滥，损害庄稼、房屋。

哲宗元祐八年（1093 年）　长垣、汲县、淇县发生涝灾。京东西、河南北诸路四月至八月持续降雨，引起涝灾。

哲宗元符二年（1099 年）　六月，陕西、京西、河北等地，久雨不停，发生涝灾，房屋被淹。

徽宗大观元年（1107 年）　夏季，长垣、汲县等地发生涝灾，河流漫溢，淹没房屋。

徽宗政和三年（1113 年）　十一月，长垣地区出现持续降雨雪天气，大雨雪十数日不止。

金

章宗明昌五年（1194 年）　八月，黄河在阳武故堤决口，河水经封丘向东。黄河从阳武向东流，历延津、封丘、长垣、兰阳（今兰考）、东明等县向东北，此为长垣县境内第一次行河。

卫绍王崇庆元年（1212 年）　长垣地区春季发生旱灾，十一月，朝廷对旱灾地区实施救济。

元

世祖至元九年（1272 年）　长垣、浚县、卫辉发生涝灾，七月卫辉河水漫溢。

世祖至元二十年（1283 年）　六月，长垣、汲县、浚县、沁阳、孟县因大雨引起涝灾，卫河、沁河漫溢，淹没农田千余顷。

成宗元贞二年（1296 年）　长垣地区发生涝灾。八月发生旱灾、蝗灾。

成宗大德八年（1304 年）　长垣、滑州、浚县夏季因雨水过多引发涝灾，淹没民田 680 余顷。

武宗至大元年（1308 年）　七月十一日至十七日，长垣地区持续降雨，导致卫、淇二河水由今道口镇决口。

英宗至治二年（1322 年）　三月，长垣、曹州、滑州发生旱灾，引发饥荒。

泰宝帝泰定元年（1324 年）　六月，长垣等地持续降雨，致使庄稼、房屋受损。

泰宝帝泰定四年(1327 年)　长垣等地全年发生特大旱灾。

文宗天历二年(1329 年)　本省及邻省发生旱灾。长垣、大名、彰德、卫辉等灾民数十万户,赈济白银 9 万锭,粮食 1.5 万石。

顺帝至顺元年(1330 年)　五月,长垣、卫辉等地发生旱灾,引发饥荒。朝廷赈钞 6000 锭,粮 5000 石。黄河在大明路决口,长垣、东明两县 580 余顷土地被淹。

顺帝至元三年(1337 年)　长垣、卫辉等周边地区六七月连绵不断地下大雨,引发涝灾,淹没房屋、田地。

顺帝至元六年(1340 年)　八月,长垣、汲县发生涝灾,千余家被淹。

顺帝至正二年(1342 年)　长垣等地发生旱灾,引起饥荒,朝廷放赈。

顺帝至正三年(1343 年)　五月,黄河在白茅口决口,长垣受淹。

顺帝至正四年(1344 年)　黄河漫溢,在白茅堤、金堤决口,洪水淹没长垣。

顺帝至正七年(1347 年)　长垣、浚县等多地发生特大旱灾,安阳地区出现人吃人现象。

顺帝至正十二年(1352 年)　长垣等地发生旱灾、蝗灾、水灾,引发饥荒。

顺帝至正十八年(1358 年)　长垣等地发生特大旱灾。

明

太祖洪武四年(1371 年)　长垣等地发生旱灾。

太祖洪武五年(1372 年)　长垣发生特大旱灾。

太祖洪武六年(1373 年)　长垣、汲县发生旱灾、蝗灾。

太祖洪武七年(1374 年)　长垣、汲县发生旱灾、蝗灾,庄稼枯死。

宣宗宣德三年(1428 年)　长垣、滑县、浚县 6 个月无雨,引发旱灾,导致饥荒。

英宗正统四年(1439 年)　五月,长垣、开封、卫辉等地区发生涝灾。

英宗正统十年(1445 年)　长垣、汤阴、开州夏季持续降雨,导致汤阴河流漫溢,淹没农田。

英宗正统十四年(1449 年)　黄河在朱家口决口,长垣被洪水淹没,引发饥荒。

代宗景泰四年(1453 年)　长垣、开封、卫辉、南阳夏秋持续降雨,导致河流泛滥。

代宗景泰七年(1456 年)　长垣夏季出现大雨天气。

英宗天顺五年(1461 年)　六月,长垣出现大雨天气,卫河大涨,南乐、秋漳漫溢,长垣受灾。

宪宗成化十九年(1483 年)　长垣等地发生特大旱灾。

宪宗成化二十年(1484 年)　长垣等地发生特大旱灾。

宪宗成化二十一年(1485 年)　长垣等地发生特大旱灾。

宪宗成化二十二年(1486 年)　长垣等地发生特大旱灾,造成长垣及周边濮阳、内黄粮食绝收,出现人吃人现象。

宪宗成化二十三年(1487 年)　长垣等地发生特大旱灾。

孝宗弘治元年(1488 年)　黄河串决封丘黄陵岗、荆隆口,长垣县出现了"水连年不退,淹没田园,漂民舍""人抱草死,臭不可闻"和"骸骨弃野,人相食"的悲惨情景。

孝宗弘治二年(1489 年)　黄河在封丘金龙(荆隆)决口,长垣被淹。

孝宗弘治四年（1491年） 四月，长垣出现雨雹天气，麦田受损严重。

孝宗弘治六年（1493年） 长垣、辉、汲、淇、原阳出现低温大雪天气，冻死多人。

孝宗弘治十一年（1498年） 长垣、汲、浚等地发生旱灾，粮价上涨。

世宗嘉靖二年（1523年） 长垣等地夏季发生旱灾，秋季持续降雨引发涝灾。

世宗嘉靖七年（1528年） 长垣等多地发生特大旱灾。同年，华北数省发生特大旱灾。其中，长垣、浚县、原阳、延津、封丘、卫辉6地区相对严重，饿死很多人。

世宗嘉靖八年（1529年） 长垣等地区春季、夏季发生旱灾，秋季持续降大雨，卫河、淇水泛滥成灾，农田被淹。

世宗嘉靖十六年（1537年） 长垣、卫辉、濮、清等多地降雨过多，引起涝灾，粮食绝收。卫辉沁水泛滥，长垣出现瘟疫。

世宗嘉靖十七年（1538年） 长垣、濮阳春季、夏季发生旱灾。长垣、濮阳、南乐秋季持续降雨，房屋、庄稼受淹。

世宗嘉靖二十年（1541年） 长垣春季长期无雨，发生特大旱灾，引发蝗灾，所过之处，寸草不生，导致大饥荒，出现人吃人现象。

世宗嘉靖二十二年（1543年） 长垣、内黄、清丰、汲县、滨河发生涝灾。长垣春夏出现持续降雨天气，百姓以舟代步。

世宗嘉靖三十年（1551年） 长垣春夏出现持续降雨天气，损坏房屋、庄稼。朝廷放赈。

世宗嘉靖三十一年（1552年） 长垣春夏出现持续降雨天气，损坏房屋、庄稼。朝廷放赈。

世宗嘉靖三十二年（1553年） 长垣等地夏季发生旱灾。春夏出现持续降雨天气，损坏房屋、庄稼。朝廷放赈。

世宗嘉靖三十三年（1554年） 长垣春夏出现持续降雨天气，损坏房屋、庄稼。朝廷放赈。

世宗嘉靖三十五年（1556年） 长垣、南乐、武陟等地区秋季发生涝灾，方圆200里一片汪洋，百姓上树避水，致使树木不堪重负，倒入水中。

世宗嘉靖三十六年（1557年） 长垣、濮阳等地夏季发生旱灾，麦绝收。卫河秋季漫溢，长垣、浚、乐、内、魏被淹。

世宗嘉靖三十九年（1560年） 长垣、原阳、南乐等地春夏因六至七月不雨，引发干旱，禾苗枯死。

穆宗隆庆三年（1569年） 长垣等地区夏秋连绵不断地下大雨，五月开始至十月才停，引发涝灾。损害房屋、城墙，死数人。

神宗万历六年（1578年） 长垣、新乡、汲县、淇县夏季因大雨引起涝灾。六月二十六日或二十七日，大雨如注，河水猛涨入城，淹没农田、房屋。

神宗万历十五年（1587年） 长垣发生旱灾。黄河秋季在广粮堤决口，田地、房屋被淹。

神宗万历十六年（1588年） 长垣等多地春季发生特大旱灾，百姓以草根树皮为生。秋亦旱，粮食绝收，长垣、新乡、浚县、原阳、延津出现特大饥荒，饿殍满道，出现人吃人现象。

神宗万历十八年（1590年） 长垣、修武、获嘉、原阳夏季出现旱灾，麦歉收，豆田绝收。

神宗万历二十年（1592年） 长垣、东明等地发生旱灾。长垣、内黄等地秋季持续降大雨，漳、卫漫溢，房屋、农田被淹。

神宗万历二十一年（1593年） 长垣等地区夏季大雨连绵两个月，麦绝收。

神宗万历二十四年（1596 年）　长垣、濮阳等地春夏发生旱灾。六月才开始播种庄稼。

神宗万历二十七年（1599 年）　长垣、濮阳、延津等地发生旱灾，井水枯竭，濮阳、延津出现饥荒。

神宗万历三十五年（1607 年）　长垣、内黄、封丘秋季连续不断地下大雨，引起涝灾。洪水入城，淹没农田，陆地行舟。

神宗万历三十六年（1608 年）　长垣、辉县、济源、武陟、孟县、内黄出现旱灾，粮价上涨。

神宗万历三十七年（1609 年）　长垣、辉县、汲县出现特大旱灾，引起大饥荒，死者枕藉。

神宗万历四十七年（1619 年）　长垣、修武、内黄出现旱灾，粮食歉收。

神宗万历四十八年（1620 年）　长垣、濮阳、原阳发生旱灾、蝗灾、地震。

熹宗天启六年（1626 年）　长垣、汤阴、淇县发生涝灾。

思宗崇祯五年（1632 年）　长垣、原阳、南乐、汤阴因特大雨引起涝灾，淹没农田。

思宗崇祯十一年（1638 年）　长垣、原阳、获嘉、辉县、卫辉等多地发生旱灾。

思宗崇祯十二年（1639 年）　长垣等地发生特大旱灾。

思宗崇祯十三年（1640 年）　四月长垣等地发生特大旱灾，六月发生蝗灾。

思宗崇祯十四年（1641 年）　长垣及周边地区春夏发生特大旱灾。长垣、濮阳、内黄、滑县、延津、封丘6 地区出现大饥荒并发生瘟疫，造成人死过半。

清

世祖顺治二年（1645 年）　长垣、原阳、延津、清丰春夏发生旱灾，朝廷对部分地区免赋。

世祖顺治七年（1650 年）　黄河在荆隆口决口，长垣广粮集（今大车）堤溃，大水涨溢直至城下，蛙生灶底，鱼游市中，灾害之重，为历史罕见。

世祖顺治九年（1652 年）　长垣、辉县等地区夏秋季因连续不断的降雨引起涝灾，淹没农田，冲坏城墙、房屋，出门行舟。黄河在封丘大王庙决口，冲毁长垣县城。

世祖顺治十一年（1654 年）　长垣、延津、封丘、浚县夏季发生涝灾，淹没农田。

世祖顺治十二年（1655 年）　长垣等地区发生旱灾、蝗灾、涝灾，十二月，朝廷对部分地区免赋。

世祖顺治十五年（1658 年）　长垣、濮阳、原阳、封丘、汲、辉发生旱灾，濮阳、长垣出现饥荒。

世祖顺治十七年（1660 年）　长垣、封丘、淇县等地春季发生旱灾，引起饥荒。秋季，黄河在荆隆口决口，淹没长垣。人口、房屋、牲畜漂没，县境内一片汪洋，无隙地可耕，整个县城破败不堪，百姓深受水患之苦。

圣祖康熙元年（1662 年）　长垣、原阳、濮阳连续不断地降雨40 余日，引起涝灾。

圣祖康熙九年（1670 年）　长垣、濮阳、原阳、内黄春夏发生旱灾，濮阳麦绝收。黄河在山东牛市口决口，朝廷要求长垣援助柳11 万束，由于运输困难，知县宗琮请示援助减半，百姓才完成任务。

圣祖康熙十八年（1679 年）　长垣、新乡、汲县、延津、原阳、封丘、清丰、南乐八月持续降雨30 天，庄稼、房屋受损。

圣祖康熙二十二年（1683 年）　长垣、滑县、新乡、汲、延津夏季发生旱灾，麦田旱死。

圣祖康熙二十九年（1690 年）　长垣及周边地区发生旱灾，粮食歉收，引起饥荒。

圣祖康熙四十二年（1703 年）　长垣、清丰等地秋季因持续降雨导致庄稼受损。

圣祖康熙四十五年（1706 年）　长垣地区夏季出现雨雹天气，庄稼受损，朝廷免钱粮。

圣祖康熙四十八年（1709 年）　长垣、原阳春季出现旱灾。秋季由于连续降雨，导致庄稼受损。

圣祖康熙五十三年（1714 年）　长垣、修武、获嘉、原阳发生旱灾。原阳麦田歉收，百姓逃亡过半。

圣祖康熙五十八年（1719 年）　长垣夏季出现大雨雹天气，朝廷借口粮。

圣祖康熙六十年（1721 年）　长垣周边地区春夏发生旱灾，引发饥荒。七月黄河在武陟钉船帮决口，冲垮长垣王家堤，大水直冲县城，王家堤冲成潭，城墙几乎被淹没。庄稼尽数被淹，到第二年洪水才退去。

圣祖康熙六十一年（1722 年）　黄河再次出现水患，洪水半年后才开始退。朝廷救济，缓征。

世宗雍正元年（1723 年）　长垣、原阳、封丘、获嘉、卫辉、辉县、安阳发生旱灾，引起饥荒，人多逃亡。

世宗雍正七年（1729 年）　长垣地区出现持续 7 昼夜的风雨天气，房屋受损。

世宗雍正八年（1730 年）　长垣、清丰、原阳秋季因大雨发生涝灾，秋粮歉收。

世宗雍正十三年（1735 年）　黄河在封丘漫溢，长垣被淹，庄稼受损。

高宗乾隆四年（1739 年）　长垣、濮阳、内黄秋季连续不断地降雨，引发涝灾，损坏农田、房屋，王家堤因雨水受损。朝廷实施救济。

高宗乾隆十四年（1749 年）　长垣、卫辉秋季多雨导致庄稼受损，朝廷实施救济。

高宗乾隆十五年（1750 年）　长垣地区因无雨引发干旱，麦未种，导致饥荒。

高宗乾隆十六年（1751 年）　长垣地区春季发生旱灾。黄河在甄家堤决口，农田被淹，朝廷放赈并减免钱粮。

高宗乾隆十七年（1752 年）　黄河在阳武决口，洪水直冲滑县老安镇，长垣受灾。

高宗乾隆二十二年（1757 年）　长垣、卫辉、开州、封丘等多地出现大雨天气，导致卫河漫溢，房屋、田地被淹。

高宗乾隆二十六年（1761 年）　太行堤 5 处开口，又溃决朱家口堤，冲刷成潭，水数年不退，"伤田禾庐舍，贫民相聚，掠食于道，饥且死"。

高宗乾隆四十三年（1778 年）　长垣、修武、辉县、范县、浚县、内黄因干旱麦田绝收，部分地区发生饥荒。黄河在杜胜集处漫决，长垣被淹。

高宗乾隆五十年（1785 年）　长垣等地区夏秋发生旱灾，卫辉地区出现疫情并多人感染，朝廷开展救济，减免钱粮。

高宗乾隆五十九年（1794 年）　长垣等地区因大雨引起涝灾，河水漫溢，淹没房屋。

仁宗嘉庆八年（1803 年）　长垣地区春季发生旱灾。粮收五成。黄河在衡家楼漫溢，洪水直冲长垣、东明，田地、房屋受损严重。第二年三月决口堵复，河水又在原河道行水。

仁宗嘉庆十八年（1813 年）　八月，长垣及周边地区出现持续降雨天气。

仁宗嘉庆十九年（1814 年）　长垣及周边地区发生特大旱灾。

仁宗嘉庆二十年（1815 年）　长垣等地区秋季因降雨引发涝灾，同时发生瘟疫，导致多人死亡。

仁宗嘉庆二十一年（1816 年）　长垣、浚县六七月持续降雨，引发卫河暴涨，导致 197 个村庄 3179 间房屋被淹。

仁宗嘉庆二十四年（1819 年）　长垣等地发生内涝、黄河漫溢。八月，黄河在沁口决口，洪水直接冲向长垣县城，冲毁房屋不计其数，县城城墙冲毁 20 余丈。第二年决口堵复，河水又在原河道行水。

宣宗道光二年（1822 年）　长垣等地区春季发生旱灾，夏秋发生涝灾，平地行舟。

宣宗道光八年(1828年)　长垣、获嘉、内黄秋季发生涝灾。

宣宗道光十年(1830年)　长垣等地四月二十八日、二十九日等出现大雨天气,滑等县丹、卫出槽,庄稼被淹。

宣宗道光十二年(1832年)　长垣等地七月、八月出现大雨天气。

宣宗道光二十五年(1845年)　长垣、濮阳、新乡、武涉秋季发生旱灾,引发大饥荒。

宣宗道光二十六年(1846年)　长垣、新乡等地区秋季持续降雨引发涝灾,卫河漫溢,秋粮绝收,引起饥荒。

宣宗道光二十七年(1847年)　长垣、内黄、濮阳、原阳、封丘春夏发生旱灾,引起饥荒。七月,出现大雨天气,庄稼被淹。

宣宗道光二十八年(1848年)　长垣、滑、内、浚、汲、淇等33县,七月因雨水过多导致庄稼歉收。

文宗咸丰元年(1851年)　长垣等地发生涝灾。二月十八日夜,雪大如拳,霹雳连震20余声,雷光如火,将南关兴文塔北面13层,自底至顶尽行击穿,压毙附近屋内3人。天明时,雪深三尺,融水尽黑。

文宗咸丰五年(1855年)　黄河在兰阳(今兰考)铜瓦厢三堡下黄河北岸决口,洪水直冲长垣县境。由坂丘东下,经宜丰、田义、青丘、早丰、海乔等里至凤岗里西黄庄入东明境,冲没县属陶堂、马厂、牛集、豆寨、梁坊等107村。

文宗咸丰八年(1858年)　长垣地区夏季发生旱灾,秋粮歉收。黄河河道改经以西兰岗、黑岗、裴村、大张等里入东明境。河身西滚20公里,冲毁董庄、路店、许寨、夹河滩等80村。

穆宗同治二年(1863年)　黄河河道改经以西乐善、海渠、鲍固、榆林等里向东北,河身又西滚了8公里,冲刷了新道(今河道),又冲没车卜寨、马寨、姚头、兰通、周寨等115村。新河道使长垣县南部近河,东边行河,形成两面环绕的特殊地理环境。一遇涨水,非漫即决,滩区三年两漫,堤堰频频溃决,长垣人民遭受无穷灾难。

德宗光绪二年(1876年)　长垣、封丘等多地因无雨雪引发干旱,麦未种。长垣近河一带黄河水泛滥成灾,滨临黄河村庄秋禾被淹。

德宗光绪三年(1877年)　长垣等多地秋季出现特大旱灾。长垣近河一带黄河水泛滥成灾。

德宗光绪四年(1878年)　长垣及周边地区出现特大旱灾。粮食绝收,饿殍满道,死者过半。长垣等地临黄河村庄秋禾被灾。

德宗光绪九年(1883年)　长垣、浚县、清丰、南乐秋季发生涝灾。浚县八月大雨,丹、淇、漳、卫同时漫溢。长垣等地滨临黄河村庄秋禾受灾。

德宗光绪十四年(1888年)　长垣地区发生旱灾,麦田歉收,秋禾未熟因霜降成灾。七月,黄河在长垣范庄决口。

德宗光绪十六年(1890年)　黄河在长垣县了墙村浸决,长垣等地临黄河村庄连年被淹。长垣等地出现持续阴雨天气。

德宗光绪二十四年(1898年)　六月二十一日,黄河在长垣五间房决口,滑县老安镇、丁栾集等处360村被淹,灾民22万人。

德宗光绪三十二年(1906年)　长垣等地临黄河村庄秋禾被淹。长垣、封丘等地连遭大雨,导致山洪暴发,河水涨溢,致使多处村庄被淹。

宣统二年(1910年)　长垣、卫辉等地区降雨较多,导致山洪暴发,致使低洼村庄被淹,农田受损。黄河在长垣二郎庙漫决,长垣等地临黄河村庄秋禾被淹。

中华民国

民国 6 年(1917 年) 黄河在东岸范庄决口,堤外村庄尽被淹没,霜降后开始堵筑。长垣、新乡、汲县等地区山水暴发,河流泛滥,庄稼被淹。

民国 8 年(1919 年) 长垣、滑县、濮阳、范县、东明地区因降雨过多,致使百余村庄被淹。

民国 10 年(1921 年) 长垣等地区六月大雨引起涝灾。黄河在长垣河东决口,堤外村庄又遭水患。

民国 12 年(1923 年) 长垣地区秋季河水在东岸郭庄堤决口,程楼、苏集、李集等村尽数被淹,数量无计。

民国 13 年(1924 年) 长垣等多地区秋季大雨,引发涝灾,卫河暴涨,淹没农田,冲毁房屋。

民国 18 年(1929 年) 长垣、安阳、清丰、延津因干旱庄稼歉收。长垣等地区夏季连降大雨,积水过多,淹没农田、房屋无计。

民国 20 年(1931 年) 长垣、浚、汲、滨、安阳、内黄春季发生旱灾。长垣等地区八月连日降雨,导致河水暴涨,以致成灾。

民国 22 年(1933 年) 8 月 12 日(农历六月二十一日),黄河东岸庞庄决口,西岸大堤亦同时溃决口门 32 处,淹村 773 个,死 1.1 万人。灾情惨重。国民政府、省政府暨各慈善团体、华洋义赈会、红十字会先后筹拨巨款,县中绅商慨输囊金,赈济饥民,全活无算。八月,国民政府组织黄河水灾救济委员会,内设三组。工赈组专负堵决口之责,首以周象贤为主任,设办事处在上海,未到工,继以孔祥榕为主任,移工赈组于冯楼,以便监督。国民政府复派监察院委员于洪起、王平政、邵鸿基等为监工,常驻冯楼。河北省建设厅厅长林成秀驻冯楼,亦凡数月,直至合龙始去。

民国 23 年(1934 年) 二月,某夜大风,石坝塌陷数丈,河兵杨庆坤、耿高升并殉于难。为了纪念,故称冯楼大坝为"杨耿坝",简称"杨坝"。因建历代殉河先烈祠于河畔,监察委员于洪起为之记。春,山东省主席韩复榘、河北省主席于学忠,先后到冯楼视察。夏,河水复涨。8 月 11 日(农历七月初二),黄河在北岸贯台(今属封丘)溃决。大溜直冲长垣,先烈祠冲于水中。大水由长垣小马寨、南杨庄、东西新庄入境,直冲临黄堤。虽大力抢堵,新堤不堪冲刷。同时决开东了墙、九股路、香里张 3 个口门,河水直逼县城。经县北入滑县,东西宽 10 余公里。秋禾被淹,村舍再遭袭击,交通断绝,全靠船筏往来,县城四关势如码头。县城被水日久,水渗城内,造成坑塘外溢,到处溃水。经昼夜抽排,城外增修建土柳坝,才消除城内水患。此次水势虽不及民国 22 年,但停留 10 个月之久,受灾严重程度甚于民国 22 年,人口逃亡过半。

民国 24 年(1935 年) 二月,河北省建设厅厅长胡源汇,偕《大公报》记者李天织,由长垣赴贯台。四月,贯台口门合龙。大灾之后,十室九空。国民政府颁发黄灾农贷款 10 万元,民始播种。夏秋,持续降雨引起涝灾,致使秋季庄稼 8 成被淹死。

民国 26 年(1937 年) 长垣等地夏季连雨 47 天,淹地 120 万亩。

民国 27 年(1938 年) 春季,长垣因旱灾发生大饥荒,以草根树皮为食,死者甚多。

民国 28 年(1939 年) 七月,长垣地区大雨,卫河暴涨,内河决溢。十月,疏浚文明渠。

民国 30 年(1941 年) 长垣等地发生旱灾。八月,长垣地区出现暴风、雨雹天气,致使庄稼受损。

民国 31 年(1942 年) 长垣等地夏秋发生旱灾,麦田歉收,秋粮绝收,百姓外逃。

民国 32 年(1943 年)　长垣地区春季因旱灾发生大饥荒,以草根树皮为食,出现买卖妻、子的现象,饿死者甚多。

中华人民共和国

1949 年

长垣县北部解放老区土改运动开始,掀起大生产运动,开始打井下泉、疏浚渠道、沟洫畦田等水利建设工作。年底全县有农用砖井 45 眼,浇地面积 13.33 公顷。

是年,在县政府内设建设科,建设科由殷秀亭、张俊杰、翟承先 3 人负责水利。

1950 年

长垣县建设科成立打井委员会,负责领导打井下泉工作。两次召开全县打井技师座谈会,制定打井公约,打井下泉实行"民办公助",每打井 1 眼,贷粮 250~500 公斤,后来改为每眼井贷款 30~40 元。

6 月　开始局部治理文明渠。分两处施工:一是在青岗、大郭开挖新渠,全长 3427 米;二是对老文明渠疏浚,长 9147 米。两处合计 1.26 万米。施工民工 8310 人,完成土方 7.4 万立方米,这是中华人民共和国成立以后首次治理水患。

7 月　大旱,发动群众挖土井抗旱,打井下泉逐步在全县普及。

1951 年

5 月　临黄堤复堤工程开始,民工 11 日上堤,12 日正式开工。

6 月 21 日、22 日　连降暴雨,上游原阳、延津、封丘 3 县涝水泄入长垣县太行堤沟内,为保溢洪堰安全施工,在王堤修堰拦截。另一股水来自延津龙门口入长垣县文明渠,长垣县境内涝水下泄时,又遭濮阳拦截,造成堤南、堤西、堤东三方受淹,成灾面积 1.62 万公顷,受灾人口 19.4 万人。

7 月 12 日　长垣县委召开县、区、村三级干部大会,贯彻防汛滞洪精神。太行堤北、临黄堤西为滞洪区,要求"少迁移,多修堰,民堰民修,淹地不淹村"。开始修村堰,以防洪水。

8 月 20 日　黄河石头庄溢洪堰工程竣工。该工程为中华人民共和国成立后第一个大型水利工程。5 月 4 日筹备,5 月 24 日正式动工,参加干部 2500 人,民技工 4.5 万人。

1952 年

春,长垣县委贯彻中共中央《关于农业生产互助合作的决议》,罗镇屯、乔堤等 48 个自然村率先成立长年互助组,年底达 3485 个。同时,建砖井出现高潮,年底成井 1311 眼。

夏,发生严重旱灾。县人委派建设科刘均组织民工对文明渠进行清淤疏浚。

8 月　开始沟洫畦田建设,指定专职干部 2 人,在谷寨、青岗进行试点,参加 3188 人,完成 38.97 公顷。

12 月　平原省撤销,长垣改属河南省濮阳专区。

1953 年

修村堰纳入国家基建计划,在石头庄溢洪堰分洪的滞洪区各村修筑围村堰 89 个,避水台 641 个,搭避水架 4388 个,防御黄河洪水。

开始第一个五年计划,开始以打井下泉为主的农田水利建设。4 月、5 月,先后开办两期下泉技术训练班,受训 108 人,学期 3 个月。学习期间下泉 44 眼,收入作为培训经费。全年下泉 156 眼。

成立滞洪办公室,列入行政编制。县配 8 名滞洪干部,区配治黄助理员。

1954 年

4 月　长垣县召开打井技师会,交流经验,推广用锥钻探土层的方法,改打井委员会为水利委员会,聘驻县打井技师到各乡(区)巡回辅导。

6 月　濮阳专区撤销,长垣改属新乡专区。

7 月　满村乡石永先介绍河北省保定王新义来长垣传授打井下泉新技术。在满村 1 年,14 人学艺,石守仁最优,成为打井下泉技术的传人。打井技术队伍达到 25 个。

夏,发生严重旱灾。

11 月　举办两期培训班,推广竹竿下泉的方法,每期培训时间 10 天,学习期间,试打 3 眼竹泉,均获成功。但因竹竿不足,未能普遍推广。

1955 年

1 月 6 日　黄河凌汛洪水猛涨,自左寨到小青全部漫滩,贯孟堤全部偎水,水深 2 米,被淹村庄 132 个,倒塌房子 25 间,淹地 5900 公顷,其中麦子 2000 公顷。

2 月　长垣县政府成立水利科,从建设科分出,办公地点在县政府院内,后迁至北大街路东(原县政府县长办公院内)。

2 月　长垣从新乡专区划归安阳专区。

夏,在"防涝与防旱相结合,蓄水与排水相结合"的方针指导下,对文明干渠和太行堤沟进行局部治理。两处共完成土方 79 万立方米,参加民工 2.7 万人。

8 月　为防洪水淹县城,加固原城墙旧址,完成土方 4.6 万立方米。

11 月 25 日　李寨乡(常村东)在进行合作规划时,进行全面水利规划,在全县率先开展群众性打井下泉运动,为全县树立旗帜,县人委通令表扬,奖锦旗 1 面,打井工具 1 套。

12 月　县人委贯彻执行"民办为主,国家扶持"的打井政策,打井技师和打井工具由县里提供,资金由群众筹集。共兑砖 1200 万块,树木 1.6 万棵,麻 4700 公斤,黄金 33 两,银元宝 30 个,银元 2500 块,人民币 6.2 万元。银行贷款 19.77 万元。新打砖井 4218 眼,下泉 105 眼,买水车 544 部。

1956 年

春,城关公社的罗镇屯和张寨乡的甄庄,先后使用外燃式 5 马力锅驼机抽水,开长垣排灌动力先例。

4 月　按照河南省水利厅规划,对天然文岩渠进行全线治理,流域内各县按控流面积大小,分任务施工。长垣县共参加民工 1.71 万人,共完成土方 477 万立方米,修公路桥 1 座,太平车桥 8 座,涵洞 13 处。

5月 县政府组织受益乡7500名民工，对文明渠进行开挖整修，可向滑县泄水3.5立方米每秒。

夏，发生特大雹灾，以丁栾乡灾情最重，人畜被打伤，小麦减产70%以上。

8月初 连降大雨，铁炉、赵岗、杏元3个乡24个村的0.27万公顷秋田被淹。

秋，新打砖井6492眼，下泉1399眼，安装水车2331部，动力水车2部，木制水车254部，风轮水车5部，锅驼机3部。

是年，水利科更名为水利局。

1957年

3月 省水利厅秘书到延津、封丘、长垣三县解决边界水利纠纷，签订“3·28”协议。

7月 连降大雨，最高降水量达374毫米。加之黄河水连续上涨，黄河滩区漫滩，淹地5.33万公顷，水围村436个，塌房3万间。

8月10日 河南省委在郑州召开沙颍河治理会议，国务院副总理谭震林、水利部副部长钱正英参加会议。会议上制定“以蓄为主，以小型为主，以社办为主”的“三主”治水方针，从此，长垣县掀起了以修建蓄水工程和灌溉工程为重点的大规模水利建设高潮，冷打井、热引黄开始。

10月 百日无雨，旱情严重，全县抗旱种麦5.84万公顷，油菜1300公顷，占秋播计划的97%。

12月9日 设立长垣县卫河渠道建设指挥部，宣传部部长刘志斌任政委，县长甘广兴任指挥长，水利局局长李永仁任副指挥长。

1958年

2月21日 卫河渠道工程开工。

3月27日 卫河渠道工程完工，历时35天，参战民工3.56万人，完成土方259万立方米，建筑物177座，当时名为“永丰渠”。4月2日放水，浇麦1.2万公顷。

4月2日 副县长朱乃贞通过有线广播向全县宣布：新乡市批准兴建大功引黄灌溉工程了。23日，设立大功河开挖指挥部，县委书记安玉书任政委，县长甘广兴任指挥长。27日，大功总干开工。长垣县工段长19.2公里，起自封丘县冯村南，止于长垣县马村，参加民工4万人。其中，土工3万人，硪工6850人，边锨831人，历时30天，完成土方373万立方米。

6月 大功总干二、三干分水枢纽工程开始兴建，11月底竣工。

7月 黄河花园口出现22300立方米每秒洪峰，马寨水位达67.95米，超出1933年最大流量水位9厘米。临黄大堤全部偎水，水深0.4~4.6米，超出长垣县临黄堤保证水位7厘米，滩区全部漫滩，176个村进水，房屋坍塌98%，姚头村落河。县委、县人委组织干部780人，防汛队伍5万人，大小船139只，迁出村庄139个，人口9.49万人，牲畜1.2万头，粮食342.5万公斤。18日，国务院总理周恩来飞临长垣县黄河滩区上空视察水情，对防汛工作做了重要指示。7月19日，中共中央派飞机一架，在溢洪堰上空投下橡皮船12只，水手16人，帮助防汛，河南省水利厅施厅长同新乡地区党政领导亲临现场指挥防汛，终于战胜洪水，保住大堤。

秋，开挖山东干渠，1959年春结束，历时7个月。

12月初 建设引黄蓄灌工程。抽调民工2万人，集中突击大功灌区二干渠的14条支渠、48条斗渠，动土114万立方米，月底结束。

是年,乔堤村乔福喜祖传五辈的金佛爷作价投资给水利建设。

1959 年

春,再次对文明渠进行以疏导为主的扩挖。

农业、水利、林业、畜牧、农机 5 个局级单位合并,统称农林水电局。

2 月 24 日　大功二干、三干开始放水浇地。

7 月　伏旱严重,4.6 万公顷农田受旱,全县范围内开展了大规模抗旱活动。月底,县人委发出嘉奖令,表彰了抗旱成绩显著的张寨、方里 2 个公社和 16 个大队。

秋,农林水电局撤销,恢复县水利局,办公地点迁至观前街南口东西两侧。

11 月　黄河滩区周营控导工程开始修建。控制长度 4370 米,裹护围长 3456 米,根石围长 1615 米,投资 553.2 万元。

12 月 6 日　县政府动员劳力 3350 名,参加黄河花园口枢纽工程建设,1960 年 5 月完成了任务。

1960 年

3 月 6 日　恼里公社在左寨村附近的前进堤上修木制两孔闸门 1 座,黄河滩区引黄灌溉一干渠建成放水,浇灌孟堤以东滩地。

春,大旱,县政府组织开展全民性打井运动,要求全县 3 个月内打井 2314 眼。

4 月 15 日　长垣县在安阳专区技术革新检阅大会上做典型发言,介绍了打井技术革新经验。

7 月 27 日 20 时至 28 日 11 时　长垣普降暴雨,暴雨中心在丁栾、方里、佘家 3 个公社,最大降雨在丁栾公社,高达 207 毫米。这次降雨共淹地 3.6 万公顷,其中滩区 0.53 万公顷,大堤以西 3.07 万公顷;积水深 1 米以上的农田 0.67 万公顷,长滑边界 1 万公顷涝水无出路;被水围困的村庄 284 个,其中村里进水的 169 个,塌房 2.1 万间,砸伤 117 人,砸死 13 人,砸死大牲口 4 头、猪 92 头、羊 52 只。

秋,发生大面积次生盐碱。

冬,开挖文明干渠支沟:何寨沟、王堤沟、罗庄至杨寨沟、官桥营至角城沟。

当年,长垣与滑县因排水发生两次纠纷。

是年,水利局从观前街南口迁至观前街 84 号。

1961 年

春,停止引黄,大功灌区停灌。

7 月 18 日　突降暴雨,16—24 时,8 个小时全县平均降雨量 220 毫米,最大的孟岗区降雨量达 247 毫米,最小的恼里区降雨量 105 毫米。暴雨中心主要集中在城关、孟岗、丁栾、樊相、佘家、方里及张寨、常村北部。临黄堤西涝水横流,河道决口,漫溢,被水围困村庄 158 个,水灌进村 116 个,塌房 7344 间,砸死 10 人,砸伤 80 人,砸死牲口 1 头,砸伤牲口 10 头,受灾人口 31.38 万人。

11 月　省委提出"以除涝治碱为中心,排、灌、滞兼施"的水利建设新方针,把除涝治碱、防洪作为水利建设的重点。长垣开始扒除阻水工程,组织扩挖文明西支(于庄至青岗段)、文明南支(柳桥至聂店段)、文明干渠(聂店至宜丘段)和何寨沟(花园至城南关段)、文明东支(城北关至满村桥段)、丁栾公路沟(满村桥至太平庄段)共 6 条沟,完成土方 59.4 万立方米。

1961年引黄停灌和贯彻精兵简政以来,水利局先后下放和调出干部63名,到1962年10月,水利局仅剩15名干部。

1962年

2月17—22日 省除涝会议明确平原地区水利工作执行"以除涝治碱为中心,排、灌、滞兼施"的方针,扒除阻水工程,恢复自然流势。

3月15—17日 副总理谭震林在范县主持召开会议。中南局书记金明、山东省省委书记周兴、河南省省委书记刘建勋、山东省水利厅厅长江国栋、河南省水利厅副厅长刘一凡及有关地、县书记和水利局局长参加了会议,总结教训,停止引黄。长垣县红旗灌区的渠道从此废除。

4月27日至5月1日 河南省水利厅副厅长刘一凡率领检查组对长垣与封丘、延津的边界堤、渠和北干渠的拆除清挖工程进行了检查,并提出了一些指示意见。其中,拆除裴固闸,长垣县有意见。5月1日,县委向省委、地委递交了题为"中共长垣县委关于贯彻省水利会议决议保留文岩渠裴固闸"的报告。

5月17日 长垣、延津发生边界水事纠纷。

夏,黄河及内涝淹地4.27万公顷,成灾3.6万公顷,塌房3.4万间,砸死54人。

冬,推行灌渠改排渠,开挖三干排、满村公路沟、陈河沟、二干排、殷庄沟、环城河等沟渠,总长39公里,动土方27.5万立方米。每立方米土补粮0.25~0.4公斤,补款0.5元。

平原地区盲目推行"以蓄为主"的治水方针,废井兴渠,到处蓄水,引黄漫灌,土地碱化,遇雨淹地,农业生产遭受毁灭性灾害。当年是阻止灾害继续发展、水利方针大转变的一年,由"以蓄为主"改为"以排为主"的一年。

1963年

2月14日 河南省水利厅天然文岩渠工程管理局在封丘县召开由原阳、延津、封丘、长垣4县县长参加的会议,安排对天然文岩渠工程严重阻水河段进行低标准疏导。其中,长垣段长34.4公里,北从长濮交界,南到东了墙桥。3月30日动工,5月初完成,共完成土方211万立方米,培堤土方2.61万立方米。

8月1—8日 全县连遭大暴雨袭击,平均降雨量300毫米,城关公社降雨量最大,高达388毫米。天然文岩渠大车水位达65.43米,流量141立方米每秒。文明渠、丁栾沟漫溢,河水横流,四面八方告急,水围县城达10天。

9月 县水利指挥部制定了井泉恢复工作方案。每修复1眼井,水车抽不干的机井每眼补助5~10元,柴油机抽不干的机井每眼补助15~20元。

11月 长垣、延津发生水事纠纷,并出现打伤人的情况。

是年,全县掀起3次全民性扒平高潮,3次重点施工高潮。完成天然文岩渠、文明干渠、文明东支、丁栾沟、唐满沟5项重要工程。整修小型排水沟80条,扒除阻水工程513处,长44公里,县边界阻水工程34处,公社边界阻水工程73处,疏浚回木沟。

是年,全县次生盐碱地高达3.25万公顷,低洼易涝面积3.33万公顷。

是年,长垣、滑县因排水问题发生水事纠纷。

1964年

2月 在左寨木制引水闸基础上又修建水泥砖礅3孔(桥带闸)、引水闸1座,5月竣工。

3月 按照黄庄河除涝治碱工程扩大初步设计，对文明渠进行了一次较大的扩建，同时裁弯取直。

3—5月 对回木沟进行大规模治理。开挖丁栾沟，将文明东支、王堤沟、何寨沟纳入丁栾沟流域。开挖大寺寨沟、石桥沟、李方屯沟、后大寨沟、张葛沟、冉固沟。

6月 成立天然文岩渠管理段，设在孟岗集，隶属安阳行署水利局管理。

7月 成立治碱办公室，开始对全县盐碱地进行普查，并在常村公社设立治碱试点。

11月28日至1965年3月28日 分两期对天然文岩渠青城下段清挖和修堤，完成总土方175.82万立方米，其中疏浚79.06万立方米，铲老堤26.86万立方米，借土筑堤13.11万立方米，筑堤硪实52.8万立方米，疏导围堰696立方米，开挖子河3.85万立方米，其他891立方米，完成投资50.74万元。

1965年

1月14—15日 水利局承建天然文岩渠上的10座涵洞，包括前参木、东了墙、马坊、丁占、王慈寨、孟岗、堰南、尚寨、宋庄、安寨。

夏，发生严重旱灾。

8月 在赵堤公社一带搞治碱试点。

9月5日 长垣县政府召开推广简易掏井法训练会议。191人参加学习，其中水利干部18人、各公社社长和农水助理员18人、村干部79人、下泉技师76人。

10月2日 呈报修建黄河滩区郑寨引黄闸计划，11月动工兴建，1966年2月建成。

10月9日 县抗旱指挥部向全县推广魏庄公社大车西大队大搞机具配套，创造"半自动化辘轳"的经验。

1966年

3月 长垣县水利局向河南省水利厅呈报《石头庄引黄稻改淤灌工程规划》，获得批准。

3月12—20日 长垣县开办"大锅锥"（注：用钢板焊制成一个圆筒，形似大锅，侧面有活动出泥门，泥由底部进入锅内，亦是推锥下钻，泥满起锥，反复操作，井成为止）。打井技术员训练班，在全县推广"大锅锥"打井技术，培训人员64人，其中水利局15人、各公社49人。

5月 孙东闸开工兴建，设计引水流量5立方米每秒，同年10月建成，投资近4万元。

冬，按新3年一遇标准疏挖回木沟，与滑县、濮阳县回木沟接通。

是年，发生严重旱灾。

1967年

3月 黄河部门在石头庄修建穿越天然文岩渠的倒虹吸涵洞。涵洞东边入水口依天然文岩渠右堤修了进水闸，西边修建了3孔出水闸。黄委设计，县水利局施工，8月建成，设计引水流量20立方米每秒，投资80万元。

是年，又修建了东西干联合闸、南分干闸和总干弯道闸。

1968年

春，修建文明渠肖官桥拦蓄节制闸。

5月 发生严重旱灾。

9月 长垣县水利局改为长垣县革命委员会水利建设管理站。滞洪办公室、治碱办公室合并到水利建设管理站。

1969 年

3月 动工兴建石头庄引黄渠首闸,取名为冯楼闸。7月建成,投资11万元,设计引水流量25立方米每秒。

9月 组建引黄稻改工作队,驻地在石头庄引黄闸旁大堤上。1980年改名为石头庄灌区管理所。

12月 水利建设管理站合并到县革命委员会农业组,组内设内河工作队,负责水利工作。

1970 年

2月 在左寨贯孟堤上修建1座3孔引黄闸。4月底竣工,设计流量10立方米每秒。

5月 农水股张舜琴将水冲打井钻机由人力改制为动力,有力地推动了深井建设。

1971 年

8月 成立打井物探队。

12月 兴建丁栾沟上官村七孔闸带桥,1978年冲坏。

1972 年

5月 在全县范围开展现有水利设施配套、管理和效益的普查工作。参加普查的县、社、队干部和群众3000多人,并写出普查报告,绘制了成果表。

9月 学习外地经验,县、社建立水利建设专业队。

11月 开挖临黄截渗沟,南起大车,北至田庄,长13公里,土方总量11万立方米。

12月 开挖太行截渗沟,西起柳林,东至西杨庄,全长8公里,总土方量23.8万立方米。

1973 年

春,天然文岩渠管理段划归长垣县水利局,"段"改为"站"。

冬,组织受益公社清挖丁栾沟。

是年,在黄河滩区修建榆林控导工程。

1974 年

1月 开挖吕村沟,南起田庄,北至上官村,入丁栾沟,长14.5公里,土方量41万立方米。

8月 开挖邱村沟,南起孟岗公路,北至单寨,入丁栾沟,全长5公里。同时,大规模疏浚丁栾沟。

9月 电业局管理的预制厂划归县水利局。

10月5日 修建马寨提灌站,完成投资17万元,由于运行费用高,基本上没有使用。

10月10日 安阳地区水利局在长垣县召开机井建设经验交流会,推广水冲钻机由人力改动力的经验。

10 月 21 日　成立长垣县引黄局,机关驻地在县城东关三里庄,许庆安任局长,稻改工作队划归引黄局管理。

11 月 3 日　黄河滩区周营上延控导工程动工。

11 月 20 日　丁栾公社提出"东治沙,西治坡,中间根治老碱窝"的治水改土规划,引起县指挥部的重视。县委在丁栾公社召开县委扩大会,提出"西治坡,东治滩,中部地区治沙碱"的水利建设思路。

12 月　河南省水利厅组织全省各地区和有关县的水利部门领导及技术人员对长垣县水利局试制的"250 型水冲钻机"进行鉴定,确定性能良好,安排长垣县生产 250 型水冲钻机 100 台,在全省平原地区推广。

1975 年

2 月　国家对黄河滩区实行"一水一麦"政策,废除生产堤,兴修避水台。

3 月　引黄局撤销,人、财、物整体合并到水利局。仍保留名称,一个局挂两个牌子。

8 月　制定 1976 年农田水利基本建设规划时,第一次提出落实省在平原地区实行"排、蓄、灌"相结合治水方针的具体设想,建设具有长垣特点的深沟河网工程。

8 月 20 日　黄河洪水漫滩,损失严重。

9 月　豫南大雨,板桥、石漫滩大型水库垮坝,县水利局奉命到上蔡县支灾,副局长王念惠带队,萧岐峻、王惠安及打井队全体共 25 人,带空压机 1 台,排水机械 2 台及部分打井、洗井机械,历时 4 个月,为灾区无偿打井、洗井 180 眼。

9 月 21 日　水利局组织干部职工百余人到山东省东平县、鱼台县学习大搞农田水利基本建设的经验,提出三年建成大寨县的要求,开展了坡、洼、沙、碱治水改土大会战。

1976 年

春,水利局副局长刘均带领民工 400 人,参加濮阳县渠村黄河分洪闸建设。1977 年 10 月完成,创收 50 余万元。

7 月　开始推广地下输水灌溉灰土管道。

8 月　黄河洪水漫滩,损失严重。

11 月 6 日　县政府召开农田水利建设动员会,提出"深挖沟、多打井、巧引黄"的治水原则。

1977 年

6 月　修建天然文岩渠青城、杨小寨 2 座双曲拱生产桥,这 2 座桥原为木桥。

8 月　黄河洪水漫滩,损失严重。

9 月 18 日　小寨施工工地发生施工事故,2 名工人坠河负伤,1 名工人死亡。

11 月　封丘县擅自加高文岩渠右堤和沿边界修筑围堤,给长垣县造成威胁。

1978 年

1 月　县委组织孟岗、方里、满村、城关、丁栾、佘家、赵堤 7 个公社 3 万人清挖从冯楼到东干的总干渠,动土 16 万立方米,为春灌提供了水源。

2月27日 动工兴建杨小寨引水闸,投资42万元,年底主体工程完成,次年3月放水。

5月 濮阳渠村分洪闸建成,石头庄溢洪堰废除。

6月 黄河滩区群众自发修堵生产堤,防止黄河洪水漫滩。

7月13日 县政府召开农田水利基本建设会议,贯彻《长垣县农田水利基本建设会战规划意见》,按照"西治坡,东治滩,中部地区治沙碱"的思路,分三区、三期开展治水大会战,大干快上。

8月 兴建丁栾沟官路西6孔桥带翻板闸,总投资12.8万元。同月,修建张三寨沟焦官桥闸,6孔,投资17万元。

9月 在樊相公社的留村、丁栾公社的官路西村试用移动式喷灌机,推广移动喷灌。

12月 魏庄公社组织6400人清挖临黄截渗沟13公里,完成土方12万立方米。

1979年

春,在文岩渠上兴建常村乡牛河提灌站,投资8万元,补粮2.6万公斤。

冬,开挖甄太沟。南起甄庄,北至太子屯,入文明南支。

12月 省水利厅开始在长垣县对历年旱、涝、盐碱严重的赵堤、佘家等重灾区开展旱涝碱综合治理试点工作。

1980年

4月 修建文明渠北堆闸,形式为6孔翻板,1孔提升。8月底建成,投资6.5万元。

5月 石头庄稻改工作队改为石头庄管理所,所址在临黄大堤石头庄引黄闸北侧。

6月 设立杨小寨灌区管理所,所址在赵堤集。

7月 下达旱、涝、碱综合治理计划,从1980年至1985年分五期治理,总投资297.94万元,治理面积4666.67公顷。

8月 开挖常村沟,扩大孙东引水灌溉效益。

9月 成立抗旱除涝管理所,所址在王堤村北。

10月 成立长垣县水利局汽车队。

1981年

3月 经安阳行署批准,对马寨提灌站进行续建配套。安装电动机10台,功率550千瓦,在黄河弱水期提水,向堤西输水抗旱。同时,成立马寨提灌站管理机构,承担抗旱应急提灌任务,兼管石头庄灌区冯楼渠首工程。

3月20日 成立治碱试验站,站址在杨小寨灌区管理所内。

春、夏,发生严重旱灾。

5月 在临黄堤大车集处修建大型临时提灌站,装机12台,配12英寸水泵,越堤提水抗旱浇地。

10月 经省政府批准,各乡水利站临时工统招为农民合同制工,各乡(镇)成立4~6人的水利站,业务归水利局领导。

1982年

春,大旱,全县开展抗旱运动,农民购喷灌机312台、柴油机669台、电动机315台、潜水电泵136台,浇麦 3.49 万公顷。

县水利局在农业现代化建设和农村精神文明建设中成绩优异,受到安阳地区行政公署和省政府嘉奖。

春,省、市拨专款改建天然文岩渠木桥,到 1985 年,将董寨、梁寨、西杨庄、牛河 4 座 20 世纪 60 年代修建的木结构桥改建为井柱纵梁微弯板结构,汽-10 级交通桥,结束木结构桥的历史。

夏,全县大涝,汛期雨量 672 毫米。

7 月 8 日 18 时至 9 日 7 时 30 分 14 小时降雨量高达 213 毫米,但临黄堤西秋粮仍然获得丰收。

8 月 黄河花园口出现 15300 立方米每秒洪峰,长垣段河水猛涨漫滩,整个滩区一片汪洋,平均水深 2~3 米,临黄堤偎水,297 个村庄进水,淹地 2.27 万公顷,塌房 8500 间,死亡 11 人,死牲畜 69 头。

1983 年

1 月初 全县开展水利工程"五查五定"工作。

1 月 29 日 引黄灌区首届代表大会在县城召开。

7 月 24 日至 8 月 3 日 黄河长垣段先后出现 5000~8000 立方米每秒洪峰,黄河漫滩,武邱受灾最重,平均水深 3~3.5 米,滩区 4 个公社塌房屋 122 间,低压线路全部破坏,共拨救济款 322.11 万元。

9 月 在大旱的情况下,突降暴雨,12 日,天然文岩渠大车集流量 142 立方米每秒,超过保证水位 0.61 米,右堤多处渗水,裂缝滑坡、塌陷,先后有 41 处决口。经过干部群众奋力抢救,堵住了决口,排除了险情。

1984 年

2 月 石头庄和杨小寨合并为中型灌区,总称石头庄引黄灌区。

3 月 7 日 副县长傅从臣带农委、水利局和孟岗、方里、赵堤 3 个乡及石头庄、杨小寨 2 个管理所共 35 人到原阳参观学习引黄工程建设。

7 月 10 日 水利局组织局机关和孟岗乡共 54 人到中牟县学习引黄配套经验。

7 月 29 日 完成《长垣县渔业区划》。

8 月 9 日 普降大暴雨,同时伴有风雹,最大降雨量 190 毫米,积水面积 2000 公顷,农作物严重倒伏。

8 月 提出《石头庄引黄灌区续建配套工程总体规划》和《石头庄灌区续建配套工程计划任务书》,国家开始投资配套工程,当年投资 30 万元,进行沉沙池建设。

9 月 18 日 引黄指挥部在孟岗乡召开石头庄引黄配套重点工程施工会议。

10 月 马寨提灌站合并到石头庄管理所,马寨提灌站称管理点。

11 月 16 日 兴建大车引水闸,投资 84 万元,次年 10 月竣工。设计引水流量 10 立方米每秒,设计灌溉面积 7333.33 公顷。

1985 年

3 月 加复文岩渠堤防。长 18.3 公里,总土方任务 16.1 万立方米,由常村、张寨、魏庄 3 个乡完成。

春,修建丁栾沟王寨 5 孔闸带桥,投资 18 万元。

5 月 省水利厅批准长垣县为旱涝保收田建设重点县。第一期工程于 5 月 3 日开工,9 月 20 日竣工。

受益乡包括丁栾、樊相、满村、城关4个乡(镇)的部分地区,国家投资60万元,新建旱涝保收田3333公顷。

8月初　全县未能按时完成旱涝保收田建设的土方任务,受到省、市批评。8月7日,县委、县政府召开专题动员会,受益4个乡(镇)党政一把手参加。县长王富均主持会议,县委书记李柏栓做动员报告。9月底顺利通过了省、市验收。

10月　实施1985年石头庄灌区配套工程项目建设,投资60万元,重点对南干、东干配套。

11月15日　完成《长垣县水利资源调查及区划》。

11月20日　第二期旱涝保收田建设工程开工。建设区位于县西部,包括樊相、常村2个乡的2400公顷耕地,省投资40万元,1986年9月10日竣工。

12月2—4日　濮阳市委、市政府在长垣县召开冬季农田水利建设现场会,介绍了长垣经验,副市长赵振乾做总结讲话。

是年,石头庄管理所址迁移到孟岗集和天然文岩渠管理所同院办公。在东西干渠联合闸北边和东干渠东侧增设管理点。

是年,开始投资建设乡(镇)水利站,当年建设了4个乡。

1986 年

1月5日　石头庄灌区首期配套建设方通过省、市验收。

2月　撤销新乡地区,设立新乡市,长垣县由濮阳市划归新乡市管辖。

3月　长垣县被评为全省水利工作四等先进县,受到省政府的嘉奖。

春、夏,全县遭受百日无雨的特大干旱。

7月　黄河部门投资兴建的大车引水闸通过验收,并交付使用。该闸位于临黄大堤南端大车集,天然渠和文岩渠汇合口下,设计引水流量10立方米每秒,加大20立方米每秒,控制浇地面积7300公顷。

10月1日　第一期粮食基地建设项目开工,项目区在县西部,受益乡(镇)有常村乡、樊相乡、张寨乡、城关镇。投资107.8万元,配套面积3500公顷,于1987年7月20日竣工。

10月20日　石头庄引黄配套工程开工建设,重点是对总干渠、南干渠、东干渠及其支渠进行配套,国家投资100万元。

12月9—10日　省水利厅在长垣县召开旱、涝、碱综合治理长垣试区鉴定会,专家确定治碱科研成果达到省级先进水平。

12月30日　旱涝碱综合治理试验站撤销。

1987 年

1月15日　县政府召开全县"五管员"培训会。

3月5日　1985年、1986年引黄配套工程通过省、市验收。

3月15日　长垣县被评为全省农村水利工作三等先进县,受到省政府嘉奖。

3月20日　县水利局被评为全市粮食基地建设先进单位,受到新乡市政府的奖励。

5月24日　水利局局长顿云龙作为全国5个粮食基地建设先进县代表赴北京参加全国发展粮食基地生产专项基金使用管理经验交流会。

7 月 20 日　1986 年度粮食基地建设水利工程通过市验收,评为"全优"工程。

7 月 28 日　省水利厅组织豫北三市七县在长垣召开粮食基地建设水利工作会议。

9 月　抗旱除涝管理所从王堤迁至县城北关。

10 月 2 日　1987 年度石头庄灌区配套工程项目开工,重点是对大王庄支渠、吕村沟、丁栾沟、杨小寨支渠灌排工程进行配套,总投资 50 万元。

10 月　兴建贾庄引黄闸和杨桥提排灌站,投资 44 万元。

11 月 7 日　省水利厅对长垣冬季农田水利建设动手早、进度快的情况通报表扬。

11 月 25 日　水利电力部《水利动态》第 29 期发表"长垣县水利配套工程当年建设见效益"信息。

12 月　省委委员、省水利厅厅长齐新在长垣召开豫北三市七县参加的冬季农田水利基本建设现场会。

1988 年

1 月　省水利厅简报第一期通报表扬"长垣县抓紧冬季引水为春灌作准备"。同时,《河南日报》、河南广播电台也进行了报道。

2 月 23 日　水利部授予长垣县樊相乡水利站全国先进水利站称号。

3 月 6 日　县水利局被评为全市先进单位,受到新乡市政府的奖励。

7 月　全县出现大旱,恼里、赵堤、苗寨、武邱、方里、孟岗 6 个乡组织 6000 人清挖左寨、郑寨、冯楼、贾庄 4 个闸前引黄渠道,引水抗旱。

8 月 3 日　成立长垣县水资源管理委员会,办公室设在水利局。

10 月 7 日　1988 年度石头庄灌区配套工程项目开工建设,改造东西干联合闸和南干闸,投资 40 万元。

10 月 30 日　县委宣传部、广播电视局、水利局联合召开水利新闻报道会。

10 月　改建孙东引水闸。

1989 年

2 月　完成 1988 年度水利建设目标管理任务,受到新乡市水利局的奖励。

3 月 8 日　城关镇东街将集体所有的 1 眼机井作价 900 元卖给村民王继忠,在全县开了集体农用机电井公变私的先例。

3 月 22 日　县政府与新乡市黄河河务局签订 1988—1990 年黄河滩区水利建设协议书。

5 月　新乡市勘测设计院编制并上报"中国河南省沿黄地区农业综合开发水利工程项目石头庄引黄灌区可行性研究报告",确立此项工程。

11 月　实施 1989—1991 年第一期滩区水利建设项目,投资 1037 万元。

12 月　实施 1989 年石头庄灌区配套工程项目,重点进行排水工程配套,国家投资 40 万元。

1990 年

5 月　县政府出台文件,规定每亩耕地集资 5 元作为水利建设资金,每个劳动力每年出够 25 个劳动积累工办水利。

5—6月　世界银行(简称世行)预评估团考察石头庄灌区,并做出投资评估。

10月8日　成立长垣县水利局水政水资源办公室,人员编制7人。

12月　实施1990年度石头庄灌区工程配套项目,重点是西干渠工程配套,购置挖泥船,改造总干沉沙池,总投资95万元。

1991 年

3月　张寨、总管、孟岗、魏庄4个乡,分别获新乡市政府颁发的农田水利基本建设"大禹杯"竞赛的奖杯或奖牌。

11月　开始实施第二期滩区水利建设项目,计划1991—1993年3年投资1035万元。

12月　开展地埋塑料硬管和地面硬渠的节水建设,建设区主要在城关、丁栾、魏庄、常村、樊相、孟岗6个乡(镇),建设面积1 300公顷。

1992 年

3月18日　长垣县获新乡市政府颁发的农田水利基本建设"大禹杯"竞赛奖牌。恼里乡获奖杯,城关镇、魏庄乡、孟岗乡获得奖牌。

5月27日　县防汛抗旱工作会议在县政府召开。

8月13日　封丘县、长垣县达成从禅房跨县引水的七点协议。

8月28日　河南省水利厅对世行贷款长垣县石头庄灌区工程初步设计和1991—1992年年度工程进行批复。

10月24日　县政府召开冬季农田水利建设动员会。

10月29日　丁栾沟清淤工程大会战开始。参加会战的有张寨、魏庄、孟岗、城关、满村、丁栾、张三寨7个乡(镇),县委书记赵继祥、副书记崔玉岭每日都到现场督阵。会战于12月20日结束。共动用机动车1820辆、架子车4600辆、牲畜270头、排水机泵235套,清淤长度14.6公里,完成土方36.6万立方米。

11月8日　大功河会战开始。该工程是河南省两个重点引黄工程之一,由新乡市、安阳市下属的封丘、长垣、滑县3个县共同施工。长垣县工段南起封丘县的张光村,北至太行堤,全长12.76公里。工段内积水深、芦苇多,淤泥流沙严重,仅积水量就高达160万立方米,施工难度大。县委书记赵继祥、县长逯鸿昌、县纪委书记石宝刚、副县长傅从臣带领25名县直科级干部食宿在工地,坐镇指挥。参加会战的有张寨、城关、常村、樊相、满村、丁栾、张三寨7个乡(镇),参战民工7.2万人,出动架子车5700辆、各种机动车1905辆、排水机泵400台,群众集资1848万元。11月底完工,清挖土方375万立方米。

11月9日　禅房引水渠会战。该工程南起封丘县的禅房黄河控导工程,北到长垣县左寨引黄闸,全长5公里,河底宽8.5米,最大挖深3.2米,边坡1:2.5。左右堤防顶宽6米。县委副书记刘书斌、副县长李春安任政委和指挥长。恼里、总管、芦岗3个乡异地在封丘县黄河滩安营扎寨。日出劳力3万人,机动车660辆,架子车2150辆,大牲畜250头,排水机泵150套。29日竣工,完成土方59万立方米。

1993 年

3月27日　河南省水利厅对世行贷款长垣县石头庄灌区1993年度工程进行批复,安排农田配套面积5500公顷。

3月28日　长垣县获新乡市政府颁发的农田水利基本建设"大禹杯"竞赛奖牌。武邱乡获奖杯,常村、孟岗、魏庄3个乡获奖牌。

4月8日　禅房开闸放水,跨县引水成功。

5月29日　县防汛抗旱工作会议在县政府召开。

7月　长垣县上报的《天然文岩渠亟待治理》的信息,在新乡市政府《内部参考》和河南省政府《政务要闻》中刊出,省长马忠臣、副省长李成玉做了重要批示,责成有关部门研究治理方案。

7月30日　南干渠大王庄支渠枢纽工程开工,1个月竣工,完成建筑物4座闸1座桥。

10月24日　县政府召开冬季农田水利基本建设动员会。

11月　开始实施第三期滩区水利建设项目,计划1993—1996年3年投资1521万元。

12月　长垣县抗旱除涝管理所改称长垣县大功灌区管理所。

1994 年

4月20日　省水利厅批复世行贷款长垣县石头庄灌区1994年度工程项目,配套面积3400公顷。

4月21日　长垣县获新乡市政府颁发的农田水利基本建设"大禹杯"竞赛奖牌。武邱乡、恼里乡获奖杯,张寨乡、方里乡获奖牌。

5月27日　县防汛抗旱工作会议在县政府召开。

7月12日　特大内涝。7小时内降雨量高达303毫米,全县降雨总量达2.09亿立方米,产生地面径流1.26亿立方米,致使5.07万公顷耕地积水,270个村庄被水围困,全县一片汪洋。

10月18日　县政府召开冬季农田水利基本建设动员大会。

11月12日　天然文岩渠清淤复堤大会战。市指挥部分配长垣清淤复堤任务总土方117万立方米,段长8.9公里,其中在濮阳市境内4.7公里。县委书记赵继祥、县长逯鸿昌、副县长傅从臣带领15个乡(镇)7万多民工上阵,出动架子车2410辆、小四轮533辆、翻斗车1046辆、挖掘机7台、挖泥船1艘、泥浆泵18套。12月底完成清淤复堤任务,共完成土方88万立方米,排除积水40万立方米。

1995 年

3月20日　长垣县获新乡市政府颁发的农田水利基本建设"大禹杯"竞赛奖牌。恼里乡、武邱乡获奖杯,孟岗乡、满村乡获奖牌。

4月6日　省水利厅批复世行贷款长垣县石头庄灌区1995—1996年年度工程计划,配套面积3200公顷。

5月29日　县防汛抗旱工作会议在县政府召开。

6月10日　西干渠退水闸开工兴建,该闸水位落差2.8米,分三级跌水,结构复杂,历时40天完成。

10月18日　县政府召开冬季农田水利基本建设动员大会。

1996 年

2月27日　副市长高义武、市政府副秘书长苗兴信、市水利局局长李中恩到长垣察看抗旱春灌工作。

3月11日　佘家乡水利站获市农村服务体系建设先进单位,受到新乡市政府奖励。

4月1日　县委、县政府召开旱涝保收高效农田工作会议,并组织与会人员到封丘县高效农田综合开发区参观学习。

4月29日　县政府召开水利工程用地确权工作动员会,对全县58条县管河道及保护区进行划边定界,确定水利工程用地2500公顷。

5月3日　成立长垣县公安局水利派出所。

5月27日　县政府召开防汛抗旱工作会议。

6月17日　世行贷款项目检查团水利专家杰夫,在省水利厅基建处副处长余健、市项目办主任王贺新、副主任王瑞秋、市水利局副局长王瑞廷陪同下,检查长垣县世行贷款石头庄灌区配套工程1995年度任务完成情况。

8月初　特大洪水灾害。长垣接连遭受黄河4次较大洪峰袭击,致使黄河滩区漫滩成灾,加之天然文岩渠水暴涨,堤防全线出险,大功河相机北排,全县受东西中三路洪水夹击。同时,受到两次大暴雨和龙卷风袭击。滩区有163个自然村21万人被洪水围困,平均水深2米,最大水深6米。乡村通信、电力中断,道路淹没,无法通行。2.27万公顷秋作物绝收,5万间房屋毁坏倒塌,3000万公斤粮食被洪水浸泡,全县直接经济损失4.89亿元。

10月25日　县政府召开冬季农田水利基本建设动员暨"96·8"抗洪抢险表彰大会。

10月27日　长垣县被新乡市政府授予"96·8"抗洪抢险先进单位。

10月28日　县长逯鸿昌在大功三干渠现场办公,解决占压土地问题,要求尽快完成开挖任务。

10月30日　县政府召开水利建设动员会,号召机关干部参加水利建设,县直单位2375人在王堤沟参加义务劳动。

11月6日　县委、县政府召开农田水利建设电话会议。

11月16日　县政府在大功三干渠工地和恼里乡"三高"农田建设区召开冬季农田水利建设现场会。

12月11日　黄淮海平原开发项目区在常村乡实施,动土方38万立方米,新增有效灌溉面积400公顷,新增除涝面积266.67公顷,完成投资264万元。

12月15日　长垣县获农田水利基本建设"大禹杯"竞赛奖杯,受到新乡市政府的奖励。恼里镇获奖杯,孟岗乡、满村乡、常村乡、赵堤乡获奖牌。

同年,黄河滩区治理投资517万元,开挖渠道200条,完成土方120万立方米。

1997年

春,全县出现严重干旱,受灾面积5.85万公顷,200个村庄30万人和上万头牲畜饮水困难。

4月2日　长垣县获农田水利基本建设"大禹杯"竞赛奖杯,受到新乡市政府的奖励。张寨乡获奖杯,樊相镇、满村乡、丁栾镇、赵堤乡获奖牌。

5月20日　县委、县政府召开防汛工作会议。

6月15日　黄河大堤防汛备土工程开工。日出劳力1.3万人、机动车3100多辆、架子车450辆、推土机4台。7月10日完工,备土方32.62万立方米。

8月5日　遭遇黄河4024立方米每秒洪峰袭击,滩区7300公顷农田被淹,11个村1.7万人被洪水围困。

秋,大旱,降雨稀少,黄河断流,全县沟渠干涸,坑塘见底,地下水下降,人畜吃水困难。

9月12日　公安水利派出所依法处理一起破坏水利工程并殴打水管及执法人员案件。

10 月 3 日　县水利局荣获河南省水利厅"水利经济突出贡献奖"。

10 月 27 日　召开全县冬季农田水利建设动员大会。

11 月 3 日　县政府在张寨、常村、张三寨、满村 4 个乡召开水利建设和抗旱浇麦现场会。

11 月 8 日　县长逯鸿昌主持召开大功灌区战区冬季水利建设加油会。

1998 年

1 月 18 日　发生黄河凌汛,县境内 90% 河段封河,封冻长度 45 公里,冰块堆积厚度高达 30 厘米,发生 4320 立方米每秒洪峰,滩区出现 35 个串沟,2700 公顷耕地被淹。

2 月 17 日　县委、县政府在樊相镇聂店村召开机电井拍卖试点工作会议。该村共拍卖机井 21 眼、井位 6 眼,拍卖金额 7.5 万元。

3 月 16 日　长垣县获农田水利基本建设"大禹杯"竞赛奖杯,受到新乡市政府的奖励。满村乡、张寨乡获奖杯,赵堤乡、丁栾镇、城关镇获奖牌。

3 月 26 日　新乡市委政策研究室副主任刘林成及随行人员,到樊相镇聂店村调查研究机电井产权改制情况。

4 月 15 日　县机电井产权改制现场会在樊相镇聂店村召开,新乡市水利局副局长郇良玉到会。

4 月 17 日　举行水政监察大队成立揭牌仪式,省水利厅水政处处长韩启荣、市水利局副局长郇良玉、水政科科长王树中参加。

5 月 19 日　长垣县实现城乡水资源统一管理。

5 月 22 日　县政府召开防汛抗旱工作会议。

7 月 28 日至 8 月 24 日　全县连降大到暴雨,17 个乡(镇)平均降雨量 310 毫米,最大降雨量为樊相镇的 497 毫米,造成严重内涝,受灾面积 4.13 万公顷,损坏房屋 1312 间,受灾人口 58 万人。

7 月 30 日　县委书记赵予辉冒雨到部分乡(镇)查看灾情及田间积水排涝情况。

9 月 25 日　兴建小屋闸,投资 86 万元。

9 月　全县出现严重旱情,3.33 万公顷耕地失墒。

10 月 7 日　省水利厅农水处处长宋金山、新乡市水利局局长李中恩到长垣检查指导抗旱工作。

10 月 24 日　县政府召开冬季农田水利建设动员大会,省水利厅副厅长冯长海、新乡市水利局局长李中恩专程出席会议。

10 月 28 日　大功总干清淤工程全线开工。6 个乡(镇)参战,历时 20 多天,日出工 2.5 万人,动用机动车辆 100 辆,抽水机泵、架子车 400 多台(辆)。

10 月 29 日　省水利厅副厅长王璋,新乡市市委书记符文朗、市委秘书长吴长忠、副市长高义武及市水利局局长李中恩、副局长郇良玉到长垣县大功总干渠清淤工地检查指导工作。

10 月　开工建设水土保持项目,项目区位于佘家乡、方里乡辖区 9 个行政村,投资 70 万元,治理面积 700 公顷。

11 月　河南省水利厅以豫水农字〔1998〕69 号文批复长垣县石头庄灌区为国家大型引黄灌区,设计灌溉面积 2.33 万公顷。

11 月 2 日　新乡市市长王富均、市委副书记赵胜修、市委副秘书长张社魁及市水利局局长李中恩、副局长郇良玉察看长垣县大功引黄总干渠清淤工程。

12 月 3 日　县委书记赵予辉到冬季水利建设重点工程现场办公。

12 月,满村乡建成 333.33 公顷喷灌示范方,这是长垣县首次使用喷灌。

是年,丁栾沟违法建筑严重,亟待治理。河道两岸共有违法建筑户 184 户,占压河口和保护区 8520 平方米,其中占压行洪断面 2495 平方米。

1999 年

5 月 18 日　县政府召开防汛工作会议。

6 月　培复贯孟堤,恼里、总管、芦岗 3 个乡(镇)近万名群众参加施工,历时 1 个月,完成土方 207 万立方米。

9 月 3 日　县法院在水政监察大队和水利公安执法人员的配合下,依法强行拆除丁栾沟河道保护区内的 2 处违章建筑。

10 月 12 日　县长邓立章查看文明渠淤积情况,要求彻底清淤文明渠,并高标准完成冬修水利建设任务。

11 月 1 日　文明渠大清淤工程全线开工,历时 1 个多月,排水 48 万立方米,参加会战人员 8 万人,机械 1200 台,完成土方 77 万立方米。

11 月 5 日　开工兴建文明渠聂店闸,次年 5 月竣工,总投资 178 万元。

11 月 7 日　新乡市市委书记符文朗、副市长高义武察看长垣县水利建设,市水利局局长李中恩、副局长郇良玉、市河务局局长郭凤林、副局长周念斌陪同。

11 月 9 日　县委、县政府在张寨乡何寨沟清淤工地召开冬季水利建设现场会。

11 月 16 日　市委、市政府在长垣县召开全市水利建设现场会。市长王富均、副市长高义武、市政府副秘书长孙国富出席了会议。

12 月 5 日　省水利厅冬修水利工作组和市水利局有关领导对长垣县的冬修水利工作进行检查和指导。

12 月 8 日　县委、县政府召开冬季水利建设决战会。

12 月 26 日　在张寨乡杜村一带建成半固定式喷灌方 136.67 公顷,移动式喷灌方 130 公顷。

2000 年

3 月 20 日　纪念第八届"世界水日"和第十三届"中国水周",举行多形式的水法宣传活动。

3 月 27 日　县水利局被评为全省卫生管理先进单位,受到河南省政府的嘉奖。

4 月 2 日　长垣县获新乡市政府颁发的农田水利基本建设"大禹杯"竞赛奖杯。樊相镇、张寨乡获奖杯,赵堤乡、方里乡、满村乡获奖牌。

4 月 11 日　县水利局被新乡市委、市政府命名为市级文明单位,卫生管理先进单位。

5 月 18 日　县委、县政府召开全县防汛工作动员大会。

6 月　重建天然文岩渠东了墙桥和孟岗桥,投资 400 万元。

6 月 19 日　水政监察大队和水利派出所联合执法,对环城河上 10 处违章建筑依法进行强行拆除。

7 月 6 日　全县普降大到暴雨,农田积水严重。县长邓立章、副县长王惠臣冒雨检查受灾情况。

7 月 10 日　县委书记赵予辉、县长邓立章到天然文岩渠抗洪前线指挥抢险,要求做到两个确保:一是确保天然文岩渠、大功河不决口,上游洪水安全下泄;二是确保人民生命财产安全。

7月11日　副市长高义武在市政府副秘书长孙国富、市水利局局长李中恩的陪同下,到长垣县检查指导防汛抢险工作。

7月17日　市长王富均、副市长高义武带领市政府副秘书长孙国富,市水利、救灾部门负责同志到大功河查看抗洪抢险情况。

7月21日　水利系统职工向"7·16"车祸事故受害群众捐献救助款2900元。

7月　修建大功三干樊相桥和樊相拦蓄闸,完成投资78.9万元。

10月10日　西环城河护砌工程开工,12月20日竣工。衬砌长度1.8公里,修桥2座,完成投资265万元。

10月20日　县委、县政府召开农田水利基本建设动员大会。

10月24日　大功总干渠清淤复堤工程开工,11月8日竣工。清淤复堤长度6.6公里,完成土方20万立方米,由城关、满村、常村、张三寨、樊相、丁栾、张寨7个乡(镇)参战。

10月26日　县委、县政府召开天然文岩渠复堤工作会议。

10月31日　新乡市副市长高义武察看大功总干渠清淤复堤工程。

11月5日　天然文岩渠复堤工程开工。参加会战的有恼里、魏庄、总管、芦岗、方里、孟岗、苗寨、赵堤、武邱9个乡(镇)。

11月8日　新乡市市长王富均在副市长高义武、市政府副秘书长孙国富的陪同下,冒雨察看长垣县大功河清淤复堤工程,并高度评价长垣的水利工作进度快、质量高。

11月22日　县委书记赵予辉主持召开天然文岩渠复堤工程现场会,严令参战9个乡(镇)必须在12月5日前高标准完成施工任务。

11月30日　大功灌区续建配套节水改造项目竣工,衬砌大功一干渠1公里,完成投资78万元。

12月7日　新乡市水利局局长李中恩在副局长郇良玉、田伟强的陪同下,对长垣县冬季农田水利建设工作进行全面检查。

12月15日　市办重点工程天然文岩渠复堤工程胜利竣工。历时40天,实做标准土方107万立方米,县乡村投资640万元,修复堤防40多公里。

12月　长垣县获新乡市政府颁发的1999年度农田水利基本建设"大禹杯"竞赛奖杯。张寨乡、樊相镇获奖杯,满村乡、方里乡、赵堤乡获奖牌。

12月　长垣县获1999年度河南省农田水利基本建设"红旗渠精神杯"竞赛奖杯,受到省政府奖励。

12月　县水利局获1999年度河南省水利厅水利经济先进单位。

12月　总管乡水利站被中共新乡市委、新乡市人民政府评为1999年度"小店式乡站"。

2001 年

3月22日　纪念第九届"世界水日"和第十四届"中国水周",开展水法规宣传活动。

3月24日　长垣县获新乡市政府颁发的农田水利基本建设"大禹杯"竞赛奖杯。满村乡、樊相镇获奖杯,赵堤镇、张寨乡、方里乡获奖牌。

3月28日　长垣县获河南省农田水利基本建设"红旗渠精神杯"竞赛奖杯,受到省政府奖励。

5月31日　县委、县政府召开全县防汛工作会议。

春、夏,特大干旱,连续4个月累计降雨量仅为6.4毫米,为多年同期平均降雨量156.4毫米的4%,引黄口门引水困难,地下水位急剧下降。

6月14日　副市长张玉峰检查天然文岩渠防汛工作。

7月10日　副县长王惠臣召开内河防汛工作会议。

7月18日　河南省省长李克强对长垣县黄河防汛工作进行检查,并提出要求。陪同人员有:河南省省政府秘书长李其文、副秘书长王国振,河南黄河河务局、河南省水利厅、农业银行3个单位负责人,市委书记李建昌、市长连维良。

9月18日　水利局举行新办公楼开工奠基仪式,副县长王惠臣到场祝贺。

10月22日　县委、县政府召开冬季农田水利基本建设动员大会。

10月23日　新乡市农业银行驻苗寨乡贾庄村工作队,发动本行职工捐款3万元,支援贾庄村进行水利建设。

11月4日　左寨四支拓宽清淤工程开工,长8.5公里,土方10万立方米。恼里、张寨、魏庄、孟岗4个乡(镇)参战。

11月6日　吕村沟清淤工程开工,清淤长度13.6公里,土方33.8万立方米。孟岗、满村、丁栾3个乡(镇)参战,全部采用机械清挖。

11月16日　县委、县政府在张寨乡何寨沟清淤工地召开水利建设现场会。

12月2日　东环城河硬化工程竣工,衬砌长度900米,完成投资300万元。

2002 年

春、夏大旱,全县引黄河水1.55亿立方米,服务抗旱。

5月29日　县委、县政府召开防汛工作会议。

6月5日　大功灌区续建配套节水改造项目开工,投资166万元,修建文明干渠角城桥、丁栾沟葛寨桥、大功三干小屯桥、文明南支南堆北桥、文明西支北堆南桥、唐满沟满村北桥、文明西支青岗闸、何寨沟何寨闸。

7月4日　黄河小浪底水库首次调水调沙试验开始放水,6日,"人造洪峰"进入长垣县境,流量3000立方米每秒,大留寺控导工程水位比"96·8"7600立方米每秒洪水水位高出0.25米,控导工程全部偎水,随后10多天水位居高不下,部分控导工程出现渗水、坝头塌陷等现象,县政府数百名干部群众严防死守,保证洪峰安全通过长垣县。

7月5日　县直及驻长垣95个单位出动2000余人,开展防汛清障义务劳动,对东西环城河、耿村沟、乔堤沟、山东干渠等10余条城区河道的建筑垃圾、生活垃圾、杂草树木及临时土坝进行全面清淤清障。

7月9日　黄河防汛长垣县督察组组长、市委常委、政法委书记曹濮生检查长垣县黄河防汛工作。

10月31日　县委、县政府召开冬季农田水利基本建设动员大会。

11月6日　水利局机关从县城观前街搬迁到新城区宏力大道中段,举行了乔迁庆典仪式。

11月12日　县城区清障清淤指挥部召开城区河道清障清淤动员会,组织机关干部职工对城区内的孟岗公路沟、乔堤沟、山东干渠、耿村沟、治岗沟、陈河沟进行大清挖。

11月13日　市办大功沉沙池清淤工程动工。参加施工的有常村、樊相、满村、城关、张寨、张三寨、丁栾7个乡(镇),动用机械16台,历时12天,清挖长度7公里,完成土方21万立方米。

11 月 14 日　宏大建设工程公司、长城建筑安装公司、亿隆企业集团、土建实业安装公司四大骨干企业对耿村沟城区段进行大清淤。

11 月 15 日　县委书记刘森、代县长孙国富带领四大班领导到长孟公路沟清淤工地参加义务劳动。

11 月 22 日　省水利厅农水处处长欧阳熙、市水利局副局长郇良玉察看长垣县水利建设工作,对长垣民营水利、城乡河道统一治理及宏力节水高效示范园给予高度评价。

11 月 25 日　满村乡吕村寺村的致富能人王学然,捐资 3 万余元为本村打机井 8 眼。

11 月 27 日　市政府在长垣县召开农田水利基本建设现场会,副市长尚玉和、市政协副主席刘廷和出席会议,副县长齐庆民做了典型发言。

12 月 3 日　县委、县政府召开冬季农田水利基本建设现场会。

12 月　宏力高科技农业开发公司,分期租赁农民土地 640 公顷,引进种植美国红提,发展节水高效农业,投资 500 多万元,发展球阀式地下管节水灌溉 632 公顷,滴灌 8 公顷。

12 月 11 日　《长垣县水利志》(2002 版)刊印出版。

12 月 12 日　县政府发出《关于大力发展民建民营水利工程的通知》。

2003 年

3 月 10—20 日　县水利局对机关大楼和庭院进行了亮化、绿化和美化,绿化面积占机关总面积的 40%,总投资 7 万多元。

3 月 22 日　纪念第十一届"世界水日"和第十六届"中国水周",县水利局开展水法规宣传活动,宣传主题是"依法治水,实现水资源可持续利用"。

4 月 15 日　河南省水利厅下发《关于长垣县石头庄灌区续建配套与节水改造 2002 年度实施方案的批复》,批复硬化杨小寨引水渠 1.45 公里、杨小寨支渠 7.76 公里,各类建筑物 43 座,总投资 800.27 万元。

7 月 20 日　县水利局成立清产核资领导小组,开始对长垣县水工预制厂、新乡市中原精密钢管厂、长垣县群星医药包装厂、长垣县精轧管有限公司、德诚不锈钢有限公司 5 个局属企业进行体制改革。

8 月 21 日至 9 月 1 日　全县普降大到暴雨,平均降雨量 210 毫米,受灾村庄 275 个,受灾人口 37 万人,受灾面积 2.1 万公顷,成灾面积 1.5 万公顷,绝收面积 1 万公顷。

9 月 14 日　封丘县大关控导工程出现重大险情,长垣县紧急调运抢险柳料 5500 车,共计 137.5 万公斤,支援封丘县抗洪抢险。

9 月 20 日　由于洪水长时间浸泡,大留寺控制堤西沙窝东 300 米处堤防出现溃决,决口宽 80 米,受淹农田 2000 多公顷。经全力抢险,决口于 22 日堵复。

10 月 7 日　兰考县蔡集控导工程出现险情,长垣县紧急支援抢险柳料 42.5 万公斤。

10 月 30 日　县委、县政府召开冬季农田水利基本建设动员会。

2004 年

3 月 20 日　纪念第十二届"世界水日"和第十七届"中国水周",县水利局开展水法规宣传活动,宣传主题是"人水和谐"。

6 月 1 日　县委、县政府召开防汛抗旱工作会议。

6 月 10 日　新乡市委副书记王尚胜检查长垣县黄河防汛工作。

7月18日　新乡市委副书记邹文珠,市委常委、组织部部长冯昕检查长垣天然文岩渠防汛工作。

7月20日　新乡市委常委、政法委书记王尚胜检查长垣黄河防汛工作。

8月24日　恼里镇境内黄河洪水漫滩,险情共造成切滩面积173公顷,受淹面积73公顷。经过3天抢险,滩区40多条串沟全部堵复加固成功。

10月20日　河南省河务局副局长王德智检查长垣苗寨乡滩区安全建设工程。

10月25日　新乡市"大禹杯"检查评比揭晓,长垣县荣获2003年度农田水利建设"大禹杯"奖杯,连续8年夺杯。

10月26日　县委、县政府召开冬季农田水利基本建设动员大会。

11月17日　新乡市冬季农田水利基本建设现场会在长垣县召开,副市长王保旺出席会议。与会人员实地查看了亿隆农林高效节水生态示范园等水利建设工程,肯定了长垣县民营水利发展的经验。

12月25日　2004年度农业综合开发土地治理项目竣工,改造中低产田1333公顷,完成投资880万元,在全市评比中获得第一名。

2005 年

2月3日　水利部农水司司长李代鑫一行,在河南省水利厅副厅长王铁牛、新乡市副市长王保旺的陪同下,对长垣县水利建设及资金筹措管理使用等问题进行了调研。

3月22日　纪念第十三届"世界水日"和第十八届"中国水周",县水利局开展水法规宣传活动,宣传主题是"保障饮水安全、维护生命健康"。

5月28日　县委、县政府召开防汛抗旱工作会议。

6月9日　新乡市委常委、秘书长杨晓捷,副市长王保旺督察指导长垣县防汛工作。

6月22日　河南省防汛抗旱指挥部办公室副主任郭良检查长垣县防汛工作。

7月下旬　连续3次遭受暴雨袭击,平均降雨量278毫米,最大降雨量达398毫米,超50年一遇标准,农作物受灾面积4万公顷,直接经济损失达1.53亿元。

8月10日　新乡市水利局局长李志铭到方里、佘家、苗寨、武邱4个乡察看涝灾灾情。

10月10日　县长李刚检查黄河滩区排涝救灾工作。

11月2日　县委、县政府召开冬季农田水利基本建设动员大会。

12月6日　成立"长垣县农村饮水安全项目工程建设领导小组",副县长王佩珍任组长,水利、计委、财政、卫生、环保、监察等有关单位主要负责人为成员,领导小组下设办公室,王庆云兼任办公室主任。

12月30日　河南省水利厅豫水农〔2005〕46号文批复《石头庄续建配套节水改造项目2005年度工程实施方案》,批复硬化东干渠上段3.57公里、马坡支渠上段2.0公里、杨小寨支渠下段2.03公里,配套建筑物45座。批复总投资600万元,其中中央投资300万元,地方配套300万元。

12月30日　2005年度农业综合开发土地治理项目竣工,改造中低产田667公顷,完成投资437.5万元。

2006 年

2月20日　南水北调工程基金及水资源费征缴工作全面展开,并同时加收2005年南水北调工程基金,长垣县征收南水北调工程基金及水资源费任务为204万元。

3月20日　纪念第十四届"世界水日"和第十九届"中国水周",水利局开展水法律、法规宣传活动,宣传的主题是"转变用水观念,创新发展模式"。

4月22日　天然文岩渠清淤工程结束,历时55天。清淤长度2.2公里,完成土方35万立方米。

5月29日　2006年度第一批农村饮水安全项目竣工,解决4个村0.7万农村居民的饮水不安全问题,完成投资252万元。

5月30日　县委、县政府召开抗旱防汛动员大会。

6月24日　全国政协原副主席钱正英到长垣县黄河周营控导工程现场进行实地调研。黄委主任李国英、河南黄河河务局局长赵勇、新乡市市长李庆贵及长垣县委书记刘森、县长李刚陪同。钱正英在周营控导工程现场,听取了黄河"二级悬河"发展、引洪放淤规划及低滩区情况汇报,对长垣县黄河治理工程建设和河务工作表示肯定。

7月2—3日　普降大暴雨和特大暴雨,全县2.2万公顷农田受淹,受灾人口达15万人,直接经济损失3700万元。

7月30日　2006年度第二批农村饮水安全项目工程竣工。解决了苗寨、魏庄、丁栾、赵堤4个乡(镇)7个行政村1.0万农村居民的饮水不安全问题,完成投资360万元。

11月17日　县委、县政府召开冬季农田水利基本建设动员大会。

12月11日　省水利厅水利资源管理处处长欧阳熙、新乡市水利局局长李志铭检查验收长垣县饮水安全项目工程。

12月14日　河南省水利厅豫水农〔2006〕44号文批复《石头庄续建配套节水改造项目2006年度工程实施方案》,批复硬化东干渠中段4.23公里、周庄支渠上段2.58公里,配套建筑物43座。批复总投资600万元,其中中央投资300万元,地方配套300万元。

12月20日　2006年度农业综合开发土地治理项目工程竣工,改造中低产田面积667公顷,完成投资432万元。

12月28日　河南省财政厅、河南省水利厅联合下文,批复长垣县"支持小型农田水利工程建设补助专项资金"201.09万元。

2007年

1月8日　2006年度第三批农村饮水安全项目全部竣工。解决了恼里、南蒲、苗寨、魏庄4个乡(镇、办事处)6个行政村0.7万农村居民的饮水不安全问题,完成投资273万元。

3月20日　纪念第十五届"世界水日"和第二十届"中国水周",县水利局组织开展水法宣传活动。

4月29日　天然文岩渠清淤大会战竣工,该工程于3月17日开工。承担清淤任务有封丘、原阳、延津、长垣4个县,共清淤长15公里,完成土方227万立方米。

5月30日　2006年度小型农田水利工程民办公助建设项目竣工,完成投资201.74万元,新增节水灌溉面积667公顷,改善除涝面积533公顷,新增除涝面积27公顷。

6月4日　县委、县政府召开抗旱防汛动员大会。

6月18日　新乡市市长李庆贵、副市长贾全明在市水利局局长李志铭、长垣县县长李刚的陪同下,到天然文岩渠察看防汛工作。

6月30日　2005年度石头庄引黄灌区续建配套与节水改造项目工程完工,该工程于2006年8月31

日开工,总投资600万元,改善水作区灌溉面积2000公顷。

8月6—10日 部分乡(镇)两次出现强降雨过程,最大降雨量达188毫米,城区及部分农田形成大面积积水,受灾面积1.42万公顷,倒塌房屋424间,天然文岩渠四支闸等6座涵闸被毁,共造成经济损失2142万元。

11月1日 县委、县政府在亿隆广场召开由县、乡、村三级干部和县直机关职工参加的水利建设万人动员大会。

11月30日 长垣县2007年度农村饮水安全项目工程竣工,解决了恼里、魏庄、芦岗、孟岗、苗寨、蒲东、蒲北、方里、张三寨9个乡(镇、办事处)17个行政村2.2万农村居民的饮水不安全问题,完成投资880万元。

12月24日 2007年度农业综合开发土地治理项目竣工,完成投资522万元。

2008 年

2月8日 县水利局下属5个企业的改制工作结束。

3月20日 纪念第十六届"世界水日"和第二十一届"中国水周",县水利局开展水法宣传活动。

5月9日 天然文岩渠清淤工程竣工。本次清淤历时69天,清淤长度24.2公里,清淤土方107万立方米。至此,连续3年的天然文岩渠清淤工作全部结束,共投入资金7800万元。

5月21日 县委、县政府召开抗旱防汛动员大会。

6月20日 新乡市市长李庆贵、副市长贾全明察看天然文岩渠防汛工作。

6月24日 新乡市军分区司令员马传运、政委岳守平,在长垣县县长李刚的陪同下,深入周营控导工程处的马寨串沟、贯孟堤姜堂村的倒灌口门察看防汛工作。

8月29日 河南省水利厅豫水农〔2008〕35号文批复《石头庄续建配套节水改造项目2008年度工程实施方案》,批复硬化总干渠3.9公里、东干渠下段3.0公里,配套建筑物13座。批复总投资800万元,其中中央投资400万元,地方配套400万元。

9月21日 县政府印发《长垣县水利工程管理体制改革实施方案的通知》,成立改革领导小组,部署全县水管体制改革工作。

11月4日 水利部副部长胡四一在新乡市市长李庆贵,长垣县委副书记、常务副县长郝贵昌的陪同下,调研滩区建设情况。

11月7日 县委、县政府在王家潭召开水利建设动员会,副市长贾全明出席会议。

12月1日 河南省水利厅豫水农〔2008〕118号文批复《石头庄续建配套节水改造项目2008年度第四季度新增项目实施方案》,批复硬化西干渠上段10.8公里,配套建筑物53座。批复总投资1500万元,其中中央投资900万元,省级360万元,市级240万元。

12月14日 2008年度农业综合开发项目竣工,完成投资1483.31万元。

12月15日 2008年度农村饮水安全项目第一批工程全部竣工,解决了恼里、魏庄、蒲北、芦岗、佘家、方里、苗寨7个乡(镇、办事处)15个行政村2.45万农村居民的饮水不安全问题,完成工程投资980万元。

12月25日 县人事局、县编办、县水利局共同制定了《关于水利局人员定编和竞争上岗实施方案》,并于27日召开全体职工大会,传达了水利工程管理体制改革精神。

2009 年

1 月 3 日　县水利局全体参与水利工程管理体制改革的人员在长垣县党校进行闭卷笔试。

2 月　出现 1951 年以来最严重旱情,全县农作物受旱面积 4 万公顷,成灾面积 1.7 万公顷,粮食因旱减产 3500 万公斤。

3 月 20 日　纪念第十七届"世界水日"和第二十二届"中国水周",县水利局开展多种形式的水法宣传活动,宣传的主题是"落实科学发展观,节约保护水资源"。

3 月 30 日　2008 年新增农村饮水安全项目工程竣工,解决了恼里、魏庄、蒲北 3 个镇(办事处)7 个行政村和 1 个新农村社区共 0.9 万农村居民的饮水不安全问题,完成工程投资 450 万元。

3 月 31 日　石头庄灌区续建配套节水改造 2008 年第四季度新增项目竣工。工程总投资 1500 万元,改善灌溉面积 3330 公顷,恢复灌溉面积 1000 公顷,年节约用水 610 万立方米,年增产粮食生产能力 668 万公斤。

4 月 1 日　新乡市水利局批复长垣县抗旱应急灌溉工程总投资 1719 万元,其中井灌项目 986 万元,引黄工程项目 733 万元。

4 月 28 日　抗旱应急灌溉工程竣工,完成投资 1719 万元,新增灌溉面积 9530 公顷。

4 月 29 日　2008 年度石头庄引黄灌区续建配套节水改造项目竣工,完成投资 800 万元,改善灌溉面积 900 公顷,年节约用水 1093 万立方米,年增产粮食生产能力 206 万公斤。

4 月 30 日　2006 年度石头庄引黄灌区续建配套与节水改造项目竣工,完成东干渠和周庄支渠渠道衬砌 6.81 公里,配套渠系建筑物 43 座,完成投资 600 万元。

5 月 8 日　县水利局组织全体干部职工赴兰考县参观焦裕禄纪念馆,重温党的誓词,学习焦裕禄精神。

5 月 22 日　县委、县政府召开抗旱防汛动员大会。

5 月 28 日　县长薄学斌察看天然文岩渠石头庄橡胶坝工程。

6 月 2 日　天然文岩渠石头庄橡胶坝试水成功。该项目于 1 月开工,总投资 489 万元,蓄水能力 560 万立方米。

6 月 16 日　县长薄学斌到方里乡、赵堤镇稻区察看稻田插秧完成情况及引水情况。

11 月 17 日　县委、县政府召开冬季农田水利基本建设动员大会。

12 月 7 日　县人大常委会主任蔺自治带领人大代表察看农田水利基本建设工作。

12 月 20 日　2009 年度农业综合开发土地治理项目竣工。完成投资 749 万元,新增灌溉面积 533 公顷,改善灌溉面积 133 公顷;新增除涝面积 67 公顷,改善除涝面积 600 公顷;新增节水面积 67 公顷,改造中低产田 667 公顷。

12 月 30 日　长垣县农村饮水安全 2009 年第三批新增项目全部竣工,解决了南蒲、苗寨、魏庄、蒲西、赵堤 5 个乡(镇、办事处)11 个行政村 2 个新农村社区 3.5 万农村居民饮水不安全问题,完成投资 1750 万元。

2010 年

3 月 20 日　纪念第十八届"世界水日"和第二十三届"中国水周",县水利局组织开展水利法律法规宣传,宣传主题是"严格水资源管理,保障可持续发展"。

5月20日 2009年新增农资综合补贴资金小型农田水利基础设施建设项目竣工,完成投资535万元,改善灌溉面积333公顷。

5月31日 天然文岩渠瓦屋寨橡胶坝建设工程竣工,完成投资496万元,蓄水能力300万立方米。

6月10日 根据《国务院关于开展第一次全国水利普查的通知》和《新乡市人民政府关于成立新乡市水利普查领导小组的通知》精神,成立水利普查领导小组,开始进行水利普查工作。

8月24日 县政府召开排涝减灾工作会议。

9月11日 河南省水利厅豫水农〔2010〕30号文批复《石头庄续建配套节水改造项目2010年度工程实施方案》,批复硬化南干渠8.6公里、西干渠中段5.19公里,配套建筑物57座。批复总投资1500万元,其中中央投资900万元,省级投资360万元,市级投资240万元。

11月10日 河南省水利厅厅长王仕尧在新乡市水利局局长李志铭、县委书记刘森的陪同下,深入常村、蒲东,检查指导农村安全饮水、冬修等水利工作。

11月11日 县委、县政府召开农田水利基本建设动员会。

11月24日 县人大常委会主任蔺自治带领人大代表察看农田水利基本建设工作。

12月7日 县政协部分领导察看农田水利基本建设工作。

12月10日 2010年度农业综合开发土地治理项目竣工,完成投资898万元,新增灌溉面积500公顷,改善灌溉面积167公顷;新增除涝面积67公顷,改善除涝面积600公顷;改造中低产田667公顷,新增节水面积67公顷。

12月31日 2010年度第二批农村饮水安全项目竣工。解决了常村、满村、南蒲3个乡(镇、办事处)3个新农村社区13个行政村3.6万居民及农村学校在校师生4000人的饮水不安全问题,完成工程总投资1920万元。

2011 年

2月22日 河南省水利厅豫水农〔2011〕13号文批复《石头庄续建配套节水改造项目2010年度工程(第二批)实施方案》,批复硬化大王庄支渠8.3公里、孔村支渠4.2公里,配套建筑物73座。批复总投资1021万元,其中中央投资612万元,省级投资245万元,市级投资164万元。

2月 遭遇百年一遇的严重春旱,全县小麦受旱面积4.2万公顷。

3月30日 石头庄引黄灌区续建配套节水改造2010年度工程竣工,完成投资1500万元,改善灌溉面积9120公顷,年节约用水825万立方米,年增产粮食1168万公斤。

3月31日 2010年度小型农田水利建设项目竣工,完成投资1821.49万元。

4月30日 2011年度小型农田水利重点县建设项目竣工,完成投资2110万元,改善灌溉面积1667公顷,改善排涝面积3333公顷,发展节水灌溉面积1667公顷。

5月10日 引黄灌区清淤及水毁灌溉工程应急修复工程竣工,完成投资735.95万元,恢复灌溉面积4480公顷,年新增节约用水量586万立方米。

5月12日 佘家乡高店村村委会代表全体村民,向县水利局赠送"兴修水利办实事 春风化雨润民心"锦旗。

5月20日 县委、县政府召开防汛抗旱工作会议。

6月8日　县委书记薄学斌检查黄河防汛工作。

7月7日　河南省第二批水利综合执法试点县揭牌仪式在县水利局举行,河南省水利厅水政水资源处副处长王立仁、水政监察总队副队长魏洪出席揭牌仪式。

9月9—19日　出现连续降雨,日最大降雨量50毫米,个别乡(镇)部分地块形成积水,3000公顷农田受灾。

11月10日　县委、县政府召开冬季农田水利基本建设动员大会。

12月20日　县人大常委会主任蔺自治察看农田水利基本建设工作。

12月25日　2011年度农业综合开发土地治理项目竣工,完成投资898万元,新增灌溉面积467公顷,改善灌溉面积200公顷;新增除涝面积100公顷,改善除涝面积567公顷;新增节水面积253公顷,改造中低产田667公顷。

12月31日　2011年度农村饮水安全项目竣工,解决了丁栾、樊相、芦岗、满村、苗寨、蒲北、蒲西、佘家、张三寨9个乡(镇、办事处)66个行政村的8万农村居民和40所农村学校在校师生1.9万人的饮水不安全问题,完成投资4570万元。

2012 年

3月22日　纪念第二十届"世界水日"和第二十五届"中国水周",县水利局开展水法宣传活动,宣传主题是"水与粮食安全""大力加强农田水利,保障国家粮食安全"。

5月28日　新乡市水利监督检查领导小组对长垣县落实中央和省加快水利改革发展政策贯彻情况进行督查。

5月29日　县委、县政府召开防汛抗旱工作会议。

6月11日　县人大常委会主任蔺自治察看防汛工作。

6月28日　县政协主席赵丙元察看防汛工作。

7月17日　新乡市副市长孟钢察看长垣县防汛工作。

8月30日　石头庄引黄灌区续建配套与节水改造项目2010年度工程(第二批)竣工,完成投资1021万元,改善灌溉面积3080公顷,年节约用水718万立方米,年提高粮食生产能力249.48万公斤。

9月24日　2012年度第二批农村饮水安全项目投资计划下达,总投资1260万元,计划解决方里、芦岗、蒲西3个乡(镇、办事处)17个村2.22万居民和5000农村在校师生的饮水不安全问题。

10月16日　河南省水利厅豫水农〔2012〕65号文批复《石头庄续建配套节水改造项目2012年度工程(第一批)实施方案》,批复硬化杨孟支渠、铁炉支渠、马坡支渠下段、董营支渠4条,长18.25公里,整修韩寨支渠、沙丘支渠2条,长10.5公里,治理吕村沟1条,长13.6公里,配套建筑物152座。批复总投资2962万元,其中中央投资1777万元,省级投资1185万元。

11月1日　县政府召开冬季农田水利基本建设动员会。

11月29日　县人大主任蔺自治视察农田水利基本建设工作。

12月15日　2012年度第一批农村饮水安全项目竣工,解决了涉及张三寨、方里、赵堤、苗寨、常村、南蒲、蒲西、佘家、丁栾、芦岗、恼里、满村、孟岗13个乡(镇、办事处)67个行政村8.7万农村居民,37所农村学校2万名师生的饮水不安全问题,完成投资4950万元。

12月30日　长垣县2011年度农田水利建设获新乡市"大禹杯"奖杯。

2013 年

3 月 22 日　为纪念第二十一届"世界水日"和第二十六届"中国水周",长垣县水利局围绕"节约保护水资源,大力建设生态文明"的宣传主题,开展水法律法规宣传活动。

3 月 25 日　长垣县 2013 年农村饮水安全项目勘察设计、监理开标会议在县公共资源交易中心召开,确定勘察设计标中标候选人及监理标中标候选人。

5 月 17 日　长垣县召开防汛抗旱工作会议。县领导武胜军、李光荣、刘文献、范文卿、陶忠民、宁俊博、杜永轩出席会议,县委各部委常务副职、县直各单位一把手,产业集聚区分管副职,各乡(镇、办事处行政正职、主抓副职、武装部长及水利站长,宏力、亿隆、长城、卫华等企业负责人参加会议。会议由杜永轩主持,县长武胜军做重要讲话。

6 月 18—20 日　苗寨、芦岗、魏庄、恼里、武邱 5 个滩区乡(镇),在县防指办、河务局、民政局等县直有关部门的指导下,在水利站、民政所、派出所、交管站、卫生院的配合下,分别进行了宣传动员、疏散转移、道路抢险、卫生救护、安置对接等课目的实战性防洪迁安救护演练。

6 月 26 日　县委组织部、县直属机关工作委员会和县水利局联合举办"水利杯"学习党的十八大报告和党章知识竞赛,全县共有 20 支队伍参赛,水利局由赵华杰、韩莹和胡爱珍组成的代表队以总排名第四的成绩获三等奖。

6 月 27 日　县人大常委会主任蔺自治带领部分市、县人大代表,在副县长范文卿及水利、河务、住建、电业、气象等县直有关部门负责人的陪同下,视察防汛工作。

8 月 1 日　2013 年农村饮水安全项目招标工作在新乡市公共资源交易管理中心圆满完成,共有 55 家投标单位参加投标。

8 月 27、28 日　省水利厅调研组对恼里、芦岗、苗寨、武邱、魏庄等滩区 5 个乡(镇、办事处)基本情况,中华人民共和国成立以来受洪成灾情况进行调研。调研组组长戴艳萍表示,加强滩区建设,改善滩区居民生产生活条件,使滩区基础设施滞后局面早日得到改善。

8 月 28 日　长垣县中小河流回木沟治理工程项目招标工作在新乡市公共资源交易中心圆满完成,共有 12 家企业参加投标。

11 月 4 日　长垣县召开今冬明春农田水利基本建设工作动员会,参加会议的有:县领导刘文献、范文卿、陶忠民、宁俊博、杜永轩,各乡(镇、办事处)乡(镇)长、主任、主管副职、水利站长及县直有关单位负责人。会议由政府办副主任徐树刚主持。县人大常委会副主任刘文献宣读《中共长垣县委 长垣县人民政府关于表彰 2012 年度农田水利基本建设工作先进单位的决定》,恼里、魏庄、方里等 6 个乡(镇、办事处)被评为 2012 年度农田水利基本建设先进单位;县政协副主席陶忠民传达了《长垣县 2013 年今冬明春农田水利基本建设实施方案》,各乡(镇、办事处)负责人向副县长范文卿递交了《农田水利基本建设责任书》。

2014 年

2 月 18 日　长垣县大功引黄灌区续建配套与节水改造项目 2013 年度工程招标工作在河南纪检监察宣教基地圆满完成,共有 13 家投标单位参加投标。

3 月 22 日　为纪念第二十二届"世界水日"和第二十七届"中国水周",长垣县水利局围绕"加强河湖管理,建设水生态文明"的宣传主题,开展水法律法规宣传活动。

5月30日　长垣县召开防汛抗旱工作会议,安排部署防汛工作。县领导武胜军、鲁玉魁、耿凌松、刘文献、范文卿、陶忠民、宁俊博、杜永轩出席会议,县委各部委常务副职,县直单位一把手,各乡(镇、办事处)行政正职、主抓副职、武装部长、水利站长,宏力、亿隆、长城、卫华等企业负责人参加会议。

6月16日　县水利局组织宣传队伍6人在龙山商业街北口开展以"强化红线意识,促进安全发展"为主题的"安全生产月"宣传教育活动。

8月　县水利局对全县农村饮水安全工程进行大检查,共检查水厂、供水站43处,发现安全隐患、运行管理不规范问题9处,立即整改解决。

9月15日　县水利局、河南水利与环境职业学院联合举办水利专业知识中专培训班,水利系统共51名青年干部职工参加培训。

10月13日　省水利厅建设与管理处处长李亚军带队,对县水利局进行民主评议行风政风。邀请18名人大代表、政协委员、服务对象,召开民主评议行风政风座谈会。

10月15日　县水利局联合河南水利与环境职业学院举办的水利专业知识中专培训班完成第一期培训学习。

11月17日　长垣县召开今冬明春农田水利基本建设工作动员会,县领导武胜军、刘文献、史振彬、陶忠民、杜永轩出席会议,各乡(镇、办事处)乡(镇)长、主任、主管副职、水利站长及县直有关单位负责人参加会议。会议由杜永轩主持。会上,人大常委会副主任刘文献宣读《中共长垣县委长垣县人民政府关于表彰2013年度农田水利基本建设工作先进单位的决定》,对获奖的恼里镇等7家单位进行了表彰。政协副主席陶忠民传达《长垣县2014年今冬明春农田水利基本建设实施方案》,副县长史振彬对今冬明春农田水利基本建设工作进行了安排部署,各乡(镇、办事处)负责人分别递交了《农田水利基本建设责任书》。

12月11日　县人大常委会主任蔺自治带领部分县人大代表对农田水利基本建设工作及农村饮水安全工程进行了视察,副县长史振彬及县农办、水利等相关部门负责人陪同视察。

2015 年

2月27日　大功引黄灌区续建配套与节水改造项目2014年度工程招标工作在长垣县公共资源交易中心进行,共有13家单位参加投标。

3月6日　长垣县2014年度大功、石头庄灌区财政统筹农田水利建设资金维修养护项目及小型农田水利设施维修养护项目施工招标评标工作,在长垣县公共资源交易管理中心圆满完成,共有6家单位参加投标。

3月22日　为纪念第二十三届"世界水日"和第二十八届"中国水周",县水利局紧紧围绕"节约水资源,保障水安全"的宣传主题,大力开展宣传纪念活动。

5月29日　长垣县召开防汛抗旱工作会议,安排部署防汛工作。

7月23日　由省财政厅副巡视员孔令才任组长的省政府第三考核组一行7人,对长垣县2014年实行最严格水资源管理制度情况进行了考核,对长垣县2014年落实最严格水资源管理制度工作给予充分肯定。

11月20日　长垣县召开今冬明春农田水利基本建设工作动员会。

11月22日　河南水利与环境职业学院"长垣县水利局中专班"第三期结束,培训39名青年干部职工。

2016 年

3 月 22 日　为迎纪念第二十四届"世界水日"和第二十九届"中国水周",县水利局围绕"落实五大发展理念,推进最严格水资源管理"的宣传主题,形式多样地开展了宣传纪念活动。

4 月 23 日　长垣县水利局联合河南水利与环境职业学院举办的第四期中专课程培训班开班,水利系统 70 余名中青年干部职工参加。

5 月 29 日　长垣县召开防汛抗旱工作会议。

7 月 24 日　省水利厅第九督导组崔惠琴副巡视员一行对长垣县防汛抗洪抢险工作进行督导检查。

11 月 11 日　长垣县召开今冬明春农田水利基本建设动员会。

12 月 7 日　长垣县政府新闻办公室召开长垣县水生态文明建设新闻发布会。代县长秦保建出席发布会。新华社、河南日报、大河网、黄河报社、黄河电视台等媒体参加发布会。

12 月 9 日　副省长王铁视察天然文岩渠引黄调蓄工程建设工地,县领导武胜军、秦保建等陪同调研。

2017 年

2 月 18 日　长垣县举行城市建设提质工程暨第一季度重大项目集中开工仪式,水生态文明建设项目正式开工建设。

3 月 4 日　长垣县政府主要负责同志带领县委、县政府领导班子部分成员现场检查了长垣县水生态文明建设项目进展情况,并召开了工程推进会。

3 月 10 日　县委书记武胜军调研水生态文明建设情况。

3 月 22 日　为纪念第二十五届"世界水日"和第三十届"中国水周",长垣市水利局围绕"落实绿色发展理念,全面推行河长制"的宣传主题,开展了形式多样的宣传纪念活动。

4 月 25 日　省长陈润儿视察天然文岩渠引黄调蓄工程。

5 月 31 日　长垣县人大常委会主任夏治中带领部分人大常委会组成人员、人大代表,就长垣县水生态文明建设工作进行了视察。

6 月 6 日　水利部验收长垣县黄河风景区。

6 月 24 日　长垣县举行引黄调蓄 PPP 项目签约仪式。四川省能源投资集团有限责任公司党委副书记夏公海、县委书记武胜军、县长秦保建等领导出席签约仪式。

6 月 26 日　县人大常委会组成人员视察防汛工作。

6 月 30 日　长垣县收听收看全省防汛抗旱工作视频会议,会后,依据会议精神召开专题会议进行安排部署。县长秦保建要求对重点险工隐患和重点灌排工程进行再次检查,对防汛抢险物资进行检查落实,加大抢险及迁安救护演练,强化预案落实,加大监测预警工作力度,加强汛期值班检查。

7 月 18 日　县政协领导视察水系。

11 月 7 日　县委书记武胜军带领相关部门负责人调研水生态文明建设工作。武胜军一行先后到冯楼泵站、大留寺引黄闸、五支渠、大车干渠、二干沟、何寨沟、王家潭、郭庄湖、西分流渠、东分流渠等城乡生态水系建设重点工程,详细了解了工程进展情况,现场研究解决推进中的困难和问题。武胜军要求,要坚持高标准严要求,精心设计,充分利用地形和闲置土方,做好水景建设及便道绿化美化工作。要加强协调配合,严格落实拆迁政策,做细做实拆迁工作。要按照生态水系建设时限要求加快各项工程进度,确保按时保质保量完成工程建设,早日造福全县人民。

2018 年

3 月 22 日 为纪念"世界水日""中国水周",长垣县水利局与住建局联合开展以"实施国家节水行动,建设节水型社会"为宣传主题的节水型城市创建宣传活动,县委宣传部部长李进,统战部部长甘林江,各街道办事处主任,宣传部、文明办、政府办以及县直单位主抓副职参加宣传活动。

8 月 18 日 受 18 号台风"温比亚"影响,长垣县持续强降雨,全县大部分地区降雨超过 150 余毫米,最大降雨量达 213 毫米(樊相镇)。由于做到了科学有效应对汛情,全县主要河道没有出现大的汛情,没有发生洪涝灾害和人员伤亡。

10 月 11 日下午 水利部、国务院扶贫办和县卫计委联合召开"实施水利扶贫三年行动暨坚决打赢农村饮水安全脱贫攻坚战视频会"。

2019 年

2 月 25 日 市委书记秦保建、市长赵军伟调研水生态文明建设工作。

3 月 22 日 为纪念第二十七届"世界水日"和第三十二届"中国水周",市水利局在如意园东广场组织开展了"世界水日"和"中国水周"大型纪念宣传活动。"世界水日"活动的宣传主题是"不让任何一个人掉队","中国水周"活动的宣传主题是"坚持节水优先,强化水资源管理"。

4 月 10 日 省发展和改革委领导在王家潭公园视察水生态文明建设情况。

5 月 5 日 市委书记秦保建调研水生态文明建设工作。

5 月 7 日 市人大常委会组成人员在山海大道大堤调研水生态文明建设。

5 月 10 日 长垣市水利局在如意园东广场组织开展了"防灾减灾日"宣传活动,对水旱灾害知识和防范措施,以及《中华人民共和国水法》《中华人民共和国防洪法》《中华人民共和国河道管理条例》等一系列法律法规进行宣传普及。主题是"行动起来,减轻身边的灾害风险"。

5 月 23 日 市防汛抗旱指挥部副指挥长及成员单位主要负责人收听收看河南省防汛抗旱暨河长制工作电视电话会。

5 月 24 日 长垣市召开防汛抗旱工作会。

5 月 25 日 长垣市市长、总河长、黄河县级河长赵军伟带领水利局、生态环境局、河务局、农机管理总站等部门开展巡河调研。

6 月 1 日 长垣市市长、总河长签发了第 2 号总河长令《关于开展河(湖)长巡河工作的通知》,高位推动河湖长巡河工作。

6 月 4 日 河南省省长陈润儿视察长垣市水生态文明建设情况。

6 月 18 日 《长垣县防汛除涝及水生态文明城市建设西区工程项目 PPP 合同》在县政府正式签约。

7 月 4 日 保定市人大常委会马誉峰调研水生态文明工程。

7 月 10 日 市委书记秦保建、市长赵军伟调研水生态文明建设情况。

10 月 15 日 新乡市政协领导组视察水生态文明建设情况。

11 月 21 日 济源市政协主席带领考察团参观水生态文明建设。

11 月 23 日 滑县县委书记带领考察团参观考察水生态文明建设情况。

12月27日　市委书记秦保建督导水生态文明建设进度。

12月　长垣市获"2015—2017年度河南红旗渠精神杯竞猜活动先进集体""河南省2018年度水利建设工程文明工地(河南省长垣县文岩渠东柳园桥至大车河口段治理工程)",市水利局获得"设计杯"河南省水利系统乒乓球比赛体育道德风尚奖。

2020 年

1月16日　市委书记秦保建督导水生态文明建设进度。

1月15日　阳泽路中桥正式建成通车。

3月22日　市水利局在如意园东广场组织开展了"世界水日"和"中国水周"大型纪念宣传活动。"世界水日"的宣传主题是"水与气候变化","中国水周"的宣传主题是"坚持节水优先,建设幸福河湖"。

4月2日　国家防汛抗旱总指挥部召开全国防汛抗旱工作电视电话会议,市直有关单位负责人在长垣分会场收听收看会议实况。

4月11日　为积极响应市委、市政府提出的水生态环境综合决策部署,市水利局水政监察大队和水利派出所联合公安局、农业农村局、河务局等单位在天然文岩渠开展了禁渔期综合整治行动。

4月26日　河南省生态环境厅副厅长王朝军带队预审长垣生态水系建设。

5月8日　市长赵军伟在长垣分会场收听收看全省防汛抗旱工作电视电话会议。

5月12日　为纪念第十二个"防灾减灾日",长垣市水利局在如意园东广场组织开展了"防灾减灾日"宣传活动,宣传主题是"提升基层应急能力,筑牢防灾减灾救灾的人民防线"。

5月22日　长垣市三善园东园即忠信园开园。

5月24日　长垣市召开防汛抗旱工作会议,市长赵军伟出席会议。

5月26日　平顶山市考察团参观学习长垣水生态文明建设。

6月1日　长垣市市长、总河长签发了第2号总河长令《关于开展河(湖)长巡河工作的通知》,高位推动河湖长巡河工作。

6月3日　新乡市召开防汛抗旱工作电视电话会议,部署近期防汛抗旱各项工作。长垣市领导刘文君、杜永轩及各乡(镇、办事处)、有关部门在长垣分会场收听收看。

6月5日　开封市城乡一体化示范区领导参观考察王家潭湿地公园建设情况。

6月10日　省委考核组领导考察水生态文明建设情况。

6月12日　河南省人大常委会副主任张维宁莅临长垣市开展黄河流域生态保护与污染治理情况专题调研。市长赵军伟陪同。

6月23日　市委书记秦保建在九龙公园调研水生态文明建设情况。

7月1日　长垣市九龙公园开园。

7月7日　长垣市政协领导视察内河防汛工作。

7月14日　市长赵军伟在长垣分会场收看全省防汛抗洪救灾工作专题视频会议。

7月23日下午　省、市及相关部门领导莅临长垣调研黄河流域生态治理情况。

8月10日　国家发改委经济研究所领导一行就第十四个五年规划编制在长垣王家潭湿地公园进行调研。

8月11日　市委书记秦保建调研水生态文明建设西区、南区进展情况。

8月14日　新乡市政协调研组调研长垣水生态文明建设工作。

8月19日　省纪委副书记吴宏亮莅临长垣王家潭公园调研水生态文明建设情况,市委书记秦保建陪同。

8月27日　新乡市政协主席邢亚平一行围绕"推进协商议政平台建设",到九龙公园进行实地调研和研讨交流。

9月10日　省乡村振兴办公室领导莅临长垣王家潭公园参观考察。

9月10日　长垣市举行三善园·明察园开园仪式,市长赵军伟出席;人才公园周日开园。

9月28日　长垣市举行王家潭公园开园仪式。

10月27日　河南科技学院领导莅临长垣调研王家潭公园等水生态文明工程建设情况。

11月13日　中国科技发展战略河南研究院领导考察王家潭公园。

11月21日　香港铜锣湾集团总经理王永朝调研王家潭公园、天然文岩渠生态画廊综合体。市委书记秦保建、市长赵军伟陪同。

11月24日　省委组织部组织黄河流域生态保护和高质量发展专题研修班成员莅临长垣调研王家潭公园。

11月27日　省十三届人大代表莅临长垣视察王家潭公园、天然文岩渠生态画廊综合体项目。

12月22日　新乡市人大代表视察团莅临长垣视察王家潭公园。

12月　长垣市获得河南省农田水利建设"红旗渠精神杯",长垣市被水利部命名为节水型社会建设达标县;市水利局获得省水利建设工程文明工地、2019年度省级卫生先进单位、2019年度河南省水利系统人事统计先进单位、2020年度全省水旱灾害防御工作先进集体称号、2019年度全省四水同治工作考核"优秀"、2019年度全省水利建设质量工作考核获得A级。获得新乡市文明单位、2019年度平安建设优秀基层单位、2019年度脱贫攻坚突出贡献奖、新乡市2019年度河长制评估优秀等次。

2021 年

1月13日　水利部、财政部联合印发《全国中型灌区续建配套与节水改造实施方案(2021—2022年)》,明确实施郑寨灌区续建配套与节水改造项目,总投资8654.01万元。

1月20日　新乡市纪委领导莅临长垣调研黄河流域生态保护和高质量发展建设情况。

2月20日　市委书记秦保建调研水生态文明建设。

3月1日　长垣市水利局采取多种形式,组织开展了《中华人民共和国水土保持法》(修订)实施十周年大型宣传活动。

3月5日　新乡市人大常委会领导考察九龙公园。

3月17日　新乡市人大常委会领导来长垣开展黄河湿地保护专题调研,考察王家潭公园、九龙公园。

3月11日　《长垣县防汛除涝及水生态文明城市建设北区工程项目PPP合同》在长垣市水利局正式签约。

3月22日　为纪念第二十九届"世界水日"和第三十四届"中国水周",长垣市水利局组织开展水法宣传活动,宣传主题是"深入贯彻新发展理念,推进水资源集约安全利用"。

3月30日　贾庄引黄泵站正式建成投用。

4月7日　市政协主席鲁玉魁督导水生态文明建设。

4月19日上午　省委组织部考察组调研考察王家谭公园。

4月22日　水利部副部长陆桂华莅临长垣调研天然文岩渠治理生态补水引黄调蓄工程。

4月28日　全省农田水利设施排查整改工作电视电话会议召开,市领导赵军伟、杜永轩及各乡(镇、办事处)、市直有关部门负责人在长垣市分会场收听收看。

4月29日　长垣市召开农田水利设施排查整改工作会议。市长赵军伟主持,市委常委、统战部部长甘林江对农田水利设施排查整改工作进行了安排部署,副县级干部杜永轩宣读了《长垣市农田水利设施排查整改工作方案》,各乡(镇、办事处)、市直有关部门负责人参加会议。

5月12日　为纪念第十三个"防灾减灾日",长垣市水利局以"防范化解灾害风险,筑牢安全发展基础"为宣传主题,在如意园东广场开展水法律法规宣传活动。

5月18日　省防汛抗旱工作电视电话会议召开,长垣市领导赵军伟、甘林江、郑富锋及各乡(镇、办事处)、市直有关部门负责人在长垣分会场收听收看。

5月26日　新乡市人大领导在长垣调研水生态文明建设情况。

6月7日　市长赵军伟调研农田水利设施排查整改等工作。

6月25日　市委书记秦保建调研博爱路桥建设情况。

6月26日　《长垣县防汛除涝及水生态文明城市建设东区工程项目PPP合同》在长垣市水利局正式签约。

6月30日　长垣市博爱路大桥通车。

7月2日　长垣市召开农田水利设施建设工作会议。

7月16日　市委书记秦保建主持召开全市防汛工作调度会,传达贯彻全省和新乡市防汛工作会议精神,对长垣市防汛工作进行再安排再部署。

7月20日　长垣市出现大暴雨天气,最大降雨量达248.2毫米,最大小时雨量84.7毫米(20日15—16时),从7月20日凌晨至22日降雨结束,长垣市累计降雨量最大达295.2毫米。内河主要排涝河道水位骤涨,其中丁栾沟、文明渠水位上涨3米,最大出境流量达80立方米每秒;回木沟水位上涨2.5米,由于下游滑县段水位顶托,出境排水不畅,河道几近漫溢;天然文岩渠最大流量达170立方米每秒,右堤个别闸门出现倒灌现象。受强降雨影响,全市水毁水利工程71处,其中河道堤防1处、桥梁工程22处、水闸工程11处、河道边坡5处、引黄泵站3处、农村供水工程13处,在建项目16处。

7月21日　长垣市发布号召全市各级党组织和广大党员积极投身防汛救灾工作的倡议书,要求广大共产党员坚决落实市委"时刻保持战时状态,做好防大汛抗大灾准备"要求,凝聚安全度汛的强大合力,投身防汛抗灾工作。

7月22日　市委书记秦保建主持召开一届市委常委会第39次(扩大)会议,进一步学习贯彻习近平总书记对防汛救灾工作的重要指示、全省紧急防汛调度会、楼阳生在省防汛抗旱指挥部会商会上的重要讲话及新乡市委常委会会议精神,对全市防汛抢险进行调度,对汛后生产生活秩序恢复工作进行安排部署。市委常委出席会议,市人大常委会主任、政协主席、分管市领导、市直部门负责人列席会议。

7月24日　市委书记秦保建主持召开防汛除涝工程论证座谈会,对水生态文明建设规划设计方案进行再梳理,对存在的问题进行讨论、研究,进一步优化、完善设计方案,提升城区及乡(镇)整体防汛排涝能力,使水生态文明建设更好地服务于长垣经济社会的发展。

7月30日　在新乡市河湖长制工作考核评比中,长垣市获得第一名。

8月10日 在2020年度四水同治工作考核中,长垣市被河南省四水同治工作领导小组评为"优秀"等次,首次位列省直管县第一名,获得500万元资金奖励。

8月17日 市委书记秦保建调研纬一路桥、德邻大道桥、博爱路桥、宏力大道桥建设情况。

8月18日 省防汛抗旱指挥部紧急视频会议召开,市委书记秦保建、代市长邓国永在长垣分会场收听收看。

8月20日 长垣市召开防汛工作调度会,市委书记秦保建、代市长邓国永出席会议。邓国永对防汛工作提出明确要求,并对项目建设、疫情防控、安全生产等工作进行了安排部署。各乡(镇、办事处)、相关部门负责人汇报了防汛工作准备情况。

9月24日上午 省委第六巡视组参观考察王家潭公园。长垣市委副书记、市长邓国永陪同。

9月24日 全省防汛工作视频会议召开,深入贯彻习近平总书记关于防汛救灾工作重要指示,就应对新一轮降雨过程进行安排部署。代市长邓国永、市防汛抗旱指挥部成员单位负责人在长垣分会场收听收看。

9月27日 潢川县考察团调研长垣水生态文明建设情况。

9月29日 获嘉县考察团调研长垣水生态文明建设情况。

10月16日 辉县市党政考察团考察长垣王家潭公园。

10月27日 河南省气象局和新乡市气象局领导参观王家潭公园。

11月4日 全国冬春农田水利暨高标准农田建设电视电话会议召开。长垣市副县级干部杜永轩及各乡(镇、办事处)、市直有关单位负责人在市分会场收听收看。

11月23日 市政协主席鲁玉魁督导水生态文明建设情况。

12月2日 市政协主席鲁玉魁督导水生态文明建设情况。

12月9日 市政协主席鲁玉魁督导水生态文明建设情况。

12月21日 市政协主席鲁玉魁检查宏力大道桥通车前准备情况。

12月22日 获嘉县政协调研组调研王家潭公园及城乡水生态文明建设情况。

12月 市水利局获得的荣誉:河南省2020年度四水同治工作考核优秀等次、河南省农村饮水安全脱贫攻坚先进集体、2020年度全省水土保持目标责任评估优秀等次、河南省2019—2020年水土保持工作先进集体、河南省水利行业节水型机关、2020年度河湖长制工作市级考核优秀等次、新乡市2020年平安建设优秀基层单位、长垣市先进基层党组织、长垣市市直机关企事业单位一星级党组织、长垣市庆祝建党100周年"初心永恒"微作品评选二等奖、长垣市庆祝中国共产党成立100周年红歌大赛组织奖、长垣市第一届运动会暨全民健身大会体育道德风尚奖。

2022 年

1月5日 市政协主席鲁玉魁督导三善·恭敬园蓄水准备情况。

1月20日 全省防汛救灾查弱项补短板工作电视电话会议召开。市领导郑富峰、常永、杜永轩及各乡(镇、办事处)、有关单位负责人在长垣分会场收听收看。

2月10日 市长邓国永调研冬春水利建设工作。邓国永强调水利设施是农业的命脉,要着眼长远,科学规划,进一步加强农田水利基础设施建设管理,做到涝能排、旱能浇,确保农田水利基础设施在农业生产中发挥更好作用。

2月17日　镇平县考察团考察王家潭公园、三善·明察园。

2月21日　通许县考察团考察王家潭公园。

2月24日　新乡市委组织部第九考核组参观王家潭湿地公园。

2月26日　新乡市公路、水利、城建项目集中开工活动分会场——长垣市文明渠治理项目在蒲北街道开工,市领导范文卿、邓国永、靳开伟、鲁玉魁出席开工仪式。

3月14日　全省防汛工作会议召开,深入贯彻习近平总书记关于防汛救灾工作的重要指示,范文卿、邓国永、靳开伟、鲁玉魁等市领导及各乡(镇、办事处)、市直部门主要负责同志在长垣分会场通过视频直播进行了收听收看。

3月22日　为纪念第三十届“世界水日”和第三十三届“中国水周”,长垣市水利局围绕着“珍惜地下水,珍视隐藏的资源”主题,开展了水法规宣传活动。

4月14日　全国防汛抗旱工作电视电话会议召开,市领导邓国永、丁鹤、夏鹏远及各乡(镇、办事处)、市直有关部门负责人在长垣市分会场收听收看。

5月14日　市委书记范文卿主持召开农业农村暨“三夏”工作会议和防汛工作会议。市长邓国永出席会议并对防汛工作提出明确要求,市委常委、副市长浮俊红传达了全国电视电话会议精神并对全市防汛工作进行了安排部署。各乡(镇、办事处)、市直相关部门负责人参加会议。

6月9日　新乡市人大常委会组成人员在长垣王家潭公园、九龙公园、宏力大道桥开展调研活动。

6月18日　应急管理部、河南省政府组织开展河南郑州应对特大暴雨灾害应急演练。演练以视频会议的形式举行。范文卿、邓国永、浮俊红、卢立松等市领导及各乡(镇、办事处)、市直有关部门负责人在长垣分会场组织观摩。

6月26日　市长邓国永主持召开全市防汛分析研判会,市领导浮俊红、常永、张万里、丁鹤、夏鹏远出席会议。市委宣传部、市应急管理局、气象局、水利局、河务局、住建局等部门负责人参加会议。

7月8日　河南省委组织部、新乡市委组织部领导参观王家潭公园。

7月15日　卫辉市党政考察团莅临长垣调研王家潭公园、三善·明察园。

7月19日　长垣市人大常委会组成人员视察何寨沟建设情况。

7月19日　全省防汛工作视频调度会召开,分析研判形势,安排部署本轮降雨过程防范应对工作。范文卿、邓国永、浮俊红、卢立松等市领导和市防指有关成员单位负责人在长垣分会场收听收看。

7月27日　市长邓国永调研何寨沟建设情况。

7月30日　河北保定市清苑区考察团考察长垣水生态文明建设。

8月3日　新乡县考察团考察长垣王家潭公园、三善·明察园。

8月17日　省人大常委会立法调研组调研王家潭公园、三善·明察园。

8月17日　全省防汛抗旱工作视频调度会召开,市领导邓国永、杜永轩及各乡(镇、办事处)、市直有关部门负责人在长垣市分会场认真收听收看。

8月18日　封丘县考察团考察王家潭公园、三善·明察园。

8月19日　光山县考察团调研王家潭公园、三善·明察园。

8月24日　江西省遂川县领导莅临长垣调研王家潭湿地公园、三善·明察园、三善·恭敬园。

9月11日　市长邓国永检查水系公园的卫生、管理和防疫工作。

10月10日　新乡市纪委第四监察调研室主任、市林业局局长杨富勤参观王家潭公园、三善·明察园。

10月11日　民建新乡市委领导调研王家潭公园、三善·明察园、天然文岩渠等项目建设情况。

10月12日　省人大常委会调研组调研王家潭公园、三善·明察园等水生态文明建设情况。

12月　长垣市被评为河南省"红旗渠精神杯"竞赛活动先进集体、河南省"红旗渠精神杯"竞赛活动长垣市表现突出单位;长垣市水利局被评为2021—2022年度全省水政监察工作先进集体、2022年度新乡市四水同治工作做出突出贡献单位、新乡市2021年度河湖长制工作市级评估"优秀"等次、2021年度长垣市河湖长制工作表现突出单位。

第一章　自然环境

长垣市是河南省直管县级市,位于河南省东北部,东临黄河,与兰考县、山东省东明县隔黄河相望,居郑州、新乡、安阳、濮阳、开封、菏泽等城市群中心,市域面积 1051 平方公里,耕地面积 6.96 万公顷,人口 90.5 万人,辖 11 个镇 2 个乡 5 个街道办事处 1 个省级高新技术开发区、596 个建制村、22 个城市社区。

第一节　地貌地质

一、地貌

长垣市系黄河冲积平原,境内无山,地势平缓,海拔 57.3~69.7 米。太行山余脉伸向市境,清初尚有岗丘起伏,因黄河多次决口,泥沙沉积,已变迁为平地。地势最高处为恼里镇东南一带,海拔 69.7 米,最低处在佘家镇北,海拔 57.3 米。境内中部有临黄大堤,长约 43 公里,将长垣市自然分割为东西两部分,堤东为黄河滩区,堤西为背黄区。堤东比堤西高 2~4 米。堤东地势南高北低,东高西低,从东南向西北倾斜,地面幅度为 1/3000~1/8000;区内多缓坡、平洼、沙沟。堤西地势比较平坦,南部以市区为中心,东、西、南 3 面均以 1/4000~1/6000 的地面幅度向市区倾斜,市区以北地面幅度以 1/8000~1/12000 向东北倾斜,个别地段有反坡现象。

二、地质

长垣市由于黄河多次泛滥冲积,形成多种土壤,分为潮土和风沙土两大土类,黄潮土、盐碱化潮土和冲积性风沙土 3 个亚类,沙土、两合土、淤土、盐碱土、风沙土和灌溉土 6 个土属。

(一)沙土

沙土有粗沙、细沙之分,面积 2.32 万公顷,占全市总耕地面积的 37.83%。此土多在黄河决口处和串沟急流地方,呈带状分布。主要在方里、佘家、张三寨、满村 4 个乡(镇)的东部,孟岗镇的北部,魏庄镇的东北部,以及黄河滩区一些地方。其特点是:土质疏松易耕、适耕期长,但团粒结构不够好,保水保肥性能差,有机质少,地力瘠薄,发苗不发籽,产量较低,易旱怕涝。

(二)两合土

两合土分小两合土和大两合土,多介于沙土和淤土之间,面积 1.27 万公顷,占全县总耕地面积的 20.69%。主要分布于樊相、蒲西、蒲东、南蒲、魏庄、孟岗、丁栾、常村等乡(镇、办事处)。其特点是:土壤疏松适中易耕,保水保肥性能好,团粒结构好,耐旱耐涝,容易发苗,适耕期长,适宜多种作物生长。

(三)淤土

淤土分老淤土、嫩淤土和漏风淤,该土多在缓坡地带,即两合土的外侧,面积 1.17 万公顷,占全县总耕地的 19.08%。主要分布于蒲西、蒲东 2 个办事处和樊相镇东南部、南蒲办事处北部、常村镇东北部,丁栾镇、满村镇的中部和西部,其他乡(镇)也都有零星分布。其特点是:土壤肥力较高,增产潜力较大,保肥壮苗促籽,但质地紧密、通气透水性能差,适耕期短,不易耕种。

(四)盐碱土

盐碱分卤碱、牛皮碱等,碱土多在太行、临黄两堤的背河洼和其他低洼地方,面积1.15万公顷,占全县总耕地面积的18.84%。主要分布在赵堤镇、方里镇的东部和东北部,佘家镇的东部,魏庄镇、南蒲办事处的南部和其他乡(镇)的局部地方。其特点是:含盐分较高,一般含盐在2%以上,pH一般在8.5以上,土地瘠薄,排水不畅,盐分有明显的季节变化,难出苗,农业产量较低。

(五)风沙土

风沙土大部分是黄河决口和急流串沟所造成的,大都处于风口,呈带状分布。面积1927公顷,占全县总耕地面积的3.15%。主要分布在黄河滩区和孟岗、方里、佘家、满村4个镇部分地区。其特点是:土质疏松,植被稀少,易旱怕涝,跑肥漏水,土地肥力很低。

(六)灌淤土

灌淤土是利用黄河含泥沙多的季节引黄灌淤造田所形成的,面积253.33公顷,占全县总耕地面积的0.41%。此土一般积淤30~50厘米,土壤较肥沃,耐旱耐涝,适宜多种作物生长。

1985年以后,由于引黄灌溉面积扩大、种植结构调整,土壤肥力提高,风沙土、盐碱土已转为淤土或两合土。长垣市土壤分布图见图1-1。

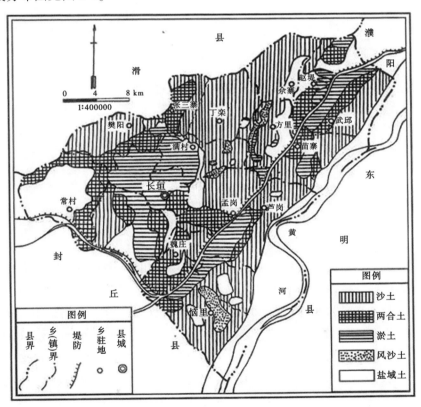

图1-1 长垣市土壤分布图

1980年长垣县水利区划,按照自然地理特点、土壤及水文地质条件、地貌特点分为6个类型区:一是金堤河上游缓平坡区,包括常村、樊相两镇的大部和张三寨乡的全部,总面积128平方公里;二是金堤河上游浅平洼区,包括常村东部、张寨北部、蒲西、蒲东、蒲北、满村大部、丁栾西部、樊相东部、孟岗西部和魏庄西北部,总面积242平方公里;三是黄河决口冲积的沙沟、沙洼花碱区,包括孟岗北部、满村、丁栾东部、方里、佘家西部,总面积114平方公里;四是黄河背河洼地、天然文岩渠浸润区,包括赵堤西部、佘家东部、方里中部、孟岗西部、魏庄大部、张寨南部,总面积122平方公里;五是黄河背河洼地、天然文岩渠侵蚀区,包括方里东部、赵堤大部、孟岗东北部,总面积94平方公里;六是黄河滩区,包括恼里、总管、芦岗、苗寨、武邱5个乡(镇)全部及堤西6个乡(镇)在滩区的土地,总面积352平方公里。

长垣市地形图见图1-2。

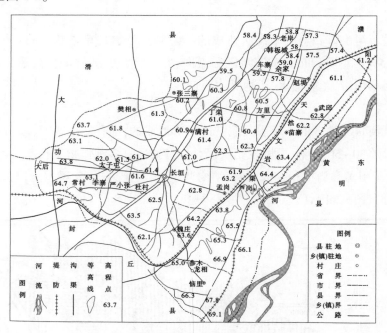

图1-2 长垣市地形图

第二节 水文气象

一、水文

临黄大堤西金堤河流域西部和中部,一般浅层含水层由中粗砂、中细砂组成,厚度10~20米,单位涌水量为10~20吨每小时米,为强富水区。金堤河流域南部和东部,一般浅层含水层由中细砂、细砂和粉砂组成,厚度为5~20米,单位涌水量为5~10吨每小时米,为中等富水区。该区浅层地下水矿化度:大部地区为1~2克每升,属重碳酸、硫酸型微咸水;部分地区为0.5~1.0克每升,属重碳酸型淡水;局部地区为2~3克每升,属硫酸氯化型半咸水。该流域地下水一般埋深:东部为3~5米,中部为4~7米,西部为7~10米。

临黄大堤东天然文岩渠流域即黄河滩区,因受历史上黄河泛滥的影响,沙质土居多。一般浅层含水层由细砂、粉砂和亚砂土组成,单位涌水量为1~5吨每小时米,为有咸水分布的弱富水区。该区一般浅层含水层不发育,地下水资源贫乏;深层含水层较好,单井出水量大,宜发展深井灌溉。该区浅层地下水矿化度:一般为1~2克每升,属重碳酸、硫酸型微咸水,特别是恼里镇的东部、芦岗乡的东南部和苗寨镇的大部,矿化度均为2.5~4.0克每升和4.0~6.8克每升,为硫酸氯化型半咸水与咸水。其地下水埋深,武邱乡北部为4~5米,其余大部分为2~3米。

长垣市地下水分布图见图1-3。

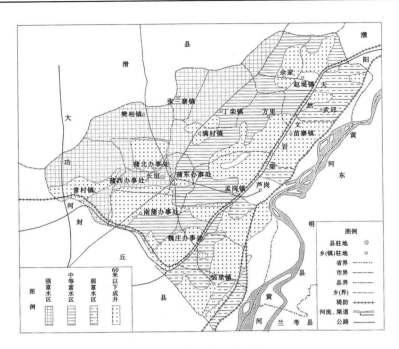

图 1-3　长垣市地下水分布图

二、气象

长垣市属暖温性大陆气候,有明显季节变化。春季干旱多风,夏季高温多雨,秋季日温差大,冬季寒冷少雪,天气变化剧烈,水旱灾害频繁。

(一)降水

自 1953 年有降水记载,至 2022 年 70 年资料分析计算,年平均降水量 627.238 毫米。年际降水变幅很大,最大年降水量 1329.1 毫米,发生在 2021 年;最小年降水量 250.80 毫米,发生在 1966 年。最大月降水量 524.80 毫米,发生在 1963 年 8 月;最大日降水量 293.50 毫米,发生在 1994 年 7 月 12 日。70 年中,年降水量在 750 毫米以上的丰水年有 18 年,占 25.7%;年降水量在 550 毫米以下的枯水年有 22 年,占 31.4%;降水量介于丰、枯年份之间的平水年有 30 年,占 42.8%。年内降水分布不均,代表丰水年的 1962 年,年降水量 846.40 毫米,汛期 4 个月(6—9 月)累计降水量 684.70 毫米,占全年降水量的 80.9%;代表枯水年的 1999 年,年降水量 415.30 毫米,汛期 4 个月(6—9 月)累计降水量 259.20 毫米,占全年降水量的 62.4%;代表平水年的 1975 年,年降水量 638.70 毫米,汛期 4 个月(6—9 月)累计降水量 489.10 毫米,占全年降水量的 76.6%,汛期降水量占年降水量的 60%~80%。

1949—2022 年长垣市降水量统计见表 1-1。

(二)气温

据 1967—1997 年资料分析,年平均气温 13.89℃,极端最高气温 41.1℃(1964 年 7 月 8 日),极端最低气温-18.3℃(1971 年 12 月 27 日);月平均气温 7 月最高,达 27.3℃,1 月最低,仅 1.8℃。

(三)蒸发

多年平均水面蒸发量 1383.2 毫米(φ20 蒸发器观测资料),年内有季节性变化,5 月、6 月、7 月蒸发强度最大,日计 180 毫米以上;11 月至翌年 2 月蒸发强度最小,一般日计 60 毫米以下。

表1-1 1949—2022年长垣市降水量统计

年份	月降水量/毫米												年降水总量/毫米	年降水极值	
	1月	2月	3月	4月	5月	6月	7月	8月	9月	10月	11月	12月		时间(月-日)	降水量/毫米
1949															
1950															
1951															
1952															
1953													591.3		
1954													635.6		
1955													627.5		
1956													679.1		
1957	24.9	6.4	9.7	46.9	16.4	141.3	308.2	16.8	0.1	39.4	20.9	7.8	638.8	07-10	105.9
1958	15.6	0.3	38.8	48.1	42.7	50.2	252.4	149.7	11.3	73.6	66.1	14.7	763.5	07-12	78.4
1959	5.1	5.3	48.0	8.6	48.3	95.7	36.8	84.2	29.2	32.0	24.9	12.8	430.9	08-25	44.9
1960	4.1	0	21.6	11.1	17.8	27.8	361.5	13.1	52.8	33.7	11.0	0.8	555.3	07-28	144.3
1961	0.4	0.8	25.8	27.1	38.3	59.7	120.9	112.1	130.2	85.9	33.4	4.0	638.6	07-17	42.4
1962	0.6	17.7	0	11.6	5.3	98.4	306.0	219.4	60.9	43.7	76.5	6.3	846.4	07-19	166.7
1963	0	0.7	32.4	26.4	177.8	74.6	104.0	524.8	46.3	0	22.2	11.6	1020.8	08-03	163.3
1964	16.2	24.6	23.0	169.7	90.1	12.2	120.0	211.9	116.8	97.9	14.2	4.3	900.9	08-30	68.3
1965	2.7	18.0	5.5	52.0	3.5	4.7	117.8	37.0	26.4	31.5	60.9	0	360.0	07-07	48.6
1966	0	19.2	38.4	11.8	6.2	7.1	97.3	37.0	8.5	10.1	13.6	1.6	250.8	08-10	29.9
1967	12.1	27.8	62.6	38.7	20.5	49.9	241.4	98.4	204.4	7.6	58.6	0.7	822.7	07-11	206.1
1968	4.0	0.1	4.0	12.6	15.8	10.5	45.8	158.9	58.0	55.7	23.2	14.3	402.9	08-25	51.3
1969	8.0	10.5	3.6	167.2	63.9	11.3	111.8	275.8	195.8	6.3	0.1	0	854.3	08-21	211.9
1970	0	1.9	1.7	34.0	37.3	52.1	238.1	110.6	39.4	18.3	4.0	0.1	537.5	07-29	116.6
1971	7.3	14.9	8.6	28.0	8.0	242.7	109.1	183.2	98.5	21.1	33.5	11.3	766.2	06-25	148.3
1972	14.3	5.7	19.8	12.8	31.3	114.0	288.4	55.7	133.6	227.8	16.3	0.1	919.8	07-07	114.0
1973	13.8	4.0	11.4	71.2	30.3	133.0	266.5	116.2	51.3	42.9	1.5	0	742.1	08-30	79.3
1974	0.5	3.9	35.7	15.9	70.8	59.8	73.2	268.0	90.5	59.1	28.7	44.3	750.4	08-07	64.4

续表 1-1

年份	月降水量/毫米												年降水总量/毫米	年降水极值	
	1月	2月	3月	4月	5月	6月	7月	8月	9月	10月	11月	12月		时间(月-日)	降水极值/毫米
1975	0.3	4.1	17.3	72.7	0.3	31.1	172.9	193.7	91.4	44.4	1.8	8.7	638.7	08-31	150.1
1976	0	24.2	6.1	33.1	4.6	27.7	207.4	193.5	31.3	15.8	16.0	0.2	559.9	07-20	43.0
1977	0.2	0	15.9	34.6	25.9	74.5	178.7	114.1	32.5	67.0	17.7	6.8	567.9	08-05	45.0
1978	0	9.1	45.7	8.8	14.2	34.5	278.7	21.1	21.7	41.0	16.7	4.2	495.7	07-06	106.1
1979	21.5	16.4	50.7	70.2	33.9	119.7	148.7	64.6	107.5	4.7	2.6	21.0	661.5	06-30	78.2
1980	1.1	0	24.1	19.2	45.5	142.4	98.4	41.5	89.5	56.9	1.2	0	519.8	09-04	69.7
1981	7.8	0.4	29.3	6.1	1.7	50.3	65.0	124.0	30.0	4.8	19.4	0	338.8	07-09	176.0
1982	1.3	10.3	18.2	14.4	57.9	54.9	230.8	205.9	31.0	44.2	26.7	0	695.6		92.4
1983	2.0	3.6	44.3	49.4	71.4	49.9	87.7	7.7	178.2	71.8	1.6	0	567.6	09-08	177.5
1984	0	0.4	8.1	12.2	65.8	66.1	203.6	283.2	153.5	12.8	30.8	33.4	869.9	08-09	61.4
1985	7.4	2.9	9.9	27.0	85.6	10.1	40.9	162.2	274.1	54.3	10.8	8.9	694.1	08-22	64.8
1986	0.9	0	20.8	11.8	68.9	13.2	21.0	109.4	46.2	61.7	4.0	15.6	373.5	08-14	60.3
1987	5.8	15.8	27.0	23.7	11.1	83.4	43.5	71.4	60.3	74.7	14.8	0	431.5	09-03	44.9
1988	0.1	2.3	21.5	10.2	154.2	6.6	104.8	52.7	52.0	26.3	0	9.8	440.5	07-04	84.6
1989	41.6	6.7	33.0	2.0	33.0	67.8	282.5	40.1	27.4	6.0	13.3	14.4	567.8	07-31	50.4
1990	22.9	46.3	72.0	19.3	62.3	111.4	109.7	62.4	18.5	0.3	48.6	2.3	576.0	07-21	81.8
1991	5.3	3.6	55.0	21.5	82.4	54.7	66.4	158.7	16.1	2.2	11.7	10.2	487.8	08-17	150.5
1992	13.8	4.2	20.4	12.5	58.4	16.8	247.4	361.8	51.0	11.1	16.1	17.1	816.8	08-11	98.8
1993	0.3	10.4	19.1	82.1	87.8	224.8	93.0	133.1	46.8	46.8	96.4	0.1	854.2	06-28	293.5
1994	0	5.9	13.4	80.9	45.7	132.1	404.3	71.9	12.6	76.7	41.3	19.9	905.0	07-12	145.6
1995	0	0	21.7	9.6	8.2	56.1	224.7	161.0	19.9	53.3	0	0.8	555.3	07-18	56.6
1996	0.9	11.5	10.8	37.3	38.2	37.9	120.2	145.4	93.0	59.2	21.0	0	575.2	08-04	38.0
1997	5.9	17.3	34.1	18.6	44.4	6.4	68.3	8.0	88.7	0.4	26.3	2.7	321.1	09-12	115.0
1998	3.6	19.3	51.1	22.2	116.9	40.0	266.8	246.0	0.5	4.7	0.3	4.4	775.8	07-30	51.7
1999	0	0	31.1	20.6	27.0	19.7	107.9	20.3	111.3	70.6	6.8	0	415.3	07-05	58.5
2000	20.5	1.3	0	10.6	21.2	76.6	231.5	18.8	95.6	63.4	15.8	0.4	555.7	07-06	

续表 1-1

年份	月降水量/毫米												年降水总量/毫米	年降水极值	
	1月	2月	3月	4月	5月	6月	7月	8月	9月	10月	11月	12月		时间(月-日)	降水量/毫米
2001	29.8	17.1	0.5	4.7	1.2	72.3	157.8	25.2	11.9	20.0	0.7	27.2	368.4		
2002	16.4	0	13.1	23.3	133.4	65.4	59.0	18.1	36.6	12.9	0.7	24.3	403.2	05-14	84.9
2003	8.9	20.0	25.5	48.9	38.5	174.8	125.2	223.7	92.9	108.4	42.7	11.5	921.0	06-20	61.0
2004	2.3	13.1	5.2	21.0	76.8	85.0	265.5	127.5	75.8	3.9	20.9	12.3	709.3	07-28	138.5
2005	0	7.7	2.1	11.8	50.9	78.3	281.1	117.5	191.4	22.0	6.1	2.9	771.8	07-31	96.1
2006	6.3	17.4	1.3	15.3	28.6	104.0	295.8	87.3	25.2	0	59.9	8.6	649.7	07-03	182.0
2007	0	3.4	41.3	8.4	57.0	78.6	139.4	216.1	4.4	15.5	0	0	564.1	08-10	188.0
2008	10.3	4.3	7.8	109.7	30.2	5.5	125.2	41.1	67.4	11.3	6.3	0.6	419.7	04-08	54.1
2009	0	29.8	37.8	44.0	37.8	34.7	144.0	214.4	51.3	9.9	39.1	0.6	643.4	08-22	98.0
2010	0.3	12.0	11.2	45.6	108.9	11.8	186.4	368.1	168.3	1.9	0.3	0	914.8	07-01	93.0
2011	0	22.7	2.1	17.9	81.0	38.4	66.7	90.1	238.0	45.3	90.3	9.9	702.4	09-14	60.2
2012	1.9	0.1	36.9	41.2	5.2	1.9	182.1	88.5	91.0	21.2	14.3	16.0	500.3	09-02	65.4
2013	4.9	14.5	1.9	14.4	76.5	7.0	181.2	39.9	9.9	9.9	39	0	399.1	07-02	57.1
2014	0.5	26.4	4.3	51.4	38.9	53.0	146.7	31.5	182.7	8.3	24.5	0.3	568.5	07-30	79.3
2015	10.4	1.0	10.8	74.9	31.2	135.1	56.1	53.5	28.2	16.5	87.9	0.3	505.9	06-24	83.1
2016	1.3	8.3	0	13.4	53.8	72.4	181.3	63.4	51.7	75.6	15.9	21.0	558.1	07-19	66.8
2017	14.3	5.7	5.0	58.2	34.1	71.7	198.3	147.6	33.6	30.7	3.0	2.2	604.4	07-30	65.2
2018	8.5	6.7	22.9	65.7	89.8	120.4	16.1	185.9	100.6	0	12.4	10.6	639.6	08-19	99.4
2019	8.5	7.3	1.2	18.9	0.4	71.6	52.4	219.8	38.5	64.9	1.6	11.9	497.0	08-10	74.7
2020	38.3	17.2	2.4	29.1	53.4	114.5	47.8	270.5	36.7	22.0	61.5	3.7	697.1	08-04	132.9
2021	0	62.8	18.8	28.4	17.4	53.2	363.7	369.3	348.0	36.4	29.9	1.2	1329.1	07-21	138.6
2022	21.7	0.6	21.9	7.7	5.2	41.8	381.2	26.1	0.2	29.5	34.1	2.9	572.9	7.22	114.0

(四)日照

多年平均日照时数为2232.89小时,日照百分率为51.0%。

(五)风速

多年平均风速为2.77米每秒。

(六)霜期

年平均无霜期为208天,最长287天,最短193天,初霜日和终霜日早晚悬殊。初霜日平均在10月27日,最早为10月10日,最晚为11月17日,早晚相差37天。终霜日平均在4月1日,最早为2月16日,最晚为4月21日,早晚相差64天。

第三节　河流水系

长垣市统属黄河流域,流域总面积1051平方公里。除生产堤以东109平方公里为黄河干流控制,占全市总流域面积的10.4%外,其余分为天然文岩渠和金堤河两大水系。

一、天然文岩渠水系

临黄堤以东、生产堤以西为天然文岩渠水系,控制流域面积242平方公里,占全市总流域面积的23.6%。长垣市处在天然文岩渠流域的最下游,承担原阳、延津、封丘、长垣4个县(市)2514平方公里的涝水下排任务。天然渠、文岩渠在长垣大车集交汇成天然文岩渠,流至濮阳县渠村黄河分洪闸处,进入黄河,为黄河一级支流。长垣黄河滩区涝水主要依靠左寨干渠、郑寨干渠及其配套支渠排入天然文岩渠。由于引黄退水和黄河漫滩洪水入渠,河床逐年淤高,仅在黄河洪水和上游内涝退水较少时,黄河滩区的涝水才能自流排入天然文岩渠。每到大汛,黄河洪水顶托,滩区涝水需要提排。

二、金堤河水系

临黄大堤以西为金堤河水系,控制流域面积700平方公里,占全市总流域面积的66%,长垣处水系最上游。境内支流主要有文明渠、丁栾沟、回木沟、大功河及尚村沟、张葛沟、李方屯沟、大石桥沟等边界沟,涝水经滑县、濮阳、范县及山东莘县、阳谷,到台前东张庄汇入黄河。

第二章 水资源

长垣市水资源总量 5.88 亿立方米。其中,地上水 2.79 亿立方米(地表径流 0.53 亿立方米,外来水 2.26 亿立方米),地下水 3.09 亿立方米。扣除引黄渠道渗漏和灌溉水回渗 1.37 亿立方米,苦咸、高氟水 0.30 亿立方米,难以利用的降水径流 0.34 亿立方米,全市可供利用水量 3.87 亿立方米。平均每平方公里水资源量 36.8 万立方米,人均水资源量 455 立方米,不足全国的五分之一,属水资源严重缺乏地区。2002 年黄河小浪底水库调水调沙生产运行以后,河道下切,造成引水困难,地下水得不到及时补给;加之工农业发展迅速,用水量大幅增加,且地下苦咸氟水多;同时,水污染日益严重,致使水资源供需矛盾日益突出。

第一节 开发利用

目前,水资源已利用量 3.71 亿立方米,分别占水资源总量和可利用水量的 61.56% 和 93.54%。其中,农田灌溉用水量 2.87 亿立方米,占水资源总量的 48.81%;生活用水量 0.29 亿立方米,占水资源总量的 4.93%;工矿企业、特种行业用水量 0.24 亿立方米,占水资源总量的 4.08%;生态环境用水量 0.18 亿立方米,占水资源总量的 3.06%;林牧渔畜用水量 0.13 亿立方米,占水资源总量的 2.21%。

一、地表水

(一)地面径流

长垣市多年平均降水量 627.23 毫米,年径流深为 50 毫米,年平均径流量为 0.53 亿立方米。扣除黄河生产堤以东 109 平方公里的径流量,地面径流 0.44 亿立方米。因天然文岩渠、文明渠等主要河流上建有节制闸工程及王家潭、明察园等调蓄湖作用,降水形成的年平均径流量利用率可达 41%,即 0.22 亿立方米。长垣市典型年和代表年降水量见表 2-1。

表 2-1 长垣市典型年和代表年降水量

平均年降水量/毫米	丰水年		平水年		枯水年	
	降水量/毫米	代表年降水量/(年/毫米)	降水量/毫米	代表年降水量/(年/毫米)	降水量/毫米	代表年降水量/(年/毫米)
627.23	846.4	1962/846.4	638.7	1975/638.7	415.3	1999/415.3

(二)外来河水

长垣市东靠黄河,中有天然文岩渠。目前,境内有大功、石头庄、左寨、郑寨 4 个引黄灌区引用这 2 条过境河流的水源。其中,大功、石头庄 2 个灌区在临黄大堤西,左寨、郑寨两个灌区在临黄大堤东。河道径流可利用水资源量 2.26 亿立方米,实际开发利用水资源量 1.70 亿立方米,利用率占 75.22%。

地表水合计开发利用量 1.92 亿立方米,分别占地表水资源量 2.79 亿立方米和已利用水资源 3.71 亿立方米的 68.82% 和 51.75%。长垣市典型年地表水径流总量和可利用量统计见表 2-2,长垣市引用外来水情况见表 2-3。

表 2-2　长垣市典型年地表水径流总量和可利用量统计

典型年	年平均	丰水年	平水年	枯水年
径流量/毫米	50	78	38.7	19.2
径流总量/万立方米	5255	8198	4067	2018
可利用量/万立方米	1313	2050	2034	1514
利用率/%	25	25	50	75

表 2-3　长垣市引用外来水情况

灌区名称	引水口门	引用水源	设计引水流量/立方米每秒	年可利用水量/亿立方米	年开发利用水量/亿立方米
大功提灌补源灌区	一干渠闸	黄河	10.13	0.44	0.15
	二干渠闸	黄河	3.15		
	三干渠闸	黄河	6.5		
	辛马加支闸	黄河	0.8		
	孙东闸	文岩渠	10	—	—
	大车闸	天然文岩渠	10	0.2	0.2
石头庄灌区	石头庄闸	黄河	20	1.1	0.92
	杨小寨闸	天然文岩渠	10		
左寨灌区	禅房闸	黄河	20	0.3	0.25
	马寨闸	黄河	10		
郑寨灌区	郑寨闸	黄河	10	0.22	0.18
	贾庄闸	黄河	10		
合计			120.58	2.26	1.7

二、地下水

依据 1998 年河南省地质矿产厅第一水文地质工程地质队对长垣县区域水文地质进行勘探调查,长垣县地下水允许开采总量 3.09 亿立方米。2022 年全市农用机电井总数为 11966 眼,配套 11966 眼。工业企业自备井 1240 眼,特种行业自备井 2300 眼。农业灌溉用水量 0.95 亿立方米,工业企业和特种行业用水量 0.24 亿立方米,城乡生活用水量 0.29 亿立方米,生态环境用水量 0.18 亿立方米,林牧渔畜用水量 0.13 亿立方米,合计开发利用地下水量 1.79 亿立方米,分别占地下水资源量 3.09 亿立方米和已利用水资源量 3.71 亿立方米的 57.93% 和 48.25%。

长垣市典型年地下水补给量见表 2-4。

表 2-4　长垣市典型年地下水补给量

典型年	保证率/%	年补给量/万立方米				
		降水入渗	黄河测渗	渠道渗漏	灌溉回渗	合计
丰水年	25	19204.58	3625.51	9837.47	1998.00	34665.56
平水年	50	10630.88	3628.51	10848.30	2219.00	27326.69
枯水年	75	6386.89	3628.51	12269.01	2441.03	24725.44
多年平均	43	12465.99	3628.51	11041.20	2181.24	29316.94

长垣市地下水埋深观测自 1975 年开始,2022 年全市共设观测井 16 眼,分布于 14 个乡(镇、办事处),每月观测 6 次,实行月报制度,年终参加新乡市水文局汇编。从多年的地下水观测资料分析,分布于县东部滩区的水位动态,受黄河水位制约,一般水位埋深 3~5 米,年内变幅 1~2 米。而分布于金堤河流域的引黄灌区,水位动态变化主要受降水制约,其次受引黄灌渠渗漏和渠灌回渗的影响,水位一般出现两个峰值,较大峰值出现在降雨集中的 7—9 月,另一个峰值出现在 3 月、4 月,与干渠引水相吻合。低水位期出现在 5 月、6 月,水位埋深一般小于 4 米,年变幅 2~4 米。在中部、北部的井灌区,水位动态变化除受气象因素制约外,还受人工开采的影响,高水位期出现在 10—12 月,低水位期出现在 5 月、6 月,水位埋深 3~12 米,年变幅 3~8 米。特别是西北部与滑县接壤的樊相镇、张三寨镇等处,由于地下水开采量大,地下水位连年持续下降,其埋深在 10~16 米,已形成地下水漏斗,使得部分井出水量小、水泵吊泵,增大农业投入。长垣县地下水埋深变化对比见表 2-5。典型观测井地下水埋深变化见表 2-6~表 2-8。

表 2-5　长垣县地下水埋深变化对比

年份	不同地下水埋深(米)所占面积及比例											
	<1.0		1.0~2.0		2.0~4.0		4.0~6.0		6.0~10.0		>10.0	
	平方公里	%	平方公里	%	平方公里	%	平方公里	%	平方公里	%	平方公里	%
1975	73	6.9	75.4	71.8	224	21.3						
1999			97	9.2	575	54.7	190	18.1	115	11	74	7

三、水资源供需平衡

(一)农业需水预测

随着节水农业不断发展,高标准农田建设不断推进,灌溉效率不断提高。2019 年有效灌溉面积 4.6 万公顷,节水灌溉面积 2.17 万公顷,占比 47.3%。现状长垣市的灌溉水利用系数为 0.6,2035 年的灌溉水利用系数将达到 0.7,农业灌溉年需水量将达到 2.46 亿立方米。

(二)生活用水预测

随着生活水平提高,对水的需求量也将增加。按人均用水定额每人每天 100 升,大小牲畜定额每头每天 60 升,预测到 2035 年生活用水需水量将达到 0.54 亿立方米。

(三)工业需水预测

随着科学技术的进步和产业结构的改变、低耗水的高新技术产业比例增加等,可提高工业水利用系数。预测 2035 年工业增加值万元产值用水量分别为 7.1 立方米每万元,用水量将达到 0.47 亿立方米。

表 2-6 常村镇前大郭村 9 号观测井（1975—2022 年）地下水埋深变化

单位：米

年份	1月	2月	3月	4月	5月	6月	7月	8月	9月	10月	11月	12月	年平均
1975	1.11	1.20	1.73	1.98	1.71	2.80	2.44	1.68	1.30	1.15	1.40	1.58	1.67
1976	1.65	1.81	2.05	2.21	2.34	3.56	3.41	1.30	0.94	1.41	1.59	1.82	2.01
1977	1.85	1.97	2.60	3.05	3.27	4.03	3.04	1.69	1.92	2.14	2.19	2.12	2.49
1978	2.17	2.49	3.32	3.63	4.84	5.28	4.09	4.08	4.61	(5.42)	4.78	4.50	4.10
1979	4.34	4.71	5.63	4.80	4.86	6.30	4.75	5.44	5.47	4.60	4.54	5.43	5.07
1980	4.69	4.55	5.99	5.60	6.37	5.73	5.84	7.13	5.51	5.08	4.97	4.69	5.50
1981	4.61	4.61	6.29	5.69	6.93	7.24	6.78	5.65	5.18	4.87	5.19	5.48	5.71
1982	5.23	5.85	7.23	7.55	8.44	6.39	5.27	4.73	3.91	4.20	4.30	4.35	5.59
1983	4.40	4.25	6.47	6.38	5.46	4.21	4.54	4.28	3.92	3.75	3.55	3.79	4.58
1984	3.71	4.07	5.73	6.09	6.81	4.95	4.82	2.85	2.05	1.72	2.06	2.14	3.92
1985	2.26	2.36	2.94	5.20	5.02	5.37	5.87	5.06	4.05	3.57	3.57	3.59	4.07
1986	3.53	(3.60)	(5.67)	(5.17)	(5.74)	5.62	6.90	5.74	5.30	(5.02)	5.13	5.11	5.22
1987	5.08	(5.61)	(5.94)	5.85	6.80	6.06	6.92	(7.46)	5.85	(7.08)	6.90	6.40	6.33
1988	6.38	5.83	(7.55)	6.28	6.80	7.00	(7.15)	6.21	5.45	(6.73)	6.18	6.12	6.47
1989	5.66	5.77	6.87	6.55	(8.34)	(7.70)	(6.57)	4.71	5.13	(6.03)	6.71	6.50	6.38
1990	6.04	5.42	(5.43)	(5.31)	4.84	4.40	4.13	(4.06)	3.61	(4.57)	5.70	5.56	4.92
1991	5.47	5.50	(5.32)	4.71	(4.90)	(5.62)	(6.20)	5.57	5.36	(5.61)	6.69	6.29	5.60
1992	5.66	6.44	(6.54)	5.49	6.96	(9.90)	(9.54)	7.54	3.89	4.29	4.70	4.78	6.30
1993	4.72	4.71	(5.54)	(5.21)	(5.03)	4.42	2.65	2.69	3.22	3.46	3.54	3.27	4.02
1994	3.43	3.59	4.38	4.79	4.44	(5.65)	(1.99)	2.24	2.85	3.72	3.60	3.57	3.68
1995	3.61	3.82	(5.94)	(7.33)	(8.27)	(9.23)	(9.81)	8.93	7.67	6.99	6.65	6.43	7.06
1996	6.25	6.34	(6.68)	(6.71)	8.44	(7.92)	7.93	5.74	5.33	4.66	5.07	5.04	6.37
1997	5.06	(5.44)	5.50	5.12	6.37	(9.47)	11.12	(11.87)	11.72	12.38	10.91	10.03	8.75
1998	9.34	9.03	9.79	9.55	8.31	7.75	7.45	6.69	5.62	8.24	7.25	6.88	7.99
1999	6.68	6.47	7.19	5.94	7.61	8.07	8.35	9.11	8.98	7.49	7.52	7.22	7.56

续表 2-6

年份	1月	2月	3月	4月	5月	6月	7月	8月	9月	10月	11月	12月	年平均
2000	7.07	6.91	7.19	7.25	9.32	11.68	9.78	7.99	7.71	6.98	6.78	6.80	7.96
2001	6.90	6.48	6.67	7.34	8.26	9.35	8.50	7.23	7.10	7.61	7.68	7.46	7.55
2002	7.45	8.08	9.21	10.76	9.98	12.33	11.23	11.18	11.88	11.78	10.89	10.05	10.40
2003	9.93	9.57	(9.79)	11.34	8.92	10.69	11.10	10.84	10.18	8.80	7.31	7.21	9.64
2004	7.09	7.29	8.30	9.57	10.08	10.43	9.30	8.39	6.78	6.53	6.53	6.38	8.06
2005	6.34	6.36	8.24	7.99	8.98	9.19	8.88	6.53	5.02	3.98	3.78	3.95	6.60
2006	4.01	4.79	8.40	8.25	9.15	9.96	7.78	6.41	6.08	6.05	6.13	6.06	6.92
2007	5.83	(5.98)	(6.65)	8.28	8.75	9.39	8.17	6.60	5.94	5.80	5.79	6.09	6.94
2008	6.05	5.86	8.51	8.36	7.58	(10.63)	9.91	(10.99)	10.07	8.93	8.52	8.22	8.64
2009	8.10	(11.19)	9.88	9.60	9.62	11.72	11.06	12.21	11.52	10.41	9.78	9.38	10.37
2010	8.88	8.69	9.46	10.15	10.67	13.09	12.44	10.52	7.38	5.58	5.79	6.13	9.07
2011	6.17	9.02	9.37	8.85	10.27	9.74	10.10	11.99	10.50	9.31	8.49	7.72	9.29
2012	7.06	7.00	7.92	8.34	8.19	10.77	10.00	9.17	8.41	8.11	7.89	7.61	8.37
2013	7.46	7.38	9.55	9.97	11.25	12.14	11.94	11.77	13.04	13.05	12.01	11.20	10.90
2014	10.11	10.08	11.68	12.55	12.28	15.06	14.54	15.11	14.81	14.14	13.82	13.35	13.13
2015	13.04	12.94	14.57	14.05	13.50	15.55	14.96	15.48	15.57	15.29	14.85	14.51	14.53
2016	14.14	14.61	15.62	15.74	15.95	15.70	15.59	15.20	14.95	14.55	14.27	14.00	15.03
2017	13.83	13.88	15.34	14.85	14.45	15.39	15.48	15.20	14.95	14.52	14.36	14.13	14.70
2018	13.93	14.27	15.65	15.23	14.93	15.74	15.37	15.98	15.61	15.54	15.34	15.08	15.22
2019	14.81	14.66	15.63	15.76	16.08	16.29	16.43	16.55	16.48	16.42	16.39	16.30	15.97
2020	16.18	16.45	16.50	16.64	16.60	16.93	16.85	16.95	16.87	16.92	16.75	16.65	16.69
2021	16.62	16.75	16.88	16.85	16.92	17.12	17.10	16.83	16.73	15.79	14.85	14.54	16.40
2022	14.18	13.58	15.53	15.97	15.79	16.33	16.01	16.16	16.17	15.98			15.57

(四)生态环境需水预测

河道外生态环境需水量包括绿化、环境卫生和河湖换水,主要考虑城镇区域。长垣市河道外生态环境规划水平年2035年生态环境需水量将达到0.2亿立方米。

(五)林牧渔畜需水预测

预测2035年林牧渔畜总用水量达到0.16亿立方米。

(六)水资源供需评估

预测到2035年全市需用水总量将达到3.83亿立方米,农业灌溉用水量下降,生活、工业企业、生态环境用水量持续增长。其中,农田灌溉用水量2.46亿立方米,占水资源总量的41.84%;生活用水量0.54亿立方米,占水资源总量的9.18%;工矿企业、特种行业用水量0.47亿立方米,占水资源总量的7.99%;生态环境用水量0.18亿立方米,占水资源总量的3.4%;林牧渔畜用水量0.16亿立方米,占用水总量的2.72%。

(七)水资源开发利用存在的问题

目前,全市水资源基本保障了当前生产生活用水需求,但是已经接近可利用水资源量的上限,而且随着城市经济社会不断发展,城市化进程的不断推进,水源不足、水质不优、水系不畅、水工程不多、农业用水浪费、生态环境用水亏欠、地下水超量开采等问题日益突出,"水瓶颈"制约逐渐凸显。

第二节　水质监测

一、地表水

长垣市地表水的污染主要来自两大因素:一是上游及境内工业企业和生活污水污染。据环境监测站对大车闸、孙东闸、西护城河、东护城河、王堤沟、铜塔寺湖、金贝湖、书院坑定期取样化验结果,大车闸和孙东闸属Ⅳ类和Ⅴ类水标准,城区河道和城内湖水为Ⅴ类和劣Ⅴ类水标准。通过引清水入城工程大量引水调节时,城区河道和城湖水质会有很大改善,超标项目有所减少,超标幅度大量下降,水质标准基本保持在Ⅳ~Ⅴ类,河流水质总体属于中度污染。二是化肥污染。全市每年施用各类化肥约8.5万吨,亩均施用量100公斤;施用各类农药425吨,亩均施用量0.5公斤。大量施用化肥和农药,加重了地表水质的污染。

二、地下水

地下水包括生活用水、工业用水和灌溉用水。第一,生活用水水质。依据GB5749标准评价,区内浅层地下水水质相对较差,仅在佘家乡、武邱乡和方里乡西半部及总管、高店、太子屯一带水质较好,感官性状、各组分浓度等指标均符合饮用水标准。全县大部分乡(镇、办事处)均有不同程度的苦咸水、高氟区。2005年开始实施农村饮水安全项目工程建设,截至2020年底,共解决82.76万农村居民和9.52万农村学校师生饮水不安全问题,农村饮水不安全问题全部得到解决。第二,工业锅炉用水水质。主要考虑成垢作用、腐蚀作用、起泡作用3个因素,通过计算分析,评价结果是:境内浅层地下水锅垢多少不均,具有中等硬沉淀物,为非腐蚀性、起泡水,作为锅炉用水,需适当进行处理。第三,农业灌溉用水水质。区内浅层水除局部苦咸水外,大部分地区符合农田灌溉用水水质标准。地表水环境质量状况如下。

（一）责任目标断面达标率

2021 年 1—12 月地表水责任目标断面黄庄河孔村桥达标率为 66.7%。

（二）河流及坑塘水质

2021 年 1—12 月黄庄河孔村桥断面水质达标率为 66.7%。全市 18 个城区坑塘及河流中，耿村沟食博园、容园、柴堤沟柴堤桥、西护城河西关桥、铜塔寺湖、书院坑、金颛湖、忠信园、王家潭彩虹桥、丁栾沟王寨闸、文明渠肖官桥闸、王石头闸共 12 个坑塘及河流 COD 浓度超 Ⅲ 类水标准。

（三）集中式饮用水源地质状况

2021 年，长垣市集中式饮用水源地取水水质达标率为 100%。

第三节　水资源管理与保护

一、水资源管理

1988 年，县政府成立长垣县水资源管理委员会。1990 年 11 月，县水利局增设水政水资源办公室，具体职责是负责全县水资源管理和保护，组织编制全县水资源综合开发利用规划和水资源统一管理与保护工作；组织指导全县重大建设项目的水资源论证工作；开展水资源调查评价，推行计划用水，统一调配水量；组织实施全县取水许可制度，办理水使用权登记、审批及取水许可证发放审验；统一受理水行政许可事项，组织拟定并监督实施全县水资源保护规划，指导全县计划用水、节约用水工作；掌握全县地下水动态，组织编制并发布水资源公告。1991 年 1 月，成立长垣县城区节约用水办公室，设在县城建局，负责县城规划区地下水资源的开发利用管理及地下水资源费的征收工作，农村地下水资源归水利部门管理。1998 年 4 月，成立长垣县水政监察大队。5 月，县政府下发《关于实行水资源统一管理的通知》，明确县水利局负责全县水资源的统一管理和保护工作。1999 年 5 月，城区节约用水办公室划归水利局，并更名为长垣县节约用水办公室，在水政水资源办公室的指导下开展节水和水资源费征收工作，实现了全县水资源的合理开发、利用、管理和保护。

2019 年 3 月，水政水资源办公室更名为水政水资源管理股（行政事项服务股）。具体职责是承担最严格水资源管理制度相关工作，负责最严格水资源管理制度考核；组织实施水资源取水许可、水资源论证、用水总量控制等制度，负责水资源有偿使用、水权制度建设工作；指导水量分配并监督实施，组织指导河湖生态流量水量管理、河湖水生态保护与修复、河湖生态水系连通工作；组织编制水资源保护规划，指导饮用水水源保护工作；组织开展水资源调查、评价有关工作，负责水资源监控能力建设和水资源承载力监测预警机制建设工作；拟定节约用水政策和制度，组织指导节约用水工作，指导和推动节水型社会建设，组织编制节约用水规划并协调实施，组织实施用水效率控制、计划用水和定额管理制度，承担上级节约用水考核有关工作；指导城市污水处理回用等非常规水源开发利用工作；组织编制水土保持规划并监督实施，承担水土流失综合防治工作，组织水土流失监测、预报并公告，负责生产建设项目水土保持方案审核并监督实施，负责县级水土保持补偿费征收管理工作；负责全县水政监察、水行政执法和涉水违法事件查处工作；承担水事纠纷协调工作；组织指导普法教育工作；承担机关行政复议、行政应诉工作。

二、水资源保护

(一)取水许可证发放

1998 年 7 月开始,县水利局对城区、乡(镇、办事处)用水户进行登记、核定水量并发放取水许可证。按照法律法规规定,对所有新建、改建、扩建的取水工程进行审批,形成了从手续申请、提供相关材料、现场勘测、组织论证、专家评审、工程验收、材料归档、发放取水许可证、年审取水许可证和装表计量收费等正常管理工作。到 2022 年,水利局共发放取水许可证 287 本。2021 年 1 月起,全面实施取水许可证照电子信息化办理,原纸质取水许可证变更为取水许可电子证照。

(二)封闭自备井

2005 年 2 月,为进一步保护城区地下水资源,制止地下水滥采、乱采的严峻局面,县委、县政府成立封闭城市规划区自备井工作领导小组,对城区内自备井进行清查和封闭。到 2007 年底,吊销取水许可证 41 本,封闭自备井 36 眼。2010 年,县水利局、县住建局为了扩大封闭城区自备井成果,保护地下水资源,联合进行第二次集中封井行动,出动车辆 25 辆(次),抽调水利局、建委、自来水公司工作人员 200 多人(次),对需要封闭的单位和个人的自备井进行集中封闭,封闭城区自备井 96 眼。到 2022 年底,县城区共封闭自备井 404 眼。

(三)安装取水计量设施

根据《中华人民共和国水法》《取水许可和水资源费征收管理条例》《河南省实施〈中华人民共和国水法〉办法》《河南省取水许可和水资源征收管理办法》规定,自 1999 年 10 月开始,对用水大户安装计量设施,并明确规定,对未安装计量设施的,责令限期安装,并按照日最大取水能力计算的取水量和水资源费征收标准计征水资源费,情节严重的,吊销取水许可证。2011 年,县政府印发《加强取水许可和安装取水计量设施工作方案》,自 6 月 1 日开始,县水利局派遣 3 个工作组深入用水户摸底排查,对符合条件的即时安装计量设施,做到一井一表,截至 2022 年底,共安装计量设施 386 台,安装率达到 90% 以上,达到用水户清、用水量清、应缴费清,实现了水资源费按协议征收到按计量征收。

(四)征收水利规费

1. 水利工程水费

长垣县水利工程农业灌溉水费从 1983 年开始征收。水费计收标准:1983—1985 年,长垣县农业灌溉水费只是象征性地收费,收费的标准极低,每亩每年 0.50～1.00 元。1991 年,自流灌区水费夏季每亩 4.00 元,秋季每亩 2.00 元,稻作物每亩 4.00 元;提灌区夏季每亩 2.00 元,秋季每亩 1.00 元;黄河滩区每亩 1.00 元,秋季不计收。

1992—1995 年,自流灌区水费夏季每亩 12.00 元,秋季每亩 4.00 元,稻作物每亩 12.00 元;提灌区夏季每亩 6.00 元,秋季每亩 3.00 元;黄河滩区每亩 3.00 元,秋季不计收。

1996—1998 年,一麦一稻每亩每年 20.00 元,旱作物每亩每年 12.00 元,黄河滩区按旱作物水费标准的 25% 计收水利工程运行费。

1999—2007 年,一麦一稻每亩每年 23.00 元,旱作物每亩每年 14.00 元,黄河滩区按旱作物水费标准的 25% 计收水利工程运行费。

2008—2012 年,水利工程水费计收依照《长垣县人民政府关于进一步加强农业水费征收工作的通知》规定,县物价局《关于黄河滩区农业供水价格的通知》核定标准执行,即引黄灌区水费每亩每年 25 元,水作区水费每亩每年55元,黄河滩区水费每亩每年15元。为减轻农民负担,充分考虑农民承受能力和不同类型区供水条件,水费实际计收标准是:石头庄引黄灌区旱作物水费每亩每年22元,水作物水费每亩每年45元;大功补源灌区水费每亩每年18元,黄河滩区水费每亩每年10元。

水费征收办法:1991年前,委托县财政局征收,但征收率很低;从1992—1995年,实行"按亩计价,定额缴纳,三年不变,多浇不增,少浇不减"的办法,水费委托乡(镇)政府代收,水利局直接向乡(镇)计收。1996—2012年,水利局与各乡(镇、办事处)签订水利工程水费委托书,水费由各乡(镇、办事处)代收,从实际征收水费总额中提取5%作为乡(镇、办事处)代征金,15%作为小型水利工程维修费留存乡(镇、办事处)水利站。为鼓励各乡(镇)及早缴纳水费,水利局对在规定的不同时间段内完成代收任务的乡(镇)给予水费总额1%~3%的额外奖励(见表2-7、表2-8)。

表2-7　1983—2022年长垣市水费征收情况

年度	应收额/万元	实收额/万元	计划比例/%	年度	应收额/万元	实收额/万元	计划比例/%
1983		1.9		2003	524.74	511.08	97.4
1984		1.3		2004	524.74	505.19	96.3
1985	3.904	3.88	99.3	2005	510.68	499.03	97.7
1986	4.3575	4.3575	100	2006	510.68	502.81	98.5
1987	23.65	8	33.8	2007	510.68	495.66	97.1
1988	36.33	29.3	80.6	2008	502.73	497.79	99
1989	37.948	14.8	39	2009	502.73	498.72	99.2
1990	38.8	7	18	2010	502.73	489.15	97.3
1991	54.65	38.3	70	2011	502.73	483.67	96.2
1992	163.95	103.61	63	2012	502.73	495.41	98.5
1993	163.95	99.79	60	2013	502.73	502.73	100
1994	169.95	124.65	77.3	2014	502.73	502.73	100
1995	169.95	164.57	96.8	2015	502.73	502.73	100
1996	275.6	267.3	97	2016	502.73	502.73	100
1997	275.6	273.1	99.1	2017	502.73	502.73	100
1998	275.6	275.6	100	2018	502.73	502.73	100
1999	315.44	311.3	98.7	2019	502.73	502.73	100
2000	315.44	306.61	97.1	2020	502.73	502.73	100
2001	315.44	314.8	99.8	2021	502.73	502.73	100
2002	315.44	311.8	98.8	2022	502.73	502.73	100

表2-8 1991—2022年长垣市引黄灌区水费征收情况   单位:万元

年度	灌区类别			合计
	补源区	石头庄	滩区	
1991	33.95	17.1	3.6	54.65
1992	76.81	76.34	10.8	163.95
1993	76.81	76.34	10.8	163.95
1994	69.88	83.27	16.8	169.95
1995	69.88	83.27	16.8	169.95
1996	137.34	112.16	26.1	275.6
1997	137.34	112.16	26.1	275.6
1998	137.34	112.16	26.1	275.6
1999	153.37	131.62	30.45	315.44
2000	153.37	131.62	30.45	315.44
2001	153.37	131.62	30.45	315.44
2002	153.37	127.62	30.45	311.44
2003	192.24	238.5	94	524.74
2004	192.24	238.5	94	524.74
2005	180.37	236.31	94	510.68
2006	180.37	236.31	94	510.68
2007	180.37	236.31	94	510.68
2008	172.13	236.6	94	502.73
2009	172.13	236.6	94	502.73
2010	172.13	236.6	94	502.73
2011	172.13	236.6	94	502.73
2012	172.13	236.6	94	502.73
2013	172.13	236.6	94	502.73
2014	172.13	236.6	94	502.73
2015	172.13	236.6	94	502.73
2016	172.13	236.6	94	502.73
2017	172.13	236.6	94	502.73
2018	172.13	236.6	94	502.73
2019	172.13	236.6	94	502.73
2020	172.13	236.6	94	502.73
2021	172.13	236.6	94	502.73
2022	172.13	236.6	94	502.73

2.南水北调工程基金

为了缓解我国北方水资源紧张状况,治理黄河、海河流域水污染,保持社会可持续发展,促进全面建成小康社会和实现现代化,党中央、国务院决定建设南水北调工程。按照《河南省人民政府办公厅关于印发〈河南省南水北调工程基金(资金)筹集和使用管理实施办法〉的通知》(豫政办〔2005〕29号)和《新乡市人民政府关于印发〈新乡市南水北调工程基金(资金)筹集和使用管理办法〉的通知》(新政〔2005〕42号)规定,确定征收此基金。

长垣属非受水区,征收任务720万元,要求6年完成。征收方式是:城市公共供水由新乡水务有限公司在售水环节采用价外附加的方式征收;蒲东、蒲西办事处和起重工业园区辖区内自备井取用水户水资源费由所辖政府代征;其他范围内自备井取用水户水资源费由县水利局负责征收。2006年开始征收,2007年代征单位增加南蒲和蒲北两个办事处。2010年,中华人民共和国审计署驻郑州特派员办事处审计组对长垣县水资源开发利用和水资源费征收情况进行审计,不允许代征、不允许协议征收、不允许加价征收。当年县政府取消代征,由水利局组织人员进行统一征收。累计征收803.551万元,占任务的112%(见表2-9)。

表2-9 2006—2012年长垣县南水北调基金征收情况

年度	任务/万元	完成/万元	说明	年度	任务/万元	完成/万元	说明
2006	204	204	含2005年任务	2010	95.40	78.2	
2007	124	109		2011	36.96	227.051	含2010年未征收到位部分
2008	128	129		2012	36.96		
2009	95.04	78.2		合计	720.36	803.551	

3.水资源费

1998年开始征收水资源费,由县节约用水办公室统一征收。2010—2014年,水资源费由南蒲、蒲西、蒲北、蒲东、常村、孟岗、方里、满村、魏庄、丁栾、张三寨、樊相、佘家、赵堤14个乡(镇、办事处)水利站征收,实行目标考核和奖惩制度。2014年底由县节约用水办公室统一征收水资源费,于每年底足额上缴财政,全额纳入财政预算管理。

2013—2014年征收标准,按照河南省发展和改革委员会、河南省财政厅《关于调整全省水资源费征收标准的通知》(豫发改价管〔2005〕543号)规定执行,即城市公共供水管网覆盖内居民、工业0.6元/立方米。城镇公共供水管网覆盖范围外0.4元/立方米。城市公共供水管网覆盖内行政、经营0.8元/立方米。城镇公共供水管网覆盖范围外0.6元/立方米。城市公共供水管网覆盖内特种行业1.5元/立方米。城镇公共供水管网覆盖范围外1元/立方米。地温空调0.04元/立方米。

2015—2017年征收标准,按照河南省发展和改革委员会、河南省财政厅、河南省水利厅《关于调整我省水资源费征收标准的通知》(豫发改价管〔2015〕1347号)规定执行,即自备井居民生活类:城镇公共供水管网覆盖范围内1元/立方米,城镇公共供水管网覆盖范围外0.9元/立方米。工商业及其他类:城镇公共供水管网覆盖范围内1.2元/立方米,城镇公共供水管网覆盖范围外1元/立方米,特殊行业(洗浴、洗车、水上乐园、高尔夫球场等)5元/立方米。特殊水质:矿泉水、地热水6元/立方米。地温空调取水:县

0.1 元/立方米。详见表 2-10。

表 2-10　2013—2017 年水资源费征收情况

年度	水资源费/万元	年度	水资源费/万元
2013	222.06	2016	703.30
2014	168.84	2017	544.38
2015	308.30		
合计	1946.88		

注：①包含 2014 年的自来水代征费 55.45 万元。

②2015 年自来水代征 89.85 万元，未开票，钱交入国库账户。

2017 年清费立税，水资源税由税务机关负责征收，按照《河南省人民政府关于印发河南省水资源税改革试点实施办法的通知》（豫政〔2017〕44 号）规定执行，即地下水特种行业公共供水管网内 4 元/立方米，地下水特种行业公共供水管网外 3 元/立方米，其他行业公共供水管网内 1.1 元/立方米，其他行业公共供水管网外 0.9 元/立方米，地源热泵 0.1 元/立方米。2017 年征收水资源费 544.3788 万元，2017 年 12 月至今，由国家税务总局长垣市税务局负责征收，2021 年征收水资源税 993.04 万元。详见表 2-11。

表 2-11　2018—2022 年水资源税、地热资源税征收情况

年度	征收税额/万元	年度	征收税额/万元
2018	434.19	2021	993.04
2019	985.56	2022	1212.37
2020	898.52	合计	4523.68

（五）查处水资源违法案件

从 2000 年起，县城区地热井发展迅速，由于地热井是一次性投入，经济效益好，一些房地产商和个体商人未经水行政主管部门审批，私自打地热井，乱采滥伐，破坏了地热井配置规划，严重影响城区地下水资源的合理开发、利用和管理，对城市建设造成安全隐患。为此，县水政监察大队加大打击力度，定期在城区巡查，发现一起，查处一起。到 2022 年底，共查处该类水资源案件 49 起，挽回经济损失 321 万元。

第四节　节约用水

2019 年 1 月，长垣县被河南省水利厅命名为县域节水型社会建设达标县，同年通过水利部达标复核验收；2021 年 2 月，市水利局被河南省水利厅命名为水利行业节水机关；同年，长垣市被国家命名为国家节水型城市。

一、计划用水管理

长垣县人民政府印发《长垣县节约用水管理办法》（长政〔2014〕50 号），县水利局印发《计划用水管理办法》（长水〔2017〕70 号），长垣市水利局对全市纳入取水许可管理用水户及公共供水月用水量达 50 立方米（含 50 立方米）以上的用水户全部纳入计划用水管理，管理率达 100%，对所有管理用水户实施一户一档，并严格按照河南省发布实施的用水定额标准对用水户进行申请、核定、下达、考核用水计划，年底考核有超计划、超定额用水现象的,按照管理规定进行超计划累进加价征收。

二、节水型载体建设

为落实最严格水资源管理制度,扎实推进长垣市节约用水工作,水利局在全市范围内积极开展节水载体创建活动,截至 2022 年底,创建市级节水载体共计 89 家,其中节水型单位 59 家、节水型居民小区 22 个、节水型企业 8 个;共建成省级节水载体 37 家,其中节水型单位 28 家、节水型居民小区 6 个、节水型企业 3 个。节水载体的创建,大大提高了广大群众的节水意识,水资源利用效率进一步提高。

三、节水示范工程

依据《河南省财政厅 河南省水利厅关于下达 2015 年度第二批水资源费的通知》(豫财农〔2015〕278 号)精神,长垣县节水示范项目内容为:长垣县长城中学、县实验中学、凯杰中学、新乡市华西卫材、市水利局节水设备购置及安装。本工程于 2016 年 3 月开工,同年 5 月竣工。实施后,年节水量 4 万立方米;2017 年通过节水技术改造工程在长垣县第一中学等部门进行节水设备改造 360 套。

根据《河南省财政厅 河南省水利厅关于下达 2019 年中央和省级水利发展资金的通知》(豫财农〔2019〕40 号),下达的 40 万元水利发展资金(其中中央资金 33 万元、省级资金 7 万元)要求,长垣市水利局于 2019 年 8 月编制完成了《2019 年度长垣县节水示范工程项目实施方案》,总投资 39.98 万元。主要建设内容为:安装喷灌节水设施,为长垣市蒲东街道中心学校初中部改造喷灌绿化面积 0.5 万平方米,长垣市第一初级中学改造喷灌绿化面积 4.5 万平方米。

项目实施后,蒲东街道中心学校初中部每年节水 0.8 万立方米,节约水费支出 1.89 万元;长垣市第一初级中学每年节水 3 万立方米,节约水费支出 7.08 万元。

第三章 工程建设管理

中华人民共和国成立之后,长垣市在国家治水方针的指引下,开始进行持续的治水改土和兴修水利活动,在探索中前进,从失败中总结经验教训,水利工程从无到有,从小到大,从简单到全面,从重建轻管到建管并重,从传统水利到资源水利、生态水利,取得了辉煌的建设成就,形成了以临黄堤、太行堤、贯孟堤和天然文岩渠右堤为屏障的稳固防洪工程体系,以天然文岩渠、丁栾沟、文明渠、回木沟、王家潭、明察园、恭敬园、忠信园、人才公园为骨干的除涝调蓄工程体系,以渠补源、以井保丰的水资源可持续发展体系,跨县引水和境内引水相结合、直接引黄和间接引黄相结合、引黄灌溉和蓄水补源相结合的引黄工程体系。

第一节 规划计划

长垣市古代治水重点在黄河,治水方法因时而变,因地制宜,不尽相同。明代以前,采取"稳定河道,以堤束水,以水攻沙"的治河方法,进行修堤、打坝、植柳护堤。明代,堤防已从单纯抵御洪水,发展成为与水沙作斗争的重要工程,修筑堤防已有一整套定向、裁弯、保养等技术。清代,修堤打坝改用砖、石料修筑迎水坝,以巩固坝基。明、清两代在沿河州、县设有通判、主簿或县丞兼理河务。中华人民共和国成立之后,治黄事业进入新的历史时期,先后制定出一整套治理黄河的综合规划。长垣市依据国家不同时期的治水方针,结合具体情况,制定出切实可行的水利规划和目标任务。

一、治水方略

中华人民共和国成立后,长垣市总的治水思路是"防洪除涝并重,渠灌井灌兼施,引黄补源结合"。

1950 年是"以井为主,以井保丰"。

1955 年是"防涝与防旱相结合,蓄水与排水相结合"。

1957 年是"以蓄为主,以小型为主,以社办为主"。

1962 年上半年的治水思路是"以除涝治碱为中心,排、灌、滞兼施"。

1962 年下半年的治水思路是"以排为主,以小型为主,以群众自办为主"。

1963 年 10 月是"排涝治碱,植树固沙,打井防旱"。

1965 年 9 月是"大寨精神,小型为主,全面配套,狠抓管理,为农业增产服务"。

1966 年 3 月,制定井泉建设的思路是"因地制宜,以深井为主,浅井为辅,深浅结合"。

1967 年,打井建设的指导原则是"以深井为主,浅井为辅,狠抓配套,土洋结合,搞好管理"。

1972 年 10 月,提出建设大寨田的 5 条规定:一是一日降雨一百毫米不出田;二是平整深翻,改良土壤,活土层达一尺五寸;三是地边有埂,留有水口;四是每亩施农家肥一万斤;五是粮、棉产量超《全国农业发展纲要》。

建设旱涝保收、高产稳产田的 6 条规定:一是一日降雨一百五十毫米不成灾;二是六十天无雨保丰收;三是土地平整,灌排配套,耕地园田化;四是深翻改土,活土层达一尺五寸;五是每亩施农家肥一万斤;六是粮、棉产量超《全国农业发展纲要》。

1974 年的治水思路是"西治坡,东治滩,中部地区治沙碱"。

1974 年 10 月,提出机井建设的 8 项要求:一是全面规划,合理布局;二是勤俭打井,保证质量;三是平整深翻,改良土壤;四是小畦灌溉,渠道防渗;五是修建井房,固定机手;六是维修设备,保持完好;七是加强管理,合理配套,节水、节电、节油;八是每井浇地百亩以上,实行科学种田,达到高产稳产。

1974 年 11 月,提出旱涝保收、高产稳产田的 6 项要求:一是地面平整,保水、保土、保肥;二是深耕深翻,改良土壤;三是遇旱有水,遇涝排水;四是保证防洪安全;五是沟、渠、路、林配套;六是粮、棉超《全国农业发展纲要》。

1977 年的治水思路是"以改土治水为中心,建设旱涝保收高产稳产田,山、水、林、田、路综合治理"。

1978 年的治水思路是"小型为主,配套为主,社队自办为主,加强管理,狠抓配套"。

1979 年 6 月,贯彻执行全国水利会议提出的三年调整时期水利方针,即要充分管好用好现有水利设施,搞好现有水利工程续建配套和病险工程的加固处理,大力发展小型水利,并积极做好基础工作,为水利建设的更大发展做好准备。要继续坚持"以小型为主,配套为主,社队自办为主,加强管理,狠抓实效",这是实现多快好省的方针。

1980 年 9 月,贯彻执行国务院副总理万里提议的调整时期的水利建设方针,即搞好建设配套,加强经营管理,狠抓工程实效;抓紧基础工作,提高科学水平,为今后发展做好准备。

1981 年 5 月,贯彻执行水利部部长钱正英提出的"把水利工作的着重点转移到管理上来"。

1984 年 12 月,贯彻执行全国水利改革座谈会议精神,即今后水利工作,必须从为农业服务为主,进一步扩大到为国民经济和整个社会发展服务;从不够重视投入产出,进一步转到以提高经济效益为中心的轨道上来,从单一生产进一步转到综合经营方面上来。概括而言,即水利工作必须全面服务,转轨变型。

1985 年 8 月,《贯彻国务院关于水费和水利工程经营两个文件座谈会纪要》中提出"一把钥匙两个支柱"。一把钥匙即是落实经营管理责任制,两个支柱即是水费和综合经营。

1986 年 6 月,国务院办公厅转发《关于听取农村水利工作座谈会汇报的会议纪要》。《关于听取农村水利工作座谈会汇报的会议纪要》指出:水利面临工程老化失修,效益衰减和北方水资源短缺两个危机。拟定 4 个事项,一是建立区、乡水利站,作为水利局的派出机构和人员;二是建立劳动积累工制度,发展农村水利,每个劳动力每年出 10~20 个劳动积累工办水利;三是水利部门要大力开展综合经营;四是节约用水。

1987 年 10 月,贯彻执行水利部《关于发展农村水利、增强农业后劲的报告》精神,坚持水利建设做到 4 点:一是保证主要江河的防洪安全,不致造成大范围的灾害;二是农村水利要围绕改造中、低产田和提高高产田的经济效益,巩固改造并适当发展;三是加强水资源的统一管理和综合利用,为国民经济建设服务,水利工程本身也要逐步做到自我维持、良性循环;四是保护水源,保持水土,改善生态环境。

1988 年 1 月,《中华人民共和国水法》颁布,标志着我国进入依法治水的新时期,各项水事活动逐步纳入法制化管理轨道,要求水资源统一管理。

1988 年 2 月,贯彻执行水利部部长钱正英在全国水利厅局长会议上提出的要求:落实中共十三大精神,围绕学习和贯彻《中华人民共和国水法》这个中心,抓改革,讲法制,重效益,在保证江河防洪安全、改造中低产田、加强水资源管理和综合利用等几个主要方面取得新的进展。

1991 年,贯彻《中华人民共和国国民经济和社会发展十年规划和第八个五年计划纲要》精神,"把水利作为国民经济的基础产业,放在主要战略地位。"

1994 年,贯彻执行水利部经济工作会议精神,"以建设五个体系为重点,全面推进水利改革"的任务。五大体系即建立科学、完善的水利固定资产经营管理体系;多元化、多渠道、多层次的水利投资体系;完整的、合理的价格管理体系;完善的水法制体系;优质、高效的服务体系。

1995 年,中共十四届五中全会,把水利摆到了国民经济基础设施建设的首位,八届全国人大四次会议通过的李鹏总理的报告和《中华人民共和国国民经济和社会发展"九五"计划和 2010 年远景目标纲要》,把这项重大决策具体化,并使之成为国家的意志和全民共识,实现了"水利第一"。

1997 年,国家颁布施行《水利产业政策》。

1998 年 1 月 1 日,国家颁布《中华人民共和国防洪法》。

1999 年 1 月,贯彻执行全国水利厅局长会议上确定的水利建设基本方针,即"一是坚持把兴修水利摆在国民经济发展之重要位置;二是坚持兴利除害相结合,开源节流并重,防洪抗旱并举;三是坚持全面规划,统筹兼顾,标本兼治,综合治理;四是坚持重大水利工程从长计议,全面考虑,科学选比,周密计划,确保工程质量;五是坚持蓄泄兼筹,以泄为主,提高综合防洪能力;六是坚持把推广节水灌溉作为一项革命性措施来抓,大力发展节水农业,提高农业综合生产能力;七是坚持切实保护水资源,实现可持续发展;八是坚持调动全社会兴修水利的积极性,建立多层次、多渠道的水利投资体系;九是坚持科学治水;十是坚持依法治水。"

2006 年治水方针是:以"三个代表"重要思想为指导,深入贯彻落实中国共产党十六大和十六届四中全会精神,坚持以人为本,树立全面、协调、可持续发展观,紧紧围绕全面建设小康社会的目标,以确保防洪安全、饮水安全、粮食安全为重点,以改革体制和创新机制为动力,加快水利的改革与发展,夯实水利基础,建设节水型社会,以水资源的可持续利用保障经济社会可持续发展。

2011 年治水方针是:以邓小平理论和"三个代表"重要思想为指导,树立科学发展观,坚持可持续发展治水思路,围绕构建区域性"五位一体"、建设"三大水利"的功能定位和全面建设小康社会的目标,以满足经济社会发展需求和提高人民生活质量为出发点,以实现人与自然和谐为核心理念,以科学、民主、依法行政为基础,全面规划、统筹兼顾、标本兼治、综合治理、讲求效益,继续巩固和加强水利基础设施建设,强化对涉水事务的社会管理,深化水利各项改革,全面建设节水型社会,大力发展循环经济,不断提高水资源利用效率和效益,妥善处理水利事业发展与生态保护的关系,以水资源的可持续利用保障经济社会的可持续发展。

2019 年 1 月 15 日,水利部部长鄂竟平在召开的全国水利工作会议上表示,当前我国治水的主要矛盾已经发生深刻变化:从人民群众对除水害兴水利的需求与水利工程能力不足的矛盾,转变为人民群众对水资源水生态水环境的需求与水利行业监管能力不足的矛盾。其中,前一矛盾尚未从根本解决并将长期存在,而后一矛盾已上升为主要矛盾和矛盾的主要方面。下一步水利工作的重心将转到"水利工程补短板、水利行业强监管"上来,这是当前和今后一个时期水利改革发展的总基调。

2022 年治水方针是:习近平总书记提出的"节水优先、空间均衡、系统治理、两手发力"。

二、长垣县 1958—1962 年农田水利建设计划

长垣县 1958—1962 年农田水利建设计划主要包括灌溉和除涝,重点是发展井灌。确定县城以东至临

黄堤之间为渠灌区;文明渠流域及太行堤南铁炉乡、赵岗乡、杏元乡以除涝为主,其他地区为井灌区。

(一)井灌区

下泉 1.05 万眼,投资 231.96 万元。其中,国家投资 57.8 万元,群众自筹 174.16 万元。打井 8570 眼,投资 117.04 万元。其中,国家投资 42.2 万元,群众自筹 74.84 万元。购水车 1.2 万部,投资 168 万元。其中,国家投资 90.3 万元,群众自筹 77.7 万元。购提水机械 300 部,投资 48 万元。其中,国家投资 23.2 万元,群众自筹 24.8 万元。

通过以上水利措施,到计划末,井灌区可发展灌溉面积 3.16 万公顷。

(二)渠灌区

在溢洪堰建设虹吸,过临黄堤淤灌堤西九棘、葛堂、方里、刘庄、车寨、王寨、杨寨、落阵屯、满村、丁栾、大沙邱等乡部分土地,淤灌面积 1.33 万公顷,国家投资 200 万元。在孙东潭建抽水房,安装 80 马力抽水机提水灌溉,灌溉梨元乡、张寨乡一部分土地,灌溉面积 200 公顷,投资 15 万元。

(三)除涝

(1)开宽扩大文明渠,从马村起,经常村、严小张、玉皇庙、程庄、吕阵、丁栾、官桥、大沙邱,至滑县马夹河,过水流量 50 立方米每秒。开挖樊相至宜邱、高村至玉皇庙、牛元至吕阵、陈墙至安和、王寨至后吴庄 5 条支渠,完成土方 200 万立方米,投资 800 万元。

(2)小型水利工程除继续整修已有沟洫畦田、围田工程和水土保持外,再发展修建灌洫畦田 1.33 万公顷。

(3)在低洼易涝区因地制宜改种作物,主要是改种旱稻及早熟易涝作物,共计改种 1.27 万公顷。

(4)天然文岩渠治理:①要求河南省采取措施解除沿渠群众涝灾威胁;②在大新庄南、闫庄、马道、孙村至十一支渠西南新挖一条斗渠排水,筑起堤防,控制水涝灾害。

三、长垣县 1974—1985 年水利建设发展计划

1974 年提出"西治坡,东治滩,中部地区治沙碱"的水利建设计划。

1979 年,河南省水利厅开始在长垣县对历年旱、涝、盐碱严重的赵堤、佘家等重灾区开展旱涝碱综合治理试点工作。1980 年,下达旱涝碱综合治理计划,从 1980—1985 年分 5 期治理,总投资 297.94 万元,治理面积 4666.67 公顷。

四、长垣县 1981—1990 年水利发展计划

有效灌溉面积达到 3.93 万公顷,其中井灌 2.47 万公顷、渠灌 7000 公顷、站灌 7666.67 公顷。旱涝保收田面积达到 2.67 万公顷。治理低洼易涝面积 2.87 万公顷,治理盐碱地面积 2.33 万公顷。新打机井 8078 眼,配套机井 7981 眼,总投资 658.5 万元。

五、长垣县 1988—1995 年黄河滩区治理总体规划

(一)避水台

按照 1995 年设防水位超高 1 米的标准,加高避水台 9158 个,完成土方 3475 万立方米,投资 2049 万元。

（二）淤滩淤串

重点完成堰南和长村里区淤滩工程，马寨—堰南串沟、东旧城—青城串沟、卓寨—长村里串沟，淤滩面积3333.33公顷，淤串总容积639万立方米，完成建筑物26座、土方105.3万立方米、砌体4245立方米、混凝土614立方米，国家投资177.95万元。

（三）灌溉工程

灌溉工程包括左寨、郑寨、贾庄3个灌区渠道建筑物及打井任务，设计引水总量25立方米每秒，设计灌溉面积1.73万公顷，规划干渠3条长48.7公里，支渠24条长117.2公里，斗渠314条，配干支渠建筑物633座，斗渠建筑物713座，工程量土方754.61万立方米，混凝土7314立方米，砌体2.91万立方米，新打机井1320眼，维修机井186眼，配套机井1502眼，购置喷灌机具1500台，配柴油机1205台、电动机297台，总投资2076.65万元，其中国家投资929.84万元、自筹1170.81万元。可发展渠灌面积7333.33公顷、井灌面积4466.67公顷、井渠结合灌溉面积5533.33公顷。

（四）排水

排水工程包括长村里—青城、青城—安庄、安寨—石头庄、石头庄—辛庄4个区，共计排水面积6411.33公顷，排水总量5767万立方米，需建设21处提排站，配套柴油机30台3240马力、电动机12台1060千瓦，水泵42台，国家投资358万元。

六、长垣县1995—2000年水利工程规划

"九五"规划包括黄河滩区治理、石头庄灌区治理、大功引黄补源区治理、天然文岩渠治理、乡（镇）供水及其他项目。总投资2.64亿元。

（一）黄河滩区治理

井灌方每4公顷地1眼井，铺设地埋管道；渠灌方每200米挖1条渠，配套进、节、退水闸各1座，每6.67公顷配1套提水机械；新建19座提排站，每500米挖1条排水斗渠。工程投资2180万元。

（二）石头庄灌区治理

衬砌总干渠3.8公里、南干渠6公里、西干渠9公里，配套干支渠13条，新建建筑物183座，新打机井350眼；改造干支排水沟9条，新建改建建筑物50座。工程投资2500万元。

（三）大功引黄补源区治理

规划干渠3条、支渠28条、建筑物638座；新开斗农灌渠721条，修建筑物1910座。工程投资1.23亿元。

（四）天然文岩渠治理

规划桥梁工程7座、提排站16座，投资3221万元。

（五）乡（镇）供水

计划解决农村15万人饮水问题，投资4131万元。

（六）小引黄贷款

计划每年面上配套建设666.67公顷，投资500万元。

（七）粮食基地建设

规划建设面积4666.67公顷，投资700万元。

（八）黄淮海开发

计划开发中低产田面积 6666.67 公顷，投资 800 万元。

七、长垣县 2001—2005 年水利工程规划

"十五"规划按照分流域、分灌溉、重点搞好工程续建配套与节水改造的原则，分别对大功引黄灌区、石头庄灌区、黄河滩区等进行规划。

（一）大功引黄灌区治理

规划干渠 6 条，分别是一干渠、二干渠、三干渠、一干一分干、二分干、三分干，6 条干渠全长 73.66 公里。支渠 30 条，全长 183.3 公里。灌溉设计按 75% 保证率，除涝标准按金堤河流域规划，除涝均为三年一遇，防洪十年一遇标准。规划只对部分干支渠进行衬砌。

（二）石头庄灌区治理

规划总干渠 2 条、干渠 3 条、支渠 11 条、干沟 3 条、支沟 7 条，总灌溉面积 2.33 万公顷。其中，渠灌区 2.09 万公顷，井渠结合区 0.25 万公顷，干渠全部衬砌长度 47.16 公里，支渠衬砌 9 条，长度 52.95 公里，规划干支渠建筑物 236 座、干支渠建筑物 98 座。

（三）黄河滩区治理

规划仍按河南黄河河务局规划进行，继续对水毁建筑物、老化建筑物进行配套。共需修建各类建筑物 210 座，其中桥 175 座、涵洞 15 座、闸门 10 座、提排站 10 座。

（四）天然文岩渠治理

规划对天然文岩渠右堤涵洞、桥梁进行规划，计划修建右堤涵洞 5 座、桥梁 8 座。

（五）节水

规划喷灌 5400 公顷，其中半固定式喷灌 2700 公顷、小型移动式喷灌 2700 公顷。节水总面积 2 万公顷。

（六）水土保持

水土保持工程治理区包括天然水土流失地区和由于修建工程对周边造成的水土流失及危害地区。对水土流失地区的整治主要采用绿化工程，防风固沙，对沟渠、堤防和堤坡外脚的绿化，对水土流失面积治理区植树、种植草皮、灌木，对人为损坏水土保持工程的应依法处置。

（七）旱涝保收田

规划发展旱涝保收田工程面积 3300 公顷，完善提高面积 8000 公顷，配套建筑物 189 座、闸 24 座，新打机井 65 眼，配套机井 43 眼。

（八）除涝规划

规划发展除涝面积 2700 公顷，清挖疏浚干沟 2 条，配套建筑物 48 座。

完成以上 8 项规划，共需清挖疏浚渠道 63 条，新修和改造建筑 1280 座，维修建筑物 15 座，新打机井 780 眼，配套机井 520 眼，洗修旧井 1896 眼，完成土方 1260 万立方米、砌体 18 万立方米、混凝土及钢筋混凝土 36.4 万立方米，需投资 3.78 亿元。

八、长垣县 2006—2010 年农田水利建设规划

（一）规划目标及任务

建立应急预案，完善抢险体制，与黄河部门密切配合，保证黄河小水不出槽、大水不漫滩、特大洪水有

措施,确保滩区人民的生命财产安全。全面疏通排水河道,内河达到 5 年一遇标准,天然文岩渠达到相当于 7 年一遇标准。完成 2 个大型灌区的续建配套和节水改造,实现 2 个中型灌区正常运行。根治河道环境,扩大城市水面,建设碧水景观,实现生态水利。

"十一五"期间,新增有效灌溉面积 2000 公顷,新增旱涝保收田面积 2000 公顷,新增节水灌溉面积 1 万公顷,新打配机井 1000 眼,解决农村安全饮水 10 万人。

(二)重点工程项目规划

1. 黄河滩区治理项目

制定防洪保安措施和应急预案,加大迁安工程建设力度。充分利用滩区治理项目,分期实施淤滩淤串,逐步解决滩区串沟、孟马公路以北的低洼地、沿天然文岩渠东侧低滩地的淤滩问题。左寨灌区、郑寨灌区要按照正规引黄灌区标准建设,达到干、支、斗三级配套。充分利用禅房、郑寨、贾庄 3 个渠首闸门,同时重新启用马寨闸,新建大留寺闸,开辟水源,多处引水,保证灌溉水源。主要工程内容为:整修干支渠道 21 条长 164.34 公里,新建、改建建筑物 840 座。打通向天然文岩渠的退水出路,解决滩区排水难的问题。以上工程投资 2.3 亿元,申请国家立项投资。

2. 背河洼地涝碱治理项目

临黄截渗沟、回木沟是背河洼地除涝治碱的骨干工程。由于临黄大堤淤背,两沟被阻断、挤占和淤积,涝水无出路。建议把两沟治理列入黄河大堤淤背项目,解决资金及占地问题。需投资 4000 万元。

3. 天然文岩渠治理工程

天然文岩渠是豫北地区骨干排水河道。列入黄河流域重大支流治理规划,主要内容为:主河槽 53 公里修复整形,保证下游不顶托,中间不淤积。培高加固天然渠、文岩渠、天然文岩渠堤防 65 公里。新建、改建桥梁 9 座,重建提排站 4 座、涵洞 20 座。在瓦屋寨虹吸下游新建橡胶坝 1 道,有效利用上游的退水。完成以上工程总投资 7500 万元,从项目资金解决。

4. 大功灌区续建配套与节水改造项目

5 年内,规划要点是:衬砌大车引水渠,长度为 1.0 公里。新建、改建 7 座骨干调控闸门,实现供水计量到乡。对干渠上 8 座桥梁进行改建。规划总投资 700 万元,在项目资金中解决。

5. 石头庄灌区续建配套和节水改造项目

"十一五"安排:灌区内干、支渠硬化 35.23 公里。衬砌总干渠 3.9 公里,东干渠 10.8 公里,南干渠上段 6 公里,西干渠上段 10.53 公里,马坡支渠上段 2.0 公里,杨小寨支渠下段 2.0 公里。新建、重建骨干渠道配套建筑物 91 座。本项目投资 3000 万元。

6. 石头庄灌区末级渠系节水改造

石头庄灌区末级渠道节水改造面积 733.33 公顷。需衬砌斗渠 8 条、农渠 64 条,长 65 公里。维修改造及新建建筑物 230 座。2 项工程需投资 300 万元。

7. 节水灌溉工程项目

5 年内,共投资 3000 万元,完成节水灌溉面积 1 万公顷。其中,喷灌 666.67 公顷,地埋管道 5333.33 公顷,地面硬渠 4000 公顷。

8. 农村饮水安全工程

全县有 30 万人饮用高氟、高盐和污染水。"十一五"期间,优先安排含氟量中度超标、含盐量严重超标和部分饮用水严重污染的地区,解决 10 万人口安全饮水问题。主要建设工程为:新打机井,管网配套,铺设管网及配套水泵、压力罐、变压器等。本规划投资3500万元,从安全饮水项目中解决。

9. 地下水保护行动计划

主要为引水补源、地表水控制利用、节约用水等内容。总投资1.0亿元。

10. 小城镇供水工程

计划在丁栾镇建设小城镇供水工程,内容为水源及输配水工程、辅助配套工程。投资2600万元。

11. 城区建设规划

按照城乡一体化原则,对城区内涉及9条河道全部硬化,构筑排灌体系,建设碧水景观。打通东西环城河,在城北、城南各建2座调水闸,实现调水冲污、引水补济的先期治理目标。积极配合城市污水处理工程建设工作,实现污、雨分设,改善城区水环境。完成以上工程共需投资5000万元。

"十一五"期间,实施以上项目,计划投资6.26亿元。

(三)保障措施

更新观念,提高认识,使农村水利工作切实为振兴经济服务,为"三农"服务,为社会的发展服务,引起领导的重视,取得上级的支持。抓住国家投资大型灌区、黄河滩区治理、安全饮水、地下水保护、农业综合开发等项目的机遇,多渠道、多方位引进资金。发展民营水利,扩大民营水利市场份额,鼓励企业投资、商业融资、产权拍卖、群众自筹、股份合作,为民营水利创造良好的生存空间。加强工程管理,建立良性运行机制,逐步实现水利向市场化运作的转变,以改革促发展,向创新要效益,为全县全面建设小康社会的目标而努力奋斗。

九、长垣县"十二五"规划(2011—2015年)

(一)水利发展目标

1. 防洪减灾

一是完善防洪减灾工程体系,天然文岩渠除涝标准达到3年一遇,防洪标准达到10年一遇;丁栾沟和文明渠的除涝标准达到5年一遇,防洪标准达到10年一遇。逐步建立和完善防洪抗旱安全保障体系,实施有效的洪水管理,实现人水和谐,努力为生产、生活创造安全环境。

二是努力完善末级渠系,改善田间沟渠的供水条件,尽量向河务部门争取供水指标,努力实现"旱能浇"的供水标准,确保农田丰产丰收。

2. 水资源开发

一是节水目标。力争到"十二五"末,全县总用水量比现在降低10%。万元GDP用水量不超过52立方米,到2020年万元GDP用水量不超过50立方米;平均农业灌溉用水有效利用系数提高到0.55,到2020年平均农业灌溉用水有效利用系数提高到0.6;平均工业用水重复利用率达到86%,到2020年平均工业用水重复利用率达到90%。规划增加有效灌溉面积666.67公顷,增加旱涝保收田面积666.67公顷,增加节水灌溉面积6666.67公顷。

二是污水再生利用目标。力争到"十二五"末,全县主要河道(环境)功能区水质监控率达到70%以上,城市主要供水水源地水质监控率达到95%以上,95%的城市集中式生活饮用水水源地水质达标;到2020年城市供水水源地水质达标率稳定在95%以上,90%的主要河道监测断面水质达到水(环境)功能区水质标准,城镇过境河段水质明显好转。

三是水资源管理目标。在城市规划区自来水管网覆盖范围内停止审批取用地下水,封闭自备井22眼;

到 2020 年除特殊用水外城市规划区自来水管网覆盖范围内自备井全面封闭;节水器具普及率达到 75%,到 2020 年节水器具普及率达到 90%;水资源费征收率达到 90%,到 2020 年水资源费征收率达到 100%。

3.农村安全饮水工程建设目标

"十二五"期间全县计划解决 20.04 万人的饮水安全问题。

4.农田水利工作目标

规划工程建设内容为渠道防渗、低压管道输水、喷灌和微灌,2011—2015 年发展渠道防渗面积 4000 公顷、低压管道面积 2000 公顷、微灌面积 666.67 公顷,小麦、玉米每亩增产 50 公斤,经济作物增收 1000 元每亩,渠道防渗水利用系数达到 0.55,管道输水水利用系数达到 0.95,喷灌、微灌水利用系数达到 0.99。

5.灌区建设目标

2015 年底,石头庄灌区改善灌溉面积 4666.67 公顷,恢复灌溉面积 1533.33 公顷,灌溉水利用系数达到 0.55,粮食作物增产每年 50 公斤每亩,经济作物增收每年 600 元每亩;大功灌区有效灌溉面积发展到 2.53 万公顷,水利用系数达到 0.6;左寨灌区有效灌溉面积发展到 1 万公顷,水利用系数达到 0.60,节水面积达到 5333.33 公顷;郑寨灌区有效灌溉面积发展到 6000 公顷,水利用系数达到 0.60,节水面积达到 4000 公顷。

(二)水利改革目标

1.全面完成小型农村水利改革工作

全县小型农村水利工程共 11861 处,其中灌溉面积 666.67 公顷、除涝面积 2000 公顷。渠道流量 1 立方米每秒以下的小型水利工程有:斗渠(沟)560 条,长 1200 公里;农渠(沟)及以下 900 条,长 830 公里;排灌站 4 处;机井 12397 眼,已改制完成机井 12397 处,剩余的 1464 处,"十二五"期间完成产权制度改革。

2.水利建设管理与水利投融资体制改革目标

深化水利建设管理体制改革;加快水利投融资体制改革,形成以公共财政及投融资体制为主渠道的水利投资体制。

3.水行政执法达到责权明确、监督有效、保障有力的目标

全面提升执法水平。为县水利事业的建设和发展提供良好的执法保障。一抓案件查处,确保良好的水秩序,把涉及老百姓利益的水事案件办好。二落实巡查制度,每月对全县的县管河道要巡查一次,降低发案率,最终达到无为而治。三加强学习、培训,提高执法素质。四建档实行专人管理,统一执法文书,达到案卷规范。

(三)水利发展总体布局

1.水资源开发利用

一是抓好地表水和地下水的开发利用。在原有黄河水供水的基础上,在孟岗乡野寨村西新建新中益电厂沉沙池 1 处,规模用地 35 公顷,年取用黄河水量 160 多万立方米。通过东引西送、南引北排、串活水系,在水资源量已基本得到有效保障的前提下,提高水资源质量。规划长垣县污水处理厂和封丘县污水处理厂中水用于新中益电厂主水源,年使用中水 1000 多万立方米。通过水资源优化配置及水污染治理,努力保障全县集中供水水源地水质。同时,根据境内地下水资源存量比较丰富、开发利用条件较好的实际情况,适当加强中深层地下水的开发利用,用于解决农村饮水安全问题,合理布局建设小型水厂。城市规划区内自来水管网覆盖范围内要进一步限制开采。

二是抓好地表水和地下水的环境保护。"十二五"期间，全县主要饮用水功能区基本实现污染物排放总量控制目标，通过污染物排放总量控制，排污口设置审查，加强水源调度，增加水体环境容量，基本实现水功能区水质目标，2015年，全县主要水体基本消灭Ⅴ类及劣Ⅴ类。加强地下水监测系统建设，规划在全县主要开采层位与集中开采地区合理设置地下水位监测系统，搞好水平衡测试。研究并建立地下水资源综合管理及地下水开采预警和远程监控系统，将地下水开采申请、地下水资源调查评价、地下水开采量、地下水监测统一纳入，实现信息资源共享。

三是搞好水土保持和生态建设。预防保护区总面积为102平方公里，水保监督区总面积26平方公里，水保治理区总面积70平方公里。具体治理措施有：引黄灌溉，压沙改土；植树造林，防风固沙；开挖排水河道，打通排水出路；平整土地，减少水土流失；加强技术培训，推广水土保持工作。

四是稳步推进平原水库建设。天然文岩渠于2006年清淤治理以后，输水能力明显提高，抗洪除涝效益得到充分发挥，经专家论证，适宜通过建设橡胶坝调配水资源。因此，以天然文岩渠为基础，实施天然文岩渠水资源综合开发利用，加强境内水资源调配，拟建设瓦屋寨虹吸下游橡胶坝，与石头庄处橡胶坝形成梯级开发利用格局，并对天然文岩渠部分渠段进行清淤扩面，配套建设一个(包括王家潭、蒲城湖在内)库容量为980万立方米、水面达466.67公顷，集引水灌溉、观光休闲于一体的平原水库。依托石头庄灌区孟岗乡野寨村原有坑塘，规划建设灌区平原水库，作为灌区的取水工程和县城区工业用水的备用水源。进一步缓解黄河调水调沙带来的灌区用水不足的矛盾，提高灌区水利用保证率。灌区水库规划占地35公顷，蓄水量达160万立方米。

2. 农村饮水安全工程

农村饮水安全工程建设，优先采取水厂集中供水和联村供水工程，以扩大供水规模，降低供水成本，提高投资效益。对在原有供水工程覆盖范围内及城区近边的村庄，全部采用延伸管网的方式加以解决；在新型农村住宅社区、人口集中的集镇，建设千吨万人集中水厂供水工程；对于人口相对集中，村庄相对密集邻近的建设联村工程；相对分散，确实不能与其他村实现联村供水的村庄，采用单村供水形式。

3. 农田水利

一是在石头庄灌区、左寨灌区和郑寨灌区以发展渠道防渗节水技术为主，在干支渠配套完善的基础上，对水田林路统一规划，采用混凝土衬砌及建筑物配套的田间工程节水形式；在"以井灌溉、以渠补源"的大功灌区大力发展地埋管道节水技术，配以地面软管或闸管灌溉直接送水到田间，田间实行小畦短沟灌溉。设置地下输水管道时要与发展喷灌相结合，避免搞喷灌时重新铺设管道造成浪费。有条件的地方发展喷灌，以半固定和小型机组移动式喷灌较为经济。

二是以石头庄灌区1999年编制完成的《河南省石头庄引黄灌区续建配套与节水改造规划报告》为依据，对灌区骨干工程进行续建配套与节水改造。计划安排干支渠衬砌9条，长49.58公里；骨干排水干支沟10条，长126.2公里；维修改建重建各类建筑物272座，并进行信息化改造。

(四)主要建设任务

1. 水资源开发利用

水资源开发利用与保护方面。2015年主要建设任务：一是利用低洼区和坑塘建设水库，库容320万立方米。二是协助做好河南省新中益电厂在孟岗乡野寨村西新建沉沙池建设，规模用地35公顷，年取用黄河水量160多万立方米。三是建立地下水资源综合管理及地下水开采预警和远程监控系统。水土保持和生态建设方面，规划2010—2015年，全县治理水土流失面积50平方公里，投入资金3000万元，治理合格保存率达到 85% 以上。

2. 农村饮水安全工程

"十二五"期间共解决 18 个乡(镇、办事处)的 144 个行政村 20.04 万人的农村饮水安全问题,计划完成投资 10020 万元。其中,中央预算内投资 6012 万元,省配套资金 1603 万元,市级配套资金 801 万元,群众投劳折资及筹资 1604 万元。共建设集中水厂 5 处、联村供水工程 25 处,建成单村供水工程 7 处、管网延伸工程 29 处,完成新打配水源井 47 眼,安装各式水泵 62 台(套)、各式压力罐 32 台(套),建成管理房 5240 平方米,完成供水主管网铺设 192.4 万米。

3. 农田水利

"十二五"期间建设内容:到 2015 年计划发展 0.67 万公顷小型水利工程节水改造,其中发展渠道防渗节水改造面积 0.4 万公顷,发展地埋管道节水改造面积 0.2 万公顷,发展喷灌、微灌面积 0.07 万公顷。

4. 灌区建设

搞好四大灌区建设。石头庄灌区:计划安排干支渠衬砌 9 条,长 49.58 公里;骨干排水干支沟 10 条,长 126.2 公里;维修改建重建各类建筑物 272 座,并进行信息化改造。大功灌区:疏浚河道长 71.10 公里,险工护砌 1.6 公里,改建水闸 2 座、桥梁 61 座,信息化建设 1 套。左寨灌区:衬砌河道 52.65 公里,修建水闸 102 座、桥梁 120 座。郑寨灌区:衬砌河道 35.8 公里,修建水闸 70 座、桥梁 95 座。

5. 除涝工程建设

一是搞好天然文岩渠综合治理。疏浚河道长 46 公里,改建涵洞 39 座、桥梁 10 座、提排站 7 座。

二是重点实施好中小河流治理。丁栾沟:疏浚河道 39.91 公里,护砌河道长 5.72 公里,改建水闸 4 座、桥梁 27 座。文明沟:疏浚河道 32.94 公里,护砌河道长 5.6 公里,改建水闸 3 座、桥梁 22 座。

6. 全力推进平原水库建设

一是以天然文岩渠为基础建设平原水库。在天然文岩渠瓦屋寨虹吸下游新修橡胶坝 1 座,估算投资 410 万元,蓄水面积达 200 公顷;完善蒲城湖建设,疏浚河道 28 公里,护砌河道长 16 公里,修建配套建筑物 28 座,蓄水面积达 266.67 公顷;修建王家潭生态公园,清挖土方 40 万立方米,配套建筑物 30 座,估算投资 1060 万元,蓄水面积达 40 公顷。平原水库建设完成后,总库容为 980 万立方米,蓄水面积达 506.67 公顷。

二是依托石头庄灌区孟岗乡野寨村原有坑塘,规划建设灌区平原水库,作为灌区的取水工程和县城区工业用水的备用水源。进一步缓解黄河调水调沙带来的灌区用水不足的矛盾,提高灌区水利用保证率。灌区水库规划占地 35 公顷,蓄水量达 160 万立方米,动用土方 200 万立方米,清淤疏浚河道长 8 公里,配套建筑物 20 座,估算投资 1 亿元。

(五) 投资测算

水利发展"十二五"规划总投资为 65513.97 万元。其中,中央投资 33622.84 万元,占总投资的 51.3%;地方配套资金 31891.13 万元,占总投资的 48.7%

农村水利方面,规划总投资 8853.68 万元,其中中央投资 4462.84 万元,分别占水利发展"十二五"规划总投资的 13.5%、6.8%。

灌区工程建设方面,规划总投资 22024.91 万元,其中中央投资 11184 万元,分别占水利发展"十二五"规划总投资的 33.6%、17.1%。

除涝工程建设方面,规划总投资 10345.38 万元,其中中央投资 5100 万元,分别占水利发展"十二五"

规划总投资的 15.8%、7.8%。

农村饮水安全工程方面,采用综合指标估算法进行,即采用 500 元的人均投资进行投资估算,规划总投资 10020 万元,其中中央投资 6012 万元,分别占水利发展"十二五"规划总投资的 15.3%、9.2%。

平原水库建设方面,规划总投资 14270 万元,其中中央投资 6900 万元,分别占水利发展"十二五"规划总投资的 21.8%、10.5%。

十、长垣县 2010—2020 年农田水利建设规划

(一)规划目标

全县耕地 6.86 万公顷全部能够灌溉,有效灌溉面积达到 6.24 万公顷。其中:新增有效灌溉面积 1.95 万公顷,恢复和改善灌溉面积 1.62 万公顷,节水灌溉面积达到 5.53 万公顷。引水灌溉农业灌溉水利用系数由 0.45 提高到 0.6,机井灌溉水利用系数由 0.8 提高到 0.85。新增节水能力 3246.48 万立方米,除涝面积达到 3.27 万公顷。

(二)规划布局

按照灌排分设、渠井结合、渠井路林综合治理的原则,完善工程体系建设。

(1)对机井密度小的耕地新打配机井,为稳步扩大有效灌溉面积提供水源。

(2)大力发展节水工程。针对引黄灌区工程老化失修、水资源浪费的突出问题,加强末级渠系防渗节水工程建设,末级渠系防渗节水工程建设主要安排在灌区用水量大、水源有保证的上游地区,优先安排水作种植区。同时,在有地下水源的区域试建机井地埋管,在高效农业区域发展滴灌、微灌工程,建立适用新型现代节水灌溉技术推广示范区。

(3)解决内涝问题,搞好除涝减灾,对易涝面积进行治理。对局部地势低洼、积水难排的地区修建提排站。

(三)工程建设内容

农田水利工程主要包括水源工程、灌溉工程、排水工程 3 项。

1. 水源工程

按照单井控制面积为 5.33 公顷配套机井工程。对于大功灌区(补源性灌区)和其他 3 个灌区的一些边缘地带,单井控制面积按 3.33 公顷进行规划,规划期间新打配套机井 1 万眼,改造配套机井 5785 眼,改造提灌站 14 处,新建提灌站 12 处。

2. 灌溉工程

新建和改造设计流量为 1 立方米每秒以下的固定渠道长度 2840.2 公里。其中,衬砌 1005.9 公里,配套及改造建筑物 1.97 万座,发展渠灌节水面积 2.1 万公顷。发展管灌节水面积 2.39 万公顷,喷灌面积 3866.67 公顷,微灌面积 6546.67 公顷。新增灌溉面积 1.95 万公顷,恢复和改善灌溉面积 1.62 万公顷,新增有效灌溉面积 1.95 万公顷。

3. 排水工程

配套改造控制面积 2000 公顷以下的排水沟道长度 2735.73 公里,配套及改造建筑物 9129 座、小型排涝泵站 6 座,排涝治理面积 3.27 万公顷。新增排涝面积 2.42 万公顷,改善和恢复排涝面积 8546.67 公顷。

（四）投资估算及工程量

估算总投资 10.85 亿元,其中水源工程投资 2.46 亿元、灌排工程投资 8.39 亿元。需完成土方 1572.65 万立方米、混凝土 35.69 万立方米、浆砌石 19.44 万立方米、管道长 4042.6 公里。

十一、长垣县水利发展"十三五"规划（2016—2020 年）

（一）水利发展改革目标

1. 防洪抗旱减灾目标

通过工程措施和非工程措施紧密结合,进一步完善防洪减灾工程体系,提高防御洪涝旱灾能力,减少水旱灾害损失。到 2020 年,天然文岩渠流域排涝渠道除涝标准达到 3 年一遇,防洪标准达到 10 年一遇;张三寨沟、吕村沟等支沟的除涝标准达到 5 年一遇,防洪标准达到 10 年一遇。重点区域和城乡抗旱能力显著增强。

2. 节水目标

建立取水许可总量控制体系,倡导节约用水,促使水资源利用效率和效益不断提高;对乡（镇）供水继续坚持开源与节流并举,实施规模化节水灌溉增效示范项目,实施农村饮水安全提质增效工程;到 2020 年,全县水资源年度用水总量控制在 2.29 亿立方米,万元 GDP 用水量控制在 39 立方米,万元工业增加值用水量降低到 11.7 立方米,农业灌溉水有效利用系数达到 0.616。

3. 城乡供水目标

改善全县水资源配置格局,增强水资源调配能力,逐步形成与工业化、城镇化和农业现代化相适应的供水安全保障体系。城镇供水水源地水质全面达标,城镇供水保障率和应急供水能力进一步提高,到 2020 年,城市主要供水水源地水质监控率达到 95% 以上,城市供水水源地水质达标率稳定在 95% 以上。

实施农村饮水安全提质增效工程,新增受益人口 1.8738 万人,农村供水覆盖总人口达到 74.63 万人,集中供水率、自来水普及率达到 95% 以上。

4. 农村水利发展目标

继续加强农田水利工程建设,逐步形成骨干、田间工程配套,大中小工程互补,灌溉、排涝功能完善的农田灌溉排水体系。进行大中型灌区、中型灌区续建配套与节水改造;实施大留寺引黄供水工程建设,加大引水能力;扩大小型农田水利项目县建设面积,实施规模化节水灌溉增效示范项目。到 2020 年,全县有效灌溉面积达到 66 万亩,节水灌溉面积达到 33.5 万亩,其中新增高效节水灌溉面积 1.6 万亩。

5. 水生态文明建设目标

推进县乡级水生态文明体系建设,打造水美乡村;推进水土保持工程建设,使平原风砂区水土流失得到治理;加强农村河道及坑塘治理,着力修复生态,实现人水和谐;多措并举,推动地下水超采区治理工作,地下水严重超采区域超采状况得以好转。到 2020 年,重要江河湖泊水功能区水质达标率达到 100%,城镇过境河段水质明显好转。水生态系统稳定性和生态服务功能逐步提升,地下水超采区扩大趋势得到遏制,水生态得到显著改善。

6. 水利扶贫目标

加快完善贫困乡村地区水利基础设施网络建设,实施精准扶贫,着力改善贫困地区供水、灌溉条件和防洪除涝能力,继续落实好各项扶贫政策。

7.水利改革发展目标

按照中央简政放权、放管结合、优化服务的要求,进一步深化水利建设管理体制改革,加大水利重点领域和关键环节改革力度,使市场配置资源的决定性作用得到充分发挥,着力构建系统完备、科学规范、运行有效的水管理体制机制。

(二)水利发展及水利建设主要任务

1.节水型社会建设

一是落实最严格的水资源管理制度。按照"三条红线"控制指标和河南省实行最严格水资源管理制度考核工作实施方案进行管控;推动建立规划水资源论证制度,把水资源论证作为产业布局、城市建设、区域发展等规划审批的重要前置条件,坚持以水定需、量水而行、因水制宜,使水资源、水生态、水环境承载能力切实成为经济社会发展的刚性约束;完善重大建设项目水资源论证制度,涉及公共利益的重大建设项目,在水资源论证时应充分听取社会公众意见。

二是节水型社会建设。坚持资源节约和保护的原则,把建设节水型社会作为解决干旱缺水的战略性根本措施。运用政府调控和市场化相结合的机制,落实总量控制、定额管理、水价调控、水权交易、市场监管等管理手段,全面推广节水技术,城镇供水管网改造等措施,提高全民节约用水意识,在全社会落实节水受益、浪费受损的节水奖惩机制。加大节水示范工程建设力度,加快城镇供水管网改造,降低管网漏损率,大力推广节水器具,推广循环经济和清洁生产的理念和技术,严格计划用水和水资源论证制度,努力提高水的重复利用率。

三是建立健全节水激励机制。合理制定水价,运用价格机制促进节约用水。积极发挥银行、保险等金融机构作用,优先支持污水处理循环再利用、再生水利用、管道更新、节水设备更新等节水工程、非常规水源利用等建设项目。严格新建、改建、扩建的建设项目全面落实节水设施与主体工程"三同时"制度。建立用水单位重点监控名录,严厉查处违法取用水行为。

四是培养公民节水意识。积极开展节水宣传教育,充分利用各种平台和媒体,加强县情、水情教育,开展节水公益活动,大力宣传节水和洁水观念,营造全民节水的良好氛围。树立节约用水就是保护生态、保护水资源就是保护家园的意识,普及节水知识和技能。扩大社会参与,树立节约用水、人人有责的意识,营造全社会亲水、惜水、节水的良好氛围,强化节水的社会监督作用,建立健全举报机制,对浪费水资源、破坏节水设施的不良行为公开曝光。

2.水利基础设施网络建设

一是防洪体系建设。继续实施中小河流治理,推进文岩渠治理等流域面积200~3000平方公里的中小河流治理;积极做好《治涝规划》的编制上报工作,争取治涝规划项目纳入国家投资计划;建设引黄调蓄工程,提高调洪、滞洪、分洪能力;实施长垣县防洪除涝及水生态文明城市建设工程,以及高压走廊带水质涵养带建设,提高城市防洪标准。

二是水资源配置体系建设。科学合理开发利用地表水、地下水的同时,加快非常规水源利用工程建设,新建小区、城市道路、公共绿地要完善雨水资源利用设施,开展城镇污水集中处理利用,逐步提高非常规水源的利用水平,增加可供水量,提高区域水资源的利用效率。

在全面强化节水、增效、治污、环保、控需的前提下,建设一批引调水工程,提高区域水资源水环境承载能力。完善抗旱体系,加快抗旱水源工程建设,有序推进大留寺引黄供水工程,大留寺提灌站、冯楼提灌站、郑寨提灌站等提灌供水工程。建设引黄调蓄工程、长垣县防洪除涝及水生态文明城市建设等,增强县域供水保障能力。

三是水系连通工程建设。坚持恢复自然连通与人工连通相结合,以自然水系、调蓄工程和引排工程为依托,以水生态文明城市建设为重点,构建布局合理、生态良好、引排得当、循环通畅、蓄泄兼筹、丰枯互补、调控自如的河湖连通水系。推进大留寺引黄供水工程、长垣县防洪除涝及水生态文明城市建设工程等,实现黄河、天然文岩渠、丁栾沟及王家潭、三善园、贾寨湖等河湖之间的连通,提高区域防洪、供水保障能力,改善生态环境。

四是水系综合整治。以引黄调蓄工程、长垣县防洪除涝及水生态文明城市建设为重点,统筹考虑水灾害、水生态、水环境等问题,按照生态治理的理念,通过堤防建设和加固、生态护岸、河道疏浚、底泥清淤、滨岸带治理、沿河排污口整治、险工段治理等措施,加快河湖水系综合整治。

3. 农村水利建设

一是农村饮水安全巩固提升工程建设。大力发展规模化集中供水,实施农村饮水安全巩固提升工程,对已建工程进行配套、改造、升级、联网,健全工程管理体制和运行机制,进一步提高农村集中供水率、自来水普及率、供水保证率、水质达标率。对供水人口1000人以上的集中供水工程,划定水源保护区和保护范围。加强水质监测能力建设,完善农村饮水工程水质检测体系,提高农村饮水安全监管水平。启动实施长垣县农村饮水安全提质增效工程,新增受益人口1.8738万人,农村供水覆盖总人口达到74.63万人,集中供水率、自来水普及率达到95%以上。水质达标率达到80%。

二是农业节水工程建设。着力改进传统大水漫灌的灌溉方式,大力发展现代节水农业,积极发展生态循环农业。继续实施大功灌区等2个大型灌区和2个中型灌区的续建配套与节水改造。继续加快实施田间高效节水灌溉工程,积极推广低压管道输水、喷灌、滴灌、微灌等高效节水技术,提高灌溉水有效利用系数,"十三五"期间新增高效节水灌溉面积1.6万亩,节水灌溉总面积达到33.5万亩。

三是农田水利建设。以田间渠系配套及农村河塘整治等工程为重点,加强小型农田水利项目县建设,加快灌区末级渠系改造工程建设,打通农田水利"最后一公里"。

四是水生态文明建设。坚持节约与保护优先、自然恢复与治理修复相结合的基本方针,配合环保部门加快实施水污染防治行动计划,加快建设引黄调蓄工程、长垣县防洪除涝及水生态文明城市建设工程,强化水资源及河湖生态保护力度,保障河道生态基流,推进水土流失综合治理,加强水资源、水环境超载区修复治理,改善河湖和地下水生态环境。

水资源保护工作:全面加强水功能区监督管理,严格控制入河湖排污总量。加强重要水功能区排污口治理,以水功能区为基本单元,继续实施水功能区的定界立碑工作。积极配合环保部门划定城市集中式饮用水水源地保护区,按照水量保证、水质合格、监控完备、制度健全的要求,积极开展城市集中式饮用水水源地达标建设工作。建立严格的地下水保护制度,编制《地下水开发利用保护规划》,划定地下水超采区、禁采区和限制开采区。坚持地表和地下统筹,治理和保护措施同步,进一步加强地下水保护和涵养,实施地下水回灌补源工程,逐步实现地下水采补平衡。

水土保持生态建设:坚持"预防为主、保护优先、全面规划、综合治理"的原则,全面推进水源涵养和水土保护,为河湖健康提供稳定的保育场所。加强水源涵养林保护与建设,继续加强102平方公里预防保护区、26平方公里水保监督区及70平方公里水保治理区水土保持和水生态治理保护工程建设,使平原风砂区水土流失得到治理,水生态环境得到修复。

农村河道坑塘整治:针对农村河塘沟渠存在的水环境恶化问题,结合新农村建设和小型农田水利工程,开展水美乡村建设和农村清洁河道行动,以"引排顺畅、水源互济、灌溉保障、水清岸绿"为目标,开展农村小河沟、小坑塘的清淤疏挖、岸坡整治、河渠连通等集中整治,建设生态河塘,提高农村地区水源调配能力、防灾减灾能力、河湖保护能力,改善农村生活环境和河流生态,建设美丽宜居乡村。

水文化建设:加强水利精神文明建设,大力弘扬"献身、负责、求实"的水利行业精神。通过长垣县防洪除涝及水生态文明城市建设工程建设,打造王家潭、三善园、何寨湖、贾寨湖等亲水景观,传播水文化,建立以人水和谐为核心的价值观念,加强水资源环境宣传,开展节水文化教育等活动,编写《长垣县水利志》等水文化丛书,营造全社会节水、惜水、护水的氛围。

五是城市水利。

完善城市防洪排涝工程建设:坚持城市防洪除涝工程建设与城市发展总体规划协调推进,统筹市政建设、环境整治、生态保护与修复的需要,综合确定城市河道防洪排涝标准,合理布局城市排水河道,构建和完善城市泄洪排水通道,完善城市防洪排涝体系,保障城市排水出路通畅;综合考虑河湖调节、滞蓄、外排等措施,加快城市水利设施建设,加强对城市坑塘、河湖、湿地等水体自然形态的保护和恢复,禁止侵占、破坏水生态的行为;推进雨污分流管网改造与排水防涝设施建设;加强城市内涝和洪水风险管理,增强群众防灾避灾意识,最大限度地减轻灾害损失。

推进城市供水结构调整:推进城市供水结构调整,提高中水和雨水等其他水源利用量,推进污水再生利用设施建设和城镇雨水收集、处理和资源化利用设施建设。统筹考虑当地水源及外调水源,完善城市供水格局。

城市水生态建设:结合城市相关发展规划梳理调整城市水系,积极推进长垣县防洪除涝及水生态文明城市建设工程,着力实现多源互补、一水多用、循环增效的目标,打造水清、河畅、岸绿、景美的水生态文明体系;稳步推进县乡级水生态文明体系建设,打造水美乡村。

六是水利扶贫攻坚。扶贫攻坚是实现全面建成小康社会目标的重大任务,水利是扶贫攻坚的重要领域,要加快完善水利基础设施网络,实施精准扶贫,着力改善供水、灌溉条件。针对抗旱保丰问题,加快抗旱水源工程建设,有序推进大留寺引黄供水工程,大留寺提灌站、冯楼提灌站、郑寨提灌站等提灌供水工程;以水资源优化配置为重点,建设引黄调蓄工程;加强中小河流治理工程建设、长垣县防洪除涝及水生态文明城市建设,解决防洪减灾问题;以大中型灌区续建配套与节水改造、小型农田水利项目县建设为重点,实施规模化节水灌溉增效示范项目,改善贫困群众生活生产条件,为脱贫致富提供水利基础。做好对口扶贫工作,瞄准贫困村、贫困户水利需求,按照"六个精准"的要求,加大政策扶持力度,加快实施农村饮水安全巩固提升工程,集中力量全面解决贫困村和贫困户的饮水不安全问题。

(三)水利改革和管理

1.水利重点领域改革

水权制度改革:完善取水许可制度,加强取水许可管理,加大取水许可证发放率,对已经发证的取水许可进行规范,确认取用水户的水资源使用权。进一步细化区域用水总量的分解。按照农业、工业、服务业、生态等用水类型,完善水资源使用权用途管制制度,保障公益性用水的基本需求。

小型水利工程管理体制改革:根据《河南省小型农村水利工程管理体制改革实施细则》和《长垣县小型农田水利工程管理体制改革实施方案》,明确所有权和使用权,落实管护主体和责任,基本完成全县小型水利工程管理体制改革工作。

调动农民参与工程建设和管理的积极性,探索市场化、专业化和社会化的多种水利工程管理模式,积极稳妥地加快农村小型水利设施产权制度改革,保证已建工程良性运行,促进农村水利事业的发展。

水价改革:充分发挥水价杠杆作用,建立考虑水资源的稀缺性和市场供求关系的水价形成机制,促进节约用水,促进水资源可持续利用,保障水利工程良性运行。同时,为社会资本进入水利市场创造条件。按照节约用水、农民水费支出不增加、保障灌排工程良性运行的原则,推进农业水价综合改革。

水利工程建设和管理体制改革:一是全面推进审批体制改革,整合涉水项目审批职能,改进水行政审批和监管方式。二是继续深化水管体制改革,巩固改革已有成果。建立职能明晰、权责明确的水利工程分级管理体制;落实水管单位人员基本支出和水利工程维修养护经费。三是明晰乡(镇)水利管理职能,加强小型水利设施的建设与管理。四是围绕建立项目法人责任制的改革内涵和要求,按照水利工程建设类型,因地制宜推行水利工程设计施工总承包、代建制等模式。对中小型水利工程建设,整合建设管理资源,实行集中建设管理模式,鼓励按县域或项目类型集中组建一个项目法人,并由项目法人组建现场管理机构具体实施建设管理工作。构建"民主决策、和谐建设、自主管理、良性运行、持续发展"的创新型小型水利工程建设管理模式。

2. 依法治水管水

水法治建设:全面加强水利依法行政,推进水利政务公开,强化对水行政权力的制约和监督。加强水行政综合执法,强化专职水行政执法队伍和能力建设。严厉打击非法取水、非法采砂、违法设障、污染水体、侵占河湖水域岸线、人为水土流失等行为,维护良好水事秩序。有效化解水事矛盾纠纷和涉水行政争议,坚持预防为主、预防与调处相结合的原则,完善水事矛盾纠纷预防调处机制。加强源头控制和隐患排查化解,加大水事纠纷调解力度,维护社会和谐稳定。健全水利行政复议案件审理机制,对水利违法或不当行政行为坚决予以纠正,努力化解涉水行政争议,提高政府公信力。

涉水事务管理:加强河湖水域管理与保护。加强规划对河湖管理的指导和约束作用,落实河湖水域空间用途管制,明确河湖利用和保护要求,严格分区管理。基本完成河湖管理范围划定工作。完善河道等级划分,创新河湖管护体制机制,落实河湖管护主体、责任和经费,全面推行"河长制"等管理责任制。强化涉河建设项目和活动监管,依法查处非法侵占河湖、非法采砂等行为。加强水利建设市场监管。加强水利建设项目全过程质量管理,强化政府质量监督,严格工程质量考核,实行工程质量终身责任追究制。严格落实水利工程建设安全生产管理规定,严格执行水利工程建设项目安全设施要与主体工程同时设计、同时施工、同时投入生产使用的制度。健全水利建设市场信用体系,规范水利建设市场秩序。

加强水利规划和基础工作。按照"多规合一"的要求,加快县域水利综合规划及专项规划编制,进一步完善水利规划体系。开展水资源调查评价。围绕重大水利工程建设,加快水利前期论证工作,合理确定工程建设方案,做好前期项目储备。

大力实施和推进水利人才战略。深入实施人才优先发展战略,推动水利人才结构战略调整,持续加大人才教育培训广度与深度,深入实施岗前培训、业务轮训、知识更新培训以及后续学历教育,建立水利职工终身教育体系。

加强水利行业能力建设。完善基层水利服务机构,加强水资源管理与保护、防汛抗旱、灌溉排水、农村供水、水利科技推广等工作,加强基层水利服务机构能力建设。大力扶持和发展农民用水合作组织,探索农民用水合作组织向农村经济组织、专业化合作社等多元方向发展,发挥农民用水合作组织在小型农田水利建设和管理中的作用。

(四)投资测算

水利发展"十三五"规划总投资为 213426 万元,其中政府性投资水利项目 7 类 16 个,总投资为 41118 万元;拟安排社会融资水利项目 2 个,总投资为 172308 万元。分类投资情况如下。

1. 政府性投资水利项目

中小河流治理项目,文岩渠、何寨沟、吕村沟、张三寨沟治理规划投资 11718 万元。

农村饮水安全巩固提升工程,规划投资 6447 万元。

财政支持农田水利建设项目方面:继续实施 2015 年农田水利项目县建设项目、农田水利设施维修养护项目、节水灌溉增效示范项目等,规划投资 6712 万元。

大中型灌区续建配套工程,石头庄灌区、大功引黄灌区、左寨灌区和郑寨灌区 4 个灌区续建配套与节水改造项目,规划投资 10683 万元。

水土保持方面,水土流失重点防治工程项目规划投资 2286 万元。

抗旱应急工程,大留寺引黄供水工程,冯楼提灌站、贾庄提灌站和郑寨提灌站工程规划投资 1593 万元。

农村河道及坑塘治理工程规划投资 1679 万元。

2. 社会融资水利项目

引黄调蓄工程,石头庄、瓦屋寨、王家潭和蒲城调蓄工程规划总投资 59508 万元。

长垣市防洪除涝及水生态文明城市建设工程规划总投资 112800 万元。

长垣市"十三五"水利项目规划见表 3-1。

表 3-1 长垣市"十三五"水利项目规划 单位:万元

序号	项目分类及项目名称	建设性质	项目内容	建设起止年限	总投资	"十三五"争取政府投资		
						政府投资	银行贷款	其他资金
	合计				213426	39692	172308	333
一	河道治理工程				11718	11718		
1	文岩渠治理工程	续建	河道堤防整治、建筑物重建和生态修复等	2016—2020	2995	2995		
2	何寨沟治理工程	续建	河道整治、建筑物重建和生态修复等	2016—2020	2998	2998		
3	吕村沟治理工程	续建	河道整治、建筑物重建和生态修复等	2016—2020	2773	2773		
4	张三寨沟治理工程	续建	河道整治、建筑物重建和生态修复等	2016—2020	2952	2952		
二	饮水安全工程				6447	5354		

续表 3-1

序号	项目分类及项目名称	建设性质	项目内容	建设起止年限	总投资	"十三五"争取政府投资		
						政府投资	银行贷款	其他资金
1	长垣县农村饮水安全巩固提升工程	新建	一是改造配套工程19处,改造供水规模45100立方米每天,受益人口14.8126万人,其中新增受益人口1.8738万人,新增供水规模4820立方米每天。二是水质净化设施改造和配套消毒设备12处,改造供水规模21343立方米每天	2016—2020	6447	5354		
三	财政支持农田水利建设项目				6712	6680		32
1	2015年农田水利项目县建设项目	续建	变压器、台区、地埋电缆、地埋管道、机井、渠道硬化、渠道清淤、配套建筑物、机耕路等	2016—2017	5012	4980		32
2	节水灌溉增效示范项目	续建	低压地埋管道,新打配机井	2018—2020	1000	1000		
3	农田水利设施维修养护项目	维修	硬化渠道、配套建筑物	2016—2020	700	700		
四	大中型灌区续建配套工程				10683	10683		
1	石头庄灌区续建配套节水改造项目	续建	渠道硬化、渠道整修、配套建筑物	2017—2018	1290	1290		
2	大功引黄灌区续建配套与节水改造项目	续建	干支渠整治、衬砌及建筑物配套	2016—2020	1740	1740		

续表 3-1

序号	项目分类及项目名称	建设性质	项目内容	建设起止年限	总投资	"十三五"争取政府投资		
						政府投资	银行贷款	其他资金
3	左寨灌区续建配套工程	续建	灌排渠道配套	2016—2020	4355	4355		
4	郑寨灌区续建配套工程	续建	灌排渠道配套	2016—2020	3298	3298		
五	水土保持与生态修复工程				115086	2286	112800	0
1	长垣县水土流失重点防治工程项目		沙土区土地整治	2016—2020	2286	2286		
2	防洪除涝及水生态文明城市建设工程	续建	河道疏浚、堤防加固、拦蓄水闸及橡胶坝建设、水生态修复及绿化等	2016—2020	112800		112800	
六	抗旱应急工程				1593	1292	0	301
1	大留寺引黄闸黄河供水工程	新建	引黄闸 1 座,节制闸 6 座,新建桥梁 1 座,改建 14 座,开挖土方 17.36 万立方米	2017	993	692		301
3	冯楼、贾庄、郑寨提灌站	新建	建设提灌站 3 座	2016—2018	600	600		
七	引黄调蓄工程				59508	0	59508	0
6	长垣县引黄调蓄工程	改建	建设内容为调蓄池整治、堤防加固、引供渠及配套、生态景观建设等	2016—2020	59508		59508	
八	其他工程				1679	1679	0	0
17	长垣县农村河道及坑塘治理工程	续建	农村河道及坑塘整治	2016—2020	1679	1679		

十二、长垣市"十四五"水安全保障规划(2021—2025 年)

(一)规划目标

1.防洪安全保障目标

通过工程措施和非工程措施紧密结合,进一步完善防洪减灾工程体系,提高防御洪涝旱灾能力,减少水旱灾害损失。到 2025 年,天然文岩渠、文明渠、丁栾沟、回木沟等主要骨干河道除涝标准达到 10 年一遇,防洪标准达到 20 年一遇。基本建成高效的决策支持系统,实现防汛抗旱信息监测感知自动化、信息交换快速化、洪水预报预警精准化、决策指挥科学化,全面提高全市防汛抗旱保障能力。

2.供水安全保障目标

水资源刚性约束作用明显增强,节水型生产生活方式基本建立,全社会节水护水惜水意识明显增强,水资源与人口经济均衡协调发展格局进一步完善。到 2025 年,全市用水总量控制在 2.332 亿立方米以内,万元 GDP 用水量控制在 31.6 立方米以内,农业灌溉水有效利用系数达到 0.63。全面提高农村供水保障水平,推动外调水、地表水、地下水等多种水源联合调度,实现农村供水"规模化、市场化、水源地表化、城乡一体化"。城区实现双水源供水保障格局,提升城镇供水和应急保障能力。持续推动水质监测和治理,保障城乡集中式饮用水源水质全部达到或优于 Ⅲ 类。到 2025 年,自来水普及率、供水保证率和水质达标率分别达到 100%、100%、98%。新建提灌站、改造升级渠道设施等,提升引黄调蓄工程功能。加快推进大功灌区、石头庄灌区续建配套与现代化改造,推进左寨灌区、郑寨灌区续建配套与节水改造。

3.水生态保护目标

涉水空间管控制度基本建立,河湖水源涵养与保护能力明显提升,重点河湖生态流量基本得到保障,水环境状况明显改善。推进水生态文明体系建设,打造水美乡村;加强农村水网建设,着力修复生态,实现人水和谐;推进水土保持工程建设,人为水土流失得到有效控制,水土流失得到有效治理。到 2025 年,重要江河湖泊水功能区水质达标率达到 100%,城镇过境河段水质明显好转。水生态系统稳定性和生态服务功能逐步提升,水生态得到显著改善。

(二)防洪安全保障

1.城市防洪排涝能力建设

根据长垣市城乡总体规划,依托区域防洪工程体系,统筹区域经济社会发展、环境整治、生态保护与修复的需要,完善城市防洪除涝体系。以推进城市防洪除涝骨干河道达标治理工程建设为重点,增强城市抵御外洪和涝水外排能力。在保证防洪安全的前提下,加强河道断面生态化设计,促进城市河道健康、可持续发展。因地制宜建设河湖湿地,提高调蓄能力,有效利用水资源。

2.中小河流治理

按照黄河流域防洪规划和相关规程规范要求开展防洪能力复核,以堤防达标建设和重点河段河势控制为重点,对防洪排涝不达标、河势不稳定、行洪不顺畅的重点河段进行治理。加快推进黄河下游贯孟堤扩建工程,解决滩区群众居民防洪安全。结合水系连通及农村水系综合整治,对迫切需要治理的流域面积 200 平方公里以下的中小河流开展治理,解决中小河流防洪不达标等问题。

3.防洪安全重点工程建设

长垣市防汛除涝及水生态文明城市建设工程分 4 个区域实施,"十四五"期间继续开展西区、南区工程未完工及未开工项目。完成西区文明渠、大功二干渠、文明西支 3 条河道治理;完成南区 6 条河道治理、

3 座高架桥等。完成东区 7 条河道治理,2 个调蓄湖、爱国教育基地、铜塔寺公园及 5 座高架桥;完成北区 35 条河道治理。"十四五"期间计划完成投资 39.46 亿元,项目实施后将形成更加完善的防汛排涝体系和水资源可持续利用的城市水系结构。

(三)供水安全保障

1. 水资源节约利用

按照"严管控、抓重点、建机制"的思路,强化用水总量和用水强度双控,实施长垣市节水行动方案。推进农业节水增效、工业节水减排、城乡节水降损,推动水资源利用方式由粗放向节约集约转变。

1)农业节水增效

大力发展节水灌溉,加快灌区续建配套和现代化改造,积极推进高效节水灌溉。开展农业用水精细化管理,科学合理确定灌溉定额。加强农田土壤墒情监测,实现测墒灌溉。推进农业量水生产,优化调整作物种植结构,推广水肥一体化和保护性耕作,优化输水、灌水方式,实施科学灌溉,提高水资源利用率。

2)工业节水减排

加大工业节水改造力度,完善工业供用水计量体系和在线监测系统,强化生产用水全过程管理。支持企业开展节水技术改造及再生水回用改造,定期开展重点企业水平衡测试、用水审计及水效对标。推动高耗水企业加强废水深度处理和达标再利用,推进其向水资源条件允许的工业园区集中。在高耗水行业建成一批节水型企业。加快企业和产业园区水资源循环利用改造,加快节水及水循环利用设施建设。

3)城乡节水降损

提高城市节水工作系统性,将节水落实到城市规划、建设、管理各环节,实现优水优用、循环循序利用。重点抓好污水再生利用设施建设与改造,提升再生水利用水平。加快制订和实施供水管网改造建设方案,完善供水管网检漏制度。健全完善量水测水设施,结合城乡供水一体化工程、农村"厕所革命"等污水处理工程建设,普及用水计量设备安装,加强用水精细化管理,降低水耗。

4)强化节水宣传教育

发挥新闻媒体节水宣传阵地作用,普及全民节水知识。加强水情教育,逐步将节水纳入国民素质教育和中小学教育活动,推进节水教育进校园、进课堂,培育校园节水文化。开展"世界水日""中国水周""全国城市节水宣传周"等主题宣传活动,倡导简约适度的消费模式,提高全民节水意识。鼓励各相关领域开展节水型社会、节水型单位等创建活动。

2. 城乡供水工程建设

立足长垣市水资源条件和经济社会发展布局,统筹用水需求,多途径、多方式、高标准建设城市应急备用水源,实现双水源供水保障格局,提升城镇供水和应急保障能力。推进实施南水北调中线供水配套工程,适当扩大供水范围,提升现有工程供水能力,提高工程供水效益。实施中心城区、乡(镇)行政中心集中饮水工程建设,开展新一轮社区管网改造,推进优质饮用水入户工程,探索建设城市直饮水设施。

3. 农村供水工程保障

聚焦民生改善,按照城乡区域协调发展和乡村振兴战略部署,优化农村供水工程布局,以城乡供水一体化和集中供水为重点,推动农村供水规模化发展。结合引黄工程、南水北调供水配套工程等建设,继续推动地表水置换和城乡供水一体化工作。持续推进城镇供水管网向农村延伸、配套改造、联通并网等工程建设,提高供水管网延伸覆盖范围内的农村自来水普及率和供水保证率。积极推进农村供水规模化建设和升级改造,实现农村供水"规模化、市场化、水源地表化、城乡一体化",全面提高农村供水可持续发展和安全保障能力。

4. 供水安全重点工程建设

长垣市南水北调配套工程:为确保城市供水安全和长远经济社会发展需要,长垣市作为新乡市"四县一区"南水北调配套工程东线项目受水区之一,规划向长垣市年供水量 3 850 万立方米,可改善长垣市 31 万人饮水质量,提高城市供水保障能力。规划输水管线全长约 106.33 公里,其中长垣支线长 20.91 公里,新建日供水能力 11 万立方米的水厂、配水管网及其配套设施调蓄池等。

长垣市城乡供水一体化工程:"十四五"期间,计划利用黄河水、南水北调水进行水源地表化置换,建设城乡供水工程 3 处,包括东部水厂、中部水厂和西部水厂,受益人口 79.6 万。主要建设内容包括引黄沉沙池工程 1 处、引水管道 186 公里、水厂管理房 3 座、水厂泵房 3 座、地表水处理工艺 3 套、出厂水计量装置 36 套、水质化验室 3 处、自动监控系统 3 处、配水管网 272 公里。另外,配套现有 36 处水厂原有管道升级改造、入户计量设施改造、水厂信息化及能力建设等。

(四) 水生态环境保护治理

1. 水土保持生态建设

坚持预防为主、保护优先,围绕地下水水源补给区、引黄供水区等重点地区,以加大保护治理为主,开展必要的地下水回补,增强水源涵养能力和地下水补给能力。强化重点预防区和重点治理区水土流失防治,提高水土保持率。结合长垣市实际情况,将水土保持生态建设与乡村振兴相结合,开展重点区域水土流失综合治理,积极推进生态清洁小流域建设。

2. 重点河湖生态保护和综合治理

持续推进重点河湖生态流量保障,结合河湖水资源条件和生态保护需求,综合确定河湖生态流量保障目标,强化各项监管措施,确保生态流量目标落实。在服从防洪总体安排的前提下,根据流域来水和用水需求变化,因地制宜,因河施策,保障河湖基本生态用水和生态安全。科学开展河湖生态补水。加快推进河湖空间保护范围划定,加强重点河湖生态修复,恢复河道自然形态。结合重要支流治理和中小河流治理,在条件成熟河段实施综合治理。结合河流特性及沿河两岸土地开发利用特征,开展河湖滨岸带生态治理修复,分区分类施策,加强水污染防治;郊野河段重保护,强化水源涵养和封育保护。结合河湖长制,积极协调生态环境等部门强化水污染防治,通过优化调整入河排污口布局、完善污水收集管网及处理设施、加强面源污染治理等措施控制污染物入河总量,通过生态清淤、生态净化等措施,消减内源污染负荷、增强水体自净能力。建立河湖水质污染控制、监测体系,全面加强河湖污染管理,逐步解决重点河流水污染问题。

3. 水生态环境保护重点工程建设

长垣市生态清洁小流域建设及重点区域水土流失综合治理工程项目:

以小流域为单元,在河道两侧系统实施生态清洁小流域综合治理工程,以三道防线理论为基础,将小流域划分为生态自然修复区、综合治理区、生态保护区。生态自然修复区,通过封育保护、封禁治理、补植抚育等措施,促进林草植被恢复,采取防止人为扰动破坏、污染物随意排放等预防保护措施。综合治理区,在土地利用现状分析评价基础上,按土地利用类型和污染源类型配置水保林、经济林等水土流失及面源污染防治措施,村庄及其附近地区措施布局包括人居环境、道路整治及垃圾处理等。生态保护区,河道及周边整治措施主要包括河道清淤及护岸、河道防护、缓冲过滤带建设等。

建设水土保持防护林、经果林、垃圾处理、村庄美化、沟道、小型自然坑塘整治、生产路。治理水土流失,改善生态环境,减少入河入塘泥沙;蓄水保土,保护耕地资源,促进粮食增产;涵养水源,控制面源污染,维护流域生态健康;发展特色产业,壮大区域经济,增加农民经济收入;改善农村生产条件和人居环境,促进农村经济社会发展,打造黄河流域干支流两岸生态绿化带。

(五)农业农村水利工程建设

1. 灌区续建配套与现代化改造

围绕乡村振兴战略,按照现代农业高质高效的发展要求,有序推进大中型灌区续建配套建设,不断扩大、改善有效灌溉面积,提高粮食生产保障能力。稳步推进大中型灌区续建配套与现代化改造,开展骨干灌排设施提档升级,完善灌区配套设施,推进灌区信息化建设和智慧化改造,建立健全良性运行管理体制机制,构建设施完善、智能高效的现代化灌区运行、管护体系,不断提高灌区的输配水效率和调度管理水平,充分发挥工程效益,提高灌溉供水保障率,保障国家粮食安全。

2. 水系连通及水美乡村建设

针对农村水系存在的淤塞萎缩、水环境污染、水生态恶化等突出问题,开展水系连通及水美乡村建设,统筹防洪安全、生态保护、村庄建设和产业发展等需要,通过清淤疏浚、岸坡整治、水系连通、水源涵养、水土保持、河湖管护、防污控污等综合措施,着力构建引、提、蓄、调、用、治现代化水网框架体系,完善旱引涝排、丰枯互补、内连外通、调洪减灾的水安全保障网,把握水利工程为农业生产服务的底线,拓展水生态、水环境等功能定位,集中连片统筹规划,水域岸线系统治理,修复河道空间形态,恢复河道基本功能,挖掘本地人文景观,对现有坑塘清淤、扩挖,恢复调蓄功能,建设景观节点,成为河道上的明珠,通过全域水系建设让河流活起来、坑塘湿地靓起来、岸线美起来,用高质量的农村水系建设成果服务和推动生态文明先锋区及水美乡村建设。

3. 农业农村水利重点工程

大功引黄灌区(长垣)续建配套与现代化改造项目:以续建配套为着力点,完善灌区工程设施体系,开展灌区信息化建设,推进管理体系改革,保障灌区良性运行,同时谋划好水生态保护,支撑美丽乡村建设。"十四五"期间计划完成渠道整治61.8公里,新建、重建桥涵闸建筑物67座,同时对管理设施进行维护更新,开展灌区信息化改造等。项目实施后改善灌溉面积16万亩,骨干灌排设施完好率达到90%以上,水生态修复保护扎实推进,标准化规范化管理扎实推进。

左寨灌区续建配套与节水改造项目:新建引水提水泵站38座,疏浚引水渠、干渠以及11条支渠,疏浚渠道总长度108.417公里,护坡21.449公里。改造生产桥52座,干、支渠水闸14座。左寨灌区管理所配套办公设施,建设信息化平台1处,泵站量测、自动控制设施3套,水闸量测、自动控制设施23套,明渠量测设施187套。项目实施后,改善灌溉排涝面积14万亩,恢复灌溉排涝面积3万亩。

郑寨灌区续建配套与节水改造项目:规划涉及灌溉面积8.5万亩。主要建设内容为新建、改建及改造桥梁、涵洞、水闸等渠系建筑物工程104处,渠道整治42.669公里,建设灌区管理房1处,灌区信息化管理系统1处,用水量测设施57处。项目实施后,改善灌溉排涝面积8.5万亩。

水系连通及水美乡村建设项目:内容建设主要包括整治河道715条,长987公里,其中乡级河道134条,长392公里;村级河道581条,长595公里;治理坑塘259座;景观节点128处,绿化面积638.6万平方米。项目实施后,乡级河道防洪除涝能力达到3年一遇,河网密度从1.6公里每平方公里提高到1.8公里每平方公里,水质达到Ⅳ类及以上,达到"河畅、水清、岸绿、景美"的治理目标,提升农村人居环境质量,不断增强农村群众的安全感、获得感、幸福感。

（六）智慧水利建设

1. 水利感知传输网络建设

1）加强监测感知网络建设

加强视频监测感知等现代化技术应用，推进雨情、水情、工情、土壤墒情、水质、水土流失等水利监测站点建设，完善监测网络布局，不断提升江河湖泊、地下水、水利工程、水利管理活动和水文、水资源、水环境、水生态、洪涝干旱灾害、工程安全等涉水信息监测感知能力。综合应用物联网、大数据、人工智能、第五代移动通信技术(5G)、区块链等新一代信息技术，构建立体观测、实时感知、时空协同的空天地一体化信息采集系统。

2）加强信息传输网络建设

开展水利通信薄弱环节核查，完善和升级水利业务、水利工控、视频会商等信息传输网络，积极推进软件定义网络(SDN)、5G 等网络新技术在信息传输网络建设中的应用。增加通信设备，提升通信水平，全面实现各类水利传输网的高速安全互联。

2. 智慧"水利大脑"建设

建设水利专有云，为水利业务提供统一标准和安全可靠的计算及存储基础设施。建设市级水利大数据中心，构建统一的水利数据资源目录，实现"一数一源，一源多用"。建设水利数据交换与共享平台，为各业务应用提供数据的交换、管理和运维服务，实现数据资源整合、汇总与共享。基于水利一张图基础底图，集成业务专题数据，实现涉水时空信息、工程属性信息和动态监测信息的一张图管理、展示、查询和分析，为各业务应用系统建设提供统一的空间数据资源。初步建立水利业务中台，构建大数据分析、机器学习、知识图谱、图形处理、遥感解译、水利模型等平台，实现对预测预报、工程调度、辅助决策、空间分析等智慧水利核心功能的支撑。

3. 智慧水利业务系统建设

建设水利业务应用综合服务平台，对已建水利应用系统以数据共享、业务协同为中心，进行业务流程、数据资源、用户界面集成整合，提升智慧服务能力。建设水利空间数据应用系统，为水域岸线管理、水土保持监测、水资源监测、水生态监测、洪灾灾害评估、旱情监测等水利应用提供数据分析、融合查询和可视化展示等服务，支撑水利业务的一体化调度、指挥和预警。围绕水利工程规划设计、施工建设、运行管理等各阶段重点，开展水利工程建设管理创新，基于"互联网+"、建筑信息模型(BIM)、地理信息系统(GIS)等新技术，构建市级水利工程一体化监管平台，推进水利工程全生命周期数字化管理，提升水利业务的管理效率和精细化管理水平。推进市级防汛储备物资信息化管理系统试点建设，逐步建立辐射全省信息化管理系统，为汛期的物资调运提供决策依据。

4. 水利网络安全体系建设

构建市级统一的身份认证、容灾备份和安全服务，建设集中安全管理控制平台、威胁感知预警系统和应急决策指挥系统，提升预警监测能力和应急响应能力。强化技术防护手段和管理体制机制建设，以电子政务、网络安全能力提升、资源整合共享、水利一张图为重点，推进水利网信行业自身强监管，有效保障水利关键信息基础设施网络安全。

（七）水利改革创新

1. 深化价税改革

强化市场机制和政策引导有机结合，充分发挥市场在资源配置中的决定性作用，发挥价格杠杆作用，结合工程管护和终端用水管理制度建设,推动完善水价形成机制、精准补贴和节水奖励机制;复制推广水权试点成果,在水权确权的基础上,深度培育水权交易市场,扩大交易范围,创新水资源配置管理;推动建立市场化、多元化的水生态补偿机制,积极稳妥推进水权改革;以价税改革为切入点,实现水资源的合理开发、利用、保护和节约,提高水资源利用效率和效益,推进生态文明建设。

2. 推动管护体制改革

坚持问题导向、目标导向、结果导向,进一步深化水利工程管护体制改革。在强化政府责任的前提下,发挥市场作用,按产权归属落实工程管护责任,合理选择管护模式,有序推进管护体制改革。加快推进河湖管理基础性工作;加快推进运行管理信息化建设;推进水利工程管理保护范围划界,加强工程管理考核,推进水利工程标准化管理;推进区域集中管护、政府购买服务、"以小带大"等管护模式,逐步建立科学管理体制和良性运行机制。加强水利工程信息化建设,实现工程建设全生命周期信息化管理,力争建成"全面感知、可靠保障、科学调度、精细管理"的建设管理体系。实现传统管理向现代管理、粗放管理向精细管理转变,不断提升规范化、专业化、标准化管理水平,确保水利工程安全运行、科学控制运用和工程效益充分发挥。

3. 水利投融资机制改革

坚持政府主导、社会协同的原则,进一步深化水利投融资机制改革,按照"政府主导、多元投入、市场运作、社会参与"的原则,加强与银企合作,引导积极利用抵押补充贷款、过桥贷款等开发性金融优惠支持政策;继续鼓励和引导社会资本投入水利建设和运营,构建多元化水利投融资体制机制,保障水利建设资金需求;继续探索推进设计施工总承包等新型水利工程建设管理模式,按照水利工程建设类型,因地制宜地开展工作;继续发挥省级水利投融资平台功能和优势,吸引社会投资,大幅度增加水利投入,有效解决制约全省水利基础设施建设的资金投入问题;继续完善制度保障,不断规范推行政府和社会资本合作模式。

4. 科技创新

以水安全保障的科技需求为导向,深化水利科技体制机制改革,统筹工程建设、水利生产、智慧水利等多个方面,加快推进产学研等多方位融合的水利科技创新体制机制建设;推进各类人才队伍建设,增强创新活力;重点在水资源节约利用、水生态保护与修复、重大水利工程、水灾害防治与风险管理、应对气候变化等方面,加快科技成果推广应用;加大科技创新投入,加强科技创新领导,建立健全创新激励和约束机制,将水利科技创新工作纳入年度考核内容,增强科技创新的动力和活力。进一步健全水利科技推广服务体系,集中打造高效节水示范基地、水生态修复示范工程和水美示范乡村,提高新技术、新工艺、新材料在水利工程建设与管理中的推广应用水平,为水利高质量发展提供强有力的科技支撑。

5. 水文化创新

立足长垣市水文化特征、资源禀赋和发展趋势,总结认知水文化的历史积淀和丰富内涵,挖掘与保护黄河文化遗产,探索水文化保护传承途径,坚持科学保护、活态传承、合理利用,积极开展水文化保护和传承工程载体建设,讲好"黄河故事",弘扬黄河文化和长垣特色。

(八)重点项目投资规模估算

按照长垣市"十四五"水安全保障目标和任务,拟安排建设水利重点项目8项,其中新建项目5项、续建项目3项,项目建设总投资85.87亿元,其中争取国家投资7.25亿元,省投资6.99亿元,市、县投资3.61亿元,融资或其他投资68.02亿元。长垣市"十四五"水安全保障规划项目估算统计见表3-2。

表 3-2 长垣市"十四五"水安全保障规划项目估算统计 单位:万元

序号	项目分类及项目名称	项目性质	主要建设内容	总投资	国家投资	省投资	市、县投资	融资或其他投资
一	防洪安全工程							
1	长垣市防汛除涝及水生态文明城市建设工程	新建	完成西区文明渠、大功二干渠、文明西支3条河道治理;完成南区6条河道治理,3座高架桥建设等。完成东区7条河道治理、2个调蓄湖、爱国教育基地、铜塔寺公园及5座高架桥建设;完成北区35条河道治理	394600				394600
二	供水安全工程							
2	长垣市南水北调配套工程	新建	规划输水管线全长约106.33公里,其中长垣支线长20.91公里,新建日供水能力11万立方米的水厂,配水管网及其配套设施调蓄池等	118600				118600
3	长垣市城乡供水一体化工程	新建	引黄沉沙池工程1处,引水管道186公里,城乡供水工程3处,配水管网272公里	109600	32880	43840	32880	
三	农村水利工程							
4	大功引黄灌区(长垣)续建配套与现代化改造项目	续建	渠道整治61.8公里,新建、重建桥涵闸建筑物67座,同时对管理设施进行维护更新,开展灌区信息化改造等	11000	6960	4040		
5	左寨灌区续建配套与节水改造项目	续建	新建引水提水泵站38座,疏浚引水渠、干渠以及11条支渠,疏浚渠道总长度108.417公里,护坡21.449公里。改造生产桥52座、水闸14座。左寨灌区管理所配套办公设施,建设信息化平台1处,泵站量测、自动控制设施3套,水闸量测、自动控制设施23套,明渠量测设施187套	15242	8500	5200	1542	

续表 3-2

序号	项目分类及项目名称	项目性质	主要建设内容	总投资	国家投资	省投资	市、县投资	融资或其他投资
6	郑寨灌区续建配套与节水改造项目	续建	新建、改建及改造桥梁、涵洞、水闸等渠系建筑物工程 104 处,渠道整治 42.669 公里,建设灌区管理房 1 处,灌区信息化管理系统 1 处,用水量测设施 57 处	8654	3788	3191	1675	
7	水系连通及水美乡村建设项目	新建	整治河道 715 条,长 987 公里,其中乡级河道 134 条,长 392 公里;村级河道 581 条,长 595 公里;治理坑塘 259 座;景观节点 128 处,绿化面积 638.6 万平方米	167000				167000
四	水生态环境保护工程							
8	长垣市生态清洁小流域建设及重点区域水土流失综合治理工程项目	新建	建设规模为全市乡(镇)的农村河流、沟道,主要建设实施生态清洁小流域、河湖库区防护带等综合治理工程,降低水土流失量,改善入河水质,打造黄河流域干支流两岸生态绿化带	34000	20400	13600		
合计				858696	72528	69871	36097	680200

第二节　防洪工程

长垣市的防洪工程是在中华人民共和国成立之后逐渐巩固完善起来的。按照国家提出"依靠群众,保证不决口、不改道,以保障人民生命财产安全和社会主义建设"的治黄方针,长垣市根据具体情况,采取巩固堤防、加强防汛、整治河道和建设滩区等主要措施,使历史上三年两溃的黄河岁岁安澜,1949—2022年 74 年中无一次决口,并将河水出槽漫滩的灾害控制在最低限度。长垣市境内的防洪工程主要有堤防工程、河道治理工程、滞洪工程、滩区治理等。

一、堤防工程

长垣境内有 5 道堤防工程,即临黄大堤、太行堤、贯孟堤、天然文岩渠右堤和生产堤。堤防均顺黄河流势而建,相互依托,构成长垣防御洪水的堤防工程体系。

(一)临黄堤

市境内临黄堤南起魏庄镇大车集,北至濮阳王窑村,长 42.76 公里。该堤始建于清穆宗同治三年(1864 年),长垣知县易焕书首次主持修筑红沙口之堰。清穆宗同治四年(1865 年),知县王兰广继续主持修筑。他访察百姓,采纳民意,曾到丁栾集约同绅民共议修堰事宜,并亲自勘察地形,现场测量立标。筑起自大车,经梁寨、东了墙、马坊、孟岗、石头庄至桑园长30公里、底宽20米、高3.33米、顶宽11.09米的1条土堰。在险要工段搭盖土房13间,民夫常年驻守。1934年,冯楼黄河决口合龙,水归河床后,黄河救济委员会工赈组于善后御水工程费内拨款,以工代赈,由长垣县灾民负责修复,招募民夫数万人,于4月动工,数月完成,堤高4.66米、底宽26.64米、顶宽6.66米。1948年夏,为确保黄河汛期安全,动员滑县、长垣、卫南(现一部分归滑县)、曲河(现一部分归封丘)1.4万民工,对长垣大车集到大苏庄长约25公里南线大堤加高培厚,并对石头庄和孟岗一带的堤段进行包淤,动土28万立方米。

中华人民共和国成立后,按照新的区域规划,将原滑县老岸堤和濮阳司马堤一部分(小渠—曹店以北)划归长垣管辖,并进行4次大规模复堤。

1950—1957年第一次大复堤。主要任务是修残补缺,加固堤防的薄弱环节。为确保陕州23000立方米每秒洪水大堤不发生溃决,要求堤顶超高1949年洪水位4米,堤顶宽7~10米,并用黏土盖顶包淤,堤坡1:2~1:3,1953年和1954年发生2次较大洪水,大堤又暴露出许多薄弱环节。1955年拟定新的堤顶超高标准:南岸临黄大堤,郑州上界—兰考东坝头超出秦厂25000立方米每秒水位2.5米,北岸临黄大堤长垣大车集—前桑园30公里一段超洪水位2.3米。堤顶宽度,濮阳孟居—濮阳下界为9米,其余堤段为10米,临背坡均为1:3。1956年、1957年对大堤的残缺薄弱堤段进行增补。

1963—1967年第二次大复堤。培修标准按预防花园口22000立方米每秒的洪水为目标,两岸大堤超高均改为2.5米。平工段顶宽9米,险工段顶宽11米,临背坡仍为1:3,浸润线为1:8,经过连续复堤,到1967年绝大部分堤段达到设计标准。

1974—1983年第三次大复堤。复堤标准:京广铁路桥—渠村闸超高洪水位3米,顶宽平工段10米,险工段12米,临背河坡比均为1:3,平工段浸润线坡度为1:8,险工段为1:10。

1998—2000年第四次大复堤。0+000~42+764公里全部加高完毕,高程为75.30~70.00米,宽度为10米,临背河坡均为1:3。全部达到22000立方米每秒洪水设防标准。

2004—2005年对堤防堤顶全部硬化,薄弱堤段在背河区进行机淤固堤。

为避免临黄大堤在大洪水到来时接受大溜大冲刷,采取筑堤垛的办法护堤护岸,即在大堤迎水面修筑防洪坝,坝与堤一般成35°~45°夹角,既防大河直逼大堤,也可减少旋涡与回流,垛与护岸一般修在两坝之间的着水段和防洪坝上下,即边溜与回溜部分。截至2012年底,临黄大堤已修筑防洪坝182道。

"十二五"(2011—2015年)期间,一是临黄堤堤防淤背加固7.569公里,堤防桩号K5+890~K6+300、K7+860~K8+450、K10+400~K12+600;二是临黄堤截渗墙新建0.3公里,堤防桩号K36+000~K36+300。

"十三五"(2016—2020年)期间,一是临黄堤堤防淤背加固20.535公里,堤防桩号1+400~5+890、8+450~10+400、12+600~14+800、15+700~17+300、18+400~20+100、23+000~29+500、40+669~42+764;二是临黄堤截渗墙新建2.5公里,堤防桩号0+000~1+400、17+300~18+400;三是堤顶防汛道路改建42.764公里,桩号0+000~42+764。临黄大堤见图3-1。

(二)太行堤

长垣市境内太行堤东起魏庄镇大车集,西至封丘县宁庄村,长22公里。该堤始建于明孝宗弘治八年(1495年),二月,黄河在黄陵岗荆隆口等决口7处,河复归兰阳(今兰考)南流,沿黄河北岸筑长堤一道,以防河水北犯。堤西"起胙城(今延津),历滑县、长垣、东明、曹州,抵虞城,凡三百六十里",耸峙蜿蜒,屹然如山,故曰"太行"。明神宗万历年间(1573—1619年)多次河决,该堤屡修。清朝初期,利用黄河古

图 3-1　临黄大堤（王相川 摄）

阳堤又把太行堤延长至武陟木栾店。截至 2022 年，太行堤武陟木栾店到新乡袁周村段，大部分不显堤形，袁周村到封丘黄德集仍有堤形，多被沙压。仅存长垣大车—延津县魏丘一段，长 44 公里。该堤在长垣大车集与临黄堤相接，几经加修，已成为长垣县重要的防洪堤防。

1956—1983 年，长垣县加培大堤长 22 公里，共完成土方 261.4 万立方米，投资 521.29 万元。

1999—2000 年，加高帮宽堤防 10 公里（桩号 0+000~10+000）。

2004—2005 年，堤顶硬化 10 公里（桩号 0+000~10+000）。

2009 年，堤防帮宽加高和硬化 12 公里（桩号 10+000~22+000）。该堤防王堤口以上堤顶超高洪水位 2.5 米，王堤口以下 2 米，堤顶宽 6 米，临河堤坡 1:2.5，背河坡 1:3。防御洪水标准 22000 立方米每秒。

"十三五"期间，一是新建太行堤截渗墙 10 公里，桩号 0+000~10+000；二是堤顶防汛道路改建 10 公里，桩号 0+000~10+000。太行堤见图 3-2。

图 3-2　太行堤

(三)贯孟堤

长垣市境内贯孟堤南起封丘县苏庄,北至长垣姜堂,长 11.8 公里。该堤始建于民国 11 年(1922 年),原长垣第二区、三区、五区区长,根据黄河水势和群众反映,发动村民在滩区沿河创修小堤一道,以防水涨漫滩淹没庄田。后经黄委勘测,商由华洋义赈会(原为河南省救灾会)拨款,以工代赈修筑,将原修小堰加修延长。由封丘县鹅湾修—长垣县武楼,长 12.5 公里。工程修不及一半,因兰封绅民联名反对,中途停工,未修成的土堰称华洋小堰。1933 年大水全部漫溢,泥沙淤垫几与地平。1935 年贯台堵口后,又进行修复,计划将原堰自封丘县贯台延修至长垣县孟岗,长 32.28 公里,改称贯孟堤。该堤实际只修到长垣姜堂村,未与孟岗大堤会合,共修筑 21.12 公里,长垣境内 11.8 公里。该堤顶宽 8 米,边坡 1:3,为太行堤与临黄堤的前卫。贯孟堤—临黄堤之间,有天然文岩渠通过入黄,形成了黄河自然倒灌蓄洪区。1999 年 6 月,利用滩区避水台投资,恼里、总管、芦岗 3 乡(镇)组织上万名劳力,出动数百台机械和机动车辆,从恼里左寨到芦岗马寨,对贯孟堤全线加宽加高,完成土方 207 万立方米,堤顶宽处 20 米、窄处 10 米。2006 年水管体制改革后,国家下拨养护经费,固定一名护堤员管理贯孟堤。贯孟堤见图 3-3。

图 3-3　贯孟堤

(四)天然文岩渠右堤

天然文岩渠右堤,南起天然渠辛庄下游(桩号 20+000),北至入黄河口,全长 46 公里,长垣境内长 42.5 公里。堤防超高,河口线—信寨为 0.89 米,再往上为一水平线至天然渠,与天然渠堤顶相交。其中,大车集超高 1.53 米,堤顶宽 4 米,内外边坡均为 1:3。大车集堤顶高程 70.39 米。主要是防止天然文岩渠洪水漫决,亦是防御黄河顺临黄大堤行洪的一道屏障。1964 年修筑成堤,2000 年大复堤,由孟岗、方里、赵堤、魏庄、武邱、苗寨、芦岗、总管、恼里 9 个乡(镇)承担任务,出动大型挖掘机 52 台、翻斗车 260 辆,40 天竣工,完成复堤土方 107 万立方米。复堤标准按黄河花园口发生 10000 立方米每秒洪水流量相应水位培固,堤顶宽 5 米,内外边坡 1:3。

2018—2019 年,依托长垣县引黄调蓄工程对天然文岩渠右堤长垣段进行了加宽加固,以防洪标准 10 年一遇进行复核,保持原黄河花园口发生 10000 立方米每秒洪水流量相应水位培固,堤顶加宽至 11 米,迎水坡坡比为 1:3,背水坡坡比为 1:2.5,纵坡按 1:33000 设计;右堤重建涵闸 37 座、涵管 20 座;堤顶道路按照专用公路(防汛路)进行设计,车行道宽 7.6 米,两侧各 0.2 米宽路沿石、1.5 米宽绿化带,结构层共厚 66 厘米,包括 20 厘米厚级配碎石垫层、各 18 厘米厚的水泥稳定碎石基层两层、6 厘米厚的中粒沥青混凝土层和 4 厘米厚的细料沥青混凝土面层。天然文岩渠右堤见图 3-4。

图 3-4　天然文岩渠右堤

（五）生产堤

20 世纪 50 年代初，群众为保护滩区农田，根据水势在沿河一带修筑了不少民堰。因其阻碍河道行洪，1954 年废除。1958 年大洪水后，滩区群众又陆续修筑生产堤，据 1982 年统计，长垣滩区修有生产堤 5 道，总长 34.7 公里，一般高 2 米左右，顶宽 2~8 米，能防御 8000~10000 立方米每秒洪水不漫滩。为保证河道泄洪安全，防止"槽高、滩低、堤根洼"的不利局面，上级曾多次号召扒平生产堤。因缺少相应措施，群众阻力很大。形成时扒时修，未能根本废除。1974 年，国务院颁发《关于废除黄河下游滩区生产堤实施的初步意见》，提出在废除生产堤的同时，滩区修筑避水台，实行"一水一麦"，一季留足群众全年口粮的政策，稳定群众情绪。经过宣传教育，滩区人民从大局着眼，牺牲局部利益，在生产堤上扒了过水口门。但也存在些问题：一是麦季留足口粮，丰收年可以，平年或歉收年没有保证，留不够者也未兑现补上；二是秋季被淹，大面积坡洼地积水，麦播推迟，不能保证适时播种，影响下年产量；三是水毁工程严重，大水漫滩后，道路、桥梁、农田基本建设横遭破坏，严重影响生产。因此，群众有保堤思想，生产堤虽扒了口门，仍有小修之举。经过 1989—1996 年滩区治理，上述问题基本得到解决，尤其是 2001 年黄河小浪底水库建成运用后，黄河基本上未再出现较大洪水，生产堤已失去作用。生产堤见图 3-5。

二、河道治理工程

为防止黄河洪水出槽漫滩，历史上曾推行过在河沿筑"柳盘头"活柳坝，也提出过"堤坝并举"，并大筑生产堤。这些办法均无大成效。20 世纪 60 年代后期，确定以"稳定中水河槽"为河道治理目标。稳定中水河槽，控制主溜，预防新险淤滩刷槽和滩岸坍塌，保护滩地和生产，同时利于涵闸引黄灌溉。2001 年黄河小浪底水库建成以后，为彻底解决黄河河道泥沙淤积问题，从 2002 年开始进行了大规模的调水调沙治理，取得了显著成效。

（一）控导工程

截至 2022 年底，长垣境内共建控导工程 4 处，修建丁坝 154 道，其中大留寺 50 道、周营上延 17 道、周营 43 道、榆林 44 道，总控导长度 17.98 公里。

图 3-5　生产堤

1. 大留寺黄河控导工程

工程始建于 1974 年,修拐头丁坝 24 道(1~24 号坝),1978 年修拐头丁坝 13 道(25~37 号坝),1987 年修圆头丁坝 2 道(38~39 号坝),联坝顶宽 7 米。1987 年 10 月 8 日至 12 月 8 日将 1~39 号坝的联坝帮宽至 15 米,1999 年汛前又进行加高,汛后又续建丁坝 6 道,2002 年再续建丁坝 5 道,至 2022 年,累计建丁坝 50 道,控导长度 6.01 公里。工程修建目的:一是控导主溜,固定险工,稳定河势;二是防止洪水顺堤行洪;三是保滩护堤。大留寺黄河控导工程见图 3-6。

图 3-6　大留寺黄河控导工程

2. 周营上延黄河控导工程

工程始建于 1974 年 5 月,当年修建丁坝 7 道。1975 年、1976 年、1979 年分别续建丁坝 1 道、2 道、1 道,1980—1982 年每年续建丁坝 2 道。2000 年对全部工程进行加高。截至 2022 年,共建 17 道坝,长度 1.92 公里,裹护长度 1.71 公里。该工程修建的目的是防止大水漫滩后,大河顺马寨沟串入天然文岩渠,造成串河夺溜、顺堤行洪,危及临黄堤防安全。周营上延黄河控导工程见图 3-7。

图 3-7　周营上延黄河控导工程（王相川摄）

3. 周营黄河控导工程

原有杨耿坝在 1958 年大洪水时坝顶漫水被冲垮，1959 年 9 月重新恢复，改名挑水丁坝，即为周营工程第 1 坝，全长 525 米；在周营筑坝 10 道，后陆续增修。1966 年对杨耿坝进行调整和堵挡，根据利用价值，有的接长，有的废除。1989 年将整个工程联坝由 7 米加宽至 12 米，2000 年对工程再次加高加固。截至 2022 年，共修坝 43 道，长度 4.87 公里。该工程修建的目的是大洪水时防止滚河。周营黄河控导工程见图 3-8。

图 3-8　周营黄河控导工程（王相川 摄）

4. 榆林黄河控导工程

该工程是长垣境内最下游一处由护堤保村改为控导溜势的工程，始建于 1973 年，当时河势坐弯，坍塌掉滩，生产堤被冲毁，严重威胁着滩区人民的生产、生活和村庄安全。为防止大河顺杨小寨串沟村改道行洪和保护榆林、旧城等村庄，先后筑坝 44 道，控制长度 5.18 公里。榆林黄河控导工程见图 3-9。

（二）调水调沙

黄河年输沙量 16 亿吨，是世界上含泥沙最多的河流，下游泥沙淤积，形成"地上悬河"，洪水灾害频繁。为解决这个问题，利用工程设施和调度手段，通过水流的冲击，将上游水库和河床的淤沙适时送入大

图 3-9　榆林黄河控导工程

海,从而减少库区和河床的淤积,增大黄河主槽行洪能力,减少或消除河道决口概率。

　　长垣市地处黄河下游,是最薄弱、最危险的河段,形成了有名的"地上悬河",是调水调沙治理的重点区域。2002—2022 年黄河小浪底水库连续实施了 21 次调水调沙,其中 2002—2004 年开展 3 次不同模式的调水调沙运用试验,2004 年之后转入正常生产运行。经过 17 年的"冲澡、净身",黄河下游主槽河底高程平均被冲刷降低 2.03 米左右,主槽最小过流能力由 2002 年汛前的 1800 立方米每秒恢复到 2022 年的 4590 立方米每秒。在 21 次调水调沙生产运行中,长垣县 2003 年河堤出险,其他年份均安全度汛。前后 21 次调水调沙情况和结果如下:

　　2002 年调水调沙试验于 7 月 4 日上午 9 时开始,到 15 日 9 时结束,历时 11 天。采用小浪底水库单库进行调水调沙,其间平均下泄流量 2740 立方米每秒,下泄总水量 26.1 亿立方米。冲沙入海 6640 万吨,同时找到了使下游泥沙不再淤积的临界流量和临界时间。本次调水调沙对河床生产的变化,花园口站调水调沙后水位比调水调沙前低 0.69 米,而夹河滩高 0.2 米,长垣大留寺、周营、榆林基本相同,说明花园口站河床被冲刷,夹河滩河床被淤高,长垣河段不冲不淤。

　　2003 年调水调沙试验于 9 月 6 日 9 时开始,到 18 日 18 时 30 分结束,历时 13 天。平均下泄流量 2400 立方米每秒,实现防洪与减淤的双重目标。小浪底水库下泄水量 18.25 亿立方米,调沙入海 7400 万吨;下游主要测验断面同流量时水位降低,主槽过洪能力均有不同程度增加。实现小浪底水库、陆浑水库、故县水库水沙联合调度,调配水沙比例,形成合力冲刷下游河道。在此次调水调沙中,长垣河段整体冲刷淤积下切 0.29~0.33 米,同时出现堤防溃决,淹地 6266.67 公顷。

　　2004 年调水调沙试验分两个阶段。第一阶段 6 月 19 日 9 时至 29 日 0 时,小浪底水库按控制花园口流量 2600 立方米每秒下泄清水冲刷下游河道主槽;第二阶段 7 月 2 日 12 时至 13 日 8 时,花园口控制流量也由 2600 立方米每秒逐渐增至 2900 立方米每秒。此次试验共下泄水量 43.75 亿立方米,有 6071 万吨泥沙冲刷入海。此次调水调沙试验长垣河段整体冲刷淤积下切 0.07~0.16 米。

　　2005 年黄河调水调沙自 6 月 16 日 9 时开始,到 30 日上午结束,历时 15 天。小浪底平均下泄流量 2900 立方米每秒,最高达 3300 立方米每秒。调水调沙水库调度阶段从 22 日 12 时开始,万家寨水库、三门峡水库在相应水位对接。27 日 15 时左右,异重流在距离小浪底大坝 48 公里处潜入库底,并于 29 日 16

时排沙出库。经过近几次调水调沙试验,2005年比2002年调水调沙以来,长垣河段内的河床被冲刷下切。大留寺黄河控导工程水位下降1.47米,周营黄河控导工程下降1.91米,榆林黄河控导工程下降1.78米。河槽加宽,同流量的洪水行程时间缩短,过流能力增大。

2006年调水调沙6月10日预泄,6月15日9时正式开始,7月3日8时正式结束,历时19天,小浪底水库最大下泄流量3700立方米每秒。黄河下游河段得到全面冲刷,小浪底—利津河段冲刷泥沙6010万吨,下游主槽过流能力进一步提高,最小平滩流量由调水调沙前的3300立方米每秒增大到3500立方米每秒。本次调水调沙,长垣河段大留寺控导工程下降0.06米,说明河道被冲刷了;周营上延黄河控导工程水位上涨0.13米,周营黄河控导工程水位上涨0.19米,榆林黄河控导工程水位上涨0.09米,说明这3处控导工程未被冲刷。与2005年相比,过流能力增大。

2007年实施了两次调水调沙,一是6月19日至7月8日,历时19天,这是继2002年以来调水调沙下泄流量最大的一次。黄河下游主河槽得到全线冲刷,下游主河槽过流能力进一步提高,本次调水调沙期间,花园口站通过最大流量4290立方米每秒,利津站通过最大流量3910立方米每秒。二是7月31日至8月9日,历时10天,此次调水调沙时间短,但下泄流量较大,其间夹河滩最大流量达到4080立方米每秒。对防洪工程和滩区安全没有明显影响,确保了第七次调水调沙工作的顺利实施。本调水调沙与2006年相比,长垣河段大留寺黄河控导工程水位上涨0.10米,周营上延黄河控导工程上涨0.05米,榆林黄河控导工程水位上涨0.07米,河道稍有淤积;周营黄河控导工程下降0.15米,河道被冲刷,过流能力增大。

2008年调水调沙自6月19日9时开始,7月3日18时结束,历时14天。小浪底水库最大下泄流量4280立方米每秒,下游主河槽最小平滩流量由2002年首次调水调沙时的1800立方米每秒增大到3810立方米每秒。本次调水调沙,长垣河段冲刷深度为0.04~0.24米,平均深度为0.145米,辖区无淤积情况发生,过流能力进一步增强。

2009年调水调沙自6月19日开始,7月3日18时结束,历时18天。整个过程主要分3种模式:第一种是针对三门峡以上的来水来沙,在小浪底水库和三门峡水库进行联合调度;第二种是针对三门峡以上来水来沙和小浪底—花园口区间(简称小花间)来水,在小浪底、三门峡、陆浑、故县四库水沙联调,并在花园口实现协调水沙空间的对接调度;第三种是在万家寨、三门峡、小浪底干流水库群进行水沙联调、人工异重流塑造和泥沙扰动的调动。此次调水调沙入海总水量34.88亿立方米,下游河道冲刷泥沙3429万吨,河道主槽最小过洪能力进一步增大到3880立方米每秒。本次调水调沙长垣河段冲刷深度为0.12~0.28米,过洪能力增加。

2010年6—8月,黄委成功实施了3次黄河调水调沙,创造了同年实施调水调沙次数新纪录。第一次是在6月19日至7月8日,小浪底水库排沙5270万吨,黄河下游河道主河槽冲刷2541万吨,最小过流能力由2009年的3880立方米每秒进一步增大到4000立方米每秒,大大减少了库区淤积。第二次是7月24日至8月3日,小浪底水库出库沙量2610万吨。第三次是8月11日至8月21日,小浪底水库出库沙量4870万吨。本次调水调沙长垣河段冲刷深度为0.22~0.26米,榆林黄河控导工程最为显著,辖区无淤积情况发生,过洪能力增加。

2011年6月19日,黄河防总联合调度万家寨、三门峡、小浪底水库,实施黄河汛前调水调沙。6月30日8时起,黄河防总调度万家寨水库以1200立方米每秒流量下泄;7月4日5时,三门峡水库逐步加大下泄流量由3000~5000立方米每秒控泄;7月4日17时,小浪底水库成功塑造异重流并排沙出库。本次调水调沙历时18天,控制花园口站最大流量4000立方米每秒,小浪底水库出库水流含沙量高达263千克每立方米。据估算,三门峡水库排沙2870万吨,小浪底水库排沙3639万吨,库区淤积形态得到进一步改善。本次调水调沙长垣河段冲刷深度为0.21~0.38米,过洪能力增加。

2012年调水调沙自6月19日9时开始,7月9日8时水库调度结束,历时20天。6月19日至7月4日,为小浪底水库清水下泄阶段,最大下泄流量4270立方米每秒,花园口站最大流量4320立方米每秒。随后,小浪底水库转入排沙阶段,出库泥沙7280万吨,7月4日15时30分最大出库含沙量398千克每立方米,排沙量及最大出库含沙量均为历次之最。本次调水调沙长垣河段大留寺和周营黄河控导工程冲刷深度为0.04~0.05米,周营上延和榆林黄河控导工程淤积深度为0.07~0.08米,过洪能力增加。

2013年调水调沙于6月19日正式开始,至7月10日结束,历时22天。本次调水调沙花园口站最大流量为4310立方米每秒,夹河滩站通过最大流量为4070立方米每秒。由于长垣河段的河势比较平稳,调水调沙前后及调水调沙期间变化不大,没有发生漫滩及生产堤偎水现象。调水调沙效果良好,市域内黄河河道主河槽得到冲刷下切0.05~0.22米,过洪排沙能力已由原来的1800立方米每秒提高到4500~6000立方米每秒,黄河现行河道已由原来的宽、浅、乱河势逐步向窄、深、稳河势方面过渡。

2014年调水调沙于6月29日正式开始,至7月10日结束,历时12天。本次调水调沙花园口站最大流量4000立方米每秒,夹河滩站最大流量3850立方米每秒。调水调沙效果良好,市域内黄河河道主河槽得到冲刷下切0.29~0.37米,过洪排沙能力比2013年增加530立方米每秒。调水调沙前后及调水调沙期间变化不大,没有发生漫滩及生产堤偎水现象。

2015年调水调沙于6月29日正式开始,至7月14日结束,历时16天。本次调水调沙全部为清水下泄,花园口站最大流量3520立方米每秒,夹河滩站最大流量3470立方米每秒,长垣河段整体冲淤0.09~0.16米。过洪排沙能力比2014年增加200立方米每秒。调水调沙前后及调水调沙期间变化不大,没有发生漫滩及生产堤偎水现象。

2018年调水调沙于7月3日开始,至7月27日结束,历时25天。本次调水调沙花园口站最大流量4360立方米每秒;长垣河段总体冲刷比2015年下切0.83~1.11米,过洪排沙能力增加1760立方米每秒。调水调沙前后及调水调沙期间变化不大,没有发生漫滩及生产堤偎水现象。

2019年调水调沙于6月20日开始,至8月4日结束,历时46天。本次调水调沙花园口站最大流量4290立方米每秒;长垣河段整体冲刷比2018年下切0.37~0.52米,过洪排沙能力比2018年增加1720立方米每秒。调水调沙前后及调水调沙期间变化不大,没有发生漫滩及生产堤偎水现象。

2021年调水调沙于6月19日开始,至7月8日结束,历时19天。本次调水调沙花园口站最大流量4480立方米每秒;长垣河段整体冲刷淤积与2020年比较变化为−0.06~+0.06米,过洪排沙能力比2020年下降160立方米每秒。调水调沙前后及调水调沙期间变化不大,没有发生漫滩及生产堤偎水现象。

2022年调水调沙于6月18日开始,至7月8日结束,历时20天。本次调水调沙花园口站最大流量4660立方米每秒,夹河滩站最大流量为4600立方米每秒;长垣河段整体冲刷淤积与2021年比较变化为−0.28~+0.08米,过洪排沙能力比2021年增加150立方米每秒,河道排洪能力上升。调水调沙期间没有发生漫滩现象。

黄河小浪底调水调沙见图3-10。

图 3-10　黄河小浪底调水调沙(摘自《河南日报》2012 年 6 月)

三、滞洪工程

(一)滞洪区

1. 北金堤河滞洪区

为防御异常洪水,黄委于 1951 年在黄河北岸开辟金堤河滞洪区,以备分洪,确保全河安全。滞洪区上自长垣石头庄,下至台前张庄,长 171 公里。其外形上宽 40 公里、下宽 7 公里,长垣被列入滞洪区内。1976 年北金堤河滞洪区改建,分洪口下移,范围有所缩小。长垣县只有赵堤、佘家 2 个乡(镇)在滞洪区内,且由过去的主流区改为回流区。区内共有 34 个自然村 5045 户 2.29 万人,2446.67 公顷耕地。

2001 年 6 月,省政府为贯彻执行国务院于 2000 年 5 月颁布的《蓄滞洪区运用补偿暂行办法》,下发《河南省人民政府关于认真做好黄河蓄滞洪区财产登记工作的通知》,经过登记汇总,在北金堤河滞洪区内有 32 个行政村 6828 户 2.98 万人,农作物 2683.87 公顷,专业养殖 32.53 公顷,经济林 76.07 公顷,住房面积 115.95 万平方米,农业生产机械 5393 台,牲畜 1273 头,农民家庭主要耐用消费品 2.79 万台(套),库存小麦 2081.6 万公斤,总价值达 4.34 亿元。

2. 大功滞洪区

大功滞洪区涉及长垣县 12 个乡(镇)(魏庄、张寨、常村、孟岗、方里、赵堤、佘家、丁栾、满村、张三寨、樊相、城关)498 个自然村 51 万人,4.31 万公顷耕地。全区工业总产值 10.37 亿元,农业总产值 11.01 亿元。固定资产 104.89 亿元,其中国家企业固定资产 6.09 亿元(含交通 1.57 亿元、电信 0.76 亿元、电业 0.30 亿元、水利 1.60 亿元、其他 1.71 亿元)、党政事业单位固定资产 1.23 亿元、集体固定资产 27.1 亿元、个人固定资产 70.4 亿元。

(二)溢洪堰

1951 年北金堤河滞洪区确定后,在分洪口门修建溢洪堰 1 处,以防分洪时流量过大吸引大溜。溢洪堰位置选在长垣县城东北 9 公里石头庄南的临黄大堤上(桩号 18+430～19+930),故称石头庄溢洪堰。1951 年 4 月开工,8 月完成。以 1933 年型陕州 22000 立方米每秒为防御标准。拟在此分洪 6000 立方米每秒。溢洪堰设计堰长 1760 米,宽 49 米,堰顶水深 1.5 米,为印度式第 Ⅲ 型填石堰。主堰顶高程为海拔 65.00 米,堰两端为砌石裹头,裹头顶高程为 70.00 米。裹头下各设 1 道导水堤,北导水堤 620 米,南导水堤 470 米,顶高 67.00 米。南裹头上游大堤临河作护岸 2000 米,设丁坝 4 道。北裹头下游大堤临河做护岸 1000 米,做丁坝 2 道。溢洪堰前做一控制堤,顶宽 3 米,顶高 68.50 米,将堰围起来。平时防守,保证安全,分洪时爆破 7 个口门,实行分洪。实修堰长 1500 米,堰顶 64.27 米,实际分洪能力 5100 立方米每秒。完成土方 78 万立方米、干砌石 4.5 万立方米,用铁丝笼 2.6 万立方米、木桩 2.34 万根、柳枝 9000 万公斤。用工 152 万个,共投资 200 亿元(旧人民币),为中华人民共和国成立后全国第一个大型水利工程。竣工后,设溢洪堰工程管理处负责管理。

进入 20 世纪 70 年代以后,黄委根据实测水位、历史资料和 1963 年 8 月及 1975 年 8 月暴雨移置进行综合分析,得出利用三门峡控制上游来水后,花园口站仍可能出现 46000 立方米每秒洪峰,金堤河滞洪区分洪量需加大。但石头庄溢洪堰前有 4 道渠堤阻水,爆破时机不好掌握,有可能错过洪峰或分洪不够。一旦洪水冲破大堤,分洪过量,将造成夺溜改道。为适时、按量和安全可靠地分泄特大洪水,报请国务院批准,兴建濮阳渠村分洪闸。废除石头庄溢洪堰,改建北金堤河滞洪区。1978 年渠村分洪闸建成,石头庄溢洪堰随之废除。

(三)围村堰和避水台

石头庄溢洪堰一旦分洪,长垣为分洪主流区。大堤以西的 12 个乡(镇)将有 9 个着水。本着"以防为主,少量人员迁移"的方针,滞洪区内修筑了大量围村堰和避水台。据滞洪时测深预算,除水深 0.5 米以下不修工程外,其余都修了工程。不同标准为:水深 2 米以上的,工程超出水面 1.5 米;围村堰顶宽 2~4 米,边坡 1:2;水深在 1.5~2 米的,工程超出水位 1 米,顶宽、边坡同上;水深 1.0~1.5 米的,工程超高水位 0.7 米,顶宽、边坡同上。避水台规格是:超高、边坡同上。从 1953 年开始,堤西各村按测定标准,结合救灾,以工代赈,发动群众修筑围村堰 140 多个;每人按 5 平方米兴建,修筑避水台 641 个,完成土方 400 万立方米。后由于分洪闸门下移,原滞洪区范围内的堰和台逐渐被毁掉。改建后仍属滞洪区的赵堤、佘家 2 个乡(镇),根据设计分洪预测,佘家乡为 1 米以下浅水区,计 14 个村庄 2457 户 1.15 万人;赵堤镇为 1 米以上深水区,确定为迁移区,涉及 20 个村庄 2588 户 1.14 万人。从 1978 年开始,逐年对赵堤镇原有围村堰 12 个、避水台 34 个进行整修,能安置 1.67 万人,使滞洪区内不用搬迁,人民生命财产的安全即得到保证。

四、滩区治理

中华人民共和国成立后,黄河滩区在党和政府的扶持下,兴修了一定数量的水利工程,如 1958 年兴修的红旗灌区一干渠,从南到北贯通整个滩区。一干渠停灌后,又先后修建了左寨、董寨、武楼、郑寨、马寨等引黄淤灌闸门,沿天然文岩渠兴修了一些提灌站。但由于黄河多次漫滩,水利设施损坏严重。1987 年全区有效灌溉面积只有 1180 公顷,人均收入不足 200 元,绝大部分生活在贫困线以下。1989 年开始,国家拨专款治理黄河滩区,分 3 期 8 个年度进行,总投资 3593.45 万元,共修各类建筑物 2189 座,打机井 1594 眼。新修、改建了 4 个引黄闸,增加引水流量 40 立方米每秒,解决了灌溉水源问题。修建了 9 处排水站,配套节水灌溉面积 2333.33 公顷。修柏油路 43 公里。2003 年和 2004 年,国家又投资兴建了 2 个大型避水台。这些工程的建成,使黄河滩区农业生产条件得以改善,农民温饱问题得以解决,治理区群众已基本脱贫,在黄河滩区也出现了小康村,给滩区人民带来了希望。

(一)综合治理

1. 第一期(1989—1991 年)

工程建设的原则是落实滩区"一水一麦"政策,以重点保证麦季丰收为主要内容,从以下 4 个方面建设:一是灌溉方面,解决 2 万公顷耕地抗旱用水,利用黄河水资源,开发地下水资源,井渠结合,保证夏季丰收;二是排水除涝,重点解决黄河滩区漫滩积水和除涝退水;三是淤滩淤串,解决马寨串沟淤串问题,以防顺堤行洪;四是迁安度汛,发展商品经济的交通道路。

3 年累计完成投资 1037.00 万元,其中 1989 年完成投资 463.28 万元,1990 年完成投资 267 万元,1991 年完成投资 306.72 万元。按项目分为:灌溉工程完成经费 605.59 万元,排水工程 311.91 万元,淤滩工程 41.5 万元,交通道路 78 万元。3 年共完成各类建筑物 692 座,其中灌溉工程 467 座、排水工程 215 座、淤滩工程 10 座。新打机井 473 眼、配套井 140 眼,改建了左寨、郑寨灌区渠首闸,修建了长村里、林寨、堰南、崔寨、丁寨 5 处大型提排站,新建了马寨淤串进水闸,新建防汛迁安道路 4 条长 26 公里。其中,孟岗—周营 8.5 公里,桑园—武邱 4 公里,董寨—总管 6 公里,东了墙—茅芦店 7.5 公里。新建总管、武邱、恼里 3 个乡水利站。

2. 第二期(1991—1993 年)

指导思想是统一规划,集中连片,突出重点,注重效益,因地制宜,宜井则井,宜渠则渠,分片实施,逐年推进,发展高效农业;以发展灌溉、排水除涝为建设重点,为滩区脱贫致富奔小康进一步打好水利基础。

3 年总投资 1035.40 万元,共完成工程量混凝土及钢筋混凝土 2309 立方米、砌体 1.02 万立方米、建筑物土方 9.19 万立方米、面上土方 560 万立方米。滩区 5 乡共清挖整修干渠 5 条、支渠 24 条、斗农渠 209 条,新增有效灌溉面积 3600.00 公顷,改善灌溉面积 1333.33 公顷,节水灌溉面积 2233.33 公顷。所有这些工程为改变滩区旧貌、建设新滩区、滩区群众尽快致富发挥着积极的作用,特别是在 1994 年夏季百年不遇的涝灾和 1994 年秋季种麦时的大旱中,将灾情降到了最低。

2000 公顷渠灌配套方全部在恼里镇,涉及恼里、龙相、冯寨、小岸 4 个行政村,工程总投资 111.5 万元,修桥、涵、闸 177 座,新打机井 21 眼,这 4 个村在禅房工程建成前用不上渠水,除龙相可打井外,其他 3 个村属苦咸水,配套前(1992 年以前)基本上靠天收,年平均夏粮总产 160 万公斤;1993 年配套后,春灌面积 1133.33 公顷,夏粮总产 298 万公斤;1994 年春灌面积 1200 公顷,其中 466.67 公顷属自流灌溉,夏粮总产高达 329 万公斤,夏粮比配套前增产 160 万公斤。

1266.67 公顷井灌方全在武邱乡,共打机井 130 眼、埋地下管道配套机井 238 眼,总投资 213.5 万元。1993 年夏粮总产由以前 195 万公斤,增加到 490 万公斤;1994 年夏粮总产高达 520 万公斤。

3. 第三期(1994—1996 年)

以集中连片、突出重点、择优扶持、注重效益、因地制宜、宜井则井,宜渠则渠、分片实施、逐年推进、提高滩区水利建设的合理性和扩大投资效益为原则,实行水、田、路、林综合治理,把治理区建设成高标准、高产量、高效益的农田,促进"一优双高"农业的发展。

3 年完成总投资 1521.45 万元,其中灌溉工程 1256.45 万元、排水工程 90 万元、淤滩工程 50 万元、交通道路工程 125 万元。共完成各类建筑物 1054 座,其中桥涵 925 座、闸 120 座、提灌站 1 处、提排站 7 处、周营排水工程 1 处。新打机井 280 眼,修柏油路 14.5 公里,配套机泵 813 套,架设农用线路 2 公里,新增灌溉面积 4540.00 公顷,放淤改土面积 380 公顷。

1989—1996 年长垣市黄河滩区三期水利建设成果见表3-3。

表 3-3　1989—1996 年长垣市黄河滩区三期水利建设成果

| 年度 | 建设范围 | 水利投入/万元 | | | 水利建设主要内容 | | | | | | | | | | 效益/公顷 | | |
		配套面积/公顷	总额	其中国家	新打井/眼	修旧井/眼	桥	涵	闸	节水面积/公顷	清挖/条	整修/条	总长/千米	总土方/万立方米	新增灌溉面积	新增旱涝保收田面积	改造中低产田面积
1989—1991	滩区五乡（镇）	7746.67	1037.00	907.4	473		692				469			17.54	7746.67		
1991—1993	滩区五乡（镇）	4000.00	1035.40	906.0	841		443			2233.33	238			569.20	3600.00		
1994—1996	滩区五乡（镇）	6333.33	1521.45	1282.7	280		925		120	133.33	320			27.92	4540.00		
合计		18080.00	3593.85	3096.1	1954		2060		120	2366.66	1027			614.66	15886.67		

(二)避水台

1975年滩区实行居住村台化。采取国家投资、群众自己修筑的方法,将个人低小的房台连成全村共有的高大避水台,从1975年开始,滩区各乡(镇)同时展开,2001年底,共修建避水台面646万平方米,滩区每人平均37.5平方米。因避水台作用巨大,被滩区人民称为"保命台"。

2003年和2004年,国家投资集中修建苗寨和武邱2个避水台。

1. 苗寨避水台

苗寨避水台位于苗寨乡南部,西距临黄堤4公里,东距榆林黄河控导工程2公里。工程区紧靠黄河,多次经受黄河洪水灾害,生产生活水平低下,经济落后,安全避洪设施薄弱。1996年黄河花园口站流量7600立方米每秒和1982年15300立方米每秒洪水,区内水深达3~5米。

该项目属黄河洪水管理亚洲银行(简称亚行)贷款核心子项目,村台的防洪标准为小浪底水库运用后20年一遇,村台按花园口站流量12370立方米每秒相应的2000年设计水位超高1米。台顶使用面积25.78万平方米,涉及苗寨乡4个自然村(马野庄、魏寨、高庄、何吕张),安置人口890户3988人。该工程于2003年10月开工,2005年4月竣工。共完成土方161.85万立方米,附属工程包括排水沟4672米、植树4490棵、植草3.44万平方米、辅道土方及其硬化等,总投资1647.49万元。长垣市苗寨避水台见图3-11。

图3-11 长垣市苗寨避水台

2. 武邱避水台

武邱避水台位于武邱乡东南部,分滩邱、敬寨村台和三义村村台。滩邱、敬寨村台西北距临黄堤约4.5公里,南距榆林黄河控导工程3公里;三义村村台西北距临黄堤约5公里,紧邻新菏铁路桥。工程区紧靠黄河,地势低洼,多次经受黄河洪水灾害,生产生活水平低下,经济落后,安全避洪设施薄弱。1996年黄河花园口站流量7600立方米每秒和1982年15300立方米每秒洪水,区内水深达3~5米。

该项目属黄河洪水管理亚行贷款项目,村台的防洪标准为小浪底水库运用后20年一遇,村台高程按花园口站流量12370立方米每秒相应的2000年设计水位超高1米。避水台顶有效面积33.40万平方米,涉及武邱乡滩邱、敬寨、三义村3个村1218户4798人。滩邱、敬寨村台于2004年6月28日开工,2006年3月16日竣工;三义村村台于2005年4月23日开工,2006年3月15日竣工。共完成土方203.46万立方米,附属工程主要为排水设施、围村植树、辅道和边坡植草等,总投资1754.82万元。

(三)道路桥梁

1. 加固桥梁

天然文岩渠上的桥梁是滩区人民生产、生活、搬迁、救灾的通道。为确保安全,从 1965 年开始,逐渐将沿文岩渠、天然文岩渠上的 21 座木桥改为钢筋混凝土桥。同时,开辟了通往滩区的汽车客、货运线路。2003—2022 年期间,在天然文岩渠上新建和改造桥梁 12 座。2019 年,利用长垣市引黄调蓄工程改建天然文岩渠桥梁 3 座。截至 2022 年底,天然文岩渠上共有桥梁 23 座。

2. 长南小铁路

长垣县南关—濮阳渠村南小堤的小铁路于 1974 年动工,1977 年建成,全长 43.67 公里,设长垣县城、孟岗、溢洪堰、王寨、杨小寨、孙庄、渠村 7 个站,总投资 990.7 万元。建成后为黄河防汛抢险和修建渠村分洪闸运石料 19.16 万立方米。后因没有运输任务,亏损严重,1985 年拆除。

3. 柏油路

利用国债等专项投资,兴修 22 条长 112 公里的柏油或水泥道路,全面打通了滩区 4 个乡(镇)防汛抢险和迁安撤退的道路。2018—2019 年,依托长垣县引黄调蓄工程修筑天然文岩渠右堤堤顶柏油路 41.3公里。2016—2020 年,黄委利用中央预算内投资改建临黄大堤堤顶柏油路 42.76 公里。

第三节　除涝工程

历史上,黄河泛滥在长垣境内遗留下的许多沟河洼地,形成了自然的排涝流势,人工开挖的排水河道很少。中华人民共和国成立后,经过 4 个时期 73 年坚持不懈的除涝治理,逐步形成了天然文岩渠、文明渠、丁栾沟、回木沟 4 大骨干排水河道,并进行了干、支、斗、农排水工程配套。除涝工程建设的 5 个时期:一是 1952—1957 年,在自然沟河的基础上,疏导延伸连通,并加以拓宽加深,提高排水能力,减轻涝灾。二是 1963—1966 年,经过 3 年涝碱灾害,纠正平原地区"以蓄为主"的错误方针,把扒除阻水工程、开挖除涝河道作为治水的主攻方向,按 3~5 年一遇的除涝标准,开挖 4 大骨干排水河道和与之相适应的支沟,达到了排涝淋碱的要求。三是 1973—1978 年,以清淤为主,对个别河沟进行了扩建,恢复和提高原有设计能力。四是 1980—2022 年,逐步探索出适合长垣特点的疏沟大方、排灌合一、引蓄结合的治水路子,进行了以田间工程配套为主的工程建设,大部分地区逐步实现了干、支、斗、农 4 级配套。五是 2012—2018 年,对 200 平方公里以上的中小河流进行综合治理,解决了天然文岩渠、丁栾沟、文明渠、回木沟的排涝问题,生态环境得到了改善。到 2022 年底,治理低洼易涝面积 3.21 万公顷,占总面积 3.33 万公顷的 96%;治理盐碱地面积 3.24 万公顷,占总面积的 100%。

一、天然文岩渠

据县志记载,天然渠、文岩渠源自封丘,两渠从大车集东排入长垣堤壕,南支天然渠,北支文岩渠。堤壕因加复临黄堤取土挖掘而成。由于上游涝水大量下泄,堤壕漫溢成灾,造成许多水利纠纷。1956 年经河南省水利厅全面规划,统一治理,对大车集以下进行开挖。开挖时,对青城以上的主河槽两边以外 3米、右堤占压和堤脚以外 5 米、堤脚以内 3 米的土地进行征购。青城以下到县境,从堤外脚 5 米,直到临黄大堤脚的土地,全部征购。1956 年 4—5 月,分县施工,开挖扩建,完成土方 279 万立方米。1963 年河南省水利勘测设计院编制的《天然文岩渠干支流整治工程扩大初步设计书》获得水利电力部批准,同意按 3 年一遇除涝标准,流量为 151 立方米每秒;10 年一遇防洪标准,流量为 432 立方米每秒对天然文岩渠干支流进行整治。

天然文岩渠属黄河一级支流,流域位于河南省黄河以北,太行堤以南,临黄堤以东,京广线以东。该渠在长垣大车集以上分南北两支,南支为天然渠,北支为文岩渠,大车集以下为天然文岩渠。发源地为武陟县张菜园村,向东北方向流经原阳、延津、封丘、长垣 4 县至濮阳渠村分洪闸上游汇入黄河,全长 160 公里,流域面积 2514 平方公里。其中,原阳县 842 平方公里、延津县 390 平方公里、封丘县 897 平方公里、长垣县 313 平方公里、其他(武陟、新乡、濮阳)72 平方公里,流域内有耕地 14.53 万公顷。

(一)河道工程

1. 天然文岩渠

天然文岩渠起于长垣市大车集东,流经信寨、石头庄、安寨、长村里—濮阳县渠村闸汇入黄河,全长 46.17 公里,长垣市境内长 42 公里。设计除涝标准 3 年一遇,流量 151 立方米每秒;防洪标准 10 年一遇,流量 358 立方米每秒。大车集水位 61.20 米(黄海高程,下同)。河底高程 58.90 米,河底宽 70 米,纵坡 1/20000,边坡 1:3;除涝水深 2.73 米,糙率主槽为 0.02,滩地为 0.0275。右堤顶高程 68.87 米,堤顶宽 4 米(2002 年加宽到 5 米),左右堤中心距不小于 220 米,堤防边坡 1:3。

2018—2019 年,依托长垣市引黄调蓄工程对天然文岩渠进行了清淤扩挖,其中大车集至石头庄橡胶坝,河底高程 60.56~59.96 米,纵坡 1/33000,主河槽底宽 88~165 米,滩地宽度 5~48 米,正常蓄水位 64.03 米;石头庄橡胶坝至长濮县界,河底高程 59.65~57.57 米,纵坡 1/10000,主河槽底宽 60~185 米,滩地宽度 5~33 米,正常蓄水位 63.01 米。右堤加宽加固至堤顶宽 11 米,堤顶修筑专用公路(防汛路),车行道宽 7.6 米,两侧各 0.2 米宽路沿石、1.5 米宽绿化带,堤顶高程 68.78~65.41 米,迎水坡坡比 1:3,背水坡坡比为 1:2.5。天然文岩渠见图 3-12。

图 3-12　天然文岩渠

2. 天然渠

天然渠从武陟县张菜园经原阳县娄新庄、奶奶庙、老河,封丘县黄庄、辛庄、三格堤到长垣市大车集与文岩渠交汇。全长 96 公里,有支流 10 条,流域面积 739 平方公里。原阳娄新庄—长垣大车集 78 公里。天然渠在长垣境内有 2 公里。入河口设计标准是,除涝 5 年一遇,流量 62 立方米每秒;防洪 10 年一遇,流量 142 立方米每秒。除涝水深 2.8 米,河底宽 16 米,河底纵坡 1/6000,主河槽内边坡 1:3,堤顶宽 4 米,边坡 1:3。

天然渠见图 3-13。

3. 文岩渠

文岩渠从武陟县张菜园经原阳县白庙、焦楼，延津县的李大吴、西竹村，封丘县西守营、小庄、东柳元，长垣市孙东、朱庄—大车集与天然渠交汇，全长 103 公里，有支流 12 条，流域面积 1548 平方公里。原阳县白庙以下长 82.96 公里，长垣境内长 15.34 公里。入河口设计标准是：除涝 3 年一遇，流量 106.6 立方米每秒；防洪 10 年一遇，流量 245.9 立方米每秒。除涝水深 2.8 米，河底宽 45 米，河底纵坡 1/15000，主河槽边坡 1:4，堤顶宽 4 米，边坡 1:3。

文岩渠见图 3-14。

图 3-13　天然渠　　　　　　　　　图 3-14　文岩渠

4. 滩区一干

滩区一干原为红旗灌区一干渠，1962 年改为排水河道，从恼里镇至武邱乡长村里，全长 42.7 公里，底宽 10 米，水深 2 米，纵坡 1/6000~1/10000，边坡 1:2.5，后改为排灌合一河道。以冯楼干渠为界分为两段，且断面已经缩小。河道西部有排灌合一的支沟，分段向天然文岩渠排水；不能自排时，集流到右堤低洼处，向天然文岩渠内抽排。

（二）桥梁工程

截至 2022 年，长垣市 3 条干流范围内共有桥梁 32 座，其中天然文岩渠上 23 座、天然渠上 1 座、文岩渠上 8 座。这些桥梁始建于 20 世纪 60 年代，损毁严重，20 世纪 80 年代至 21 世纪 10 年代陆续进行改建、新建。

天然文岩渠彩虹桥见图 3-15。

图 3-15　天然文岩渠彩虹桥

2022 年长垣市天然渠、文岩渠以及天然文岩渠桥梁调查见表 3-4、表 3-5。

表 3-4 2022 年长垣市天然渠、文岩渠桥梁调查

桩号	桥梁名称	荷载标准	结构形式		结构尺寸/米				说明
			上部	下部	孔数	跨度	桥长	桥宽	
天然渠									
0+753	辛庄桥	汽-6	混凝土纵梁平板	平板	10	5.5	55	4.6	始建于1964年,1993年改建,栏杆损坏,桥面破碎
文岩渠									
0+738	大车南桥	汽-10	梯形梁	灌注桩	4	20	80	5.0	始建于1964年,2002年11月改建,完好
1+695	西杨庄桥	汽-10	梯形梁	灌注桩	8	15.5	123.8	5.0	1984年由木桥改建,栏杆损坏,桥面高低不平
4+863	朱庄桥	汽-10	梯形梁	灌注桩	4	20	80	5.0	建于1964年,2002年改建,完好
8+318	夹堤桥	公路Ⅱ级	预应力空心楼板	灌注桩	10	13	130	6.0	建于1964年,2018年改建,完好
10+412	王堤桥	超汽-20	预应力空心板	灌注桩	12	15	180	16.0	始建于1969年,2001年改建,完好
13+181	孙东桥	公路Ⅱ级	预应力空心板	灌注桩	9	13	117	6.0	建于1964年,2018年改建,完好
14+322	牛河桥	汽-10	梯形梁	灌注桩	8	14	112	5.0	1985年改建,栏杆损坏,桥面高低不平
10+615	南孔庄桥	便桥	空心楼板	砖墩	5	3.5	18.3	2.5	建于1978年,桥面漫水阻水

表 3-5　2022 年长垣市天然文岩渠渠桥梁调查

桩号	桥梁名称	荷载标准	结构形式		结构尺寸/米				说明
			上部	下部	孔数	跨度	桥长	桥宽	
1+117	王辛庄桥	汽-6	排架	平板	28	5.6	157.1	4.0	桥面低,桥头毁坏,上部结构损坏,建于1957年
5+638	孙庄桥	汽-6	T形梁	灌注桩	6	20	120	5.0	始建于1957年,2005年重建
6+557	瓦屋寨桥	公路Ⅱ级	空心板	灌注桩	6	20	126.8	5.0	建于2012年
11+415	赵堤桥	公路Ⅱ级	空心板	灌注桩	10	16	160	8.5	建于1964年,2019年重建
11+824	赵堤南桥	汽-20	平板	灌注桩	8	13.25	106.8	7.0	建于1983年
13+110	杨小寨桥	公路Ⅱ级	空心板	灌注桩	6	20	120	5.0	始建于1977年,2012年重建,完好
15+491	青城桥	汽-6	T形梁	灌注桩	6	20	120	5.0	始建于1977年,2005年重建,完好
17+282	桑园桥	公路Ⅱ级	空心板	灌注桩	6	20	120	12.0	建于1964年,2007年改建,完好
19+995	苗寨桥	公路Ⅱ级	空心板	灌注桩	8	20	160	12.0	始建于1964年,2006年重建
23+370	苏庄桥	公路Ⅱ级	空心板	灌注桩	6	20	120	5.0	始建于1976年,2011年重建
24+900	宋庄桥	汽-6	T形梁	灌注桩	6	20	120	5.0	始建于1978年,2005年重建
27+284	石头庄桥	公路Ⅱ级	空心板	灌注桩	6	20	120	5.0	始建于1964年,2011年重建
29+343	堰南桥	汽-6	T形梁	灌注桩	6	20	120	5.0	始建于1976年,2002年11月重建
31+948	孟岗桥	汽-20	T形梁	灌注桩	6	20	120	8.0	2000年6月于旧桥南侧新建
33+048	浆水李桥	公路Ⅱ级	空心板	灌注桩	12	20	240	15.0	2011年建
35+320	香里张桥	公路Ⅱ级	空心板	灌注桩	11	16	176	8.5	建于1964年,2019年重建
37+430	杨桥桥	公路Ⅱ级	空心板	灌注桩	9	16	144	8.5	建于1964年,2019年重建
38+440	孟寨桥	公路Ⅱ级	空心板	灌注桩	8	20	160	12.0	建于2008年
40+258	董寨桥	汽-10	纵梁微弯板	灌注桩	9	14	126.8	5.0	建于1986年,危桥
41+364	丁墙桥	公路Ⅱ级	T形梁	灌注桩	6	20	120	8.0	建于2000年6月
41+500	丁墙南桥	公路Ⅱ级	空心板	灌注桩	8	20	160	12.0	建于2008年
44+400	梁寨桥	汽-10	纵梁微弯板	灌注桩	9	14	126.8	5.0	建于1983年11月
47+700	大车东桥	公路Ⅱ级	空心板	灌注桩	10	20	200	11.0	建于2011年

（三）涵洞工程

长垣市 3 条干流上共有涵洞 43 座,其中天然文岩渠上 38 座、文岩渠上 4 座、天然渠上 1 座。

这些涵洞多属 1963 年大规模治理时修建,10 年一遇除涝标准。涵洞过水量 0.5～15 立方米每秒。1970 年以后,又建设一部分涵洞。20 世纪 90 年代滩区水利建设中,新改造建设了一批涵洞。由于河床逐年淤高,不能正常运用者居多。2010—2012 年,重建涵闸 16 座。这些涵闸结构形式均为钢筋混凝土箱涵,涵闸设计流量为 2.0～9.0 立方米每秒,洞宽 2.5 米、洞高 2.2 米的有 8 座,分别是参木、马房、刘慈寨、杨桥、浆水里南、青城、洪门、神台庙涵洞;洞宽 2.0 米、洞高 2.5 米的有 1 座,即四支口涵洞;洞宽 1.8 米、洞高 1.7 米的有 7 座,分别是大车东、浆水里北、滑店、崔寨、张寨、后程家、孙庄涵洞。2018 年中小河流治理项目中,重建文岩渠西杨庄闸、于庄闸 2 座涵闸,涵闸结构形式均为钢筋混凝土箱涵,西杨庄闸设计流量为 2.0 立方米每秒,洞宽 2.0 米、洞高 2.0 米;于庄闸设计流量 5.94 立方米每秒,洞宽 2.5 米、洞高 2.5 米。

2018—2020 年,因长垣市引黄调蓄工程对天然文岩渠右堤进行了加宽加固,原有涵洞洞身短,因此对天然文岩渠右堤涵闸进行了改(新)建 37 座,弯道闸 1 座接长过水涵洞。结构形式分为钢筋混凝土箱涵和钢筋混凝土管涵,设计流量 0.91～12.95 立方米每秒,其中钢筋混凝土箱涵 32 座,钢筋混凝土管涵 6 座。天然文岩渠右堤孟岗堰南涵洞见图 3-16。

图 3-16　天然文岩渠右堤孟岗堰南涵洞

2022 年长垣市天然渠、文岩渠涵洞调查,天然文岩渠涵闸调查分别见表 3-6、表 3-7。

（四）提排站工程

1963—1965 年天然文岩渠治理期间,干、支沟排水尚较通畅,提排问题还不突出,省里未安排提排站工程。经过多年运用,由于黄河河床不断淤高,入黄河口水位常受黄河水位顶托,天然文岩渠以及天然渠和文岩渠的下段除涝水位也不断抬高,致使汛期面上涝水难以排入河道;另外,原阳、延津、封丘、长垣 4 县(市)引黄灌溉,将一部分含沙较大的灌溉退水排入河道,从而造成河道大量淤积,致使河道下泄能力逐年下降。20 世纪 80 年代,每遇较大暴雨常形成严重涝灾。从 1980 年开始,除地方自行兴建了一批提排站外,每遇涝灾,地方政府还动员数以百计的个体所有抽水机户参加抢排救灾。长垣境内的 6 座提排站大都建于 20 世纪 90 年代,利用滩区水利建设资金兴建。结构形式为露天式,不建固定机房,多采用 50 马力柴油机配混流式水泵,扬程 7～8 米。运用时将机泵运至现场,完成任务后再运回库房。2012 年重建长村里和林寨提排站:长村里提排站控制流域面积 25 平方公里,提排流量 3 立方米每秒,配套电机 110 千瓦,设计河底 60.38 米,除涝水位为 63.18 米,防洪水位为 64.09 米,设计堤顶 65.09 米;安寨提排站控制流域面积 16.8 平方公里,提排流量 2.0 立方米每秒,配套电机 75 千瓦,设计河底 60.69 米,除涝水位为 63.49 米,防洪水位为 64.48 米,设计堤顶 66.71 米。天然文岩渠魏庄厂寨提排站见图 3-17。

表 3-6　2022 年长垣市天然渠、文岩渠渠涵洞调查

桩号	位置	排涝面积/平方公里	设计流量/立方米每秒	结构形式	尺寸/米		现状
					洞长	横断面	
天然渠							
0+600	西辛庄	11.6	6.0	钢筋混凝土箱涵	16	2×2×2.5	建于 2008 年，良好
文岩渠							
0+200	大车南	3.7	2.0	混凝土盖板	20	1×1×1.5	倒灌
1+687	西杨庄	3.7	2.0	钢筋混凝土箱涵	18	1×2×2	文岩渠左岸，2018 年重建，完好
2+393	于庄	11	5.94	钢筋混凝土箱涵	14	1×2.5×2.5	文岩渠右岸，2018 年重建，完好
13+200	孙东南	7.7	4.0	混凝土盖板	10	1×2×2	倒灌

表3-7　2022年长垣市天然文岩渠涵闸调查

桩号	位置	排涝面积/平方公里	设计流量/立方米每秒	结构形式	尺寸/米		说明
					箱涵(涵管)长	横断面	
45+700	大车东	0.74	0.4	混凝土涵管	28	管径Φ0.8	2019年改建，排水涵管，无闸房
44+200	梁寨	3.8	2.0	混凝土箱涵	19	1×1.8×1.7	旧混凝土盖板涵拆除，2019年改建
43+420	前参木	23.98	12.95	混凝土箱涵	27	2×2.5×2	左寨五支退水闸，2019年改建
42+540	后参木	1.68	0.91	混凝土箱涵	25	1×1×1	2019年改建
41+000	丁墙	9.98	5.39	混凝土箱涵	21	1×2.5×2	旧混凝土盖板涵拆除，2019年改建
40+300	马房	9.98	5.39	混凝土箱涵	32	1×2.5×2.2	旧混凝土盖板涵拆除，2019年改建
38+850	梁寨	19.77	10.68	混凝土箱涵	24	1×3×3	左寨七支水闸，旧混凝土盖板涵拆除，2019年改建
38+280	彩虹桥南	21.3	11.5	混凝土箱涵	24	1×2×2.5	纬十六路南公路沟退排站2019年改为排水闸
38+180	彩虹桥北	1.68	0.91	混凝土箱涵	33	1×1×1	2019年改建
37+500	王慈寨西	7.7	4.0	混凝土箱涵	21	1×2.5×2	旧混凝土盖板涵拆除，2019年改建
36+980	王慈寨北	9.98	5.39	混凝土箱涵	32	1×2.5×2.2	旧混凝土盖板涵拆除，2019年改建
36+018	杨桥南	15.4	8.0	混凝土箱涵	24	2×1.5×2.5	左寨八支涵，2001年新建涵带闸，2019年改建
35+018	杨桥北	3.7	2.0	混凝土箱涵	22	1×2.5×2.5	2019年改建
33+920	浆水里南	15.4	8.0	混凝土箱涵	22	1×2×2.5	左寨九支退水闸，旧混凝土盖板涵拆除，2019年改建
33+065	浆水里	5.7	3.0	混凝土箱涵	27.4	1×1.8×1.7	旧混凝土盖板涵拆除，2019年改建
31+990	孟岗东南			混凝土箱涵	21	1×1.8×1.7	旧混凝土盖板涵拆除，2019年改建
31+560	孟岗桥南	9.98	5.39	混凝土箱涵	22	1×2.5×2	左寨十支退水闸，旧混凝土盖板涵拆除，2019年改建
31+180	渭店	3.7	2.0	混凝土箱涵	26	1×1.5×1.5	旧混凝土盖板涵拆除，2019年改建
28+910	堰南桥北	10.59	5.72	混凝土箱涵	26	1×2×2.5	大沙沟退水闸，旧混凝土盖板涵拆除，2019年改建
27+730	崔寨	3.7	2.0	混凝土箱涵	26	1×1.5×1.5	旧混凝土盖板涵拆除，2019年改建
26+900	尚寨南		20.0	混凝土箱涵	24.45	2×2×2.5	弯道闸，2019年涵洞接长9.45米
25+720	石头庄橡胶坝南		1.07	混凝土涵管	20	管径Φ1.5 闸门1×1.2×1	2019年改建

续表 3-7

| 桩号 | 位置 | 排涝面积/平方公里 | 设计流量/立方米每秒 | 结构形式 | 尺寸/米 | | 说明 |
					箱涵（涵管）长	横断面	
23+500	宋庄村南	10.59	5.72	混凝土箱涵	27	1×2×2.5	九岗支渠退水闸,旧混凝土盖板涵拆除,2019 年改建
21+010	安寨南	10.59	5.72	混凝土箱涵	27	1×2×2.5	韩寨支渠退水闸,旧混凝土盖板涵拆除,2019 年改建
20+210	安寨	6.78	3.66	混凝土箱涵	30	1×2.5×1.5	2019 年改建
19+600	张寨南	4.07	2.2	混凝土箱涵	27	1×1.8×1.7	2019 年改建
19+310	张寨	2.0	2.0	混凝土箱涵	27	1×1.5×1.5	2019 年新建
18+540	林寨	19.78	10.68	混凝土箱涵	24	1×3×3	林寨支渠退水闸,旧混凝土盖板涵拆除,2019 年改建
17+330	桑园桥北			混凝土涵管	28	管径 Φ 1.5 闸门 1×1.2×1	2019 年新建
16+030	青城南			混凝土箱涵	32	1×2.5×2.2	旧混凝土盖板涵拆除,2019 年改建
15+370	青城北			混凝土箱涵	28	1×1.5×1.5	2019 年改建
12+560	灰池	1.68	0.91	混凝土涵管	22	管径 Φ 1.0 闸门 1×1×1	2019 年改建
11+490	洪门南	6.78	3.66	混凝土箱涵	33	1×2.5×2.2	旧混凝土盖板涵拆除,2019 年改建
10+720	洪门北	1.68	0.91	混凝土涵管	22	管径 Φ 1.0 闸门 1×1×1	2019 年改建
10+120	洪门北	6.78	3.66	混凝土箱涵	32	1×2.5×2.2	旧混凝土盖板涵拆除,2019 年改建
9+110	神台庙西南			混凝土涵管	28	管径 Φ 1.8 闸门 1×1.5×1.5	2019 年改建
7+490	神台庙北	4.07	2.2	混凝土箱涵	27	1×1.8×1.7	2019 年改建
6+830	程家村北	4.07		混凝土涵管	22	管径 Φ 1.0 闸门 1×1×1	2019 年改建
5+480	长村里西	4.07	2.2	混凝土箱涵	34	1×1.8×1.7	2019 年改建

图 3-17　天然文岩渠魏庄丁寨提排站

2022 年长垣市天然文岩渠提排站调查见表 3-8。

表 3-8　2022 年长垣市天然文岩渠提排站调查

站名	桩号	提排流量/立方米每秒	孔径/米	形式	柴油机/台	柴油机型号	水泵/台	水泵型号	水泵形式	现状
长村里	5+000	3		固定	电动机2台	110千瓦	2	700ZLB-4	轴流泵	2012年改建
安寨	16+100	2		固定	电动机2台	75千瓦	2	700ZLB-4	轴流泵	已拆除
林寨	18+167		1×2.0	移动	6	上海50	6	300HW-8	混流泵	已拆除
韩寨	20+658		1×2.0	移动	4	上海50	4	300HW-8	混流泵	已拆除
堰南	28+960		1×2.0	移动	6	上海50	6	300HW-8	混流泵	已拆除
杨桥	36+420		1×2.0	移动	0	上海50	2		离心泵	已拆除
丁寨	39+323		1×2.0	移动	10	上海50	10	300HW-8	混流泵	已拆除,改为涵闸

(五)橡胶坝工程

为改善石头庄灌区、大功引黄灌区的引水条件,扩大灌区灌溉面积,提高粮食产量;同时为城区引水提供水源,长垣市在天然文岩渠中段石头庄村和下段瓦屋寨村新建和改造了 2 座橡胶坝,调蓄总库容 1230 万立方米,水面面积 494 公顷,完成总投资 1275.6 万元。

1.石头庄橡胶坝

石头庄橡胶坝位于天然文岩渠中段孟岗镇石头庄村东北,经度 114°49′,纬度 35°12′,桩号 25+704 处(入黄河口为 0+000),因邻近石头庄村,故称石头庄橡胶坝(见图 3-18)。

该橡胶坝于 2008 年谋划并设计,其结构形式为钢筋混凝土基础、充水式锦纶橡胶坝袋,坝体呈倒梯形,设计坝袋基础底板上缘高 61.13 米,底宽 90.00 米,边坡 1:3,坝高 2.5 米,橡胶坝顶宽 105 米,附属工程包括坝袋的充、排水配套设备及管理房。工程于 2008 年 12 月 20 日正式开工建设,2009 年 5 月 30 日竣工,完成土石方 4.07 万立方米,混凝土及钢筋混凝土 1930 立方米,浆砌石 682 立方米,干砌石 338 立方米,抛石 1340 立方米,砂石桩基 1.1 万米,新坝袋 1 套,新打机井 2 眼,建筑面积 132 平方米,总投资 495.6

图 3-18 2020 年维修改造的石头庄橡胶坝(张晗 摄)

万元。2009 年 6 月开始蓄水运行,在天然文岩渠河槽内形成了长 20 多公里的条形水库,坝前蓄水量可达 560 万立方米,水面 267 公顷,改善了石头庄倒虹吸、大车闸和上游右堤涵洞的引水条件,同时为引水入城提供了可靠水源。

2010 年 2 月,在瓦屋寨橡胶坝施工的同时对石头庄橡胶坝进行加高改造,橡胶坝坝高加高 0.5 米。改造后实际运行最大坝高 2.9 米,最大工作坝顶高 64.03 米。本次改造后石头庄橡胶坝一次性蓄水可达 680 万立方米。

2020 年,利用维修改造工程再次对该坝坝高进行加高,加高高度为 0.5 米,加高后设计坝高 4 米,设计最大坝顶高程 65.13 米。维修改造工程于 2020 年 3 月开工建设,当年 5 月竣工,共完成土石方 3016 立方米,混凝土及钢筋混凝土 348.72 立方米,抛石 553.76 立方米,新坝袋 1 套,新打井 1 眼,总投资 200 万元。维修改造工程建成后,坝前蓄水量可达 830 万立方米,水面 287 公顷。

橡胶坝建设有管理房,由天然文岩渠管理所派专人驻守管理。根据运行观测,拦蓄水最高水位在 2020 年 8 月,水位 64.43 米,蓄水量达 760 万立方米,水面 252 公顷,回流长度 23.7 公里;最低水位在 2016 年 11 月,水位 63.83 米,蓄水量达 580 万立方米,水面 221 公顷,回流长度 21 公里。

2. 瓦屋寨橡胶坝

瓦屋寨橡胶坝(见图 3-19)位于天然文岩渠下段赵堤镇瓦屋寨村东,经度 114°56′,纬度 35°20′,桩号 6+800(入黄河口为 0+000)处。其结构形式为钢筋混凝土基础、充水式锦纶橡胶坝袋,坝体呈倒梯形,坝袋基础底板上缘高 60.51 米,底宽 90.00 米,边坡 1:3,坝高 2.5 米,橡胶坝顶宽 105 米,附属工程包括坝袋的充、排水配套设备及管理房。工程于 2010 年 2 月开工建设,同年 6 月竣工,共完成土石方 4.84 万立方米,混凝土及钢筋混凝土 2045 立方米,浆砌石 1027 立方米,干砌石 175 立方米,抛石 1218 立方米,新坝袋 1 套,新打机井 2 眼,建筑面积 124 平方米,总投资 450 万元。建成后,坝前蓄水量可达 300 万立方米,水面 200 公顷。彻底改善杨小寨闸和瓦屋寨虹吸 2 处工程引水条件,增加引水量,扩大灌溉面积,同时水体的扩大,充分发挥水的自净功效,使水质进入良性循环状态,并且大的水面可以调节当地的温湿度,维持良好的生态环境。

2019 年底,利用维修改造工程对该坝坝高进行加高,加高高度为 0.5 米,加高后设计坝高为 3 米,设计最大坝顶高程 65.13 米,同时下游边坡护砌延伸 80 米,平台加高 0.7 米。工程于 2019 年 11 月开工,

图 3-19　2020 年维修改造的瓦屋寨橡胶坝(张晗 摄)

2020 年 1 月竣工,共完成土石方 1380 立方米,混凝土及钢筋混凝土 149 立方米,新坝袋 1 套,总投资 130 万元。维修改造工程后,坝前蓄水量可达 400 万立方米,水面 207 公顷。

　　橡胶坝建设有管理房,由天然文岩渠管理所派专人驻守管理。根据运行观测,拦蓄水最高水位在 2020 年 8 月,水位 63.51 米,蓄水量达 400 万立方米,水面 207 公顷,回流长度 20 公里;最低水位在 2016 年 12 月,水位 60.51 米,渠底干枯,仅深坑存些水,蓄水量 1 万多立方米,水面面积 0.5 公顷。

　　(六) 清淤工程

　　天然文岩渠自 1965 年全面治理之后,先后于 1994 年、1996 年、2000 年进行了 3 次较大规模的清淤复堤,清淤现场见图 3-20。因河道淤积非常严重,又于 2006 年、2007 年、2008 年进行了全线清淤治理。按照"谁受益,谁负担"的原则,由原阳县、延津县、封丘县和长垣县负责完成。

图 3-20　天然文岩渠清淤现场(杨敬中 摄)

2006年2月26日—4月22日,历时55天,对天然文岩渠大车集以下3公里进行清淤治理,完成清淤土方56.31万立方米。2007年3月17日—4月29日,历时43天,对天然文岩渠参木—堰南河段进行清淤治理,治理长度15公里,完成清淤土方272万立方米。2008年3月1日至5月9日,历时69天,对堰南—长濮边界河段进行清淤治理,治理长度24.1公里,土方226.5万立方米。3年累计治理长度42.1公里,完成土方554.81万立方米,投入资金7800万元。2012年利用中小河流治理项目继续进行综合治理,重建4座桥梁、15座涵洞、2座提排站,对市境内河道进行清淤疏浚,完成总投资2753万元。2018—2019年,长垣市引黄调蓄工程对天然文岩渠全段进行了清淤扩挖和右堤加宽加固,累计完成河道疏浚清淤土方469.41万立方米,堤基清理45.83万立方米,堤身土料碾压填筑160.70万立方米。同时,完成了右堤堤顶防汛公路41.476公里,改(新)建右堤穿堤涵闸37座、穿堤涵管20座、生产桥3座、钢坝1座,龙舟赛事服务区和"九龙湿地公园"建设,以及天然文岩渠沿渠绿化等建设内容,共完成总投资60148万元。

2018年,利用中小河流治理项目对文岩渠东柳园桥至大车河口段进行综合治理,对15.34公里长河道进行清淤疏浚,重建2座桥梁、2座涵闸,完成总投资1836万元。

(七)管理机构

天然文岩渠原为省管工程,归豫北水利工程管理局管理,后改为市管工程,归新乡市水利局管理,在封丘设有天然文岩渠管理处。1964年成立长垣县天然文岩渠管理所(见图3-21),隶属安阳专署水利局管理。1973年划归长垣县水利局领导,王静波任所长,1978年李印修调水利局任副局长兼任该所所长,1984年林清真任所长,1986年黄炳岗任所长,林清真任中共党支部书记。1999年张建立任所长,2005年李聚朝任所长,2014年史洪刚任所长,2020年张超杰任所长。

图3-21 长垣市水利局天然文岩渠管理所(赵华杰 摄)

长垣市境天然文岩渠水力要素及1963—2022年大车集历年最高水位和最大流量统计见表3-9、表3-10。

表3-9 长垣市境天然文岩渠水力要素

设计桩号	地点	流量/立方米每秒			水位/米			河底高程/米	平台高程/米	河底宽/米	除涝断面情况					堤防情况				
											平台纵坡	平台宽/米		边坡		堤坝高程/米	堤坝宽度/米	左右堤中心距/米	右堤中心—河中心距/米	边坡
		3年一遇	10年一遇	地下水	3年一遇	10年一遇	地下水					左	右	平台下	平台上					
0+000	河口				61.50	62.20	59.95	59.30	59.80	30						63.50				
9+000	瓦屋寨	155	444	10	62.00	63.10	60.40	59.15	60.25	50	1/20000	0	51	1:4	1:4	64.40	4	≥220	103	1:3
15+000	青城	155	444	10	62.47	63.70	60.70	60.05	60.55	50	1/20000	0	26	1:4	1:4	65.00	4	≥220	103	1:3
20+000	安寨	155	444	10	62.79	64.20	60.95	60.30	61.05	70	1/20000	2	2	1:5	1:3	65.50	4	≥220	50	1:3
27+000	石头庄	151	432	9.7	63.24	64.74	61.30	60.65	61.65	70	1/20000	2	2	1:5	1:3	66.04	4	≥220	90	1:3
46+170	大车集	151	432	9.7	64.34	65.91	62.26	61.61	62.61	70	1/20000	2	2	1:5	1:3	67.21	4	≥220	90	1:3

注：摘自中小河流治理项目《天然文岩渠治理项目实施方案》。

表 3-10　1963—2022 年大车集历年最高水位和最大流量统计

年份	最高水位/米	最大流量/立方米每秒	发生时间/月-日
1963	67.09	142	08-11
1964	66.21	191	09-03
1965	64.96	22.7	11-04
1966	65.58	51.4	03-11
1967	66.18	160	07-12
1968	65.45	91.7	07-14
1969	66.19	132	04-23
1970	66.67	267	07-26
1971	66.94	299	06-26
1972	66.70	175	07-31
1973	66.43	106	09-01
1974	67.13	206	08-09
1975	66.80	139	08-08
1976	67.80	192	09-02
1977	67.60	234	07-11
1978	66.76	144	07-03
1979	66.70	69	08-17
1980	66.94	64.8	09-10
1981	66.92	47.8	07-31
1982	67.54	104	08-16
1983	67.74	144	09-11
1984	67.74	118	09-11
1985	66.85	68.7	09-18
1986	66.40	49.7	08-19
1987	66.49	61.4	06-04
1988	66.86	61.7	08-18
1989	66.93	57.4	08-23
1990	66.98	76	08-31
1991	66.98	53.9	09-04
1992	67.48	77.9	08-16
1993	66.29	72.8	08-21
1994	66.08	51.4	07-14
1995	66.99	98.4	09-01

续表 3-10

年份	最高水位/米	最大流量/立方米每秒	发生时间/月-日
1996	67.39	73.9	08-09
1997	66.55	29	08-29
1998	67.38	64.7	08-27
1999	66.64	29.5	07-10
2000	68.11	137	07-12
2001	66.89	40.3	07-02
2002	66.26	15.5	08-21
2003	67.44	81.6	09-04
2004	67.04	54.7	08-19
2005	67.43	78.9	10-03
2006	67.52	97.4	07-04
2007	66.05	39.1	08-13
2008	65.18	19.5	07-20
2009	65.88	18.9	06-29
2010	66.17	113	09-07
2011	66.22	61.2	09-17
2012	65.63	20	07-08
2013	65.47	31.7	07-03
2014	65.17	12.7	07-06
2015	65.45	9.03	07-09
2016	65.46	30.7	07-12
2017	65.28	6.4	04-19
2018	66.47	119	08-02
2019	65.57	45.2	08-11
2020	65.99	45.5	08-07
2021	65.86	155	07-22
2022	65.74	84	07-23

二、文明渠

文明渠发源于常村镇罗庄村北地,向东北方向流经柳桥屯、聂店、肖官桥、后吴庄等村,于东角城入滑县,在滑县的陈家营村和丁栾沟交汇后进入黄庄河。文明渠河道全长38.4公里,流域面积306平方公里,长垣县境内长32.94公里,流域面积286平方公里,流域范围:南起太行堤,东至唐满沟,北、西至长垣县界,涉及常村、樊相、张三寨、南蒲、蒲北、蒲西6个乡(镇、办事处),耕地1.91万公顷,人口19.07万。文明渠聂店汇合口以上的河段一般称为文明南支,以下的河段一般称为文明干渠。文明渠又称大功二干渠、文明沟。

(一) 河道治理

文明渠历史悠久。《孔子家语》"仲由宰蒲,鉴于民众处黑水污泥之中,亲率之疏浚成渠,曰'文明渠'"。后屡淤塞,屡疏浚。至明时渠长 1665 丈。旧志亦称城北渠,距城 3 里,有 2 源,一自青岗西南流,一自太子屯西北流,合于陈河东流,经滑县入东明县漆河,长 60 里,河面宽 2 丈,深六七尺不等。清世宗雍正九年(1731 年)知县刘揆义开,清高宗乾隆二十年(1755 年)知县屠祖赍重浚之。清宣宗道光二十四年(1844 年)知县陈永皓亲率民挑挖。民国 28 年(1939 年),改挖为正副二渠。上游仍由旧道,正渠长 14 里,副渠长 18 里。中华人民共和国成立前复又淤塞,1950 年县政府派建设科殷秀亭组织疏浚清淤,1952 年又派建设科刘均组织清淤疏导。1956 年春,长垣县开挖文明渠,河线在赶鸭和潭村之间入滑县,允许长垣下泄 3.5 立方米每秒涝水。1959 年长垣县又对文明渠进行了以疏导为主的开挖。

1963 年 8 月上旬,长垣、滑县两县普降特大暴雨,黄庄河全线决口漫溢,秋禾淹毁十分之七八。9 月,安阳专署水利局提出《黄庄河除涝治碱工程扩大初步设计》。1964 年 3 月又提出《黄庄河除涝治碱工程 1964 年工程施工图说明》,按 3 年一遇除涝标准,由长垣、滑县分线治理文明渠和黄庄河。1964 年春,副县长韩鸿俭带领群众,对文明渠进行一次较大的扩建,同时裁弯取直,共完成土方 60 万立方米,国家补经费 38 万元、补粮 98 万公斤。

2011 年文明渠纳入中小河流治理项目,该项目工程于 2012 年 10 月开工,12 月竣工。治理除涝标准为 5 年一遇,防洪标准为 10 年一遇,河道底宽 3~20 米,边坡 1:2,纵坡 1/5000~1/6000。治理范围从柳桥屯闸(5+320)—东角城(32+940),治理长度 27.62 公里。建设内容:河道清淤疏浚长 27.62 公里,险工护砌长 1.90 公里;拆除重建桥梁 4 座。完成工程量:土方 59.68 万立方米,混凝土 2369 立方米,钢筋 54.12 吨,完成工程投资 1523 万元,其中中央投资 913 万元、省级投资 305 万元、县级投资 305 万元。工程效益:可保护耕地面积 1.91 万公顷,减少淹没面积 0.33 万公顷,防洪除涝效益为 235.8 万元。工程的实施,使流域内的交通问题得到了缓解,同时流域内的生态环境得到极大改善,更好地促进当地工农业生产的发展和人民群众生活水平的提高。

(二) 渠系工程

文明渠支流众多,大的支沟有文明南支、文明西支、张三寨沟、唐满沟,小的支沟有留村沟、闫寨沟、大碾沟、小集沟等。

1. 文明南支

文明南支开挖于 1959 年,从太子屯起到聂店汇合口,起点高程 59.34 米,止点高程 57.90 米,长 7.13 公里,流域面积 65.6 平方公里,除涝标准 5 年一遇。底宽 8 米,水深 2.5 米,流量 26.7 立方米每秒。纵坡 1/5000,边坡 1:2。1992 年文明南支与大功二干渠打通,亦称大功二干渠。

2. 文明西支

文明西支开挖于 1959 年,从青岗起到聂店汇合口,起点高程 58.9 米,止点高程 57.9 米,长 7.9 公里。流域面积 22.5 平方公里,除涝标准 5 年一遇,流量 13.5 立方米每秒。底宽起点 4 米,止点 6 米,水深 2.5 米,纵坡 1/8000,边坡 1:2。2002 年 6 月,利用大功引黄灌区续建配套节水改造项目资金 17 万元,新建 1 座节制闸,结构形式为开敞式,3 孔 2 米净宽,桥面宽 9 米。

3. 张三寨沟(亦称大功三干渠)

1964年在红旗三干旧线基础上开挖改造成排水沟。从常村马村起到张三寨小屋止,起点高程61.27米,止点高程55.90米,长27.974公里,流域面积89.3平方公里。底宽起点2.2米,止点11米。设计频率为3年一遇,流量25.09立方米每秒。水深2.1米,纵坡1/6000,边坡1:2。张三寨沟入文明渠处建有小屋闸,结构形式为开敞式混凝土平板闸门,3孔3米拦蓄节制闸,设计流量47.9立方米每秒,控制灌溉补源面积9280公顷,1998年9月动工,12月底竣工,投资86万元。2000年7月,利用大功引黄灌区续建配套节水改造资金32.9万元,修建樊相拦蓄闸,结构形式为开敞式2孔。

4. 唐满沟

唐满沟开挖于1961年,从北关虹桥起到宜丘北地入文明渠,全长8.72公里。设计高程起点58.19米,止点56.77米。流量17.1立方米每秒,底宽4米,水深2.5米,纵坡1/6000,边坡1:2。

图 3-22 文明渠(赵华杰 摄)

(三)桥梁工程

截至2022年,文明渠建有桥梁34座。其中,铁路桥1座,高速公路桥1座,公路桥4座,交通桥和生产桥28座。

2022年长垣市文明干渠桥梁调查见表3-11。

表 3-11 2022年长垣市文明干渠桥梁调查

桩号	桥名	位置	荷载标准	结构形式	建设年份
0+700	公路桥	聂店东	汽-20	灌注桩平板	2003
2+857	生产桥	西梨园桥	公路Ⅱ级折减	灌注桩平板	2010
4+749	交通桥	毛庄东	公路Ⅱ级折减	灌注桩平板	2005
6+481	生产桥	宜丘西	公路Ⅱ级折减	灌注桩平板	2010
6+600	生产桥	宜丘东	汽-10	石墩平板	1978
7+502	生产桥	崔安和东南	汽-6	排架平板	1965

续表 3-11

桩号	桥名	位置	荷载标准	结构形式	建设年份
7+511	公路桥	崔安和东南	汽-20	灌注桩平板	2004
9+505	生产桥	打兰寨西	公路Ⅱ级折减	灌注桩平板	2012
10+460	交通桥	皮村东	汽-15	灌注桩平板	2000
13+258	生产桥	薛官桥西	公路Ⅱ级折减	灌注桩平板	2010
14+525	生产桥	前吴庄西	公路Ⅱ级折减	灌注桩平板	2012
15+354	生产桥	后吴庄西	公路Ⅱ级折减	灌注桩平板	2010
17+015	交通桥	西角城南	汽-10	灌注桩平板	2002
17+120	生产桥	西角城桥	公路Ⅱ级折减	灌注桩平板	2010

(四)拦蓄工程

1. 肖官桥闸

肖官桥闸(见图 3-23)始建于 1968 年春,由黄丙岗负责设计施工,7 孔、砖礅、混凝土平板,以闸带桥,总投资 3 万多元。1973 年改为 9 孔闸。1980 年、1998 年又进行了 2 次维修。几次维修加固后仍旧损毁严重,已丧失了节制功效。2002 年由新乡市水利勘测设计院设计,设计过闸流量 88.0 立方米每秒,胸墙式结构,共 6 孔,单孔宽 3.0 米,铸铁闸门,闸底板高程 56.08 米,闸前水位 59.98 米,闸室段设有 5.0 米宽的生产桥,该工程为大功引黄灌区续建配套与节水改造项目,投资 110 万元,于 2003 年在老闸下游 500 米处重新修建了肖官桥节制闸,恢复其节制功能。

图 3-23　文明渠肖官桥闸(赵华杰 摄)

2. 聂店闸

聂店闸(见图 3-24)原称北堆闸,1980 年 4—8 月由李长江负责设计施工建造而成。形式为 6 孔翻板,1 孔提升闸。1999 年底彻底拆除。将闸址北移到 106 国道桥北,大功二干渠 16+250 处。由新乡市水利勘测设计院设计,长垣县水利建设工程公司承建。结构形式为开敞式混凝土平板闸门,5孔3米拦蓄节制闸,设计流量69.5立方米每秒,控制灌溉补源面积6666.67公顷。主要工程量为混凝土及钢筋混凝土1156立方米,砌体900立方米,土方1.3万立方米,水泥500吨,钢筋22吨,木材40立方米,总投资178.8万元。该工程为大功引黄灌区续建配套项目,于1999年11月5日动工,12月底主体工程竣工,2000年5月全面竣工。

图3-24 文明渠聂店闸(赵华杰 摄)

三、丁栾沟

丁栾沟(见图3-25)是长垣市腹心地带流域面积最大的骨干排水河道,因流经丁栾而得名。发源于南蒲办事处的王堤村,向东北流经排房、杜村、县城、唐庄、满村、官路西、丁栾、马良固,于新起寨北入滑县境,在滑县的陈家营村和文明沟交汇后进入黄庄河,全长39.05公里,长垣境内34.83公里,流域面积289平方公里。流域范围:南起太行堤,东至临黄大堤,西以唐满沟为界,北至长垣县界,涉及魏庄、孟岗、满村、丁栾、方里、佘家、南蒲、蒲东8个乡(镇、办事处),耕地1.93万公顷,人口20.1万。丁栾沟北关虹桥汇合口以上的河段又称为西环河和王堤沟,县城北关—后满村北段是原文明东支,满村北—马良固段是原丁栾公路沟,马良固—出市境段是原石头庄沟下段。

(一)河道治理

丁栾沟原系1958年大搞引黄灌溉渠的借土坑,1961年进行了疏浚沟通。1963年9月安阳专署水利局提出的《黄庄河除涝治碱工程扩大初步设计及1964年度工程设计》,把长垣县的文明渠和丁栾沟列为黄庄河2条支流统一安排整治,将文明渠东支上段及王堤沟、何寨沟控流的140平方公里列入丁栾沟。1964年秋完成全部工程,总投资款85万元,补粮100万公斤。挖成后,曾多次局部清淤,1998年冬进行了全线大清淤。

2011年纳入中小河流治理项目,该项目工程于2012年6月开工,2013年3月竣工。治理除涝标准为5年一遇,防洪标准为10年一遇,河道底宽1~20米,边坡1:1~1:2.5,纵坡1/5000~1/7000。治理范围从王堤(0+000)—滑县界(34+830),治理长度34.83公里。主要建设内容:河道清淤疏浚长34.83公里,险工护砌2处,长3.52公里。完成工程量:土方104.86万立方米,砌体0.77万立方米,混凝土0.46万立方

图 3-25 丁栾沟(秦杰 摄)

米,完成工程投资 2572.71 万元。治理效益:保护耕地面积 1.93 万公顷,减少淹没面积 5780 公顷,防洪除涝效益为 434.44 万元。工程实施后,流域内的生态环境得到极大改善,更好地促进当地工农业生产的发展和人民群众生活水平的提高。

(二)渠系工程

1. 王堤沟

王堤沟于 1959 年开挖,从排房起,经郭庄、杜村、南关、西城河到县北关虹桥,长 10.47 公里。起点高程 59.80 米,止点高程 58.50 米,流域面积 20 平方公里,除涝 3 年一遇,底宽 3~9 米,水深 2.2 米,纵坡 1/6000,边坡 1:2。

2. 何寨沟

何寨沟于 1964 年开挖,从合阳起,经华寨、张庄、何寨、邵寨、南关、东城河、北关入丁栾沟口。除涝标准 3 年一遇,流域面积 50 平方公里,起点高程 60.55 米,止点高程 58.50 米。底宽 2~9 米,水深 2.2 米,流量 21 立方米每秒,纵坡 1/7000,边坡 1:2.5。1986 年,大车灌区配套时修建高店闸。2002 年 6 月,利用大功引黄灌区续建配套资金 18.2 万元,在何寨村东新建 1 座 3 孔 2 米宽、桥面宽 9 米的节制闸。

3. 吕村沟

吕村沟于 1964 年开挖,从田庄公路桥起,经吕村寺西、止胡寨、浮丘店、丁栾东,到上官村东入丁栾沟,全长 13.6 公里。起点高程 60.00 米,止点高程 56.60 米,流域面积 75 平方公里。除涝标准 5 年一遇。流量 25.8 立方米每秒,底宽 6 米,水深 2.6 米,纵坡 1/4000,边坡 1:2.5。

4. 邱村沟

邱村沟于 1964 年开挖,从邱村起,经徐楼、丹庙、小岗北、单寨南入丁栾沟,全长 5.85 公里。起点高程 59.80 米,止点高程 58.50 米。除涝标准 5 年一遇,流量 6.12 立方米每秒,底宽 2~3 米,水深 2 米,纵坡 1/5000,边坡 1:2。

5. 马良固沟

马良固沟于 1972 年开挖,从石头庄洪灌区西干渠王石头庄北起,经罗章寨到马良固西南入丁栾沟。起点高程 58.75 米,止点高程 56.67 米,长 10.4 公里。除涝标准 5 年一遇,流量 9.43 立方米每秒,底宽 4

米,纵坡 1/5000,边坡 1:2。

（三）桥梁工程

截至 2022 年,丁栾沟有桥梁 28 座,其中铁路桥 1 座、公路桥 6 座、交通桥 2 座、生产桥 18 座、高速公路桥 1 座,见表 3-12。

表 3-12　2022 年长垣市丁栾沟桥梁调查

桩号	桥名	位置	荷载标准	结构形式	建设年份
0+000	公路桥	北关	汽-20	石墩平板	
0+251	公路桥	北环路	汽-20	灌注桩平板	
1+300	生产桥	纸厂	汽-6	灌注桩平板	
2+100	生产桥	小岗西	汽-6	灌注桩平板	
2+253	公路桥	S308 线公路	汽-20	灌注桩平板	
3+500	生产桥	单寨	汽-6	灌注桩平板	
3+900	生产桥	学岗	公路Ⅱ折减	灌注桩平板	2005
4+205	铁路桥	铁路桥		混凝土墩平板	
5+481	生产桥	前满村	汽-6	灌注桩平板	
6+227	公路桥	后满村东	汽-10	灌注桩平板	
6+669	高速公路桥	济东高速		灌注桩平板	
8+238	生产桥	官路西西南	汽-10	灌注桩平板	2010
8+400	生产桥	官路西西	汽-6	灌注桩平板	
8+600	生产桥	官路西西北	汽-6	混凝土墩平板	
8+617	生产桥	官路西西北	公路Ⅱ折减	灌注桩平板	2011
10+313	生产桥	丁栾南	汽-6	灌注桩平板	
10+980	生产桥	丁栾西街	公路Ⅱ折减	灌注桩平板	2010
11+184	公路桥	丁方公路	汽-15	灌注桩平板	
11+654	生产桥	丁栾北	汽-6	灌注桩平板	
13+512	生产桥	王寨	公路Ⅱ折减	灌注桩平板	2010
14+740	生产桥	刘师古寨	汽-10	灌注桩平板	2004
15+100	生产桥	王师古寨	公路Ⅱ折减	灌注桩平板	2011
15+300	生产桥	周师古寨	汽-6	灌注桩平板	
16+836	公路桥	马良固	汽-20	灌注桩平板	
17+550	交通桥	曹沙丘—史庄	公路Ⅱ折减	灌注桩平板	
17+600	生产桥	曹沙丘	公路Ⅱ折减	灌注桩平板	2011
18+934	交通桥	曹沙丘—葛寨	汽-6	灌注桩平板	
20+423	生产桥	新起寨	汽-6	灌注桩平板	

（四）拦蓄工程

截至 2022 年，丁栾沟有节制闸 7 座、橡胶坝 5 座。

排房闸位于桩号 3+211 处，结构形式为开敞式混凝土结构，1 孔 2 米，铸铁闸门，2005 年 5 月修建。2020 年该闸在防汛除涝及水生态文明城市建设工程中拆除，改建成钢坝 1 座，坝高 2.5 米，坝长 24 米，共 4 扇钢制闸门，每扇宽 6 米。

杜村闸位于桩号 7+512 处，结构形式为开敞式混凝土结构，2 孔 2 米，铸铁闸门，2005 年 5 月修建。

北关闸位于桩号 13+200 处，结构形式为开敞式混凝土结构，4 孔 2.5 米，铸铁闸门，2007 年 6 月修建。

满村闸位于桩号 20+887 处，结构形式为开敞式混凝土结构，5 孔 2.5 米，铸铁闸门，2006 年 7 月修建。

官路西闸于 1978 年 8 月动工，1979 年 7 月竣工，由李长江负责设计施工，翻板木制 6 孔带桥闸，提升闸 1 孔，总投资 12.8 万元，1986 年闸废桥存。

上官村闸 1971 年由韩书堂设计施工建造而成，7 孔带桥，1975 年由王冠英、顿云龙进行了维修，1978 年冲坏桥闸，已废。

王寨闸（见图 3-26）位于王寨村西北，桩号 27+543 处，原结构形式为开敞式混凝土结构，5 孔 3 米，钢筋混凝土闸门，由赵军书、赵运锁设计，水利局桥队施工，自筹投资 18 万元，1986 年修建，2011 年进行维修，更换闸门和启闭机 5 套，2020 年拆除重建，结构形式仍为开敞式钢筋混凝土结构，3 孔 4 米，闸门为露顶式平面定轮焊接钢闸门。

图 3-26　丁栾沟王寨闸（秦杰 摄）

城区河道上共建有 5 座橡胶坝，均为充水式橡胶坝，建成于 2010 年和 2012 年，总投资 521 万元。其中，2010 年建成耿村沟橡胶坝（投资 35 万元）和西建蒲桥橡胶坝（投资 120 万元），2012 年建成山东干渠橡胶坝（投资 35 万元）、东建蒲桥橡胶坝（投资 135 万元）和搬运站东橡胶坝（投资 196 万元），这些橡胶坝由市政部门建设管理。

四、回木沟

回木沟系沿濮阳、滑县边界开挖的一条排涝治碱沟,因途经回木村而得名。该沟源于孟岗镇的石头庄村,沿临黄大堤向东北,经铁炉、苏庄、西李、前后桑园、杨小寨、东赵堤,由瓦屋寨西折向北,经尚寨从范井东入滑县胡庄后,至濮阳县的岳新店西入金堤河,全长50公里,流域面积206平方公里。长垣市境内长23.21公里,流域面积121平方公里。流域范围:南以石头庄为界,东至临黄大堤,西以马良固沟为界,北至长垣市界。涉及孟岗、方里、赵堤、佘家4个乡(镇),耕地面积5200公顷,人口5.2万。

(一)河道治理

1963年8月,安阳专署水利局提出《回木沟除涝治碱初步设计书要点》。1964年4月,滑县、濮阳两县开挖回木沟,按安阳专署水利局《回木沟1964年度工程修改设计简要说明》施工。经长垣县多次呈请,将临黄堤外侧的截渗沟列入了回木沟上段进行治理。1963年,长垣县曾顺临黄堤背河洼地开沟排水,1964年加深截渗,1965年按老3年一遇标准与滑县、濮阳回木沟接通。1966年冬,又按新3年一遇标准进行开挖。长垣县开挖回木沟完成土方任务41.15万立方米,建桥12座,总投资66万元,补助粮食77万公斤。1969年曾用挖泥船清淤,1972年又组织人工清淤。回木沟上段屡淤屡清,加之临黄大堤淤背,河道淤积更严重。2012年,回木沟纳入中小河流治理项目,该项目工程于2013年11月开工,2014年10月竣工。治理除涝标准为5年一遇,防洪标准为10年一遇,河道底宽1~12米,边坡1:2~1:2.5,纵坡1/3300。治理范围从铁炉桥上游(2+800)—范井(23+208),治理长度20.41公里。建设内容:河道清淤疏浚长20.41公里,险工护砌长3.23公里;重建桥梁15座,新建渡槽1座,维修水闸1座。完成工程量:土方29.54万立方米,砌体1.77万立方米,混凝土及钢筋混凝土0.19万立方米,完成工程投资2211万元。工程效益:可保护耕地面积5200公顷,减少淹没面积2133公顷,防洪除涝效益168.96万元。工程的实施,改善了流域的农业生产条件,流域内的交通问题得到了解决,同时流域内的生态环境也得到极大改善。

(二)渠系工程

1.十六支

从雷店西马良固沟起过铁炉支渠到王寨南入回木沟,长3公里。起点高程58.90米,止点高程58.15米。

2.十八支

从方西西铁炉支渠起到中桑园入回木沟,长3.8公里。起点高程59.93米,止点高程58.98米。

3.二十支

从佘家西支起到东赵堤南地,长4公里。起点高程58.21米,止点高程57.21米,设计频率3年一遇,底宽2.5米,水深1.5米。纵坡1/4000,边坡1:2。

4.二十四支

从新店起到尚寨止,长11.2公里。起点高程58.00米,止点高程54.00米,除涝标准3年一遇,流量16.7立方米每秒。

5.东干截渗沟

从白庄起到新店止,入二十四支,起点高程55.8米,止点高程54.7米,长5.7公里,底宽3米,纵坡1/5000,边坡1:2。

(三)桥梁工程

干沟上共建有桥梁 27 座,其中铁路桥 1 座、公路桥 1 座、交通桥和生产桥 25 座。桥梁下部结构形式有灌注桩、钢筋混凝土井柱或者砌石墩,上部结构形式有预应力空心板、矩形板、槽形板、拱结构或者钢筋混凝土现浇板等。2013—2014 年在中小河流治理项目中,对 15 座桥梁进行了重建,桥梁结构形式均为平板灌注桩结构。

(四)拦蓄工程

干沟原有桑园闸、小渠闸 2 座节制闸。桑园闸位于桩号 8+974 处,结构形式为开敞式砖结构平板单孔闸门,因年久失修,已报废;小渠闸位于桩号 17+817 处,结构形式为开敞式钢筋混凝土结构平板双孔闸门,经乡村自己维修,仍不能满足防洪排涝要求。2014 年在中小河流治理项目中,对桑园闸进行了维修。2016 年,利用中小河流结余资金新建了范井节制闸,水闸为开敞式结构,3 孔,孔口宽 3.2 米、高 3.1 米,设计流量为 50.71 立方米每秒。

(五)渡槽工程

2014 年在中小河流治理项目中,在与杨小寨引水渠交叉处的回木沟(见图 3-27)河道上方新建 1 座渡槽。渡槽上部为 U 形钢筋混凝土结构,槽宽 6.1 米、高 2.3 米。渡槽长 18 米,共 3 跨,单跨长 6 米。槽身上部用拉杆连接,下部设盖梁和灌注桩。

图 3-27　回木沟(秦杰 摄)

长垣市主要排水河道水力要素见表 3-13。

表 3-13 长垣市主要排水河道水力要素

渠道名称	流域面积/平方公里	设计频率	起止地点	设计高程/米 起	设计高程/米 止	长度/公里	流量/立方米每秒	底宽/米	水深/米	流速/米每秒	纵坡	边坡	说明 2012 年
丁栾沟	289	5年一遇	王堤村西—南孔庄 0+000~2+000	60.93	60.60	2.00	2.08	1	1.36		1/6000	1:2	
		5年一遇	南孔庄—新长线公路桥 2+000~8+230	60.60	59.58	6.23	4.78	3	1.56		1/5000	1:2	
		5年一遇	新长线公路桥—木材公司老桥 8+230~9+958	59.58	59.30	1.73	7.07	5	1.68		1/6000	1:1	
		5年一遇	木材公司老桥—西护城河入口 9+958~13+500	59.30	58.28	3.54	13.66	11.2	1.58		1/7000	1:1	
		5年一遇	西护城河入口—满村节制闸 13+500~20+887	58.28	57.22	7.39	30.91	15.3	2.25		1/7000	1:2	
		5年一遇	满村节制闸—吕村沟口 20+887~25+953	57.22	56.51	5.07	36.53	18	2.27		1/7000	1:2	
		5年一遇	吕村沟口—马良固沟口 25+953~29+786	56.51	55.61	3.83	52.25	19	2.37		1/5000	1:2	
		5年一遇	马良固沟口—长滑县界 29+786~34+830	56.61	54.36	5.04	61.41	20	2.53		1/5000	1:2.5	
二十四支	40			54.27	57.63	15.00	16.70	5	2	0.76	1/5000	1:2	
董寨沟			大碾南—西梨园	59.20	58.26	5.30		3			1/5000	1:2	

续表 3-13

渠道名称	流域面积/平方公里	设计频率	起止地点	设计高程/米 起	设计高程/米 止	长度/公里	流量/立方米每秒	底宽/米	水深/米	流速/米每秒	纵坡	边坡	说明
回水沟		5年一遇	渠首—铁炉桥 0+000～3+150	60.21	60.10	0.35	7.82	1	2.01		1/3300	1:2	2013年
		5年一遇	铁炉桥—杨小寨东北桥 3+150～13+150	60.10	57.07	10.0	13.64	3	2.13		1/3300	1:2	
		5年一遇	杨小寨东北桥—尚寨东南桥 13+150～20+550	57.07	54.89	7.4	19.57	3.5	2.28		1/3300	1:2.5	
		5年一遇	尚寨东南桥—尚寨二十四支 20+550～22+150	54.89	54.34	1.6	24.55	10	1.82		1/3300	1:2.5	
	206	5年一遇	尚寨二十四支—范井村村长 滑县界 22+150～23+208	54.34	54.02	1.06	50.71	12	2.48		1/3300	1:2.5	
二干截渗沟（上段）			排房闸—支寨南桥	59.60	60.03	2.6		3			1/8000	1:2	
			支寨南桥—雨淋头	60.53	60.10	3.75		3			1/8000	1:2	
唐满沟	26.5	3年一遇	文明渠—北关	57.25	58.2	8.6	5.24	3.5	2.2	0.44	1/9000	1:2	
文明渠	190	3年一遇	聂店汇合口—崔安和	57.90	56.90	8.4	40.7	17	2.5	0.7	1/8300	1:2.5	
	240	3年一遇	崔安和—肖官桥闸	56.90	56.32	2.6	43.3	21	2.5	0.72	1/8300	1:2.5	
	240	3年一遇	肖官桥闸—后吴庄	56.32	55.42	4.5	48.3	18	2.5	0.8	1/5000	1:2.5	
	246	3年一遇	后吴庄—角城	55.42	55.06	1.9	48.1	19	2.5	0.8	1/5000	1:2.5	
北陈沟	7.5	3年一遇	西陈南—苏吕村南	60.50	59.60	3.6	3.43	1	1.5	0.48	1/4000	1:2.5	
		3年一遇	苏吕村南—吕村沟	59.60	59.10	2.0	3.43	1	1.5	0.48	1/4000	1:2.5	

续表 3-13

渠道名称	流域面积/平方公里	设计频率	起止地点	设计高程/米 起	设计高程/米 止	长度/公里	流量/立方米每秒	底宽/米	水深/米	流速/米每秒	纵坡	边坡	说明
邱村沟	14.6	3年一遇	邱村—徐楼西	59.80	59.40	2.00	4	2	2	0.33	1/5000	1:2	
马良固沟		3年一遇	徐楼西—丁栾沟	59.40	58.63	3.85	6.12	3	2	0.58	1/5000	1:2	
	30	5年一遇	石头庄北—丁栾沟	58.75	56.67	10.40	9.43	4	2	0.63	1/5000	1:2	
东干截渗沟		3年一遇	白庄—新店	55.80	54.70	5.70		3			1/5000	1:2	
甄太沟			甄庄西—太子屯	61.50	60.03	5.90	5.55	3	1.5	0.53	1/5000	1:2	
	65.6	5年一遇	太子屯—裹店会合口	59.34	57.90	7.13	26.7	8	2.5	0.84	1/5000	1:2	
文明南支	14.9	5年一遇	青岗—程庄	58.90	58.40	3.90	13.5	4	2.5	0.60	1/8000	1:2	
文明西支	22.5	5年一遇	程庄—裹店会合口	58.40	57.90	4.00	16.9	6	2.5	0.64	1/8000	1:2	
张三寨沟	23.4	3年一遇	马村西地—青岗南桥	61.27	59.43	9.225	5.37	2.2	1.7	0.74	1/5000	1:2	
	50.0	3年一遇	青岗南桥—樊相学校桥	59.43	58.45	5.875	6.55	3.5	1.7	0.88	1/6000	1:2	
	65.5	3年一遇	樊相学校桥—小集沟口	58.45	57.18	5.19	18.41	3.5~8	2.1		1/4000	1:2	
	89.3	3年一遇	小集沟口—人文文明渠	57.18	55.41	7.684	25.09	11	2.5		1/4000	1:2	
王堤沟			王堤水库—郭庄	59.80	59.56	2.60		1.5	2.2		1/6000	1:2	
			郭庄—杜庄	59.56	59.27	3.00		2	2.2		1/6000	1:2	
			杜庄—南关闸	59.27	59.06	2.20		5	2.2		1/6000	1:2	
			南关闸—城河	59.06	58.80	1.00		6	2.2		1/6000	1:2	
			城河—人北关口	58.80	58.50	1.67		9	2.2		1/6000	1:2	
乔堤沟			傅堤—乔堤	59.65	59.33	2.60		1.5	2.2		1/8000	1:2	
			乔堤—城河	59.33	58.90	3.40		2	2.2		1/8000	1:2	

续表 3-13

渠道名称	流域面积/平方公里	设计频率	起止地点	设计高程/米 起	设计高程/米 止	长度/公里	流量/立方米每秒	底宽/米	水深/米	流速/米每秒	纵坡	边坡	说明
孟岗公路沟	3	3年一遇	田庄—郭寨	59.96	58.85	5.0		2.5	2.0		1/4500	1:2	
	6.5	3年一遇	郭寨—顿庄	58.85	58.41	2.0		2	2.0		1/4500	1:2	
	9.3	3年一遇	顿庄—邱村沟	58.41	58.14	1.2	5.99	2	2.0	0.6	1/4500	1:2	
何寨沟	50	3年一遇	北关入口—南关	58.50	58.90	2.8	21	9	2.2	0.66	1/7000	1:2.5	
		3年一遇	南关—邵寨	58.90	59.64	5.2	19.4	6.5	2.2	0.65	1/7000	1:2.5	
		3年一遇	邵寨—何寨	59.64	60.04	3.4	14.2	5	2.2	0.60	1/7000	1:2.5	
		3年一遇	何寨—合阳	60.04	60.55	2.8	6.5	2	2.2		1/7000	1:2.5	
吕村沟	36.5	5年一遇	田庄公路桥—北陈沟入口	60.00	57.88	8.5	14.2	5	2.6	0.73	1/4000	1:2.5	
	59.3	5年一遇	北陈沟入口—丁栾沟	57.88	56.60	5.1	25.78	6	2.6	0.88	1/4000	1:2.5	
大行截渗沟			合阳—夹堤	60.55	61.08	5.3		2	2.2	0.13	1/10000	1:3	
临黄截渗沟			大车—梁寨	61.65	61.29	3.6	0.12	2	0.3	0.13	1/10000	1:3	
二干截渗沟			梁寨—香里张	61.29	60.35	9	0.16	3	0.3		1/10000	1:2	
二干截渗沟（中段）			张庄—博楼桥			9.2		3			1/10000	1:2	
天然文岩渠	2514	3年一遇	大车—石头庄橡胶坝	60.56	59.96	20.42	151	88~165	3.5~4.0		1/33000	1:4	
		3年一遇	石头庄橡胶坝—入黄河口	59.65	57.57	25.72	155	60~185	3.5~5.5		1/10000	1:4	
一干渠						30.0	34	10	2	0.86	1/6000	1:2.5	
						12.7	26	10	2	0.65	1/10000	1:2.5	
大车总干渠	15					4.2					1/6000	1:2	
郑寨干渠						11.8					1/4000	1:2	
左寨干渠						14.6					1/5000	1:2	

第四节 引黄灌区

长垣市的引黄灌溉始于1958年,卫东和红旗灌区引黄初试,效益明显。由于缺乏科学合理的规划设计,平原地区盲目推行"以蓄为主"的水利建设方针,大修高底河,大修平原水库,"兴渠废井,专利引黄",大引大灌,节节拦蓄,以河代渠,只灌不排。破坏了原有的排水系统和自然流势,引黄退水无法排泄。地下水位迅速上升,导致大面积内涝和次生盐碱,1961年引黄被迫停止。20世纪60年代后期,在总结经验教训的基础上,引黄灌溉逐渐恢复和发展。到2022年,全县有大型灌区2个,中型灌区2个,见图3-28。

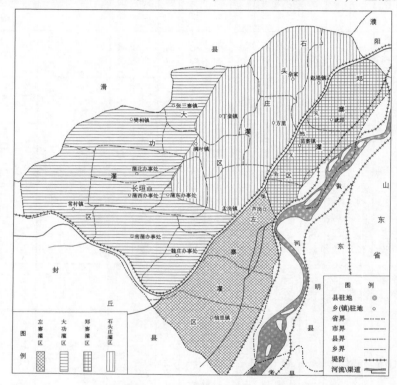

图3-28 长垣市引黄灌区分布图

一、大型引黄灌区

(一)石头庄灌区

石头庄引黄灌区位于县城东北部,东靠临黄堤,西至丁栾沟,南起长孟公路,北和滑县、濮阳接壤,南北长26.5公里,东西宽9.5公里,控制面积239平方公里,总耕地面积1.72万公顷,包括方里、佘家、赵堤3个乡(镇)全部,丁栾、孟岗、满村、蒲东4个乡(镇、办事处)的部分耕地。1979年杨小寨引水闸建成后,从石头庄灌区划出,成立杨小寨灌区。1984年规划设计又列入石头庄灌区。1998年,灌区向西延伸,西至唐满沟和文明渠,控制面积311平方公里,总耕地面积2.43万公顷,设计灌溉面积2.33万公顷,包括方里、佘家、赵堤、丁栾4个乡(镇)全部,孟岗、满村、蒲东3个乡(镇、办事处)的部分耕地,被列入河南省38个大型灌区之一。

1. 兴建背景

该区东靠黄河,历史上黄河多次决口冲积,遗留沙沟沙岗较多,面积约100平方公里。其中,沙土和飞沙地 5800 公顷,风起沙扬,不长庄稼。1964 年天然文岩渠大治理后,承排上游原阳、延津、封丘 3 个县 2500 多平方公里涝水和引黄退水,对灌区侧渗影响加剧,致使临黄堤背河洼地一带次生盐碱地急剧发展,尤其东干渠以东地区,有 2666.67 公顷耕地属重碱区,全区涝、旱、碱、沙四害俱全,生产生活环境恶劣。为改变这种落后面貌,县委、县政府多次呈请,要求发展引黄灌溉,改种水稻,灌溉压沙压碱。1966 年,省计委批复《关于长垣县引黄灌淤工程规划》,同意长垣县在石头庄临黄大堤修建引黄淤灌工程,设计引水 20 立方米每秒,加大 25 立方米每秒,灌溉面积 1.13 万公顷。渠首引黄闸及过天然文岩渠倒虹吸工程请黄委安排投资和三大主材,设计文件也请黄委审批。灌区工程投资材料和设计文件审批由河南省水利厅负责。据此,干渠进水闸、引水总干渠配套、穿天然文岩渠翻水涵洞等工程由黄委负责设计和施工,并于 1968 年全面完成。灌区由河南省水利厅投资,随之建设东干、西干、南干 3 条干渠。

2. 引水闸门

1) 引黄渠首闸

引黄渠首闸位于周营上延控导工程 5~6 号坝之间,冯楼村东地,亦称冯楼闸。开始为木制闸门,后改建为石墩混凝土平板闸门,以桥连闸。1969 年 3 月动工,同年 7 月建成,闸为 5 孔,中孔 3 米宽、2.5 米高,4 个边孔为 2 米×2 米。设计流量 20 立方米每秒,加大 25 立方米每秒。修建时闸底板高程 61.90 米,由于黄河河床淤高,1982 年工程改造时,底板抬高 1 米,1984 年灌区规划设计,又定为 63.50 米,1989 年闸底板又一次抬高。2002 年度灌区续建配套与节水改造项目中进行了规划,2003 年进行了维修,更换了闸门板、启闭机,新建了闸房,重修了上下游护坡。2012 年 10 月,河南省水利厅批复的石头庄灌区 2012 年度续建配套与节水改造项目中,对该闸实施改建,批复标准为 3 孔 2.5 米宽箱涵式,进口底板高程 63.00 米,下游渠底高程 63.00 米。实际建设标准为涵闸式结构,3 孔 2.5 米宽 2.5 米×2.5 米铸铁闸门,设计流量 25 立方米每秒,考虑黄河调水调沙导致河床下切的影响,进口底板高程降低了 1 米,实际底板高程为 62.00 米。

因黄河水位下切导致闸底板过高无法自动引水,2018 年 6 月在冯楼引黄闸(见图 3-29)前新建冯楼泵站,泵站形式为浮船式,共设水泵 8 台,设计流量 20 立方米每秒,在保证灌区供水需求以外,还为天然文岩渠调蓄水库及清水入城提供可靠的水源。

图 3-29　石头庄灌区冯楼引黄闸(秦杰 摄)

2）倒虹吸进口闸与弯道闸

1967年3月，在引水总干渠与穿越天文渠河底的倒虹吸涵洞入水口交汇处，由黄河部门修建了1座进水闸，在此闸的南侧由水利部门修建了1座向天文渠输水的弯道闸（石头庄总干渠退水闸，2008年进行了改建），以便调节虹吸涵洞与弯道闸的输水量。

3）横穿天文渠底的虹吸涵洞

横穿天文渠底的虹吸涵洞于1967年由黄河部门修建，投资75万元。虹吸为3孔，一联钢筋混凝土箱式涵洞。孔径2米×2.2米，洞身全长284.5米，进水口底板高程60.00米，水位64.62米。涵洞出口底板高程59.00米，水位64.12米，水头损失0.5米。

4）石头庄引黄闸

石头庄引黄闸位于临黄大堤石头庄村东，于1967年3月动工，同年8月建成，总投资80多万元。该闸建成后运行中出现一些问题，严重危及大堤度汛安全，黄委决定对该闸予以改建。改建工程由河南省黄河河务局规划设计院设计，新乡市黄河河务局第三工程处施工。该改建工程保留了出口段涵洞和倒虹吸部分，仅对位于大堤堤身以下的洞身进行改建，改建洞身长度58.13米，同时对进口闸室进行了加高改建，并在倒虹吸中孔增设了引天然文岩渠水源的竖井。该工程于1991年10月开工，1992年6月竣工。完成土方7.69万立方米、石方129立方米、混凝土及钢筋混凝土1049立方米，总投资183.88万元。防洪标准为防御花园口站2.2万立方米每秒洪水，设计水平年为2020年，设计防洪水位为70.63米，校核防洪水位为71.63米，设计引水流量为20立方米每秒，加大引水流量为25立方米每秒。倒虹吸进口闸前设计引水位为64.62米，堤顶标高为72.82米（1995年标准）。

5）东西干联合闸

东西干联合闸位于石头庄村东，于1967年修建。原为5孔桥带闸，东干2孔，西干3孔。1988年改建成4孔，东干2孔，西干2孔，投资15.61万元。2002年度灌区续建配套与节水改造项目中进行了规划，2003年进行了维修，更换了闸门板、启闭机，新建了闸房，重修了上下游护坡。

6）南干闸

南干闸位于石头庄村南，于1967年修建。3孔桥带闸，闸孔2米×2米，投资12万元。1995年维修一次，2002年度灌区续建配套与节水改造项目中进行了规划，2003年进行了维修，更换了闸门板、启闭机，新建了闸房。

7）杨小寨引水闸

杨小寨引水闸位于杨小寨东临黄大堤上，于1978年2月开工，年底主体工程完工，1979年3月放水，11月底竣工。该闸为单孔闸，孔口2.5米×3.0米，设计流量10立方米每秒，加大流量15立方米每秒，进水口闸底板高程60.60米，出水口60.40米，总投资41.87万元。

3. 渠系配套

1）沉沙池

从冯楼闸前200米到官路张桥，长1200米，渠首闸前底宽14米，闸后底宽35~14米，水深2.5米。原为冯楼总干渠，1990年改为条形沉沙池。

2）总干渠

从官路张桥到天然文岩渠涵洞入口，长3.1公里，原规划土渠底宽8.5米，水深2米，纵坡1/5000，边坡1:2。穿堤涵洞出水口到东西干联合闸，长800米，底宽8米，水深1.4米，纵坡1/5000，边坡1:1.5。总干两岸堤顶宽各4米。2008年进行续建配套与节水改造,防渗衬砌3.9公里(含东西干引水渠800米),结构形式为预制混凝土板边坡衬砌,渠底没有衬砌。2010年发生多次强降雨,滩区积水严重,为排涝减灾,该渠大量过水,造成渠道掏底冲刷,上段3.1公里渠道衬砌工程出现错缝、滑坡和坍塌。2011年在引黄灌区抗旱应急水毁修复工程项目中,对上段3.1公里进行了现浇混凝土衬砌,底宽6米,渠深3米,衬砌高度2.74米,纵坡1/5000,边坡1:1.5。

3)南干渠

从石头庄到丹庙,长8.6公里,规划土渠底宽5米,水深1.4米,纵坡1/5000,边坡1:2,两岸堤顶宽各3米,设计灌溉面积6147公顷。2010—2011年进行续建配套与节水改造,衬砌结构为现浇混凝土衬砌,衬砌长度8.6公里,渠道底宽4~2米,渠深2.2~1.87米,衬砌高度1.98~1.5米,纵坡1/5000,边坡1:1.5。

支渠4条:

(1)杨孟支渠。北起南干渠杨寨,南到孟岗集,全长3.65公里,灌溉面积534公顷。底宽1米,水深1米,纵坡1/4000,边坡1:1.5。2012年灌区续建配套与节水改造时,进行配套,衬砌结构为现浇混凝土衬砌,衬砌长度3.65公里,底宽0.5米,渠深1.5米,水深1米,纵坡1/4000,边坡1:1.5。

(2)孔村支渠。南起南干渠,北至曹吕村,全长4.2公里,灌溉面积793公顷,规划土渠底宽1米,水深1.5米,纵坡1/5000,边坡1:1.5。2010—2011年进行续建配套与节水改造时,衬砌结构为现浇混凝土衬砌,衬砌长度4.2公里,渠道底宽1.0米,渠深1.63米,衬砌高度1.13米,纵坡1/5000,边坡1:1.5。

(3)大王庄支渠。南起南干大王庄西,北至丁栾镇浮丘店南,全长9.7公里,灌溉面积2287公顷,规划土渠底宽4米,水深1.4米,纵坡1/5000,边坡1:1.5。2011—2012年进行续建配套与节水改造,衬砌结构为现浇混凝土衬砌,衬砌长度8.3公里,渠道底宽2.0米,渠深2.0~1.88米,衬砌高度1.5~1.38米,纵坡1/5000,边坡1:1.5。

(4)丹庙支渠。原丹庙支渠由于城市建设与开发,灌溉面积衰减,因此将原徐楼支渠更名为丹庙支渠,北起南干徐楼处(丹庙东),南到田庄西北地,长3.3公里,灌溉面积520公顷,底宽1米,水深1米,纵坡1/4000,边坡1:1.5。

石头庄灌区续建配套与节水改造规划批复后,被降为干加斗渠的支渠有2条:

(1)九棘支渠。南起南干,北到九棘东,长2.1公里,灌溉面积300公顷,底宽0.5米,水深1米,纵坡1/4000,边坡1:1.5。

(2)冯湾支渠。北起大王庄,南至田庄排入吕村沟,长3.5公里,灌溉面积500公顷,规划土渠底宽1米,水深1米,纵坡1/4000,边坡1:1.5。2010年小农水重点县项目对上游1.5公里进行了现浇混凝土衬砌,底宽0.8米,衬砌高1.4米,纵坡1/5000,边坡1:1。

其余干斗渠灌溉面积1213.33公顷。

4)西干渠

从东西干联合闸到佘家杨板城西退入丁栾沟,全长22.42公里,灌溉面积4447公顷,规划土渠底宽4~5米,水深1.4米,纵坡1/4000,边坡1:2,两岸堤顶宽各3米。2009年、2011年分别对桩号0+000~10+800、10+800~15+990进行续建配套与节水改造,衬砌结构为现浇混凝土衬砌,衬砌长度15.99公里,底宽3.5~2.0米,渠深1.97~1.8米,衬砌高度1.84~1.64米,纵坡1/5000,边坡1:1.5。

董营支渠:从西干渠张庄闸前到马良固南,全长4.8公里,灌溉面积647公顷,底宽1.0米,水深1.2米,纵坡1/4000,边坡1:1.5。2012年灌区续建配套与节水改造时,进行配套,衬砌结构为现浇混凝土衬砌,衬砌长度4.8公里,渠道底宽0.5米,渠深1.6米,水深1.1米,纵坡1/5000,边坡1:1.5。

5）东干渠

石头庄东西干联合闸到杨小寨支渠马坡闸,全长10.8公里,灌溉面积6578公顷,规划土渠底宽5米,水深1.4米,纵坡1/4000,边坡1:2,左右岸堤顶各宽3米。2005年、2006年、2010年分别对桩号0+000~3+571、3+571~7+800、7+800~10+800进行续建配套与节水改造,衬砌结构7+800以前渠底采用现浇混凝土,边坡为预制混凝土板衬砌;7+800以后采用全断面混凝土现浇。渠底宽2.0米,渠深2.13米,衬砌高度1.84米,纵坡1/4000,边坡1:1.5。

铁炉支渠:从铁炉西地到方里村北,长6.72公里（硬化5.8公里）,灌溉面积1167公顷,底宽1米,水深1.3米,纵坡1/4000。2012年灌区续建配套与节水改造时,进行配套,衬砌结构为现浇混凝土衬砌,衬砌长度6.72公里,渠道底宽1.0米,渠深2.7米,水深1.2米,纵坡1/4000,边坡1:1.5。

6）杨小寨引水渠

杨小寨引水闸到马坡闸,长1.45公里,规划土渠底宽8米,水深1.4米,纵坡1/7000,边坡1:2,两岸堤顶各宽3米。2003年进行续建配套与节水改造,衬砌结构为现浇混凝土衬砌,衬砌长度1.45公里,底宽5.00米,渠深2.02米,衬砌高度2.02米,纵坡1/8000,边坡1:1.5。配套3条支渠:

（1）杨小寨支渠。马坡闸到赵桑公路桥,长9.8公里,灌溉面积2033公顷,规划土渠底宽4米,水深1.2米,纵坡1/4000,边坡1:1.2。2003—2005年对桩号0+000~7+736、7+766~9+800进行续建配套与节水改造,衬砌结构渠底采用现浇混凝土,边坡为预制混凝土板衬砌,底宽3.0~0.5米,渠深1.73~1.63米,衬砌高度1.73~1.63米,纵坡1/4500~1/4000,边坡1:1.5。

（2）马坡支渠。马坡南到后瓦屋西南,长6公里,灌溉面积1186公顷,规划土渠底宽3米,水深1.2米,纵坡1/4000,边坡1:2。2006年对桩号0+000~2+000进行续建配套与节水改造,衬砌结构渠底采用现浇混凝土,边坡为预制混凝土板衬砌,衬砌长度2.0公里,底宽1.5米,渠深1.94米,衬砌高度1.94米,纵坡1/6000,边坡1:1.5。2012年对桩号2+000~6+000进行续建配套与节水改造,衬砌结构为现浇混凝土衬砌,衬砌长度4公里,渠道底宽1.5米,渠深1.7米,水深1.5米,纵坡1/6000,边坡1:1.5。

（3）周庄支渠。马坡支渠新楼西南到佘家魁王庄东北入尚村沟,长4.8公里,灌溉面积950公顷,规划土渠底宽3米,水深1.2米,纵坡1/4000,边坡1:2。2006年对桩号0+000~2+578进行续建配套与节水改造,衬砌结构为现浇混凝土衬砌,衬砌长度2.58公里,渠底宽0.8米,渠深1.47米,衬砌高度1.47米,纵坡1/4000,边坡1:1.5。

4.排水沟系

灌区处于金堤河流域上游,排水出路尚好,排水的主要干沟有回木沟、丁栾沟、文明渠3条。排水支沟有北陈沟、马良固沟、邱村沟、吕村沟、尚村沟、唐满沟、长孟公路沟7条。

1）排水干沟

（1）回木沟。发源于孟岗镇的石头庄,沿临黄大堤向东北,经尚寨从范井东入滑县胡庄后,至濮阳县的岳新店入金堤河,全长50公里,长垣市境内23.21公里,2013年列入河南省中小河流治理项目,治理标准为:底宽1~12米,边坡1:2~1:2.5,纵坡1/3300,排涝标准5年一遇。

（2）丁栾沟。发源于南蒲办事处王堤村,于佘家镇新起寨北入滑县境,在滑县陈家营村和文明沟交汇后进入黄庄河,全长39.05公里,长垣市境内34.83公里,2012年列入河南省中小河流治理项目,治理标准为:底宽1~20米,环城河进行了衬砌,边坡1:1,其他河段边坡1:2~1:2.5,纵坡1/5000~1/7000,排涝标准 5 年一遇,防洪标准 10 年一遇。

(3)文明渠。发源于常村镇罗庄村北,于丁栾镇东角城入滑县,在滑县陈家营村和丁栾沟交汇后汇入黄庄河,长垣市境内长 32.94 公里,2012 年列入河南省中小河流治理项目,治理标准为:底宽 3~20 米,边坡 1:2,纵坡 1/5000~1/6000,排涝标准为 5 年一遇,防洪标准为 10 年一遇。

2)排水支沟

(1)吕村沟。起于孟岗镇田庄村,止于丁栾镇北入丁栾沟,长 13.6 公里,底宽 1~5.1 米,边坡 1:2.5,纵坡 1/4000,排涝标准 3 年一遇。

(2)尚村沟。起于方里镇前瓦屋村西北,止于赵堤镇李家北入回木沟,长 15 公里,底宽 5.5~6.7 米,边坡 1:2,纵坡 1/5000,排涝标准 3 年一遇。

(3)马良固沟。起于方里镇翟疃西,止于丁栾镇马良固入丁栾沟,长 10.4 公里,底宽 4~5.5 米,边坡 1:2,纵坡 1/5000,排涝标准 3 年一遇。

(4)长孟沟。起于孟岗镇田庄村,止于东环城河,长 8.2 公里,底宽 1 米,边坡 1:2,纵坡 1/4500,排涝标准 3 年一遇。因城市发展和城市建设,于 2009 年河道从长垣职专处已改道至老四斗,不再汇入东环城河。

(5)唐满沟。起于县城北关,止于满村镇宜邱村,长 8.6 公里,底宽 3.5 米,边坡 1:2,纵坡 1/9000,排涝标准 3 年一遇。

(6)北陈沟。起于孟岗镇西陈村,止于满村镇曹吕村,长 5.6 公里,底宽 1 米,边坡 1:2.5,纵坡 1/4000,排涝标准 3 年一遇。

(7)邱村沟。起于孟岗镇徐楼西,止于蒲东办事处小岗北,长 5.85 公里,底宽 1~1.3 米,边坡 1:2,纵坡 1/5000,排涝标准 3 年一遇。

5.灌区治理

1)淤灌改土阶段(1969—1979 年)

这一阶段以稻改工作队为管理机构,一直未被省列为正式灌区予以全面配套。主要是在黄河含沙高峰期放大水灌淤,背河洼地的沙碱田得到了有效遏制,压沙改碱面积 4313 公顷。

2)南北分治阶段(1980—1984 年)

1979 年杨小寨闸建成,1980 年县水利局成立石头庄与杨小寨 2 个灌区管理所,正式成为 2 个灌区,实行南北分治。引水水源有所改观,灌区内配套仍然很差,大水漫灌,粗放管理。

3)全面配套阶段(1984—1990 年)

1984 年,石头庄和杨小寨合并为中型灌区,统称为石头庄灌区。8 月,县水利局提出《石头庄引黄灌区续建配套工程总体规划》和《石头庄灌区续建配套计划任务书》,由濮阳市水利局上报给省水利厅,省水利厅致函省计委,灌区控制面积 1.47 万公顷,基本建设投资指标按 370 万元控制。初步设计由省水利勘测设计院安阳分院完成。安阳分院于 1985 年 8 月上报,总投资 1288.97 万元。其中,基建投资 382.8 万元、农水费 166.17 万元、自筹 740 万元(含劳务投资)。1984—1990 年进行续建配套,共新增干支渠配套面积 7653 公顷、面上配套面积 6320 公顷。完成建筑物 1036 座,其中干支渠(沟)307 座、面上 729 座,完成工程量土方 168.82 万立方米,混凝土及钢筋混凝土 5810.8 立方米、砌体 1.02 万立方米,投工 68.17 万个,投资 531.7 万元。由于渠首闸前设计水位定为 65.5 米,控制闸门底板普遍抬高,灌区用水困难,干渠淤积严重。

4)世行贷款续建配套阶段(1991—1996年)

项目初步设计由河南省水利勘测设计院和新乡市水利勘测设计院共同完成,年度工程设计由新乡市水利勘测设计院和长垣县水利局共同完成。

灌区从1991年纳入世行贷款项目,到1996年完成干支渠配套建筑物258座,新打机井306眼,完成干渠护砌900米,农田配套面积1.24万公顷,累计完成工程量土方549.89万立方米、砌体2.43万立方米、混凝土及钢筋混凝土7720立方米,总投资916.74万元。其中,世行贷款92.27万元、省配资金605.77万元、市配资金19.85万元、县配资金30.88万元(含征地及赔偿)。

5)大型灌区续建配套与节水改造阶段(2000—2022年)

1998年11月,石头庄灌区被列入国家大型引黄灌区,设计灌溉面积2.33万公顷。1999年12月编报《河南省石头庄引黄灌区续建配套与节水改造规划报告》,2001年水利部批复规划总投资1.35亿元,其中骨干工程投资8983万元、田间工程投资4470万元。

列入大型灌区至2022年,先后进行8个年度10期配套工程建设:

2002年度工程:2003年4月,河南省水利厅下发《关于长垣县石头庄灌区续建配套与节水改造2002年度实施方案的批复》,批复杨小寨引水渠(0+000~1+446)和杨小寨支渠(0+000~7+736)渠道衬砌9.182公里,配套渠系建筑物43座,重建管理房800平方米,总投资800.27万元,其中国家投资800万元、地方配套0.27万元。2003年9月工程开工,2005年5月竣工。完成渠道衬砌9.18公里、各类渠系建筑物65座、土方15.66万立方米、砌体2152.4立方米、混凝土及钢筋混凝土6725.54立方米,完成总投资800.00万元。改善水作区灌溉面积2567公顷,新增灌溉面积466.67公顷,年节约用水1100万立方米,年增产粮食生产能力1.16万吨。

2005年度工程:2005年12月,河南省水利厅下发《关于新乡市石头庄引黄灌区续建配套与节水改造项目2005年度工程实施方案的批复》,批复东干渠上段(0+000~3+571)、杨小寨支渠下段(7+766~9+800)和马坡支渠上段(0+000~2+000)渠道衬砌共7.61公里,配套渠系建筑物44座,总投资600万元,其中国家专项资金300万元、地方配套资金300万元。2006年8月工程开工,2007年6月竣工。完成渠道衬砌7.61公里,新建、重建各类建筑物42座,完成土方7.73万立方米、砌体1394立方米、混凝土及钢筋混凝土4593.92立方米。改善水作区灌溉面积2000公顷,年节约用水800万立方米,年增产粮食生产能力7470吨。

2006年度工程:2006年12月,河南省水利厅下发《关于石头庄引黄灌区续建配套与节水改造2006年度实施方案的批复》,批复东干渠(3+571~7+800)和周庄支渠(0+000~2+578)渠道衬砌6.81公里,配套渠系建筑物43座,总投资600万元,其中国家投资300万元、地方配套资金300万元。2007年11月工程开工,2009年4月竣工。完成渠道衬砌6.81公里、各类建筑物43座、土方10.52万立方米、砌体637立方米、混凝土及钢筋混凝土4358立方米。改善灌溉面积1733公顷,年节约用水704万立方米,年增产粮食生产能力3258吨。

2008年度工程:2008年8月,河南省水利厅下发《关于石头庄引黄灌区续建配套节水改造项目2008年度实施方案的批复》,批复总干渠(0+000~3+900)和东干渠下段(7+800~10+800)渠道衬砌6.9公里,配套渠系建筑物13座,投资800万元,其中国家预算内专项资金400万元、地方配套资金400万元。2008年11月工程开工,2009年4月竣工。完成渠道衬砌6.9公里、各类建筑物13座、土方12.02万立方米、砌体4283立方米、混凝土及钢筋混凝土4888立方米。改善灌溉面积900公顷,年节约用水1093万立方米,年增产粮食生产能力 206 吨。

2008 年度第二批工程:2008 年 12 月,河南省水利厅下发《关于长垣县石头庄灌区续建配套节水改造 2008 年第四季度新增项目实施方案的批复》,批复西干渠(0+000~10+800)渠道衬砌 10.8 公里,配套渠系建筑物 49 座,吕村沟生产桥 4 座,管理房 490.08 平方米,总投资 1500 万元,其中中央补助 900 万元、省级配套 360 万元、市级配套 240 万元。2009 年 1 月工程开工,3 月底竣工。完成渠道衬砌 10.8 公里、各类建筑物 53 座、重建管理所管理房 490.08 平方米。完成土方 19.25 万立方米、清除淤泥 3.30 万立方米、砌体 1946.48 立方米、混凝土及钢筋混凝土 1.31 万立方米。改善灌溉面积 3333 公顷,恢复灌溉面积 1000 公顷,年节约用水 610 万立方米,年增产粮食生产能力 668 吨。

2010 年度工程:2010 年 9 月,河南省水利厅下发《关于石头庄引黄灌区续建配套节水改造 2010 年度工程实施方案的批复》,批复南干渠(0+000~8+600)和西干渠中段(10+800~15+990)渠道衬砌 13.79 公里,配套渠系建筑物 58 座,总投资 1500 万元,其中中央投资 900 万元、省级配套 360 万元、市级配套 240 万元。2010 年 10 月工程开工,2011 年 3 月竣工。完成渠道衬砌 13.79 公里、各类建筑物 58 座、土方 16.46 万立方米、清淤泥 3600 立方米、砌体 2504 立方米、混凝土及钢筋混凝土 1.58 万立方米。改善灌溉面积 9120 公顷,年节约用水 825 万立方米,年增产粮食生产能力 1168 吨。

2010 年度第二批工程:2011 年 2 月,河南省水利厅下发《关于长垣县石头庄引黄灌区续建配套与节水改造项目 2010 年度工程(第二批)实施方案的批复》,批复大王庄支渠(0+000~8+300)和孔村支渠(0+000~4+200)渠道衬砌 12.5 公里,配套渠系建筑物 73 座,总投资 1021 万元,其中中央投资 612 万元、省级配套 245 万元、市级配套 164 万元。2011 年 6 月工程开工,2012 年 8 月竣工。完成渠道衬砌 12.5 公里、各类建筑物 73 座、土方 15.44 万立方米、浆砌石 2387 立方米、混凝土及钢筋混凝土 9645 立方米。改善灌溉面积 3080 公顷,年节约用水 718 万立方米,年增产粮食生产能力 2495 吨。

2012 年度工程:2012 年 10 月,河南省水利厅下发《关于长垣县石头庄引黄灌区续建配套与节水改造项目 2012 年度工程实施方案的批复》,批复引黄渠首闸重建、西干渠建筑物配套 21 座、董营支渠渠道衬砌 4.8 公里及建筑物配套 23 座、杨孟支渠渠道衬砌 3.65 公里及建筑物配套 15 座、铁炉支渠渠道衬砌 5.8 公里及建筑物配套 29 座、马坡支渠渠道衬砌 4.0 公里及建筑物配套 17 座、韩寨支渠 4.5 公里和沙丘支渠 6.0 公里、渠道整修及建筑物配套 22 座、丁栾沟生产桥 14 座、吕村沟渠道整修 13.6 公里及建筑物配套 10 座。工程总投资 2962 万元,其中中央财政投资 1777 万元、省级财政投资 1185 万元。工程于 2012 年 12 月 10 日开工,2013 年 4 月底按已批复建设任务全部完工。共完成土方 63.38 万立方米、浆砌石 3607 立方米、混凝土及钢筋混凝土 15135 立方米,完成投资 2962 万元。

2017 年度工程:2017 年 4 月 14 日,河南省水利厅以豫水农〔2017〕24 号文对该年度工程进行了批复,批复建设内容为:沉沙池边坡护砌 875 米;排涝沟整修 4 条长 35.6 千米;建筑物 35 座;重建灌区管理段管理房一处 500 平方米及室外配套设施,批复工程总投资 1290 万元。该工程于 2017 年 10 月开工,因部分工程与长垣县防汛除涝及水生态文明城市建设工程重叠,至 2018 年 5 月底,共完成排涝沟整修 5.8 千米、生产桥 13 座、灌区管理房 500 平方米,完成投资 250 万元。

2018 年量测水设施工程:2018 年 4 月 18 日,长垣县发展和改革委员会以长发改字〔2018〕36 号文对《河南省石头庄引黄灌区续建配套节水改造项目量测水设施专项实施方案》进行了批复,批复量测水设施 32 处,总投资 72 万元。工程于 2018 年 7 月 1 日开工,2018 年 8 月 29 日完工,完成杨小寨引水渠、杨小寨支渠、马坡支渠及其斗农渠 32 处水情监测系统,完成投资 72 万元,工程实施后,灌区管理工作更加高效、精确,提升了灌区的节水管理及用水户的经济效益。

6)建设与投资

石头庄灌区经过几次改建和扩建,已成为长垣县境内自成体系的国家大型灌区。自灌区始建以来,截至 2022 年,历年投资总额达 13526.69 万元。其中,2002 年以前投资 2381.69 万元,2002—2012 年投资 9783 万元,2017—2018 年投资 1362 万元。

长垣市石头庄灌区历年投资见表 3-14。

表 3-14　长垣市石头庄灌区历年投资　　　　　　　　　　　　　　单位:万元

年份	投资额	年份	投资额	年份	投资额
1969 年以前	111.85	1985	76.34	2008	2300
1970	6.65	1986	48.29	2009	
1971	7.14	1987	47.52	2010	2521
1972	7.16	1991—1992	559.72	2011	
1973	5.06	1993	324.43	2012	2962
1974	10.03	1994	253.27	2013	
1975	8.25	1995—1996	596.50	2014	
1976	13.67	1999	39.24	2015	
1977	9.66	2000	110.96	2016	
1978	5.3	2001	11.20	2017	1290
1979	9.84	2002		2018	72
1980	17.34	2003	800	2019	
1981	10.54	2004		2020	
1982	20.07	2005	600	2021	
1983	21.50	2006	600	2022	
1984	50.16	2007			

7)管理机构

石头庄灌区设 2 个管理所。1969 年,县成立稻改工作队,负责管理石头庄灌区。1980 年改名为石头庄灌区管理所,办公地点在临黄大堤上石头庄引黄闸北侧。1985 年管理所址迁到孟岗集。1979 年,杨小寨引水闸建成,成立杨小寨灌区管理所,所址设在赵堤集。

长垣市石头庄灌区输水干渠、支渠、排水支沟设计成果见表 3-15～表 3-17。

2003 年 6 月,组建"长垣县石头庄引黄灌区工程建设管理处"(简称建管处),杨国法任处长,赵运锁任副处长,赵军书任总工程师,下设办公室、财务股、质检股。2006 年 8 月,对建管处成员进行调整,王庆云任处长,赵运锁任副处长,赵军书任总工程师,下设办公室、工程股、财务股、质检股。2011 年 3 月,对建管处成员进行调整,孔德春任处长,赵运锁任副处长,下设办公室、工程股、财务股、质检股。各股室人员均为兼职。

2008 年 10 月,在水管体制改革中,长垣县机构编制委员会批复成立石头庄灌区管理局,规格相当于副科级,经费实行差额预算管理,核定人员编制 75 人,未落实。2020 年 7 月,石头庄灌区管理局更名为石头庄灌区所(见图 3-30),规格相当于副科级。

表3-15　长垣市石头庄灌区输水干渠设计成果

序号	渠名	上级渠道桩号	位置起	位置止	桩号起	桩号止	长度/公里	灌溉控制面积/万公顷	灌溉设计流量/立方米每秒	设计水位起/米	设计水位止/米	比降	糙率	边坡系数内	边坡系数外	底宽/米	水深/米	超高/米	流速/米每秒	堤顶宽左/米	堤顶宽右/米
1	杨小寨引水渠		杨小寨引黄闸	杨小寨支渠、马坡支渠渠首	0+000	1+446	1.446	0.56	6.31	60.48	60.20	1/8000	0.017	1.5	1.5	4	1.35	0.5	0.67	3	5
2	总干渠		沉沙池出口	穿堤闸	0+000	3+040	3.04	1.77	17.03	64.89	64.28	1/5000	0.0196	1.5	1.5	6.5	2.0	0.3	0.9	2.5	2.5
	总干渠		穿堤闸	南干分水口	3+040	3+084	0.044	1.77	17.03	63.61	63.6	1/5000	0.019	1.5	1.5	12	1.4	0.3	0.83	2.5	2.5
	总干渠		南干分水口	东西干联合闸	3+084	3+900	0.882	0.96	9.2	63.6	63.44	1/5000	0.0186	1.5	1.5	6	1.4	0.3	0.78	2.5	2.5
3	南干渠		南干分水口	南干进水闸	0+000	0+550	0.55	0.81	7.71	63.6	63.58	1/5000	0.016	1.5	1.5	4	1.49	0.3	0.83	3	3
	南干渠		南干进水闸	大王庄节制闸	0+550	6+010	5.46	0.81	7.71	63.48	62.39	1/5000	0.016	1.5	1.5	4	1.49	0.3	0.83	3	3
	南干渠	3+018	大王庄节制闸	渠尾	6+010	8+600	2.59	0.22	2.43	61.97	61.45	1/5000	0.016	1.5	1.5	2	1.07	0.3	0.63	3	3
4	西干渠	3+900	东西干联合闸	翟疃节制闸	0+000	2+800	2.8	0.62	5.87	63.32	62.76	1/5000	0.016	1.5	1.5	3.5	1.37	0.3	0.77	3	3
	西干渠		翟疃节制闸	张庄节制闸	2+800	9+262	6.462	0.53	5.05	62.65	61.36	1/5000	0.016	1.5	1.5	3.5	1.26	0.3	0.74	3	3
	西干渠		张庄节制闸	罗章寨渡槽	9+262	10+800	1.538	0.36	3.92	61.26	60.95	1/5000	0.016	1.5	1.5	2.5	1.26	0.3	0.71	3	3
	西干渠		罗章寨渡槽	陈庄节制闸	10+800	15+990	5.19	0.28	3.05	60.79	59.75	1/5000	0.016	1.5	1.5	1.651（弧形底宽）	1.2	0.3	0.67	3	3
	西干渠		陈庄节制闸	渠尾	15+990	22+420	6.43	0.18	1.74	59.56	58.27	1/5000	0.016	1.5	1.5	1	1.113	0.3	0.56	3	3
5	东干渠	3+900	东西干联合闸	铁炉节制闸	0+000	3+571	3.571	0.34	3.19	63.35	62.46	1/4000	0.017	1.5	1.5	1.651（弧形底宽）	1.41	0.3	0.74	3	3
	东干渠		铁炉节制闸	邵寨节制闸	3+571	7+800	4.229		3.19	62.46	61.40	1/4000	0.017	1.5	1.5	1.651（弧形底宽）	1.41	0.3	0.74	3	3
	东干渠		邵寨节制闸	渠尾	7+800	10+800	3		3.19	61.40	60.65	1/4000	0.017	1.5	1.5	1.651（弧形底宽）	1.41	0.3	0.74	3	3

表 3-16 长垣市石头庄灌区输水支渠设计成果

序号	渠名	上级渠道桩号	位置起	位置止	桩号起	桩号止	长度/公里	灌溉控制面积/万公顷	灌溉设计流量/立方米每秒	设计水位起/米	设计水位止/米	比降	糙率	边坡系数内	边坡系数外	底宽/米	水深/米	超高/米	流速/米每秒	堤顶宽左/米	堤顶宽右/米
1	沙丘支渠		丁栾镇王寨村北丁栾沟	丁栾镇沙丘村	0+000	6+000	6	0.09	1.82	57.81	56.81	1/6000	0.017	2	2	1.0	1.2	0.2	0.45	2	2
2	杨孟支渠		孟岗镇杨寨南	孟岗南	0+000	3+650	3.65	0.07	1.25	62.41	61.50	1/4000	0.016	1.5	1.5	0.5	1.0	0.2	0.6	2	2
3	韩寨支渠				0+000	4+500	4.5	0.07	1.51	57.89	56.99	1/5000	0.017	2	2	1.5	1.0	0.2	0.44	2	2
4	大王庄支渠		孟岗镇大王庄南干渠	陈端节制闸	0+000	4+247	4.247	0.23	3.24	62.1	61.25	1/5000	0.016	1.5	1.5	2.0	1.2	0.3	0.71	2	2
	大王庄支渠		陈端节制闸	高速涵洞	4+247	8+300	4.053	0.15		61.13	60.32	1/5000	0.016	1.5	1.5	2.0	1.08	0.3	0.67	2	2
	大王庄支渠		高速涵洞	丁栾镇浮丘店村	8+300	9+700	1.4		0.86	60.24	59.96	1/5000	0.0225	2	2	3.0	1.0	0.2	0.48	2	2
5	孔村支渠		孟岗镇孔村南干渠	满村曹吕村丙	0+000	4+200	4.2	0.04	1.71	62.06	61.22	1/5000	0.016	1.5	1.5	0.8	0.83	0.2	0.86	2	2
6	丹庙支渠		孟岗镇丹庙东南干渠	蒲东办事处八里张西	0+000	4+200	4.2	0.06	1.21	61.56	61.06	1/4000	0.0225	2	2	1.0	1.2	0.2	0.42	2	2
7	董营支渠	9+262	张庄节制闸	马良固沟	0+000	4+800	4.8	0.12	2.18	61.20	60.24	1/5000	0.016	1.5	1.5	0.5	1.1	0.2	0.51	2	2
8	铁炉支渠		方里镇铁炉村东干渠	方里北地	0+000	6+720	6.72	0.26	3.74	62.50	60.82	1/4000	0.016	1.5	1.5	1.0	1.2	0.2	0.67	2	2
9	杨小寨支渠	1+446	杨小寨引水渠	赵堤节制闸	0+000	4+560	4.56	0.26	3.74	60.13	59.18	1/4500	0.017	1.5	1.5	2.0	1.2	0.4	0.75	3	5
	杨小寨支渠		赵堤节制闸	新店渡槽	4+560	7+766	3.206	0.09	1.22	59.08	58.29	1/4000	0.017	1.5	1.5	1.5	1.14	0.4	0.79	3	5
	杨小寨支渠		新店渡槽	赵寨公路	7+766	9+800	2.034	0.26	2.51	58.21	57.70	1/4000	0.017	1.5	1.5	0.5	1.11	0.4	0.58	2	4
10	马坡支渠	1+446	杨小寨引水渠	支渠分水闸	0+000	2+000	2	0.08	2.22	60.20	59.77	1/6000	0.017	1.5	1.5	1.651(弧形底宽)	1.26	0.55	0.6	3	3
	马坡支渠		支渠分水闸	渠尾	2+000	6+000	4	0.11	1.0	59.71	59.04	1/6000	0.016	1.5	1.5	1.5	1.2	0.2	0.58	2	2
11	周庄支渠	2+000	方里镇周庄村马坡支渠	郝家东	0+000	2+004	2.004	0.20	1.0	59.41	58.91	1/4000	0.017	1.5	1.5	0.819(弧形底宽)	0.9	0.2	0.31	3	3
			郝家东	余家北退水闸	2+004	4+800	2.222			58.41	57.7	1/4000	0.025	1.5	1.5	2.0	0.89		0.31	3	3

表 3-17 石头庄引黄灌区排水支沟设计成果

渠名	桩号 起	桩号 止	支沟渠入口	排涝面积/平方公里	设计重现期/年	水力要素 比降	水深/米	底宽/米	糙率	边坡	流速/米每秒	流量/立方米每秒	设计沟渠底/米 起	设计沟渠底/米 止	设计水位/米 起	设计水位/米 止
吕村沟	0+000	5+100	渠尾	59.3	3	1/4000	2.6	5.1	0.025	1:2.5	0.875	25.78	56.6	57.88	59.2	60.48
吕村沟	5+100	13+600	北陈沟渠	36.5	3	1/4000	2.6	1	0.025	1:2.5	0.73	14.2	57.88	60	60.48	62.6
长孟沟	0+000	1+200		9.3	3	1/4500	2	1	0.025	1:2	0.6	5.99	58.14	58.41	60.14	60.41
长孟沟	1+200	3+200		6.5	3	1/4500	2	1	0.025	1:2			58.41	58.85	60.41	60.85
长孟沟	3+200	8+200		3	3	1/4500	2	1	0.025	1:2			58.85	59.96	60.85	61.96
尚村沟	0+000	3+900	东干截渗沟渠	40	3	1/5000	2	6.7	0.0225	1:2	0.76	13.8	54.27	55.41	56.27	57.41
尚村沟	3+900	8+800		33	3	1/5000	2	6	0.0225	1:2	0.73		55.41	56.39	57.41	58.39
尚村沟	8+800	15+000	周庄支渠	23	3	1/5000	2	5.5	0.0225	1:2	0.68	16.7	56.39	57.63	58.39	59.63
北陈沟	0+000	5+600		7.5	3	1/4000	1.5	1	0.025	1:2.5	0.48	3.43	59.1	60.5	60.6	62
唐满沟	0+000	8+600		26.5	3	1/9000	2.2	3.5	0.025	1:2	0.44	5.24	57.25	58.2	59.45	60.4
邱村沟	0+000	3+850		14.6	3	1/5000	2	1.3	0.025	1:2			58.63	59.4	60.63	61.4
邱村沟	3+850	5+850		14	3	1/5000	2	1	0.025	1:2	0.576	6.12	59.4	59.8	61.4	61.8
马良固沟	0+000	3+600		30	3	1/5000	2	5.5	0.025	1:2	0.66		56.67	57.39	58.67	59.39
马良固沟	3+600	10+400		19.5	3	1/5000	2	4	0.0225	1:2	0.63	9.43	57.39	58.75	59.39	60.75

图 3-30　石头庄灌区所

(二) 大功灌区

大功灌区位于河南省黄河以北的豫北平原,为国家大型引黄灌区,始建于 1958 年,1961 年停灌。1992 年恢复大功灌区,并开始建设,1992 年冬至 1993 年春清挖总干渠 83.5 公里,配套建筑物 270 座,并于 1994 年通水开灌。灌区涉及封丘、长垣、滑县和内黄 4 个县,控制面积 2382 平方公里,设计灌溉面积 16.61 万公顷。

长垣市补源灌区是大功灌区的一部分,位于灌区的中部,补源灌区范围为太行堤以北,长孟公路以南,临黄大堤以西,长(垣)封(丘)县界以东,土地面积 420 平方公里,控制常村、樊相、张三寨、丁栾、满村、蒲东、蒲北、南蒲、蒲西、孟岗、魏庄 11 个乡(镇、办事处)全部或大部分耕地,设计灌溉面积 2.93 万公顷,有效灌溉面积 1.92 万公顷。灌区总人口 33.73 万,其中农业人口 28.56 万。灌区地势西南高东北低,地面坡降 1/5000~1/7000,西南部高程一般为 65.6 米(黄海高程,下同),东北部高程为 59.4 米。灌区灌溉模式以灌排合一、井渠结合为主,灌溉工程主要由渠首引水工程和各级输水渠道及其建筑物组成。

1. 建设背景

大功灌区的前身是红旗灌区,也是长垣市最早的引黄灌区,始建于 1958 年。长垣执行"大引大灌,以蓄为主,以排为辅"的治水方针,大量建设平原水库,其中仅王堤水库蓄水面积就高达 9000 多亩,缺少排水出路,造成严重的内涝盐碱灾害,灌区被迫于 1961 年停灌。

2. 引水闸门

1) 渠首工程

大功灌区工程设有顺河街、三姓庄、东大功 3 个引水闸。顺河街、三姓庄 2 个引水闸,分别位于黄河柳园口断面上游的 12 公里和 2.3 公里处,东大功引水闸在柳园口断面下游 5.5 公里处。东大功引水渠在黄河滩区,全长 3.95 公里,设计流量 70 立方米每秒,水深 3.0 米,纵坡 1/4930,渠首水位 77.14 米,至红旗闸前水位 76.34 米,为挖方渠道。三姓庄引水渠、顺河街引水渠也在黄河滩区,三姓庄引水渠全长 3.38 公里,设计流量 40 立方米每秒,水深 3 米,底宽 12~16 米;顺河街引水渠全长 14.2 公里,闸前长 1.2 公里,闸后长 13 公里,设计流量 23.30 立方米每秒。

2)穿堤闸

大功引黄灌区穿堤闸(又称红旗闸)位于封丘县荆隆宫乡大功村南 2 公里处,该闸兴建于 1958 年,系开敞式钢筋混凝土结构,原闸底板高程 70.61 米,设计闸前水位 76.00 米,闸后水位 75.05 米,共 3 孔,设计流量 280 立方米每秒。该闸于 1977 年进行改造,两边孔闸底板高程抬高至 75.00 米,中孔闸底板高程为 73.50 米,闸前水位为 77.70 米,闸后水位 76.75 米,设计引水流量 210 立方米每秒。

3)长垣市补源灌区引水闸门

(1)大车引水闸。始建于 1984 年,位于天然文岩渠左侧临黄大堤上,大车集东,结构为钢筋混凝土单孔箱涵式,闸孔宽 2.5 米、高 2.7 米,闸底板高程 62.12 米,设计水位 64.30 米,设计流量 10 立方米每秒,加大流量 20 立方米每秒。2010 年在灌区续建配套与节水改造项目中对大车进水闸进行了维修,重建启闭机梁,更换闸门板、启闭机。

(2)孙东引水闸。始建于 1966 年,位于文岩渠左侧太行堤上,前孙东东南,设计流量 5 立方米每秒,加大流量 7.5 立方米每秒。1988 年改建,新闸位于老闸下游 100 米处,太行堤桩号 11+600 处,结构为钢筋混凝土单孔箱涵式,孔口尺寸为 2 米×2.4 米,闸底板高程 62.00 米,设计水位 63.26 米,设计流量和加大流量不变。

(3)一干渠首闸。位于大功总干渠 34+100 右侧处,小罗庄西南,2 孔,2 米×2 米,渠首设计水位 63.93 米,引水流量 10.13 立方米每秒。

(4)二干渠首闸。位于大功总干渠 35+850 右侧处,侯唐庄正南,单孔。渠首设计水位 63.64 米,引水流量 3.15 立方米每秒。

(5)三干渠首闸。位于大功总干渠 40+400 右侧处,马村西北,长垣、滑县两县边界,渠首设计水位 62.97 米,引水流量 6.5 立方米每秒。

(6)辛马支渠进水闸。位于大功总干渠 34+100 左侧处,北辛兴东南,设计水位 62.13 米,引水流量 0.63 立方米每秒。

3.渠系配套

1)沉沙池

大功引黄沉沙池自总干渠桩号 0+590 开始至总干渠桩号 8+900,沉沙池进水闸为开敞式平面钢闸门水闸,出口设出水闸以调控运行水位,为简易叠梁式闸门,条形沉沙池,长 7.683 公里,进口扩散段长 2.2 公里,底宽由 20 米扩展至 165 米,中间段长 4.2 公里,底宽 165 米,出口收缩段 1.283 公里,底宽由 165 米收缩至 15 米。

2)总干渠

大功引黄总干渠在红旗闸处桩号为 0+000,桩号 0+590~8+900 段为沉沙池(池长桩号间距不等)。出沉沙池后,总干渠向东北与天然渠平行向前,约 1 公里,在张光村处转向北,穿天然渠,张光村以下利用老红旗干渠改建作为总干渠。穿文岩渠、太行堤进入长垣县境内,继续向北穿新菏铁路进入滑县境内至滑县城八一闸。总干渠实际长度 71.23 公里,张光村以上段为新开渠道,长度为 12.94 公里(不含沉沙池),设计流量 70 立方米每秒,张光村以下至滑县城段为老渠改建,长度为 58.29 公里。2000 年,河南省计委将内黄县硝河纳入大功总干渠续建配套项目进行建设,自此总干渠过八一闸向北入金堤河,顺金堤河而下至白道口镇西河京村东向北新开渠,穿金堤入内黄,经硝河直入卫河,全长 160.54 公里,滑县以下设计流量为 20 立方米每秒。

大功总干渠在长垣县境内长 6.892 公里(桩号 33+700～40+592)。输水渠道设计流量 70 立方米每秒,跨渠建筑物过水能力为 120 立方米每秒。

3)长垣市补源区渠道工程

(1)一干渠,即太行堤截渗沟。自小罗庄西南到支寨村,长 12.75 公里,控制补源灌溉面积 1.45 万公顷。2000 年和 2012 年进行续建配套与节水改造,渠道自渠首至排房共衬砌 10.8 公里,底宽 4.5 米,边坡 1:1.75,设计流量 8.38 立方米每秒;自排房至支寨南仍为土渠,长 1.95 公里,底宽 5 米,边坡 1:2,纵坡 1/8000,水深 1.8 米。有一分干、二分干、三分干 3 条分干渠和常村、高村、甄庄、大张 4 条支渠。

(2)一干一分干,即王堤公路沟、西护城河和丁栾沟。由排房村到滑县黄庄河,全长 38.22 公里,控制补源面积 3300 公顷。底宽 1～23 米,水深 1.9 米,纵坡 1/5000～1/7000,边坡 1:1～1:2。2021 年长垣水系建设指挥部对上段王堤公路沟进行了扩宽和景观改造。有红山庙、耿村、唐满、丁后、王刘 5 条支渠。

(3)一干二分干,即二干截渗沟。支寨南到孟岗镇田庄村西汇入吕村沟,全长 14.62 公里,控制补源面积 4000 公顷。底宽 1～3 米,水深 1.2～1.7 米,纵坡 1/15000,边坡 1:2。有木牛、樊屯、何寨、乔堤、许寨、长孟 6 条支渠。

(4)一干三分干,即太行堤截渗沟下段和临黄截渗沟。支寨南至孟岗镇付楼村与二分干合流后汇入吕村沟,全长 21.5 公里,控制补源面积 3353 公顷。底宽 1.2～3 米,水深 1.3～1.7 米,纵坡 1/26000,边坡 1:2。有华寨、大车、梁寨 3 条支渠。

(5)二干渠,即文明南支和文明渠。自常村镇侯唐庄南到丁栾镇东角城西北,全长 32.93 公里,控制补源面积 4493 公顷。底宽 1～20 米,水深 1.5 米,纵坡 1/5000～1/7000,边坡 1:2。2010 年和 2013 年进行了续建配套与节水改造,渠道自渠首至柳桥屯节制闸共衬砌 5.334 公里,采用现浇混凝土结构,底宽 1～2 米,边坡 1:2,纵坡 1/5000,设计水深 1.5 米,衬砌超高 0.6 米,设计流量 2.6～5.06 立方米每秒。有柳桥、陈河、樊相、酒寨 4 条支渠。

(6)三干渠,即张三寨沟。由常村镇马村西北到张三寨镇小屋东北汇入文明渠,全长 27.97 公里,控制补源面积 9280 公顷。底宽 2.2～11 米,水深 1.7～2.1 米,纵坡 1/5000～1/6000,边坡 1:2。2014—2017 年进行续建配套与节水改造,自渠首至青岗南桥共衬砌 9.225 公里,底宽 2.2 米,边坡 1:2,纵坡 1/5000,设计水深 1.7 米,衬砌超高 0.65 米,设计流量 5.37 立方米每秒;同时对青岗、樊相、张三寨等村镇段进行了险工护砌。该渠有大郭、文明、董寨、青岗、张葛、皮村、官桥 7 条支渠。

(7)甄太引水渠,即孙东干渠和甄太沟。全长 8.15 公里,被一干渠截为上、下两段。上段由前孙东东南到甄庄西北,此段也称为孙东干渠和孙东引水渠,长 2.75 公里,控制灌溉面积 687 公顷,孙东干渠为孙东引水闸下游配套输水渠道,于 1993 年纳入大功灌区,2012 年进行续建配套与节水改造,底宽 3 米,边坡 1:1.5,设计流量 5.55 立方米每秒;下段自甄庄西北至太子屯南,此段也称为甄太沟,长 5.4 公里,底宽 3 米,边坡 1:2,设计流量 5.55 立方米每秒。

(8)大车支渠,即大车干渠,又叫大车引水渠。由大车东北到花园东北,长 4.5 公里,控制灌溉面积 6667 公顷。大车支渠为大车引水涵洞下游配套输水渠道,已于 1993 年纳入大功灌区,底宽 3.5 米,边坡 1:2,设计水深 1.5 米,纵坡 1/6000。该渠于 2004 年经裁弯取直河长为 4.2 公里,渠道设计渠底高程、纵坡和边坡保持不变。2011 年在大功灌区续建配套与节水改造和抗旱应急灌溉项目水毁修复工程中,对渠道全段进行了现浇混凝土衬砌,底宽 2.5 米,渠深 3 米,衬砌高度 1.8 米,纵坡 1/4000,边坡 1:2。

4.灌区建设与治理

大功灌区经历三个阶段:一是老大功灌区(1958—1962 年),二是恢复期大功灌区(1967—1992 年),三是新大功灌区(1992—2022 年)。

1)老大功灌区(1958—1962 年)

1958 年 4 月 27 日渠首闸开工,9 月 25 日竣工。竣工日在渠首闸举行放水典礼,时任河南省副省长邵文杰代表省委、省政府命名总干渠为"红旗渠",灌区为"红旗灌区"。穿黄河大堤闸即称"红旗闸"。因红旗闸位于封丘县荆隆乡大宫村附近,又称大宫渠,多写作"大功",故名大功灌区,是当时河南省四大灌区之一。20 世纪 60 年代末期,恢复大功引黄灌溉后,为不与林县红旗渠重名,正式命名为大功灌区。总干渠从封丘黄河大堤(桩号 166+600)处穿堤闸(红旗闸)起,至南乐县的后什固村东北入卫河。全长 172.9 公里,土方 2400 万立方米,重要建筑物 70 座,省投资 500 万元,民工近 30 万人,4 个月完成。

总干渠流经河南省的封丘、延津、长垣、滑县、浚县、内黄、濮阳、清丰、南乐 9 个县及山东省的范县、寿张、阳谷、莘县 4 个县。渠首引水闸 3 孔,孔宽 10 米,引水正常流量 280 立方米每秒,加大流量 350 立方米每秒。原设计灌溉河南 9 县 47.33 万公顷耕地、山东 4 县 20 万公顷耕地,共计 67.33 万公顷耕地。总干渠上建有 8 条干渠,其中长垣县境内 3 条。

1958 年 4 月 3 日,新乡地委在封丘县召开大功引黄蓄灌工程会议。会后,长垣县成立了引黄蓄灌工程指挥部,时任长垣县委书记安玉书任政委,县长甘广兴任指挥长,下设 3 个分指挥部:第一分指挥部设在芦岗,由李瑞任指挥长,姜顺荣任政委;第二分指挥部设在孟岗,由张维新任指挥长,徐朝举、张广思任正副政委;第三分指挥部设在玉皇庙,由刘志斌任指挥长,曹发仲任副指挥长。

各人民公社均建立了指挥部,由社长或公社党委书记参加。

新乡专区指挥部分配给长垣县总干渠的工段,南自封丘县冯村以南,即沉沙池出口,北至长垣县常村公社的马村,全长 19.2 公里,土方 32.27 万立方米。分干渠 3 条:第一分干渠由封丘县的小章寺至长垣县高章土村东、左寨村西,经恂里、油坊寨、茅芦店、白河、大路韩、东榆林、罗圈到长村里,全长 44 公里,土方 88 万立方米,其支渠 25 条,因与封丘发生水利纠纷,1960 年在左寨新建引水闸后自成体系;第二分干渠由长垣县常村公社的罗庄,经高村、夹堤、翟寨、花园、魏庄、田楼、西陈、三官庙、张庄、前楼、河里高、苗找寨至西岸下,全长 62 公里,土方 372 万立方米,沿途有 1~24 支渠和花园加支等支渠;第三分干渠由罗庄、马村、贺小郭、于庄、邢张庄、张辛店、北樊相、张三寨,至西角城入文明渠,全长 22 公里,土方 44 万立方米。另外扩建 2 条干支渠,土方 19 万立方米;全部支渠 50 条,土方 1500 万立方米;斗渠 378 条,土方 340 万立方米;水库、塘堰 11 个,土方 599 万立方米。修公路桥 1 座、大车桥 36 座、进水闸 1 座、泄水闸 110 座、节制闸 12 座。1962 年三干渠自凡相乡小屯至入文明渠改造为排水河。

1958 年 4 月 27 日,全县民工先后到达总干渠工地,29 日正式开工。长垣县抽调干部 200 多人,20 多个乡、332 个人民公社的 4 万民工参加,总干渠和一干渠、二干渠、三干渠同时开工,全部工程历时 30 天,并于 1958 年秋正式放水。1958 年 11 月 5 日,长垣县又派出 4.1 万名民工,其中包括 1.2 万名妇女,开挖三号沉沙池。

沉沙池位于封丘县东南部,跨留光、曹岗、冯村、鲁岗 4 个人民公社,全线长达 30 公里,土方总任务为

162万立方米。它利用了原大沙河水库上、中2格,可蓄水1亿立方米,可容沙4800万立方米,年引水按52.7亿立方米计,含沙量按1%计,沉沙量3900万立方米。12月31日,沉沙池工程建成。1958年秋又开挖了山东干渠,南起常村公社高村二干渠,经郜坡、大张、崔庄、菜园南入护城河,下通文明东支,由山东省派劳力开挖,1959年秋完成,故名山东干渠。当时,长垣县成立了红旗灌区指挥部,设在南辛兴。建立了3个干渠管理所,一干渠管理所在芦岗,二干渠管理所在孟岗,三干渠管理所在小郭。

至1961年,大功灌区共有干渠15条、支渠330条、斗渠2956条、农渠27101条。因无完整的排水系统,与卫河、共产主义渠等渠水混流,经常高水位输水,淤积严重,自流灌溉面积逐年下降,1958年引黄自流灌溉面积1.86万公顷,1959年1.53万公顷,1960年6600公顷。同时,由于只引不排,致使地下水位普遍上涨,盐碱化迅速发展。短暂的效益招致了严重的涝碱后患,灌区被迫停灌。

2)恢复期大功灌区(1967—1992年)

在次生盐碱化得到基本控制后,1984年恢复大功灌区,1985—1989年大功灌区按2.02公顷规模改善和扩建,建设范围在封丘境内。控制面积和渠系规模都远小于老大功灌区,亦称小大功灌区。

红旗闸(见图3-31)前建引水渠3条,即顺河街引水渠、三姓庄引水渠和东大功引水渠,使大功灌区成为多口引水的引黄灌区。

图3-31 大功引黄灌区穿堤闸(红旗闸)

3)新大功灌区(1992—2022年)

1992年冬,河南省政府为加快引黄步伐,大力发展引黄灌溉,决定扩建大功灌区。1992—1996年共完成投资2.54亿元,恢复了大功灌区总干渠的红旗闸到八一闸段,长79.5公里(含沉沙池7.7公里),其余干支渠工程按年度进行配套建设。设计灌溉面积16.70万公顷,其中封丘4.43万公顷、长垣2.93万公顷、滑县9.34万公顷。当年,完成大功灌区总干渠长垣段清淤工程。

1993年,长垣大功灌区干支渠经重新规划,整合了孙东灌区和大车灌区,在原二干渠进水闸址新建一干渠进水闸。1994年建大功总干渠太行堤穿堤闸。1996年在原三干渠进水闸址北约200余米处新建二干渠进水闸,在长滑县界处新建三干渠进水闸。此期间,一干渠自罗庄西南重新开挖至西郭庄西,然后扩挖原有沟渠至支寨南;二干渠新开挖渠首至柳桥村西南与文明南支相接;三干渠新开挖至小郭集南,然后折向北与张三寨沟贯通,自此长垣大功灌区范围和灌排水系基本定型。

1999年,大功灌区纳入全国大型灌区续建配套与节水改造范围。水利部规计〔2001〕514号文件认定大功灌区规划面积9.4万公顷,涉及封丘、长垣、滑县,其中长垣大功灌区设计灌溉面积2.93万公顷,并于当年开始实施续建配套节水改造,编制完成《河南省大功引黄灌区续建配套与节水改造规划报告》,2000年4月通过评审,形成《河南省大功引黄灌区续建配套与节水改造规划报告(提要)》,2001年水利部批复。至2021年底,共实施15期年度项目,完成渠道衬砌39.95公里,渠系建筑物180座,管理设施1座,新建管理房120平方米,量测水设施12处,信息化管理中心平台1台(套),总投资10700.12万元。

2002年度工程:改建水闸2座、桥梁5座,分别是二干渠肖官桥节制闸、三干渠小屯节制闸、一干一分干王寨桥、二干渠太子屯桥、南堆西桥、一干二分干大付寨桥、三干渠张三寨桥、李官桥西北桥。工程于2003年12月12日开工,2004年6月24日竣工,完成土方1.38万立方米、混凝土1552.5立方米、砌体554立方米,完成投资431.76万元。

2003年度工程:改建水闸1座、桥梁4座,分别是一干一分干杜村节制闸、一干一分干学堂岗桥、唐满支渠唐庄西桥、二干渠毛庄东桥。工程于2005年3月开工,5月竣工,完成土方1870立方米、混凝土659.5立方米、砌体153立方米,完成投资147万元。

2004年度工程:新建水闸1座、桥梁1座,分别是一干一分干渠满村节制闸、一干二分干渠翟寨生产桥。工程于2006年3月开工,7月竣工,完成土方7690立方米、混凝土569.1立方米、砌体453立方米。完成投资146.27万元。

2005年度工程:改建新建水闸6座、桥梁5座,分别是一干渠排房闸、一干二分干渠魏庄节制闸、花园北节制闸、一干一分干渠唐庄节制闸、甄太支渠节制闸、大郭支渠进水闸、一干渠营里西桥、二干渠杨寨西桥、三干渠横堤北桥、大车支渠花园东南桥、魏庄南桥。工程于2007年4月开工,2008年5月竣工,完成土方1.59万立方米、混凝土3921.24立方米、砌体1302立方米,完成投资470.94万元。

2008年度工程:新建改建水闸7座、桥梁4座,分别是一干一分干排房进水闸、常村支渠进水闸、丁后支渠节退闸、王留支渠节退闸、酒寨支渠节退闸、阎寨支渠节退闸、董寨支渠节退闸、一干一分干王师古桥、一干二分干夹堤东桥、三干渠焦官桥桥、唐满支渠大杨楼桥。工程于2009年11月开工,2010年7月竣工,完成土方6920立方米、混凝土1258.04立方米、砌体802.09立方米,完成投资264.64万元。

2009年度工程:渠道衬砌2公里、水闸2座、桥梁9座,分别是二干渠2.0公里整修衬砌、一干渠新建大张支渠进水闸1座、一干三分干维修大车支渠进水闸1座、一干一分干丁栾交通桥1座、二干渠生产桥8座。工程于2009年12月开工,2010年6月竣工,完成土方1.67万立方米、混凝土3227.29立方米、砌体202.88立方米,完成投资489.55万元。

2010年度工程:新建改建水闸1座、桥梁3座、管理设施1座,分别是耿村支渠退水闸、一干二分干夹堤桥、三干渠吴屯桥、秦庄桥、柳桥管理所。工程于2010年12月开工,2011年6月竣工,完成土方2190立方米、混凝土503.23立方米、砌体227.31立方米,完成投资150万元。

2011年度工程:大车支渠整修衬砌3公里、改建梁4座。工程于2011年3月开工,5月竣工,完成土方4.4万立方米、混凝土4268.72立方米,完成投资445.60万元。

2012 年度工程:一干渠渠道衬砌 3.2 公里,甄太引水渠渠道衬砌 2.75 公里,重建桥梁 2 座;三干渠险工护砌 890 米,重建桥梁 6 座;一干一分干重建桥梁 4 座;张三寨管理所新建管理房 120 平方米。工程于 2012 年 12 月开工,2013 年 3 月底竣工,完成土方开挖 10.06 万立方米、土方回填 5000 立方米、混凝土 6189 立方米、砌体 5054 立方米,完成投资 800 万元,其中中央投资 600 万元、省配套投资 200 万元。

2012 年度追加工程:一干渠渠道衬砌 6.6 公里、一干三分干渠道清淤整修 5.4 公里、重建生产桥 6 座。工程于 2013 年 3 月开工,2013 年 6 月竣工,完成土方 11.06 万立方米、混凝土及钢筋混凝土 9716 立方米,完成投资 731 万元,其中中央投资 540 万元,省配套投资 191 万元。

2013 年度工程:二干渠渠道衬砌 3.344 公里、一干渠下段清淤整治 1.85 公里、一干二分干渠清淤整治 13.2 公里、重建水闸 1 座、重建斗门 3 座、重建桥梁 21 座。工程于 2014 年 2 月开工,2014 年 11 月底竣工,完成土方 19.84 万立方米、浆砌石 304 立方米、混凝土及钢筋混凝土 5831 立方米,完成投资 1200 万元,其中中央投资 888 万元、省级配套投资 312 万元。

2014 年度工程:三干渠渠道衬砌 5 公里,三干渠文明支渠渠道整治 5.2 公里,险工边坡护砌 1.1 公里,重建桥梁 14 座,新建节制闸、退水闸 2 座。工程于 2015 年 3 月开工,2015 年 10 月竣工,完成土方 14.58 万立方米、浆砌石 535 立方米、混凝土及钢筋混凝土 9258 立方米,完成投资 972 万元,其中中央投资 719 万元,省配套投资 253 万元。

2015 年度工程:三干渠渠道衬砌 4.42 公里、三干渠村镇段险工防护 1.512 公里、常村支渠村镇段险工防护 1.51 公里、重建生产桥 11 座、新建水闸 2 座、新建斗门 1 座。工程于 2015 年 10 月开工,2017 年 10 月竣工,完成土方 16.86 万立方米、浆砌石 299 立方米、混凝土及钢筋混凝土 17000 立方米,完成投资 1453 万元,其中中央投资 1117 万元,省配套投资 336 万元。

2017 年度工程:三干渠渠道整修 7.92 公里、穿村镇段混凝土护砌 2.48 公里、樊相支渠渠道整修 2.04 公里、穿村镇段混凝土全断面衬砌 0.39 公里、高村支渠上段渠道整修 1.47 公里、穿村镇段混凝土全断面衬砌 0.76 公里、皮村支渠渠道整修 3.09 公里、二干渠陈河支渠渠道整修 2.66 公里、王安和支渠渠道整修 2.76 公里、官桥营支渠渠道整修 2.64 公里、重建生产桥 13 座、新建皮村支渠节制闸 1 座。工程于 2017 年 10 月开工,2020 年 8 月竣工,完成土石方 26.53 万立方米、混凝土及钢筋混凝土 1.2 万立方米,完成投资 1740 万元,其中中央投资 1338 万元,省配套投资 402 万元。

2020 年度工程:建设量测水单点式站点 2 处、陈列 1+1 站点 7 处、陈列 1+2 站点 3 处,建设信息化管理中心平台 1 台(套)。工程于 2020 年 8 月开工,2020 年 10 月竣工,完成投资 400 万元,其中中央投资 308 万元,省配套投资 92 万元。

2020 年,河南省豫北水利工程管理局牵头组织编制《河南省大功灌区续建配套与现代化改造实施方案》,2021 年 8 月,水利部和国家发改委以水规计〔2021〕239 号文件批复大功灌区规划灌溉面积 9.4 万公顷,其中"十四五"改造面积 4.73 万公顷。

长垣市大功灌区输水补源干、支渠(沟)设计成果见表 3-18、表 3-19。

5. 建设投资

自 1992 年大功灌区恢复扩建以来,历年投资总额达 10700.12 万元。其中:2002 年以前投资 858.36 万元,2002—2022 年投资 9841.76 万元,见表 3-20。

表3-18　长垣市大功灌区输水补源干渠（沟）设计成果

序号	渠名	上级渠道桩号	位置 起	位置 止	桩号 起	桩号 止	间距/公里	控制面积 灌溉/万亩	控制面积 排涝/平方公里	设计流量 灌溉/立方米每秒	设计流量 排涝/立方米每秒	设计水位 起/米	设计水位 止/米	比降	糙率	边坡系数	底宽/米	水深/米	超高/米
1	一干渠	34+100	总干渠	排房	0+000	10+800	10.8	21.7	11	8.38	3.09	63.93	62.58	1/8000	0.017	1.75	4.3	1.8	0.7
			排房	支寨南	10+800	12+750	1.95	20.2	13	7.8	3.65	62.58	62.33	1/8000	0.0225	2	5	1.8	0.7
2	一干-分干	10+490	排房南	木材公司	0+000	6+571	6.571	4.95	17	1.91	4.78	62.2	61.1	1/6000	0.0225	2	3	1.7	0.7
			木材公司	北关桥	6+571	10+415	3.844	0.33	18.3	1.91	20.2	61.3	60.25	1/6000	0.0225	2	5	1.9	0.7
			北关桥	满村北桥	10+415	18+415	8	0.33	110	1.91	45	60.25	59.12	1/7000	0.0225	2	15	1.9	0.7
			满村北桥	吕村沟入口	18+415	23+415	5	0.16	130	0.93	50.5	59.12	58.4	1/7000	0.0225	2	18	1.9	0.7
			吕村沟入口	马良固沟口	23+415	27+415	4	0.16	215	0.93	69.5	58.4	57.4	1/5000	0.0225	2	19	1.9	0.7
			马良固沟口	入黄庄河	27+415	38+215	10.8	0.16	289	0.93	84.9	57.4	55.25	1/5000	0.0225	2	23	1.7	0.7
3	一干二分干渠	12+750	支寨南	何寨南	0+000	3+750	3.75	6	12.2	2.32	3.43	62.33	62.08	1/15000	0.017	2	3	1.7	0.7
			何寨南	花园	3+750	5+580	1.83	4.89	16.75	1.89	4.71	62.08	61.96	1/15000	0.0225	2	3	1.7	0.7
			花园	田庄	5+580	14+615	9.035	2.93	21.75	1.13	6.11	61.96	61.36	1/15000	0.0225	2	4	2	0.7
4	一干三分干	12+750	支古南	合阳西	0+000	5+400	5.4	5.03	9.9	2.91	3.13	62.23	62.02	1/26000	0.0225	2	2.5	1.8	0.7
			合阳西	大车东	5+400	8+400	3	3.77	10	1.46	3.16	62.02	61.9	1/26000	0.0225	2	2.5	1.8	0.7
			大车东	付楼西	8+400	21+500	13.1	3.31	13	1.28	4.08	61.9	61.4	1/26000	0.0225	2	3	1.9	0.7
5	二干渠	35+850	总干渠	韩庄南	0+000	2+000	2	6.74	5	2.6	1.41	63.4	63	1/5000	0.017	2	1	1.5	0.6
			韩庄南	柳桥屯闸	2+000	5+335	3.335	6.74	18	2.04	5.06	63	62.33	1/5000	0.017	2	2	1.5	0.6
			柳桥屯闸	文明支渠口	5+335	15+600	10.265	4.65	91.25	1.79	25.64	62.03	59.98	1/5000	0.0225	2.5	9	2.2	0.7
			文明支渠口	唐满支渠口	15+600	24+000	8.4	2.53	138	0.98	36.85	59.98	58.68	1/7000	0.0225	2.5	16.5	2.2	0.7
			唐满支渠口	三干渠口	24+000	31+100	7.1	1.77	193	0.69	47.48	58.68	57.4	1/6000	0.0225	2.5	20	2.21	0.7
			三干渠口	东角城	31+100	32+935	1.835	1.77	286	0.69	47.48	57.4		1/6000	0.0225	2.5	20	2.21	0.7
6	三干渠	40+400	总干渠	青岗南桥	0+000	9+225	9.225	13.92	15	5.37	4.22	62.97	61.13	1/5000	0.017	2	2.2	1.7	0.65
			青岗南桥	樊相南桥	9+225	14+210	4.985	10.73	20	4.14	5.62	61.13	60.29	1/6000	0.0225	2	3.5	1.7	0.65
			樊相南桥	樊相学校桥	14+210	15+100	0.89	10	23.3	3.86	6.55	60.29	60.15	1/6000	0.0225	2	3.5	1.7	0.65
			樊相学校桥	青岗支渠口	15+100	16+910	1.81	8.31	37	3.2	10.4	60.15	59.84	1/6000	0.0225	2	3.5	2.1	0.7
			青岗支渠口	樊相支渠口	16+910	20+290	3.38	6.82	65.5	2.63	18.41	59.84	59.28	1/6000	0.0225	2	8	2.1	0.7
			樊相支渠口	后吴庄	20+290	27+974	7.684	4.82	89.3	1.86	25.09	59.28	58	1/6000	0.0225	2	11	2.1	0.7

表 3-19　长垣市大功灌区输水补源支渠（沟）设计成果

序号	渠名	上级渠道桩号	位置 起	位置 止	桩号 起	桩号 止	间距/公里	控制面积 灌溉/万亩	控制面积 排涝/平方公里	设计流量 灌溉/立方米每秒	设计流量 排涝/立方米每秒	设计水位 起/米	设计水位 止/米	比降	糙率	边坡系数	底宽/米	水深/米	超高/米
一	总干渠																		
1	辛马加支	34+100	总干渠	马村西北	0+000	8+200	8.2	1.64	13.75	0.63	3.86	63.63	62.61	1/8000	0.0225	2	3	1.5	0.6
二	一干渠																		
1	常村支渠	5+375	营里东	柳桥屯东北	0+000	4+200	4.2	1.03	11	0.4	3.09	62.96	62.36	1/7000	0.0225	2	3	1.5	0.6
2	高村支渠	6+275	高村东	杨占西	0+000	3+300	3.3	1.03	10	0.4	2.81	62.84	62.18	1/5000	0.0225	2	1	1.5	0.6
3	甄太支渠	7+800	孙东东	甄庄西北	0+000	2+750	2.75	1.03	19.75	0.4	5.55	63.58	62.66	1/3000	0.017	1.5	3	1.5	0.6
4	大张支渠		甄庄西北	大子屯南	2+750	8+150	5.4	1.03	19.75	0.4	5.55	62.66	61.58	1/5000	0.0225	2	3	1.5	0.6
		9+600	西郜庄西	侯屯北	0+000	6+400	6.4	1.06	11	0.41	3.09	62.43	61.15	1/5000	0.0225	2	1	1.5	0.6
三	二干渠																		
1	柳桥支渠	3+250	柳桥西南	大子屯西南	0+000	8+000	8	1.06	15.5	0.41	4.36	62.85	61.52	1/6000	0.0225	2	2	1.6	0.65
2	陈河支渠	15+600	聂店闸南	唐庄南	0+000	2+600	2.6	1	10.25	0.39	2.88	60.08	59.76	1/8000	0.0225	2	1.5	1.5	0.6
3	樊相支渠	16+240	聂店闸	张占南	0+000	13+000	13	1.51	15	0.58	4.22	60.18	59.18	1/13000	0.0225	1.5	3	1.7	0.65
4	洒寨支渠	16+240	连铺闸	唐凹南	0+000	3+000	3	1.08	7	0.46	2.93	60.18	59.78	1/7000	0.0225	2	2	1.7	0.65
四	三干渠																		
1	大郜支渠	4+230	敫大庙南	邢固屯东南	0+000	6+800	6.8	1.5	19	0.58	5.34	62.12	60.76	1/5000	0.0225	2	2	1.7	0.65
2	文明支渠	9+260	青岗南	聂店闸	0+000	7+600	7.6	1.3	34.25	0.5	9.62	61.5	60.55	1/8000	0.0225	2	4	2.1	0.75
3	董占支渠	10+560	大张占西	董占东南	0+000	7+600	7.6	1.21	12.5	0.47	3.51	60.8	59.71	1/7000	0.0225	2	1	1.7	0.65
4	青岗支渠	11+060	青岗东北	秦庄西北	0+000	8+200	8.2	1.63	19.25	0.63	5.41	60.72	59.7	1/8000	0.0225	2	3	1.7	0.65
5	张葛支渠	21+290	张三占东	大罡北	0+000	6+000	6	1.24	11.75	0.48	3.3	58.94	57.74	1/5000	0.0225	2	1	1.6	0.65
6	皮村支渠	21+290	张三占东	肖占桥闸	0+000	3+000	3	1.13	10.75	0.44	3.02	58.84	58.24	1/5000	0.0225	2	1	1.5	0.65
7	官桥支渠	23+944	草坡东	官桥营北	0+000	3+000	3	1.3	12	0.5	3.37	58.48	57.88	1/8000	0.0225	2	1	1.7	0.65

续表 3-19

序号	渠名	上级渠道桩号	位置 起	位置 止	桩号 起	桩号 止	间距/公里	控制面积 灌溉/万亩	控制面积 排涝/平方公里	设计流量 立方米每秒 灌溉	设计流量 立方米每秒 排涝	设计水位/米 起	设计水位/米 止	比降	糙率	边坡系数	底宽/米	水深/米	超高/米
五	一干一分干渠																		
1	红山庙支渠	4+020	杜村南	小务口东	0+000	8+000	8	1	12	0.39	3.37	61.33	60.53	1/10000	0.0225	2	3	1.5	0.65
2	耿村支渠	4+020	杜村西南	南堆东北	0+000	5+500	5.5	1	9.8	0.39	2.75	61.27	60.17	1/5000	0.0225	2	1	1.5	0.65
3	唐满支渠	10+415	北街北	安和东	0+000	8+600	8.6	1.01	26.5	0.39	7.45	60.26	59.03	1/7000	0.0225	2	3.5	1.9	0.7
4	丁后支渠	20+030	丁荣西南	后吴庄西南	0+000	5+000	5	1.07	10.25	0.42	4.3	58.75	57.75	1/5000	0.0225	2	1	1.9	0.7
5	王刘支渠	23+530	王寨西北	杨沙丘东北	0+000	5+800	5.8	1.09	12.75	0.5	5.33	58.4	57.43	1/6000	0.0225	2	1.5	2	0.75
六	一干二分干渠																		
1	木牛支渠	0+800	木岗西南	马园东南	0+000	7+000	7	1.21	7	0.47	1.97	61.93	60.93	1/7000	0.0225	2	0.5	1.45	0.6
2	樊屯支渠	1+000																	
3	何占支渠	3+750	何占东南	孔场	0+000	10+600	10.6	1.25	30.75	0.48	8.64	61.93	60.61	1/8000	0.0225	2	6.5	1.65	0.65
4	乔堤支渠	6+825	位庄西南	南关东南	0+000	7+600	7.6	1.26	19	0.49	5.34	62.12	61.03	1/7000	0.0225	2	3	1.65	0.65
5	许占支渠	11+250	崔庄南	周庄南	0+000	3+800	3.8	1.02	8.5	0.39	2.39	61.62	61.24	1/1000	0.0225	2	1.5	1.45	0.6
6	长孟支渠	14+615	田庄	县城东关	0+000	5+400	5.4	1	9.25	0.39	2.6	61.41	60.51	1/6000	0.0225	2	1	1.45	0.6
七	一干三分干渠																		
1	华占支渠	5+400	合阳西	何占东南	0+000	3+400	3.4	1	7	0.39	1.97	62.11	61.69	1/8000	0.0225	2	1	1.4	0.6
2	大车支渠	8+400	大车东北	花园东北	0+000	4+500	4.5	1.13	13	0.75	5.43	62.82	62.07	1/6000	0.017	2	2.5	1.5	0.6
3	梁占支渠	8+400	梁占西北	大付占东南	0+000	5+800	5.8	1.16	8.75	0.45	2.46	62.82	61.93	1/6500	0.0225	2	1	1.5	0.6

表 3-20　长垣市 1992—2022 年大功灌区工程建设投资

年度	投资额/万元	年度	投资额/万元
1992	40	2009	489.55
1993	151.25	2010	150
1994	40.76	2011	445.60
1995	112.55	2012	800
1996	30	2012 追加	731
1997	80	2013	1200
1998	157.07	2014	972
1999	150	2015	1453
2009	91.73	2016	
2001	5	2017	1740
2002	431.76	2018	
2003	147	2019	
2004	146.27	2020	400
2005	470.94	2021	
2006		2022	
2007		合计	10700.12
2008	264.64		

6. 管理机构

1）建设管理机构

1958 年，长垣县引黄蓄灌工程指挥部成立，甘方兴任指挥长，李永仁、吴崇伦、宋继臣、张维新、曹法仲、刘若玉任工程处正副处长。1960—1991 年，大功灌区无专项投资，未成立专设机构负责工程建设管理。1992 年黄淮海平原农业开发项目投资启动后，新乡市组建大功引黄工程施工指挥部，长垣县成立长垣县大功引黄工程施工指挥部，水利工程建设管理骨干人员先后包括李聚美、杨国法、赵运锁、牛守东、刘双成、赵军书、张瑞现等。1999 年，大功灌区纳入全国大型灌区续建配套与节水改造范围后，新乡市水利局成立新乡市大功引黄灌区工程建设管理局，负责新乡地区的大功灌区干支渠配套建设，长垣县水利局具体配合建设管理人员包括赵运锁、张瑞现、韩正杰等。2012 年长垣县成为省直管县以后，长垣县成立长垣县大功引黄灌区工程建设管理局，赵运锁任建管局局长，张瑞现为现场负责人；2013 年李相军任建管局局长，王洪伟为现场负责人。大功灌区由河南省豫北水利工程管理局统管后，2021 年，河南省水利厅成立河南省大功灌区续建配套与现代化改造工程建设管理局，办公地点设在豫北局。

2）运行管理机构

新乡市设有大功灌区管理处，1993 年长垣县将抗旱除涝管理所更名为大功灌区管理所，张新兴任所长。1996 年崔道贤任所长，1999 年 7 月许金玺任所长，2005 年 6 月单玉清任所长，所址在长垣县城北关外,唐满沟西侧,为差额供给事业单位。

2008年10月,在水利工程管理体制改革中,长垣县编制委员会批复成立大功灌区管理局,规格为副科级管理单位,差额预算管理,核定人员编制75人。

2016年付华鹏任大功灌区管理局局长。

2021年,大功灌区管理局改为大功灌区管理所(见图3-32),付华鹏任大功灌区管理所所长。

图 3-32 大功灌区管理所

二、中型引黄灌区

(一)左寨灌区

左寨灌区位于长垣市东南部,东邻黄河,西至天然文岩渠,南与封丘接壤,北到石头庄总干渠,南北长22公里,东西宽4~9公里,灌区总面积25.52万亩,灌区内耕地面积18.82万亩,包括恼里镇全部,魏庄街道、芦岗乡的部分耕地,灌区设计灌溉面积1.13万公顷,为河南省261个中型灌区之一。

1.兴建背景

左寨灌区是在红旗灌区一干渠框架下形成的。1958年建设红旗灌时,红旗渠灌区一干渠由恼里高章士入长垣境,自南向北贯穿长垣滩区。同年秋,黄河花园口发生了22300立方米每秒大洪水,灌溉渠系遭到破坏,又与封丘发生了边界水利纠纷,封丘切断了一干渠水源,加之滩区3333.33公顷苦咸水区域不宜打井,土质又多为飞沙盐碱,需要放淤改造。1960年,长垣县在前进堤的左寨段上修建了1座木制单孔引水闸。1964年从木制闸后移,修建了1座砖礅水泥板结构的闸,进行简易引水,只能灌溉贯孟堤以东的耕地。1970年经河南省黄河河务局批准,在左寨东约1公里的贯孟堤上修建1座3孔进水闸,水源为黄河水,左寨灌区自此逐步形成。

20世纪90年代,因黄河主河流向东滚动3公里,长垣境内引不出黄河水。1991年,长垣县提出从封丘县禅房控导工程上建闸,实施跨县引水方案,得到时任河南省省长李长春、时任新乡市委书记吉炳轩的支持。禅房引水闸于1992年动工兴建,1993年开闸放水。黄河水通过禅房闸流入灌区,跨县引水成功。

21世纪以来,黄河中游的小浪底水库多年调水调沙运用,致使中下游的河道主河槽下切,禅房闸闸前水位降低,引水困难。为了解决左寨灌区干旱时引水不足的问题,2017年长垣市新建大留寺引黄泵站作为灌区补充水源。

2. 引水口门

1) 左寨引水闸

1970年报经河南省河务局批准,在左寨东南约1公里的贯孟堤上修建1座3孔进水闸,直接从黄河引水,闸型为开敞式桥带闸,见图3-33。闸孔尺寸为2米宽、2米高,设计引水能力10立方米每秒,桥为汽-8级,由县水利局施工。工程于同年2月动工,4月建成,投资14.6万元。禅房引水闸建成后,黄河水通过禅房引水渠经左寨闸流入左寨干渠,左寨引水闸转变为干渠进水闸。2016年,利用农业综合开发左寨灌区节水配套改造项目资金对左寨进水闸进行了重建,水闸为箱涵式结构,2孔,闸孔尺寸为2.5米宽、2.5米高,闸门底板高程为65.8米,设计流量为12.09立方米每秒。

图 3-33 左寨引水闸

2) 禅房引水闸

左寨灌区渠首闸最初为左寨引水闸,后因禅房控导工程作用,黄河主河流向东滚动3公里,长垣境内引不出黄河水,开始考虑跨县引水。1991年,长垣县提出从封丘县禅房控导工程上建闸,实施跨县引水方案,得到时任河南省省长李长春、时任新乡市委书记吉炳轩的支持。1992年8月13日,封丘、长垣两县达成跨县引水七点协议。引水闸(见图3-34)位置定在禅房控导工程32~33号坝之间,闸型为开敞式,混凝土墩,混凝土闸门3孔,孔高2.9米、宽2米,设计引水量20立方米每秒。该闸由新乡市黄河河务局设计,新乡市黄河河务局第三工程处施工,投资74万元。

工程于1992年12月动工兴建,1993年4月8日开闸放水。黄河水通过禅房闸流入灌区,跨县引水成功。

图 3-34　禅房引水闸

3）大留寺引黄闸及大留寺引黄泵站

21 世纪以来，黄河中游的小浪底水库多年调水调沙运用，致使中下游的河道主河槽下切，禅房闸闸前水位降低，引水困难。为了解决左寨灌区干旱时引水不足的问题，2017 年长垣市新建大留寺引黄闸及大留寺引黄泵站作为灌区补充水源。大留寺引黄闸设计过水能力 11.92 立方米每秒，2 孔，单孔闸门尺寸为宽 3 米、高 3 米，设计闸底板高程为 64.8 米。大留寺引黄泵站设计流量为 10.23 立方米每秒，装机 750 千瓦，配套 3 台 1200ZQ-70D 型潜水轴流泵，单泵流量 3.41 立方米每秒，扬程 5.2 米，电机功率 250 千瓦，泵室底板高程为 62.5 米。

4）马寨引黄泵站

1975 年曾修建 1 座马寨串淤闸，后报废。1990 年利用黄河滩区治理资金 21.3 万元，在周营上延控导工程的马寨串沟口处，修建 1 座 2 孔引水闸，孔高 2.5 米、宽 2 米。后因黄河水位下切，水闸底板过高引水困难，闸废弃。2014 年利用引黄灌区应急水源工程资金在原闸址处新建 1 座浮箱式提水泵站，既解决了石头庄灌区引水困难和天然文岩渠水源紧缺的问题，又作为左寨灌区下游抗旱应急水源。泵站设计流量为 6 立方米每秒，装机 360 千瓦，配套 4 台 600ZLB-125 型轴流泵，单泵流量 1.5 立方米每秒，扬程 3 米，电机功率 90 千瓦，泵站出水池底高程为 62.5 米。

3. 渠系配套

左寨灌区有引水渠 2 条、干渠 1 条、支渠 11 条、排水沟 1 条，支渠兼顾排水功能，分述如下。

1）禅房引水渠

从禅房闸至左寨闸，全长 5.07 公里，长垣境内长 2.07 公里。底宽 8 米，边坡 1:1.5，纵坡 1/4000。支渠左寨一支：又名东风干渠，从禅房引水渠至双庙，全长 19.05 公里，底宽 1.5 米，边坡 1:1.5，纵坡 1/6000。

2）左寨干渠

从左寨闸至马寨,全长 19.05 公里。底宽 4~8 米,边坡 1:2,纵坡 1/6000。2016 年灌区进行节水配套改造,对左寨闸下游 2 公里渠道进行了现浇混凝土边坡衬砌。

3）支渠

支渠 10 条:

左寨二支:从后文户到杨庄西,全长 5.99 公里,底宽 3 米,边坡 1:1.5,纵坡 1/5000。

左寨三支:从西沙窝西至西辛庄入四支渠,全长 9.08 公里,底宽 2 米,边坡 1:1.5,纵坡 1/5000。

左寨四支:从恼里东至天然渠,全长 8.14 公里,底宽 4 米,边坡 1:1.5,纵坡 1/3000。

左寨五支:从高寨西至天然文岩渠,全长 6.44 公里,底宽 2 米,边坡 1:1.5,纵坡 1/3000。

左寨六支:从茅芦店至天然文岩渠,全长 6.66 公里,底宽 2 米,边坡 1:1.5,纵坡 1/6000。

左寨七支:从姜堂北至天然文岩渠,全长 5.6 公里,底宽 2 米,边坡 1:1.5,纵坡 1/4000。

左寨八支:从杨寨至杨桥,全长 5.83 公里,底宽 2 米,边坡 1:1.5,纵坡 1/5000。

左寨九支:从张寨至天然文岩渠,全长 3.95 公里,底宽 1.5 米,边坡 1:1.5,纵坡 1/4000。

左寨十支:从前马寨至天然文岩渠,全长 4.02 公里,底宽 3 米,边坡 1:1.5,纵坡 1/6000。

马寨支渠:从黄河生产堤至天然文岩渠,全长 4.67 公里,底宽 2.6 米,边坡 1:2.5,纵坡 1/4000。

4）大留寺引水渠

2017 年开挖,从大留寺闸至高寨村,全长 4.87 公里,底宽 7~5 米,边坡 1:2~1:2.5,纵坡 1/5000。

4. 排水沟系

左寨沟因紧邻贯孟堤,又称贯孟堤沟,自西沙窝至前马寨,全长 18.95 公里,底宽 1~3.5 米,边坡 1:1.5,纵坡 1/6000~1/20275。

5. 灌区治理

1）初始配套阶段(1970—1988 年)

左寨干渠长 18.4 公里,于 1970 年开挖配套;支渠 10 条长 74.8 公里,于 1965—1972 年逐步形成。左寨灌区自建成以来,因地处黄河滩区,受黄河多次漫滩影响,水利设施损坏严重,有效灌溉面积衰减严重。

2）滩区治理阶段(1989—1996 年)

1989 年国家拨专款治理滩区,从 1989—1996 年共实施三期综合治理,有效改善了农业生产条件。

3）停滞老化阶段(1997—2014 年)

灌区运行多年,期间未投入足够的维护和整修工作,致使灌区工程破旧、老化,加之原有渠系建筑物本身建设标准低、规模不够,输配水功能严重衰退,致使灌区有效灌溉面积衰减,粮食产量低而不稳。

4）节水配套改造阶段(2015—2018 年)

2015 年 7 月,河南省水利厅、财政厅下发了《关于编报 2015 年农业综合开发中型灌区节水配套改造项目实施方案的通知》(豫水农〔2015〕62 号)(简称《通知》)文件,左寨灌区在实施项目之列。按照《通知》要求,长垣县编报了《农业综合开发中型灌区节水配套改造项目——河南省长垣县左寨灌区节水配套改造项目实施方案》。2015 年 11 月,河南省水利厅、财政厅下发《关于 2015 年农业综合开发中型灌区节水配套改造项目实施计划(实施方案)的批复》(豫水农〔2015〕97 号),批复渠道疏浚、衬砌 97.45 公里,配套渠系建筑物 77 座,重建管理房 190 平方米。总投资 1456.3 万元,其中中央投资 1000 万元、省级财政投资 400 万元,县级自筹 56.3 万元。工程于 2016 年 4 月开工,2017 年 12 月竣工。完成渠道疏浚、衬砌 112.93 公里,各类渠系建筑物 91 座,管理房 190 平方米。完成土方 40.57 万立方米、砌体 0.60 万立方米、混凝土及钢筋混凝土 0.74 万立方米,完成总投资 1456.28 万元。新增灌溉面积 3.0 万亩,改善灌溉面积 4.5 万亩,年可增加粮食生产能力 972 万公斤,年可节约用水 250 万立方米。

6. 建设与投资

经过滩区水利建设和灌区节水配套改造,左寨灌区已成为长垣县境内自成体系的国家中型灌区。1989—1996 年整个滩区(包括左寨灌区和郑寨灌区)水利建设投资 3593.45 万元,2015—2022 年灌区投资 1456.28 万元。

7. 管理机构

左寨灌区 2008 年之前没有专设管理机构,委托恼里镇水利站管理跨县引水总干渠事宜,天然文岩渠管理所负责左寨干渠的管理。2008 年,在水管体制改革中,长垣县机构编制委员会批复成立左寨灌区管理所,规格相当于股级,经费实行差额预算管理,核定人员编制 28 人。2020 年,长垣市机构编制委员会下发了《关于长垣市水利局所属事业单位机构编制调整的通知》(长编〔2020〕44 号),将左寨灌区管理所承担的行政职能划入市水利局,更名为左寨灌区所,为公益二类事业单位,机构规格为股级,差额拨款事业编制 13 名。

左寨灌区管理所第一任所长为胡相周,现任所长为蔡存涛。管理所办公地点位于恼里镇,修建于 20 世纪六七十年代的管理房年久失修破损严重,2016 年利用农业综合开发中型灌区节水配套改造项目资金对其进行了重建,重建管理房 1 处,面积 190 平方米,为两层砖混结构。

左寨灌区干支渠(沟)设计成果见表 3-21。

(二)郑寨灌区

郑寨灌区位于长垣市东北部,东邻黄河,西至天然文岩渠,南到石头庄总干渠,北与濮阳接壤,南北长 23 公里,东西宽 5 公里,灌区总面积 17.07 万亩,灌区内耕地面积 12.45 万亩,包括武邱乡、苗寨镇的全部和芦岗乡的部分耕地,灌区设计灌溉面积 8.5 万亩,为河南省 261 个中型灌区之一。

1. 兴建背景

为了长垣黄河滩区北部能够引黄灌溉,1965 年郑寨渠首闸开始施工,1966 年 2 月建成。1965—1972 年逐步开挖郑寨干渠及宗寨支渠等 9 条支渠。1987 年,为补充水源,增加引水量,修建贾庄引黄闸。1987—2000 年逐步开挖武邱三支渠等 3 条支渠,形成现在的骨干渠道。近年来黄河水位下降(小浪底调水调沙),导致引黄闸引水量不足,2018 年在郑寨引黄闸前修建了郑寨引黄泵站,2021 年在贾庄引黄闸前修建了贾庄引黄泵站。

2. 引水口门

1)郑寨引黄闸

郑寨引黄闸(见图 3-35)位于周营控导工程 3~4 号坝之间。工程于 1965 年 11 月开工,1966 年 2 月建成。该闸系混凝土排架结构,闸孔为 3 孔,每孔宽、高各 2 米,设计引水流量 10 立方米每秒,加大流量 15 立方米每秒。1966 年 2 月 22 日正式放水。1981 年改建郑寨进水闸,设计流量为 5.0 立方米每秒,加大流量 7.5 立方米每秒。2014 年对该闸进行了重建,混凝土排架结构,闸孔为 2 孔,每孔宽、高各 2.5 米,闸底板高程 62.1 米,设计引水流量 10 立方米每秒。后因黄河水位下切导致闸底板过高无法自动引水,2018 年在郑寨引黄闸前修建了郑寨引黄泵站,作为灌区引水口门。

表3-21　左寨灌区干支渠（沟）设计成果

序号	渠名	上级渠道桩号	位置 起	位置 止	桩号 起	桩号 止	间距/公里	控制面积 灌溉/万亩	控制面积 排涝/平方公里	设计流量 灌溉/立方米每秒	设计流量 排涝/立方米每秒	设计灌溉水位/米 起	设计灌溉水位/米 止	比降
壹	灌溉工程													
一	禅房引水渠		禅房闸	左寨闸	0+000	5+073	5.073	17.01		12.09		68.27	67.06	1/4000
二	大留寺引水渠		大留寺闸	贯孟堤沟段	0+000	2+278	2.278	13		12.04		68.27	67.06	1/5000
			贯孟堤沟	高寨村	2+278	3+250	0.972	13		12.04		65.58	65.53	1/5000
三	左寨干渠	5+073	左寨闸	油坊寨	3+250	4+869	1.619	13		12.04		65.53	65.20	1/5000
			油坊寨	白河	0+000	6+095.6	6.096	13.00		7.28		67.06	65.29	1/6000
			白河		6+095.6	12+710.69	6.615	7.84		4.06		65.29	64.26	1/6000
				马寨	12+710.69	19+053	6.342	4.00		2.07		64.26	63.25	1/6000
四	支渠													
1	左寨一支	4+020	禅房引水渠	孙堂东	0+000	9+723.5	9.724	4.01		2.25		67.57	65.79	1/6000
			孙堂东	双庙	9+723.5	19+048.6	9.325	1.69		0.95		65.79	64.23	1/6000
2	左寨二支	1+200	后文户	天然渠	0+000	5+985.7	5.986	1.10	10	0.57	4.24	66.40	65.20	1/5000
3	左寨三支	3+443	西沙窝西	天然渠	0+000	9+075	9.075	1.43	11	0.74	4.66	66.10	63.93	1/5000
4	左寨四支	5+700	楇里东	冯寨	0+000	4+621.4	4.621	1.74	5	0.90	2.12	65.39	63.85	1/3000
			冯寨	天然渠	4+621.4	8+141.6	3.520	1.15	14	0.59	5.94	63.85	62.60	1/3000
5	左寨五支	7+880	高占西	龙相北	0+000	4+233.2	4.233	1.20	5	0.62	2.12	68.08	63.07	1/3000
			龙相北	天文渠	4+233.2	6+440.9	2.209	0.50	17	0.26	7.21	63.07	62.28	1/3000
6	左寨六支	10+167	茅芦店	天文渠	0+000	6+658.6	6.659	1.03	12	0.53	5.09	64.34	63.23	1/6000
7	左寨七支	11+890	姜堂北	天文渠	0+000	5+601.4	5.601	1.24	9.5	0.64	2.00	64.27	62.47	1/4000
8	左寨八支	13+950	杨寨	杨桥	0+000	5+833.2	5.833	1.25	12	0.65	5.09	64.01	62.38	1/5000
9	左寨九支	16+550	张占	天文渠	0+000	3+952.2	3.952	1.02	12.8	0.53	5.43	63.44	62.36	1/4000
10	左寨十支	18+430	前马占	天文渠	0+000	4+015.2	4.015	1.10	11	0.57	4.66	63.02	62.25	1/6000
11	马寨支渠	19+053	黄河生产堤	天文渠	0+000	4+669.6	4.670	0.6	7	0.56	1.90	62.18	61.40	1/6000
贰	排水工程													
1	左寨沟		西沙窝	祝寨	0+000	9+536.8	9.54		20		8.48	67.80	66.15	1/3000 / 1/6000
			祝寨	前马寨	9+536.8	18+947.1	9.41		46		10.0	66.15	64.81	1/6000 / 1/20275

图 3-35　郑寨引黄闸

2）贾庄引黄闸

贾庄引黄闸于 1987 年修建，结构为 2 孔，每孔宽、高各 2 米，设计引水流量 10 立方米每秒，为郑寨灌区第二水源。2014 年对该闸进行了重建，混凝土排架结构，闸孔为 2 孔，每孔宽、高各 2 米，闸底板高程为 60.38 米。设计引水流量 10 立方米每秒。后因黄河水位下切导致闸底板过高无法自动引水，2021 年在贾庄引黄闸（见图 3-36）前修建了贾庄引黄泵站，作为灌区第二引水口门。

图 3-36　贾庄引黄闸

3）郑寨引黄泵站

郑寨灌区渠首闸最初为郑寨引黄闸，后因小浪底水库调水调沙多次运用，黄河水位下切了将近 3 米，郑寨闸闸前水位降低,引水困难。为了解决灌区引水不足问题,2018 年在长垣市郑寨灌区节水配套改造项目中,新建郑寨引黄泵站及泵站配套闸作为灌区灌溉水源。泵站为浮筒式,设计流量为 10 立方米每秒,配套 4 台 36ZLB-85 型潜水轴流泵,单泵流量 2.5 立方米每秒,扬程 5.4 米,单机功率 155 千瓦,出水池底板高程为 62.5 米。泵站配套闸设计过水能力 6.56 立方米每秒,2 孔,单孔闸门尺寸为宽 2.5 米、高 3米,设计闸底板高程为 62.1 米。

4)贾庄引黄泵站

21 世纪以来,黄河中游的小浪底水库多年调水调沙运用,致使中下游的河道主河槽下切,贾庄闸闸前水位降低,引水困难。为了解决郑寨灌区中下游引水不足问题,2021 年长垣市新建贾庄引黄泵站,设计流量为 5.26 立方米每秒。

3.渠系配套

郑寨灌区全部为灌排合一渠道,有干渠 1 条、引水渠 1 条、支渠 12 条,分述如下。

1)郑寨干渠(含贾庄干渠)

郑寨干渠(含贾庄干渠)从郑寨闸至长村里,全长 25.55 公里,底宽 2.5~0.5 米,边坡 1:1.5,纵坡1/10000~1/6000。郑寨干渠自苏旧城北贾庄引水渠连通处至长村里段一般又被称为贾庄干渠。支渠12 条:

(1)王寨支渠。从金寨南至程寨北,长 4.28 公里,底宽 0.5 米,边坡 1:1.5,纵坡 1/8000。

(2)宗寨支渠。从宗寨至尚寨北,长 4.29 公里,底宽 0.5 米,边坡 1:1.5,纵坡 1/7000。

(3)九岗支渠。从九岗东南至宋庄,长 4.06 公里,底宽 1 米,边坡 1:1.5,纵坡 1/5000。

(4)韩寨支渠。又名马野庄支渠。自马野庄东至韩寨,长 4.40 公里,底宽 1.0~1.5 米,边坡 1:1.5,纵坡 1/5000。

(5)林寨支渠。自东旧城至林寨,长 4.59 公里,底宽 0.5~1.0 米,边坡 1:1.5,纵坡 1/6000。

(6)何自支渠,又名武邱一支渠。自胡口北至何自,长 3.54 公里,底宽 0.5 米,边坡 1:1.5,纵坡 1/6000。

(7)胡口支渠,又名东干渠。自胡口至北何寨,长 9.24 公里,底宽 1.0~2.0 米,边坡 1:1.5,纵坡 1/6000。

(8)卓寨支渠,又名武邱二支渠。自卓寨东至青城,长 5.26 公里,底宽 0.5 米,边坡 1:1.5,纵坡 1/6000。

(9)尚寨支渠,又名武邱四支渠。自尚寨至灰池,长 4.66 公里,底宽 0.5 米,边坡 1:1.5,纵坡 1/5000。

(10)陈寨支渠,又名武邱五支渠。自陈寨至勾家,长 2.88 公里,底宽 0.5 米,边坡 1:1.5,纵坡 1/5000。

(11)茅庄支渠,又名武邱六支渠。自茅庄至神台庙,长 5.27 公里,底宽 0.5 米,边坡 1:1.5,纵坡 1/6000。

(12)三合支渠。又名武邱七支渠,自罗家至曹店,长 2.83 公里,底宽 2 米,边坡 1:1.5,纵坡 1/5000。

2)贾庄引水渠

从贾庄闸至郑寨干渠,全长 1.31 公里,底宽 6 米,边坡 1:1.5,纵坡 1/6000。

4. 灌区治理

1）初始配套阶段（1965—1988 年）

郑寨引黄闸于 1965 年 11 月开工，1966 年 2 月建成，1966 年 2 月 22 日正式放水。1987 年修建贾庄引黄闸为郑寨灌区第二水源。

2）滩区治理阶段（1989—1996 年）

1989 年国家拨专款治理滩区，1989—1996 年共实施三期综合治理，有效改善了农业生产条件。

3）停滞老化阶段（1997—2017 年）

灌区运行多年，期间未投入足够的维护和整修工作，致使灌区工程破旧、老化，加之原有渠系建筑物本身建设标准低、规模不够，输配水功能严重衰退，致使灌区有效灌溉面积衰减，粮食产量低而不稳。

4）农业综合开发郑寨灌区节水配套改造项目（2018—2020 年）

2018 年 4 月，河南省水利厅、财政厅下发《关于 2018 年农业综合开发中型灌区节水配套改造项目实施计划的批复》（豫水农〔2018〕16 号），批复长垣县郑寨灌区工程建设内容为：渠道治理 72.20 公里，配套渠系建筑物 33 座，批复总投资 1400 万元，其中中央投资 1000 万元、省级财政投资 400 万元。该工程于 2018 年 12 月开工，2020 年 3 月竣工。完成渠道疏浚 72.2 公里，各类渠系建筑物 32 座。完成土方 34.52 万立方米、砌体 0.18 万立方米、混凝土及钢筋混凝土 0.38 万立方米，完成总投资 1400 万元。恢复灌溉面积 1.6 万亩，改善灌溉面积 4.5 万亩，年可增加粮食生产能力 519.5 万公斤，年增供水能力 3326.4 万立方米。

5）续建配套与节水改造项目（2021—2023 年）

2021 年 1 月 12 日，水利部办公厅、财政部办公厅联合印发了《关于全国中型灌区续建配套与节水改造项目实施方案（2021—2022 年）的通知》（办农水〔2021〕10 号），郑寨灌区列入全国中型灌区续建配套与节水改造项目（2021—2022 年）。

2021 年 3 月，长垣市水利局印发《关于郑寨灌区续建配套与节水改造项目总体实施方案的批复》（长水〔2021〕29 号），批复郑寨灌区建设内容为：泵站配套桥式起重机 1 套，配套电力设施 1 套；郑寨干渠改造及衬砌 26.45 公里，其中渠首改造 1.15 公里，渠道衬砌 25.3 公里；支渠改造 5 条长 11.474 公里，支渠穿村段衬砌及防护 4 条长 4.745 公里；新（重）建生产桥 62 座，维修生产桥 2 座；新（重）建涵洞 8 座；新（重）建水闸 21 座，改造水闸 11 座；新（重）建斗门 39 座；建设灌区管理房 1 处，建设信息化平台 1 处，配套量测水设施 57 处，自动化控制设备 34 套，监控设备 59 处。批复工程总投资 8654.01 万元，其中中央及省级补助资金 6083 万元，县级自筹 2571.01 万元，项目分 2021 年度、2022 年度两个年度实施。

郑寨灌区续建配套与节水改造项目 2021 年度工程：于 2021 年 8 月开工，2022 年 3 月完工。完成泵站配套起重机 1 套、电力设施 1 套；郑寨干渠改造及衬砌长 12.13 公里，其中渠道修整 1.15 公里，渠道衬砌 10.98 公里；支渠改造 3 条长 5.765 公里，支渠穿村段衬砌 1 条长 1.96 公里；新（重）建生产桥 33 座，维修生产桥 1 座；新（重）建水闸 18 座，改造水闸 11 座；重建斗门 2 座；建设灌区管理房 1 处；建设信息化平台 1 处；配套量测水设施 27 处、自动化控制设备 34 套、监控设备 29 处。

郑寨灌区续建配套与节水改造项目 2022 年度工程：于 2022 年 8 月开工。截至 2022 年 12 月底已完成新建提排站 3 座；郑寨干渠渠道衬砌 14.32 公里；穿村段安装防护栏杆 7.2 公里，新建安全踏步 71 处；支渠改造 2 条长 5.709 公里，支渠穿村段衬砌 2 条长 1 公里；安装防护栏杆 2.17 公里，新建安全踏步 38 处；新（重）建生产桥 22 座，维修生产桥 1 座；新（重）建涵洞 6 座；新（重）建水闸 2 座；新（重）建斗门 19

座;配套明渠量测水设施30处、明渠监控设备30处。

5. 建设与投资

经过滩区水利建设和灌区节水配套改造,郑寨灌区已成为长垣县境内自成体系的国家中型灌区。1989—1996年整个滩区(包括左寨灌区和郑寨灌区)水利建设投资3593.45万元,2018—2020年灌区投资1400万元。

6. 管理机构

郑寨灌区没有专设管理机构,由石头庄灌区管理所进行管理。2008年之前,郑寨闸由石头庄灌区管理所代管,征收芦岗乡水费;贾庄引黄闸由杨小寨管理所代管,征收苗寨、武邱2个乡(镇)水费。2008年在水管体制改革中,石头庄灌区管理局成立,郑寨灌区由石头庄灌区管理局管理。2020年,长垣市机构编制委员会下发了《关于长垣市水利局所属事业单位机构编制调整的通知》(长编〔2020〕44号),将石头庄灌区管理局承担的行政职能划入市水利局,更名为石头庄灌区所,为公益二类事业单位,机构规格为副科级,差额拨款事业编制30名。

郑寨灌区干支渠设计成果见表3-22。

三、早期其他灌区

(一)孙东灌区

孙东灌区始建于1966年,位于县西南部,南邻太行堤,西界常村,北至文明南支,东到王堤公路沟,包括常村、南蒲、樊相、蒲西4个乡(镇、办事处)的一部分,受益面积3133.33公顷,是利用排水河道灌溉的首次尝试。

1. 引水闸门

孙东引水闸(见图3-37)位于太行堤桩号11+700处,单孔涵闸,涵洞1.5米×1.5米,长34米,底板高程61.66米,于1966年5月开工,10月竣工,设计过水能力5立方米每秒,加大7.5立方米每秒,投资3.8万元。由于黄河河床逐年淤积抬高和大堤的加高培厚,孙东涵洞外堤身受洞长的限制,堤宽仅为3米,与设计堤顶宽差一半,堤防坡度亦达不到设计标准,影响到防洪安全和防汛交通。1987年废除围堵,另建新闸。

新涵闸位于旧涵闸下游100米,太行堤桩号11+600处,新洞轴线与堤身垂直,结构为钢筋混凝土单孔箱形涵洞,孔口尺寸为2米×2.4米,涵洞纵坡为1/5000,改建后的新涵闸设计流量和加大流量仍不变,新闸室底板高程为62.00米,设计水位63.26米,最高运用水位65.27米,设计防洪水位70.28米,校核防洪水位71.28米,设计地震烈度为7级。主闸门系钢筋混凝土平板直升门,采用15吨螺杆式启闭机。1988年3月3日改建工程开工,10月底竣工,完成投资84.8万元。

2. 输水渠道

通过孙东引水干渠,经王堤潭洼、常村沟、甄太沟、王堤沟、文明南支,沿渠提水灌溉。20世纪80年代中期,利用旱涝保收田建设、粮食基地建设进行了田间工程配套,相继开挖了常村沟、甄太支渠、大张沟和一些斗农沟,提灌效益十分明显。1993年,将孙东提灌区纳入大功灌区,大功一干渠将一些主要输水沟截断。从此,孙东引水闸很少利用。

表 3-22　郑寨灌区干支渠设计成果

序号	渠名	上级渠道桩号	位置起	位置止	桩号起	桩号止	间距/公里	控制面积 灌溉/万亩	控制面积 排涝/平方公里	设计流量 灌溉	设计流量 排涝	设计灌溉水位 起/米	设计灌溉水位 止/米	底宽/米	边坡	比降
一	郑寨干渠		郑寨闸	苏旧城	0+000	10+429	10.43	8.5		7.38		64.78	63.39	2.5	1:1.5	1/10000
			苏旧城	三义村	10+429	17+397	6.97	6.6		4.87		63.39	61.74	2.5~1.5	1:1.5	1/10000
			三义村	长村里	17+397	25+546	8.15	3.4		2.51		61.74	60.70	1.5~0.5	1:1.5	1/6000
二	贾庄引水渠		贾庄闸	郑寨干渠	0+000	1+307	1.31	5.4		4.87		62.41	62.19	6.0	1:1.5	1/6000
三	支渠															
1	王寨支渠	1+150	金寨	王寨	0+000	2+050	2.05	0.65		0.48		63.57	63.17	0.5	1:1.5	1/8000
			王寨	程寨北	2+050	4+280	2.23	0.39	4.33	0.29	1.84	63.17	62.72	0.5	1:1.5	1/8000
2	宗寨支渠	4+505	宗寨	武寨北	0+000	2+008	2.01	1.10		0.72		62.75	62.46	0.5	1:1.5	1/7000
			武寨	尚寨北	2+008	4+289	2.28	0.60	7.34	0.39	3.11	62.46	61.88	0.5	1:1.5	1/7000
3	九岗支渠	6+684	九岗东南	九岗南	0+000	1+857	1.86	1.10		0.72		62.31	61.94	1.0	1:1.5	1/5000
			九岗南	末庄	1+857	4+056	2.20	0.60	7.34	0.39	3.11	61.94	61.68	1.0	1:1.5	1/5000
4	韩寨支渠	9+635	乌野庄东	坟台	0+000	2+598	2.60	1.10		0.72		62.14	61.48	1.0	1:1.5	1/5000
			坟台	韩寨	2+598	4+394	1.80	0.60	7.34	0.39	3.11	61.48	60.86	1.5	1:1.5	1/5000
5	林寨支渠	11+817	东旧城	李拐	0+000	2+985	2.98	1.15		0.75		62.02	61.52	0.5	1:1.5	1/5000
			李拐	林寨	2+985	4+595	1.61	0.65	7.67	0.42	3.25	61.52	60.99	1.0	1:1.5	1/6000
6	何自支渠	13+717	胡口	何自	0+000	3+540	3.54	0.40	6.67	0.26		61.50	60.91	0.5	1:1.5	1/6000
7	胡口支渠	13+744	胡口	北何寨	0+000	9+243	9.24	0.90	6.67	0.59	2.83	62.17	60.51	1.0~2.0	1:1.5	1/6000
8	卓寨支渠	16+115	卓寨东	武寨	0+000	1+951	1.95	1.02		0.67		61.48	61.08	0.5	1:1.5	1/6000
			武邱	青城	1+951	5+260	3.31	0.62	6.80	0.41	2.88	61.08	60.43	0.5	1:1.5	1/6000
9	尚寨支渠	16+775	尚寨	后干寨	0+000	2+838	2.84	1.18		0.77		61.42	60.76	0.5	1:1.5	1/6000
			后干寨	灰池	2+838	4+659	1.82	0.63	7.87	0.41	3.34	60.76	60.29	0.5	1:1.5	1/5000
10	陈寨支渠	18+345	陈庄	勾家	0+000	2+881	2.88	0.4		0.29		60.6	59.83	0.5	1:1.5	1/5000
11	茅庄支渠	20+458	茅庄	大鲍寨	0+000	2+396	2.39	2.05		1.34		61.04	60.47	0.5	1:1.5	1/5000
			大鲍寨	神台庙	2+396	5+277	2.88	1.00	11.67	0.65	4.95	60.47	59.80	0.5	1:1.5	1/6000
12	三合支渠	21+778	罗家	曹店	0+000	2+828	2.83	0.4		0.29		60.1	59.23	0.5	1:1.5	1/5000

图 3-37　孙东引水闸

3.管理机构

1980 年,建立孙东灌区管理所,亦称抗旱除涝管理所,王玉轩任所长。1984 年张新兴任所长,所址在王堤集北公路西侧。1987 年迁到县城北关。1993 年更名为大功灌区管理所,灌区合并入大功灌区。

(二)大车灌区

灌区始建于 1983 年,位于太行堤以北、长孟公路以南、临黄大堤以西、王堤公路以东,包括魏庄、南蒲、孟岗 3 个镇(办事处)部分地区,设计灌溉面积 7933.33 公顷。

1.引水闸门

1)穿堤引水涵闸

穿堤引水涵闸由河南省黄河河务局规划设计,濮阳市黄河修防处施工一队承建,1984 年 11 月 16 日开工,1985 年 10 月竣工。结构形式为单孔钢筋混凝土箱形,闸孔高 2.7 米、宽 2.5 米,设计流量 10 立方米每秒,加大流量 20 立方米每秒,总投资 80.90 万元。

2)分水联合闸

消力池下建有向 3 个方向输水的枢纽闸,其中向总干渠输水的闸为 2.5 米×2 米,向临黄截渗沟输水的闸孔为 2.5 米×2 米,向太行截渗沟输水的闸孔为 2.5 米×2 米。

2.输水渠道

1)大车总干渠

大车闸到任寨南截渗沟,全长 4.74 公里。起点高程 62.10 米,止点高程 61.51 米。底宽 4 米,边坡1:2,纵坡 1/8000,水深 1.55 米。总干渠以下分两支渠向下输水,向南蒲方向输水的有二干渠截渗沟中段、联通王堤沟、何寨沟;向魏庄、孟岗方向输水的是二干渠截渗沟下段。

2).临黄截渗沟

1974 年为背河洼地排涝截渗开挖,南起大车闸,经梁寨、东了墙、董寨、信寨到香里张,全长 12.6 公里。起点高程 61.65 米，止点高程 60.35 米，底宽 3 米，水深 2.5 米，纵坡 1/10000，边坡 1:3，是大车灌区向北送水的主要渠道，因临黄大堤淤背，局部河段淤塞，2001 年全线疏通。沟上建桥梁 16 座。

3）太行截渗沟

从大车顺太行堤，经合阳到夹堤，全长 7.3 公里。起点高程 61.55 米，止点高程 61.08 米。底宽 2 米，水深 2.2 米，纵坡 1/10000，边坡 1:2.5。该沟于 1974 年开挖，渠线断断续续，基本上不通。

3. 管理机构

大车灌区没有列入正式灌区，由天然文岩渠管理所代管，1993 年并入大功灌区。

大车闸见图 3-38。

图 3-38　大车闸

（三）红旗灌区

红旗灌区是大功灌区的前身，也是长垣县最早的引黄灌区，始建于 1958 年，由于严重的内涝盐碱灾害，被迫于 1961 年停灌。

当时利用引黄济卫水源开发建设的引黄灌区，故称卫东灌区，亦称永丰渠，是红旗灌区的一部分。该灌区南从原阳、封丘灌渠引水，通过天然渠从大里薛、冯村、南辛兴穿太行堤北送。灌区包括赵岗（划归封丘）、常村、张寨、魏庄、城关、樊相等地，设计引水量 10 立方米每秒，设计灌溉面积 2.59 万公顷。工程于 1958 年 2 月动工，3 月底完成，4 月 2 日正式放水。动用民工 3.56 万人，历时 37 天，开挖干渠 2 条长 35.1 公里、支渠 9 条长 810 公里、斗渠 129 条长 240 公里、农渠 450 条长 900 公里，共计 590 条长 1985.1 公里。完成土方 258.67 万立方米，修筑进水闸 12 座、节制闸 11 座、公路桥 4 座、生产桥 65 座。干渠建筑物由国家投资，支渠建筑物由国家补助，小型建筑物群众自办。总投资（劳务除外）111.62 万元。当年纳入红旗灌区，卫东灌区仅是一时命名而已。

1958—2022 年长垣市各灌区历年引水灌溉情况见表 3-23。

表3-23　1958—2022年长垣市各灌区历年引水灌溉情况

年份	大功灌区 引水量/亿立方米	大功灌区 浇地/万公顷	石头庄灌区 引水量/亿立方米	石头庄灌区 浇地/万公顷	杨小寨灌区 引水量/亿立方米	杨小寨灌区 浇地/万公顷	左寨灌区 引水量/亿立方米	左寨灌区 浇地/万公顷	郑寨灌区 引水量/亿立方米	郑寨灌区 浇地/万公顷	大车灌区 引水量/亿立方米	大车灌区 浇地/万公顷	孙东灌区 引水量/亿立方米	孙东灌区 浇地/万公顷	合计 引水量/亿立方米	合计 浇地/万公顷
1958	1.95	1.85													1.95	1.85
1959	1.61	1.53													1.61	1.53
1960	0.69	0.66													0.69	0.66
1961	0.35	0.33													0.35	0.33
1962																
1963																
1964							0.10	0.08							0.10	0.08
1965							0.11	0.09							0.11	0.09
1966							0.13	0.08	0.08	0.07					0.21	0.15
1967							0.10	0.08	0.09	0.07			0.10	0.17	0.29	0.32
1968							0.15	0.09	0.11	0.09			0.14	0.20	0.40	0.37
1969									0.10	0.09			0.14	0.21	0.24	0.30
1970			0.18	0.22					0.10	0.09			0.12	0.20	0.40	0.50
1971			0.19	0.29			0.10	0.10	0.11	0.09			0.16	0.25	0.56	0.73
1972			0.31	0.17					0.12	0.11			0.18	0.27	0.61	0.54
1973			0.17	0.27			0.15	0.11	0.11	0.10			0.18	0.27	0.61	0.75
1974			0.14	0.23			0.02	0.02	0.12	0.10			0.19	0.29	0.47	0.64
1975			0.21	0.21			0.02	0.03	0.11	0.11			0.16	0.27	0.50	0.62
1976			0.23	0.25			0.03	0.03	0.12	0.11			0.16	0.27	0.54	0.67
1977			0.15	0.21			0.15	0.11	0.12	0.11			0.19	0.29	0.61	0.72
1978			0.24	0.20			0.20	0.14	0.12	0.12			0.20	0.30	0.76	0.76
1979			0.20	0.25			0.10	0.08	0.11	0.13			0.18	0.28	0.59	0.82
1980			0.18	0.57			0.12	0.09	0.12	0.13			0.17	0.29	0.59	1.17

续表 3-23

年份	大功灌区		石头庄灌区		杨小寨灌区		左寨灌区		郑寨灌区		大牟灌区		孙东灌区		合计	
	引水量/亿立方米	浇地/万公顷	引水量/亿立方米	浇地/万公顷	引水量/亿立方米	浇地/万公顷	引水量/亿立方米	浇地/万公顷	引水量/亿立方米	浇地/万公顷	引水量/亿立方米	浇地/万公顷	引水量/亿立方米	浇地/万公顷	引水量/亿立方米	浇地/万公顷
1981			0.14	0.67			0.16	0.13	0.11	0.13			0.19	0.29	0.60	1.23
1982			0.35	0.80	0.30	0.14	0.14	0.11	0.12	0.14			0.19	0.27	1.10	1.46
1983			0.40	0.73	0.31	0.10	0.12	0.09	0.11	0.15			0.18	0.27	1.12	1.34
1984			0.23	0.73	0.20	0.08	0.13	0.11	0.12	0.17			0.19	0.27	0.87	1.36
1985			0.30	0.73	0.14	0.10	0.13	0.10	0.11	0.15	0.10	0.13	0.20	0.29	0.88	1.37
1986			0.25	0.68	0.20	0.11	0.17	0.13	0.11	0.19	0.14	0.20	0.22	0.29	1.05	1.53
1987			0.30	0.66	0.20	0.13	0.14	0.11	0.14	0.21	0.18	0.27	0.23	0.28	1.15	1.59
1988			0.31	0.70	0.20	0.13	0.14	0.11	0.15	0.23	0.20	0.30	0.24	0.29	1.22	1.73
1989			0.36	0.72	0.2	0.17	0.10	0.07	0.14	0.23	0.19	0.32	0.23	0.28	1.23	1.77
1990			0.38	0.63	0.24	0.21	0.08	0.06	0.15	0.23	0.18	0.30	0.20	0.27	1.24	1.71
1991			0.35	0.69	0.30	0.22			0.14	0.23	0.19	0.31	0.18	0.27	1.15	1.71
1992			0.38	0.68	0.30	0.23			0.15	0.23	0.18	0.31	0.14	0.25	1.16	1.70
1993			0.43	0.72	0.21	0.22	0.16	0.13	0.14	0.22	0.17	0.32	0.12	0.23	1.24	1.83
1994	0.16	0.30	0.40	0.73	0.26	0.22	0.21	0.21	0.14	0.24	0.18	0.31			1.34	2.22
1995	0.18	0.33	0.40	0.75	0.29	0.22	0.33	0.31	0.15	0.23	0.18	0.32			1.53	2.16
1996	0.20	0.37	0.29	0.74	0.22	0.21	0.36	0.33	0.14	0.23	0.19	0.31			1.39	2.20
1997	0.16	0.31	0.46	0.72	0.23	0.21	0.39	0.37	0.14	0.21	0.17	0.30			1.57	2.12
1998	0.16	0.30	0.42	0.76	0.21	0.22	0.30	0.29	0.15	0.23	0.17	0.28			1.41	2.09
1999	0.15	0.30	0.49	0.73	0.22	0.22	0.29	0.27	0.13	0.24	0.16	0.27			1.45	2.04
2000	0.15	0.29	0.39	0.74	0.22	0.21	0.39	0.37	0.13	0.23	0.14	0.24			1.44	2.12
2001	0.14	0.29	0.32	0.76	0.22	0.21	0.38	0.36	0.13	0.22	0.19	0.27			1.33	2.09
2002	0.10	0.30	0.55	0.83	0.32	0.21	0.25	0.27	0.14	0.21	0.03	0.17			1.55	2.09
2003	0.14	0.29	0.27	0.75	0.19	0.20	0.11	0.33	0.09	0.20					0.83	1.94

续表 3-23

年份	大功灌区 引水量/亿立方米	大功灌区 浇地/万公顷	石头庄灌区 引水量/亿立方米	石头庄灌区 浇地/万公顷	杨小寨灌区 引水量/亿立方米	杨小寨灌区 浇地/万公顷	左寨灌区 引水量/亿立方米	左寨灌区 浇地/万公顷	郑寨灌区 引水量/亿立方米	郑寨灌区 浇地/万公顷	大车灌区 引水量/亿立方米	大车灌区 浇地/万公顷	孙东灌区 引水量/亿立方米	孙东灌区 浇地/万公顷	合计 引水量/亿立方米	合计 浇地/万公顷
2004	0.13	0.28	0.21	0.75	0.18	0.20	0.06	0.28	0.12	0.21					0.57	1.44
2005	0.13	0.29	0.24	0.80	0.23	0.23	0.13	0.37	0.11	0.22					0.86	2.04
2006	0.09	0.27	0.27	0.82	0.16	0.20	0.11	0.37	0.09	0.20	0.02	0.13			0.74	1.99
2007	0.07	0.27	0.29	0.83	0.23	0.22	0.16	0.57	0.06	0.19	0.02	0.13			0.84	2.25
2008	0.14	0.30	0.25	0.83	0.23	0.22	0.12	0.55	0.07	0.19	0.03	0.17			0.84	2.26
2009	0.30	0.52	0.31	0.87	0.24	0.23	0.34	0.77	0.08	0.20	0.03	0.17	0.13	0.24	1.50	3.13
2010	0.13	0.39	0.31	0.87	0.21	0.22	0.25	0.63	0.07	0.20	0.10	0.30	0.06	1.17	1.12	2.75
2011	0.13	0.41	0.34	0.90	0.31	0.23	0.29	0.72	0.06	0.19	0.09	0.27	0.08	0.20	1.26	2.86
2012	0.15	0.43	0.33	0.93	0.30	0.26	0.26	0.70	0.07	0.20	0.05	0.21	0.05	0.17	1.22	2.91
2013	0.23	0.41	0.60	1.33			0.31	0.70			0.06	0.22				
2014	0.14	0.30	0.37	0.72			0.11	0.37								
2015	0.13	0.28	0.28	0.78			0.16	0.57	0.08	0.25						
2016	0.31	0.54	0.41	0.79			0.13	0.37	0.08	0.25						
2017	0.13	0.29	0.55	1.22			0.20	0.66	0.08	0.25						
2018	0.32	0.58	1.65	3.72			0.13	0.37	0.07	0.25						
2019	0.23	0.42	0.80	2.13			0.02	0.19	0.09	0.25						
2020	0.52	0.70	0.53	1.20			0.01	0.17	0.14	0.31						
2021	0.39	0.56	0.90	2.28			0.03	0.22	0.05	0.25						
2022	0.13	0.28	0.65	1.26			0.02	0.20	0.04	0.25						

第五节 引黄调蓄工程与水生态文明城市建设

一、引黄调蓄工程 PPP 项目

(一)引黄调蓄工程立项背景

长垣市东邻黄河,全市水源以引黄为主。自天然文岩渠修建石头庄橡胶坝和瓦屋寨橡胶坝以后,天然文岩渠水生态状况得到极大改善,在农业灌溉方面,发挥了良好的工程效益。

但是,由于受黄河调水调沙影响,长垣市各引黄口门水位下降2.5米左右,引黄能力下降,全年大部分时间难以引水,无法满足市域用水需求,严重制约市域经济发展。2015年,为统筹开发利用好全县水资源,县委、县政府下定决心建设引黄调蓄工程。

(二)项目谋划

1. 省级立项情况

2014年7月,河南省发改委、省水利厅联合印发了《关于印发河南省引黄调蓄工程建设总体安排意见(2014—2020年)的通知》(豫发改农经〔2014〕1144号),其中长垣县引黄调蓄工程共新建5处,估算总投资67808.4万元,5处工程分别为蒲城调蓄工程、石头庄调蓄工程、瓦屋寨调蓄工程、王家潭调蓄工程、张野寨调蓄工程。

2. 长垣县引黄调蓄工程项目谋划

2015年9月,长垣县水利局局长孔德春组织召开"长垣县水系建设工程规划研讨会",传达县委、县政府关于水系建设的谋划设想,开展长垣县水系建设工程规划研讨。长垣县水利局初步研究确定长垣县水系建设工程主要内容是"引黄调蓄工程、县城及周边8条河流、水质涵养带(县城南临的高压线走廊,南北宽500米、东西长8公里)的规划建设"。

2015年10月11日,形成《长垣县水系建设工程规划情况说明》,经县委、县政府研究给予充分肯定,作为长垣重大项目推进实施。规划情况如下:

引黄调蓄工程:对石头庄调蓄工程、瓦屋寨调蓄工程、王家潭调蓄工程、张野寨调蓄工程、蒲城调蓄工程等5个调蓄工程进行了规划,规划总库容1790万立方米,总调蓄库容1550万立方米。建设内容为调蓄池整治、堤防加固、引供渠及配套、生态景观建设等。其中:①石头庄调蓄工程位于天然文岩渠上的石头庄橡胶坝上游,规划形成长30余公里的条形水库,总库容为850万立方米,总调蓄库容为760万立方米,水面面积约4050亩;②瓦屋寨调蓄工程位于天然文岩渠上的瓦屋寨橡胶坝上游,规划形成长19公里的条形水库,总库容为510万立方米,总调蓄库容为450万立方米,水面面积约3000亩;③王家潭调蓄工程位于南蒲办事处王堤村西北,规划形成水面面积600余亩的平原水库,总库容为120万立方米,总调蓄库容为100万立方米;④张野寨调蓄工程位于孟岗镇张野寨村西南,规划形成水面面积525亩的平原水库,总库容为160万立方米,总调蓄库容为140万立方米;⑤蒲城调蓄工程位于长垣县城区内,由4处调蓄湖组成,4处调蓄湖分布于长垣县老城区4个城角,4处总库容150万立方米,调蓄库容100万立方米,水面面积约800亩。

县城及周边河流:对县城及周边8条河流进行了规划,这8条河流分别为丁栾沟、文明渠、红山庙沟、王堤沟、何寨沟、邱村沟、东环城河、西环城河。8条河流总长87.35公里,本次规划长度64.8公里。建设内容为河流疏挖、堤防加固、拦蓄水闸及橡胶坝建设、水生态修复及绿化等。

水质涵养带:在县城南临的高压线走廊(南北宽500米、东西长8公里),建设水质涵养带,开挖河流自红山庙沟向东,连通王堤沟、何寨沟、乔堤沟、邱村沟,建设与周边景观融洽的水文化建筑,形成"节水、调水、蓄水、分洪、水质涵养"相结合的灌溉排涝水系,保障县城水质生态和防洪安全。建设内容为河流开挖、拦蓄水闸建设、水生态绿化等。

以上规划项目估算总投资18.06亿元,其中5处引黄调蓄工程估算投资6.78亿元,县城及周边8条河流治理估算投资6.48亿元,8公里长水质涵养带建设估算投资4.8亿元。

工程效益:通过调蓄工程建设、河流治理和水质涵养带建设,能够形成多水源保证的"引、调、蓄"相结合的灌溉局面,提高灌区的灌溉保证率,保证农业丰收,增加农民收入,促进县域经济的可持续发展,保障了粮食生产安全。提高了其控制区域内城区、乡(镇)的防洪除涝能力,解决了洪涝威胁,保证了区域内生产、生活安全,从根本上解决区域内洪水安全问题。长垣县水系建设工程利用现有的河流、坑塘等水利工程,形成人工池泊、运河水系网络,构建独特水陆景观,展现长垣水系的独特魅力。工程建成后将成为长垣的主要休闲、旅游资源,通过其他配套旅游设施的建设,可以形成高品位、大容量的休闲旅游产区,提升城市品位,打造宜居长垣。

(三)项目立项及PPP合同签订情况

1.重大项目库申报

2015年11月,在重大项目库项目申报时,将长垣水系建设分成了2个项目进行申报,即长垣县引黄调蓄工程和长垣县防汛除涝及水生态文明城市建设工程。其中,长垣县引黄调蓄工程由建设5处改为4处,分别为蒲城调蓄工程、石头庄调蓄工程、瓦屋寨调蓄工程、王家潭调蓄工程。其中,蒲城调蓄工程位于长垣县城区内,由4个调蓄湖组成,总库容150万立方米,调蓄库容100万立方米,水面面积约800亩。石头庄调蓄工程位于天然文岩渠上的石头庄橡胶坝上游,总库容850万立方米,调蓄库容760万立方米,水面面积约4050亩。瓦屋寨调蓄工程位于天然文岩渠上的瓦屋寨橡胶坝上游,总库容510万立方米,调蓄库容450万立方米,水面面积约3000亩。王家潭调蓄工程位于王堤村西北方,总库容120万立方米,调蓄库容100万立方米,水面面积约600亩。

2.项目立项

2016年3月,根据县委、县政府工作安排,《长垣县引黄调蓄工程可行性研究报告》建设内容进行第一次调整,不再实施长垣县张野寨引黄调蓄工程。同年7月,由于住建部门已完成蒲城4个坑塘治理工程的规划设计和项目招标,已启动东湖公园(蒲城东北坑塘)的建设施工,因此对《长垣县引黄调蓄工程可行性研究报告》建设内容进行第二次调整,不再实施长垣县蒲城引黄调蓄工程。

2016年10月,长垣县发展和改革委以长发改字〔2016〕128号对《河南省长垣县引黄调蓄工程可行性研究报告》进行了批复,批复建设内容和规模为:石头庄调蓄工程规划形成长20.4公里的条形水库,总库容为850万立方米,总调蓄库容为760万立方米,水面面积约4050亩;瓦屋寨调蓄工程规划形成长18.7公里的条形水库,总库容为510万立方米,总调蓄库容为450万立方米,水面面积约3000亩;王家潭调蓄工程规划形成水面面积420余亩的平原水库,总库容为120万立方米,总调蓄库容为100万立方米。批复估算投资60148万元。

3.PPP项目设立

2015年12月,长垣县引黄调蓄工程在列入"河南省政府和社会资本合作(PPP)项目库"之后,于

2016 年 1 月成功纳入财政部 PPP 项目库。

2016 年 9 月 8 日,县财政局组织评审专家组对《河南省长垣县引黄调蓄工程 PPP 项目财政承受能力论证报告》《河南省长垣县引黄调蓄工程 PPP 项目物有所值评价报告》《河南省长垣县引黄调蓄工程 PPP 项目实施方案》(简称"两评一案")进行了评审。

2016 年 9 月 26 日,县政府常务会议审议了长垣县引黄调蓄工程"两评一案",并形成会议纪要〔2016〕17 号。

2016 年 10 月 8 日,县政府印发《关于同意长垣县引黄调蓄工程 PPP 项目实施方案的批复》(长政〔2016〕223 号),同意《河南省长垣县引黄调蓄工程 PPP 项目实施方案》。完成了该 PPP 项目"两评一案"的审批。

4.项目实施机构确立

2016 年 9 月 30 日,县政府印发《关于长垣县引黄调蓄工程采用 PPP 模式建设的批复》(长政〔2016〕222 号),同意长垣县水利局作为长垣县引黄调蓄工程 PPP 项目实施机构,负责开展项目实施方案、招标文件编制等准备工作,以及社会资本方采购、监管和项目移交等工作。

5.社会资本方采购和 PPP 项目合同签订

2016 年 11 月 7 日,长垣县发布《河南省长垣县引黄调蓄工程 PPP 项目资格预审文件》,公开招标开始,经两次开标延期后均无人应标,一次公开招标失败。

2017 年 3 月 3 日,长垣县发布《河南省长垣县引黄调蓄工程 PPP 项目二次资格预审公告》,启动二次招标,4 月 26 日,完成开标评标,评标专家组成功推荐了中标候选人。

2017 年 5 月 23 日开始合同谈判,6 月 6 日结束,双方代表在该 PPP 项目社会资本招标采购结果确认谈判书上签字。

2017 年 6 月 24 日,在县政府召开长垣县引黄调蓄工程 PPP 项目合同签约仪式,长垣县水利局与中标单位——四川省能源投资集团有限责任公司(联合体牵头人)、四川能投建工集团有限公司(联合体成员)、成都三邑园艺绿化工程有限责任公司(联合体成员)正式签订 PPP 项目合同《河南省长垣县引黄调蓄工程 PPP 项目合同》。

2018 年 1 月 12 日,四川省能源投资集团有限责任公司按合同要求组建"长垣川能投水务引黄调蓄工程建设管理有限公司",全面负责长垣县引黄调蓄工程的建设管理等工作。

(四)初步设计审批和设计变更

1.初步设计方案审批

审批前建设内容调整:由于王家潭调蓄工程已经纳入《防洪除涝及水生态文明城市建设工程》,因此需要长垣县引黄调蓄工程建设内容进行调整。2018 年 4 月 2 日,县政府常务会会议纪要〔2018〕5 号,同意将王家潭调蓄工程变更为"天然文岩渠湿地公园(大车交汇处)和瓦屋寨橡胶坝下游天然文岩渠治理工程"。

2018 年 4 月 9 日,长垣县水利局印发《关于河南省长垣县引黄调蓄工程实施方案的批复》(长水〔2018〕48 号)。

批复工程规模为:通过对现有天然文岩渠清淤扩挖及生态修复,形成调蓄工程 2 处,调蓄总库容 1360 万立方米,兴利库容 1210 万立方米,水面面积 7050 亩。其中,石头庄引黄调蓄工程调蓄总库容 850 万立方米,兴利库容 760 万立方米,水面面积 4050 亩;瓦屋寨引黄调蓄工程调蓄总库容 510 万立方米,兴利库容 450 万立方米,水面面积 3000 亩,并对天然渠和文岩渠湿地进行提升改造,湿地面积 286 亩,水面面积 208 亩。

批复建设内容为:天然文岩渠清淤扩挖及右堤加宽加固 41.3 公里,改建右堤涵闸 37 座、涵管 18 座,改建桥梁 3 座,新建钢坝 1 座,10 千伏高压线路 2 公里,同时进行生态绿化修复;天然文岩渠湿地绿道、园路、广场和停车场铺装 1.22 万平方米,木栈道 807 米,景观桥 1 座,观景平台 6 处等。核定项目总投资 60148 万元。

2.龙舟赛事服务区项目纳入

根据"龙行中原"河南省第二届全民龙舟大赛总决赛工作部署,以及长垣县委、县政府工作安排。2019 年 8 月,该项目自体管中心转至水利局以后,水利局委托西北勘测设计研究院有限公司进行了方案和施工图设计,委托引黄调蓄工程施工单位垫资施工,10 月初完工,保证了"龙行中原"河南省第二届全民龙舟大赛总决赛的顺利举行。

2020 年 1 月,根据《长垣市人民政府常务会议纪要》(〔2020〕1 号)"同意长垣市龙舟赛事服务区项目纳入长垣市引黄调蓄工程 PPP 项目"。

3.九龙湿地公园设计提升

2019 年 2 月 25 日,县委书记秦保建,县委副书记、代县长赵军伟实地调研了长垣县生态水系建设工作。在调研天然文岩渠湿地公园时,明确指示要求结合县委、县政府新规划对天然文岩渠湿地公园进行规划设计提升。设计提升委托西北勘测设计研究院有限公司进行。设计提升完成后,于 2020 年 2 月 20 日复工建设,至 6 月底完工,7 月 1 日举行开园仪式。后经征名确定该园为九龙湿地公园(见图 3-39)。

图 3-39 九龙湿地公园

(五)工程完成情况

长垣市引黄调蓄工程采用 PPP 模式融资建设,该项目于 2018 年 4 月正式开工,2020 年 6 月底完工,2021 年 2 月完成竣工验收。

完成建设内容:一是完成天然文岩渠清淤扩挖 41.3 公里;二是完成天然文岩渠右堤堤防加宽加固

41.476 公里；三是完成天然文岩渠右堤道路工程修筑 41.476 公里,堤顶宽 11 米,堤顶修筑专用公路(防汛路),车行道宽 7.6 米,两侧各 0.2 米宽路沿石、1.5 米宽绿化带;四是完成天然文岩渠右堤穿堤涵闸 37 座、穿堤涵管 20 座、生产桥 3 座、钢坝 1 座;五是完成天然文岩渠右堤 41.475 公里路肩、堤坡和滩地等沿渠绿化;六是完成龙舟赛事服务区(见图 3-40)观景步道、主席台、运动员休息区、观景平台和观景看台的建设,防腐木道总长 933 米,主席台区域设 1 主 2 副遮阳棚,运动员休息区域设 3 个遮阳棚,南看台 343.2 平方米,北看台 772.2 平方米;七是完成天然渠和文岩渠交汇处九龙湿地公园工程施工,完成景观桥、生产桥 2 座,改造大车南桥 1 座,沥青混凝土路 1935 米,混凝土防汛路 678.5 米,园路栈道 1636 米,安装护栏 880 米,6 大景观节点(文质台、竹镞谈、鸟类科普园、三善廊、治蒲道、芦苇荡),停车场、管理房等景观建筑和绿化 6.1 万平方米。

图 3-40 龙舟赛事服务区

累计完成河道疏浚清淤土方 469.41 万立方米,堤基清理 45.83 万立方米,堤身土料碾压填筑 160.70 万立方米,右堤沥青混凝土防汛路 34.03 万平方米,浆砌石 0.12 万立方米,混凝土及钢筋混凝土 4.21 万立方米,闸房管理房 1406 平方米,绿化种植乔灌木 3.94 万株,绿篱地被 130.25 万平方米等。

2022 年 7 月完成项目成本审计,长垣市审计局出具了审计报告长审投报〔2022〕01 号,审定长垣市引黄调蓄工程(PPP 项目)建设成本总费用为 62212.53 万元,其中工程建安费审定为 51738.32 万元、财务待摊投资审定为 10474.21 万元。

(六)实施效果

该工程的建成和蓄水运行,标志着长垣市基础设施建设又向前迈了一大步,既提高了天然文岩渠防洪减灾能力,又充分发挥了调蓄功能,2019—2021 年,调蓄功能得到进一步发挥,引水量逐年增加,其中 2019 年引调水量 13840 万立方米,2020 年引调水量 17947 万立方米,2021 年引调水量 21068 万立方米。满足了市域用水需求,缓解了供需水矛盾,使长垣水生态、水环境得到了极大的改善,水生植物和鱼类资源得以恢复,白鹭、野鸭等野生鸟类逐渐增多,形成了一道靓丽的湿地景观,天然文岩渠生态综合廊道已初步形成。

项目还带动了龙舟赛、马拉松、自行车赛,以及水上赛艇培训基地项目等文体旅游项目的落地,发挥了良好的经济效益、社会效益和生态效益。

二、水生态文明城市建设

(一)工程背景

受黄河调水调沙影响,长垣市各引黄口水位下降,引水能力下降,大部分时间难以引水,无法满足县域用水要求,严重制约县域经济发展。水量的缺乏严重影响着农业、工业及第三产业等现代化产业发展,危及粮食基地的生产安全,制约着长垣市经济的发展。现状防洪排涝河道淤积严重、防洪排涝能力不足,河道在防洪与排涝方面难以满足当前县域的发展和社会的进步,河道水系防洪排涝建设的滞后,不但危及人民群众生命财产安全,且严重阻碍了城市发展的脚步。为加快县域基础设施建设,提升河道的防洪排涝能力,提高灌区灌溉保证率,促进粮食稳产、增产,保障粮食生产安全,修复区域内生态,改善居住环境,对长垣县境内现有的坑塘、渠道进行综合整治,修建调蓄工程,通过引黄河水入调蓄工程,再根据不同时段的蓄水要求,对引黄水量进行综合调蓄,满足农业、工业、景观及第三产业等用水要求,实现社会经济的快速发展。

(二)组织机构

为加强工程项目建设与管理,确保各项工作顺利开展,2016 年 11 月,县委、县政府成立了长垣县水系建设指挥部,县委书记任政委,县长任指挥长,相关市直机关单位及 18 个乡(镇、办事处)主要负责人为成员。指挥部下设办公室,办公地点设在县水利局,办公室主任由水利局局长栾绍智兼任。2019 年 5 月,根据机构设置、人员变动情况和工作需要,对水系建设指挥部成员进行相应调整,调整后办公室主任由水利局局长林振平担任。

(三)前期工作

1. 规划设计情况

2009 年,根据县委、县政府安排部署,为改善城区水环境,提出了"清水入城"的规划思路,实施了天然文岩渠区石头庄橡胶坝工程。经过 5 年的运行,水环境明显改善,在水源保障的情况下,县委、县政府于 2014 年谋划了长垣县防汛除涝及生态水系规划。根据县委、县政府工作安排,2015 年初步完成了大车干渠、孙东干渠、何寨沟、王堤沟等河道治理规划,估算投资约 11.2 亿元。2016 年 8 月,清华大学建筑设计研究院有限公司编制完成《长垣县域生态水系综合治理概念规划》,10 月经第十四届长垣县人大常委会第 42 次会议审议通过。2017 年 1 月完成了长垣县防汛除涝及水生态文明城市建设工程设计招标工作,2 月与中标单位——北京东方利禾景观设计有限公司(联合体牵头方)、洛阳水利勘测设计有限公司(联合体成员)签订了《长垣县防汛除涝及水生态文明城市建设工程设计合同》,启动了长垣县防汛除涝及水生态文明城市建设工程规划工作,同年 10 月编制完成《长垣县防汛除涝及水生态文明城市建设项目详细规划》,并经长垣县城市规划委员会 2017 年第 5 次规划会审议通过。

2. 项目立项及 PPP 合同签订情况

2017 年 7 月编制完成东、南、西、北四区《长垣县防汛除涝及水生态文明城市建设工程可行性研究报告》并经长垣县发展和改革委批复,同年 12 月完成 PPP 项目招标工作。2018 年 1 月,长垣县水利局与中标单位——中国电建集团西北勘测设计研究院有限公司(联合体牵头方)、安徽国祯环保节能科技股份有限公司(联合体成员)签订了《长垣县防汛除涝及水生态文明城市建设东区工程项目 PPP 合同》及《长垣县防汛除涝及水生态文明城市建设南区工程项目 PPP 合同》,与中标单位——四川能源投资集团有限责任公司(联合体牵头方)、中国水利水电第七工程局有限公司(联合体成员)签订了《长垣县防汛除涝及水生态文明城市建设西区工程项目 PPP 合同》《长垣县防汛除涝及水生态文明城市建设北区工程项目 PPP 合同》。2019 年 6 月,长垣县水利局与中标人组建的项目公司——长垣川能投水务西区生态水系建设管理有限公司签订了《长垣县防汛除涝及水生态文明城市建设西区工程项目 PPP 合同》,2019 年 7 月,长垣县水利局与中标人组建的项目公司——长垣中电建西北院国祯环保南区水系治理有限公司签订了《长垣县防汛除涝及水生态文明城市建设南区工程项目 PPP 合同》,2021 年 3 月 11 日,长垣市水利局与中标人组建的项目公司——长垣川能投水务西北区生态水系建设管理有限公司签订了《长垣县防汛除涝及水生态文明城市建设北区工程项目 PPP 合同》,2021 年 6 月 26 日,长垣市水利局与中标人组建的项目公司——长垣中电建西北院国祯环保东区水系治理有限公司签订了《长垣县防汛除涝及水生态文明城市建设东区工程项目 PPP 合同》。

3. PPP 项目入库情况

2016 年 1 月申报加入财政部 PPP 项目库,入库投资约 50 亿元,入库项目为长垣县防洪除涝及水生态文明城市建设工程项目。按照《关于规范政府和社会资本合作(PPP)综合信息平台项目库管理的通知》(财办金〔2017〕92 号)文件要求,于 2018 年 3 月前被省财政部门清退。考虑到工程投资规模及建设工期,2017 年 7 月由洛阳勘测设计有限公司编制完成东、南、西、北四区《长垣县防汛除涝及水生态文明城市建设工程可行性研究报告》,并于 2017 年 12 月重新加入财政部 PPP 项目库,入库总投资约 53.66 亿元,其中东区工程入库投资为 11.96 亿元,南区工程入库投资为 15.30 亿元,西区工程入库投资约为 15.99 亿元,北区工程入库投资约为 10.41 亿元。

(四)工程内容与建设情况

1. 工程内容

防汛除涝及水生态文明城市建设工程涵盖了水资源配置、水污染防治、河道生态修复、水体循环、中水回用等多个因素,是一项融合了水安全、水景观、水生态、水经济为一体的城市综合性水利基础设施工程,工程估算总投资 53.66 亿元,共计治理河道 61 条,长约 390 公里,新建及改造调蓄湖 10 座。工程分东、西、南、北四区实施,其中:

防汛除涝及水生态文明城市建设东区工程:工程估算总投资约 11.96 亿元,规划治理河道 7 条(东护城河、西护城河、柴岗沟、乔堤沟、景贤大道新开渠、邱村沟、丁栾沟),河道治理总长度 49.37 公里,建设桥、涵、闸、坝等建筑物共 73 座(含景观交通桥 5 座),新建或改造调蓄湖或坑塘 5 个(书苑塘、西北坑塘、爱国教育基地、铜塔寺公园、贾寨湖)。

防汛除涝及水生态文明城市建设西区工程:工程估算总投资约 15.99 亿元,域内规划治理河道 6 条(孙东干渠、王堤沟南段、红山庙沟、文明渠、文明西支、大功二干渠),河道治理总长度 52.42 公里,建设桥、涵、闸、坝等建筑物共 62 座,新建及改建调蓄湖 3 座(王家潭公园、体育公园、程庄湖)。

防汛除涝及水生态文明城市建设南区工程:工程估算总投资约 15.30 亿元,域内规划治理河道 9 条[大车总干渠、大车二干渠、二干东截渗沟、二干西截渗沟、何寨沟、东分流渠延伸段、王堤沟北段、东分流渠(现名三善·忠信园)、西分流渠(现名三善·明察园)],河道治理总长度 47.37 公里,建设桥、涵、闸、坝等建筑物共 45 座(含高架桥 5 座、景观交通桥 2 座),新建或改造调蓄 2 个[三善园(现名三善·恭敬园)、郭庄湖(现名人才公园)]。

防汛除涝及水生态文明城市建设北区工程:工程估算总投资约 10.41 亿元,域内规划治理河道 41 条(大郭沟、贾庄沟、胡庄沟、二十四支、连庄渠、尚村沟、白庄沟、回木沟、陈庄沟、雷店沟、大功三干渠、张三寨沟、北凡沟、官桥沟、上官沟、吕村沟、北陈沟、临黄堤截渗沟南沟、临黄堤截渗沟北沟、王庄沟、马良固沟、大功一干渠西段、大功一干渠东段、甄太沟、相如沟、高村沟、唐家沟、东了沟、太行堤西截渗沟、太行堤东截渗沟、王寨沟、陈墙沟、孙墙沟、唐满沟、连庄渠、牛店沟、马坡支渠、临河沟、郑堤沟、翟疃沟、西干渠），河道治理总长度 241.26 公里，建设桥、涵、闸、坝等建筑物共 627 座。

2. 建设完成情况

自 2019 年实施以来，西区、南区完成治理孙东干渠、红山庙沟、王堤沟南段、大车总干渠、王堤沟北段河道 5 条，长 25.9 公里；建设完成纬一路桥、德邻大道桥、博爱路桥、宏力大道桥、巨人大道桥 5 座；新建及改造王家潭公园、人才公园、三善·恭敬园、三善·明察园、三善·忠信园调蓄湖 5 座，水面面积达 106.73 公顷，蓄水量达 348.7 万立方米。

1）西区工程完成情况

孙东干渠：治理工程于 2019 年 9 月 20 日开工，2020 年 8 月 27 日完工，总投资 1 274.95 万元。自文岩渠至王家潭公园，治理长度 1.901 公里，10 年一遇除涝标准，土方开挖 1.61 万立方米，底宽 6~8.2 米，纵坡 1/2100，边坡 1:2~1:22，平均水深 1.2 米，设计流量 5 立方米每秒，建设 1 座箱涵、1 座节制闸、4 座插板闸，绿化种植面积约 2 万平方米，人行步道 3 米×3.82 米。

红山庙沟：治理工程于 2019 年 7 月 20 日开工，2021 年 10 月 31 日完工，总投资 24073.62 万元。自王堤沟至文明渠，治理长度 12.133 公里，10 年一遇除涝标准，以亿隆大道为中心分东西 2 支，其中东支长 6.526 公里，西支长 5.607 公里。土方开挖 64.86 万立方米，底宽 10 米，西渠纵坡 1/8632，东渠纵坡 1/1340，边坡 1:3~1:55，水深 2.1~2.88 米，设计流量 11.79 立方米每秒，建设 31 座路涵、8 座阀门井、1 座取水口、10 座栈道、1 座液压坝，种植绿化面积 23.78 万平方米，景观面积 2.85 万平方米。

王堤沟南段：治理工程 2019 年 7 月 20 日开工，2021 年 10 月 31 日完工，总投资 8801.14 万元。自王家潭公园至郭庄湖（现名人才公园），治理长度 2.297 公里，10 年一遇除涝标准，土方开挖 47.68 万立方米，底宽 8.58~40.86 米，纵坡 1/5 000，边坡 1:3~1:20，水深 1.57~3.04 米，设计流量 4.46 立方米每秒，建设 2 座液压坝、3 座交通桥、1 座人行景观桥，种植绿化面积 14.36 万平方米，景观面积 1.72 万平方米。

王家潭公园（见图 3-41）：项目于 2019 年 7 月 20 日开工，2020 年 9 月 28 日建成开园，总投资 17322.15 万元。位于阳泽路与 327 国道交叉口，占地面积 61.33 公顷，水面面积 28.67 公顷，设计水深 4.5~6 米，蓄水量 129 万立方米，园林绿化及园建面积 30.8 公顷，土方开挖 48.34 万立方米。园内建有景观桥 2 座，建有芳花津码头、青节绛云、荷塘月色、香茗听溪、凌水远眺、闲庭信步、沙滩区、露台望虹等景观园建，园路长 4.5 公里，园路总宽 4.5 米（其中沥青路面宽 3 米，橡胶跑道宽 1.5 米）。

项目设计以"水源、田园、乐园"为设计主题，创造水林生态、田园度假的郊野公园。继承绿色生态体脉，传承自然场地记忆，在保留原始岸线肌理基础上丰富岸线活动形式，营造景观地形，提升空间层次，增加休闲活动空间；减少硬质，突出场地自然性，提供生物群落环境。在满足自然生态性的同时，为长垣市民提供田园郊野度假的新场所，带动周边村庄农业及区域旅游业的可持续发展。

该项目不仅承担着提升周边品位、美化生态环境的责任，还有提高周边防洪除涝能力、水源统筹调配的重要功能，周边河道防洪除涝能力将由现在的不到 5 年一遇提高到 10 年一遇。在打造出独特湿地生态环境、人文景观等的基础上，达到旱季可调节下游水量，雨季能滞洪的防洪除涝目标，整体形成集防洪、景观、旅游、休闲为一体的城市生态综合体建设项目。

图 3-41 王家潭公园俯瞰图

2）南区工程完成情况

大车总干渠：治理工程于 2019 年 8 月 16 日开工，2020 年 4 月 28 日完工，总投资 2737.92 万元。自大车闸至二干渠东截渗沟，治理长度 4.14 公里，10 年一遇除涝标准，土方开挖 5.65 万立方米，底宽 5.4 米，纵坡 1/4140，边坡 1:2~1:2.5，平均水深 0.79 米，设计流量 2.65 立方米每秒，建设 2 座桥、3 座节制闸。

王堤沟北段：治理工程于 2020 年 10 月 10 日开工，2021 年 12 月 25 日完工，总投资 6992.33 万元。自西分流渠（现名三善·明察园）至德路桥，治理长度 2.3 公里，10 年一遇除涝标准，土方开挖 27.35 万立方米，底宽 5.97~40.9 米，纵坡 1/7400，边坡 1:3~1:20，平均水深 1.5~3 米，设计流量 4.69 立方米每秒，建设 1 座溢流堰、1 座景观桥，绿化种植面积 4.8 万平方米，景观面积 1.09 万平方米。

三善·忠信园（见图 3-42）：项目于 2019 年 8 月 16 日开工建设，2020 年 5 月 22 日建成开园，总投资 9691.35 万元。西起桂陵大道，东至巨人大道，总长 1.57 公里，为新开挖调蓄湖，占地面积 37.25 公顷，水面面积 7.37 公顷，设计水深 3.5 米，蓄水量 18.8 万立方米，绿化种植面积 19.07 公顷，土方开挖 31.91 万立方米，建有花滩曲桥、桃源春晓、眺望码头、景观桥 1 座等景观园建，园路长 2.73 公里、宽 5 米。公园设计从梳理城市山水格局、城市整体规划出发，塑造"泽、岛、湖、湾、洲"多重水域空间，完善城市山水格局。

图 3-42 三善·忠信园俯瞰图

通过层次多变的水岸、丰富的种植风貌和特色景观,形成"蓝绿交织"的绿地景观系统,打造"双廊抱城、八水绕城、绿脉连城"的景观结构。

三善·明察园(见图3-43):项目于2019年8月16日开工建设,2020年9月10日建成开园,总投资22739.45万元。西起德邻大道,东至宏力大道,总长1.558公里,为新开挖调蓄湖,总占地面积77.9公顷,水面面积34.6公顷,设计水深3.5米,蓄水量约88.2万立方米,绿化种植面积35.93公顷,土方开挖147.81万立方米。园内建有水中生态小岛8座,建有文化码头、夕照码头、花谷码头、亲水平台和台地水景等景观方便游客亲水和游湖,建有花谷园、台地花园、文化花园、阳光草坪、七色花园、芳香花园、怡乐花园、听音花园等场所供游客休憩观赏,建有景观桥、木栈桥、湿地栈道、沙滩广场、停车场、游客服务中心、卫生间等娱乐便民设施,主园路长5.16公里、宽5米。

图3-43　三善·明察园俯瞰图

公园设计从城市整体规划出发,衔接南城健康新城的文体中心,以及北城商业服务带。以西分流渠为大型城市湖景中心,向东西两侧展开,塑造"泽、岛、湖、湾、洲"多重水域空间,完善城市山水格局。园内花带搭配银杏、楸树、白蜡、造型乔木等树木,沿路五角枫营造秋季红叶景观;岛上多杆乌桕结合纯粹的地被景观,营造湿地风景;南岸草坪结合色带、花灌木组团,形成丰富的水岸景观。

三善·恭敬园(见图3-44):该项目原为住建局实施项目——三善园引黄调蓄项目,于2012年开工,2013年建设完成,西起宏力大道,东至桂陵大道,公园占地50.15公顷。2017年县政府将其提升改造项目纳入长垣县防汛除涝及水生态文明城市建设南区工程,由水利局负责实施。

图3-44　三善·恭敬园俯瞰图

提升改造项目于2021年3月1日开工建设,2022年5月19日开园,总投资7261.14万元。本次提升改造内容包括水利部分及景观园林两大部分。其中,水利部分主要为拆除原岸坡混凝土硬质僵直驳岸,改造为软质草坡入水驳岸,增加亲水安全性;增加浅水湿地区,系统修复水生态;打通三善·明察园与三善·忠信园,连通水上游线。园林景观部分主要为拆除原东、西、南、北4个广场,新建东广场、南广场、北广场、东南广场、西南广场、西北广场及儿童活动区7个主要广场;新建生态亲水平台栈道4处及码头1处;拆除重建原一级主园路路面,主园路长2.65公里、宽5米。绿化部分保留了公园原有90%的苗木,新增种植乔灌木3600余株,新增地被及水生植物约11万平方米。本次工程保留了公园原二级园路、三级园路、南山、北山、拱桥(碧波映月桥)、东西两处景观长廊现状。同时,本次提升改造工程还融入了三善文化,打造文化与生态的双重标杆,彰显城市活力,弘扬长垣城市精神。

提升改造后水面面积约21.09公顷,设计水深3米,蓄水量74.4万立方米,土方开挖20.66万立方米。三善·恭敬园提升改造后将打通与三善·明察园、三善·忠信园的水上风情航线,联系滨水公共空间,改善城市风貌,注入多元生活。

人才公园(见图3-45):项目于2019年8月16日开工建设,2020年9月10日建成开园,总投资11201.17万元。位于王堤沟上,为新开挖调蓄湖,占地面积28.5公顷,水面面积15公顷,设计水深3米,蓄水量38.3万立方米,绿化面积12.7公顷,土方开挖49.42万立方米。项目以"水岛交融的湿地康乐区"为定位,打造水岛交融的湿地风貌区,提供静谧、科普、健康的生态环境。园内景观建筑包括游船码头2座、特色栈道1座、景观桥1座、儿童活动广场1处、亲水平台3处、木栈桥2座、景观亭1座、观景平台1处,并设有东、南、西、北4个入口广场,主园路长2.44公里、宽4米。景观绿化以杉岛湿地为主题,色叶树结合观赏草为特色入口,结合荷花湾、辛夷堤岸、丹枫山色、花溪等特色景观进行植物配置,在种植设计上突出植物主题特色,以人为本,适地适树,三季有花,四季常绿为设计原则,打造色彩绚丽的湿地生态景观。

图3-45 人才公园俯瞰图

纬一路桥(见图3-46):总投资2979.47万元,位于王堤沟南段,为连通人才公园南、北两湖的景观高架桥,桥梁以"鲤鱼"为设计灵感,采用三跨连续梁结构形式,桥梁线性优美,好似锦鲤游在水中,展现长垣人民的勤劳与坚韧,具备通航功能。桥长 103 米,桥宽 20~26 米,东西走向,双向两车道,桥面两侧设有 4~7 米人行道及 2.75 米的非机动车道。纬一路桥于 2020 年 9 月 6 日开工建设,2021 年 9 月 1 日建成通车。

图 3-46　纬一路桥

德邻大道桥(见图 3-47):总投资 5579.46 万元,位于德邻大道有德路与纬一路间,为连通人才公园和三善·明察园的景观高架桥,具备通航功能,桥梁以"天鹅"为设计灵感,采用三跨不等斜拉桥结构形式,勾勒出天鹅优美的姿态。桥长 104 米、宽 40 米,南北走向,双向四车道,桥面两侧设有 5 米人行道及 5 米非机动车道。德邻大道桥于 2020 年 9 月 6 日开工建设,2021 年 9 月 28 日建成通车。

图 3-47　德邻大道桥

博爱路桥(见图 3-48):总投资 4986.22 万元,位于博爱路有德路与纬一路间,为连通三善·明察园东、西两湖的景观高架桥,具备通航功能,采用三跨连续梁结构,桥面非机动及人行道处设置空间钢网架,整体造型简洁现代。钢网架断面为半椭圆形,使行人在其中宛如进入时光隧道。桥长 98 米、宽 42 米,南北走向,双向六车道,桥面两侧设有 3 米人行道及 5 米非机动车道。博爱路桥于 2020 年 9 月 3 日开工建设,2021 年 6 月 30 日建成通车。

图 3-48　博爱路桥

宏力大道桥(见图 3-49):总投资 6677 万元(含引道 765 万元),位于宏力大道有德路与纬一路间,为连通三善·明察园与三善·恭敬园的景观高架桥,具备通航功能,采用三跨变截面现浇连续梁结构,桥墩处设观景亭,外立面设置石材装饰,桥上浮雕及石材栏板花纹以"蒲邑三善"为主题,体现"三善文化"。桥长 112 米、宽 40 米,南北走向,双向四车道,桥面两侧设有 5 米人行道及 5 米非机动车道。宏力大道桥于 2020 年 10 月 19 日开工建设,2021 年 12 月 21 日建成通车。

图 3-49　宏力大道桥

巨人大道桥(见图 3-50):总投资 4015.7 万元(含引道 765 万元),位于巨人大道有德路与纬一路间,为连通三善·忠信园与东分流渠延伸段的景观高架桥,桥梁以"起重机"为设计灵感,通过桥塔形似"起重机"的造型,将工业景观融入桥梁景观,充分展现长垣"中国起重机械名城"的工业文化,桥长66米、宽54米,双向六车道,桥面两侧设3米人行道及6米非机动车道。巨人大道桥于2021年10月11日开工建设,2022年11月8日建成通车。

图 3-50　巨人大道桥

第六节　水井建设

长垣市的农田灌溉始于井灌。水井建设大体上经历了4个时期:第一时期1949—1953年,以传统的砖捆井为主,井深7米左右,供辘轳提水;第二个时期1954—1958年,在砖捆井基础上,利用56型下泉工具下木泉或竹泉,利用水车提水,每小时可提水18立方米;第三个时期1959—1969年,1962年前兴渠废井,1962年后凿井工具改用大锅锥、火箭锥、麻袋锥,砖捆井筒改为四头弯砖预制,大口井改为小口井,井深一般在30~40米,深的可达70~80米,可供机械提水,出现了机井;第四个时期为1970—2012年,全部推行混凝土预制井管,提水配套的动力有机配、电配、机电双配。到2022年底,全市机电井达到11966眼,井灌面积为3.14万公顷。水井建设先后经历了由浅到深、由土到洋、由人力到机械逐步发展完善的道路。

一、结构形式

用于农田灌溉的水井,在长垣市按其结构可分为砖捆井、竹木泉井、四头弯砖预制井、改良井和管井5种类型。

(一)砖捆井

中华人民共和国成立初期,以修建砖捆井为主。先用人工开挖井坑,井坑上大下小,梯形渐变。井口上搭三脚架,人下到井筒底,环绕木盘下面掏泥,木盘与井筒随挖泥进度下沉,透泉涌水为止,一般7米左右。这种井只能供辘轳提水,出水量很小。到1958年全县已有1.59万眼。

（二）竹木泉井

竹木泉井是在砖捆井成型后再用木制圆筒或粗竹竿,向下钻眼下泉,加大出水量。1954年夏天,满村乡石永先请河北保定人王新义来长垣,帮助培训凿井下泉技术人员,参加14人,时间1年。成绩较好的石守仁受聘到建设科当凿井技师。建设科先后举办多期凿井下泉技术培训班,受训500多人次。56型工具下泉技术得到普遍推广。用此水井提水,水量达到18立方米每小时。到1958年全县已有泉井2715眼、水车5642部。

（三）四头弯砖预制井

1958年引黄灌溉兴起,水井建设一度停止,出现兴渠废井的偏差。1961年引黄停止,水井建设复兴。1963年之后,凿井工具过渡到大锅锥、小锅锥、火箭锥等,井筒由捆砖改用四头弯砖预制,井深在30~40米,俗称浅井或大口井。浅层水丰富的地方可用离心水泵机械抽水。

（四）改良井

在浅层水缺乏、深层水丰富的地方,为增加浅井或大口井出水量,在原井底下管,改造成中深井,俗称改良井。到1968年全县共有改良井1548眼。

（五）管井

1970年出现,水泥预制成井管,井管长0.7~1米,管径0.3~0.5米。农业灌溉用井全部采用这种井管,到2022年全市共有管井11966眼。

二、施工方法

长垣市在机井建设实践中,不断创造总结自身施工方法,同时借鉴采纳外地成熟凿井经验,先后实施了分层式凿井、火箭锥凿井和循环钻机凿井等13种凿井方法。

（一）手推车掏泉

在井口架立三脚架,将手推车倒绑在三脚架上,用绳吊起锥杆,经过手推车大轮,数人在地面拉绳起落锥杆,一人在井下掌握锥杆位置。

（二）轻三轮下泉

井口立架,架上固定3个大轮,拉锥绳经过3个大轮,系在推关上,推关起落锥杆。下泉深度可达20米以上,减轻了人力劳动强度,提高了下泉深度。

（三）分层式凿井

20世纪50年代初期,沿用历代相传的分层式凿井法,用木板钉一空心圆盘,放在挖好的井坑中,井坑的深度以见水为止。在圆盘上砌砖,在井口上搭三脚架,人在井筒内挖泥,用滑车将泥运出井外,砌好的砖井壁随挖泥进度下沉。

（四）炮楼式凿井

此法是分层式凿井法的改进,它的空心圆木盘上宽下尖,容易下沉,称为快盘。在圆木盘上砌砖井筒,按计划一次砌成,高出地面,形似"炮楼"。在"炮楼"顶上铺木板架辘轳,向外运泥土。因井筒重,下沉快,12小时可成1眼,井深可达12米,"炮楼"高出地面10米有余。

（五）五六型凿井

河南省水利厅总结1955年和1958年凿井、下泉两方面的经验,命名为五六型打凿法,全省推广。它的特点是用扇形砖砌井筒,用薄木板条钻孔包棕,括成圆筒,称为木泉;用粗竹竿打通,钻孔包棕的,称为竹泉。多数为单泉,也可下双泉。

(六)木锥加铁翅凿井

在木锥上加 4 个铁翅,用于凿大口径井时扩井和修井。

(七)火箭锥凿井

锥头形似火箭而得名。锥尖螺旋形,泥室有 2 个活动出泥门,泥室上口安 2 个刮泥翅。施工时在井口架好三脚架,稳好绞车,将火箭锥接上锥杆,用钢丝绳连接杆顶,通过滑轮,连接绞车。用人推锥,使锥向下钻进,泥室装满泥沙后,推动绞车,把锥提出井口,清出泥沙,井内注水,防止井壁坍塌。当时,锥头造价为 120~150 元,在 1957 年前后使用。

(八)麻袋锥凿井

两侧锥翅上绑上两条麻袋,作为储泥室,推锥下钻,泥满起锥,反复操作。制造价格便宜,但麻袋需要经常更换。该方法是 1957 年前后使用的一种凿井工具。

(九)大锅锥凿井

用钢板焊制成一个圆筒,形似大锅,侧面有活动出泥门,泥由底部进入锅内,亦是推锥下钻,泥满起锥,反复操作,井成为止。该工具坚固耐用,钻进效率高,曾长期在凿井工作中使用,是 1964 年许昌水利局工人苏亮创制的,长垣县引进后,发挥了很大作用。当时每个锥头造价为 200~250 元。

(十)水枪凿井

清水由钻杆管送至锥头处,小口喷射出急速水流,冲刷泥土,锥头有两翅扩孔,锥尖钻进,因水力和机械力同时破坏土壤,大大加快了钻井速度。用胶管者称胶管水枪,用钢管者既当锥杆又是输清水管者,称钢管水枪。泥土随井筒浑水向外溢出。逐渐由人力推锥改为机械带动。

(十一)120 型冲击锥凿井

用机械带动升起锥头,用锥头重量突然下落钻进,内黄县机械厂为省生产定点厂。成井深度可达百米,适应硬地层、白干泥和卵石地层。

(十二)水冲 250 型钻机凿井

县水利局农水股张舜琴参观学习河北省衡水地区和范县的凿井先进技术,结合长垣实际,改革凿井工具,研制出水冲 250 型钻机,县农机修造厂生产,在全省广泛使用,成为主要凿井工具。该机性能好,效率高,3 天可成井 1 眼。

(十三)循环钻机凿井

20 世纪 70 年代以后,农用机井多使用山东临清和河南内黄产的 150、180、200 型循环钻机,机械化作业、效率高、效果好,一般 1 天可成井 1 眼;随着社会和工业、企业的发展,生活饮用水源和工业、企业深井水源开发进展迅速,主要采用 S300、S400、S600、S800 型深井钻机和 2000 型深井钻机。

三、提水工具

长垣市用于提引水灌溉的工具主要有辘轳、水车、离心泵、深井泵和潜水电泵几种类型。

(一)辘轳

辘轳由支架、轴、卷筒、摇把、绳及倒罐组成。人摇摇把,卷筒转圈,使系倒罐的绳子缠在卷筒上,将盛水倒罐提出井口,水倒出来,1 人 1 天可浇地 0.03 公顷。

(二) 水车

水车分人力和人畜两用两种。人力水车由支架、轴、齿轮、链条、摇把、水管组成。人摇摇把,轴与齿轮转动,带动出水管内的链条上升,链条上的橡皮盘,将水提出井口,2 人 1 天可浇地 0.07~0.13 公顷,主要使用时间为 1951—1953 年。人畜两用水车由支架、伞形齿轮、轴、齿轮、链条、水管、推(拉)杆组成。人力和畜力推拉转圈,伞形齿轮转动,经轴使齿轮转动,带动链条上升,链条上的橡皮盘将水提出井口。4 人或 1 人 1 牲口 1 天可浇地 0.27~0.33 公顷。每部水车售价 120 元,主要使用于 1952—1968 年,1964 年全县共有水车 7100 部。

(三) 离心泵

离心泵由皮带轮、轴承体、泵体、叶轮等组成。使用动力为 4.5 千瓦电动机或 8~12 马力柴油机。带动水泵转子部分高速旋转,在离心力的作用下,叶轮中心的水沿着叶片流道被甩向外围,并沿着泵体涡壳从水管压出去,使叶轮中心产生了真空低压区,这时井中的水,在大气作用下,通过进水管路,流入泵内低压区,填补那里的真空,当叶轮不停地转动时,水泵就能连续地把水抽出井口。1 天可浇地 0.67~1.33 公顷,每部售价 200 元左右。长垣县于 20 世纪 60 年代初开始使用,静水扬程不超过 10 米地区,仍继续使用。静水扬程超过 10 米的多数改为固定式深井泵。

(四) 深井泵和潜水电泵

电泵分为湿式潜水泵和油浸式潜水泵。此泵是将电机、水泵组装成一体,与出水管连接。当水泵接上电源后,定子便产生旋转磁场,使转子转动,从而带动叶轮转动,由于叶片的离心力和轴向心力的作用,水以很快的流速和很高的压力由输水管流出井口。地下水埋深超过 8 米地区,离心泵多为潜水电泵代替。

四、修井工具

长垣市农用机电井大多没有井房保护,常常会因为淤积、落物、坏管形成坏井,修复旧井任务较大。

(一) 水泵清淤

井深不超过 40 米,用单、双泵冲洗清淤。井筒直径小于 30 厘米的用单泵清淤,进水管放入水井内抽水,出水管作为水枪,冲打井底泥沙,泥沙翻起后,出水管抽出井外,将浑水抽出,反复使用,到清好为止。井筒内径超过 30 厘米的用双泵清淤,一个泵抽水冲打泥沙,一个泵向外抽浑水,到清好为止。

(二) 空气压缩机清淤

深浅井均可使用。机器稳好后,向井底压缩空气,泥沙随水喷出井外,2~3 小时即可洗好 1 眼机井。所用方法有以下几种:

(1) 并列式洗井法。适用于井筒内径 40 厘米左右的中口井,排泥量大,效率高。用弯头将拢风管和出水管连接一起,拢风管径 50 毫米,出水管径 120 毫米。将风管接好,用卷扬机上下移动,泥沙、水和气混合喷出。

(2) 插入式洗井法。适用于井筒内径 30 厘米以下的小口井。将拢风管直接插入井内,管头距淤积面不得小于 20 厘米,开机送风,泥沙浑水沿井壁向上翻排流出井外,反复多次,洗到原有井的深度为止。

(3) 吹插配合洗井法。适用于井筒内径 60 厘米以上的大口井,下部系小套管。将吹风管插入小套管,吹风搅动泥沙,随水翻上大筒后,用水泵抽出井外。

(4) 震荡法洗井。应将风管混合器直接下至过滤管中部,并由专人控制送风阀门。洗井时,将风压整至设备额定最高值时,突然开放送风阀门,使压缩空气以最大的速度和压力在过滤管部位进行有效的震荡洗井,每隔一定时间整压一次,到洗好为止。用空压机排渣洗井时,出水管下至过滤管的下部,出水管的外径与井管内径差一般不应小于30毫米,风管沉没比不小于50%,并以最大的降深和最大的水量抽水洗井。井内水位过深时,可下2套不同深度的风管,用2台空压机进行接力洗井。

另外,还有活塞洗井、盐酸洗井和磷酸盐洗井等洗井方法。

五、机井管理

长垣市的机井管理经历了集体、个人、专管员管理,再到集体与个人分别管理的过程。

1958—1980年,机井建设和管理由生产大队和生产队负责。在20世纪70年代后期,全省曾推广汤阴县机井机具大队统管的经验。1981年,农村实行生产责任制以后,分田包产到户成为生产责任制的主要形式,机井、机具随田到户管理使用。随后,以户为单位大量购置机具,出现了一井多机的局面,浇地以户排队,争水现象时有发生。

1980年,省水利厅提出,机井要达到"四有",即有井盖、有井台、有井池、有井房,后又增加有一段硬化垄沟,有4棵树,亦称"六有"机井建设。《河南省机电井灌溉管理试行办法》中要求:每眼井都要有机器手兼井长,做到层层有人管,井井有人管。长垣县推行井长负责制。1985年学习外地经验,从孟岗乡开始,建立"五管员"队伍,各乡由水利站牵头,建立"五管大队",各村配1~3名"五管员",负责管护机井、沟渠、桥闸、道路、林木,"五管员"报酬从乡村提留中解决。2002年全县机井建设达到"四有"的3320眼,达到"六有"的2075眼。随着减轻农民负担的力度加大,"五管员"责、权、利难以落实,基本上只有虚名而已,"五管大队"的职责转由村组干部承担。2000—2012年,新打机电井大部分是利用水利、农业综合开发、千亿斤粮食等项目工程所建,机井标准基本上按"六有"标准执行,机井的管理,凡个人或联户集资打井的由打井方管理;项目工程所凿井进行配套后,交给受益村委会,由村委会根据每个井的控制范围分配到相应生产组(队)进行管理使用。

六、机井产权改制

长期以来,长垣市依靠集体经济,兴修了一大批农用机电井,对改善农业生产条件、夺取农业大丰收、促进农村经济发展起到了巨大的作用。随着农村经济体制改革的不断深化,长垣市探索机电井改制的新路子,创造了5种民有民营机电井的形式。

(一)个体独资兴建

农民在自己承包的责任田内打井,劳力自己出,资金自己筹,用水自己管。1992年,总管乡侯寨村的侯清勤,筹资4万元,打了5眼机井,不仅自己发展高效农业,还为乡邻提供服务,深受农民欢迎。截至2012年,全县个人投资兴建的机电井有270多眼。

(二)联户入股兴建

农民在自愿的基础上,以农田灌溉面积集资入股,合作兴建。其产权和经营权归股东所有,在股东内部实行"自主经营、自负盈亏、民主管理、风险共担"。黄河滩区的前刘口村农民刘茂轩,联合5家入股集资打了1眼井,使股东的责任田都能用井水灌溉。这个村1992—1993年联户和个人投资打了8眼机井,而且都埋设了地下管道,实行节水灌溉,效益良好。截至2012年,全县联户共建机电井750眼。

（三）民办公助兴建

1997年夏、秋大旱期间,张寨乡政府为了调动农民投资打井的积极性,规定群众每新打一眼机电井,政府补贴1000元,出现了户户集资、村村打井的热潮。短短2个月,全乡新打机井385眼,相当于中华人民共和国成立以后该乡打井总数的半数之多。截至2012年,全县利用民建公助的办法新打机电井2220眼。

（四）租赁荒地促打井

黄河滩区出现了跨县租赁、就地租赁、跨乡租赁3种类型。

1. 跨县租赁

总管乡的丁寨村有一块地处边远的8公顷沙沟地,长期弃荒,槐条丛生。1997年租给原阳县一名叫陈亮的拓荒者。租赁合同规定,前3年不收租金,第4年每亩缴稻谷25公斤,第5年每亩缴稻谷50公斤,第6年每亩缴稻谷100公斤,直至10年期满。陈亮等4人投资19.2万元,用推土机清除了丛生的槐条,推平了深沟,打了2眼机井,购了3台机泵,盖了几间房子,实行稻麦轮作。合同期满后,地面上可移动的设施归租赁者,地下设施归丁寨村。

2. 就地租赁

1997年,孟寨村农民王安勤承包了村里4.67公顷沙荒地,利用冬修时间,投资1万余元租用推土机进行了大规模土地平整,并投资新打机井1眼。在这片土地上发展多品种、高效益的经济作物区。

3. 跨乡租赁

1996年,恼里镇龙相村将9.8公顷沙荒地租赁给总管乡刘口村的农民赵云,租赁期为15年。经司法部门公证,1997年生效。每年租金9000元,一年一结算。赵云投资10万元平整土地,挖了一条500米长的河,引左寨五支渠水浇地,又新修了2眼机井,实行井渠双配套。

所有这些例子,都为"四荒"拍卖和租赁提供了经验。

（五）拍卖集体机电井产权

樊相镇聂店村按照机电井的结构、新旧程度、附属设施及效益能力,进行资产评估,确定底价,面向村组农民或社会公开拍卖,实行平等公正竞价,将集体所有制的21眼机电井产权和规划井位6眼拍卖给个人。盘活水利固定资产,以存量换增量,以产权换资金,用拍卖的7.5万元继续投资办水利,实现滚动发展,向高标准水利化迈进。

1998年4月15日,新乡市水利局在长垣县召开水利产权改制现场会,在全市推广了聂店的经验。

七、队伍建设

1954年,长垣市开始有了民间凿井队伍,开展打井下泉服务。1962年后,以公社为单位成立凿井专业队,凿井工具由浅向深改进,仍以人力为主。1970年,水利局农水股张舜琴参观学习河北省衡水地区和范县的凿井先进技术,结合长垣实际,改革打井工具,研制出水冲250型钻机,凿井由人力推进,改为机械钻进,进度快,成井率高,在全省推广,民间凿井队逐渐被淘汰。县水利局从各公社凿井技术骨干中选拔一批技师,组成长垣县凿井专业队,当时为临时工,水利局发工资、补口粮,到各社、队凿井,按深度收费或按国家投资计划无偿凿井,凿井队归农水股管理。

1971年8月,省水利厅在濮阳举办豫北地区物探学习班,学习期限50天。长垣县派王继华等参加,成立了由农水股管理的凿井物探队。使用两部UT18型电测仪,利用欧姆定律的原理,测地下各介质电阻率,用仪器寻找沙层,探测水质、水量,准确率 95%以上。从建队到 1994 年,对全县水文地质进行了一次普查,测点 1000 余个,成井率大大提高,节省了人力、物力、财力,使打井走上了科学化。

1984 年机构改革,凿井队从农水股分离出来,成立长垣县水利基础工程公司,为水利局二级机构,事业编制,还有 4 个由乡(镇)水利站管理有资质的凿井队。

2012 年长垣县有凿井队 5 支,长垣县开源水利工程建设有限公司具备凿井一级资质,其余 4 家均为个人私自建立的无资质队伍。同时,邻近的滑县有多支凿井队伍也在长垣县承揽凿井业务。

长垣县开源水利工程建设有限公司前身为长垣县水利基础工程公司,拥有职工 60 人,其中高级职称 1 人、中级职称 5 人、初级职称 16 人、高中级凿井技术工人 32 人。有 400 型凿井设备 3 台、600 型凿井设备 2 台、800 型凿井设备 1 台。先后参与完成了长垣县饮水安全工程项目、农业综合开发中低产田改造项目、千亿斤粮食项目及农技服务体系建设项目的水井工程建设,为长垣县凿井施工的中坚力量。其余几家个人私自建立的无资质队伍,其所揽工程大部分都是一些个人凿井业务,或临时作为其他工程承包商的从属施工队伍,为其进行凿井作业。他们的特点是技术及设备落后,价格较低,施工质量无法保证,存在一定安全隐患等因素,但因其价格低廉也占有一定市场。

长垣市 2022 年机(电)情况见表 3-24。

表 3-24　长垣市 2022 年机(电)情况

乡(镇、办事处)	机(电)井数/眼	已配套机(电)井数/眼	装机容量/千瓦	井灌面积/公顷	乡(镇、办事处)	机(电)井数/眼	已配套机(电)井数/眼	装机容量/千瓦	井灌面积/公顷
蒲东办事处	175	175	1252	438	方里乡	981	981	7462	3914
蒲西办事处	54	54	421	275	武邱乡	462	462	2875	688
蒲北办事处	635	635	4550	1694	赵堤镇	758	758	4656	479
南蒲办事处	363	363	2625	811	佘家乡	698	698	4788	1522
魏庄镇	776	776	5470	1768	丁栾镇	623	623	4503	2124
恼里镇	494	494	2871	906	张三寨镇	654	654	4759	2002
芦岗乡	849	849	5276	1991	满村镇	580	580	4920	1612
孟岗镇	708	708	4983	2265	樊相镇	879	879	6567	2433
苗寨镇	684	684	21463	1977	常村镇	1593	1593	12098	4491
合计	11966	11966	101539	31390					

第七节　节水灌溉

为了充分利用地面水源,从 1965 年开始以主要排水河道为依托,采取多种形式发展节水灌溉。由于方便使用,投资不大,而且效益明显,得以全面推广。

一、地埋管道

地埋管道是节水灌溉的重要形式,成本低,效益高,经久耐用。长垣县地埋管道主要以塑料管为主。

(一)灰土管

1976年,县水利局先后组织井灌区村,南下无锡梅村学习灰土管道输水的经验。灰土管用三分之一的白灰,三分之二的黏土,用模具夯实而成,上圆下方,主管道内径25厘米,分管道内径15厘米,壁厚10厘米。把井水抽进水池,通过管道及分水池到分管道,从出水口入毛渠进田间。当时,县水利局在浚县烧白灰,免费供给各乡村。建设灰土管道的有樊相镇的北堆、留村、谷寨、冯寨,城关镇的顿庄、东关、王庄、杨庄等,建成管道110公里,可浇地266.67公顷。因田鼠钻洞跑水、漏泥淤塞管道,灰土管在1979年后大都停用。

(二)瓦管

瓦管是用黏土制成干坯,入窑烧制而成的。管长90厘米,圆形,小头直径18厘米,大头直径20厘米,管壁1.5厘米,另有配套的弯头。水抽入进水池,每60米建一分水池,池中有四通水口,制一压水阀,通过压水阀安排浇地顺序。满村乡的单寨、孟岗乡的苇园,先后制管600节,1977年安装瓦管5公里,可浇地80公顷。由于瓦管技术含量低而且极易损坏,此技术未得到推广。

(三)免烧管

免烧管用水泥细沙拌和成坯,蒸汽熏制而成。管长90厘米,圆形,两头结合部留有阴阳接头,可穿插,形成一体。管内径18厘米,管壁4厘米。从开封市购进,安有加压阀。1992—1994年武邱乡抓住滩区水利建设的机遇,在卓寨、茅庄等10个村庄,成片连方铺设地下管道99公里,配套机井238眼,发展节水灌溉面积1100公顷。

(四)塑料管

20世纪90年代初开始地埋塑料管。由于铺设轻巧,安装方便,容易管理,发展较快。到2002年底,全县埋塑料管道40多万米,配套面积4000公顷,效益好的地方有樊相镇的大碾、城关镇的南关、常村镇的营里、总管乡的刘口等地。樊相镇管道浇地面积达1333.33公顷,地埋塑料管道发展前景可观。

2010年小农水重点县工程在丁栾镇的关东、关西、丁东、丁南4个行政村,建成节水灌溉面积200公顷,埋设UPVC管道25.2公里,完成投资93.3万元,工程于2011年1月10日开工,同年3月底竣工。

樊相、蒲北节水灌溉工程:项目区位于樊相镇和蒲北办事处,涉及樊南、上官村、谷寨、张庄、吴屯和大碾6个行政村(6个自然村)及蒲北办事处的程庄1个行政村(1个自然村)。共建成高效节水灌溉面积800公顷,其中低压管灌733.33公顷,铺设UPVC地埋管道102140米,发展滴灌66.67公顷;新打机井41眼,旧井配套103眼;铺设低压地埋电缆33800米。完成投资1027.73万元,其中财政投资1000万元,劳务折资27.73万元。该工程于2013年3月7日开工,2013年7月底竣工。新增高效节水灌溉面积800公顷,其中新增、改善、恢复灌溉面积493.33公顷,新增粮食生产能力99.55万公斤,新增经济作物产值11万元。灌溉水利用系数提高到0.80,新增节水能力71.4万立方米。

丁栾、方里节水灌溉工程:项目区位于长垣县城东部,涉及长垣县的丁栾、方里2个镇,共计21个行政村(丁栾镇15个行政村:王寨、王师古寨、前马良固、后马良固、尚寨、罗章寨、杨庄、马盘池、史庄、浮邱店、田庄、止胡寨、丁北、丁东、中刘;方里镇6个行政村:董营、前瓦、葛堂、翟疃、雷店、户堌)。共完成新打(配)机井 191 眼,维修配套旧井 20 眼;完成衬砌渠道 39.314 公里,完成排涝沟清淤 3.5 公里;新建改建各类建筑物 109 座;完成变压器台区 28 处,低压电缆 99.73 公里;完成机耕道路 3.492 公里;完成河塘治理 4 座;铺设地埋管道 33.19 公里。完成投资 2504.64 万元,其中财政投资 2490 万元,劳务折资 14.64 万元。该工程于 2015 年 12 月 11 日开工,2016 年 4 月底竣工。新增、改善有效灌溉面积 1924 公顷,新增节水灌溉面积 1673.33 公顷,其中高效节水灌溉面积 320 公顷,改善排涝面积 1666.67 公顷;年新增供水能力 466 万立方米,年节约农业灌溉用水 136 万立方米。年平均新增粮食生产能力 202.3 万公斤,经济作物产值 188.57 万元。

蒲东、孟岗节水灌溉工程:项目区位于蒲东办事处、孟岗镇 2 个镇(办事处)23 个行政村(蒲东办事处:五里铺、五里屯、吕楼、罗镇屯、小岗、单寨、学堂岗、贾寨、丹庙、徐楼、郭寨、八里张、七里庄、王楼;孟岗镇:张庄、孙寨、埝南、张野寨、二郎庙、吴寨、九棘南、九棘北、邱村)。共完成新打(配)机井 266 眼;完成衬砌渠道 12.58 公里,完成排涝沟清淤 22.73 公里;新建改建各类建筑物 86 座;完成变压器台区 32 处,低压电缆 131 公里;完成机耕道路 4.21 公里;完成河塘治理 3 座;铺设地埋管道 65.20 公里。完成投资 2506.02 万元,其中财政投资 2490 万元,劳务折资 16.02 万元。该工程于 2016 年 4 月 11 日开工,2016 年 12 月底竣工。新增、恢复、改善有效灌溉面积 2239.33 公顷,新增节水灌溉面积 2093.33 公顷,其中高效节水灌溉面积 710 公顷,改善排涝面积 1940 公顷;年新增供水能力 595.5 万立方米,年节约农业灌溉用水 167.8 万立方米。年平均新增粮食生产能力 246.4 万公斤,经济作物产值 167.04 万元。

佘家节水灌溉工程:项目区位于佘家镇的牛庄、前楼、南王庄、西张弓寨、东张弓寨、西郝、东郝 7 个行政村。工程于 2017 年 2 月 20 日开工,2018 年 4 月 4 日完工。共完成机井及配套 102 眼,智能玻璃钢井堡 102 套,建筑物 8 座,新修机耕路 7.76 公里,地埋管道购置及安装 43.35 公里,低压电缆 35.15 公里,10 千伏高压线路 3.14 公里,变压器台区 11 处。完成工程总投资 1100 万元,全部为中央资金。新增灌溉面积 226.67 公顷,改善灌溉面积 140 公顷,恢复灌溉面积 228 公顷;新增高效节水面积 398.67 公顷,新增供水能力 132 万立方米,新增节水能力 24 万立方米,年新增粮食生产能力 89 万公斤,年新增产值 63 万元。

芦岗乡节水灌溉工程:项目区位于芦岗乡,涉及刘慈寨、韩庙、白河、李寨、大付寨、东小青、中小青、张寨、王辛庄、双庙、马寨、冯楼、官路张、韩寨、程庄、崔寨、杨寨 17 个行政村。该工程于 2018 年 7 月 4 日开工,2019 年 6 月 24 日完工。共完成配套机井 291 眼,其中新打 263 眼,维修旧井 28 眼,配套机井智能灌溉系统 291 台(套),配套潜水水泵 291 台(套);铺设 φ110UPVC 地埋管道 121.784 公里;配套建筑物 41 座;建设变压器台区 37 处;架设高压线路 14.1 公里,铺设低压线缆 116.4 公里;县级信息化平台系统 1 套、乡级信息化平台 1 套。完成投资 2600 万元,其中中央投资 1300 万元,省级投资 1300 万元。新增、恢复、改善有效灌溉面积 1353.33 公顷,其中高效节水灌溉面积 1353.33 公顷;年新增节水能力 23.18 万立方米。

二、地面硬渠

地面硬渠是用混凝土现浇或先预制好后修建。一般都是在原有输水垅沟的基础上开沟成形现浇而成的,或预制好矩形槽,槽宽 50 厘米、高 50 厘米。选好渠道,夯实基础,排列连接,外边用土封坡。这种硬渠适宜河水灌溉田间输水。1992 年以后,全县修有硬渠 75 公里,灌溉面积 1000 公顷。张寨、魏庄等乡(镇)有一批地面硬渠。整体上看,没有地埋塑料管道适应性强。因为不实用,没有推广。

三、渠道衬砌

渠道衬砌是引水渠节水灌溉的主要形式。20 世纪 80 年代,石头庄总干东西干联合闸前硬化了 910 米。后来相继衬砌的渠道主要有大功灌区、石头庄灌区的骨干渠道及石头庄灌区孟岗、满村、佘家、方里、赵堤 5 个乡(镇)的田斗农渠。

(一)大功一干渠衬砌工程

2000 年,衬砌长度 1 公里,渠底宽 4.5 米,边坡 1:1.75,深 2.2 米,施工任务由县水利建设工程公司承担。共完成土方 1.82 万立方米、混凝土 1040 立方米,工程投资 78 万元。

2013 年,衬砌长度 9.8 公里,底宽 4.5 米,边坡 1:1.75,设计水深 2.2 米,设计流量 8.38 立方米每秒,工程投资 1140 万元。

(二)西环城河护砌工程

此河是长垣县输水灌溉和涝水下泄的主要河道之一,淤积严重,河道弯曲不成形。每到汛期,城区防汛十分吃紧。2000 年,县委、县政府决定对河道进行衬砌,工程施工由县水利建设工程公司承担。在护砌中对河道的自然流向进行裁弯取直,设计底宽 11 米,边坡 1:1,水深 2.6 米,口宽 16.2 米,超高 0.9 米。工程于 10 月 10 日开工,12 月 20 日竣工。完成河道衬砌 1.8 公里,清挖回填土方 5.8 万立方米,砌体 7200 立方米,新修桥 2 座,完成投资 265 万元。

(三)东环城河护砌工程

东环城河是县境中部南水北送的咽喉要道,也是城镇防汛的重点工程,淤积严重。为提高环城河输水能力,2001 年县委、县政府决定对该河道进行护砌。施工由县水利建设工程公司承担,在护砌中对河道的自然流向进行了裁弯取直。河道护砌标准是:底宽 11 米,边坡 1:1,河口宽 20 米,水深 2.5 米,超高 0.9 米,部分河段布置了河口绿化二层平台。完成河道衬砌 900 米,共投资 300 万元。

(四)山东干渠衬砌工程

山东干渠分两节衬砌,东段从西环城河西岸至建设路东口,为矩形盖板,底宽 4.5 米,高 2.5 米。西段从菜园村南穿西花园南,向西至宏力大道,为梯形,底宽 2 米,边坡 1:1,口宽 6 米,高 2.5 米。两段衬砌长 1.5 公里,投资 210 万元。

(五)杨小寨引水渠衬砌工程

2003 年进行续建配套与节水改造,衬砌结构为现浇混凝土衬砌,衬砌长度 1.45 公里,底宽 5.00 米,渠深 2.02 米,衬砌高度 2.0 米,纵坡 1/8000,边坡 1:1.5,工程投资 58 万元。

(六)杨小寨支渠衬砌工程

2003—2005 年对桩号 0+000～7+736、7+766～9+800 进行续建配套与节水改造,衬砌结构边坡为预制混凝土板衬砌,渠底上段采用预制混凝土板,下段采用现浇混凝土,底宽 3.0～0.5 米,渠深 1.73～1.63 米,衬砌高度 1.63～1.53 米,纵坡 1/4500～1/4000,边坡 1:1.5,工程投资 380 万元。

(七)马坡支渠衬砌工程

2006 年对桩号 0+000～2+000 进行续建配套与节水改造,衬砌结构渠底采用现浇混凝土,边坡为预制混凝土板衬砌,衬砌长度 2.0 公里,底宽 1.5 米,渠深 1.94 米,衬砌高度 1.94 米,纵坡 1/6000,边坡 1:1.5。

(八)周庄支渠衬砌工程

2006 年对桩号 0+000～2+578 进行续建配套与节水改造,衬砌结构为现浇混凝土衬砌,衬砌长度 2.58

公里,渠底宽0.8米,衬砌高度1.4米,纵坡1/4000,边坡1:1.5。

(九)东干渠衬砌工程

2005年、2006年、2010年分别对桩号0+000～3+571、3+571～7+800、7+800～10+800进行续建配套与节水改造,桩号7+800以前衬砌结构渠底采用现浇混凝土,边坡为预制混凝土板衬砌,桩号7+800以后,全断面衬砌结构为现浇混凝土,渠道全段底宽2.0米,渠深2.13米,衬砌高度1.84米,纵坡1/4000,边坡1:1.5。

(十)石头庄总干渠衬砌工程

2008年进行续建配套与节水改造,防渗衬砌3.9公里,结构形式为预制混凝土板边坡衬砌,渠底没有衬砌。因2010年发生多次强降雨,滩区积水严重,该渠成了芦岗乡排涝的主要渠道,大量泄水,造成渠道掏底冲刷,上段3.1公里渠道衬砌工程出现错缝、滑坡和坍塌。2011年在引黄灌区抗旱应急水毁修复工程项目中,对上段3.1公里进行了现浇混凝土衬砌,底宽6米,渠深3米,衬砌高度2.74米,纵坡1/5000,边坡1:1.5。

(十一)南干渠衬砌工程

2010—2011年进行续建配套与节水改造,衬砌结构为现浇混凝土衬砌,衬砌长度8.6公里,渠道底宽4～2米,渠深2.2～1.87米,衬砌高度1.98～1.5米,纵坡1/5000,边坡1:1.5。

(十二)西干渠衬砌工程

2009年、2011年分别对桩号0+000～10+800、10+800～15+990进行续建配套与节水改造,衬砌结构为现浇混凝土衬砌,衬砌长度15.99公里,底宽3.5～2.0米,渠深1.97～1.8米,衬砌高度1.84～1.64米,纵坡1/5000,边坡1:1.5。

(十三)孔村支渠衬砌工程

2010—2011年进行续建配套与节水改造,衬砌结构为现浇混凝土衬砌,衬砌长度4.2公里,渠道底宽1.0米,渠深1.63米,衬砌高度1.3米,纵坡1/5000,边坡1:1.5。

(十四)大王庄支渠

2011—2012年进行续建配套与节水改造,衬砌结构为现浇混凝土衬砌,衬砌长度8.3公里,渠道底宽2.0米,渠深2.0～1.88米,衬砌高度1.57～1.53米,纵坡1/6000,边坡1:1.5。

(十五)2010年重点县衬砌工程

2010年重点县衬砌工程位于长垣县孟岗镇,于2011年1月10日开工,3月底完工。共衬砌斗农渠42条,长31.95公里。

(十六)2011年重点县衬砌工程

2011年重点县衬砌工程位于满村镇和佘家乡,于2011年3月11日开工,4月底完工。共衬砌斗农渠62条,长58.82公里。

(十七)2012年重点县衬砌工程

2012年重点县衬砌工程位于方里、赵堤2个乡(镇),于2012年11月20日开工,2013年4月底完工。共衬砌斗农渠107条,长58.44公里。

(十八)赵堤节水改造衬砌工程

2000—2001年,在赵堤镇南部和北部,进行灌区节水改造。配套方内衬砌斗渠4条,长4.1公里,底宽0.5～1米,边坡1:1。衬砌农渠14条,长4.9公里,边坡1:0.75,底宽0.3～0.4米。节水改造配套面积

266.67 公顷,投资 70 万元。

(十九) 大功二干渠衬砌工程

2010 年和 2013 年,自渠首至柳桥屯节制闸共衬砌 5.334 公里,采用现浇混凝土结构,底宽 1~2 米,边坡 1:2,纵坡 1/5000,设计水深 1.5 米,衬砌超高 0.6 米,设计流量 2.6~5.06 立方米每秒,投资 960 万元。

(二十) 大功三干渠衬砌工程

2014—2017 年,自渠首至青岗南桥共衬砌 9.225 公里,底宽 2.2 米,边坡 1:2,纵坡 1/5000,设计水深 1.7 米,衬砌超高 0.65 米,设计流量 5.37 立方米每秒,投资 1900 万元。

(二十一) 大车总干渠衬砌工程

2011 年,对渠道全段 4.5 公里进行了现浇混凝土衬砌,底宽 2.5 米,渠深 3 米,衬砌高度 1.8 米,纵坡 1/4000,边坡 1:2,投资 530 万元。

(二十二) 孙东引水渠衬砌工程

2013 年,对全段 2.75 公里进行现浇混凝土衬砌,底宽 3 米,边坡 1:1.5,设计流量 5.55 立方米每秒,投资 200 万元。

(二十三) 杨孟支渠衬砌工程

2013 年,进行现浇混凝土衬砌,衬砌长度 3.65 公里,底宽 0.5 米,渠深 1.5 米,水深 1 米,纵坡 1/4000,边坡 1:1.5。

(二十四) 董营支渠衬砌工程

2013 年,进行现浇混凝土衬砌,衬砌长度 4.8 公里,渠道底宽 0.5 米,渠深 1.6 米,水深 1.1 米,纵坡 1/5000,边坡 1:1.5。

铁炉支渠见图 3-51。

图 3-51　铁炉支渠

(二十五) 铁炉支渠衬砌工程

2013 年,进行现浇混凝土衬砌,衬砌长度 6.72 公里,渠道底宽 1.0 米,渠深 2.7 米,水深 1.2 米,纵坡

1/4000,边坡 1:1.5。

四、喷灌

喷灌(见图 3-52)是一种先进的节水形式,全县分移动式喷灌和半固定式喷灌两种。

图 3-52 喷灌设施

(一)移动式喷灌

移动式喷灌使用的是活动式喷灌机。1978 年在樊相镇的留村、北成功,丁栾镇的官路西试用,共有 14 台。1985 年发展到 465 台,86%分布在黄河滩区各乡(镇)。1999 年张寨乡又发展移动式喷灌面积 130 公顷。

(二)半固定式喷灌

1998 年以后,国家立项投资,在长垣县建成了以半固定式为主的 3 个喷灌节水示范方,亦称节水增效示范方。

1. 满村喷灌节水工程

示范区位于满村乡西南部,新菏铁路以北,长濮公路西侧。工程涉及前满村等 7 个行政村。1998 年建成 333.33 公顷喷灌示范方,配套机井 44 眼,埋设 UPVC 管 19264 米,建成泵房 44 间,总投资 293.97 万元,其中省、市投资 150 万元,县配资金 100 万元,群众集资 43.97 万元。

2. 杜村喷灌节水工程

项目区位于张寨乡西北部 106 国道西侧,涉及杜村等 4 个行政村,节水灌溉面积 266.67 公顷。在示范区建设中,坚持水、田、路、林、电统一规划,综合开发。经过 2 个月的努力,建成半固定式喷灌面积 136.67 公顷、小型机组移动式喷灌面积 130 公顷,配套机井 44 眼,埋设 UPVC 管 7800 米,铺设地下电缆 8000 米,建泵房 13 间。清挖沟渠 5 条,长 11 公里;整修道路 11 条,长 15 公里。完成投资 148 万元,其中省补助 50 万元、市财政匹配 25 万元、投工 5000 个。

3. 雨淋头喷灌节水工程

工程位于张寨乡东南部,涉及雨淋头、朱庄、翟寨 3 个行政村,节水灌溉面积 333.33 公顷,其中半固定式喷灌面积 100 公顷、闸管灌面积 233.33 公顷。2000 年冬修水利工程建设期间,对渠道和生产路,由当地政府组织受益村群众利用劳动积累工进行实施;组织专业施工队铺设地下电缆,埋设 UPVC 管,调试水泵,工程进展十分顺利。经过 1 个多月的紧张施工,12 月 20 日完成了建设任务,共配套机井 29 眼,埋设 UPVC 管 16000 米,架设高压线路 500 米,安装变压器 2 台,铺设地下电缆 3000 米,建成泵房 20 间,清挖沟渠 3 条长 6 公里,新修和整修生产路 15 条,长 23 公里,植树 1.5 万株。完成投资 228 万元,其中中央投资 100 万元、省配套 50 万元。

4. 丁栾镇喷灌节水工程

工程位于丁栾镇的关东、关西、丁东、丁南 4 个行政村,喷灌面积 133.33 公顷,埋设 UPVC 管 73.4 公里,完成投资 183.2 万元,2011 年 1 月 10 日工程开工,3 月底竣工。

五、滴灌

1999 年,张寨乡开始在蔬菜温室大棚里试用滴灌(见图 3-53)。2002 年,宏力高科技农业发展有限公司在城关秦楼红提葡萄园内建成 8 公顷滴灌示范方。2010 年重点县工程在丁栾镇后吴庄、田庄,孟岗镇尚小寨建成塑料大棚滴灌面积 66.67 公顷。2011 年重点县工程在满村镇前满村、小吕村、陈墙和佘家乡佘西建成塑料大棚滴灌面积 66.67 公顷。2012 年重点县工程在方里乡的黄村、三娘寨、方南、周庄和赵堤镇的新东、新西建成塑料大棚滴灌面积 66.67 公顷。

图 3-53 滴灌设施

长垣市节水灌溉工程分布情况见表 3-25。

表 3-25　长垣市节水灌溉工程分布情况

乡（镇）	喷灌面积				滴灌面积/公顷		低压管道输水		硬化渠道	
	固定式 面积/公顷	半固定式 面积/公顷	移动式 面积/公顷	移动式 机具/台	大田	蔬菜水果	面积/公顷	管道长度/公里	控制面积/公顷	长度/公里
满村		333.33				33.33	433.33	39.80	666.67	20.2
南蒲街道		236.67	130	30					433.67	27.875
蒲东街道							387.33	40.67		
魏庄							133.33	12.50	66.67	4.500
孟岗						33.33	133.33	12.10	933.33	35.650
佘家						33.33	80.00	8.40	933.33	38.600
丁栾		133.33				33.33	386.67	72.80	58.67	4.000
张三寨							66.00	6.93		
樊相							1466.00	153.90		
常村							300.00	3.15	266.67	17.234
赵堤									866.67	40.560
武邱						26.67	366.67	38.50		
方里						40.00			910.33	34.820
合计		703.33	130	30		199.99	3752.66	388.75	5136.01	223.439

第八节　提灌站

提灌站主要分为固定式提灌站、半固定式提灌站和流动式提灌站,因前两种提灌站受地理条件和水情制约,逐步被后者所替代。

一、固定式提灌站

固定式提灌就是基础设施固定、机泵固定、管理人员固定。盖有站房,建立管理组织。长垣市主要有6个固定式提灌站。

(一)马寨提灌站

马寨提灌站于1973年兴建,位于芦岗乡马寨村的杨耿坝处,直接提黄河水。设计流量5立方米每秒,配套污水泵10台、15马力柴油机2台、高压线路2.3公里、300千瓦变压器1台、50千瓦电动机2台,建有进水池、出水池、站房,总投资30万元。但由于污水泵扬程只有2.8米,黄河水位低时提不出来。1980年经安阳行署水利局批准,对马寨提灌站进行了续建配套,利用现有机房、电机,另新配90马力柴油机6台、0.5立方米每秒轴流泵10台;修建总干分水闸1座、干渠分水闸1座、总干渠跌水1处,总投资12.8万元。马寨提灌站的作用:一是解决黄河滩区抗旱用水;二是在冯楼闸引不出水时,提水向石头庄灌区送水。由于郑寨、左寨等滩区引水问题不大,马寨提灌代价太高,基本上没有发挥过很好的效益。1981年,县设立马寨提灌管理站,站址在周营控导堤的马寨村东。1984年,马寨提灌管理站合并到石头庄管理所,马寨提灌管理站撤销。

(二)牛河提灌站

牛河提灌站于1979年兴建,位于常村乡牛河村太行堤南,文岩渠的北岸,由常村乡统一管理。受益范围为牛河、司河、高村、营里、常村、大堤西、小堤西、朱寨等8个村1000公顷地。牛河提灌站装机135马力柴油机1台、上海产28英寸轴流泵1台,流量1.35立方米每秒,穿太行堤向北输水。开挖干渠4公里、支渠5公里,共计土方5.2万立方米,新建节制闸门1座、分水闸4座,新建桥梁12座,总投资8万元,工日3.5万个,补助粮5.2万公斤。社队自筹3万元,国家投资5万元。牛河提灌站曾发挥过很好的效益。由于提灌代价高,水源不可靠,不久便停灌。

(三)大留寺提灌站

大留寺提灌站于2017年8月25日开工,11月22日完工。工程位于魏庄街道大留寺控导工程31~32号坝之间。建设内容主要包括新建水闸10座,新建引黄泵站1座(共计3台水泵,装机总容量10.23立方米每秒),新建左寨干渠泵站1座,新开挖渠道4.869公里,清淤疏浚支渠17.893公里,重建生产桥12座,新建供电台区2处,总投资1543.22万元。大留寺引黄工程主要用于左寨灌区农田灌溉用水,工程建成后,可保障灌区下游恼里、魏庄、芦岗3个乡(镇)13万亩农田灌溉,解决左寨灌区引水困难的问题。灌溉后的农业退水可入天然文岩渠,为天然文岩渠条形水库提供蓄水水源,进而提高大车闸的供水能力。

(四)冯楼提灌站

冯楼提灌站于2017年12月28日开工,2018年6月完工。工程位于芦岗乡周营上延控导工程5~6

号坝之间。建设内容主要包括新建浮船泵站 2 座(共计 8 台水泵,装机总容量 20 立方米每秒),新建水闸 1 座、蓄水池 1 座、渠道清淤及浆砌石护坡,厂区及配套工程,水源井 4 眼,PVC 输水管 400 米,总投资 851.33 万元。工程建设后,可保障孟岗、蒲东、方里、赵堤、佘家、丁栾、满村 7 个乡(镇)的农业灌溉用水,还可为天然文岩渠调蓄水库及清水入城提供可靠的水源。

(五)郑寨提灌站

郑寨提灌站于 2019 年 6 月开工,当年 9 月完工。工程位于芦岗乡周营上延控导工程 23~24 号坝之间,含 1 个泵站和 1 座水闸。泵站为浮筒式,轴流泵 4 台,设计流量 10 立方米每秒;水闸为开敞式,孔数 2 孔,孔宽 2.5 米,设计流量 6.56 立方米每秒。泵站工程利用郑寨灌区节水配套改造项目资金 543 万元投资建设,泵站工程建成后,既满足了郑寨灌区 10 万亩耕地农业灌溉需求,又可以向天然文岩渠输送黄河水补充生态水量,为天蓝水清提供了重要保障。

(六)贾庄提灌站

贾庄提灌站于 2020 年 11 月开工,2021 年 2 月竣工,3 月 30 日正式投入使用。贾庄泵站位于苗寨镇,有 4-4 型水泵机组 2 台,建有浮筒 4 个、出水池 1 座、管理房 3 间、输水渠道 30 米,配有 S11-M-500 kVA 型变压器 1 台,电气设备 1 台(套);新建节制闸 1 座,结构形式为开敞式,闸门为露顶式铸铁闸门,闸门净宽 5 米,共 2 孔,每孔宽为 2.5 米,配套 QL-15t 手电两用螺杆启闭机 2 台。总投资 385.87 万元,项目实施后,通过林寨支渠输入天然文岩渠,既满足了赵堤、武邱等乡(镇)农业及生态用水,又实现了水系连通。

二、半固定式提灌站

半固定式提灌站基础设施固定,管理人员固定,机泵不固定。浇地时,集体指派机泵管理人员负责安装、管理和运行。浇地结束,即将机泵运走。这种形式在 1975 年前后沿文明渠、丁栾沟、文岩渠、天然文岩渠随处可见。类似这种固定式或半固定式提灌站,1980 年时曾有百余处,其中固定提灌站 62 处,主要以社队管理为主。这类提灌站随着农村实行联产承包责任制后,管理人员报酬难以落实,设备老化失修,损坏严重,机泵流失,提灌站自消自灭。

1976 年长垣县半固定式提灌站统计汇总见表 3-26。

三、流动式提灌站

流动式提灌站是在 1980 年实行联产责任制后出现的一种浇地形式,不修基础设施,不由集体统一组织,以农户为主体,自购机泵和输水软管,自浇自灌或为别人浇地收费。每到沟渠引水抗旱季节,大小沟渠上成百上千的机泵,日夜浇地。流动式提灌站有很强的生命力,一些原由集体管理的固定式或半固定式提灌站逐渐被这种流动式提灌站代替。农民使用的输水软管又称聚乙烯农用塑料膜,俗称"小白龙"。常用的直径规格有 12 厘米、14 厘米、16 厘米、18 厘米、20 厘米、22 厘米、24 厘米等几种,由于这种流动式提灌站,小巧灵活,搬运方便,浇灌快速,而且节约用水、价格便宜,备受广大群众的喜爱,普及到了农村千家万户,2012 年全县利用的输水软管约有 2500 公里,同样达到了节水灌溉的目的。

表 3-26　1976 年长垣县半固定式提灌站统计汇总

乡(镇)	大队	扬程/ 米	水源	效益/ 公顷	水泵 型号	柴油机 (台/马力)	料物							工日/ 个	总投资/ 元
							水泥/ 吨	砖/块	钢筋/ 公斤	沙/ 立方米	砖渣/ 立方米		
常村	4	4	天然文岩渠	180.00	轴流泵	6/104	0.35	4100		1.4	0.6	100	13794
樊相	9	3	文岩渠	660.00	轴流泵	21/252	10.5	52500		16.8	21	1050	35847
满村	8	3	丁栾沟	193.33	轴流泵	8/96	4	20000		6.4	8	400	13656
丁栾	12	3~4	丁栾沟	1060.00		16/400	8.91	49700	240	19.23	12	1177	59812
张寨	6	3	王堤沟	273.33		8/112	3.12	16400		5.4	6	337	15626
佘家	6	3~4	东西干	320.00		6/120	0.5	4800		1.8		120	16884
方里	10	2	东干	33.33	轴流泵	1/12	0.5	2500		1	1	50	1707
武邱	4	3	黄河	520.00		4/140	6.1	30800	180	12.3	9	725	22434
苗寨	4	2.5	黄河	133.33	轴流泵	5/60	2.5	12500		4	5	250	8535
城关	4	3	唐满沟	333.33	轴流泵	4/140	6.1	30800	180	12.3	9	725	22434
孟岗	7	4	南分干	300.00		7/140	4.3	23250	120	9	6	545	21865
芦岗	4	4	天然文岩渠	133.33		4/48	0.3	2600		1		60	7028
恼里	3	3~4	黄河	233.33		3/72	2.6	13400	60	5.2	3	307	11245
魏庄	5	4	天然文岩渠	426.67		6/120	0.5	4800		2		140	16884
合计	86			4799.98		99/186	50.34	261850	780	97.83	80.6	5986	267751

续表 3-26

乡(镇)	大队	扬程/米	水源	效益/公顷	水泵型号	柴油机/(台/马力)	水泥/吨	砖/块	钢筋/公斤	沙/万立方米	砖渣/立方米	工日/个	总投资/元
常村	前孙东	3	文岩渠	33.33	8寸	1/20	0.06	700		0.25	0.1	17	2570
	前孙东	3	文岩渠	33.33	8寸	1/20	0.06	700		0.25	0.1	17	2570
	司河	3	文岩渠	20.00	6寸	1/12	0.055	650		0.2	0.1	15	1757
	牛河	3	塘坑	33.33	8寸	1/20	0.06	700		0.25	0.1	17	2570
	牛河	3	文岩渠	26.67	6寸	1/12	0.055	650		0.2	0.1	15	1757
	后孙东	4	王堤水库	33.33	8寸	1/20	0.06	700		0.25	0.1	17	2570
小计				179.99		6/104	0.35	4100		1.4	0.6	98	13794
樊相	马寨	3	文明渠	40.00	轴流泵	2/24	1	5000		1.6	2	100	3414
	马寨	3	文明渠	40.00	轴流泵	2/24	1	5000		1.6	2	100	3414
	杜楼	3	董寨沟	20.00	轴流泵	1/12	0.5	2500		0.8	1	50	1707
	杜楼	3	董寨沟	20.00	轴流泵	1/12	0.5	2500		0.8	1	50	1707
	北堆	3	文明渠	26.67	轴流泵	1/12	0.5	2500		0.8	1	50	1707
	北堆	3	文明渠	26.67	轴流泵	1/12	0.5	2500		0.8	1	50	1707

续表 3-26

乡(镇)	大队	扬程/米	水源	效益/公顷	水泵型号	柴油机/(台/马力)	料物					工日/个	总投资/元
							水泥/吨	砖/块	钢筋/公斤	沙/立方米	砖渣/立方米		
樊相	北堆	3	文明西支	26.67	轴流泵	1/12	0.5	2500	0.8	1	50	1707	
	简寨	3	文明西支	80.00	轴流泵	1/12	0.5	2500	0.8	1	150	1707	
	程庄	3	文明西支	66.67	轴流泵	1/12	0.5	2500	0.8	1	50	1707	
	漏粉庄	3	文明南支	80.00	轴流泵	3/36	1.5	2500	2.4	3	150	5121	
	南堆	3	文明南支	100.00	轴流泵	4/48	2	10000	3.2	4	200	6828	
	小务口	3	文明地支	80.00	轴流泵	2/24	0.5	2500	0.8	1	50	1707	
	朱清枣	3	文明南支	53.33	轴流泵	1/12	0.5	2500	0.8	1	50	1707	
小计				660.01		21/252	10.5	525000	16.8	21	1050	35847	
满村	罗镇屯	3	丁栾沟	20.00	轴流泵	1/12	0.5	2500	0.8	1	50	1707	
	小岗	3	丁栾沟	20.00	轴流泵	1/12	0.5	2500	0.8	1	50	1707	
	前满村	3	丁栾沟	26.67	轴流泵	1/12	0.5	2500	0.8	1	50	1707	
	后满村	3	唐满沟	23.33	轴流泵	1/12	0.5	2500	0.8	1	50	1707	
	寨外	3	唐满沟	23.33	轴流泵	1/12	0.5	2500	0.8	1	50	1707	
	前杨楼	3	唐满沟	26.67	轴流泵	1/12	0.5	2500	0.8	1	50	1707	
	宜丘	3	文明渠	26.67	轴流泵	1/12	0.5	2500	0.8	1	50	1707	
	西梨园		文明干渠		轴流泵	1/12	0.5	2500		0.8	1	50	1707
小计				193.34		8/96	4	20000		6.4	8	400	13656

续表 3-26

乡(镇)	大队	扬程/米	水源	效益/公顷	水泵型号	柴油机/(台/马力)	水泥/吨	砖/块	钢筋/公斤	沙/立方米	砖渣/立方米	工日/个	总投资/元
	关西	3	丁栾沟	100.00	8寸	2/40	0.12	1400		0.5		34	5140
	丁南	3	丁栾沟	100.00	8寸	2/40	0.12	1400		0.5		34	5140
	丁北	3	丁栾沟	133.33	污工泵	1/40	2	10000	60	4	3	235	6540
	丁北	3	吕村沟	100.00	12寸	2/40	0.2	1800		0.8		44	5996
	丁东	3	吕村沟	133.33	污工泵	1/40	2	1000	60	4	3	235	6540
	浮丘店	3	吕村沟	40.00	8寸	1/20	0.06	700		0.25		17	2570
丁栾	上官村	3	丁栾沟	106.67	污工泵	1/40	2	10000	60	4	3	235	6540
	皮村	3	文明渠	66.67	12寸	1/20	0.1	900		0.4		22	2998
	肖官村	3	文明渠	100.00	污工泵	1/40	2	10000	60	4	3	235	6540
	薛官桥	3	文明渠	53.33	12寸	1/20	0.1	900		0.4		22	2998
	打兰寨	3	文明渠	53.33	12寸	1/20	0.1	900		0.4		22	2998
	丁西	3	丁栾沟	33.33	10寸	1/20	0.07	800		0.3		20	2814
	皮村	3	文明渠	40.00	12寸	1/20	0.1	900		0.4		22	2998
小计				1059.99		16/400	8.97	49700		19.23	12	1177	59812

续表 3-26

乡（镇）	大队	扬程/米	水源	效益/公顷	水泵型号	柴油机（台/马力）	料物					工日/个	总投资/元
							水泥/吨	砖/块	钢筋/公斤	沙/立方米	砖渣/立方米		
张寨	排房	3	王堤沟	26.67	轴流泵	1/12	0.5	2500		0.8	1	50	1707
	西郭庄	3	王堤沟	33.33	轴流泵	1/12	0.5	2500		0.8	1	50	1707
	东郭庄	3	王堤沟	40.00	轴流泵	1/12	0.5	2500		0.8	1	50	1707
	庄科	3	王堤沟	40.00	轴流泵	1/12	0.5	2500		0.8	1	50	1707
	庄科	3	王堤沟	33.33	轴流泵	1/12	0.5	2500		0.8	1	50	1707
	杜村	3	王堤沟	33.33	轴流泵	1/12	0.5	2500		0.8	1	50	1707
	杜村	3	王堤沟	33.33	8寸	1/20	0.06	700		0.25		17	2570
	阔寨	3	王堤沟	33.33	10寸	1/20	0.06	700		0.3		20	2714
小计				273.32		8/112	3.12	16400		5.4	6	337	15626
赵堤	小寨	4	天然文岩渠	53.33	10寸	1/20	0.07	800		0.3		20	2814
	东赵堤	4	天然文岩渠	53.33	10寸	1/20	0.07	800		0.3		20	2814
	孙庄	4	天然文岩渠	53.33	10寸	1/20	0.07	800		0.3		20	2814
	新启寨	5	丁栾沟	53.33	10寸	1/20	0.07	800		0.3		20	2814
	范井	6	回木沟	53.33	10寸	1/20	0.07	800		0.3		20	2814
	葛寨	6	丁栾沟	53.33	10寸	1/20	0.07	800		0.3		20	2814
佘家				319.98		6/120	0.42	4800		1.8		120	16884
小计	方里	2	东干渠	33.33	轴流泵	1/12	0.5	2500		0.8	1	50	1707
小计				33.33		1/12	0.5	2500		0.8	1	50	1707
武邱	西角集	3	天然文岩渠	166.67	污工泵	1/40	2	1000	60	4	3	235	6540
	红门	3	天然文岩渠	166.67	污工泵	1/40	2	1000	60	4	3	235	6540
	灰池	3	天然文岩渠	133.33	污工泵	1/40	2	1000	60	4	3	235	6540
	南何店	3	黄河	53.33	10寸	1/20	0.07	800		0.3		20	2814
小计				520.00		1/140	6.1	30800	180	12.3	9	725	22434

续表 3-26

乡(镇)	大队	扬程/米	水源	效益/公顷	水泵型号	柴油机/(台/马力)	料物					工日/个	总投资/元
							水泥/吨	砖/块	钢筋/公斤	沙/立方米	砖渣/立方米		
苗寨	东旧城	25	黄河	26.67	轴流泵	1/12	0.5	2500		0.8	1	50	1707
	西旧城	25	黄河	26.67	轴流泵	1/12	0.5	2500		0.8	1	50	1707
	东雨林	25	黄河	26.67	轴流泵	1/12	0.5	2500		0.8	1	50	1707
	魏寨北	25	黄河	26.67	轴流泵	1/12	0.5	2500		0.8	1	50	1707
	魏寨南	25	黄河	26.67	轴流泵	1/12	0.5	2500		0.8	1	50	1707
小计				133.35		5/60	2.5	12500		4.0	5	250	8523
城关	西关	3	陈河	66.67	10寸	1/20	0.07	800		0.3		20	2814
	林庄	3	文明渠	100.00	污工泵	1/40	2	10000	60	4	3	235	6540
	杨庄	3	丁栾沟	100.00	污工泵	1/40	2	10000	60	4	3	235	6540
	北关	3	唐满沟	66.67	污工泵	1/40	2	10000	60	4	3	235	6540
小计				333.34		4/140	6.1	30800	180	12.3	9	725	22434
孟岗	步寨	4	天然文岩渠	33.33	6寸	1/12	0.055	650		0.2		15	1757
	孟岗	4	天然文岩渠	33.33	6寸	1/12	0.055	650		0.2		15	1757
	香李张	4	天然文岩渠	33.33	6寸	1/12	0.055	650		0.2		15	1757
	堰南	4	天然文岩渠	33.33	6寸	1/12	0.055	650		0.2		15	1757
	石头庄	4	天然文岩渠	33.33	6寸	1/12	0.055	650		0.2		15	1757
	九楝	2	南干	66.67	污工泵	1/40	2	10000	60	4	3	235	6540
	堰北	2	南干	66.67	污工泵	1/40	2	10000	60	4	3	235	6540

续表 3-26

乡(镇)	大队	扬程/米	水源	效益/公顷	水泵型号	柴油机(台/马力)	料物					工日/个	总投资/元
							水泥/吨	砖/块	钢筋/公斤	沙/立方米	砖渣/立方米		
小计				299.99		7/140	4.3	23250	120	9	6	545	21865
芦岗	乔寨	4	天然文岩渠	33.33	6寸	1/12	0.055	650		0.2		15	1757
	杨桥	4	天然文岩渠	33.33	6寸	1/12	0.055	650		0.2		15	1757
	刘慈寨	4	天然文岩渠	33.33	6寸	1/12	0.055	650		0.2		15	1757
	崔寨	4	天然文岩渠	33.33	6寸	1/12	0.055	650		0.2		15	1757
小计				133.32		4/48	0.22	2600		0.8		60	7028
梢里	后参木	4	天然文岩渠	66.67	12寸	1/20	0.1	900		0.4		22	2998
	孟寨	3	天然文岩渠	33.33	轴流泵	1/12	0.5	2500		0.8		50	1707
	总管	3	天然文岩渠	133.33	污工泵	1/40	2	10000	60	4	3	235	6540
小计				233.33		3/72	2.60	13400	60	5.2	3	307	11245
魏庄	梁寨	4	天然文岩渠	80.00	10寸	1/20	0.07	800		0.3		20	2814
	大车东	4	天然文岩渠	66.67	10寸	1/20	0.07	800		0.3		20	2814
	大车东	4	天然文岩渠	66.67	10寸	1/20	0.07	800		0.3		20	2814
	大车西	4	文岩渠	80.00	10寸	1/20	0.07	800		0.3		20	2814
	杨庄	4	文岩渠	66.67	10寸	1/20	0.07	800		0.3		20	2814
	合阳	4	文岩渠	66.67	10寸	1/20	0.07	800		0.3		20	2814
小计				426.678		6/120	0.5	4800		2		140	16884
合计				4800									267751

第九节 综合治理

1980年后,水利建设开始注重实效。按照"搞好续建配套,加强经营管理,狠抓工程实效,抓紧基础工程,为今后发展做好准备"的方针,长垣县抓住机遇,多渠道争取以水利建设为主的农业综合开发项目,在原有水利设施的基础上,实行水、田、林、路统一规划,旱、涝、沙、碱综合治理,大搞田间工程配套,使长垣县的农田水利建设有了飞速发展,取得了明显的效益。

一、综合治碱试点

中华人民共和国成立初期,全县有盐碱地5333.33公顷,到初级社时全县盐碱地降为3333.33公顷。1958年以后,由于盲目引黄蓄灌,地下水位升高,加之黄河背河洼地和天然文岩渠常年侵蚀,次生盐碱发展很快,1963年已达3.25万公顷。1965年全县大规模的治碱工作全面展开,主要办法有:一是搞台田、条田,排涝治碱;二是建设除涝工程,排除地面水,控制地下水;三是停止渠道引水,发展井泉灌溉,降低地下水位;四是开展群众性的起碱、深翻运动。

这些办法的综合运用,使治碱工作取得了明显效果。到20世纪70年代,全县盐碱地面积一直控制在2.4万公顷左右。1979年12月,河南省水利厅开始在长垣县对历年旱、涝、盐碱的重灾区开展综合治理的试点工作。

(一)试点区位置

试点区位于长垣县东北部,北起长垣与滑县县界,南至石头庄引黄灌区16支排,东临杨小寨引黄稻改区,西到吕村、尚村自然大沙沟。南北长15公里,东西宽约4公里,总面积60平方公里,耕地4666.67公顷。试点区属黄河背河洼地浸润类型的盐碱改良区。

(二)治理措施

1. 深沟截渗

针对试点区直接受两条地上河和两个引黄稻改区的侧渗浸润影响,在试点区周边东南两侧采取深沟截渗的措施。试点区南侧分别清淤加深16支排、24支排至3.5米。东侧开挖南北长8公里、底宽3米、深3.2米的截渗沟,截取浅层地下水的浸渗和地面水的进入。更重要的是,为试点区的涝水排泄打开了出路,使该区涝水达到东西两向直接排出。南部(16支排以北,方里公路以南)西排入吕村沟,北排入公路支沟,汇流后向西泄入马良固沟。中部(方里公路北,24支排南)向东直接排入截渗沟,向西排入尚村沟,通过24支排直接泄入回木沟。北部(24支排北至县界)向东直接排入回木沟,使该区涝水畅排无阻。

2. 浅沟排涝

试点区在开挖截渗沟和打通排水骨干河道的基础上,按5年一遇的浅沟除涝标准,进行支斗排沟配套,排沟路林统筹规划。根据扩挖老沟与开挖新沟相结合的原则进行布局。支沟间距一般为800~1000米,地势较低的东部布局较密,为500~800米,较高的西部沙土地布局较疏,有的1500米左右。一般挖深1.8~2.2米,东部重碱区挖深2.5米,西部挖深1.8米,以便观测地下水位影响和淋碱效果。斗沟间距一般为300~800米,挖深1.5米。

3. 井灌井排(以灌代排)

试点区针对地下水位偏高,采用井灌井排(以灌代排)的措施,打井配套,提水灌溉。机井规划按每百亩 1 眼进行补打,井管为混凝土管,井径多为 300 毫米,一小部分为 500 毫米和 1000 毫米。

(三)治理效果

试点区从 1980—1985 年分 5 期治理,总投资 297.94 万元。清挖排沟 74 条,总长 135 公里,总土方 147.3 万立方米,新建桥涵 194 座,新打机井 310 眼,机井配套 397 眼。试点区有 5 年一遇的排涝干沟 5 条、支沟 20 条、斗沟 49 条、机井 692 眼,实现了排沟、机井配套。农桐间作面积 2533.33 公顷,平整打畦面积 4333.33 公顷,盐碱综合治理效果明显,2884.67 公顷碱荒地全部改造成良田,粮食亩产由治理前的 95.5 公斤达到 391.5 公斤(见表 3-27)。

二、旱涝保收田建设

长垣县旱涝保收田建设从 1985 年列入国家投资项目,分年度进行实施,一共进行了 7 年。涉及丁栾、樊相、满村、城关、常村、孟岗、魏庄、张寨 8 个乡(镇),配套面积 9613.35 公顷。总投资 526.45 万元,其中国家投资 222 万元。新打机井 294 眼,兴修桥、涵、闸等建筑物 638 座,发展节水面积 33.33 公顷,新增旱涝保收田面积 6340.01 公顷(见表 3-28)。

(一)1985 年度

建设区位于县西北部,长(垣)安(阳)公路以东,长(垣)濮(阳)公路以西,大岗沟以南,北环城公路以北。包括丁栾、樊相、满村、城关 4 个乡(镇)的部分地区,耕地 4206.67 公顷。工程于 1985 年 5 月 3 日正式开工,1985 年 9 月 20 日竣工。开挖清淤支沟 2 条、斗沟 28 条、农沟 58 条,完成土方 90.5 万立方米(含建筑物土方 3.53 万立方米);新建建筑物 340 座,其中干沟建筑物 6 座、支沟建筑物 9 座、斗沟建筑物 129 座、农沟建筑物 196 座;完成混凝土及钢筋混凝土 1313.6 立方米、砌体 4574 立方米,建筑物投资 59.62 万元;新打机井 142 眼,机井配套 256 处,新建提灌站 1 处、乡水利站 4 处;新建旱涝保收田 3333.33 公顷。完成投资 169.68 万元,其中国家投资 60 万元、县乡自筹 26.17 万元、群众集资 35.33 万元、劳务折款 48.18 万元。

(二)1986 年度

建设区位于县西部,包括樊相、常村 2 个乡(镇)的部分耕地。其中樊相片在长(垣)安(阳)公路以西,张三寨沟以南,贾庄、邢固屯以东,文明西支以北;常村片在长(垣)马(村)公路以北,吕庄、小郭集、岳刘庄以东。工程于 1985 年 11 月 1 日开工,1986 年 9 月 10 日竣工。开挖清淤支沟 3 条、斗沟 22 条、农沟 35 条,共 60 条,长 78.1 公里;新建建筑物 181 座,其中支沟建筑物 38 座、斗沟建筑物 97 座、农沟建筑物 46 座;新打机井 50 眼,配套机井 85 眼,完成土方 37 万立方米(含建筑物土方 3.65 万立方米)、混凝土及钢筋混凝土 1114.9 立方米、砌体 2615.3 立方米,建设樊相镇水利站 1 处;新建旱涝保收田面积 2400 公顷。完成投资 98.35 万元,其中国家补助 40 万元、县乡自筹 18.50 万元、群众集资 18 万元、劳务折款 21.85 万元。

(三)1994 年度

建设区位于孟岗乡西南部,涉及该乡的伯玉、赵庄、尚小寨、张小寨、七里庄、王楼、许寨 7 个行政村,耕地面积 666.67 公顷。工程于 1994 年 8 月前竣工。共完成投资 54.42 万元,其中省投资 23 万元、自筹 19.07 万元、劳务折款 12.35 万元。完成工程量砌体 339.86 立方米、混凝土及钢筋混凝土 499.58 立方米、土方 5.3 万立方米,投工 3.37 万个。兴利工程投资 25.12 万元,其中省投资 10.31 万元、自筹 14.81 万元。新打机井 42 眼,新建地面硬渠 10 条长 3 公里。除涝工程投资 26.73 万元,其中省投资 11.49 万元、

表3-27　1980—1985年长垣县综合治碱试点成果

年度	建设范围	水利投入			水利建设主要内容					节水面积/公顷	增修沟渠				效益/公顷		
		配套面积/公顷	总额/万元	其中国家/万元	新打井/眼	修旧井/眼	建筑物/座				清挖/条	整修/条	总长/公里	总土方/万立方米	新增灌溉	新增旱涝保收田面积	改造中低产田面积
							桥	涵	闸								
1980	佘家、赵堤	813.33	73.14		60		24							54			
1981	佘家、赵堤	740.00	55.91		50		50							28			
1983	佘家、赵堤	1026.67	75.52		83		65							30.3			
1984	佘家、赵堤	820.00	35.11		42		23							12.4			
1985	佘家、赵堤	1266.67	58.26		75		38							22.6			
合计		4666.67	297.94		310		200				74		135	147.3			

表 3-28　1985—1999 年长垣县旱涝保收田建设成果

年度	建设范围	水利投入			水利建设主要内容											效益/公顷		
		配套面积/公顷	总额/万元	其中国家/万元	新打井/眼	修旧井/眼	建筑物/座			节水面积/公顷	增修沟渠				新增灌溉	新增旱涝保收田面积	改造中低产田面积
							桥	涵	闸		清挖/条	整修/条	总长/公里	总土方/万立方米			
1985	丁栾、樊相、满村、城关	4206.67	169.68	60	142		340				88			90.5		3333.33	
1986	樊相、常村	2400.00	98.35	40	50		181					60			2466.67		2400
1994	孟岗伯玉	666.67	54.42	23	42		27			33.33	15			5.3		666.67	
1995	满村罗镇屯	666.67	56.36	25	20		30				12			6.87		666.67	
1997	魏庄东北	340.00	43.21	15	10		18				5			5.9		340.00	
1998	张寨西郭庄	666.67	56.55	29	20	15	20				12			8.44		666.67	
1999	张寨东南	666.67	47.88	30	10		22				8			5.94		666.67	
合计		9613.35	526.45	222	294	15	638			33.33	140	60		122.95	2466.67	6340.01	2400

自筹 2.89 万元、劳务折款 12.35 万元。共建设桥涵 27 座,其中斗沟建筑物 13 座、农沟建筑物 14 座,投工 3000 个。完成工程量混凝土及钢筋混凝土 78.08 立方米、砌体 339.86 立方米、土方 2965 立方米。共清淤开挖河道 15 条长 10.6 公里,投工 2.5 万个,完成土方 5 万立方米。其中清淤开挖支、斗渠 7 条长 6.7 公里,农渠 8 条长 3.9 公里。

(四)1995 年度

建设区位于城关、满村、孟岗 3 个乡(镇)交界的罗镇屯村。工程于 5 月底竣工,清挖支沟 1 条、斗沟 2 条、农沟 9 条,新打机井 20 眼,新建斗沟交通桥 15 座、农沟生产桥 15 座,完成土方 6.87 万立方米,投工 2.46 万个;建设旱涝保收田面积 666.67 公顷;完成投资 56.36 万元,其中自筹 12.51 万元、群众劳务折款 18.85 万元、国家补助 25 万元。

(五)1997 年度

建设区位于魏庄镇东北部王寨、邢口等 7 个自然村,效益面积 340 公顷。该项目于 5 月份完成,共疏浚干、斗、农渠 5 条长 14.21 公里,新打机井 10 眼。配套建筑物 18 座,其中交通桥 7 座、生产桥 11 座。完成土方 5.9 万立方米、砌体 256.17 立方米、混凝土及钢筋混凝土 193.47 立方米。工程总投资 43.21 万元,其中工程费用 42.21 万元、勘察设计费 1 万元。国家补助 15 万元,其余部分由受益区自筹解决。

(六)1998 年度

建设区位于张寨乡西郭庄、左相如、梨园、李郭庄等 8 个自然村,连片建设面积 666.67 公顷。7 月工程竣工,共清挖支斗农排 12 条长 21.6 公里,配套建筑物 20 座,新打配机井 20 眼,修旧井 15 眼,完成混凝土 103.73 立方米、砌体 354.08 立方米、土方 8.44 万立方米,材料消耗水泥 81.03 吨、钢材 6.94 吨、木材 1.75 立方米,投工 22.9 万个。完成投资 56.55 万元,其中国家补助 29 万元,剩余部分及所需材料由受益区解决。

(七)1999 年度

建设区位于张寨乡东南部西瓦棚、木岗等 8 个行政村,受益面积 666.67 公顷。7 月底工程竣工,共清挖支斗农渠 8 条长 15.8 公里,配套建筑物 22 座,新打机井 10 眼,修旧井 10 眼,完成混凝土及钢筋混凝土 146.7 立方米、砌体 305.3 立方米、土方 5.94 万立方米,投工 2.23 万个。完成投资 47.88 万元,其中国家补助 30 万元,剩余部分及所需建筑材料由受益区解决。

三、粮食基地建设

1985—1986 年的旱涝保收田建设是河南省水利厅对长垣县进行试探性的投资,经过两年的实践,赢得了投资信誉。粮食基地建设就是从旱涝保收田建设项目暂停转成粮食基地建设项目的。长垣县按照"深沟河网,疏沟大方,排灌合一,井渠结合,以井保丰,以渠补源"的原则,全面规划,综合治理,连片成方,逐年实施,连续建设了 10 年。建设的范围主要是太行堤北、临黄堤西的樊相、常村、张寨、城关、魏庄、张三寨、满村、丁栾、孟岗、佘家 10 个乡(镇),配套面积 1.93 万公顷,总投资 1009.62 万元,其中国家投资 762.37 万元。新打机井 469 眼,建桥 1061 座、涵洞 5 座、水闸 4 座。发展节水面积 433.34 公顷,新增有效灌溉面积 2973.33 公顷,改造中低产田 4753.33 公顷,新增旱涝保收田面积 1.35 万公顷(见表 3-29)。

(一)1986 年度

建设区位于长垣县西部,北至文明西支,南到杜(村)常(村)公路,西至岳刘庄、大堤西,东至新(乡)长(垣)公路,包括常村、张寨、樊相、城关 4 个乡(镇)36 个行政村,总人口 2.87 万人,总面积 51 平方公里,总耕地 3486.67 公顷。

表3-29　1986—1995年长垣县粮食基地成果表

年度	建设范围	配套面积/公顷	水利投入		水利建设主要内容											效益/万公顷		
			总额/万元	其中国家/万元	新打井/眼	修旧井/眼	建筑物/座			节水面积/公顷	增修沟渠				新增灌溉	新增旱涝保收田面积	改造中低产田面积
							桥	涵	闸		清挖/条	整修/条	总长/公里	总土方/万立方米			
1986	常村、城关、张寨、樊相	3486.67	107.8	80.85	32		217				53			78.4		0.27	
1987	丁栾、张寨、常村、魏庄	3333.33	107.8	80.85	35		157				56			46.76		0.27	
1988	张寨、魏庄	2800.00	111.3	83.475	32		136				38			57.88		0.18	
1989	张寨、魏庄、城关	2000.00	108.9	81.675	20		90				22			30.6	0.03	0.18	
1990	魏庄、孟岗、城关	2933.33	108.9	81.675	27		120				31			35	0.03	0.18	
1991	张三寨	1046.67	90.24	74.2	79		111			166.67	14			25	0.04	0.07	0.10
1992	张三寨北部	953.33	79.26	62.3	71		47			166.67	19			19.54	0.05	0.06	0.10
1993	张三寨南部	780.00	87.79	76.3	70		80			100	14			8.59	0.03	0.03	0.08
1994	满村乡南部	973.33	108	63	54		42	5			21			24.7	0.06	0.06	0.1
1995	佘家乡西南	1000.00	99.63	78	49		61		4		35			6	0.05	0.05	0.1
合计		19306.66	1006.62	762.365	469		1061	5	4	433.34	303			332.47	0.29	1.35	0.48

工程于 1986 年 10 月 1 日正式开工,1987 年 7 月 20 日竣工。完成疏挖支沟 4 条、斗沟 26 条、农沟 23 条、共 53 条长 112.2 公里;修建桥涵 217 座,新打机井 32 眼,配套机井 73 眼,完成混凝土及钢筋混凝土 1117 立方米、砌体 3824 立方米、土方 78.4 万立方米(含建筑物土方 3.4 万立方米);建设常村、张寨乡水利站两处,完成工日 23.5 万个;完成投资 107.8 万元,其中中央、省、市投资 80.85 万元,县匹配投资 26.95 万元。新增旱涝保收田 2666.67 公顷,其中樊相 733.33 公顷、常村 866.67 公顷、张寨 1066.67 公顷。

(二)1987 年度

建设区分两片一线。南片位于长垣县西南部,南至太行堤,北至杜(村)常(村)公路,南接 1985 年旱涝保收田建设片;北片位于县北部,北至丁栾镇界,东至丁栾沟,西至文明渠;一条线即大车总干渠,位于县东南部。二片一线共包括丁栾、张寨、常村、魏庄 4 个乡(镇)37 个行政村,总人口 3.6 万人,总面积 49 平方公里,总耕地 3333.33 公顷。

工程于 1987 年 10 月 1 日正式开工,1988 年 5 月 5 日全面竣工。完成疏挖斗沟 15 条、农沟 41 条,共 56 条长 75.5 公里;桥涵建筑物 157 座,其中支沟 25 座、斗沟 74 座、农沟 58 座;新打机井 35 眼,配套 1010 眼;完善乡水利站 4 处。完成混凝土及钢筋混凝土 887.9 立方米、砌体 2499.8 立方米、土方 46.76 万立方米(含建筑物土方 2.05 万立方米)。完成投资 107.8 万元,其中中央、省、市投资 80.85 万元,县匹配投资 26.95 万元。新增旱涝保收田 2666.67 公顷,其中丁栾 1133.33 公顷、张寨 866.67 公顷、常村 666.67 公顷,完善旱涝保收田 666.67 公顷。

(三)1988 年度

建设区位于长垣县南部,西起新(乡)长(垣)公路,东至何寨沟,南接太行堤,北邻县城。共有张寨、魏庄 2 个乡(镇)18 个行政村,人口 2.3 万人,面积 40.3 平方公里,耕地 2800 公顷。

土方工程于 1987 年 10 月 1 日开工,1988 年 5 月竣工。建筑物、打井等工程于 1988 年 9 月开工,1989 年 5 月底竣工。共完成疏挖支沟 3 条、斗沟 16 条、农沟 19 条,共 38 条长 78.28 公里;修桥涵闸 136 座,其中支沟 13 座、斗沟 88 座、农沟 35 座。新打机井 32 眼,配套机井 85 眼,"六有"配套 100 眼,洗旧井 100 眼;建设乡水利站 3 处;完成混凝土及钢筋混凝土 1060 立方米、砌体 2388 立方米、土方 57.88 万立方米;完成投资 111.3 万元(市留以奖代补款除外)。新增旱涝保收田 1800 公顷,其中张寨 1733.33 公顷、魏庄 66.67 公顷、城关 33.33 公顷,完善旱涝保收田 1000 公顷。

(四)1989 年度

建设区位于长垣县东南部,西起何寨沟,东至乔堤沟,南至太行堤,北至县城。包括张寨、魏庄、城关 3 个乡(镇)22 个行政村,人口 2.5 万人,耕地 2000 公顷。

土方开挖工程于 1989 年 11 月 1 日开工,12 月 2 日竣工。建筑物工程 1989 年底动工,1990 年 3 月竣工。打井配套等工程于 1990 年 2 月底开工,5 月底竣工,共完成支斗农沟开挖 22 条长 69.28 公里,其中支沟 5 条、斗沟 7 条、农沟 10 条;修桥涵闸建筑物 90 座,其中支沟 18 座、斗沟 50 座、农沟 22 座。新打机井 20 眼,"六有"配套 50 眼,洗修旧井 100 眼。建设乡水利站 4 处,技术培训 2 期共 200 人;完成混凝土及钢筋混凝土 696.4 立方米、砌体 1662.3 立方米、土方 30.6 万立方米(其中沟渠土方 29.12 万立方米,建筑物土方 1.48 万立方米);完成总投资 108.9 万元,其中中央、省、市共投资 81.68 万元,县投资 27.23 万元。新增旱涝保收田 1800 公顷,其中张寨 566.67 公顷、魏庄 1200 公顷、城关 33.33 公顷;完善旱涝保收田 200 公顷。新增有效灌溉面积 333.33 公顷,新增除涝面积 333.33 公顷。

（五）1990 年度

建设区位于长垣县东南部，西起乔堤沟，东至临黄堤，北至长（垣）孟（岗）公路。包括魏庄、孟岗、城关3个乡（镇）31个行政村，人口3.14万人，耕地2933.33公顷。

土方工程于1990年11月1日开工，12月3日竣工。建筑物工程于1991年3月竣工。完成支斗农沟清淤开挖31条长76.61公里，其中支沟3条、斗沟15条、农沟13条；修建桥闸120座，其中支沟6座、斗沟88座、农沟26座。新打机井27眼，"六有"配套27眼，洗修旧井150眼；建设乡水利站4处，节水灌溉渠道衬砌1条，技术培训2期共200人。完成混凝土及钢筋混凝土839.91立方米、砌体1715.5立方米。完成投资108.9万元，其中中央、省、市共投资81.68万元，县匹配27.23万元；新增旱涝保收田1800公顷，其中魏庄566.67公顷、孟岗1133.33公顷、城关100公顷。新增有效灌溉面积333.33公顷，新增除涝面积333.33公顷。

（六）1991 年度

建设区位于张三寨乡横堤北斗、肖官桥西斗以西，新寨、王安和以北，张葛沟以东，大罡沟以南，涉及皮村、肖官桥、横堤、草坡、张东、张北、临河、新寨8个行政村，人口1.01万人，耕地面积1046.67公顷。本年度共批复工程总投资90.24万元（含后经上级批准农业项目调为水利项目的10万元），其中中央、省、市、县投资74.20万元（有偿部分26.36万元），群众自筹16.04万元。改造中低产田1048.73公顷，新增旱涝保收田713.33公顷，新增有效灌溉面积386.67公顷，恢复有效灌溉面积146.67公顷，恢复旱涝保收田面积33.33公顷。

1. 机井建设

机井建设总投资47.56万元。其中，国家投资33.34万元（有偿部分15万元），群众自筹14.22万元。新打机井79眼，修复旧井57眼，地埋管道5000米，地面硬渠8000米。

2. 除涝工程

除涝工程共投资38万元，其中国家投资36.06万元（有偿部分7.94万元）。共清挖河道14条长37.5公里，完成土方25万立方米。共建桥涵111座，其中支沟桥17座、斗沟桥21座、农沟桥16座、过路涵57座。

3. 技术培训

技术培训投资2万元，均为无偿。其中用于县级培训7000元，用于乡级培训1.3万元。乡级培训资金中资料印刷教材与专业技术书籍购置4000元，场地租赁1000元，小件教学仪器设置4000元，师资及学员生活补助4000元。共举办测量、施工、节水灌溉、小型水利工程管理学习班4期1200人次。

4. 经营周转金

经营周转投资2.8万元，均为无偿。乡水利站用周转金办起一个小型预制厂，生产井管、涵管、井台、井盖、节水槽等，2.8万元周转金已周转3次，盈利万余元。

（七）1992 年度

建设区位于张三寨乡北部。区内涉及该乡的西角城、小屋、官桥营、李官桥、韩村、徐河道、张卜寨、大东、大西、大前、临河（部分）和张北（部分）共12个行政村，农业人口1.17万人，耕地953.33公顷。完成投资79.26万元，其中国家投资62.3万元（有偿部分37.92万元）、群众自筹16.96万元。完成工程量砌体958.31立方米、混凝土及钢筋混凝土253.74立方米、土方19.54万立方米，总投工8.76万个。改造中低产田953.33公顷，新增有效灌溉面积466.67公顷，新增旱涝保收田560公顷，新增除涝面积386.67

公顷。

1. 兴利工程、机井建设

兴利工程、机井建设总投资为44.23万元,其中国投有偿30.34万元、群众自筹13.89万元。新打机井71眼,配套机井71眼,修复机井50眼,地埋管道5000米,硬化垄沟7700米。

2. 除涝工程

除涝工程总投资30.27万元,其中国家投资28.06万元(有偿4.78万元,无偿23.28万元)、群众自筹2.21万元。

排涝河道清淤开挖:共清淤开挖河道19条,长35.1公里,投工5.97万个,土方18.75万立方米。其中,清淤开挖支沟2条、斗沟6条、农沟11条。

桥涵闸建设:共建桥涵闸47座,其中支沟建筑物2座、斗沟建筑物25座、农沟建筑物20座。投工8600个,完成工程量混凝土及钢筋混凝土253.74立方米、砌体958.3l立方米、土方7900立方米。

3. 技术培训

技术培训投资2万元,均为无偿。其中,用于资料印刷及购买6000元,场地租赁2000元,小件教学设备购置6000元,师资及学员生活补助6000元,共举办测量、施工、节水灌溉、小型水利工程管理学习班3期400人次。

4. 经营周转金

经营周转投资2.8万元,均为有偿。乡水利站利用周转金扩大了原办预制厂,生产井管、涵管、井池、井盖、节水槽等。2.8万元周转金周转2次,盈利1.1万元。

(八)1993年度

建设区位于长垣县张三寨乡南部。区内涉及该乡的张西、张南、崔安和、马安和、陈安和、新寨、张东7个行政村,农业人口6954人,耕地780.93公顷。完成投资87.79万元,其中国家投资76.30万元(有偿部分22.90万元)、群众自筹11.49万元。完成工程量砌体796.92立方米、混凝土及钢筋混凝土275.1立方米、土方8.59万立方米,总投工6.70万个。改造中低产田780公顷,新增有效灌溉面积320公顷,新增旱涝保收田320公顷,新增除涝面积306.67公顷。

1. 兴利工程、机井建设

兴利工程、机井建设总投资为42.09万元,其中国投有偿34.36万元、群众自筹7.72万元。新打机井70眼,配套机井70眼,修复机井22眼,地埋管道4000米,硬化垄沟3500米。

2. 除涝工程

除涝工程总投资为40.90万元,其中国家投资37.14万元、群众自筹3.76万元。

排涝河道清淤开挖:共清淤开挖河道14条,长25.9公里,投工4.14万个,土方7.75万立方米。其中,清淤开挖支沟2条、斗沟4条、农沟8条。

桥涵闸建设:共建桥涵闸80座,其中支沟建筑物7座、斗沟建筑物34座、农沟建筑物9座、过路涵30座。投工9600个,完成混凝土及钢筋混凝土275.1立方米、砌体796.92立方米、土方8400立方米。

3. 技术培训

技术培训投资2万元,均为无偿。其中:用于资料印刷及购买6000元,场地租赁2000元,小件教学设备购置5000元,师资及学员生活补助7000元。共举办测量、施工、节水灌溉、小型水利工程管理学习班3期400人次。

4. 经营周转金

经营周转投资 2.8 万元,均为有偿。乡水利站利用周转金扩大了原办预制厂,生产井管、涵管、井池、井盖、节水槽、桥板等。2.8 万元周转金周转 2 次,盈利 0.9 万元。

(九)1994 年度

建设区位于满村乡长(垣)濮(阳)公路以西,北、南、西分别与张三寨乡、城关镇、樊相镇接壤。建设区内涉及该乡的宜丘、后满村、周宜丘、老李庄、大杨楼、小杨楼、西梨园、殷庄、吕阵、毛庄等 10 个行政村 16 个自然村,农业人口 8208 人,耕地 971.33 公顷。完成总投资 108 万元,其中国家投资 63 万元(有偿部分 18.9 万元、无偿部分 44.1 万元)、群众自筹 45 万元。完成砌体 1326.7 立方米、混凝土及钢筋混凝土 134.6 立方米、土方 33.15 万立方米,投工 18.98 万个。改造中低产田 1000 公顷,新增有效灌溉面积 600 公顷,新增旱涝保收田 600 公顷。

1. 渠系工程

渠系工程总投资 58.8 万元,其中国家投资 43.8 万元(有偿部分 13.1 万元、无偿部分 30.7 万元)、群众自筹 15 万元。

疏浚开挖干、斗、农渠配套 21 条,长 27.5 公里,土方 24.7 万立方米,投工 3.5 万个。其中清挖疏浚干渠 2 条、斗渠 13 条、农渠 6 条。

建设桥涵闸 51 座,其中生产桥 42 座、节制闸 4 座、公路涵 5 座。完成工程量砌体 1326.7 立方米、混凝土及钢筋混凝土 134.6 立方米、土方 1.65 万立方米,投工 1.18 万个。

2. 机井建设

机井建设总投资 38.9 万元,其中国家投资 14.9 万元(有偿部分 4.47 万元、无偿部分 10.43 万元)、群众自筹 24 万元。新打机井 54 眼,配套机井 54 眼,修复旧井 45 眼。

3. 道路整修

道路整修建设区进行了水田路林统一规划,投资 6 万元,整修道路 8 条长 15.5 公里,完成土方 6.8 万立方米,渠路绿化 3.3 万棵,共投工 4.5 万个。此项资金全部由自筹解决。

4. 技术培训

技术培训投资 2 万元,均为无偿。举办工程技术人员培训班 4 期,印发技术资料 1500 份,培训 450 人次。

5. 仪器设备购置

购置水准仪 1 部、塔尺 2 个、测绳 2 条,均为无偿投资。

6. 经营周转金

经营周转投资 2 万元,均为有偿。

(十)1995 年度

建设区位于佘家乡西南部,长(垣)濮(阳)公路西侧,涉及牛庄、西张、东张、陈庄、车寨、邵二寨、东邵寨、北邵寨、西邵寨、黄庄、韩板城、陈板城、太平庄 13 个行政村,总人口 1.32 万人,耕地 1000 公顷。完成投资 99.63 万元,其中国家投资 78 万元(有偿部分 23.4 万元、无偿部分 54.6 万元)、群众自筹 21.63 万元。完成砌体 1480.15 立方米、混凝土及钢筋混凝土 266.43 立方米、土方 7.35 万立方米,总投工 6.23 万个。改造中低产田 973.33 公顷,新增有效灌溉面积 533.33 公顷,新增旱涝保收田 533.33 公顷,新增除涝面积 466.67 公顷。

1. 兴利工程、机井建设

兴利工程、机井建设总投资为 28.02 万元,其中国家投资 24.35 万元(有偿投资 20.10 万元、无偿投资 4.25 万元)、群众自筹 3.67 万元。新打机井 49 眼,"六有"配套机井 49 眼,修复机井 20 眼。

2. 除涝工程

除涝工程总投资为 65.81 万元,其中国家投资 47.85 万元、群众自筹 17.96 万元。

清淤开挖河道 35 条长 42.82 公里,投工 3.9 万个,土方 6 万立方米。其中清淤开挖支沟 2 条、斗沟 11 条、农沟 22 条。

建桥涵闸 61 座,其中支沟建筑物 3 座、斗沟建筑物 49 座、农沟建筑物 9 座,投工 1.23 万个,完成土方 1.35 万立方米。

3. 技术培训

技术培训投资 2 万元,均为无偿。其中:资料印刷及购买 6000 元,场地租赁 2000 元,小件教学设备购置 5000 元,师资及学员生活补助 7000 元,共举办测量、施工、节水灌溉、小型水利工程管理学习班 3 期 400 人次。

4. 经营周转金

经营周转投资 2.8 万元,均为有偿。乡水利站利用周转金扩大原办预制厂,生产井管、涵管、井池、井盖、节水槽、桥板等。2.8 万元周转金周转 2 次,盈利 0.9 万元。

5. 服务体系

购买洗井机 1 部,投资 1.0 万元,其中有偿投资 0.5 万元、无偿投资 0.5 万元。

四、水土保持工程

长垣市赵堤、佘家、方里 3 个乡(镇)属黄河泛滥时的重灾区,洪水过后泥沙淤积,沟壑纵横,风起沙扬,不长庄稼,水土流失严重。1998 年开始分两个年度进行治理。

1998 年治理区位于县城东北部,涉及佘家、方里 2 个乡 9 个行政村,风沙区面积 7 平方公里,区内人口 1.5 万人,耕地面积 533.33 公顷。工程于 1998 年 10 月开工,1999 年 6 月竣工。共完成各类建筑物 25 座,其中生产桥 18 座、涵洞 4 座、节制闸 3 座;植树 3.5 万株;构筑隔堤 3 条,完成土方 3 万立方米;清挖和疏浚沟渠 6 条长 5 公里,完成土方 5 万立方米;整修道路 8 条长 12 公里,完成土方 4.5 万立方米。初步平整土地 133.33 公顷,共完成混凝土及钢筋混凝土 272 立方米、砌体 815 立方米、土方 13.2 万立方米,投工 7.47 万个,投资 104.13 万元,其中国家专项资金 70 万元,群众劳务折款 34.13 万元。

1999 年治理区位于县城东北部,涉及方里、赵堤 2 个乡(镇)11 个行政村,风沙区面积 12 平方公里,其中耕地面积 666.67 公顷,农业人口 0.8 万人。工程于 1999 年 11 月开工,2000 年 6 月竣工。共完成各类建筑物 31 座,其中生产桥 21 座、渡槽 2 座、斗门 7 座、节制闸 1 座。植树 6 万株,平整土地 66.67 公顷,整修道路土方 1 万立方米,清挖和疏浚沟渠土方 9.5 万立方米。共完成混凝土及钢筋混凝土 636 立方米、砌体 842 立方米、土方 11.7 万立方米,投工 8.22 万个,投资 142.8 万元。其中国家专项资金 70 万元、市县配套及群众劳务折款 72.8 万元。

2 年共治理风沙区面积 19 平方公里,水土流失得到控制,沙沟沙洼得到初步平整,引黄淤灌遏制了飞沙,生态环境得到明显改善,社会效益十分明显。

2014 年水土流失治理区涉及官东村、官西村。共完成种植经果林(冬枣)13.33 公顷,新建生产桥 1

座,沟渠清淤治理1900米。项目投资30万元。

2016年水土流失治理区涉及方里镇陈庄、户堽和刘庄3个行政村。工程于2018年9月初开工,2018年9月底完工。共完成方里镇陈庄至刘庄公路两侧种植柳树960株;护坡撒播狗牙根草20公顷,陈庄东硬化渠道2条共630米,项目投资25万元。

2018年水土流失治理区涉及方里镇陈庄村。工程于2017年7月开工,2017年8月完工。共完成整治坑塘1处,与原有沟渠相通,调蓄收集雨水,开挖、碾压土方738立方米,沿坑铺设行人步道76米;整治坑塘1处,新建小型街心游园,垫土500立方米,铺设行人步道82米;两处共种植绿化苗木46株,其中种植桂花2株,百日红10株,白蜡2株,垂柳树10株,月季花树20株,腊梅2株,种植草坪490平方米,项目投资17万元。

2019水土流失治理区涉及郑寨灌区内西南部的苗寨镇林寨村。工程于2019年11月开工,2019年12月完工。共完成重建斗渠进水闸1座,林寨北斗混凝土衬砌900米,该渠道两侧种植垂柳362株。项目总投资52.24万元,其中省级专项资金15万元,县级自筹资金34.24万元。

2020年水土流失治理区涉及长垣市芦岗乡东小青、西小青、中小青3个行政村。工程于2020年5月初开工,2020年5月底完工。共完成林网面积50000平方米,种植水保林木3684株,其中楸树2380株,女贞334株,石楠368株,海棠354株,金枝248株。项目投资15万元。2020年新增水土保持林面积1.5平方公里。

2021年水土流失治理区涉及长垣市方里镇石头庄灌区内南部的铁炉村。工程于2021年4月开工,2021年5月完工。共完成维修加宽东干渠生产桥1座;种植林木1039株,其中桐树482株,杨树557株。项目投资20万元。2021年新增水土保持林面积3.27平方公里。

2022年新增水土保持林面积1.8077平方公里。

五、农业单项工程

农业单项工程包括商品粮基地、粮食自给、农业灌溉、农资补贴、民办公助和千亿斤粮食等6个单项农业建设项目,合计投资1.08亿元。

(一)商品粮基地工程

商品粮基地工程为国家"九五"计划的第一批工程。建设区分为3片:一是张寨乡的西北部,包括东郭庄、西郭庄、相如、小张等12个自然村,耕地面积666.67公顷;二是张寨乡的东南部,包括瓦棚、支寨、何寨等村,建设面积666.67公顷;三是樊相镇南的聂店、前李、后李等村,面积333.33公顷。3片合计1666.67公顷。

工程1997年开始实施,1999年1月工程全部完成。工程内容有:打配机井70眼,修旧井20眼,购置打洗井机具2套,兴修渠系配套建筑物85座,埋设地下管道13.3公里,铺设地面硬化渠道26.29公里,购置测绘设备8套、晒图机1台,乡站管理单位建设2处,建立灌排维修中心1处,改造水泥制品构件厂1处。工程投资355.97万元,建设商品粮基地面积1666.67公顷,新增有效灌溉面积746.67公顷,新增旱涝保收田面积1333.33公顷,新增节水灌溉面积466.67公顷,年商品粮供应能力增长750吨。

(二)粮食自给工程

建设区位于孟岗乡西南部,长孟公路以南,包括七里庄、王楼、张小寨、伯玉4个行政村,人口4000人,耕地面积333.33公顷。

该工程建设于 1999 年,建设内容有:开挖疏浚沟渠 8 条,整修道路 9 条,建成硬化渠道 18 条,新打机井 10 眼,修建各类渠系建筑物 10 座,购置小型移动式喷灌机 10 台,投资 88 万元。该工程新增节水灌溉面积 266.67 公顷,年节水 24 万立方米。

(三)农业灌溉工程

项目区涉及魏庄、樊相、丁栾、张三寨、满村 5 个乡(镇),1.26 万公顷耕地。重点进行田间水利工程配套。工程从 1998 开始,到 2001 年结束。清挖沟渠 302 条长 338 公里,新打机井 1461 眼,修建桥梁 1245 座;完成节水灌溉面积 1400 公顷、配套面积 1.27 万公顷,完成投资 5429.6 万元。

(四)农资补贴项目

2010 年 3 月,河南省财政厅、水利厅下达《关于 2009 年新增农资综合补贴用于小型农田水利基础设施项目实施方案的批复》,2010 年 4 月 15 日工程开工,5 月 20 日竣工。

建设内容是控制面积 2000 公顷以下的小型排水沟工程和田间工程。小型排水沟工程 7 条,分别为马良固沟、东干截渗沟、老四斗、贯孟堤沟、林寨支沟、十八支排、十一支排;田间工程位于恼庄镇南杨庄村、乌岗村和胡寨村;防洪排涝减灾工程治理回木沟 1 条。共完成排涝沟治理 7 条,其中清淤疏浚 3 条长 16.635 公里,改建、重建建筑物 33 座;治理田间斗农渠沟 36 条,其中清淤疏浚田间斗农渠沟 32 条长 26.0 公里,改建、重建生产桥 45 座;防洪排涝减灾工程清淤疏浚回木沟 1 条长 9.8 公里,完成土方 34.79 万立方米、砌体 2604 立方米、混凝土及钢筋混凝土 1259 立方米。完成投资 535 万元,其中新增农资综合补贴项目 435 万元、防洪排涝减灾工程项目资金 100 万元。改善灌溉面积 333.33 公顷,改善除涝面积 94.05 平方公里,年增产粮食生产能力 356.4 万公斤。

(五)民办公助项目

2006 年 12 月,河南省财政厅、水利厅下达《关于下达 2006 年财政支持小型农田水利工程建设补助专项资金的通知》,其中包括长垣县 2006 年度小型农田水利工程民办公助建设项目:长垣县恼里镇东油房寨村低压管道灌溉项目区,蒲北办事处董寨村低压管道灌溉项目区,蒲东办事处单寨村、八里庄村排涝沟治理项目区。

工程于 2007 年 1 月 5 日开工,5 月 30 日竣工。其中:恼里镇东油房寨村低压管道灌溉项目区于 2007 年 3 月 20 日开工,5 月 20 日竣工,共完成低压管道节水面积 173.33 公顷,新打配机井 11 眼,建设井房 11 座,清挖斗农渠 13 条长 8.3 公里,完成投资 82.39 万元,其中国家投资 36.64 万元、群众自筹 28.41 万元、劳务折资 17.34 万元。蒲北办事处董寨村低压管道灌溉项目区于 2007 年 3 月 1 日开工,5 月 30 日竣工,共完成低压管道节水面积 80 公顷,新打配机井 5 眼,疏浚排水沟 5 条长 6.4 公里,完成投资 37.42 万元,其中国家投资 16.77 万元、劳务折资 20.65 万元。蒲东办事处单寨村、八里庄村排涝沟治理项目,包括长孟公路沟和邱村沟,工程于 2007 年 1 月 5 日开工,5 月 30 日竣工,共完成建筑物 4 座(长孟公路沟 2 座生产桥,邱村沟 1 座生产桥,1 座退水闸),清挖排涝沟 2 条长 14.1 公里,完成投资 81.93 万元,其中国家投资 36.59 万元、劳务折资 45.34 万元。

整个项目工程共完成总投资 201.74 万元,其中国家投资 90 万元、群众自筹 28.41 万元、劳务折资 83.33 万元。工程建成后,新增节水灌溉面积 253.33 公顷,改善除涝面积 533.33 公顷,新增除涝面积 26.67 公顷,年节约用水 10.36 万立方米,年增产粮食 29.2 万公斤。

(六)千亿斤粮食项目

2010—2012 年连续实施 3 年,累计完成投资 4215 万元,其中中央投资 3196 万元、省配套 537 万元、市配套 62.5 万元、县配套 420 万元。共建成高产稳产田面积 5466.67 公顷,5 个乡(镇)70 个行政村受益。

1. 2010 年度工程

项目区涉及常村镇、赵堤镇、佘家乡 3 个乡(镇)23 个行政村,共新打机井 260 眼、修旧井 20 眼、配置井台井盖 280 套、配套水泵 280 台、开挖渠道 29.2 公里、渠道硬化 22.9 公里、田间道路 10.68 公里、桥梁建筑物 36 座、地埋电线 15 公里、农田植树 1.41 万株,建成高产稳产田面积 1666.67 公顷,其中常村镇 733.33 公顷、赵堤镇建设面积 666.67 公顷、佘家乡建设面积 266.67 公顷,累计完成投资 1250 万元,其中中央投资 1000 万元、地方配套 250 万元。

2. 2011 年度工程

项目区涉及张三寨、佘家 2 个乡(镇)23 个行政村,共新打机井及配套 322 眼、洗修旧井及配套 55 眼、铺设地埋线 103.76 公里、铺设地埋管道 66.14 公里、修桥梁建筑物 14 座、修田间道路 11.14 公里、建成高产稳产田 2066.67 公顷,累计完成投资 1561 万元,其中中央投资 1073 万元、省配套 201 万元、县配套 287 万元。

3. 2012 年度工程

项目区涉及方里、佘家 2 个乡 20 个行政村,新打机井 254 眼、洗修旧井 38 眼,机井配套 352 台(套)、铺设地埋线 201.21 公里、地埋管道 7.15 公里、修桥梁建筑物 47 座、修田间道路 10.20 公里、建成高产田 1733.33 公顷,累计完成投资 1404 万元,其中中央投资 1123 万元、省配套 211 万元、县配套 70 万元。

六、黄淮海平原开发工程

1988—1997 年,长垣市进行了 10 年黄淮海平原农业开发建设项目,开发建设以改造中低产田为目的,以田间水利工程配套为主要措施,进行旱涝沙碱综合治理。开发区涉及佘家、方里、樊相、张寨、魏庄、赵堤、常村、丁栾、满村等 9 个乡(镇),水利配套面积 1.32 万公顷,水利投资 2249.59 万元。新打机井 636 眼、建桥 1187 座、建涵洞 212 座、建水闸 537 座,发展节水面积 456.13 公顷,新增有效灌溉面积 6253.34 公顷,新增旱涝保收田面积 3493.33 公顷。1988—1997 年长垣县黄淮海平原开发项目水利工程成果表见表 3-30。

(一)1988 年度

开发区涉及佘家、方里、樊相、张寨、魏庄 5 个乡(镇)30 个行政村 2.45 万人。工程于 1988 年 10 月动工,1989 年 5 月竣工。新挖和整修斗沟 34 条、农沟 199 条,共 233 条长 123.15 公里,动土方 27 万立方米;修建农用路 5 条长 8 公里,兴修建筑物 145 座,其中桥 34 座、涵 14 座、闸 107 座;新打配机井 173 眼,配套机井 48 眼。完成投资 278.47 万元。其中:中央、省、市投资 169 万元(因上级贷款指标减少 3 万元,实际少执行 5 万元),县匹配 45 万元,群众集资 49.77 万元,其他投资 14.7 万元。

改造中低产田 1500 公顷,新增有效灌溉面积 600 公顷,新增旱涝保收田面积 500 公顷,抗旱保证率达到 75%;年增产粮食 411 万公斤,增产油料 31 万公斤。

(二)1989 年度

开发区涉及佘家、赵堤 2 个乡(镇)21 个行政村 2 万人。工程于 1989 年 11 月动工,1990 年 5 月竣工。新开挖干沟、支沟 44 条长 39.5 公里,完成土方 27.39 万立方米;新打机井、配套 110 眼,兴修建筑物 181

表 3-30　1988—1997 年长垣县黄淮海平原开发项目水利工程成果

年度	建设范围	水利投入 配套面积/公顷	水利投入 总额/万元	水利投入 其中国家/万元	新打井/眼	修旧井/眼	建筑物/座 桥	建筑物/座 涵	建筑物/座 闸	节水面积/公顷	增修沟渠 清挖/条	增修沟渠 整修/条	增修沟渠 总长/公里	增修沟渠 总土方/万立方米	效益/公顷 新增灌溉	效益/公顷 新增旱涝保收田面积	效益/公顷 改造中低产田面积
1988	佘家、方里、樊相、张寨、魏庄	1500.00	278.47		173		34	14	107		233		123.15	27	600.0	500.00	1500
1989	佘家、赵堤	1410.00	196.03		110		82	25	74		44		39.5	27.385	500.0	426.67	1410
1990	赵堤、方里、满村、丁栾	2000.00	254.39				269	135	113		174		94.75	40	1266.67	333.33	2000
1991	樊相、张寨、赵堤、丁栾	1333.33	273				249	25	156		142		81.25	21.5	666.67	400.00	1333.33
1992	赵堤、佘家	1333.33	220		98	61	83	8	40	342.80	27		29.4	56.5	666.67	233.33	1333.33
1993	常村、张寨、樊相	1066.67	210				72	5	14		24		34.6	56.1	533.33	266.67	1066.67
1994	常村	1000.00	235.7		50	80	98		15		20		28.5	37.25	333.33	400.00	1000
1995	常村镇东部	1333.33	286		60	30	94		11		24		32.7	60	420.00	266.67	1333.33
1996	常村镇北部	1866.67	373		130	60	154		7	113.33	41		58.7	84	1066.67	353.33	1866.67
1997	樊相	333.33	102		15		52				13		15	22.5	200.00	313.33	333.33
合计		13176.66	2428.59		636	231	1187	212	537	456.13	742		537.55	432.235	6253.34	3493.33	13176.66

座,其中桥 82 座、涵 25 座、渡槽 4 座、闸 70 座;新建农用道路 13 条长 13.5 公里,动土方 9.7 万立方米。完成投资 196.03 万元。其中,完成中央、省、市投资 133 万元,县匹配 14 万元,群众集资 49.03 万元。

改造中低产田 1410 公顷,新增有效灌溉面积 500 公顷,改善有效灌溉面积 910 公顷,新增旱涝保收田面积 426.67 公顷,灌溉保证率达到 75% 以上;年增产粮食 90 万公斤。

(三)1990 年度

开发区涉及赵堤、丁栾、满村、方里 4 个乡(镇)22 个行政村 2.53 万人。工程于 1990 年 11 月动工,1991 年 5 月竣工。新开挖支、斗、农渠共 174 条长 94.75 公里,动土方 40 万立方米;兴修桥、涵、闸、渡槽等 517 座,修建农用路 74 条长 73.48 公里。完成投资 254.39 万元。其中,中央、省、市、县投资 125 万元,贷款 60 万元,群众集资 69.39 万元。

改造中低产田 2000 公顷,新增有效灌溉面积 1266.67 公顷,改善有效灌溉面积 266.67 公顷,新增旱涝保收田 333.33 公顷,新增除涝面积 933.33 公顷,抗旱保证率达到 75% 以上;年增产粮食 221.3 万公斤,增产棉花 1.76 万公斤,增产油料 12.1 万公斤。

(四)1991 年度

开发区涉及赵堤、丁栾、樊相、张寨 4 个乡(镇)24 个行政村 1.4 万人。工程于 1991 年 10 月开始施工,1992 年 5 月底竣工。开挖和整修沟渠 142 条长 81.25 公里,动土方 21.5 万立方米;修建建筑物 442 座,修建生产路 90 条长 57.8 公里。完成投资 273 万元。其中,中央、省拨款 114 万元,市配套 19 万元,县配套 21 万元,群众集资 50 万元,农业银行专项贷款 69 万元。

改造中低产田 1333.33 公顷,新增有效灌溉面积 666.67 公顷,改善有效灌溉面积 666.67 公顷,新增旱涝保收田 400 公顷,新增除涝面积 400 公顷,灌溉保证率达到 75% 以上;年增产粮食 184.5 万公斤,增产棉花 2.15 万公斤,增产油料 5.45 万公斤。

(五)1992 年度

开发区涉及赵堤、佘家 2 个乡(镇)14 个行政村 1.86 万人。工程于 1992 年 10 月动工,1993 年 5 月底竣工。新开挖和整修沟渠 27 条长 29.4 公里,动土方 56.5 万立方米;修建建筑物 131 座,其中桥 83 座、闸 40 座、涵 2 座、渡槽 6 座;新打配机井 98 眼,维修旧井 61 眼。完成投资 220 万元。其中,中央、省投资 113 万元,市配套 19 万元,县配套 19 万元,农业银行专项贷款 69 万元。

改造中低产田 1333.33 公顷,新增有效灌溉面积 666.67 公顷,改善有效灌溉面积 600 公顷,新增旱涝保收田 233.33 公顷,新增除涝面积 500 公顷,完成地埋管道 25.36 公里,节水工程控制面积 342.8 公顷,灌溉保证率达到 75% 以上;年增产粮食 36.66 万公斤,增产棉花 9 万公斤,增产油料 9.3 万公斤。

(六)1993 年度

开发区涉及常村、张寨、樊相 3 个乡(镇)8 个行政村 0.85 万人。工程于 1993 年 10 月动工,1994 年 4 月竣工。新开沟渠 24 条长 34.6 公里,动土方 56.1 万立方米;新建建筑物 91 座,其中斗渠节制闸 2 座、斗门 12 座、桥 72 座、渡槽 3 座、涵洞 2 座;整修交通路 40 条、生产路 30 条长 30 公里,动土方 30 万立方米。完成投资 210 万元。其中,中央、省投资 94.5 万元,市配套 15.5 万元,县配套 18 万元,农业银行专项贷款 42 万元,群众集资 40 万元。

改造中低产田 1066.67 公顷,新增有效灌溉面积 533.33 公顷,新增旱涝保收田面积 266.67 公顷,新增除涝面积 333.33 公顷,灌溉保证率达到 75% 以上;年增产粮食 90 万公斤,增产棉花 14 万公斤。

（七）1994 年度

开发区涉及常村镇 11 个行政村 1.15 万人。工程于 1994 年 10 月动工，1995 年 4 月底竣工。新开及整修沟渠 20 条长 28.5 公里，动土方 37.25 万立方米；新建桥、涵、闸建筑物 113 座；整修生产路 30 条长 45 公里，动土方 12 万立方米；新打机井 50 眼，修复旧井 80 眼。完成投资 236.7 万元。其中，中央、省投资 102 万元，市配套 20 万元，县配套 21 万元，群众集资 71.7 万元，农业银行专项贷款 22 万元。

改造中低产田 1000 公顷，新增有效灌溉面积 333.33 公顷，新增旱涝保收田面积 400 公顷，新增除涝面积 400 公顷，灌溉保证率达到 75% 以上；年增产粮食 204 万公斤，增产棉花 12 万公斤。

（八）1995 年度

开发区涉及常村镇东部 18 个行政村 1.68 万人。工程于 1995 年 10 月动工，1996 年 5 月底竣工。新开及整修沟渠 24 条长 32.7 公里，动土方 60 万立方米；新建桥、涵、闸建筑物 105 座，新打机井 60 眼，修复旧井 30 眼，配套机井 30 眼，铺设地埋管道 1 万米；新开生产路 9 条长 14 公里，动土方 3.8 万立方米；整修生产路 26 条长 27 公里，动土方 8 万立方米。完成投资 286 万元。其中，中央、省投资 123 万元，市配套 49 万元，县配套 26 万元，群众集资 66 万元，农业银行专项贷款 22 万元。

改造中低产田 1333.33 公顷，新增有效灌溉面积 420 公顷，改善有效灌溉面积 1333.33 公顷，新增旱涝保收田面积 266.67 公顷，新增除涝面积 386.67 公顷，改善除涝面积 933.33 公顷；年增产粮食 180 万公斤，增产棉花 30 万公斤，增产油料 10 万公斤。

（九）1996 年度

开发区涉及常村镇北部 16 个行政村 1.71 万人。工程于 1996 年 11 月动工，1997 年 5 月竣工。新开及整修沟渠 41 条长 58.7 公里，动土方 84 万立方米；新开及整修生产路 117 条长 102.9 公里，动土方 96 万立方米；新建建筑物 161 座，新打机井 130 眼，修复旧井 60 眼，铺设地埋管道 9 公里。完成投资 413 万元。其中，中央、省投资 173 万元，市配套 31 万元，县配套 31 万元，群众集资 138 万元，农业银行专项贷款 40 万元。

改造中低产田 1866.67 公顷，新增有效灌溉面积 1066.67 公顷，新增除涝面积 1400 公顷，新增旱涝保收田面积 353.33 公顷；年增产粮食 398 万公斤，增产棉花 7 万公斤，增产油料 1.4 万公斤。

（十）1997 年度

开发区涉及樊相镇 3 个行政村 2600 人。工程于 1997 年 10 月动工，1998 年 3 月竣工。新开沟渠 13 条长 15 公里，动土方 22.5 万立方米；新开及整修生产路 14 条长 16 公里，动土方 2.4 万立方米；新建建筑物 52 座，新打机井 15 眼。完成投资 102 万元。其中，中央、省投资 59 万元，市配套 7.5 万元，县配套 7.5 万元，群众集资 28 万元。

改造中低产田 333.33 公顷，新增有效灌溉面积 200 公顷，新增除涝面积 1400 公顷，改善有效灌溉面积 266.67 公顷，新增旱涝保收田面积 313.33 公顷；年增产粮食 72 万公斤，增产棉花 0.9 万公斤，增产油料 1.7 万公斤。

七、"三高"农田

"三高"农田指高产、高质、高效农田。1995 年开始建设，至 2001 年，全县建设面积达 2.26 万公顷，分布于全县 15 个乡（镇）。完成投资 5264.78 万元、土方 516.49 万立方米、砌体 3.64 万立方米、混凝土及钢筋混凝土 1.13 万立方米、投工 296.93 万个。1995—2001 年长垣县"三高"农田建设基本情况见表 3-31。

表3-31　1995—2001年长垣县"三高"农田建设基本情况

乡镇别	完成面积/公顷	网格/个	硬化渠道/(条/万米)	地理管道/万米	机井/眼			排水沟		生产路		低压线路/米	植树/万株	建筑物/座			工程量			投资/万元	投工/万个
					新打	维修	六有	新挖/(条/公里)	疏浚/(条/公里)	新修/(条/公里)	整修/(条/公里)			桥	涵	闸	土方/万立方米	砌体/立方米	混凝土及钢筋混凝土/立方米		
满村	3133.33	268	20/1.55	37.00	123	71	208	12/12.7	83/107.02	57/56.6	43/47.13	20000	26.90	354		20	26.05	6422	2203	724.14	39.56
恼里	3133.33	251		7.70	98	10	188	70/108.8	67/105.25	60/104.1	15/48.00		8.14	331		62	65.67	7040	814	658.51	52.47
武邱	666.67	47		5.40	70	30	50	10/14	8/9.00	15/29.1			1.38	22		8	10.67	628	74	131.88	3.70
孟岗	2000.00	166	41/2.42	7.80	115	158	260	10/12.10	51/74.00	35/46.15	18/18.2	20000	11.20	134		18	42.80	2728	766	522.50	21.40
常村	2000.00	198	15/1.22	3.53	145	72	190	9/16.49	58/74.6	30/85	29/28.5		15.00	136		18	109.60	3022	1178	643.92	35.60
总管	666.67	53		1.20			78	11/10.7	13/19.8	2/2.0			1.20	53	5	4	11.90	1015	108	142.63	7.20
佘家	666.67	58	14/0.78	0.65	77		77		21/22.4	5/6.5			3.50	54	5	9	12.60	1290	315	104.88	7.63
赵堤	1000.00	123	23/1.37		10	5	6	2/1.8	16/25.8	8/12.2	10/12.1		10.00	77	11	61	39.31	2952	1044	253.31	15.40
芦岗	666.67	47		0.30			83	15/14.5	13/18.9	3/4.7			1.50	70		5	12.50	1570	185	166.20	8.00
魏庄	666.67	45	24/0.97	1.62	32	40	85	8/5.4	7/8.8	6/8.0			3.30	17			13.93	215	46	181.13	6.1
丁栾	1333.33	125	13/0.93	4.00	182	20	268	7/9.3	48/48.95	8/9.1	17/28.7		11.30	148	3	16	32.74	4700	840	477.76	15.70
方里	1333.33	103	6/0.30	1.50	38	32	138		32/39.23	2/2.86	42/50.1		12.50	40	2	22	22.56	1216	1097	248.96	12.60
樊相	3000.00	235	15/0.23	9.00	157	118	355	15/15.76	19/25.43	19/16.73	106/105.28		22.70	86		2	55.80	2343	1345	538.70	37.10
张寨	1666.67	126	83/2.20	4.25	79	34	116		40/87.17	10/15.78	67/85.25		22.10	29			48.16	453	234	354.26	20.27
张三寨	666.67	50			40	23	70	1/1.0	4/5.0	5/6.2	24/22.3		5.90	37		1	12.20	814	1044	116.00	14.20
合计	22600	1895	254/11.97	83.95	1166	613	2172	170/222.55	480/671.35	265/405.02	371/445.56	40000	156.62	1588	21	246	516.49	36408	11293	5264.78	296.93

长垣县"三高"农田按照耕地网格化、水利标准化、田间林网化、种植区域化、农业机械化、科技普及化、管理制度化的"七化"标准进行建设。工程建设中坚持因地制宜,注重实效,选择有一定水利基础的农田,以发展节水灌溉、完善现有排灌体系、科学调配种植结构、改善农业生产条件为主要内容,打破乡、村界限,统一规划,统一布局,统一治理,做到建设有方案、工程有规划、治理有标准。

(一)耕地网格化

建设区网格面积 10~16.67 公顷,以路、沟(渠)、林带为界,达到田成方、林成网、路相通、沟相连。

(二)水利标准化

排灌布局合理,体系健全,渠道断面规则,节水效果显著;机井建设达到"六有",即有井台、有井盖、有井池、有输水管道或硬化渠道、有专人管护和保灌面积;灌溉设计保证率,旱作物地区达到 75%,稻灌区达到 80%,轮灌周期为 7 天;除涝工程达到 5 年一遇标准;井灌区地埋管道或硬化渠道长度每亩达 6 米以上,田间水利用系数大于 0.9,渠灌区硬化渠道长度每亩 2.5 米以上,渠系水利用系数大于 0.75,有条件地区积极发展井渠双配套,实行土地平整、短畦、窄畦灌溉,畦长小于 50 米、宽小于 1.5 米,灌水定额控制在 50 立方米每亩以下。

(三)田间林网化

选择优良树种,科学种植,按照建设区网格布局,实现沟(渠)路林交替,局部列行,全盘布网。

(四)种植区域化

以网格为单元,统一作物、统一供种、科学种植、模式管理、测土配方施肥面积达到 70%,有机肥施用量每亩达到 4 立方米以上。土壤有机物含量达到 1.5%以上,实行病虫统防,危害率控制在 5%以下,提高复种指数,积极发展高科技、高效农业示范园区。

(五)农业机械化

机耕面积达到 90%以上,深耕 3 年轮翻一次,小麦机播面积达到 95%以上,机收面积达到 80%以上,秸秆还田面积达到 70%以上,化肥深施达到 50%以上。

(六)科技普及化

建立健全乡、村农林机井服务体系,积极推广新技术,培训技术骨干,鼓励群众科学种田,要求每个行政村有 5 名以上技术骨干,每 50 户有 1 个科技示范户,每户有 1 个能掌握常规农业生产技术的成员。

(七)管护制度化

综合工程特点,推行行之有效的工程管护制度,成立管护组织,明确管护职责,划分管护范围,使建设区内农田灌溉、工程养护都有专人管理,责任到人,并落实报酬,确保新建工程长期发挥效益。

八、小型农田水利项目

2010 年 7 月,长垣县政府批复《河南省长垣县 2010—2020 农田水利建设规划》。9 月,在河南省小型农田水利重点县建设项目立项竞争工作中,长垣县先后通过了市级竞争、省级竞争和水利部审查,入围国家第二批小型农田水利建设重点县和 2010 年度农业水价综合改革示范县。2010—2012 年 3 年共完成小型农田水利建设重点县建设投资 5761.49 万元。2019 年,因职能转变,小型农田水利项目从水利局划归农业农村局负责。

(一)2010 年度建设情况

2010 年 11 月 18 日,河南省水利厅、财政厅下达了《关于对长垣县 2010 年度小型农田水利建设项目实施方案的批复》。

项目区位于孟岗镇和丁栾镇。其中,孟岗镇涉及十五里河、杨寨、冯湾、大王庄、孔村、苇园、西陈、北陈8个行政村933.33公顷渠灌节水,衬砌斗农渠42条长31.95公里;配套各类建筑物151座;丁栾镇涉及关东、关西、丁南、丁东4个行政村,完成低压管道节水灌溉面积200公顷、喷灌面积133.33公顷;建成孟岗镇尚小寨,丁栾镇后吴庄、田庄塑料大棚滴灌面积66.67公顷;新打机井60眼,维修旧井30眼,配套机井90眼;治理唐满沟、大张沟、甄太沟、北陈沟、十一支5条排水支沟和12条排水斗沟长59.5公里,改建配套建筑物45座;规范完善孟岗镇大王庄、孔村农民用水户协会2处。完成投资1821.49万元,其中,中央财政资金1000万元(小型农田水利重点县建设项目800万元、农业水价综合改革示范项目200万元)、省级财政资金400万元、市级财政配套210万元、县级财政配套120万元、群众自筹91.49万元。

长垣县2010年农业水价综合改革示范项目依托小型农田水利重点县建设,以"三位一体"(组织建设、工程建设、机制建设)为主要任务,规范完善了大王庄农民用水户协会和孔村农民用水户协会,新建办公用房120平方米,购置了办公设备和量水仪器,建立健全了各项规章制度,培训协会管理人员117人次。该工程于2011年1月10日开工,3月底竣工。新增灌溉面积466.67公顷,改善灌溉面积866.67公顷,新增节水灌溉面积1333.33公顷,新增排涝面积6266.67公顷,年新增粮食生产能力222.8万公斤,年新增节水能力262万立方米。

(二)2011年度建设情况

2011年2月27日,河南省水利厅、财政厅下达《关于对长垣县2011年度小型农田水利重点县建设项目实施方案的批复》。

项目区位于满村镇和佘家乡。其中:满村镇涉及陈墙、小吕村、邓西、邓北4个行政村;佘家乡涉及赵家、高店、钟家、翟家、东郝、西郝、佘南、朱口、车寨、韩庄、东张弓寨、邵二寨等12个行政村。两组共建成渠灌节水面积1600公顷,衬砌斗农渠62条长58.44公里,配套各类建筑物91座。建成满村镇前满村、小吕村、陈墙和佘家乡佘西塑料大棚滴灌面积66.67公顷;新打机井60眼,维修旧井20眼,配套机井80眼;治理排水支沟6条长50.65公里,分别为东干截渗沟、尚村沟、左寨八支、文明西支、大郭沟和小集沟,改建配套建筑物19座。完成投资2110万元,其中中央财政资金800万元、省级财政资金800万元、县级财政配套400万元、群众自筹110万元。该工程于2011年3月11日开工,4月底竣工。改善灌溉面积1666.67公顷,改善排涝面积3333.33公顷,发展节水灌溉面积1666.67公顷,其中高效节水66.67公顷,年平均新增粮食364.27万公斤,年新增农业产值79.14万元,年节约农业灌溉用水330万立方米。

(三)2012年度建设情况

2012年9月20日,河南省水利厅、财政厅下达《关于对第二、第三批小型农田水利重点县建设项目2012年度实施方案的批复》。

项目区位于方里、赵堤2个乡(镇)。其中:方里乡涉及黄村、王寨、西李、王庄、方南、翟寨、铁炉、苏庄、邵寨9个行政村,建成渠灌节水面积800公顷;赵堤镇涉及马坡、杨小寨、刘小寨、白庄、大寨、西赵堤、东赵堤、新东和新西9个行政村,建成渠灌节水面积533.33公顷。共完成新打机井60眼,维修旧井20眼,衬砌斗农渠58.44公里(其中衬砌斗渠30.9公里,衬砌农渠27.54公里);整治排水沟6条(左寨六支、乔堤沟、陈河沟、马良固沟、贾庄三支、贾庄六支),长35.2公里;新建、重建各类配套建筑物224座。建成方里乡三娘寨、周庄、黄村、方南滴灌面积40公顷,赵堤镇新东、新西滴灌面积26.67公顷。共完成土方42万立方米、砌石5500立方米、混凝土1.56万立方米。完成工程总投资1830万元,其中中央财政投资 800 万元、省级财政投资 800 万元、县级财政投资 160 万元、群众投劳折资 70 万元。该工程于 2012 年 11 月 20 日开工,2013 年 4 月底竣工。改善灌溉面积 1400 公顷,改善排涝面积 7913.33 公顷,发展节水灌溉面积 1400 公顷,其中高效节水 66.67 公顷,年平均新增粮食 215 万公斤,年增农业产值 552 万元,年可节约农业灌溉用水 330 万立方米。

(四)2013 年度建设情况

2013 年 12 月 30 日,河南省水利厅、财政厅《关于对 2013 年中央财政统筹农田水利建设资金项目实施方案的批复》(豫水财〔2013〕70 号)对长垣县 2013 年度财政统筹农田水利建设资金建设项目实施方案进行了批复。

项目区位于樊相镇和蒲北办事处,涉及樊南、上官村、谷寨、张庄、吴屯和大碾 6 个行政村(6 个自然村)及蒲北办事处的程庄 1 个行政村(1 个自然村)。共建成高效节水灌溉面积 1.2 万亩,其中低压管灌 733.33 公顷,铺设 UPVC 地埋管道 10.21 公里,发展滴灌 66.67 公顷,铺设 UPVC 和 PE 主管道 5.57 公里;完成新打机井 44 眼,维修旧井 41 眼,旧井配套 103 眼,铺设低压地埋电缆 3.38 公里。完成投资 1027.73 万元,其中财政投资 1000 万元,劳务折资 27.73 万元。该工程于 2013 年 3 月 7 日开工,同年 7 月底竣工。新增高效节水灌溉面积 800 公顷,其中新增、改善、恢复灌溉面积 493.33 公顷,新增粮食生产能力 99.55 万公斤,新增经济作物产值 11 万元。灌溉水利用系数提高到 0.80,新增节水能力 71.4 万立方米。

(五)2015 年度建设情况

2015 年 10 月 9 日,河南省水利厅、财政厅以豫水农〔2015〕87 号《关于对卫辉市、罗山县、长垣县 2015 年农田水利项目县年度实施方案的批复》对 2015 年度实施方案进行了批复。

项目区位于长垣县城东部,涉及长垣县的丁栾、方里 2 个乡(镇)21 个行政村(丁栾镇 15 个行政村:王寨、王师古寨、前马良固、后马良固、尚寨、罗章寨、杨庄、马盘池、史庄、浮邱店、田庄、止胡寨、丁北、丁东、中刘,方里镇 6 个行政村:董营、前瓦、葛堂、翟疃、雷店、户堌)。共完成新打(配)机井 191 眼,维修配套旧井 20 眼;完成衬砌渠道 39.314 公里,完成排涝沟清淤 3.5 公里;新建改建各类建筑物 109 座;完成变压器台区 28 处,低压电缆 99.73 公里;完成机耕道路 3.492 公里;完成河塘治理 4 座;铺设地埋管道 33.19 公里。完成投资 2504.64 万元,其中财政投资 2490 万元,劳务折资 14.64。该工程于 2015 年 12 月 11 日开工,2016 年 4 月底竣工。新增、改善有效灌溉面积 1924 公顷,新增节水灌溉面积 1673.33 公顷,其中高效节水灌溉面积 320 公顷;改善排涝面积 1666.67 公顷;年新增供水能力 466 万立方米,年节约农业灌溉用水 136 万立方米。年平均新增粮食生产能力 202.3 万公斤,经济作物产值 188.57 万元。

(六)2016 年度建设情况

2016 年 1 月 18 日,河南省水利厅、财政厅以豫水农〔2016〕2 号《关于对 2015 年农田水利项目县建设项目 2016 年度实施方案的批复》对项目进行了批复。

项目区位于长垣县城东部,涉及长垣县的蒲东办事处、孟岗镇 2 个乡(镇)23 个行政村(蒲东办事处:五里铺、五里屯、吕楼、罗镇屯、小岗、单寨、学堂岗、贾寨、丹庙、徐楼、郭寨、八里张、七里庄、王楼,孟岗镇:张庄、孙寨、埝南、张野寨、二郎庙、吴寨、九棘南、九棘北、邱村)(23 个自然村)。共完成新打(配)机井 266 眼;完成衬砌渠道 12.58 公里,完成排涝沟清淤 22.73 公里;新建改建各类建筑物 86 座;完成变压器台区 32 处,低压电缆 131 公里;完成机耕道路 4.21 公里;完成河塘治理 3 座;铺设地埋管道 65.20 公里。完成投资 2506.02 万元,其中财政投资 2490 万元,劳务折资 16.02 万元。该工程于 2016 年 4 月 11 日开工,

2016年12月底竣工。新增、恢复、改善有效灌溉面积2239.33公顷,新增节水灌溉面积2093.33公顷,其中高效节水灌溉面积710公顷;改善排涝面积1940公顷;年新增供水能力595.5万立方米,年节约农业灌溉用水167.8万立方米。年平均新增粮食生产能力246.4万公斤,经济作物产值167.04万元。

(七)2016年度涉农资金项目

2016年11月,编制实施了《长垣县2016年度省级涉农资金管理改革试点补助资金项目实施方案》。该项目编制实施方案时,"长垣县涉农资金统筹整合领导小组"尚未成立,该方案没有批复文件。

项目区位于长垣县城东北部,涉及长垣县佘家镇的牛庄、前楼、南王庄、西张弓寨、东张弓寨、西郝、东郝7个行政村。工程于2017年2月20日开工,2018年4月4日完工。共完成机井及配套102眼,智能玻璃钢井堡102套,建筑物8座,新修机耕路7.76公里,地埋管道购置及安装43.35公里,低压电缆35.15公里,10 kV高压线路3.14公里,变压器台区11处。完成工程总投资1100万元,全部为中央资金。新增灌溉面积226.67公顷,改善灌溉面积140公顷,恢复灌溉面积228公顷;新增高效节水面积398.67公顷,新增供水能力132万立方米,新增节水能力24万立方米,年新增粮食生产能力89万公斤,年新增产值63万元。

(八)2017年度涉农资金项目

2017年5月,编制实施了《长垣县2017年涉农资金管理改革整合试点项目实施方案(芦岗乡片区)》。该方案没有批复文件。

项目区位于芦岗乡,涉及芦岗村、东河集、小辛庄、西小青、关公刘、乔寨、七古柳、姬寨、三青观、杨桥、浆水李、滑店、王芦岗、西陈、西李王、杜店等16个行政村。该工程于2018年1月23日开工,2018年7月20日完工。共完成新打机井及配套268眼,旧井配套38眼,智能玻璃钢井堡306套,建筑物58座,新修机耕路3.54公里,清淤渠道25.6公里,低压电缆122.4公里,10千伏高压线路10公里,变压器台区25处。批复工程总投资2158万元。其中中央资金1037万元,省级投资1038万元,县级投资83万元。新增灌溉面积389.33公顷,改善灌溉面积726.67公顷,恢复灌溉面积228公顷;新增高标准粮田面积1522.67公顷,新增供水能力319.8万立方米,年新增粮食生产能力260.4万公斤,年新增经济作物产值73.1万元。

(九)2018年度建设情况

2018年1月30日,长垣县水利局以长水〔2018〕12号文《关于对长垣县2018年度农田水利项目县(高效节水灌溉工程)实施方案的批复》对项目进行了批复。

项目区位于芦岗乡,涉及刘慈寨、韩庙、白河、李寨、大付寨、东小青、中小青、张寨、王辛庄、双庙、马寨、冯楼、官路张、韩寨、程庄、崔寨、杨寨等17个行政村。该工程于2018年7月4日开工,2019年6月24日完工。共完成配套机井291眼,其中新打263眼,维修旧井28眼,配套机井智能灌溉系统291台(套),配套潜水水泵291台(套);铺设ϕ110UPVC地埋管道121.784公里;配套建筑物41座;建设变压器台区37处;架设高压线路14.1公里,铺设低压线缆116.4公里;县级信息化平台系统1套、乡级信息化平台1套。完成投资2600万元,其中中央投资1300万元,省级投资1300万元。新增、恢复、改善有效灌溉面积1353.33公顷,其中高效节水灌溉面积1353.33公顷;年新增节水能力23.18万立方米。

九、抗旱应急灌溉工程

2009年和2011年的抗旱应急灌溉工程项目是省政府根据旱灾严重程度,为确保夏粮丰收,按照"急事急办、特事特办"原则而下达的应急项目。两个年度全县共完成抗旱应急灌溉工程投资 2454.95 万元，共新增和恢复灌溉面积 1.40 万公顷。2013 年、2014 年的工程是县政府投资完成的。

(一) 2009 年度

2008 年冬、2009 年春，河南出现 50 年一遇特大旱灾，省政府决定投资建设一批投资省、工期短、见效快的抗旱夺丰收应急灌溉工程，努力实现旱重地区少减产、旱轻地区保稳产、无旱地区多增产，力争当年夏粮产量达到 300 亿公斤的目标。

2009 年 3 月 9 日，河南省财政厅、水利厅下达《关于下达河南省抗旱夺丰收应急灌溉工程建设项目及投资计划的通知》，下达长垣县抗旱应急灌溉工程投资 1719 万元，其中民办公助资金 1000 万元、省级国债资金 55 万元、市县国债资金 614 万元、水利专项资金 50 万元。建设内容包括井灌工程和引黄工程。

井灌工程分布于黄河滩区和大功灌区最下游。黄河滩区涉及恼里镇、芦岗乡、苗寨乡、武邱乡全部和赵堤镇、方里乡、孟岗乡、位庄镇临黄堤以东的部分耕地，区内人口 22.8 万人，耕地 1.8 万公顷；大功灌区包括樊相镇、张三寨乡和丁栾镇、满村乡、蒲北办事处、蒲西办事处的一部分，耕地 6666.67 公顷。共计新打机井 1080 眼，配套机井 800 眼，新增井灌面积 3473.33 公顷。

引黄工程项目区位于临黄大堤以东的左寨灌区和郑寨灌区。左寨灌区清淤疏浚左寨干渠、东风干渠和左寨四支共 3 条长 26 公里，改建维修各类建筑物 49 座，新增灌溉面积 3666.67 公顷；郑寨灌区清淤疏浚郑寨干渠、贾庄干渠和九岗支渠共 3 条长 24 公里，改建维修各类建筑物 34 座，新增灌溉面积 2320 公顷。

工程于 2009 年 2 月 25 日开工，2009 年 4 月 28 日竣工，共完成新打机井 1098 眼，延伸疏浚渠道 6 条长 50 公里，维修重建渠系建筑物 85 座。完成土方 49.7 万立方米、砌体 4110 立方米、混凝土及钢筋混凝土 2232 立方米，完成投资 1719 万元。新增灌溉面积 9526.67 公顷，其中新增机井灌溉面积 3540 公顷、新增引黄灌溉面积 5986.67 公顷。

(二) 2011 年度

2010 年 9 月至 2011 年 3 月，长垣县遭遇严重的秋冬春连旱，麦田表墒普遍不足，特别是部分地区出现了中旱甚至重旱的情况，全县麦田受旱面积达 3.53 万公顷。

2011 年 2 月 18 日，河南省人民政府下达《关于印发河南省抗旱应急灌溉工程实施方案的通知》，下达长垣县抗旱应急灌溉工程投资 735.95 万元，用于引黄灌区清淤和水毁工程应急修复。

工程于 2011 年 4 月 16 日开工，5 月 10 日竣工。共完成石头庄灌区总干渠渠道衬砌工程水毁修复 3.2 公里；大功灌区大车支渠渠道衬砌 1.5 公里，王寨闸维修 1 座，旧肖官桥闸拆除 1 座。完成土方开挖 36680 立方米、土方回填 58950 立方米、混凝土及钢筋混凝土 7320 立方米。工程完成后，恢复灌溉面积 4480 公顷，年新增节约用水量 586 万立方米。

(三) 2013 年度

2013 年，长垣发生严重秋旱，8 月初至 10 月，一直未出现有效降雨，平均降雨量 22 毫米，最小降雨量 13.9 毫米，加之气温较高，土壤失墒快，旱情发展迅速，全县 46 万亩农田受旱，小麦种植困难。

县委、县政府高度重视抗旱工作，紧急召集涉农部门，召开专题会议，研究抗旱对策，在县财政资金困难的情况下，采取以奖代补的形式，紧急下拨 290 万元，新打机井 589 眼、补助马寨提灌站安装及试运行、清挖武寨支渠、清挖石头庄总干渠和沉沙池、购买大型离心泵及配套设施，支持各乡抗旱。县水利局也积极争取到上级抗旱资金 101 万元，其中中央 55 万元、省级 46 万元，共新打机井 127 眼，清淤河道 4 条，土方 1.4 万立方米。

(四)2014 年度

2014 年 11 月 17 日,长垣县水利局向县政府呈报了《关于请求解决县管河道桥梁维修及重建资金》的请示;2014 年 12 月 3 日,县财政批复资金 400 万元。工程内容为拆除、重建桥梁 38 座,维修桥梁 17 座,新建节制闸 3 座,重建节制闸 1 座,新建桥梁 15 座。项目于 2015 年 6 月 9 日开工,2015 年 9 月完工。

十、农业综合开发

长垣县农业综合开发项目是一项惠民工程,以改造中低产田为重点,实现农业增效、农民增收的工作目标。该项目自 2004 年开始,至 2011 年共涉及南蒲、满村、孟岗、佘家、方里 5 个乡(镇、办事处)的 51 个行政村,总投资 6299.81 万元,共改造中低产田 5333.33 公顷。

(一)2004 年度

项目区涉及满村、方里两个乡的 11 个行政村。工程于 2 月开工,12 月竣工。完成投资 880 万元,其中无偿资金 600 万元。共改造中低产田 1333.33 公顷,各项工程优质率均达到了 100%,在新乡市全市评比中获得第一名。

(二)2005 年度

项目区涉及满村乡吕村寺、曹吕、邓岗 3 个村。工程于 1 月开工,12 月竣工;完成投资 437.5 万元,其中中央财政投资 200 万元、省财政投资 72.5 万元、市财政配套资金 18 万元、县财政配套资金 7 万元、自筹资金 140 万元(含投劳折资)。共新修各类渠系建筑物 63 座,新打机电井 130 眼,配套输变电线路 9 公里,开挖疏浚渠道 32 公里,新开整修机耕路 45 公里,改造中低产田 666.67 公顷,惠及总人口 7100 人。

(三)2006 年度

项目区涉及南蒲办事处西郭庄、黄相如、庞相如、严小张、梨园、陶行 6 个行政村。工程于 1 月开工,12 月竣工。共完成投资 432 万元,其中中央财政投资 209 万元、省财政投资 76 万元、市财政投资 15 万元、县财政投资 6 万元、自筹资金 126 万元(含投劳折资 91 万元)。共新打机电井 80 眼,配套输变电线路 10 公里,开挖疏浚渠道 24 公里,埋设管道 27 公里,新修各类渠系建筑物 37 座,新开整修机耕路 25 公里(其中硬化道路 6 公里),改造中低产田 666.67 公顷。

(四)2007 年度

项目区涉及孟岗乡伯玉、纸坊、香里张、焦寨、邱村、赵庄 6 个行政村。工程于 1 月开工,12 月竣工。共完成投资 522 万元,其中中央财政投资 201 万元、省财政投资 69 万元、市财政投资 14 万元、县财政投资 87 万元、自筹 151 万元(群众集资 21 万元,劳务折资 130 万元)。新修各类渠系建筑物 43 座,新打机井 80 眼,开挖疏浚渠道 18 条长 37 公里,埋设 PVC 地埋管道 30 公里,埋设地埋电线 10 公里;新开整修机耕路 24 条长 28 公里,其中铺设砂石路 4 条长 8 公里;建成农田林网防护林 33.33 公顷,建成苗圃基地 2 万公顷;小麦配方施肥示范推广面积 200 公顷,优质小麦氮肥后移高产栽培技术示范推广核心示范区 200 公顷。共新增灌溉面积 400 公顷,改善灌溉面积 26.67 公顷,新增除涝面积 26.67 公顷,改善除涝面积 400 公顷,新增节水面积 166.67 公顷,改造中低产田 666.67 公顷,灌溉保证率达 75%,田间工程除涝标准达到 5 年一遇以上,年节约水量 20 万立方米,灌溉周期内由原来的 15~20 天缩短为 8~10 天。

(五)2008 年度

项目重点和形式有所变化,即有偿和无偿相结合的重点产业化经营项目,项目名称为《2 万头种猪培育基地新建项目》,承办单位为河南恒友牧业发展有限公司。工程于1月开工,12月竣工。共投资1483.31万元,其中中央财政资金350万元、省财政资金131.3万元、市财政资金30.6万元、县财政资金13.1万元、企业自筹资金958.31万元。完成土建工程总建筑面积1.95万平方米,其中主要生产车间1.85万平方米,包括分娩舍2528平方米、保育舍2950平方米、空怀母猪舍1305平方米、妊娠舍7928平方米、公猪舍538平方米、人工授精站100平方米、隔离舍210平方米、展售舍378平方米,辅助生产车间1000平方米。购置设备11294台(套)。项目建成后,第三年达到生产稳定,收益稳定,年实现销售收入2761.88万元,新增利税410.50万元,直接增加就业人数70人;同时带动周边地区1500家农户建设具有年出栏50~200头绿色生猪能力的标准化养殖基地,年新增总产值1600万元,直接增加农民收入2000万元,间接增加农民收入1040万元。

(六)2009年度

项目区涉及佘家乡佘西、佘东、朱口、后佘、河里高、翟家、东黄找、苗找寨、佘新庄、东连庄、西连庄11个行政村。工程于1月开工,12月竣工。共完成投资749万元,其中中央财政资金380万元、省级配套141万元、市级配套26.6万元、县级配套11.4万元、自筹资金190万元。共开挖疏浚渠道19条长51公里,其中斗渠10条长38公里、农渠9条长13公里。新修各类渠系建筑物50座,硬化渠道3条长3公里,新打机井65眼,修旧井129眼,配套机井194眼。埋设地埋电线19公里,其中高压线路1.5公里、低压线路17.5公里、配置变压器8台;新开、整修道路24条长40公里,其中砂石路5条长10公里、田间土路19条长30公里。建设农田林网防护林33.33公顷,示范推广配方施肥面积200公顷,新增灌溉面积533.33公顷,改善灌溉面积133.33公顷,新增除涝面积66.67公顷,改善除涝面积600公顷,新增节水面积66.67公顷,改造中低产田666.67公顷,灌溉保证率达75%,田间工程除涝标准达到10年一遇以上,年节约水量30万立方米,灌溉周期由原来的15~20天缩短为8~10天。

(七)2010年度

项目区涉及佘家乡东关、北关、东连庄、西连庄、高岸下、郭岸下、王岸下、金岸下8个行政村。工程于1月开工,12月竣工。共完成投资898万元,其中中央财政资金455万元、省级配套169万元、市级配套32.2万元、县级配套13.8万元、自筹资金228万元。开挖疏浚渠道3条长5公里,斗渠10条长38公里,埋设PVC φ110节水管道9公里,新打机井88眼,修旧井100眼,配套机井188眼,修建各类渠系建筑物6座,埋设地埋电线35公里,安装变压器12台;新开整修道路30条长47公里,其中砂石路6条长9公里、田间土路24条长38公里;改良土壤33.33公顷,建设农田林网防护林折实林40公顷。共新增灌溉面积500公顷,改善灌溉面积166.67公顷,新增除涝面积66.67公顷,改善除涝面积600公顷,改造中低产田666.67公顷,新增节水面积66.67公顷,灌溉保证率达75%,田间工程除涝标准达到10年一遇以上,年节约水量6万立方米,灌溉周期由原来的15~20天缩短为8~10天。

(八)2011年度

项目区涉及南蒲办事处东郭庄、鲁山村、张寨、司坡、王堤、夹堤6个行政村。工程于1月开工,12月竣工。共完成投资898万元,其中中央财政资金568万元、省级配套184万元、市级配套32万元、自筹资金114万元。开挖疏浚渠道18条长28公里,埋设PVC φ110节水管道20公里,建设节水喷灌面积66.67公顷,新打机井60眼,修旧井70眼,配套机井160眼,修建各类渠系建筑物20座,埋设地埋电线50公里;新开整修道路18条长27公里,其中砂石路5条长8公里;建设农田林网防护林折实林33.33公顷,示范推广无公害蔬菜栽培技术面积66.67公顷。共新增灌溉面积466.67公顷,改善灌溉面积200公顷,新增除涝面积 100 公顷,改善除涝面积 566.67 公顷,新增节水面积 253.33 公顷,改造中低产田 666.67 公顷,灌溉保证率达 75%,田间工程除涝标准达到 10 年一遇以上,年节约水量 34.2 万立方米,灌溉周期由原来的 15~20 天缩短为 8~10 天。

十一、土地整理项目

2002—2022 年,长垣县共实施土地整理项目 38 个。项目区涉及孟岗、芦岗、常村、满村、方里、南蒲、佘家、苗寨、赵堤、樊相、蒲北、武邱、丁栾、张三寨、蒲西、蒲东、恼里、魏庄 18 个乡(镇、办事处),共完成投资 49765.79 万元,整理总规模 26327.96 公顷,净增耕地 2959.1 公顷。

(一)2002 年度

1.孟岗乡前苇园土地整理项目

该项目于 2002 年 11 月批准立项,项目区位于孟岗乡北部,东邻前苇园耕地,南邻孔村耕地,北邻前苇园耕地,西邻满村乡孙墙耕地。总规模为 31.25 公顷,整理前耕地面积 17.31 公顷,占总面积的 55.39%。

项目于 2003 年 9 月开工,2004 年 6 月竣工。完成投资 42.08 万元,其中工程施工费 37.11 万元、其他费用 4.97 万元。共完成土地整理 1.23 万立方米,整修田间道路 933 米,新建、重建、改建涵洞 3 座和生产桥 1 座,铺设地埋管 1890 米,新打机井 6 眼,植树 3124 株,开挖排水农沟 680 米,架高压线路 360 米、低压线路 2000 米,安装 50 千伏安变压器 1 台。项目实施后耕地面积为 30.42 公顷,净增耕地面积 13.11 公顷,新增耕地比例为 43.10%。

2.孟岗乡张野寨土地整理项目

该项目于 2002 年 11 月批准立项,项目区位于孟岗乡东北部,东邻公路,南邻埝南耕地,北邻公路,西邻孙寨耕地。总规模为 58.61 公顷,整理前耕地面积 25.84 公顷,占总面积的 44.09%。

项目于 2004 年 9 月开工,2005 年 6 月竣工。共投入资金 81.93 万元,其中工程施工费 72.25 万元、其他费用 9.68 万元。共完成土地整理 3.9 万立方米,整修田间道路 2190 米,新建生产桥 4 座、涵洞 8 座,新打机井 8 眼,架设高压线路 1740 米,植树 5772 株,灌排两用沟渠 2246 米,疏浚河道 2160 米。项目实施后耕地面积为 52.17 公顷,净增耕地面积 26.33 公顷,新增耕地比例为 50.47%。

(二)2003 年度

1.芦岗乡大路韩土地整理项目

该项目于 2003 年 6 月批准立项,项目区位于芦岗乡大路韩村,东邻东宋寨耕地,南邻大路韩村,北以现有灌渠为边界,西邻乡级公路。总规模为 68.29 公顷,整理前耕地面积 40.03 公顷,占总面积的 58.62%。

项目于 2003 年 9 月开工,2004 年 6 月竣工。共投入资金 73.29 万元,其中工程施工费 64.66 万元,其他费用 8.63 万元。共完成土地整理 3.7 万立方米,整修田间道路 1886 米、生产道路 2165 米,新建涵洞 8 座、生产桥 2 座,清理河道 319 米,新挖斗渠 318 米,硬化农渠 1354 米,土方回填 2940 立方米,植树 1644 株。项目实施后耕地面积为 52.95 公顷,净增耕地面积 12.92 公顷,新增耕地比例为 24.40%。

2.常村镇云寨土地整理项目

该项目于 2003 年 6 月批准立项,项目区位于常村镇东北部,东邻云寨村,南邻云寨耕地,北邻宋庄耕地,西邻小屯耕地。总规模为 18.53 公顷,整理前耕地面积 15.1 公顷,占总面积的 80.95%。

项目于 2003 年 9 月开工,2004 年 6 月竣工。共投入资金 21.26 万元,其中工程施工费 18.91 万元,其他费用 2.35 万元。共完成田间道路 685 米，打机井 6 眼，安装深水泵 6 台，新建生产桥 3 座，清淤沟渠 1085 米，新挖农渠 400 米，植树 1190 株。项目实施后耕地面积为 17.22 公顷，净增耕地面积 2.12 公顷，新增耕地比例为 12.31%。

3. 芦岗乡关公刘土地整理项目

该项目于 2003 年 6 月批准立项，项目区位于芦岗乡关公刘村，东邻乡级公路和关公刘村，南邻西小青耕地，北邻张堂村，西邻小辛庄和姬庄耕地。总规模为 55.03 公顷，整理前耕地面积 39.36 公顷，占总面积的 71.52%。

项目于 2003 年 9 月开工，2004 年 6 月竣工。共投入资金 78.21 万元，其中工程施工费 63.77 万元，其他费用 14.44 万元。项目区共完成土地整理 4.39 万立方米，整修田间道路 2359 米、生产道路 746 米，建涵洞 5 座，打机井 6 眼，潜水泵配套 16 台，植树 1700 株，开挖农沟 421 米，高压线路 199 米，地埋线路 10665 米，安装 150 千伏安变压器 1 台。项目实施后耕地面积为 55.03 公顷，净增耕地面积 15.67 公顷，新增耕地比例为 28.48%。

4. 满村乡孙墙土地整理项目

该项目于 2003 年 6 月批准立项，项目区位于满村乡东南部，东和北邻孟岗乡前苇园耕地，南邻大王庄耕地，西邻孙墙耕地。总规模为 37.15 公顷，整理前耕地面积 16.43 公顷，占总面积的 44.22%。

项目于 2003 年 9 月开工，2004 年 6 月竣工。共投入资金 47.54 万元，其中工程施工费 41.92 万元，其他费用 5.62 万元。共完成土地整理 8500 立方米，打机井 7 眼，整修田间道路 1805 米，铺地埋管 3420 米，植树 2150 株。项目实施后耕地面积为 28.14 公顷，净增耕地面积 11.71 公顷，新增耕地比例为 41.61%。

5. 常村镇小郭土地整理项目

该项目于 2003 年 6 月批准立项，项目区位于常村镇小郭村北部，东邻西昌庄耕地，南邻小郭耕地，北邻西昌庄耕地，西邻滑县耕地。总规模为 35.45 公顷，整理前耕地面积 23.69 公顷，占总面积的 66.83%。

项目于 2003 年 9 月开工，2004 年 6 月竣工。共投入资金 64.95 万元，其中工程施工费 55.4 万元、其他费用 9.55 万元。共完成土地整理 6.37 万立方米，整修田间道路 1534 米，打机井 10 眼，植树 1733 株，深井泵配套 10 台。项目实施后耕地面积为 33.95 公顷，净增耕地面积 10.26 公顷，新增耕地比例为 30.22%。

6. 常村镇宁庄土地整理项目

该项目于 2003 年 6 月批准立项，项目区位于常村镇西部，东邻公路，南邻宁庄耕地，北邻大石桥村，西邻田间道路。总规模为 45.05 公顷，整理前耕地面积 24.97 公顷，占总面积的 55.43%。

项目于 2003 年 9 月开工，2004 年 6 月竣工。共投入资金 57.61 万元，其中工程施工费 51.08 万元，其他费用 6.53 万元。共完成土地整理 3.99 万立方米，整修田间道路 2163 米、生产道路 1010 米，打机井 11 眼，深井泵配套 11 台，植树 2150 株。项目实施后耕地面积为 43.17 公顷，净增耕地面积 18.2 公顷，新增耕地比例为 42.16%。

7. 满村乡吕村寺土地整理项目

该项目于 2003 年 6 月批准立项，项目区位于满村乡东南部，东邻后苇园耕地，南邻孟岗乡前苇园村耕地，北邻吕村寺村耕地，西邻小吕村耕地。总规模为 63.91 公顷，整理前耕地面积 52.75 公顷，占总面积的 82.54%。

项目于 2003 年 9 月开工，2004 年 6 月竣工。总投资 57.09 万元，其中工程施工费 46.29 万元，其他费用 10.8 万元。项目区共完成土地整理 6000 立方米,整修田间道路 5441 米,新建斗涵 7 座、农涵 4 座,开挖农沟 1357 米,打机井 20 眼,植树 6520 株,架高压线路 420 米,地埋线路 14605 米,安装 100 千伏安变压器 1 台。项目实施后耕地面积为 61.49 公顷,净增耕地面积 8.73 公顷,新增耕地比例为 11.20%。

8. 方里乡前瓦屋土地整理项目

该项目于 2003 年 6 月批准立项,项目区位于方里乡西北部,东邻陈庄耕地,南邻新荷铁路,北邻后瓦屋耕地,西邻罗章寨耕地。总规模为 174.6 公顷,整理前耕地面积 126.07 公顷,占总面积的 72.21%,

项目于 2004 年 9 月开工,2005 年 6 月竣工。共投入资金 113.29 万元,其中工程施工费 100.65 万元,其他费用 12.64 万元。共完成土地整理 2.6 万立方米,整修田间道路 4359 米、生产道路 5038 米,新建涵洞 6 座,打机井 21 眼,架设高压线路 685 米,地埋线路 4043 米,装变压器 3 台,配电屏 3 套,电度表箱 21 套,植树 7067 株,开挖沟渠 370 米。项目实施后耕地面积为 149.85 公顷,净增耕地面积 23.78 公顷,新增耕地比例为 15.87%。

9. 张寨乡枣科土地整理项目

该项目于 2003 年 6 月批准立项,项目区位于张寨乡东部,东邻枣科村,南邻金寨耕地,北邻枣科耕地,西邻邵寨耕地。总规模为 25.53 公顷,整理前耕地面积 21.13 公顷,占总面积的 82.77%。

项目于 2004 年 9 月开工, 2005 年 6 月竣工。共投入资金 20.56 万元,其中工程施工费 18.28 万元,其他费用 2.28 万元。共完成土地整理 1000 立方米,整修田间道路 850 米,打机井 6 眼,安装潜水泵 6 台,植树 633 株。项目实施后耕地面积为 24.86 公顷,净增耕地面积 3.73 公顷,新增耕地比例为 15.00%。

10. 方里乡大苏庄土地整理项目

该项目于 2003 年 6 月批准立项,项目区位于方里乡南部,东邻公路,南邻铁炉耕地,北邻大苏庄耕地,西邻翟寨耕地。总规模为 35.33 公顷,整理前耕地面积 26.78 公顷,占总面积的 75.80%。

项目于 2004 年 9 月开工,2005 年 6 月竣工。共投入资金 42.59 万元,其中工程施工费 37.56 万元、其他费用 5.03 万元。共完成土地整理 1.1 万立方米,整修田间道路 570 米、生产道路 1300 米,新建涵洞 14 座,硬化斗渠 1250 米,硬化农渠 1450 米,开挖毛渠 500 米,植树 800 株。项目实施后耕地面积为 34.21 公顷,净增耕地面积 7.43 公顷,新增耕地比例为 21.72%。

11. 武邱乡西角集土地整理项目

该项目于 2003 年 6 月批准立项,项目区位于武邱乡北部,东邻乡级公路,南邻西角集村,北邻天然文岩渠,西邻神台庙耕地。总规模为 48.33 公顷,整理前耕地面积 37.34 公顷,占总面积的 77.26%。

项目于 2004 年 9 月开工,2005 年 6 月竣工。共投入资金 44.95 万元,其中工程施工费 39.91 万元,其他费用 5.04 万元。共完成土地整理 1.1 万立方米,整修田间道路 1006 米、生产道路 540 米,农渠 1489 米,斗渠 1566 米,新建涵洞 13 座,架设低压线路 714 米,安装变压器 1 台,植树 2650 株。项目实施后耕地面积为 46.94 公顷,净增耕地面积 9.6 公顷,新增耕地比例为 20.45%。

12. 芦岗乡东宋寨土地整理项目

该项目于 2003 年 6 月批准立项,项目区位于芦岗乡东北部,东邻黄河大堤,西、南两面邻东宋寨、郑寨耕地,北邻大周营耕地。总规模为 37.13 公顷,整理前耕地面积 27.95 公顷,占总面积的 75.28%。

项目于 2004 年 9 月开工,2005 年 6 月竣工。共投入资金 34.53 万元,其中工程施工费 30.45 万元,其他费用 4.08 万元。共完成土地整理 9000 立方米,整修田间道路 1893 米,新建涵洞 3 座、生产桥 1 座,硬化斗渠 370 米,植树 2080 株。项目实施后耕地面积为 35.16 公顷,净增耕地面积 7.21 公顷,新增耕地比例为 20.51%。

13. 芦岗乡白河土地整理项目

该项目于 2003 年 6 月批准立项,项目区位于芦岗乡南部,东邻贯孟大堤,南邻白河耕地,北邻白河耕地,西邻白河。总规模为 23.3 公顷,整理前耕地面积 17.39 公顷,占总面积的 74.63%。

项目于 2004 年 9 月开工,2005 年 6 月竣工。共投入资金 34.72 万元,其中工程施工费 30.62 万元,其他费用 4.1 万元。共完成土地整理 4.6 万立方米,整修田间道路 1100 米、生产道路 850 米,新建涵洞 1 座,开挖斗渠 425 米,植树 1000 株。项目实施后耕地面积为 22.7 公顷,净增耕地面积 5.31 公顷,新增耕地比例为 23.39%。

14. 方里乡邵寨土地整理项目

该项目于 2003 年 6 月批准立项,项目区位于方里乡东部,东邻前桑园耕地,南邻邵寨村,北邻邵寨耕地,西邻乡干渠。总规模为 32.92 公顷,整理前耕地面积 18.87 公顷,占总面积的 57.32%。

项目于 2004 年 9 月开工,2005 年 6 月竣工。共投入资金 46.67 万元,其中工程施工费 41.16 万元,其他费用 5.51 万元。共完成土地整理 2.02 万立方米,整修田间道路 1220 米、生产道路 670 米,新建涵洞 24 座,硬化农渠 2810 米,植树 1615 株。项目实施后耕地面积为 30.94 公顷,净增耕地面积 12.07 公顷,新增耕地比例为 39.01%。

15. 常村镇杨寨土地整理项目

该项目于 2003 年 7 月批准立项,项目区位于常村镇西北部,北邻东刘庄、红星耕地,南邻小屯耕地,东邻张寨乡耕地,西邻韦庄村。总规模为 197.15 公顷,整理前耕地面积 156.22 公顷,占总面积的 79.23%。

项目于 2004 年 9 月开工,2005 年 6 月竣工。共投入资金 124.24 万元,其中工程施工费 110.06 万元,其他费用 14.18 万元。共完成土地整理 9500 立方米,整修田间道路 4320 米、生产道路 15980 米,打机井 22 眼,新建涵洞 12 座,灌排两用渠 5160 米,架设高压线路 500 米、低压线路 5760 米,安装变压器 2 台、配电屏 2 套、电度表箱 22 套,植树 10500 株。项目实施后耕地面积为 189.23 公顷,净增耕地面积 33.01 公顷,新增耕地比例为 17.44%。

(三)2004 年度

佘家乡黄庄土地整理项目于 2004 年 8 月批准立项,项目区位于佘家乡西北部,东邻河里高村,南邻河里高耕地,北邻武找村耕地,西邻黄庄村和黄庄耕地。总规模为 28.53 公顷,整理前耕地面积 13.69 公顷,占总面积的 47.98%。

项目于 2004 年 9 月开工,2005 年 6 月竣工。共投入资金 45.31 万元,其中工程施工费 40.26 万元,其他费用 5.05 万元。共完成土地整理 4.7 万立方米,整修田间道路 1328 米、生产道路 537 米,铺设地埋管 3080 米,打机井 7 眼,安装潜水泵 7 台、变压器 1 台、配电柜 1 台,架设高压线路 365 米,地埋线路 2296 米,植树 1500 株。项目实施后耕地面积为 23.66 公顷,净增耕地面积 9.97 公顷,新增耕地比例为 42.14%。

(四)2005 年度

苗寨乡土地整理项目于 2005 年批准立项,项目区涉及东榆林、西榆林、东旧城、西旧城、东柳中、西柳中、魏寨、马野庄、胡口、高庄、贾庄、河吕张、农科站、乡集体 14 个权属单位,总面积为 774.1 公顷。

项目于 2007 年 5 月开工,2008 年 11 月底竣工,总投资 1110 万元。共完成土地平整 31.55 万立方米,整修田间道路 22370 米、生产道路 1.93 万米,硬化渠道 7470 米,疏浚渠道 6323 米,灌排两用渠 1.85 万米,摆设过路排水管 145 个,建桥涵闸 176 座,安装变压器 9 座,架设高压线路 1541 米,地埋线路 9005 米,林网工程植树 4.58 万株。整理前耕地面积 621.34 公顷,项目实施后耕地面积为 713.49 公顷,净增耕地面积 92.15 公顷,新增耕地比例为 12.92%。

(五)2007 年度

赵堤土地整理项目于 2007 年批准立项,项目区分别涉及赵堤镇和佘家乡的部分土地,具体为赵堤镇的西赵堤、东马庄、新东村、新西村、黄岗村、前小渠村、东赵堤和赵堤镇集体等 8 个权属单位,佘家乡的朱口村、翟家村、后佘村、佘新庄和东连庄等 5 个权属单位,总面积为 1078.03 公顷。

项目于 2008 年 10 月开工,2009 年 11 月底全部竣工,总投资 1660 万元。共完成土地平整 6.80 万立方米、修水泥路 8660.55 米、田间道路 2.81 万米、生产道路 3.19 万米,开挖农沟 8450 米,硬化斗渠 1.61 万米、硬化农渠 1.95 万米,新建渡槽 6 座、新建水闸 22 座,建农门 129 座、毛门 976 座、生产桥 18 座、板涵 12 座、涵管 370 座,打机井 18 眼,建泵房 18 座,安装水泵 18 台,电力工程共安装 4 个台区,架设高压线路 1393 米、低压线路 3128 米,林网工程植树 6.64 万株。整理前耕地面积 850.2 公顷,项目实施后耕地面积为 1023.78 公顷,净增耕地面积 173.58 公顷,新增耕地比例为 16.95%。

(六)2008 年度

佘家乡苗找寨土地整理项目于 2008 年批准立项,项目区位于佘家乡苗找寨村,总面积为 57.59 公顷。

项目于 2010 年 6 月开工,2010 年 11 月底竣工,总投资 93.14 万元。共完成田间道路 1912.5 米、生产道路 512.35 米、喷灌工程 5690.6 米、水泵 20 台、地埋线路 1300 米、变压器 1 台。整理前耕地面积 50.56 公顷,项目实施后耕地面积为 56.7 公顷,净增耕地面积 5.99 公顷,新增耕地比例为 10.56%。

(七)2010 年度

1. 樊相镇上官村土地整理项目

该项目于 2010 年批准立项,项目区涉及樊相镇上官村、青岗村和北成功村 3 个权属单位,总面积为 274.2 公顷。

项目于 2010 年 6 月开工,2010 年 11 月底竣工,总投资 440.86 万元。共完成泥结石路 5068.3 米、水泥路 4784.3 米、生产桥 1 座、涵管 6 座、机井 6 眼、高压线路 606.5 米、低压线路 13287 米、地埋管 1.11 万米、变压器 4 台、水泵 53 台,林网工程植树 4977 株。整理前耕地面积 234.1 公顷,项目实施后耕地面积为 267.4 公顷,净增耕地面积 33.3 公顷,新增耕地比例为 12.45%。

2. 芦岗乡杨桥村、常村镇东刘庄村土地整理项目

芦岗乡杨桥村、常村镇东刘庄村两个土地整理项目是 2010 年省级新增建设用地有偿使用费土地整理项目,项目区位于芦岗乡、孟岗乡、常村镇的部分土地,共涉及 9 个权属单位,建设总规模 339.8 公顷,新增耕地 23.56 公顷,新增耕地比例 6.93%。

项目于 2011 年 10 月底竣工,总投资 1175.96 万元。长垣县芦岗乡杨桥村土地整理项目共完成水泥道路 2773.37 米、桥涵 9 座、硬化渠道 251.8 米、高压线路 723.4 米、低压地埋线路 7173.3 米、机井 7 眼、变压器 2 台、平整土地 181220 立方米,长垣县常村镇东刘庄土地整理项目共完成水泥道路 1.40 万米、泥结石路 925 米、高压线路 4026.6 米、低压地埋线路 1.88 万米、机井 19 眼、配电房 12 座、地埋管道 16900.4 米、变压器 12 台、土地平整 2.21 万立方米。

(八)2011 年度

1. 蒲北办事处邢固屯等 6 个土地整理项目

该项目是 2011 年第三批补充耕地储备项目,项目区位于方里乡、恼里镇、樊相镇、蒲北办事处、武邱

乡的部分土地,共涉及 18 个权属单位,建设总规模 1557.34 公顷,新增耕地 294.32 公顷,新增耕地率 18.89%。项目于 2011 年 6 月底全部竣工,总投资 1601.23 万元。

(1)方里乡户堌村土地整理项目,平整土地 900 立方米,建配电房 1 座,新打机井 4 眼,架设高压线路 150 米、低压线路埋设 2064 米,安装变压器 1 台,新建田间道路 2135 米,新建生产道路 4143 米,建管涵 10 座,潜水泵 8 台。

(2)恼里镇南杨庄村土地整理项目,平整土地 1.94 万立方米,开挖斗农渠 1435.8 米,新建生产桥 3 座、涵管 5 座,整修田间道路 2587.2 米、生产道路 1688.9 米。

(3)樊相镇韩屯村土地整理项目,平整土地 9.5 万立方米,建涵管 4 座,整修田间道路 4217.2 米、生产道路 1.05 万米。

(4)樊相镇大张庄村土地整理项目,整修田间路(4 米宽)700 米、(3 米宽)1295 米。

(5)蒲北办事处邢固屯村土地整理项目,整修田间路 3144 米,维修生产桥 1 座。

(6)武邱乡南何家村土地整理项目,平整土地 1.3 万立方米,新建管涵 2 座,新修生产桥 9 座,维修生产桥 3 座,安装变压器 8 台,打机井 30 眼,修井台 63 座,整修田间道(4 米宽)1.28 万米、(3 米宽)3271.7 米,架设高压线路 2974 米、低压线路 1.82 万米,安装潜水泵 30 台,修生产道路 7442 米。

2. 樊相镇樊北村土地整理项目

该项目是 2011 年第三批补充耕地储备项目,项目区为樊相镇樊北村,建设规模 109.38 公顷,总投资 142.49 万元。新增耕地 23.75 公顷,新增耕地比例 21.72%。

共完成土地平整 1.59 万立方米,建配电房 3 座,新打机井 3 眼,建设井堡 3 座,架设 10 千伏高压线路 960 米、低压线路埋设 7790 米、高压线路埋设 104 米,安装变压器 3 台,新建田间道 1243.7 米,维修现状水泥路 882 米,安装潜水泵 18 台。

(九)2013 年度

(1)长垣县 2013 年占补平衡项目。项目位于佘家乡、樊相镇、孟岗镇、满村镇、张三寨镇、方里镇、蒲北街道、常村镇的部分土地,项目共涉及陈板城村、邵二寨村、金岸下村、王岸下村和北成功村等 19 个行政村。项目建设总规模 2318.27 公顷,总投资 3810.29 万元,新增耕地面积 346.23 公顷。完成工程量如下:

佘家乡陈板城村土地整理项目,新打机井 8 眼,井管安装 520 米,封井工程 520 米,洗井 64 米,潜水泵 8 台,井台 8 套,田间主道(3 米宽)1983 米,田间主道(4 米宽)1445 米,配电房 2 座,高压线架设 241 米,低压线埋设 1657 米,电缆沟槽挖填土方 828 立方米,低压出线桩 8 套,终端开关箱 8 套,变压器 2 台,接地极制作安装角钢 18 根,接地母线 40 米,室内配电柜 2 台,变压器计量装置 2 台,机井计量柜 2 台,避雷器 2 组,隔离开关 2 组,跌落式熔断器 2 组。

佘家乡金岸下村等两个村土地整理项目,推土机推土 6.76 万立方米,土地翻耕 70.75 公顷,新打机井 11 眼,潜水泵 25 套,井台 25 套,田间主道(4 米宽)3450.60 米,田间主道(4 米宽带灰土路基)2527.00 米,配电房 3 座,高压线架设 1370 米,低压线埋设 5463 米,低压出线桩 19 套,变压器 3 台。

樊相镇北成功土地整理项目,新打机井 10 眼,潜水泵 10 台,井台 10 套,规划水泥路(4 米宽)2272.50 米,农田防护 1128 株,配电房 2 座,高压线架设 448 米,低压线埋设 2389 米,电缆沟槽挖填土方 1194 立方米,低压出线桩 10 套,终端开关箱 10 套,变压器 2 台,接地极制作安装角钢 18.28 根,接地母线 40 米,室内配电柜 2 台,变压器计量装置 2 台,机井计量柜 2 台,避雷器 2 组,隔离开关 2 组,跌落式熔断器 2 组。

孟岗镇纸房村土地整理项目,生产桥 1 座,规划水泥路(4 米宽)1485.90 米,农田防护林 685 株。

满村镇小昌村土地整理项目,田块平整 74897 立方米,新打机井 5 眼,潜水泵 110 台,井台 115 座,田间主道(4 米宽)7063.20 米,田间主道(3 米宽)2102.50 米,田间主道(4.5 米宽)1061 米,田间主道(3.5 米宽)68.40 米,防护林 3500 株,生产桥 1 座,上口宽 6 米梯形渠 3199.90 米,配电房 11 座,高压线架设 1586.70 米,高压线埋设 850 米,低压线埋设 32753 米,变压器 11 台。

张三寨乡张卜寨等两个村土地整理项目,土地翻耕 31.24 公顷,桥带闸 1 座,潜水泵 32 台,新打机井 2 眼,田间主道(4 米宽)5782.90 米,防护林 3094 株,配电房 3 座,变压器 3 台,高压线架设 1425 米,低压线埋设 3369 米。

方里乡黄村等两个村土地整理项目,74 千瓦推土机推土 49400 立方米,土地翻耕 40.58 公顷,渠道工程 1400.7 米,涵管 11 座,田间主道(4 米宽)5984.10 米,田间主道(3 米宽)4117.70 米,田间主道(5 米宽)625.10 米。

蒲北朱滑枣村土地整理项目,土地翻耕 60.25 公顷,机井 14 眼,潜水泵 69 台,田间主道(5 米宽)6644.34 米,田间主道(5 米宽)1540.50 米,配电房 11 座,变压器 11 台,高压线架设 1931.50 米,低压线埋设 24414 米。

常村镇宁庄等两个村土地整理项目,土地翻耕 38.93 公顷,机井 8 眼,潜水泵 75 台,田间主道(4 米宽)1629.52 米,田间主道(3 米宽)2376.30 米,配电房 11 座,变压器 11 台,高压线架设 4636 米,低压线埋设 15746 米。

常村镇岳刘庄土地整理项目,机井 7 眼,水泵购置安装 7 套,规划水泥路(3 米宽)941.20 米。

(2)芦岗等 3 个乡(镇)黄河滩区土地整治重大项目(第二年度)共涉及芦岗、苗寨、武邱 3 个乡(镇)44 个行政村。第二年度项目建设规模为 4380.73 公顷,新增耕地 39.28 公顷,年度总投资为 6829.81 万元。

该项目于 2013 年 10 月 20 日开工,到 2014 年 6 月底完工。硬化渠道 658.5 米,清淤排水沟 4317.5 米,新打机井 240 眼,配套潜水泵 192 套,地埋管道 4890.9 米,水闸 1 座,生产桥 20 座,涵管 52 座,架设高压线 13905.4 米,埋设低压线路 57761 米,配电房 38 座,安装变压器 39 台套,田间主道 97552.7 米,田间次道 36571.3 米,项目标志牌 8 座,田间道标志牌 276 座,生产桥限载标志牌 39 座。

(十)2014 年度

(1)芦岗等 3 个乡(镇)黄河滩区土地整治项目共涉及芦岗、苗寨、武邱 3 个乡(镇)45 个行政村。项目建设规模为 4078.57 公顷,新增耕地 54.09 公顷,年度总投资为 6829.81 万元。

该项目于 2014 年 6 月 28 日开工,到 2015 年 6 月底完工。新打机井 364 眼,生产桥 26 座,管涵工程 18 座,田间道路 108.64 公里,高压线路 22.59 公里,低压地埋线 86.12 公里,变压器 74 台,配电房 74 座,项目区标志牌 5 座,田间道路标志牌 115 座,生产桥限载标志牌 52 座,潜水泵 110 台。

(2)满村等 2 个镇土地整治项目涉及满村和张三寨 2 个镇 36 个行政村。项目总投资 9551.85 万元,本次实施项目区投资 6764.24 万元。建设规模为 3710.39 公顷,其中满村镇 2615.62 公顷,张三寨镇 1094.77 公顷。项目实施后,新增耕地 21.19 公顷。

项目建设内容主要包括灌溉与排水工程、田间道路工程、电力工程及其他工程 4 个方面。

项目区共新打机井 444 眼,直接利用现状机井 135 眼,需配套现状机井 249 眼,配套井亭 64 座,配套井堡 693 座;新建斗渠 8929.91 米,清淤 12866.79 米;新建农桥 27 座,农涵 66 座,节制闸 1 座,斗门 1 座,退水闸 3 座;架设 S11-M 型 50 千伏安变压器 81 台,S11-M 型 100 千伏安变压器 31 台,架设高压线路 40.01 公里,埋设低压电缆 177.43 公里,新建变压器房 112 座;规划田间主道 49.42 公里,田间次道(泥灰结碎石路)8.68 公里;大标志牌 3 座,道路标志牌 63 座,土地整理标徽 967 个。

(十一)2015 年度

(1)第一批补充耕地储备项目共涉及常村镇、恼里镇、孟岗镇 3 个镇 11 个行政村。项目建设规模为 1546.53 公顷,新增耕地 129.61 公顷,年度总投资为 1426.84 万元。

该批项目于 2015 年 4 月 15 日开工,到 2015 年 10 月中旬竣工。2015 年长垣县第一批补充耕地储备项目共完成工程量:新打机井 45 眼,井台 45 个,井堡 27 座,配套潜水泵 27 套,水闸 2 座,生产桥 5 座,架设高压线 2890.4 米,埋设低压线路 15530 米,配电房 11 座,安装变压器 11 台(套),田间主道 27349.8 米,项目标志牌 7 座,田间道标志牌 26 座,生产桥限载标志牌 8 座。

(2)第二批涉及满村等 2 个镇土地整治项目(二期资金),项目总投资 2644.15 万元,建设规模 1603.27 公顷,新增耕地 23.84 公顷。项目区涉及张三寨 14 个行政村(草坡村、官桥营村、韩村、临河村、河道村、横堤村、焦官桥村、李官桥村、皮村、西角城村、肖官桥村、小屋村、张卜寨村、张东村)。

该项目于 2015 年 4 月开工,到 2016 年 3 月底完工。共完成工程量:机井 255 眼,潜水泵 228 台,井堡 259 座;田间道路 27.10 公里;清淤沟 7.94 公里;配电房 35 座,高压线架设 8.92 公里,低压线埋设 79.6 公里,变压器 35 台;项目标志牌 1 座,道路标志牌 36 座,土地整治标徽 310 个,新建桥、涵共 18 座,旧桥、涵拆除 13 座。

(十二)2016 年度

第一批补充耕地储备项目总投资 994.97 万元,总建设规模为 439.02 公顷,新增耕地面积 145.72 公顷。项目区共涉及武邱乡和樊相镇 2 个乡(镇)7 个行政村,项目区分为 4 个片,1 片位于武邱乡红门村,2 片位于樊相镇青岗村,3 片位于樊相镇梁庙村和于庄村,4 片位于樊相镇白寨村、冯寨村和秦庄村。

该项目于 2017 年 1 月 16 日开工,到 2017 年 3 月底完工。共完成工程量:机井 84 眼(其中 66 眼 60 米深,7 眼 80 米深,老井配套 11 眼,2 眼机井不配电),潜水泵 84 台,井堡 84 座;田间道路 12461.5 米(其中混凝土改建 6 米宽 448.1 米,新建 5 米宽 612 米,柏油路改建 5 米宽 721 米,新建 4.5 米宽 1048 米,新建 4 米宽 4630.6 米,柏油路改建 4 米宽 103.1 米,新建 3.5 米宽 777.5 米,新建 3 米宽 3926 米,碎石路改建 3 米宽 195.2 公里);高压线架设 929.1 米,低压线埋设 18924.2 米,配电房 4 座,变压器 4 台;配电设施 4 套,大标志牌 4 座,道路标志牌 31 座,小标志牌 84 个。

(十三)2017 年度

(1)张三寨等 4 个乡(镇)补充耕地提质改造项目总投资 1805.25 万元,总建设规模 1018.44 公顷,新增耕地面积 174.97 公顷。项目区位于长垣县张三寨镇、方里镇、赵堤镇和丁栾镇 4 个乡(镇);分别涉及张三寨镇的草坡村、韩村和西角城,方里镇的西李村,赵堤镇的东岸下村、杨庄村、大寨村和刘小寨村,丁栾镇的前吴庄村、后吴庄村、刘沙邱村、杜沙邱村和东角城村共 4 个乡(镇)13 个行政村。

该项目于 2018 年 2 月开工,到 2018 年 5 月完工。共完成工程量:机井 75 眼,潜水泵 75 台,井堡 75 座;田间道路 16650 米,高压线架设 2220 米,低压线埋设 20870 米,配电房 14 座,变压器 14 台;农桥 6 座,涵管 2 座,大标志牌 4 座,道路标志牌 24 座,小标志牌 16 个。

(2)赵堤等 2 个乡(镇)土地整治项目(赵堤片区)总投资 1378 万元,建设规模 658.31 公顷,新增耕地面积 1.53 公顷(合 22.95 亩)。项目区涉及赵堤镇的 7 个行政村,分别为大浪口村、东朱家村、后小渠村、前冯家村、前小渠村、尚寨村、宋庄村。

该项目于 2017 年 11 月 1 日开工,到 2018 年 7 月底完工。共完成工程量:田间道路 8400.8 米,机井 72 眼,井堡 109 座,水泵 109 套,井台 119 座,地埋管 8400.4 米,农桥 10 座,涵管 7 座,水闸 2 座,渠道 1590.1 米,高压线 3085.4 米,地埋线 19364.7 米,配电房 11 座,变压器 11 座。

(3)涉农资金整合项目(魏庄片区)总投资 1426 万元,总建设规模为 1018.44 公顷。项目区位于长垣县魏庄办事处,分别涉及高寨、大留寺、董寨、戚寺、陈寨、茅庐店等 6 个行政村。

该项目于 2018 年 2 月开工,到 2018 年 8 月完工。共完成工程量:机井 83 眼,潜水泵 83 台,井堡 83 座;田间道路 11389.5 米,高压线架设 2220 米,低压线埋设 20870 米,配电房 5 座,变压器 5 台;配电设施 4 套,大标志牌 4 座,道路标志牌 24 座,小标志牌 16 个。

(十四)2018 年度

(1)第一批补充耕地储备项目建设总规模 143.26 公顷,新增耕地 143.26 公顷,项目总投资 1068.58 万元。

该项目涉及芦岗乡,于 2018 年 5 月开工,到 2018 年 9 月完工。共完成工程量:4 米宽田间道路 6164.9 米,330 米深机井 6 眼,有机肥配送 626.56 吨,坑塘清淤 23 万立方米。

(2)第二批补充耕地储备项目建设总规模 414.64 公顷,新增耕地 355.66 公顷,项目总投资 2176.84 万元。

该项目涉及 11 个乡(镇),于 2018 年 5 月开工,到 2018 年 8 月完工。共完成工程量:机井 38 眼,维修机井 15 眼,潜水泵 53 套,变压器 7 台,高压线 3350 米,地埋线 12235 米,4 米田间道 4880 米,3 米生产路 3910 米,复合肥 508605 千克,项目区标志牌 49 座,道路标志牌 40 个。

(3)第三批补充耕地储备项目建设总规模 810 公顷,新增耕地 645.9124 公顷,总投资 3995 万元,涉及长垣县 18 个乡(镇)231 个行政村。

该项目于 2018 年 7 月开工,到 2018 年 9 月底完工。共完成工程量:机井 151 眼,潜水泵 151 套,变压器 9 台,高压线 3802 米,地埋线 28045 米,5 米宽田间道 388 米,4.5 米宽田间道路 2972 米,4 米宽田间道路 27969 米,3 米宽田间道路 308 米,有机肥 5314.543 吨,项目区标志牌 18 座,道路标志牌 48 个。

十二、农村坑塘综合整治

为进一步改善农村生产、生活条件和水环境,改变农村坑塘垃圾遍地、污水横流的现状,充分发挥农村坑塘的效益和综合功能,长垣县政府以"清理垃圾,美化环境,发展坑塘经济"为目标,计划利用 2015 年、2016 年、2017 年 3 年时间,对全县农村坑塘进行大规模的彻底整治,并于 2015 年 2 月印发了《长垣县人民政府办公室关于印发长垣县农村坑塘综合整治实施方案的通知》(长政办〔2015〕22 号),启动了农村坑塘 3 年整治行动。

为提高乡镇、办事处的积极性,县政府实行"以奖代补"的形式鼓励乡镇开展坑塘治理,并制订了整治标准和验收方案,验收着重查验边坡修整、道路铺设、坑塘绿化、建章立制 4 个方面。验收合格的坑塘,长垣县政府每平方米补助 5 元,以实际测量面积为准。

2015 年验收坑塘 94 个,实测面积 958693 平方米,补助资金 479.35 万元;2016 年全县共整治坑塘 83 个,实测面积 795424 平方米,补助资金 397.71 万元;2017 年没有实施。

十三、农业水价综合改革

(一)农业水价综合改革方案

改革目标:从 2016 年起,在全省渠灌区、井灌区全面推行农业水价综合改革。用 10 年左右时间,建立健全合理反映供水成本、有利于节水和农田水利体制机制创新、与投融资体制相适应的农业水价形成机制;农业用水价格总体达到运行维护成本水平,部分地区达到完全成本水平,全面实行农业用水总量控制、定额管理和计量收费;基本建立可持续的精准补贴和节水奖励机制;普遍采用先进适用的农业节水技术措施,实现农业种植结构优化调整、农业用水方式由粗放式向集约化转变。实施高标准粮田百千万工程地区、严重缺水地区、地下水超采地区要加快推进改革,争取到 2020 年率先实现改革目标。

基本原则:坚持"节水优先、综合施策,两手发力、注重效益,供需统筹、协同推进,因地制宜、分类指导"的原则,以完善农田水利工程体系为基础,以健全农业水价形成机制为核心,以创新体制机制为动力,发挥政府与市场两个作用,推进农业水价综合改革,保障粮食等重要农作物合理用水需求,总体不增加农民用水费用,保护农民种粮积极性。

重点工作:加强农业水价综合改革与其他相关改革的衔接,综合运用工程配套、价格调整、财政奖补、技术推广、结构优化、管理创新等举措,进一步完善农田水利工程体系,明晰工程产权,建立健全农业用水总量控制和定额管理、用水精准补贴和节水奖励、终端水价和超定额累进加价等机制;不断提升基层农民用水合作组织能力,充分发挥末级渠系管护主体作用,补齐农田水利运行管理的短板;提高农业用水效率,全面提升农业用水精细化水平,促进长垣县农田水利设施长期良性运行。

组织领导:2018 年 3 月 9 日,《长垣县人民政府办公室关于印发长垣县推进农业水价综合改革实施方案的通知》(长政办〔2018〕11 号),成立了长垣县农业水价综合改革工作领导小组,由县委常委、统战部部长甘林江任组长,县志办主任陈一杰、县水利局局长栾绍智任副组长,价格监督检查、发改、财政、水利、农林畜牧等部门主要领导任成员,领导小组下设办公室,办公室设在水利局。

部门职责:水利部门负责建立健全用水定额标准、水权确认,指导农民用水合作组织开展有关工作,配合农业部门进行水价改革选区。

水价形成原则:2020 年 8 月 24 日,《长垣市发展和改革委员会关于长垣市试行农业水价的通知》(长发改字〔2020〕131 号),公布长垣市农业水价形成原则,建立分档水价,标明具体价格标准,加强水费计收管理。

奖补办法:2020 年 8 月 21 日,《长垣市财政局 长垣市水利局 长垣市农业农村局 长垣市发展和改革委员会关于印发长垣市农业水价综合改革奖补办法(试行)的通知》(长财字〔2020〕68 号),发布长垣市农业水价改革奖补办法(试行),包括精准补贴、节水奖励、奖补程序、监督管理。

(二)2018 年度任务

2018 年底全面完成农业水价综合改革面积 2 万亩。安排水利发展资金 85 万元,其中中央资金 55 万元,省级资金 30 万元,由河南尚业水利工程设计有限公司编制完成《长垣县 2018 年度农业水价综合改革实施方案》,长垣县农业水价综合改革工作领导小组以长农水价改办〔2018〕2 号文批复。2018 年长垣县农业水价综合改革面积上级下达任务 2 万亩。在实施方案编制时,根据长垣县实际,选择基础设备配套好的芦岗乡作为试点乡镇:一是 2017 年涉农资金整合项目已配套玻璃钢智能井房及水电双计量设施 306 套;二是 2018 年农田水利项目县(高效节水灌溉工程)项目计划配套玻璃钢智能井房及水电双计量设施

291 套,县、乡级信息化平台各 1 套,为 2018 年推进农业水价综合改革奠定了基础。印制发放"三证一书" 5000 套,在芦岗乡建立一个农民用户协会,统一负责管理本辖区的农业水价综合改革事项。

(三)2019 年度任务

2019 年底全面完成农业水价综合改革面积 14 万亩。安排水利发展资金 147 万元,其中中央资金 74 万元,省级资金 73 万元,由河南尚业水利工程设计有限公司编制完成《长垣县 2019 年度农业水价综合改革实施方案》,长垣县水利工程建设管理局以长水建管〔2019〕17 号向长垣县水利局呈报了《长垣县 2019 年度农业水价综合改革实施方案》。2019 年 7 月 30 日,长垣县水利局以长水〔2019〕106 号《关于对长垣县 2019 年度农业水价综合改革实施方案的批复》对 2019 年度实施方案进行了批复。长垣县农业水价综合改革工作领导小组以长农水价改办〔2018〕2 号文批复。

本项目于 2019 年 12 月 13 日开工,2019 年 12 月 27 日供货完工。建设及完善农民用水户协会 5 处、水价改革宣传(宣传栏 60 个、墙体宣传标语 60 处等)、用水计量及信息化系统 105 套、乡级信息化平台 3 处、信息系统硬件建设 1 项、以电折水系数测算 103 眼、"三证一书"制作等。总投资 147 万元。

(四)2020 年度任务

2020 年底全面完成农业水价综合改革面积 12 万亩,安排水利发展资金 94 万元。建设内容为:水价改革宣传(宣传栏 60 个、宣传单 30000 页等)、用水计量及信息化系统 100 套、乡级信息化平台 1 处、信息系统硬件建设 1 项、以电折水系数测算 100 眼、"三证一书"制作等。

(五)2021 年度任务

2021 年底全面完成农业水价综合改革面积 1 万亩,安排水利发展资金 94 万元,其中中央资金 57 万元,省级资金 37 万元。建设内容包括东干渠、西干渠、南干渠及杨小寨支渠、马坡支渠、周庄支渠、铁炉支渠、董营支渠、杨孟支渠、孔村支渠和大王庄支渠等渠道渠首和各乡镇供用水分界点处共安装计量设施 20 处,建立用水合作组织 6 个。

第十节　农村饮水安全

长垣市地处黄河故道,受地形地势和黄河侧渗作用的影响,全市大部分地区浅层地下水水质超标,是新乡市饮水问题比较突出的县区之一,水介质传染病发病率明显偏高,影响群众的身体健康和生活质量,制约经济社会的发展,解决饮水问题已经成为农民最关心、最直接、最现实的问题。

全市农村饮水安全问题主要表现在高氟水、污染水和水源保证率低等方面。农村供水总体水平不高,大部分农民的供水设施还很简陋,90%的农村人口使用的是手压井、手拉井等自备井,用水很不方便,且遇干旱年份或在干旱季节部分水源的保证率较低;还有许多地区的农民直接饮用高氟水、受严重污染的地表水源和浅层地下水;多数农村供水工程缺乏必要的水处理设施、消毒措施且水质监测不到位,饮水不安全因素和问题还很多。具体原因:一是水性地方病。主要表现为高氟水,成因主要是地质和地形原因,新乡市的地势总的来说西北高,东南低,高山区的含氟物质被雨水及地下水溶解后,借助地形高差作用,由高山迁到平原和低洼地带,再加上黄河水的侧渗作用及土壤的毛细现象,使深层土壤中的氟化物及盐类上升到土壤浅层和表层,形成了多数地区高氟、盐渍现象。二是水污染。随着工业废水和城乡生活污水的不达标排放,再加上农药、化肥用量的增加,有害物质通过降雨、直接沉降等多种方式进入到饮用水源。

根据长垣市卫生局档案资料、《长垣县 2010—2013 年农村饮水安全规划人口现状调查及复核报告》《长垣县农村饮水安全巩固提升工程"十三五"规划报告》及《长垣市"十四五"农村供水保障规划》，全市大部分地区地下水氟含量大于国家饮用水标准，属于中重度氟超标地区，全市共有饮用水不安全人口82.76 万人，占全市农村人口的 84.78%，广泛分布在全县 18 个乡（镇、街道）566 个行政村，其中尤以黄河滩区的 5 个乡（镇）最严重。

饮水安全问题已成为制约当地社会经济发展的主要原因，亟待加大投资力度予以解决。

一、组织机构

为加强工程项目建设与管理，长垣市先后成立了农村饮水安全项目的组织机构，保证项目建设的顺利实施。

2005 年，长垣县政府成立"长垣县农村饮水安全项目工程建设领导小组"，副县长王佩珍任组长，水利、计委、财政、卫生、环保、监察等有关单位主要负责人为成员，领导小组下设办公室，水利局局长王庆云兼任办公室主任，具体负责项目实施的日常工作。

2006 年 3 月 8 日，为保证农村饮水安全项目建设的顺利实施，根据上级要求，经长垣县水利局中共党组研究，决定成立农村饮水安全项目建设办公室，具体负责农村饮水安全项目建设的计划上报、工程建设和监督管理工作。办公室人员有张瑞现、侯英杰、韩正浩、程玉彬。张瑞现任办公室主任。

2011 年 12 月，长垣县政府批准成立"长垣县农村饮水安全工程建设管理局"，局长孔德春，副局长陈爱民，技术负责人张瑞现。建设管理局下设办公室、工程科、财务科，办公室主任张瑞现（兼），工程科科长姚磊，财务科科长付华鹏。

2013 年 4 月 24 日，经水利局党组研究，对"长垣县农村饮水安全工程建设管理局"人员进行调整，局长袁玉玺，副局长张瑞现，技术负责人姚磊。建设管理局下设办公室、工程科、财务科，办公室主任姚磊（兼），工程科科长程玉彬，财务科科长丁彩华，质量安全科科长陈东朝。

2012 年 7 月 2 日，长垣县机构编制委员会批复成立"长垣县农村饮水安全工程管理中心"，管理中心为水利局下属事业单位，机构规格相当于股级，所需人员编制从单位内部调剂解决。

2020 年 7 月 1 日，长垣市农村饮水安全工程管理中心更名为长垣市农村饮水安全工程服务中心，职责不变。

二、建设内容

长垣县实施农村饮水安全项目工程按照"统筹兼顾，突出重点"的原则，确定解决严重影响群众健康和正常生活的饮水不安全问题的范围，优先解决高氟水问题。在工程建设初期，主要以单村、联村工程为主。2008 年开始以建设规模化集中水厂为主。

2005 年开始项目实施至 2020 年底，全市共实施农村饮水项目 23 批，其中农村饮水安全项目 18 批，农村饮水安全巩固提升项目 5 批，共解决全市 18 个乡（镇、街道）566 个行政村，共 82.76 万农村居民（其中贫困户 1057 户 2091 人）及 9.52 万农村学校在校师生的饮水问题，建成集中水厂供水工程 36 处（2012年之前建成联村供水工程 26 处、单村供水工程 12 处，2013 年之后单、联村供水工程全部整合到集中水厂供水工程，不再单独使用），其中千吨万人供水工程 34 处，千人供水工程 2 处，完成新打配水源井 192 眼，安装水泵 286 台（套）、压力罐 39 台（套）、水厂自动化控制设备 43 套，完成供水主管网铺设 285.16 万米，设计供水能力 74604 立方米每天,累计完成投资 40585.33 万元,其中中央预算内投资 20091.48 万元、省配套资金 8955.09 万元、市级配套资金 646.63 万元、县级配套资金 5930.22 万元、群众投劳折资及筹资 4961.91 万元。全市农村饮水不安全问题已全部解决,农村集中供水率、自来水普及率、水质达标率均为 100%。历年计划与实施情况如下。

(一)2006 年度

1. 第一批农村饮水安全项目

工程(属 2005 年度计划项目,2006 年实施)涉及常村镇前孙东村、佘家乡朱口村、苗寨乡前李拐村和满村乡陈墙村,共 4 个乡(镇)4 个行政村 0.7 万人。项目投资 252 万元,其中中央预算内专项资金 112 万元、省级补助 42 万元、市级配套 28 万元、县级配套 14 万元、群众投劳折资和筹资 56 万元。

在工程实施中,由于满村乡陈墙村正编制村镇整体规划,村中有 30% 的街道、胡同需要调整位置和走向,导致饮水安全建设中的管网无法埋设,项目不能按期竣工。鉴于上述情况,将陈墙村调整为孟岗乡的孟岗村。

工程共分 4 个标段,采用公开招投标方式。2006 年 3 月 26 日开工,2006 年 5 月 30 日竣工。主要完成新打水源机井 4 眼,铺设 UPVC 供水干支管道 5.5 万米,采购压力罐 4 套及潜水泵 8 套,其中 200QJ40-78/6 水泵 2 套、200QJ40-65/5 水泵 2 套、200QJ50-78/6 水泵 4 套(备用)、30 吨压力罐 1 个、20 吨压力罐 3 个,购买消毒设备 4 套,建设管理房面积 192 平方米,附属工程 4 处。完成工程总投资 252 万元。

2. 第二批农村饮水安全项目

工程涉及苗寨乡苗寨村、林寨村、小街村,魏庄镇岳寨村,丁栾镇朱官桥村,赵堤镇杨小寨村、后刘村共 4 个乡(镇)7 个行政村 1 万人。项目投资 360 万元,其中中央预算内专项资金 160 万元、省级补助 60 万元、市级配套 40 万元、县级配套 20 万元、群众投劳折资和筹资 80 万元。

工程共分 6 个标段,采用公开招投标方式。2006 年 4 月 20 日开工,2006 年 7 月 30 日竣工。共新打机井 7 眼深 1660 米,埋设 UPVC 供水干支管道 8.46 万米,采购和安装潜水泵和压力罐各 7 套,其中 200QJ32-65/5 潜水泵 2 套、200QJ40-65/5 潜水泵 2 套、200QJ40-78/6 潜水泵 2 套、200QJ40-104/8 潜水泵 1 套、10 吨压力罐 1 个、15 吨压力罐 1 个、20 吨压力罐 3 个、30 吨压力罐 2 个,新建管理房 370 平方米、围墙 480 米、大门 7 处、院内道路 7 处,架设低压线路 1100 米、配电箱及室内线路 7 处、压力罐棚 245 平方米,完成土方 4.11 万立方米,共完成入户安装 2532 户。完成工程总投资 360 万元。

3. 第三批农村饮水安全项目

工程涉及恼里镇小辛庄村、小岸村,南蒲办事处木岗村,苗寨乡东庙村、辛庄村,魏庄镇王刘村共 4 个乡(镇、办事处)6 个行政村 0.7 万人。项目投资 273 万元,其中中央预算内资金 122.9 万元、省级补助 45.1 万元、市级配套 30.03 万元、县级配套 15.0 万元、群众投劳折资和筹资 59.97 万元。

工程共分 5 个标段,采用公开招投标方式。2006 年 12 月 9 日开工,2007 年 1 月 8 日竣工。共新打机井 3 眼深 980 米,埋设 UPVC 供水干支管道 7.95 万米,购置并安装压力罐和潜水泵各 3 套,其中 200QJ40-78/6 潜水泵 1 套、200QJ32-65/5 潜水泵 1 套、200QJ32-91/7 潜水泵 1 套、15 吨压力罐 1 个、20 吨压力罐 1 个、30 吨压力罐 1 个,新建管理房 129 平方米、围墙 230 米、大门 3 处、院内道路 3 处,架设低压线路 1000 米、配电箱及室内线路 3 处、压力罐棚 110 平方米,完成土方 6.36 万立方米,共完成入户安装 1711 户。完成工程总投资 273 万元。

（二）2007 年度

该项目工程包括恼里镇左寨、南杨庄、乌岗和胡寨，魏庄镇陈寨和高寨，芦岗乡白河村，孟岗乡赵庄村，苗寨乡南岳、西关、文寨和武寨村，蒲东办事处顿庄村，蒲北办事处大殷庄村，方里乡雷店村和王寨村，张三寨乡皮村，共 9 个乡（镇、办事处）17 个行政村 2.2 万人。项目投资 880 万元，其中中央预算内专项资金 396 万元、省级补助 145 万元、市级配套 96.8 万元、县级配套 48.4 万元、群众投劳折资和筹资 193.8 万元。

工程共分 9 个标段，采用公开招投标方式。2007 年 10 月 10 日开工，2007 年 11 月 30 日竣工。共新打机井 12 眼，埋设 UPVC 供水干支管道 190820 米，购置并安装压力罐和潜水泵各 12 套，其中 200QJ40-78/6 潜水泵 4 套、200QJ32-78/6 水泵潜 4 套和 200QJ32-65/5 潜水泵 4 套、20 吨压力罐 3 台、30 吨压力罐 9 台，新建管理房 516 平方米、围墙 685 米、大门 12 处、院内道路 12 处、架设低压线路 2730 米、配电箱及室内线路 12 处、压力罐棚 480 平方米，共完成入户安装 6002 户。完成工程总投资 880 万元。

（三）2008 年度

1. 第一批工程

涉及解决恼里镇恼里、龙相，魏庄镇魏庄、参木，蒲北办事处聂店，芦岗马寨，佘家乡佘西、佘南，方里乡邢寨、西李，苗寨乡许寨共 7 个乡（镇、办事处）15 个行政村 2.45 万人。项目资金 980 万元，其中中央预算内专项资金 441 万元、省级配套 161.7 万元、市级配套 107.8 万元、县级配套 53.9 万元、群众投劳折资和筹资 215.6 万元。

工程共分 5 个标段，采用公开招投标方式。2008 年 9 月开工，2008 年 12 月 15 日竣工。共新打机井 6 眼，埋设 UPVC 供水干支管道 193304 米，购置并安装 200QJ40-78/6 潜水泵 1 台、200QJ40-65/5 潜水泵 3 台、200QJ50-48/4 潜水泵 2 台、80LG50-20×2 加压泵 3 台、变压器 1 台、自动化控制设备 1 套、20 吨压力罐 2 台和 30 吨压力罐 2 台，新建管理房 706 平方米、围墙 350 米、清水池 3 座、大门 4 处、低压线路 1140 米、压力罐棚 160 平方米。建成水厂 2 处（恼里、参木），完成入户安装 7000 户。完成工程总投资 980 万元。

2. 第二批工程

涉及解决恼里镇碱场新村社区、小马寨、郑辛庄，魏庄镇马房、丁寨、孟寨、刘口，蒲北办事处北堆共 3 个乡（镇、办事处）7 个行政村 1 个新农村社区 0.9 万人。项目资金 450 万元，其中中央预算内专项资金 270 万元、省级补助 72 万元、市级配套 36 万元、群众投劳折资和筹资 72 万元。

工程共分 3 个标段，采用公开招投标方式。2009 年 1 月开工，2009 年 3 月 31 日竣工。共新打机井 2 眼，埋设 UPVC 供水干支管道 88748 米，购置并安装 200QJ50-52 潜水泵 2 台、SLJ80-200 加压泵 3 台、变压器 1 台、自动化控制设备 1 套，新建管理房 280 平方米、围墙 200 米、大门 1 处、线路 500 米，共完成入户安装 2571 户。完成工程总投资 450 万元。

（四）2009 年度

该工程涉及南蒲办事处南蒲新村社区（包括张寨、司坡、瓦房、东郭庄、庄科、牛店、翟寨、夹堤、朱庄），苗寨乡东于林、西于林、九岗、杜寨和黄河社区（包括何吕张、魏寨、高庄、马野庄），魏庄镇侯寨、总管、戚寺、茅芦店、孙堂，蒲西办事处杨寨，赵堤镇新店村，共 5 个乡（镇、办事处）11 个行政村 2 个新农村社区 3.5 万人。项目资金 1750 万元，其中中央预算内专项资金 1050 万元、省级配套 280 万元、市级配套 140 万元、群众投劳折资和筹资 280 万元。

工程共分 8 个标段,采用公开招投标方式。2009 年 8 月开工,2009 年 12 月底竣工。共新打机井 9 眼,埋设 UPVC 供水干支管道 259487 米,购置并安装 200QJ40-65/5 潜水泵 1 台、200QJ50-52 潜水泵 8 台、SLG80-200 加压泵 9 台、变压器 9 台、自动化控制设备 3 套、20 吨压力罐 1 台、30 吨压力罐 1 台、50 吨压力罐 1 台,新建管理房 1201 平方米、围墙 816 米、大门 5 处、清水池 3 座、压力罐棚 103 平方米,建成水厂 3 处(南蒲、榆林、茅芦店),完成入户安装 8200 户。完成工程总投资 1750 万元。

(五)2010 年度

该工程涉及常村镇同悦社区(包括柳桥、韦庄、唐家庄、岳刘庄、东刘庄、韩庄、小屯),满村镇盛和社区(包括小吕村、吕村寺)及陈墙、前满村、大杨楼、东梨园、冯墙、邓岗东、邓岗西、邓岗北、三官庙、双庙、辛庄、曹吕村、苏吕村,南蒲办事处西郭社区(包括西郭庄、梨园、甄庄、黄相如、前寺谷、王堤、鲁山村、孔庄、东郭庄)共 3 个乡(镇、办事处)3 个新农村社区 13 个行政村 3.6 万居民及农村学校在校师生 0.4 万人。项目资金 1920 万元,其中中央预算投资 1152 万元、省级配套 384 万元、市级配套 168 万元、群众投劳折资和筹资 216 万元。

工程共分 10 个标段,采用公开招投标方式。2010 年 10 月开工,2010 年 12 月底竣工。共新打机井 8 眼,埋设 PE 供水管道 18030 米,UPVC 供水干支管道 278552 米,购置并安装 200QJ40-65/5 潜水泵 1 台、200QJ50-52 潜水泵 8 台、SLG80-200 加压泵 9 台、变压器 3 台、自动化控制设备 3 套、20 吨压力罐 1 台,新建管理房 964.52 平方米、泵房 363.8 平方米、围墙 663 米、大门 3 处、清水池 6 座、压力罐棚 34 平方米,建成水厂 3 处(同悦、盛和、西郭庄),完成入户安装 7400 户。完成工程总投资 1920 万元。

(六)2011 年度

该工程涉及丁栾镇丁东、丁西、丁南、丁北、上官村、官路东、官路西、打兰寨、止胡寨、田庄、马盘池、杨庄、浮邱店、王寨、罗章寨、尚寨、王师、段庄、西刘、中刘村,樊相镇樊相、冯寨、谷寨、胡庄、小屯、秦庄村,芦岗乡滑店、习礼王、芦岗、西陈、王芦岗、双庙村,满村镇后满村,苗寨镇后李拐、苏旧城、西旧城、张寨、安寨、大寨、杨楼、阎庄村,蒲北办事处蒲苑社区(赵滑枣、朱滑枣、杨滑枣、阎寨、琉璃庙、史庄、段屯、张屯、徐屯)、南堆、小务口村,蒲西办事处太子屯村,佘家乡老岸东关、老岸北关、老岸南关、西连庄、东连庄、高岸下、郭岸下、王岸下、葛寨、后佘、佘东村,张三寨镇马安和、横堤村共 9 个乡(镇、办事处)66 个行政村 8 万农村居民和 40 所农村学校在校师生 1.9 万人。项目投资 4570 万元,其中中央预算内投资 2742 万元、省财政专项资金 1348 万元、群众自筹 480 万元。

工程共分 15 个标段,采用公开招投标方式。2011 年 9 月 28 日开工,2011 年 12 月 31 日竣工。共新打配水源井 18 眼,建成管理房 8 座、泵房各 5 座、水质检验中心 1 处、200 立方米清水池 5 座、300 立方米清水池 2 座、500 立方米清水池 3 座、铺设 PE、MPVC 干支供水管网 75 万米,安装 20 吨压力罐 3 台,安装水厂自动化供水控制设备 5 套、配套深井泵 23 台(套)、加压泵 11 台、消毒净化设施 8 套,建设集中水厂、工程 5 处(丁栾、樊相、芦岗、蒲北、老岸)、联村供水站 3 处。完成工程总投资 4570 万元。

(七)2012 年度

工程涉及常村镇常西、常东、朱寨、郝寨、营里村,丁栾镇韩寨、前吴庄、曹沙邱、大沙邱、杜沙邱、后吴庄、刘沙邱、杨沙邱、薛官桥村,方里乡方东、方西、方南、黄村、郭寨、陈庄、邵寨、户堌、苏庄、铁炉村,芦岗乡王辛庄、冯楼、官路张村,满村镇寨里(宜邱)寨外(周宜邱)村,孟岗镇石头庄村,苗寨镇西柳中、东柳中、贾庄、胡口、东旧城、田寨、梁寨村,南蒲办事处严小张、后寺谷、邰坡村,蒲西办事处玉皇庙村,恼里镇蔡寨村,佘家乡金岸下村,张三寨镇焦官桥、李官桥、临河、草坡、小屋、西角城、肖官桥、大东、大前、大西、张北、张南、张东、张西、崔安和、陈安和、虎头寨、新寨村，赵堤镇西赵堤、东赵堤、大寨、李村、乡直、白庄村共13个乡(镇、办事处)67个行政村8.7万农村居民37所学校2万名师生的饮水安全问题。2012年6月19日河南省发展和改革委员会、河南省水利厅下达投资计划，批复投资4950万元，其中中央预算内投资2970万元、省财政专项资金1458万元、群众自筹522万元。

工程共分14个标段，采用公开招投标的方式。于2012年10月23日开工建设，2012年12月15日竣工。共新打配水源井14眼，建成管理房8座、泵房各6座、300立方米清水池10座，铺设PE、MPVC干支供水管网96.5万米，安装30吨压力罐2台、水厂自动化供水控制设备6套，配套深井泵14台(套)、加压泵15台、消毒净化设施8套，建设集中水厂4处(常村、方里、横堤、赵堤)、联村供水站工程4处。完成工程总投资4950万元。

(八)2013年度

1. 农村饮水安全项目

工程涉及孟岗镇伯玉、李户寨、邱村、付楼村，佘家乡钟家、赵家、高店、翟家、东郝、西邵寨、西郝、太平庄、新起寨、陈庄、苗找寨村，武邱乡纸房、青城、河自、三义、南嘴、武邱、滩丘、卓寨、敬寨、前师、后师、顿家、尚寨、于寨、洪门、勾家、罗圈、孙寨、灰池村，恼里镇东辛庄、冯寨、西辛庄、周村口村，方里乡葛堂、后瓦、刘庄、前瓦、文庄、新楼、翟疃、董营、周庄村，芦岗乡三青观、刘此寨、韩庙、小辛庄、姬寨、浆水李、大付寨、周营、金寨、程庄、七股柳村，樊相镇李庄、王辛店、上官、留村、大碾、韩寨、韩屯、连铺、白寨、八黑马寨、酒寨、高庙、蔡口村，常村镇油房寨、牛河村共8个乡(镇、办事处)73个行政村8.5523万农村居民及47所学校1.9054万名师生的饮水安全问题。2013年5月30日河南省发展和改革委员会、水利厅下达投资计划，批复投资4848万元，其中中央预算内投资2909万元、省财政专项资金1426万元、群众自筹513万元。

工程共分19个标段，采用公开招投标的方式。于2013年8月22日开工建设，2013年11月30日竣工。共新打配水源井10眼，新建、改建成管理房4座、泵房4座、300立方米清水池8座，铺设PE、MPVC干支供水管网87.29万米，水厂厂区附属工程4处，水厂自动化供水控制设备4套、配套深井泵15台(套)、加压泵12台、消毒净化设施8套，新建扩集中水厂工程4处，管网延伸工程9处。完成工程总投资4848万元。

2. 2012年第二批农村饮水安全项目

工程涉及蒲西办事处宋庄、云寨村，方里镇三娘寨、张庄、吕庄村，芦岗乡关公刘、韩寨、王寨、乔寨、杨桥、杜店、东小青、中小青、西小青、张寨、东河集、李寨村，共3个乡(镇、办事处)17个行政村2.22万农村居民及9所学校0.5万名师生的饮水安全问题。2012年11月6日新乡市发展和改革委员会批复投资1269万元，其中中央预算内投资765万元、省财政专项资金371万元、群众自筹133万元。

工程共分13个标段，采用公开招投标的方式。于2013年2月开工建设，2013年3月竣工。共新打配水源井1眼，建成管理房1座、泵房1座、扩建泵房1座、300立方米清水池1座，铺设PE、MPVC干支供水管网25.88万米，安装变压器1台、配套深井泵2台(套)、加压泵2台、消毒净化设施1套，建设管网延伸工程3处。完成工程总投资1269万元。

3. 2012年农村饮水安全项目新增项目

工程涉及常村镇辛兴，樊相镇樊相水厂、吴屯、张庄、北樊相、张辛店、李辛店、董辛店、八里井，恼里镇恼里水厂，苗寨镇于林水厂，芦岗乡芦岗水厂共5个乡(镇、办事处)8个行政村0.8123万农村居民的饮水安全问题。2013年9月23日新乡市发展和改革委员会对实施方案进行批复，批复投资638.76万元，其中 2012 年度节余资金 590.02 万元(中央预算内投资 402.28 万元、省财政专项资金 187.74 万元)、群众自筹 48.74 万元。

工程共分 6 个标段,采用公开招投标的方式。于 2013 年 12 月 6 日开工建设,2014 年 1 月 31 日竣工。共新打配水源井 2 眼,新建 300 立方米清水池 1 座,铺设 PE、MPVC 干支供水管网 8.2775 万米,水厂自动化供水控制设备 2 套、配套深井泵 12 台(套)、加压泵 2 台、除氟设备 2 套,扩建水厂 2 处、管网延伸工程 2 处。完成工程总投资 638.76 万元。

(九)2014 年度

1. 农村饮水安全项目

工程涉及蒲东办事处单寨、贾占、林庄、学岗、徐楼村、郭占、姚寨、王楼、落阵屯、八里张村、五里铺、五里屯、七里庄、杨庄、丹庙、小岗村,魏庄镇郑堤、周庄、王占、邢口、付堤、信占、付占村,孟岗镇孔村、苇园、大王庄、冯湾、十五里河、杨占、西陈村、埝北、野寨村、吴寨村、九棘南、张小寨、步寨、尚小寨村,武邱乡张庄、毛庄、牛庄、罗占、三合、北嘴、西角、鲍寨、新生、曹店、小渠、何店村,满村镇吴波、唐洼、毛庄、李庄村,佘家乡前楼、车寨、王庄、东张、牛庄、邵二寨、佘新庄、西张、北邵二寨、东邵寨、东黄、武找寨、寺门村、陈板城、西韩板城、西黄找寨、西庄、杨板城村,恼里镇前文户、大马寨、高章士、后文户、武寨、周村口、芦岗乡郑占、程占、尚占、杨占、崔占、姜庄、刘堂村,蒲北办事处王庄、前杨楼、西梨园、邢固堤、邢固屯、高寨、董寨、杜楼、程庄、吕阵村,方里乡王庄村,蒲西办事处米屯村,赵堤镇瓦屋寨、鲍家、李家、尚寨、孙庄村,苗寨镇前宋庄、后宋庄、韩寨村,南蒲办事处乔堤、高店、金寨、邵寨、何寨、雨淋头、赵店、木掀店、枣科村,常村镇贺庄、大前、小堤西、罗庄、李寨村共 14 个乡(镇、办事处)110 个行政村 10.404 万农村居民及 29 所学校 1.0312 万名师生的饮水安全问题。2015 年 5 月 29 日河南省发展和改革委员会、河南省水利厅下达投资计划,批复投资 5512 万元,其中中央预算内投资 3307 万元、省财政专项资金 1580 万元、群众自筹 625 万元。

工程共分 22 个标段,采用公开招投标的方式。于 2014 年 9 月 27 日开工建设,2014 年 12 月 30 日竣工。共新打配水源井 12 眼,建成管理房 5 座、泵房 5 座、300 立方米清水池 10 座,铺设 PE、MPVC 干支供水管网 125.53 万米,水厂自动化供水控制设备 5 套、配套深井泵 14 台(套)、加压泵 15 台、消毒净化设施 8 套,新建集中水厂工程 4 处,管网延伸工程 13 处。完成工程总投资 5512 万元。

2. 2013 年农村饮水安全项目新增项目

工程涉及常村镇营里、司河、高村村,佘家乡段老岸、郭老岸村共 2 个乡(镇)5 个行政村 0.386 万农村居民的饮水安全问题。2014 年 5 月 16 日新乡市发展和改革委员会对实施方案进行批复,批复投资 166.1035 万元,其中 2013 年度项目节余资金 145 万元(中央预算内投资 88 万元、省财政专项资金 57 万元)、群众自筹 21.1035 万元。

工程分 1 个标段,采用公开招投标的方式。于 2014 年 7 月 31 日开工建设,2014 年 9 月 30 日竣工。共埋设 PE、MPVC 干支管网 4.304 万米,新建管网延伸工程 2 处。完成工程总投资 166.1035 万元。

(十)2015 年度

工程涉及魏庄镇花园、王了、韩了、东了东、东了西、董寨、华占、合阳、大车西、大车东、梁占、王庄、李庄、任寨、西杨庄、张庄、杨楼村,樊相镇于庄、邢张庄、青岗、梁庙、北成功、孙占村,武邱乡黄占、赵庄、马占、罗家、常里村,蒲西办事处侯屯、大张村,佘家乡黄庄、韩板城村,满村镇前墙村,恼里镇西沙窝、东沙窝、武楼、东油房寨、西油房寨、六里庄、吴寨村,丁栾镇后马良固、前马良固、史庄,赵堤镇大浪口、东岸下、东马、东朱家、后桑园、黄岗、河里韩、聚村、马坡、前冯家、前桑园、前小渠、宋庄、杨庄、后小渠、中桑园村，张三寨镇韩村、河道、官桥营、张卜寨村，常村镇马东、马西、马南、马北、小郭、大后、刘唐、侯唐、新建、前大郭、吕庄、后大郭村，长垣县西农场、长垣县东农场、牧场，共11个乡(镇、办事处)82个行政村3个农牧场10.34万农村居民及47所学校2.28万名师生的饮水安全问题。2015年1月22日河南省发展和改革委员会、河南省水利厅下达投资计划，批复投资5854万元，其中中央预算内投资3512万元、省财政专项资金1721万元、群众自筹621万元。

工程共分20个标段，采用公开招投标的方式。于2015年4月25日开工建设，2015年8月15日竣工。共新打配水源井13眼，建成管理房2座、500立方米清水池2座、300立方米清水池4座，铺设PE、MPVC干支供水管网125.02万米，安水厂自动化供水控制设备2套、配套深井泵15台(套)、加压泵11台、消毒净化设施2套、水厂除氟设备5套，新建集中供水工程2处，管网延伸工程14处。完成工程总投资5858万元。

(十一)2016年度

1.农村饮水安全巩固提升工程

工程涉及孟岗镇九棘北、张庄、孙占、北陈、二郎庙、王石头庄、田庄、焦占、郜楼、六里庄、香里张、纸房村，常村镇韩庄村，蒲北办事处朱滑枣、杨滑枣、史庄、琉璃庙、阎寨、张屯、徐屯、段屯村共3个乡(镇、办事处)22个行政村，改善3.0633万农村居民的饮水巩固提升问题。2016年7月5日长垣县发展和改革委员会、长垣县水利局对实施方案进行批复，批复投资1262.79万元，其中县财政专项资金999万元、群众自筹263.79万元。

工程共分7个标段，采用公开招投标的方式。于2016年10月24日开工建设，2016年12月15日竣工。共新打配水源井4眼，建成管理房8座、泵房6座、300立方米清水池10座，铺设PE、MPVC干支供水管网20.4271万米，安装30吨压力罐2台、水厂自动化供水控制设备4套、配套深井泵4台(套)、加压泵15台、消毒净化设施8套，新建管网延伸工程2处，管网改造工程3处。完成工程总投资1262.79万元。

2.2014年农村饮水安全项目新增项目

工程涉及蒲东办事处丹庙、小岗村，常村镇贺庄、大前村、罗庄、小堤西、李寨村，蒲北办事处吕阵村共3个乡(镇、办事处)8个行政村1.1193万农村居民的饮水安全问题及张三寨横堤水厂的续建工程。2015年10月30日长垣县发展和改革委员会、长垣县水利局对实施方案进行批复，批复投资348.16万元，其中2014年度项目节余资金281.00万元(中央预算内投资169万元、省财政专项资金112万元)、群众自筹67.16万元。

工程共分2个标段，采用公开招投标的方式。于2016年2月28日开工建设，2016年4月30日竣工。共铺设PE、MPVC干支供水管网11.5614万米，配电柜1套，管网延伸工程4处，续建水厂工程1处。完成工程总投资348.16万元。

(十二)2017年度

1.农村饮水安全巩固提升工程

工程涉及丁栾镇曹沙邱、杜沙邱、大沙邱、刘沙邱、东角城，方里镇郭寨村，恼里镇东辛庄、西辛庄村，常村镇东刘庄、岳刘庄、唐家庄、小屯、前孙东、朱寨、郝寨，赵堤镇杨小寨、后刘村，满村镇盛和水厂，佘家乡老岸水厂，魏庄办事处茅芦店水厂，张三寨镇安和供水站，芦岗乡芦岗水厂共11个乡(镇、办事处)17个行政村12个水厂，改善2.3881万农村居民的饮水巩固提升问题。2017年9月6日长垣县发展和改革委员会、长垣县水利局对实施方案进行批复,批复投资 1379.22 万元,其中县财政专项资金 1216.37 万元、群众自筹 162.85 万元。

工程共分 9 个标段,采用公开招投标的方式。于 2017 年 11 月开工建设,2018 年 3 月竣工。共新打配水源井 10 眼,建成管理房 1 座、泵房 1 座、400 立方米清水池 2 座,铺设 PE、MPVC 干支供水管网 18.1648 万米,变压器 1 台、潜水泵 11 套、加压泵 3 套、自控系统设备 2 套、软启设备 6 套、消毒净化设施 1 套,建设集中水厂 1 处、改造供水工程 8 处、管网延伸供水工程 3 处。完成工程总投资 1036.79 万元。

2. 2015 年农村饮水安全项目新增项目

工程涉及樊相镇樊相水厂、方里镇方里水厂、恼里镇南杨庄水厂、芦岗乡芦岗水厂、苗寨镇胡口供水站、魏庄办事处参木水厂共 6 个乡(镇、办事处)6 处水厂的续建工程。2015 年 10 月 30 日长垣县发展和改革委员会、长垣县水利局对实施方案进行批复,批复投资 437.07 万元,其中 2015 年度项目节余资金 437.07 万元(中央预算内投资 209.79 万元、省财政专项资金 167.28 万元)。

工程共分 2 个标段,采用公开招投标的方式。于 2017 年 2 月 28 日开工建设,2017 年 4 月 30 日竣工。共新打配水源井 5 眼,配套深井泵 15 台(套)、消毒设备 25 套、续建水厂工程 6 处。完成工程总投资 437.07 万元。

3. 长垣县农村饮水项目水处理设备工程

工程涉及魏庄办事处付寨水厂、魏庄水厂,南蒲办事处南蒲水厂、西郭水厂,常村镇常村水厂、同悦社区水厂,方里镇方里水厂,蒲东办事处光明社区水厂,武邱乡鲍寨水厂,孟岗镇野寨水厂,芦岗乡芦岗水厂,恼里镇恼里水厂共 9 个乡(镇、办事处)12 处水厂。2016 年 12 月 1 日长垣县发展和改革委员会对项目进行立项批复,批复投资 852.21 万元,全部为县财政资金。

工程共分 4 个标段,采用公开招投标的方式。于 2017 年 6 月 20 日开工建设,2017 年 9 月 15 日竣工。共新购置除氟设备 12 套,其中新建 10 处,改造 2 处(芦岗水厂和恼里水厂)。完成工程总投资 852.21 万元。

(十三)2018 年度

农村饮水安全巩固提升工程:工程涉及南蒲办事处朱庄、翟寨、雨淋头、何寨、赵店村,芦岗乡韩庙村、刘慈寨、杨桥、姬寨、三青观、小辛庄、东河集、关公刘、七古柳、浆水李、乔寨、杜店、白河、绒线李、大付寨村,苗寨镇林寨、文寨村,佘家乡朱口村,孟岗镇孟岗村,蒲西办事处大殷庄村,恼里镇恼里村,苗寨镇胡口供水站、东于林水厂,赵堤镇赵堤水厂,武邱乡鲍寨水厂,常村镇常村水厂,满村镇宜邱供水站,蒲西办事处太子屯水厂,魏庄办事处茅芦店水厂,芦岗乡关公刘水厂共 13 个乡(镇、办事处)28 个行政村 9 个水厂,改善 5.5391 万农村居民(其中贫困人口涉及 6 个乡(镇)9 个村 343 户 817 人)的饮水巩固提升问题。2018 年 8 月 9 日长垣县发展和改革委员会、长垣县水利局对实施方案进行批复,批复投资 1352.31 万元,其中县财政专项资金 1211.22 万元、群众自筹 141.09 万元。

工程共分 9 个标段,采用公开招投标的方式。于 2018 年 11 月 23 日开工建设,2019 年 1 月 15 日竣工。共新打配水源井 8 眼,建成管理房 1 座、泵房 1 座,铺设 PE、MPVC 干支供水管网 96.84 万米,新建水厂自动化供水控制设备 1 套、消毒净化设施 1 套,改造自动化设备 3 套。配套深井泵 12 台(套)。建设集中水厂 1 处、管网延伸工程 1 处、单联村供水工程改造 8 处、水厂改造 8 处。完成工程总投资 1344.12 万元。

（十四）2019 年度

农村饮水安全巩固提升工程：工程涉及恼里镇左寨村，魏庄办事处陈寨、高寨、前刘口、后刘口村，张三寨镇皮前、皮北、皮东、皮西村，方里镇王寨、西李、雷店、邢寨村，孟岗镇石头庄村，苗寨镇东庙、辛庄、南岳、西关村，佘家镇葛寨村，魏庄办事处参木水厂、傅寨水厂，张三寨镇安和供水站、横堤水厂，佘家镇葛寨供水站，孟岗镇野寨水厂，苗寨镇东于林水厂、胡口供水站，蒲东办事处光明社区水厂，樊相镇樊相水厂，满村镇宜邱供水站，常村镇同悦水厂，蒲西办事处太子屯供水站，蒲北办事处蒲北水厂，芦岗乡关公刘水厂共 14 个乡（镇、办事处）19 个行政村 15 个水厂（供水站），改善 2.3178 万农村居民（其中贫困户 334 户1097 人）的饮水巩固提升问题。2019 年 5 月 23 日长垣县发展和改革委员会、长垣县水利局对实施方案进行批复，批复投资 1557.33 万元，其中中央预算内投资 180 万元、县财政专项资金 1353.34 万元、群众自筹23.99 万元。

工程共分 9 个标段，采用公开招投标的方式。于 2019 年 8 月开工建设，2019 年 12 月竣工。共新打配水源井 10 眼，建成 500 立方米清水池 3 座、300 立方米清水池 2 座，铺设 PE、MPVC 干支供水管网67.304 万米，水厂自动化供水控制设备 5 套、配套深井泵 10 台（套）、新增变压器 2 台、新增除氟设备 1套，建设管网延伸工程 1 处、单联村供水工程并网 8 处、水厂改造 11 处。完成工程总投资 1457.48 万元。

（十五）2020 年度

农村饮水安全巩固提升工程：工程涉及方里镇翟町、葛堂、王庄、雷店、邢寨、铁炉、苏庄村，赵堤镇黄岗、孙庄、鲍寨、东朱家、前冯家、大浪口、宋庄、东岸下、新东、新西、东马、杨庄村，佘家镇邵二寨、陈庄、西邵寨、太平庄、新起寨、葛寨村，魏庄街道参木水厂、茅芦店水厂，恼里镇恼里水厂、南杨庄水厂，芦岗乡芦岗水厂，常村镇常村水厂，满村镇盛和水厂，樊相镇樊相水厂、青岗水厂，丁栾镇丁栾水厂，苗寨镇东于林水厂、胡口供水站，孟岗镇伯玉水厂，蒲东街道光明社区水厂，蒲西街道太子屯供水站，张三寨镇横堤水厂、安和供水站共 15 个乡（镇、办事处）25 个行政村 24 个水厂，改善 3.7729 万农村居民（其中贫困户 380户 1057 人）的饮水巩固提升问题。2020 年 3 月 19 日长垣市发展和改革委员会、长垣市水利局对实施方案进行批复，批复投资 1466.26 万元，其中县财政专项资金 1466.26 万元。

工程共分 9 个标段，采用公开招投标的方式。于 2020 年 5 月开工建设，2020 年 6 月竣工。共新打配水源井 6 眼，建成管理房 1 座、泵房 3 座、300 立方米清水池 2 座、400 立方米清水池 5 座，铺设 PE、MPVC干支供水管网 4.704 万米，新增及更换变压器 21 台，新增加信息化设备 4 套，水厂自动化供水控制设备 1套、配套深井泵 6 台（套）、离心加压泵 9 台、消毒设备 1 套，建设水厂 1 处、改扩建水厂 2 处、改造水厂 18处、水厂信息化设备改造 3 处。完成工程总投资 1466.26 万元。

三、工程维修养护

2019 年开始，全市共实施农村饮水维修养护项目 5 批，累计完成投资 807.02 万元，其中中央预算内投资 539 万元、省配套资金 246 万元、利用大修基金自筹 22.02 万元。历年计划与实施情况如下。

（一）2019 年度

工程涉及方里镇、常村镇、张三寨镇、满村镇、佘家镇、赵堤镇、恼里镇、孟岗镇、芦岗乡、丁栾镇、苗寨镇、武邱乡、魏庄办事处、蒲东办事处、蒲北办事处共 15 个乡（镇、办事处）22 处水厂，覆盖供水服务人口16.56 万人（其中贫困人口 0.75 万人）。2019 年 5 月 23 日河南省财政厅、水利厅下达资金计划 119 万元，2020 年 3 月 19 日长垣市发展和改革委员会、长垣市水利局对实施方案进行批复，批复投资 126.21 万元，其中中央财政补助资金 58 万元、省级补助资金 61 万元、农村饮水安全工程计提大修基金补助 7.21 万元。

工程共分 2 个标段,采用公开招投标的方式。于 2019 年 9 月 10 日开工建设,2019 年 11 月 8 日竣工。共增加潜水泵 4 台(套)、加压泵 11 台,更换镀锌泵管 565 米,更换软启动器 14 套,更新改造水厂监控设备 11 处,更换变压器下电缆 42 米,维修养护水厂集水包 1 套,埋设 MPVC 供水管材 0.1168 万米。完成工程总投资 125.41 万元。

(二)2020 年度

1. 第一批工程

长垣市 2020 年农村饮水工程维修养护项目工程涉及蒲东街道、樊相镇、丁栾镇、赵堤镇、佘家镇、方里镇、武邱乡、张三寨镇、孟岗镇、蒲东街道、常村镇、恼里镇共 12 个乡(镇、办事处)12 处水厂,覆盖供水服务人口 14.1 万人(其中贫困人口 1.43 万人)。2019 年 5 月 23 日河南省财政厅、水利厅提前下达资金计划 190 万元,2020 年 3 月 19 日长垣市发展和改革委员会、长垣市水利局对实施方案进行批复,批复投资 201.83 万元,其中中央财政补助资金 117 万元、省级补助资金 73 万元、农村饮水安全工程计提大修基金补助 11.83 万元。

工程共分 2 个标段,采用公开招投标的方式。于 2020 年 5 月 29 日开工建设,2020 年 7 月 28 日竣工。共增加潜水泵 3 台(套),更换镀锌泵管 315 米,维修 PLC 信息采集柜 2 个,增加 30 千瓦变频器 1 套,更换变压器下电缆 1763 米,维修养护水厂集水包 4 套,埋设 MPVC 供水管材 1.168 公里,配套智能水表 209 块。完成工程总投资 200.67 万元。

2. 第二批工程

2020 年中央和省级水利发展资金农村饮水工程维修项目,工程涉及蒲东街道八里张、郭寨、徐楼、五里屯村,芦岗乡西陈村共 2 个乡(镇、办事处)5 个行政村 2 处水厂,覆盖供水服务人口 3.08 万人(其中贫困人口 0.1536 万人)。2020 年 7 月 10 日河南省财政厅、水利厅下达水利发展资金 21 万元,2020 年 9 月 17 日长垣市水利局对实施方案进行批复,批复投资 21 万元,全部为中央资金。

工程分 1 个标段,采用公开招投标的方式。于 2020 年 9 月 22 日开工建设,2020 年 10 月 20 日竣工。共增加潜水泵 2 台,更换水下电缆 220 米,埋设 MPVC 供水管材 3858 米,配套智能水表 1 块。完成工程总投资 21 万元。

(三)2021 年度

长垣市 2021 年农村饮水工程维修养护项目工程涉及孟岗镇野寨水厂、常村镇同悦水厂、芦岗乡芦岗水厂、恼里镇恼里水厂、满村镇宜邱水厂、魏庄街道参木水厂、赵堤镇新店水厂、方里镇方里水厂、张三寨镇横堤水厂与胡口供水站、丁栾镇沙邱供水站、佘家乡老岸水厂、蒲东街道光明社区水厂、武邱乡鲍寨水厂、樊相镇青岗水厂、蒲北街道蒲北水厂共 15 个乡(镇、办事处)16 处水厂,覆盖供水服务人口 21 万人(其中贫困人口 1.23 万人)。2020 年 12 月 10 日河南省财政厅、水利厅提前下达水利发展资金计划 192 万元,2021 年 1 月 28 日长垣市水利局对实施方案进行批复,批复投资 194.63 万元,其中中央财政补助资金 153 万元、省级补助资金 39 万元、农村饮水安全工程计提大修基金补助 2.63 万元。

工程分 1 个标段,采用公开招投标的方式。于 2021 年 4 月 15 日开工建设,2021 年 6 月 13 日竣工。共增加潜水泵 20 台,更换水下电缆 2140 米,埋设 MPVC 供水管材 2750 公里,配套智能水表 127 块。完成工程总投资 194.66 万元。

（四）2022 年度

长垣市 2022 年农村饮水工程维修养护项目工程涉及蒲东街道光明社区水厂等共 18 个乡（镇、办事处）36 处水厂，覆盖供水服务人口 16.01 万人。2021 年 12 月 9 日河南省财政厅、水利厅提前下达中央水利发展资金计划 190 万元，2022 年 3 月 2 日河南省财政厅、水利厅下达省级水利发展资金计划 73 万元，2022 年 4 月 20 日长垣市水利局对实施方案进行批复，批复投资 263.35 万元，其中中央资金 190 万元、省级资金 73 万元、大修基金 0.35 万元。

工程分 1 个标段，采用公开招投标的方式。于 2022 年 6 月 22 日开工建设，2022 年 9 月 29 日竣工。共更换加压泵 15 台，增加潜水泵 9 台，更换配电箱 3 套、更换变频柜 3 套、更换智能软启动 6 套、更换水下电缆 1724 米，更换铠装电力电缆 1143 米，更换集水包 4 处，铺设 PE 供水管材 4562 米，铺设 MPVC 供水管材 3790 米，配套智能水表 27 块，砌筑水表井 29 座。完成工程总投资 263.35 万元。

四、工程管理

2006—2012 年，由长垣县农村饮水安全办公室统一负责全县农村饮水建设与管理。随着项目建设规模的不断扩大，管理范围不断加大，2012 年长垣县水利局决定成立农村饮水专管机构，同年 7 月 2 日，县机构编制委员会以《关于水利局成立农村饮水安全工程管理中心的批复》（长编〔2012〕26 号）文件进行了批复：长垣县农村饮水安全工程管理中心为水利局下属事业单位，机构规格相当于股级，所需人员编制从单位内部调剂解决。

2019 年 9 月，长垣县农村饮水安全工程管理中心变更为长垣市农村饮水安全工程管理中心。2020 年 7 月 1 日，长垣市农村饮水安全工程管理中心更名为长垣市农村饮水安全工程服务中心，职责不变。2012—2018 年于金标任主任，2018—2020 年姚磊主持工作，2020 年至今顿辉任主任。

（一）主要职责

宣传贯彻执行水法和国家有关法律法规及行业有关规定，宣传节水、供水知识；依法保护农村饮水安全工程，维护供水设施安全；负责已建农村饮水安全工程的日常管理，应急抢修，维护维修；对全市所有的农村供水工程日常运行进行监管和业务指导；负责对出厂水和管网末梢水等定期进行水质检测和检验，确保供水水质达标；负责维修基金的计收和专户管理。管理中心以保证农村饮水安全工程长效运行，长期发挥效益，保障农民群众和农村学校在校师生饮水安全为目标，以提供优质供水服务为宗旨。

（二）水质检测

2012 年长垣市水利局成立了长垣市农村饮水安全工程水质检测中心，由管理中心负责指导工作。水质检测中心位于蒲北水利站，建设面积 160 平方米，配备办公设备和水质检测仪器设备，对出厂水和管网末梢水水质检测指标，可达到《生活饮用水卫生标准》（GB 5749—2006）中的 42 项水质常规指标。配备专职检验人员并进行培训，具备操作能力。

检测中心每季度对所有的水厂进行检测一次，并对水质进行不定期检查。检测中心与长垣市疾病防治中心配合，每年对全市所有水厂进行枯水期和丰水期水质化验。市生态环境部门对全市各个水厂水源地水质也进行检测。检测结果出具水质检测报告并在各水厂公示栏内进行粘贴公示，接受群众监督。

（三）管理模式

长垣市自实施农村饮水安全工程以来，已建成集中供水水厂 36 处（万人以上水厂 34 处，千人以上水厂 2 处），覆盖全市 18 个乡（镇、办事处）566 个行政村 82.76 万人农村饮水安全问题。管理中心从 2012

年开始,对全市22个水厂和26处农村单村供水站进行统一管理,随着水厂数量不断增加,管理的处数和管理范围也进一步巩固和提高,运行管理得到长效良性发展。

2020年在农村基础设施专项审计中,发现长垣市部分水厂存在"产权不明晰、管护主体未落实"问题。对此水利局党组高度重视,专题研究,就今后加强水厂产权管理,落实管护主体,明确管护责任要求。管理中心通过本次审计发现问题整改,全面排查,举一反三,进一步明晰各水厂属国家投资兴建的农村饮水安全工程,产权归国家所有,由管理中心作为农村饮水安全工程专职管理机构,负责具体的管理,各乡(镇、办事处)水利站在管理中心授权下做好水厂日常运行。

将南蒲2处工程收回统管。南蒲办事处南蒲和西郭水厂,建成于2009年和2010年。建成初期,主要供水对象为南蒲新村社区和西郭庄社区,为支持新农村社区建设,将其运行管理交给南蒲办事处,水厂运行经费由南蒲办事处承担,随着社区人口增长和城市规划区外村庄的并网,供水范围扩大,已经突破委托管理初衷,现结合工程现状,收回南蒲和西郭2处水厂的运行管理权,纳入全市进行统一管理。

转变葛寨水厂管理模式。葛寨水厂原为单村供水工程,建成后移交村委会管理,2020年进行了扩建,扩建后供水规模扩大,受益村庄增多,人口增加,现根据工程现状需改变原管理模式,纳入全市统一管理。

到2021年底,农村饮水安全工程管理中心已对全市所有的水厂进行了统一管理,委托全市各个水利站管理的水厂32处,因特殊原因进行承包的有4处,分别是南蒲街道社区水厂、南蒲街道西郭水厂、魏庄镇茅芦店水厂和苗寨镇东于林水厂。

各乡(镇、办事处)水利站长对所管辖区内的水厂进行日常管理,收取各村的农村供水水费,对辖区内的所有供水设施设备进行管理,监督指导水厂所有涉及村水管人员开展工作,按照应急预案要求做好应急抢修和维修工作,确保当地农村居民能用上合格的农村自来水。另外4处水厂由个人承包,自主经营,但要向管理中心缴纳大修基金,由管理中心负责对水厂的大修。

(四)水费收支

农村饮水安全工程实行一户一表,计量收费,全市566个行政村全部实现自来水入户。36处水厂由农村饮水安全工程管理中心统一管理,管理中心建立水费收缴专户,各供水工程收缴的水费统一交到水费专户储存,集中报账,加强对水费收缴的管理。

全市水厂不断加大水费收缴力度。从水厂建成后,水费收缴从最初的试探性收费逐步形成固定收费,管理中心结合本市情况,实行尊重民意、服务至上、有偿供水、计量收费、公平负担、以水养水、保本微利的经营原则,现行水价由运行费、维修费、管理人员工资、大修基金和水资源费等组成,再根据国家有关政策和规定,参考周边市县水价,为减少管理运行成本,降低水价,每吨按1.6元收取水费。随着计量设施的不断更新,计量水表从机械表开始换成智能表,水表征收从最初的先用后收费逐渐变成了先预交后用水。水费价格也随之进行了变化,预交水费也变成了每吨按1.5元进行收取。

水费的支出第一项是村管人员的工资。按照上级政策和市政府要求,长垣市所有用农村饮水安全工程水厂供水的村庄,均要设一名村级水管人员,水管人员工资从水费中列支,每吨水提取0.5元,提取后村内水费再通过水厂上缴管理中心。水费支出第二项为电费,各水厂电费最初由各水厂自行缴费,票据上交管理中心进行报销,随着时间的推移,各水厂因为时间问题,电费成为各个水厂管理者的负担。为了逐步提高水厂管理人员的积极性,经主要领导同意,由管理中心直接统一缴费,后因有部分水厂水费收缴不到位,已经没有资金进行缴费,最终又变成了各个水厂自行缴费。电费经主要领导签字后再从水费中支出。第三项则是办公经费,最初是没有办公经费的,所有的水厂支出,包括办公费,只要合理,经领导同意就可以从水费中支出,后来因为审计原因,为保证水费支出的合理、合法、合规,才出现办公经费。经过水利局党组研究,最终出台了《长垣市水利局农村供水财务管理办法》,对水费的支出进行了明确规定。

(五)大修基金

根据《农村饮水安全工程大修、折旧基金筹集使用管理细则》,大修基金来源:一是管理中心从农村饮水安全工程水费中提取大修、折旧基金。最初从各水厂水费中每吨水计取 0.1 元作为大修、折旧基金。随着水厂数量的增加和水厂建成时间的推移,各个水厂需要维修养护资金费用不断增加。原来的费用已不能满足需求,经主要领导批准,从 2020 年起基金增加一倍;二是列入市财政年度预算内的大修基金财政补贴额,每年市财政都下拨一定的大修基金用于各水厂的维修养护;三是农村饮水安全工程项目工程承包费和经营管理权拍卖所得收入;四是其他收入。

大修基金实行专户储存,专账管理,专款专用,不得挪用。主要用于对水井、水泵、配电设备、供水主管网等项目的大修及更换。

(六)运行管理

管理中心对全市水厂进行管理和监管。印发值班、泵房管理、财务管理、消毒、配电管理和安全管理等制度,并发放到全市各个水厂。落实应急预案,各水厂都建立了应急管理机制,对各水厂的值班、报告、处理情况进行实时检查,强化水源地保护,设立标志牌,并对当地群众进行宣传教育,效果相当明显。不断探索管理模式,2020 年水利局制定观摩评比办法,采取季度观摩评比,按照既定方案对全市相关水厂管理情况进行观摩评比。强化农村供水工程管理,推动管理再升级,提高水费收缴率,厂容厂貌有明显改变,化验室建设初显成效,"三个责任"得到全面落实,"三个制度"得到了建立健全。所有参加人员对水厂管理提质、水费收缴、厂容厂貌及化验室建设等方面进行的一次全面检查,也是对各水厂运行情况进行一次观摩。为水厂下一步运行管理把脉问诊,出谋划策。

2015 年,结合当时的情况,管理中心强化安全生产管理,先后出台了制定了《长垣县农村饮水安全工程管理工作实施方案》《长垣县农村饮水安全应急预案》等一系列安全生产管理办法,根据要求,管理中心对全市所有自来水厂进行了统一排查,查找安全隐患,特别对水井保护区进行拉网式排查,对发现的问题进行及时整改,对生产过程中的供电部分进行自查,同时组织维修人员对水厂的电气控制部分和机械部分进行了检修,确保安全生产。根据《中华人民共和国安全生产法》等相关法律法规和《中共河南省委河南省人民政府关于加强安全生产工作的意见》精神,按照安全生产工作"党政同责、一岗双责、齐抓共管"和"管行业必须管安全、管业务必须管安全、管生产经营必须管安全"的要求制定安全生产目标管理制度,下达安全生产工作责任状,与各个水厂责任人签订了安全生产责任书。

2015 年 1 月 6 日,针对审计署对 2014 年全国农村安全饮水工程审计结果存在的问题,水利部召开电视电话会,要求各级政府和水利部门对检查中发现的问题高度重视,加以整改。结合县政府对长垣市农村安全饮水建设管理工作进行安排部署,为进一步加强长垣县农村安全饮水工程建设管理,保障农村饮水安全,改善农村居民生活和生产条件。管理中心立即对南蒲社区水厂、西郭水厂、佘家老岸水厂、蒲村盛和水厂进行了相关问题整改。

2016 年,按照《河南省农村饮水安全工程运行管理年活动工作》通知要求,长垣县农村饮水安全工程管理中心对全县水厂进行管理和监管,管理中心管理职能已得到发挥。为了保证工作开展,县选派人员进行相关业务知识的培训学习,管理人员素质、工作水平、服务能力得到了提高,长垣县农村饮水安全工程运行管理得到了很大提高。

（七）扶贫脱贫

把农村饮水安全作为一项重要工作,积极为脱贫提供水利支撑,没有发生因饮水问题无法脱贫问题。管理中心按照市委、市政府要求,对全市 13 个乡（镇）447 个行政村 9331 户贫困户用水情况进行排查落实,讲解贫困户饮水扶贫政策。对涉及全市 27 处农村集中供水工程进行严格监督,确保所有的贫困户都能用上农村自来水,对全市脱贫攻坚全面胜利提供供水保障。

2021 年 12 月 7 日,全省巩固脱贫成果工作推进会要求各地要认真对照中央办公厅督察、省级审计发现的问题,举一反三,抓好整改,市水利局立即组织相关人员加强饮水安全有关政策学习培训,做到政策清、业务熟。

长垣市水利局针对自身存在的问题及时整改,并将农村饮水安全管理责任延伸到乡镇人民政府,单村供水工程要延伸到村委会,建立乡镇和村级管水负责人名单和联系方式台账,确保每一处农村供水工程都有人管。进一步强化农村工程运行管理,对全市所有供水工程的消毒及检测设施进行一次拉网式排查,确保正常使用、正常运行、水质达标。所有的毁损农村供水设施得到修复,不存在因工程造成农村居民饮水困难问题。对有可能出现的问题,按照应急预案进行解决。长垣市水利行业扶贫工作得到市委、市政府表彰。

（八）维修维护

管理中心下设维修队,专门对全市所有水厂主管网以上的设施,设备和管道进行维修抢修,在管理中心成立初期,维修队伍不是很大,原因是水厂刚建成,设备没有老化,农村用水量小,因此所有人员由管理中心去支付工资,管件由管理中心进行购买。

2020 年以来,随着水厂数量增加,设备设施老化严重,农村居民用水量不断增加,维修数量和费用也不断提高,经局主要领导研究,委托长垣市垣水供水有限公司对全市各水厂主管网以上维修项目进行统一管理,维修所需材料由市农村饮水安全工程管理中心进行统一招标采购,维修价格由市农村饮水安全工程管理中心、水厂和长垣市垣水供水有限公司共同商定,主管网水表下维修项目由村内自行解决;主管网小型维修所需费用从水厂上缴的水费中支出;大型维修超过 2000 元的,所需费用按照《长垣市农村饮水安全工程大修基金细则管理办法》的规定,从长垣市农村饮水安全工程大修基金中支出。

水厂院内小型维修所需要费用由水厂办公经费支出。

2021 年由于长垣市发生了强降雨,100 年一遇的强降雨造成了农村供水水厂不同程度损坏,为保障农村正常供水,管理中心根据上级要求,及时同受灾严重的乡镇进行沟通,做到时时联系,跟踪服务。抽调专业人员组成工作队,深入到各乡镇进行排查,管理中心专业抢修队伍与各水厂负责人联系,对各供水管道进行全面排查,发现问题立即整改。由于灾后积水严重,水利局专业施工队日夜施工,对发现的重大问题进行抢修维修,及时与供货商进行沟通,确保抢修维修材料及时到位,经过三天三夜奋战,抢修因疏通吕村沟造成主管道破坏停水影响群众用水问题。启动应急预案,出动大型移动发电设备,让因洪涝造成电线杆倾倒,水厂无法正常运行的芦岗关公刘水厂影响当地群众用水问题得到解决。同时积极向上级申请资金扶持,争取到 113 万元农村供水水毁工程修复资金,对全市 13 处水毁供水设施设备进行了抢修、维修、更换和养护,农村供水得到有效保障。同时管理中心要求所有水厂责任人对各供水单位院内积水及时清理,对水源地周边杂物进行清障,严防发生水质受污染事件。组织化验人员对全市各水厂水质进行化验,同时积极与市疾控部门和环境部门进行联系,对全市集中供水水厂水质取样进行化验。

第十一节　河长制湖长制

全面推行河长制湖长制是一项制度创新。水的问题表象在水里,根子在岸上。要想把水治好,河长制是一个平台,通过这个平台,要把各方面的力量汇集到一起,形成治水管水护水的合力。

一、工作机构

2016年11月,中央办公厅、国务院办公厅印发了《关于全面推行河长制的意见》,在全国全面推行河长制。2017年12月,中央办公厅、国务院办公厅又印发了《关于在湖泊实施湖长制的指导意见》,要求在2017年年底前全面建立河长制湖长制。河长制主要规定了河长制湖长制工作体系、工作职责、履职手段、工作机构、社会监督、法律责任等内容。主要有以下4个特点:一是明确了实施范围。河长制明确了河长制湖长制的实施范围包括江河、湖泊、水库、山塘、渠道等水体,实现了陆域水体全覆盖。二是厘清了河长职责。河长制的重中之重是明确了各级河长湖长的工作职责。三是强化了履职手段。河长制对河长巡查河湖、促使有关部门解决问题作了巡查事项、巡查频次、处理方式的具体要求。各级河长湖长根据职责可自行组织处理河湖存在的问题或将问题报告上一级河长和移交下一级河长。四是突出了社会监督。

(一)成立工作机构

2017年县机构编制委员会印发《关于成立长垣县河长制工作办公室的批复》(长编〔2017〕52号),批准成立了河长制工作办公室,明确了河长制工作办公室6名编制,市河长制办公室设在水利局,办公室主任由水利局局长担任,副主任由19个党政部门副职担任,确立19个对接科室和19位联络员,配齐、配强了专职工作人员,落实了办公经费,配备了相应的办公设施,河长职责、工作制度全部上墙。

2017年乡级河长办公室全部成立。配备了专职工作人员、相应的办公设施,河长职责方面,分别建立了各乡(镇)河长制工作制度并全部上墙。河(湖)所经地乡(镇)政府主要领导担任乡级河(湖)长,村支书任村级河(湖)长;纳入管理的乡级河道103条,纳入管理的村级河道219条;全部设立了对应乡、村级河(湖)长。

(二)制定工作制度

县、乡两级工作方案分别于2017年5月17日正和7月31日发布。制定了河长会议、工作督察、考核问责和激励、验收、信息共享、信息报送等6项基本制度,此外,又出台了河长巡河、联合执法、联席会议、河长+检察长、河长+警长等多项工作制度。

二、职责分工

长垣市县、乡、村三级河道已经全部纳入河长制管理,市委书记任第一总河长,市长任总河长,分管市领导任副总河长,市委、市人大、市政府、市政协领导担任县级河(湖)长,河(湖)所经地乡(镇)政府主要领导担任乡级河(湖)长,村支书任村级河(湖)长。共设置县级河长19位,纳入河长体系的县级河(湖)63条(包括三善园和王家潭两个湖泊);设置乡级河长216位,纳入管理的乡级河道103条;设置村级河长548位,纳入管理的村级河道219条;纳入省级管理的河道有黄河省级河道1条,纳入市级管理的河道有天然渠、文岩渠、天然文岩渠市级河道3条。

(一)总河(湖)长名单

(1)第一总河(湖)长:

武胜军（2017—2018 年）

秦保建（2019—2020 年）

范文卿（2021 年至今）

（2）总河（湖）长：

秦保建（2017—2018 年）

赵军伟（2019—2020 年）

邓国永（2021 年至今）

（3）副总河（湖）长：

甘林江（2017—2022 年 4 月）

夏鹏远（2022 年 4—12 月）

（二）县级河长名单

（1）黄河县级河长：

秦保建（2017—2018 年）

赵军伟（2019—2020 年）

邓国永（2021 年至今）

负责河（湖）：负责黄河干流长垣段

对口协助单位：市黄河河务局

（2）天然文岩渠县级河长：

张秀田（2017—2018 年）

张　彤（2019—2020 年）

靳开伟（2021 年至今）

负责河（湖）：天然文岩渠（含天然渠、文岩渠、左寨四支、林寨支渠）

对口协助单位：市水利局

（3）王家潭河（湖）长：

夏治中（2017—2022 年 4 月）

宋太俊（2022 年 4 月至 2022 年 12 月）

负责河（湖）：王家潭（含孙东干渠、孔庄南斗）

对口协助单位：市国土资源局

（4）三善园河（湖）长：

鲁玉魁（2017—2022 年 4 月）

甘林江（2022 年 4 月至 2022 年 12 月）

负责河（湖）：三善园（含治岗沟）

对口协助单位：市科工信委

（5）张三寨沟县级河长：

张　彤（2017—2018 年）

杨义红（2019—2020 年）

浮俊红（2021—2022 年 4 月）

周　骥（2022 年 4—12 月）

负责河（湖）：张三寨沟（含小集沟、大功三干渠）

对口协助单位：市监察局

（6）回木沟县级河长：

傅军鹏（2017 年至今）

负责河（湖）：回木沟（含二十四支、尚村沟、东干截渗沟）

对口协助单位：市交通运输局

（7）左寨干渠县级河长：

范文卿（2017—2018 年）

刘文君（2019—2022 年 4 月）

常　永（2022 年 4—12 月）

负责河（湖）：左寨干渠（含东风干渠、禅房干渠长垣段）

对口协助单位：市财政局

（8）东西环城河县级河长：

李　进（2017—2018 年）

郑富锋（2019—2020 年）

卢立松（2021—2022 年 4 月）

丁　鹤（2022 年 4—12 月）

负责河（湖）：东环城河、西环城河（含乔堤沟、王堤沟、山东干渠）

对口协助单位：市住建局

（9）何寨沟县级河长：

宋太俊（2017—2022 年 4 月）

李联合（2022 年 4—12 月）

负责河（湖）：何寨沟（含太行截渗沟）

对口协助单位：市产业集聚区

（10）吕村沟县级河长：

张学峰（2017—2018 年）

史振彬（2019—2022 年 4 月）

浮俊红（2022 年 4—12 月）

负责河（湖）：吕村沟（含北陈沟、大王庄支渠、南干渠、丁方公路沟、孔村支渠）

对口协助单位：市发展和改革委

（11）大功河县级河长：

郭　宾（2017—2020 年）

杜晓田（2021 年至今）

负责河（湖）：大功河（含大功一干渠）

对口协助单位：市人力资源和社会保障局

（12）引黄总干渠县级河长：

史振彬（2017—2018 年）

刘金鹏（2019—2020 年）

张万里（2021 年至今）

负责河（湖）：引黄总干渠（含东干渠、西干渠、马寨支渠）

对口协助单位：市公安局

（13）二干截渗沟县级河长：

李继游（2017—2018 年）

闫　磊（2019—2020 年）

杜永轩（2021 年至今）

负责河（湖）：二干截渗沟（含大车干渠、临黄截渗沟）

对口协助单位：市委农办

（14）文明渠县级河长：

甘林江（2017—2022 年 4 月）

夏鹏远（2022 年 4—12 月）

负责河（湖）：文明渠（含大功二干渠、文明南支、甄太沟、红山庙沟、耿村沟）

对口协助单位：市农林畜牧局

（15）文明西支县级河长：

闫　磊（2017—2018 年）

卢立松（2019—2020 年）

郑富锋（2021 年）

负责河（湖）：文明西支（含大郭沟）

对口协助单位：市公路局

（16）丁栾沟县级河长：

王志勇（2017—2018 年）

陈　伟（2019—2020 年）

司玉峰（2021—2022 年 4 月）

卢立松（2022 年 4—12 月）

负责河（湖）：丁栾沟（含马良固沟、邱村沟、长孟公路沟、老四斗、唐满沟）

对口协助单位：市环保局

（17）郑寨干渠县级河长：

卢立松（2017—2018 年）

汪相凯（2019—2020 年）

刘金鹏（2021—2022 年 4 月）

王艳丽（2022 年 4—12 月）

负责河（湖）：郑寨干渠（含贾庄干渠）

对口协助单位：市卫健委

（18）杨小寨总干渠县级河长：

李　懿（2017—2022 年 4 月）

刘金鹏（2022 年 4—12 月）

负责河（湖）：杨小寨总干（含杨小寨支渠、马坡支渠、佘家西支）

对口协助单位：市商务工商局

三、河湖管护

（一）开展河长巡河

通过河南省河长制信息管理系统开展"智慧巡河"，第一时间发现问题、第一时间交办问题、第一时间处置问题，同时定期对巡河工作进行总结，有效推进巡河工作开展。按照上级河长部门要求，县级河长巡河频次每月不少于 1 次，乡级河长巡河频次每周不少于 1 次，村级河长巡河频次 3 天不少于 1 次。2017—2022 年，县级河长累计巡河 1036 人次、乡级河长累计巡河 45321 人次、村级河长累计巡河 337937 人次。巡河率排在新乡市前列。

（二）实施专项行动

河长制工作开展以来，陆续开展了河流清洁百日行动、整治非法采砂专项行动、入河排污口调查和规范整治行动、河湖"清四乱"行动、河湖清洁行动、打击黄河非法电鱼行动、黄河流域河湖"清四乱"歼灭战、天然文岩渠环境综合整治行动等河长制工作专项行动，有力维护河湖健康生命。

（三）"清四乱"

按照《河南省河长制办公室关于印发〈关于开展河湖"清四乱"工作〉的通知》（豫水办〔2021〕3 号）及《新乡市河长制办公室关于转发开展河湖"清四乱"工作的通知》（新河长办〔2021〕1 号）要求，长垣市扎实开展了河湖"清四乱"及黄河流域河湖"清四乱"歼灭战工作，对全市范围内的河道乱占乱采、乱堆乱建等涉河问题保持动态清理，2018 年开展河湖"清四乱"专项行动以来，长垣市共处理各种"四乱"突出问题 50 余处，均已完成整改销号。

同时，明确了市（县）、乡、村三级河长的牵头责任、乡（镇）办事处的主体责任、相关单位的具体责任，形成了河长牵头组织、属地政府落实、相关单位强力协作的工作联动局面，有效保障了行动取得成效。

（四）河湖长效保洁

2019 年 3 月，长垣市河长制办公室出台《关于印发长垣市河湖长效保洁工作方案》的通知，将全市范围内的坑塘沟渠保洁工作纳入河长制管理。在前期河湖长效保洁机制初步建立的基础上，督促乡（镇、街道）落实好"定人员、定制度、定职责"的要求，明确保洁员责任河段，借鉴城区道路保洁的经验开展河道巡回式保洁，确保垃圾及时清理。

（五）河道采砂管理

2020 年出台了长垣市黄河流域河道采砂专项整治实施方案，会同水利部门、河务部门定期对涉河采砂问题开展巡查，始终保持高压态势，截至目前，长垣境内没有采砂行为。

第四章　水旱灾害防御

自古以来,水旱灾害就在长垣县频繁发生。基本特点是先旱后涝,涝后又旱,此旱彼涝,旱涝交替,而且旱灾范围大,洪涝灾害重。自周显王十年(公元前 359 年)有资料记载至 2022 年的 2381 年中,长垣市发生洪涝旱灾的年份达 562 年,其中洪水灾害年 80 年,内涝灾害年 267 年,旱灾年 215 年,平均 4—5 年一遇。

第一节　洪　灾

历史上黄河这条多淤、善决、多徙的多泥沙河流曾给长垣人民带来过深重的灾难。自周显王十年(公元前 359 年)至 1949 年的 2308 年中,共发生洪水灾害年份 64 年,平均 36 年一遇。中华人民共和国成立后,洪水灾害年份 16 年,平均 4 年一遇,洪灾面积在 1 万公顷以上的年份 6 年。

一、历代洪灾纪载

周显王十年(公元前 359 年),楚国出兵讨伐魏国(长垣时属魏国),以水代兵,挖决黄河大堤以洪水淹长垣。此为长垣遭受河患之始。

汉文帝十二年(公元前 168 年),黄河在酸枣(今延津县东北)决口,河水经封丘直注长垣,给长垣县造成很大灾难。

汉成帝建始四年(公元前 29 年),秋季持续降雨十数日,黄河在东郡金堤决口,兖、豫、千乘、济南 4 郡 32 县被淹,淹地 15 万余顷,淹没房屋 4 万所。长垣受灾严重。

唐文宗开成三年(公元 838 年),黄河在长垣决口,发生水灾。

宋神宗熙宁十年(1077 年),黄河在长垣决口,房屋、农田被淹。

金章宗明昌五年(1194 年)八月,黄河在阳武故堤决口,河水经封丘向东。黄河从阳武向东流,历延津、封丘、长垣、兰阳(今兰考)、东明等县向东北,此为长垣县境内第一次行河。

元明宗至顺元年(1330 年),黄河在大明路决口,长垣、东明两县 580 余顷土地被淹。

元顺帝至正三年(1343 年)五月,黄河在白茅口决口,长垣受淹。

元顺帝至正四年(1344 年),黄河漫溢,在白茅堤、金堤决口,洪水淹长垣。

明太祖洪武元年(1368 年),黄河在长垣漫决,洪水淹县城。

明英宗正统元年(1436 年)五月,黄河在长垣决堤,农田大面积被淹。

明英宗正统十四年(1449 年),黄河在朱家口决口,长垣被洪水淹,引发饥荒。

明弘治元年(1488 年),黄河串决封丘荆隆口,长垣县出现"水连年不退,淹没田园,漂民舍""人抱草死,臭不可闻"和"骸骨弃野,人相食"的悲惨情景。

明孝宗弘治二年(1489 年),黄河在封丘金龙(荆隆)决口,长垣被洪水淹。

明孝宗弘治五年(1492 年),黄河在朱家口决口,洪水淹长垣,庄稼受损。

明孝宗神宗万历十五年(1587年),黄河秋季在广粮堤决口,长垣田地、房屋被淹。

清世祖顺治七年(1650年),黄河在荆隆口决口,长垣广粮集(今大车集)堤溃,大水涨溢直至城下,蛙生灶底,鱼游市中,灾害之重,为历史罕见。

清世祖顺治九年(1652年),黄河在封丘大王庙决口,冲毁长垣县城。

清世祖顺治十七年(1660年)秋季,黄河在荆隆口决口,淹没长垣。人口、房屋、牲畜漂没,县境内一片汪洋,无隙地可耕,整个县城破败不堪,百姓深受水患之苦。

清圣祖康熙六十年(1721年)七月,黄河在武陟钉船帮决口,长垣王家堤冲垮,大水直冲县城,王家堤冲成潭,城墙几乎被淹没。庄稼尽数被淹,到第二年洪水才退去。

清圣祖康熙六十一年(1722年),黄河再次出现水患,洪水半年后才开始退去。国家救济,缓征赋税。

清世宗雍正十三年(1735年),黄河在封丘漫溢,长垣被淹,庄稼受损。

清高宗乾隆十六年(1751年),黄河在甄家堤决口,农田被淹,国家放赈并减免钱粮。

清高宗乾隆十七年(1752年),黄河在阳武决口,洪水直冲滑县老岸镇,长垣受灾。

清高宗乾隆二十六年(1761年),太行堤5处开口,又溃决朱家口堤,冲刷成潭,水数年不退,房屋被淹,庄稼绝收,百姓相聚逃荒,饥不择食,饿死很多。

清高宗乾隆四十三年(1778年),黄河在杜胜集处漫决,长垣被淹。

清仁宗嘉庆八年(1803年),黄河在衡家楼漫溢,洪水直冲长垣、东明,田地、房屋受损严重。第二年三月决口堵复,河水又在原河道行水。

清仁宗嘉庆二十四年(1819年)八月,黄河在沁口决口,洪水直接冲向长垣县城,冲毁房屋不计其数,县城城墙冲毁20余丈。第二年决口堵复,河水又在原河道行水。

清文宗咸丰五年(1855年),黄河在兰阳(今兰考)铜瓦厢三堡下黄河北岸决口,洪水直冲长垣县境。由坂丘东下,经宜丰、田义、青丘、早丰、海乔等里至凤岗里西黄庄入东明境,冲没县属陶堂、马厂、牛集、豆寨、梁坊等107村。

清文宗咸丰八年(1858年),黄河河道改经以西兰岗、黑岗、裴村、大张等里入东明境。河身西滚20公里,冲毁董庄、路店、许寨、夹河滩等80村。

清穆宗同治二年(1863年),黄河河道改经以西乐善、海渠、鲍固、榆林等里向东北,河身又西滚了8公里,冲刷了新道(今河道),又冲没车卜寨、马寨、姚头、兰通、周寨等115村。当时清政府正忙于镇压太平军起义,不顾人民死活,任洪水泛滥。新河道使长垣县南部近河,东边行河,形成两面环绕的特殊地理环境。一遇涨水,非漫即决,滩区三年两漫,堤堰频频溃决,长垣人民遭受无穷灾难。

清穆宗同治六年(1867年)十二月二十日,长垣等地因黄河漫溢被淹。

清穆宗同治十一年(1872年),长垣、开封、东明一带黄河水泛滥。

清穆宗同治十二年(1873年),长垣一带黄河水泛滥。

清穆宗同治十三年(1874年),长垣、东明、开州黄河水泛滥。

清德宗光绪元年(1875年),长垣东赵堤上下大堤之间决口2处。

清德宗光绪二年(1876年),长垣近河一带黄河水泛滥成灾,濒临黄河村庄秋禾被淹。

清德宗光绪三年(1877年),长垣近河一带黄河水泛滥,庄稼受淹成灾。

清德宗光绪四年(1878年),长垣等地濒临黄河的村庄,秋季被水淹,庄稼成灾。

清德宗光绪五年(1879年),长垣等地濒临黄河的村庄,秋季被水淹,庄稼成灾。

清德宗光绪六年(1880年),长垣等地濒临黄河的村庄,秋季被水淹,庄稼成灾。

清德宗光绪八年(1882年)秋季,长垣濒临黄河的村庄受淹,庄稼受损。

清德宗光绪九年(1883年)秋季,长垣濒临黄河的村庄受淹,庄稼受损。

清德宗光绪十年(1884年)秋季,长垣濒临黄河的村庄受淹,庄稼受损。

清德宗光绪十一年(1885年)秋季,长垣濒临黄河的村庄受淹,庄稼受损。

清德宗光绪十二年(1886年)秋季,长垣濒临黄河的村庄受淹,庄稼受损。

清德宗光绪十三年(1887年),黄河在长垣县中堡漫决,后堵复。

清德宗光绪十四年(1888年)七月,黄河在长垣范庄决口。

清德宗光绪十五年(1889年)九月,长垣民堰冲决,黄河水经长垣侵入滑县。

清德宗光绪十六年(1890年),黄河在长垣县东了墙浸决,长垣等地濒临黄河的村庄连年被淹。

清德宗光绪十七年(1891年),长垣等地黄河泛滥。

清德宗光绪二十年(1894年),长垣等地濒临黄河的村庄黄水泛滥。

清德宗光绪二十二年(1896年),长垣一带黄河泛滥。

清德宗光绪二十四年(1898年)六月二十一日,黄河在长垣五间房决口,滑县老安镇、丁栾集等处360村被淹,灾民22万人。

清德宗光绪二十五年(1899年),长垣一带黄河泛滥。

清德宗光绪三十二年(1906年),长垣等地濒临黄河的村庄秋庄稼被淹。

清宣统二年(1910年),黄河在长垣二郎庙漫决,长垣等地濒临黄河的村庄秋庄稼被淹。

民国6年(1917年),黄河在东岸范庄决口,堤外村庄尽被淹没,霜降后开始堵筑。

民国10年(1921年),黄河在长垣河东决口,堤外村庄又遭水患。

民国12年(1923年),黄河在东岸郭庄堤决口,程楼、苏集、李集等村被淹,牲口、房屋、田地损失严重。

民国19年(1930年),黄河涨溢,塌陷村庄,水灾严重。

民国22年(1933年)8月12日(农历六月二十一日),黄河花园口出现18700立方米每秒洪峰,使长垣大堤全部漫溢。太行堤决口6处,临黄堤决口34处。香亭及石头庄一带通过大溜,平地水深丈余,庐舍倒塌,牲畜漂没。人民群众尽寻高处,蹲屋顶,攀大树,忍饥受冻,挣扎求生。县城被围,城墙外水深七八尺。南城门进水,水势汹涌,经群众大力抢堵,才避免水灌县城。城西直淹至青岗、张屯、相如等村,县境内90%以上被淹。3天后水势渐落,泥沙淤垫1~8尺,有些房屋虽未倒塌,但已埋入土中,有的仅露屋顶。群众以挖出水泡后的臭粮充饥,灾后疫病流行,死者甚众。由于急流猛注,泥沙淤垫,全县30%的肥田沃土被淤为沙质,形成大面积沙沟。风沙弥漫,寸草不生,贻害子孙后代。据灾后调查,全县被淹村庄773个,受灾人口5.2万户26.39万人,死亡约1.1万人(包括灾后病饿致死),牲畜死亡约4.21万头,塌房49万余间,其他财产损失无数。1933年长垣洪水溃堤情况见表4-1。

民国23年(1934年)春,山东省主席韩复榘、河北省主席于学忠,先后到冯楼视察。夏,河水复涨。8月11日(农历七月初二),黄河在北岸贯台(今属封丘)溃决。大水由长垣小马寨、南杨庄、东西新庄入境,直冲临黄堤。虽大力抢堵,新堤不堪冲刷。同时决开东了墙、九股路、香里张3个口门,河水直逼县城。经县北入滑县,东西宽10余公里。秋禾被淹,村舍再遭袭击,交通断绝,全靠船筏往来,县城四关势如码头。县城被水困日久,水渗城内,造成坑塘外溢,到处渍水。经昼夜抽排,城处增修间土柳坝,才消除城内水患。此次水势虽不及1933年,但停留10个月之久,受灾严重程度甚于1933年,人口逃亡过半。

表4-1 1933年长垣洪水溃堤情况

堤名	地点	决口处	宽度/m	平均水深/m
贯孟堤	西沙	2	165~280	4.5~5.0
	东沙窝	1	132	2.0
	油坊寨	1		
太行堤	华寨	1	63	
	合阳	3	41~122	
	西杨庄	2	46~60	
临黄堤	大车集	2	72	4.1
	梁寨	4	59~105	4.1~6.1
	东了墙	6	23~138	2.3~4.5
	马坊	2	29~264	3.3~3.7
	九股路	5	24~162	2.8~5.5
	杨桥	2	32~67	3.3~5.3
	香里张	3	29~158	3.7~4.4
	纸坊	2	58~114	3.4~3.6
	刘寨	1	188	3.6
	香亭	2	141~854	3.0~4.3
	燕庙	1	105	3.0
	张武才庙	1	60	2.1
	李石头庄	1	325	5.7
	王石头庄	1		

1949年9月14日,黄河花园口站出现12300立方米每秒洪水,黄河滩区部分漫滩,淹地6666.67公顷,受灾人口15万人。

1951年8月17日,黄河花园口站黄河水流量9220立方米每秒,马寨最高水位65.63米,滩区北部有串沟水。

1954年,黄河滩区部分漫滩,淹地9840.87公顷,受灾人口8.51万人,倒塌房屋196间。

1955年1月6日,黄河凌汛洪水猛涨,自左寨到小青全部漫滩,贯孟堤全部偎水,水深2米,被淹村庄132个,倒塌房子25间,淹地5900公顷,其中麦子2000公顷。

1957年7月19日,黄河花园口站出现13000立方米每秒洪水,马寨最高水位67.03米,黄河滩区全部漫滩,淹地1.75万公顷,受灾人口5.97万人,倒塌房屋7776间。

1958年7月17日,黄河花园口站出现22300立方米每秒洪水,马寨最高水位67.99米,临黄堤全部偎水,水深1.4~4.6米,超出长垣保证水位7厘米,临黄堤以东的恼里、芦岗、苗寨、武邱4个公社全部被水淹没,淹地1.77万公顷,受灾人口8万余人,倒塌房屋4.38万间。县委、县人委组织干部780人,防汛队伍5万人,大小船139只,迁出村庄139个9.49万人,牲畜1.2万头,粮食342.5万公斤。

1962年8月16日,黄河花园口站出现6000立方米每秒洪水,马寨最高水位66.70米,黄水漫滩,淹地1.33万公顷,塌房3.4万间,砸死54人。

1975年10月12日,黄河花园口站出现7460立方米每秒洪水,马寨最高水位68.13米,黄河漫滩,淹地1.4万公顷。

1976年,黄河花园口站出现9400立方米每秒洪水,马寨最高水位68.81米,黄河漫滩,淹地1.73万公顷,房屋倒塌较多,损失十分严重。加上1975年漫滩淹地1.4万公顷,两次洪水中共倒塌房屋7.72万间,冲毁水利交通设施638座,淤填水井730余眼,渠道39条,各种农机具、衣被家具、生活用品等集体与群众积存的家底遭到严重损失,生活水平急剧下降。

1977年9月20日,黄河花园口站黄河洪水流量8400立方米每秒,马寨最高水位69.23米。6月总管以北漫滩,7月漫生产堤东。

1982年8月2日,黄河花园口站出现15300立方米每秒洪水,马寨最高水位69.54米,长垣滩区的恼里、芦岗、苗寨和武邱公社全部被淹没。淹地1.75万公顷,倒塌房屋8.5万间,淹死11人,伤1100人,先后生病3.3万人,损失粮食1500万公斤。其他桥梁、涵洞、公路、渠道、机井、提排灌站、广播、高低压线路、地下电缆等被冲毁,损坏大、中、小型农机具10万余件。由于洪峰大,水势猛,水利设施遭到严重破坏,如恼里公社董寨处一座设计引水量30立方米每秒、投资12万元的灌淤闸被冲跨。石头庄灌区冯楼渠首闸,八字墙冲坏,闸门板冲走。据统计,天然文岩渠右堤决口12处,下游漫溢4公里,冲坏提灌站45处、涵洞24座、木桥3座、生产桥12座,淹塌护堤房21座。冲坏和淤积机井506眼,冲坏干、支、斗渠闸门116座,干、支、斗渠桥294座。干支斗渠淤积和冲坏135条,长371公里。冲坏硬化渠道3条,长9500米。

1983年8月2日,黄河花园口站出现8370立方米每秒洪水,长垣马寨最高水位68.65米,黄河再次漫滩,北部最重,水深2~3.5米,塌房1221间,低压电路全毁,淹地8666.67公顷。

1996年7月19日至8月13日,黄河出现4次较大洪水。特别是黄河花园口站7600立方米每秒的1号洪峰,8月5日进入长垣县时,由于洪水含沙量大、水位高、流速慢,加之长垣破除了生产堤,致使洪水迅速漫滩。滩区5个乡的163个自然村21万人被洪水围困,平均水深2米,最大水深4米。乡村通信中断,道路淹没,无法通行。秋作物洪涝绝收面积2.27万公顷,毁坏倒塌房屋5.73万间,洪水淹没粮食3000万公斤,冲毁桥涵闸1190座、机井850眼,毁坏树木310万棵。滩区治理、粮基建设、扶贫等国家投资项目受损严重,其中武邱、苗寨、芦岗3个乡(镇)农田水利工程设施毁于一旦。滩区乡镇企业78个被洪水冲垮,损坏机械设备1682台(件),78个养鸡场、46个鱼塘被洪水淹没。94所中小学校被洪水围困,倒塌校舍5200平方米,新增危房1.84万平方米,滩区正常教学秩序被迫中断。倒折线杆1350根,损坏变电设备21台。毁坏柏油路16条129公里,直接经济损失4亿元。

1997年8月5日,遭遇黄河4024立方米每秒洪峰袭击,长垣滩区7300公顷农田被淹,11个村1.7万人被洪水围困。

1998年1月18日,发生黄河凌汛,长垣县境内90%河段封河,封冻长度45公里,冰块堆积厚度高达30厘米,发生4320立方米每秒洪峰,滩区出现35个串沟,2700公顷耕地被淹。

2003年9月,黄河调水调沙生产运行中,夹河滩流量一直持续在2500立方米每秒左右。堤防由于受洪水长时间浸泡,加之"华西秋雨"影响,长垣及上游连降大雨,9月20日长垣大留寺控制堤西沙窝东300米处堤防出现溃决,并迅速形成100米的决口,很快淹没了贯孟堤以东,控制堤以北的恼里、总管和芦岗3乡(镇)6266.67公顷农田,损毁水利设施133座,机井全部淹没,造成直接经济损失4851万元。

二、典型年份抗洪抢险纪实

(一)1933年抗洪纪实

民国22年(1933年)8月的大洪水过后,为堵复长垣县冯楼黄河决口,民国政府组织黄河水灾救济委员会节制黄河水利委员会统筹负责,特派行政院副院长宋子文兼任委员长,扬子江水道整理委员会委员长周象贤兼任工赈组主任。农历十月,河北省河务局局长孙庆泽(当时长垣县属河北省)前来勘察,随后与工赈组主任孔祥榕(继任)、总工程师齐寿安等,连同河防人员统一领导,开始进行堵口工程。为了截断新河,仍归故道,在老河唇、新河床等地,东岸(老冯楼)、西岸(后马寨)分头作出坝基,同时进行筑坝,筑至两坝距33米时,水深23米左右,进行合龙,先用打桩沉排法,宣告失败;继用柳石相间法,也未成功。当执行此法时,临背河的水面,相差二丈有余,洪浪猛冲,横缆俱断,河兵班长杨庆坤、河兵耿高升,坠水牺牲。后来为了纪念两人的功绩,将此坝命为"杨耿坝",简称"杨坝"。然后又用抛柳枕与疏通老河道的办法,合龙成功。龙虽合了,但石缝间仍然过水,形成合龙不闭气的现象。最后,又用草坝填土法进行堵筑,由富有经验的老河防营长朱长安亲临指挥,终于使新河断流,此时已是1934年农历四月中旬了。

(二)1958年抗洪纪实

1958年7月,黄河花园口站流量22300立方米每秒洪水到来之前,河南省防汛指挥部下达黄河防汛方案,要求在秦厂水文站洪峰流量达到25000立方米每秒时,不发生决口和改道,争取洪水在超过保证水位35厘米情况下滞洪不成灾。在万不得已的情况下,再爆破石头庄溢洪堰放水分洪、滞洪,以确保堤防安全,并做好迁移救护、安置工作,保证群众生命财产不受大的损失。

长垣县防汛指挥部在人力和物力方面都做了充分准备,组织5万人的群众防汛队伍和780名国家干部,听候命令,上堤防汛。又组织154个村的1.38万户5.1万人,牲畜5452头,粮食196万公斤,转移堤西,由对口村妥善安置。7月中旬洪峰到来,长垣大堤全部偎水,水深1.4~4.6米。防汛干部群众全部上堤。白天人潮涌动,夜间灯火通明,在百里长堤上筑成了人防长城。河水持续上涨,部分堤段水面几乎与堤顶平,水急浪涌,甚至水花溅至堤顶,防汛队随即在堤顶加修子堰阻挡洪水。与此同时,滞洪区的防汛、迁安工作也做好了充分准备。7月17日,水位已超过保证水位的最高标准,18日,国务院总理周恩来乘专机从郑州飞临长垣上空,亲自视察水情,并作了重要指示。19日,河南省又派飞机在溢洪堰空投橡皮船12只、水手16人,帮助防汛,并派水利厅施厅长及新乡地区主要领导亲临现场指挥,给防汛抢险人员以极大鼓舞,一刻不停地巡堤查险,培子堰,堵浪窝,与洪水搏斗,经过艰苦奋战,保证洪峰安然渡过,创造了长垣防洪史上的奇迹。这次洪水流量和水势与1933年的基本相同,1933年长垣县堤段决口40余处,这次大堤却安然无恙。

(三)2003年抗洪纪实

2003年9月,黄河调水调沙生产运行中,夹河滩流量一直持续在2500立方米每秒左右。由于堤防受洪水长时间浸泡,加之受"华西秋雨"影响,长垣及上游连降大雨,9月20日长垣大留寺控制堤西沙窝东300米处堤防出现溃决,并迅速形成100米的决口,很快淹没了贯孟堤以东,控制堤以北的恼里、总管和芦岗3乡(镇)6266.67公顷农田,损毁水利设施133座,机井全部淹没,造成直接经济损失4851万元。针对严峻险情,长垣县委、县政府高度重视,县主要领导亲临一线坐镇指挥,迅速组织抢险突击队,立即调集抢险物资,火速送到抢险现场,做到了"领导、指挥、人员、料物、技术"五到位,经过全县干群 3 天的艰苦奋战,决口终于于 22 日 5 时堵复。决口抢险共投入麻袋 1.8 万条、编织袋 10 万条、麻绳 320 捆、铁丝 5 吨、木桩 2000 根、柳料 65 万公斤、竹耙 500 块、钢管 1000 根、彩条布 150 米、照明工具 2 套、推土机 4 台、挖掘机 4 台、奔马车 20 辆,动土方 7 万立方米。

第二节　涝　灾

《长垣县志》洪水记载较多,内涝记载粗而不详,少而不全。长垣与滑县地缘相近,特点相似,且在历史上不是局部县境旧此划彼,就是同府同郡,灾害记载略同,参照《滑县志》与《长垣县志》记载统计。

从周景王二十二年(公元前 523 年)至 1949 年的 2472 年中,共发生内涝灾害年份 266 年,平均十年一遇。中华人民共和国成立后,从 1949 年到 2012 年的 63 年中,发生内涝灾害年份 41 年,内涝灾害平均三年两遇。连续 5 年大涝灾的是 1954—1958 年;连续 4 年大涝灾的是 1962—1965 年、1985—1988 年;连续 3 年大涝灾的是 1975—1977 年。

一、历代涝灾记载

周景王二十二年(公元前 523 年)五月,长垣发生涝灾。

周赧王六年(公元前 309 年)九月,长垣地区连续不断地下大雨,河水漫溢至延津外城。

周赧王二十二年(公元前 293 年),长垣、汲县、淇县发生涝灾。

汉宣帝地节四年(公元前 66 年)九月,长垣、武陟、沁阳、淇县、温县、汲县发生涝灾。

汉成帝建始四年(公元前 29 年),长垣地区夏季出现雨雪天气,秋季连降十余日雨,引起涝灾。

汉顺帝永建四年(公元 129 年),长垣、武陟、沁阳等地区因连续降雨,致使农田受损。

魏明帝景初元年(公元 237 年)九月,长垣、武陟、汲县、淇县地区连续不断地下雨。冀、豫、兖、徐四州出现淹死人、冲没财产的现象。

晋武帝泰始四年(公元 268 年)九月,长垣、武陟、开封、封丘等多地发生涝灾。

晋武帝泰始七年(公元 271 年)六月,长垣、武陟、沁阳、获嘉、封丘等多地连绵不断地降雨,引发涝灾,河水漫溢。

晋武帝咸宁三年(公元 277 年)六月,长垣地区出现雨、雹、陨霜天气,损害庄稼。

晋武帝咸宁四年(公元 278 年)七月,兖、冀、豫发生涝灾,妨碍秋耕,损坏房屋,数人死亡。

晋武帝太康二年(公元 281 年)五月,长垣地区出现雨雹,损害庄稼。

晋惠帝元康五年(公元 295 年)六月,长垣地区发生涝灾。

晋惠帝元康六年(公元 296 年),长垣地区发生涝灾。

晋成帝咸和六年(公元 331 年)七月,长垣连续不断的大雨,引起涝灾。

北魏孝文帝太和六年(公元 482 年)八月,兖州,豫州等 7 州发生涝灾。

北魏宣武帝景明元年(公元 500 年)七月,兖、豫等 8 州及司州的颍川、汲郡发生涝灾,平地水深一丈五尺,百姓生存下来的仅四五成。

北齐武成帝河清三年(公元 564 年),长垣等多地发生涝灾。

隋文帝开皇十八年（公元598年）六月，长垣、封丘等多地发生涝灾。

隋文帝仁寿二年（公元602年）七月，长垣、汲县、淇县、封丘、获嘉等多地发生涝灾。

隋炀帝大业三年（公元607年）秋，山东、河南发生特大涝灾，30余郡被淹，百姓流离失所，相卖为婢。

隋炀帝大业十三年（公元617年）九月，河南、山东地区9月发生特大涝灾，引起大饥荒，令黎阳仓开仓赈灾，官吏不按时放赈，导致日死数万人，尸横遍野。

唐太宗贞观七年（公元633年）八月，长垣等多地发生涝灾。

唐太宗贞观十八年（公元644年），长垣、濮阳、沁阳、武陟等多地发生涝灾。

唐高宗永徽二年（公元651年），长垣等地区发生涝灾。

唐高宗永徽六年（公元655年），长垣等地区发生涝灾，损害庄稼。

唐高宗永隆元年（公元680年）九月，长垣、汲县、淇县等地发生涝灾，百姓、牲畜被淹。

唐高宗永隆二年（公元681年）八月，长垣、汲县、淇县、汤阴发生涝灾，长垣、汲县、淇县受灾者无数，汤阴受灾10万余家。

唐中宗神龙元年（公元705年）七月，长垣、汲县、沁阳、淇县、延津发生涝灾。

唐玄宗开元八年（公元720年），长垣地区出现大雨雹造成庄稼受损。

唐玄宗开元十二年（公元724年），长垣等地区秋季发生涝灾，庄稼受损。

唐玄宗开元十四年（公元726年）秋，因大雨长垣等多地发生特大涝灾，河水漫溢，溺亡多人。

唐玄宗开元十五年（公元727年）八月，长垣、辉县、汲县、淇县发生涝灾。同年，全国有63州发生涝灾，导致庄稼欠收，房屋受损，河北最严重。

唐玄宗开元二十年（公元732年），长垣等地区秋季发生涝灾。

唐玄宗开元二十九年（公元741年）秋，长垣、汲县、淇县发生涝灾，同时河南、河北有24郡发生涝灾，导致庄稼歉收。

唐代宗广德二年（公元764年），长垣、延津等地区发生涝灾。

唐代宗大历十二年（公元777年），长垣等多地区秋季发生涝灾，损害庄稼。河南地区最为严重，河流漫溢。

唐德宗贞元八年（公元792年）秋，长垣县因大雨发生特大涝灾。

唐德宗贞元十五年（公元799年），长垣等地秋季发生涝灾。

唐宪宗元和十二年（公元817年）秋，长垣、汲县、淇县发生涝灾，平地水深一丈。

唐穆宗长庆四年（公元824年），长垣等多地发生涝灾，导致庄稼欠收。

唐文宗大和二年（公元828年），长垣等多地夏季发生涝灾，庄稼受损。

唐文宗大和四年（公元830年），长垣、郓、曹、濮因夏季大雨导致城墙、房屋、田地受损。

唐宣宗大中二年（公元848年），长垣地区发生涝灾，庄稼受损。

唐宣宗大中十二年（公元858年），长垣等多地发生涝灾，庄稼受损。

后梁太祖开平四年（公元910年）十月，长垣等多地发生涝灾，十二月国家令滑、宋、辉、亳等州对其辖区的受灾地区实施救济。

后唐庄宗同光三年（公元925年），长垣多地接连降雨75天，发生特大涝灾，河流大都漫溢。

后晋出帝开运三年（公元946年）九月，长垣等多地持续降雨，导致澶、滑、怀、卫河流漫溢。

后周太祖广顺二年（公元952年）七月，由暴风雨引起的全国性涝灾，京师水深两尺，河水泛滥，导致庄稼欠收。

宋太祖乾德三年(公元965年),长垣等地区秋季持续降大雨。阳武、梁、澶、郓河流漫决。

宋太祖开宝元年(公元968年),长垣、濮阳等地发生涝灾,引起饥荒。

宋太祖开宝二年(公元969年),长垣、濮阳等地因雨水过多引起庄稼歉收。

宋太祖开宝五年(公元972年),河南、河北大范围内连续不断的大雨引起大饥荒,长垣内涝严重。

宋太祖开宝六年(公元973年),长垣等地发生涝灾,庄稼歉收。

宋太宗太平兴国三年(公元978年)夏秋,睢水漫溢,长垣农田受淹。

宋太宗太平兴国四年(公元979年)九月,长垣、濮阳持续降雨,卫河漫溢。

宋太宗淳化五年(公元994年),长垣地区秋季河水漫溢,庄稼受损。

宋真宗咸平三年(1000年)四月,长垣地区月出现雨雹天气。

宋真宗大中祥符三年(1010年)五月,长垣地区出现大雨天气,房屋损害严重,压死多人。

宋真宗天禧元年(1017年)十二月,长垣地区月出现低温大雪天气,冻死多人。

宋仁宗天圣四年(1026年),长垣等地持续降雨,引发涝灾,庄稼受损,安阳漳河漫溢。

宋仁宗庆历八年(1048年),长垣等地持续降大雨,引发涝灾。

宋仁宗嘉祐元年(1056年),长垣地区发生涝灾,农田受损。

宋英宗治平元年(1064年),长垣地区发生涝灾,引发饥荒。

宋神宗元丰五年(1082年)八月,长垣、沁阳等地发生涝灾,河水泛滥,损害庄稼、房屋。

宋哲宗元祐二年(1087年),长垣地区冬季出现持续降雪天气。

宋哲宗元祐八年(1093年),长垣、汲县、淇县发生涝灾。

宋哲宗绍圣元年(1094年),长垣地区发生涝灾,农田受损。

宋哲宗元符二年(1099年)六月,陕西、京西、河北等地,久雨不停,发生涝灾,房屋被淹。

宋徽宗崇宁四年(1105年),长垣地区因久雨不止,导致农田受损。

宋徽宗大观元年(1107年)夏,长垣、汲县等多地发生涝灾,河流漫溢,淹没房屋。

宋徽宗政和三年(1113年)十一月,长垣地区出现持续降雨雪天气,大雨雪十数日不止。

宋钦宗靖康元年(1126年)十一月,长垣地区出现持续降雪天气。

宋钦宗靖康二年(1127年)二月,长垣地区出现低温大雪天气。

元太祖正大二年(1225年),长垣地区出现大雨雹天气。

元世祖至元元年(1264年),长垣等地发生涝灾。

元世祖至元二年(1265年)八月,长垣地区出现雨雹天气。

元世祖至元三年(1266年)六月,长垣、汲县、浚县发生大范围降雨现象。

元世祖至元九年(1272年)七月,长垣、浚县、卫辉发生涝灾,河水漫溢。

元世祖至元二十年(1283年)六月,长垣、汲县、浚县因大雨引起涝灾,淹没农田千余顷。

元世祖至元二十二年(1285年),长垣地区秋季河水漫溢,损害农田。

元成宗元贞二年(1296年),长垣地区发生涝灾。

元成宗大德二年(1298年),长垣地区发生涝灾。

元成宗大德四年(1300年)六月,长垣等地区发生涝灾。

元成宗大德八年(1304年),长垣、滑州、浚县夏季因雨水过多引发涝灾,淹没民田680余顷。

元成宗大德十年(1306年),长垣地区发生涝灾。

元武宗至大元年(1308年)七月十一日至十七日,长垣持续降雨,导致卫、淇二河由今道口镇决口。

元武宗至大四年(1311年)七月,长垣持续降大雨,导致庄稼受损。

元仁宗延祐六年(1319年)六月,长垣等多地区出现大雨天气,致使庄稼受损。

元泰定帝泰定元年(1324年)六月,长垣等多地区由于持续降雨,致使庄稼、房屋受损。

元顺帝至元三年(1337年)六月至七月,长垣连绵不断地下大雨,引发涝灾,淹没房屋、田地。

元顺帝至元六年(1340年)八月,长垣、汲县发生涝灾,千余家被淹。

元顺帝至正四年(1344年)五月,长垣等多地因连绵不断的大雨,引发涝灾。

元顺帝至正十二年(1352年),长垣地区发生涝灾、旱灾、蝗灾,引起饥荒。

元顺帝至正二十六年(1366年)七月,长垣、卫辉、汴梁、钧州发生涝灾,农田被淹。

明太祖洪武元年(1368年),长垣等地区发生涝灾。

明成祖永乐二十年(1422年),长垣、原武、阳武、封丘、辉县、新乡、汲县、淇县等地夏秋由于持续降雨导致庄稼受损。

明宣宗宣德元年(1426年)六月至七月,长垣、开封、郑州、阳武、原武、封丘出现持续降雨天气。

明宣宗宣德四年(1429年)五月,长垣发生涝灾。

明宣宗宣德六年(1431年),长垣、濮阳由于秋季持续降雨,导致庄稼受损。

明英宗正统元年(1436年),长垣、原阳、安阳夏季连续不断地降雨引发涝灾,淹没农田。

明英宗正统四年(1439年)五月,长垣、开封、卫辉等地区发生涝灾。

明英宗正统七年(1442年),长垣、南乐等多地区秋季发生涝灾。

明英宗正统十年(1445年),长垣、汤阴、开州夏季持续降雨,导致汤阴河流漫溢,淹没农田。

明代宗景泰四年(1453年),长垣、开封、卫辉、南阳夏秋由于持续降雨,导致河流泛滥。

明代宗景泰七年(1456年)夏,长垣出现大雨天气,河堤冲坏。

明英宗天顺五年(1461年)六月,长垣出现大雨天气,农田受灾。

明宪宗成化九年(1473年),长垣、内黄、濮阳发生涝灾。

明宪宗成化十四年(1478年),长垣等多地区出现大雨天气。

明宪宗成化十六年(1480年),长垣等地发生涝灾。

明宪宗成化十八年(1482年)八月,长垣出现大雨天气,卫辉、漳、呼漫溢。

明孝宗弘治四年(1491年)四月,长垣出现雨雹天气,麦田受损严重。

明孝宗弘治六年(1493年),长垣、辉县、汲县、淇县、原阳出现低温大雪天气,冻死多人。

明武宗正德六年(1511年),长垣、范县发生涝灾,陆地行舟。

明武宗正德九年(1514年),长垣等地发生涝灾。

明武宗正德十二年(1517年),长垣、南乐出现持续降大雨天气。

明武宗正德十六年(1521年),长垣等地秋季发生涝灾。

明世宗嘉靖二年(1523年),长垣等多地秋季由于持续降大雨,引发涝灾。

明世宗嘉靖八年(1529年),长垣、淇县秋季持续降大雨,卫河、淇水泛滥成灾,农田被淹。

明世宗嘉靖十六年(1537年),长垣、卫辉、濮、清等多地因降雨过多,引起涝灾,粮食绝收。卫辉沁水泛滥,长垣出现瘟疫。

明世宗嘉靖十七年(1538 年),长垣、濮阳、南乐秋季持续降雨,房屋、庄稼受淹。

明世宗嘉靖十八年(1539 年)长垣地区春夏出现雨雹天气。

明世宗嘉靖二十一年(1542 年),长垣地区出现持续降雨天气,庄稼受损。

明世宗嘉靖二十二年(1543 年),长垣、内黄、清丰、汲县、滨河发生涝灾。长垣春夏出现持续降雨天气,百姓以舟代步。

明世宗嘉靖二十三年(1544 年),长垣春夏出现持续降雨天气,百姓以舟代步。

明世宗嘉靖二十六年(1547 年)六月,长垣发生涝灾,蛤蟆遍境,蝗虫食稼。

明世宗嘉靖三十年(1551 年),长垣春夏出现持续降雨天气,损坏房屋、庄稼。国家放赈。

明世宗嘉靖三十一年(1552 年),长垣春夏出现持续降雨天气,损坏房屋、庄稼。国家放赈。

明世宗嘉靖三十二年(1553 年),长垣春夏出现持续降雨天气,损坏房屋、庄稼。国家放赈。

明世宗嘉靖三十三年(1554 年),长垣春夏出现持续降雨天气,损坏房屋、庄稼。国家放赈。

明世宗嘉靖三十四年(1555 年)六月,长垣发生涝灾。

明世宗嘉靖三十五年(1556 年),长垣、南乐、武陟等地区秋季发生涝灾,方圆二百里,一片汪洋,百姓上树避水,致使树木不堪重负,倒入水中。武陟沁河漫溢。

明世宗嘉靖三十六年(1557 年),卫河秋季漫溢,长垣被淹。

明世宗嘉靖三十八年(1559 年)秋,长垣发生涝灾。

明世宗嘉靖四十二年(1563 年)夏,长垣出现大雨天气。

明世宗嘉靖四十五年(1566 年),长垣县城内泽冰成花木之状。

明穆宗隆庆元年(1567 年),长垣等地秋季发生涝灾。

明穆宗隆庆三年(1569 年),长垣等多地区夏秋连绵不断地下大雨,引发涝灾。冲坏房屋、城墙,死数人。

明神宗万历四年(1576 年),长垣地区发生涝灾,损害庄稼。

明神宗万历五年(1577 年),长垣地区发生涝灾,损害庄稼。

明神宗万历六年(1578 年)夏,长垣、新乡因大雨引发涝灾。大雨如注,河水猛涨入城,淹没农田、房屋。

明神宗万历二十年(1592 年),长垣、内黄等地秋季持续降大雨,漳、卫漫溢,房屋、农田被淹。

明神宗万历二十一年(1593 年)夏,长垣大雨连绵两个月,麦绝收。

明神宗万历二十二年(1594 年)春,大霜,杀稼。

明神宗万历二十五年(1597 年)八月,长垣发生涝灾。

明神宗万历二十八年(1600 年)十一月,长垣连续两天降大雨。

明神宗万历三十五年(1607 年)秋,长垣、封丘连续不断地下大雨,引起涝灾。涉水入城,淹没农田,陆地行舟。

明神宗万历四十一年(1613 年)秋,长垣发生涝灾。

明熹宗天启六年(1626 年),长垣、汤阴、淇县发生涝灾。

明思宗崇祯五年(1632 年),长垣、原阳、南乐、汤阴因大雨引发涝灾,淹没农田。

清世祖顺治五年(1648 年),长垣、南乐、修武河水漫溢,引起涝灾。

清世祖顺治九年(1652 年),长垣、辉县等地区夏秋季因连续不断的降雨引起涝灾,淹没农田,冲坏城墙、房屋,出门行舟。

清世祖顺治十年(1653 年),长垣、淇、汤、清、新乡、南乐地区发生涝灾。

清世祖顺治十一年(1654 年),长垣、延津、封丘、浚县夏季发生涝灾,淹没农田。

清世祖顺治十二年(1655 年),长垣等地区发生旱灾、蝗灾、涝灾,十二月对部分地区免赋。

清圣祖康熙元年(1662 年),长垣、原阳、濮阳连续不断的降雨 40 余日,引起涝灾。

清圣祖康熙十四年(1675 年),长垣、南乐、阳武秋季发生涝灾。

清圣祖康熙十八年(1679 年)八月,长垣、新乡、汲县、延津、原阳、封丘持续降雨 30 天,庄稼、房屋受损。

清圣祖康熙四十一年(1702 年)秋,长垣、内黄、濮阳出现大雨天气。

清圣祖康熙四十二年(1703 年)秋,长垣、清丰等地因持续降雨,导致庄稼受损。

清圣祖康熙四十五年(1706 年)夏,长垣地区出现雨雹天气,庄稼受损,国家免钱粮。

清圣祖康熙四十八年(1709 年)秋,长垣地区由于连续降雨,导致庄稼受损。

清圣祖康熙五十四年(1715 年)秋,长垣地区出现大雨天气,庄稼受损。

清圣祖康熙五十八年(1719 年)夏,长垣出现大雨雹天气,国家借口粮。

清世宗雍正三年(1725 年),长垣、封丘、获嘉因雨水过多引发涝灾。

清世宗雍正四年(1726 年),长垣地区雨水过多,发生内涝,农业受损失。

清世宗雍正七年(1729 年),长垣地区出现持续 7 昼夜的风雨天气,房屋受损。

清世宗雍正八年(1730 年)秋,长垣、清丰、原阳因大雨发生涝灾,秋粮歉收。

清世宗雍正十年(1732 年),雨冰,发生内涝灾害。

清高宗乾隆二年(1737 年)秋,长垣地区出现大雨天气,河水漫溢,秋粮欠收。

清高宗乾隆四年(1739 年)秋,长垣、濮阳、内黄连续不断的降雨,引发涝灾,冲坏农田、房屋,王家堤因雨水受损,国家实施救济。

清高宗乾隆十一年(1746 年)秋,长垣天鹅坡发生内涝灾害。

清高宗乾隆十四年(1749 年)秋,长垣、卫辉多雨导致庄稼受损,国家实施救济。

清高宗乾隆十八年(1753 年)五月,长垣地区出现大雨雹天气。

清高宗乾隆十九年(1754 年)秋,长垣地区由于持续降雨,导致洼地被淹。

清高宗乾隆二十二年(1757 年),长垣、卫辉、开州、封丘等多地出现大雨天气,导致河水漫溢,房屋、田地被淹。

清高宗乾隆二十八年(1763 年),长垣、内黄等地出现持续降雨天气,内涝灾害严重。

清高宗乾隆三十六年(1771 年),长垣发生涝灾,国家减免钱粮。

清高宗乾隆五十四年(1789 年)四月,长垣地区出现大雨天气,麦田被淹。

清高宗乾隆五十九年(1794 年),长垣等地区因大雨引发涝灾,河水漫溢,淹没房屋。

清仁宗嘉庆十八年(1813 年)八月,长垣及周边地区出现持续降雨天气。

清仁宗嘉庆二十年(1815 年)秋,长垣等地区因降雨引发涝灾,同时发生瘟疫,导致多人死亡。

清仁宗嘉庆二十一年(1816 年)六月、七月,长垣、浚县持续降雨,引发河水暴涨,导致 197 个村庄,房屋 3179 间被淹。

清仁宗嘉庆二十四年(1819 年),长垣等地发生内涝,黄河漫溢。

清宣宗道光二年(1822 年)夏秋,长垣等地发生涝灾,平地行舟。

清宣宗道光八年(1828 年)秋,长垣、获嘉、内黄发生涝灾。

清宣宗道光十年(1830 年)四月二十八日、二十九日,长垣等地出现大雨天气,庄稼被淹。

清宣宗道光十一年(1831 年),长垣等多地发生雪灾。

清宣宗道光十二年(1832 年)七月、八月,长垣等多地出现大雨天气,河盛涨出槽,农田被淹。

清宣宗道光二十六年(1846 年)秋,长垣、新乡等地区持续降雨引发涝灾,河水漫溢,秋粮绝收,引起饥荒。

清宣宗道光二十七年(1847 年)七月,长垣等地出现大雨天气,庄稼被淹。

清宣宗道光二十八年(1848 年)七月,长垣因雨水过多导致庄稼歉收。

清宣宗道光二十九年(1849 年)秋季,长垣发生内涝灾害,秋粮歉收严重。

清文宗咸丰元年(1851 年),长垣等地发生内涝灾,庄稼歉收。

清文宗咸丰二年(1852 年),长垣等地发生涝灾,洼地被淹。

清文宗咸丰三年(1853 年),长垣等地发生涝灾。

清文宗咸丰四年(1854 年)六月、七月,长垣地区持续降大雨,洼地浸淹。

清穆宗同治五年(1866 年),长垣、新乡发生涝灾。

清穆宗同治九年(1870 年),长垣等地因河流漫溢发生涝灾。

清德宗光绪九年(1883 年)秋季,长垣、浚县、清丰、南乐发生涝灾。

清德宗光绪十六年(1890 年),长垣等地出现持续阴雨天气。

清德宗光绪十八年(1892 年),长垣等地出现持续阴雨天气,庄稼收成减少一半。

清德宗光绪十九年(1893 年),长垣等地出现持续降雨天气,庄稼收成减少 5 成。

清德宗光绪二十年(1894 年)六月,长垣出现多雨天气,秋季庄稼受损。

清德宗光绪二十一年(1895 年)五月,长垣地区出现雷电、雨雹现象,致使农田树木尽毁。

清德宗光绪二十八年(1902 年),长垣地区因夏季降雨,致使洼地积水,收成减少一半多。

清德宗光绪三十二年(1906 年),长垣、封丘等地区因连遭大雨,导致河水暴发,河水涨溢,致使多处村庄被淹。

清宣统二年(1910 年),长垣、卫辉等地区因降水较多,导致河水暴涨,致使低洼村庄被淹,农田受损。

清宣统三年(1911 年),长垣地区因降大雨,导致城内积水严重,房屋受损。

民国 6 年(1917 年),长垣地区连降大雨,河流泛滥,庄稼被淹。

民国 8 年(1919 年),长垣因降雨过多,致使百余个村庄被淹。

民国 10 年(1921 年)月,长垣大雨引起涝灾,河水漫溢,淹没村庄,冲坏城墙。

民国 13 年(1924 年),长垣等多地区秋季大雨,引发涝灾,河水暴涨,淹没农田,冲毁房屋。

民国 18 年(1929 年)夏,长垣连降大雨,积水过多,淹没农田、房屋无数。

民国 19 年(1930 年)夏季,长垣由于持续降雨导致涝灾。

民国 20 年(1931 年)8 月,长垣多地连日降雨,导致河水暴涨,以致成灾。

民国 24 年(1935 年),长垣地区因连续不断降雨,导致秋季庄稼受灾。

民国 26 年(1937 年),长垣等多地夏季连续降雨 47 天,淹地 8 万公顷。

民国 28 年(1939 年)7 月,长垣地区大雨,形成内涝,庄稼歉收。

民国 29 年(1940 年)8 月,长垣地区出现连降大雨,河水漫溢,致使庄稼受损。

民国 30 年(1941 年)8 月,长垣地区出现暴风、雨雹天气,致使庄稼受损。

民国 36 年(1947 年)秋,长垣地区在黄庄河两岸和卫南坡处发生水灾。

民国 37 年(1948 年),长垣地区在麦收后出现水灾。

民国 38 年(1949 年),长垣等地区因降雨致河水猛涨,造成内涝灾害。

1949 年,发生内涝和黄河漫滩,受灾面积 8000 公顷,成灾面积 7133.33 公顷,其中黄河淹地 6666.67 公顷。

1951 年 6 月 21—22 日,全县连降暴雨,发生内涝,上游原阳、延津、封丘 3 县涝水泄入长垣县太行堤沟内,为保溢洪堰安全施工,在王堤修堰拦截。另一股水来自延津龙门口入长垣县文明渠,长垣县境内涝水下泄时,又遭濮阳拦截,造成堤南、堤西、堤东 3 方受淹,成灾面积 1.62 万公顷,受灾人口 19.4 万人。

1952 年,长垣县部分乡镇发生内涝,受灾面积 7413.33 公顷,成灾面积 533.33 公顷。

1953 年,长垣县部分乡镇发生内涝,受灾面积 7400 公顷,成灾面积 5180 公顷。

1954 年,发生内涝和黄河漫滩,受灾面积 1.85 万公顷,成灾面积 1.71 万公顷,其中黄河淹地 9840 公顷。

1955 年,发生内涝,受灾面积 1.92 万公顷,成灾面积 1.85 万公顷。

1956 年,发生内涝,受灾面积 1.22 万公顷,成灾面积 8400 公顷。

1957 年 7 月 8—22 日,全县连续 14 天普降大雨,7 月 10 日最大降雨量 117 毫米。外因:延、封两县挖沟放水,扩大了淹地面积,这次降雨淹地达 5.33 万公顷,其中受灾 4.45 万公顷,减产 8789.87 公顷。

1958 年由于天气反常变化,降水量集中而猛大,全年共降水 580.5 毫米,汛期 6—8 月连续 5 次降水达 402 毫米,占全年降水总量的 69.4%。在这 3 个月中,又以 7 月 8 日降水较多,7 月 11—14 日降水 110.2 毫米。特别是在 6 月 29 日至 7 月 15 日的 18 天中,全县平均降水达 269 毫米之多,暴雨中心在县东北部地区,一般降水均在 250 毫米以上,降水最大的老岸乡达 541.9 毫米。内涝淹地 1.11 万公顷,其中较严重的 8233.33 公顷。

1960 年 6 月 30 日至 7 月 6 日和 7 月 27—28 日,全县两次平均降雨量 419 毫米,其中丁栾公社 532 毫米、佘家公社 511 毫米、方里公社 463 毫米。由于这两次雨量大、来势猛,同时也较集中,全县淹地 4.33 万公顷,被水围的村庄 366 个,水进村的 210 个,倒塌房屋 2.29 万间。砸伤人 132 名,死人 13 名,伤牲畜 43 头,死猪羊 185 头,粮食、衣物、被褥的损失不计其数。主要受灾的有丁栾、佘家、樊相、城关、常村、张寨等 6 个公社。

1961 年 7 月 18 日,全县突降暴雨,从 16 时到 24 时,8 个小时全县平均降雨量 220 毫米,最大的孟岗区降雨量达 247 毫米,最小的恼里区降雨量 105 毫米。暴雨中心主要集中在城关、孟岗、丁栾、樊相、佘家、方里及张寨、常村北部。临黄堤西涝水横流,河道决口,漫溢,被水围困村庄 158 个,水灌进村 116 个,塌房 7344 间,砸死 10 人,伤 80 人,砸死牲口 1 头,伤 10 头,受灾人口 31.38 万人。

1962 年,整个汛期共降雨 15 次,历时 29 天。全县平均降雨量 545.8 毫米,比降雨量最大的 1957 年和 1960 年同期降雨量大 159.1~120.4 毫米。据调查,全县淹地面积 4.27 万公顷,成灾面积 3.6 万公顷,占秋播面积的 55%,其中粮食作物 3.4 万公顷,棉花 433.33 公顷,油料 966.67 公顷,其他作物 666.67 公顷。在成灾面积中,绝产面积 2.4 万公顷,减产 8 成以上的 1333.33 公顷,减产 5~8 成的 5333.33 公顷,减产 3~5 成的 4800 公顷,约计减产粮食 1500.5 万公斤,棉花 3.5 万公斤,油料 30.5 万公斤。成灾小队 3265

个,占全县小队总数的 87%;成灾人口 36 万人,占全县人口的 86%。被水围村 214 个,进水村 149 个,塌房 2.5 万间,死人 16 名,伤人 121 名,死伤牲畜 15 头,其他财产也都遭受不同程度的损失。

1963 年是长垣县在中华人民共和国成立后降雨量最多的一年,也是内涝比较严重的年份,3—4 月多雨,5—9 月连降大雨、暴雨,全年降雨量高达 1021 毫米,接近多年平均降雨量的两倍。特别是汛期,遭受了几十年来前所未有的特大暴雨的袭击。8 月降雨量达 525 毫米,雨大势猛,连续集中,前期降雨量大,地面产生径流多,持续时间长。很多村庄被围困,到处墙倒屋塌,四面八方告急。全县受淹面积 5 万公顷,成灾 4.33 万公顷,其中绝收面积 2.4 万公顷,减产粮食 3000 万公斤,油料 59.5 万公斤;被水围村 358 个,进水村 212 个,受灾人口 23 万人;倒塌房屋 2.76 万间,死亡 11 人,伤 83 人,死伤牲畜 1243 头,其他财产也受到了很大损失。

1964 年汛期的气候特点是先旱后涝,整个汛期降雨量 446.3 毫米,7 月 25 日以后降雨 372.9 毫米。长期阴雨延绵,历时 39 天,连续降雨 25 天,8 月 29 日至 9 月 2 日,全县平均降雨 132 毫米,降雨中心集中在南部、东南部和中部地区,降雨最大的孟岗公社 169 毫米,恼里公社 163 毫米,城关公社 161 毫米。全县淹地面积 1.73 万公顷,因积水成灾面积 1 万公顷,绝收 3333.33 公顷,减产粮食 1050 万公斤。

1965 年,发生内涝,受灾面积 2.47 万公顷,成灾面积 1.9 万公顷。

1969 年,发生内涝,受灾面积 1.82 万公顷,成灾面积 1.6 万公顷。

1970 年,发生内涝,受灾面积 1.37 万公顷,成灾面积 9466.67 公顷。

1972 年,发生内涝,受灾面积 6666.67 公顷,成灾面积 6666.67 公顷。

1973 年,发生内涝,受灾面积 7400 公顷,成灾面积 2666.67 公顷。

1975 年,发生内涝和黄河漫滩,受灾面积 2.73 万公顷,成灾面积 2.63 万公顷,其中黄河淹地 1.4 万公顷。

1976 年,发生内涝和黄河漫滩,受灾面积 3.07 万公顷,成灾面积 2.39 万公顷,其中黄河淹地 1.73 万公顷。

1977 年,发生内涝,受灾面积 2.33 万公顷,成灾面积 2.11 万公顷。

1982 年,发生内涝和黄河漫滩,受灾面积 2.65 万公顷,成灾面积 2.16 万公顷,其中黄河淹地 1.73 万公顷。

1983 年,发生内涝和黄河漫滩,受灾面积 9800 公顷,成灾面积 8133.33 公顷,其中黄河淹地 8666.67 公顷。

1984 年 8 月 9—12 日,全县普降大暴雨,15 个乡(镇)平均降雨量在 200 毫米以上。在大量降水、土地稀陷的情况下,又遭受七级大风的袭击,加之天然文岩渠淤积严重,上游原、延、封三县(降雨量都在 200 毫米以上)客水下泄,下游黄河顶托,渠水猛涨,大大超过天然文岩渠防洪标准,文岩渠华寨堤防决口。沿渠各乡的雨水不能下排,秋田积水达 2.07 万公顷,庄稼倒伏 1.73 万公顷,倒塌房屋 6709 间。同时,黄河水漫滩淹地 366.67 公顷。

1985 年,发生内涝,受灾面积 6666.67 公顷,成灾面积 3333.33 公顷。

1988 年,发生内涝,受灾面积 8680 公顷,成灾面积 8266.67 公顷。

1989 年,发生内涝,受灾面积 8573.33 公顷,成灾面积 6506.66 公顷。

1993 年,发生内涝,受灾面积 3.72 万公顷,成灾面积 2.02 万公顷。

1994 年 6 月 12 日、24 日、30 日,7 月 3 日、12 日,先后降了 5 次大到暴雨,尤其是 7 月 12 日 8—16 时,

8 个小时内平均降雨量 294 毫米,最大降雨量 303 毫米,其特点是时间集中、来势迅猛、强度大、覆盖面积广、降雨量大。根据 17 个乡降雨量推算,全县 989 平方公里,降雨总量达 2.09 亿立方米,产生地面径流 1.26 亿立方米,致使 4.4 万公顷耕地积水,3.38 万公顷秋作物受淹成灾;270 个村庄被水围困,1.1 万户居民室内进水,倒塌房屋 6530 间,淹死家禽家畜 30 万只(头);冲坏桥涵 334 座,冲断交通道路 85 条 200 余处;220 根电线杆倒伏,9 个乡电话不通,通信瘫痪;13 台变压器被毁,4 个乡无法供电;10 个乡广播线路中断;乡镇工业企业全部停产。70 所学校、1.35 万名学生被迫停课,全县直接经济损失 3.36 亿元。

1995 年,部分乡镇发生内涝,受灾面积 1.26 万公顷,成灾面积 8460 公顷。

1996 年 8 月,长垣县接连受到黄河洪峰、大暴雨和龙卷风的袭击,险情迭起,灾害横生,损失惨重。受 8 号台风登陆后形成的低压云系的影响,8 月 3—4 日,全县普降大雨和大暴雨,24 小时内平均降雨量 135 毫米,最大降雨量 165 毫米。3 日和 13 日遭受 10 级以上龙卷风及冰雹袭击。黄河花园口站相继出现了 3320 立方米每秒、4600 立方米每秒、7650 立方米每秒和 5520 立方米每秒的洪水,水位比 1982 年 15300 立方米每秒的洪水水位高出 1 米,滩区漫滩成灾,洪水偎堤。上游原阳、延津、封丘 3 县的涝水和引黄蓄水,通过天然渠、文岩渠向长垣县倾泻,大车集汇合口处水位最高 66.16 米,超过保证水位 0.15 米,流量 73 立方米每秒。洪水冲决天然文岩渠右岸堤防 2 处,决口宽达 100 多米;全线 25 个涵洞 10 个被洪水淹没,15 个全部倒灌漏水;赵堤、孙庄 2 座桥的桥栏被埋没,石头庄、安寨、桑园 3 座桥面与水面几近持平;武邱乡灰池堤段堤顶漫溢,天然文岩渠与黄河洪水串成一个水面;堤防滑坡、堤顶裂缝,全线出险;大功河涝水相机北排,全县受东西中三路洪涝水袭击,8 月 5 日,黄河花园口站 7650 立方米每秒的 1 号洪峰进入长垣县时,由于洪水含沙量大、水位高、流速慢,加之长垣县破除了生产堤,致使洪水迅速漫滩。滩区 5 个乡的 163 个自然村 21 万人被洪水围困,平均水深 2 米,最大水深 4 米,乡村通信中断,道路淹没,无法通行。秋作物洪涝绝收面积 2.27 万公顷,毁坏倒塌房屋 57300 间,洪水淹没粮食 3000 万公斤,冲毁桥涵闸 1190 座,机井 850 眼,毁坏树木 310 万棵;滩区治理、粮基建设、扶贫等国家投资项目受损严重,乡镇工业企业 78 个被洪水冲垮,损坏机械设备 1682 台(件),78 个养鸡场 46 个渔塘被洪水淹没;94 所中小学校全部被洪水围困,倒塌校舍 5200 平方米,新增危房 1.84 万平方米,滩区正常教学秩序被迫中断;倒折线杆 1350 根,损坏变电设备 21 台,毁坏柏油路 16 条 129 公里。滩区直接经济损失 4 亿元。大堤以内地区受暴雨、龙卷风袭击,造成受灾面积 3466.67 公顷,绝收 1333.33 公顷,倒塌房屋 4810 间。全县暴风雨直接经济损失 4000 万元,加之滩区损失,全县直接经济损失达 4.4 亿元。

1998 年 7 月 28 日至 8 月 24 日,全县连降大到暴雨,17 个乡(镇)平均降雨 310 毫米,最大降雨量为樊相镇的 497 毫米,造成严重内涝,受灾面积 4.13 万公顷,损坏房屋 1312 间,受灾人口 58 万人。

2000 年,发生内涝,受灾面积 1 万公顷,成灾面积 6000 万公顷。

2001 年,发生内涝,受灾面积 1.2 万公顷,成灾面积 8000 公顷。

2002 年,发生内涝和黄河漫滩,受灾面积 1.06 万公顷,成灾面积 9100 公顷(黄河小浪底调水调沙试验所致)。

2003 年,长垣县遭遇了罕见的内涝灾害。1—10 月,全县最大降雨量高达 994 毫米,比多年平均降雨量高出 375 毫米,特别是 8 月、9 月、10 月 3 个月,降雨量达到 476 毫米。由于降雨强度大,持续时间长,致使全县 18 个乡(镇)及办事处全部受淹,农作物受灾面积 2.87 万公顷,成灾面积 2.27 万公顷,绝收面积 1.8 万公顷,粮食减产 11 万吨,受灾人口 37 万人,直接经济损失 1.72 亿元。在除涝工作中,长垣县防汛抗旱指挥部多次召开专门会议,安排布置清挖河道和抽排积水工作,县政府拿出 24 万元,购买 70 吨柴油发放到滩区及背河洼地区乡镇。除涝期间,全县日最高出动人力 3 万人,投入大型机械 7 台、中小型机械 2400 台,日夜不停地抽排积水,最大程度地降低了灾害损失。

2005 年 7 月下旬,连降 3 次大暴雨,全县平均降雨量 278 毫米,最大降雨量 398 毫米,超过 50 年一遇标准,造成严重内涝。据不完全统计,全县农作物累计受灾面积 4 万公顷,最大积水面积 3 万公顷,绝收面积 1.28 万公顷,倒塌房屋 760 户 1929 间,损毁桥涵 206 座、闸 17 座、机井 242 眼。

2006 年,汛期平均降雨量 302.7 毫米,最大降雨量 586 毫米。其中最强一次降雨过程发生在 7 月 2—3 日,全县平均降雨量 192 毫米,最大降雨量 241.9 毫米。受此影响,天然文岩渠水位骤涨,大车集水文站水位最高达 65.82 米,超过警戒水位 0.91 米。大部分地区出现了不同程度的田间积水,形成较大范围的内涝灾害,其中武邱、苗寨、芦岗、赵堤、方里、孟岗、魏庄等乡镇最为严重。据统计,全县田间积水面积达 2.2 万公顷,成灾面积 1 万公顷,绝收面积 4000 公顷。

2007 年,汛期平均降雨量 405 毫米,最大降雨量 523.7 毫米。8 月 6 日 8—14 时,县东北部地区发生强降雨过程,最大降雨量达 147.4 毫米;10 日,再次发生大范围高强度降雨,最大降雨量达 188 毫米。由于两次降雨间隔时间短、强度大,城区及部分农田形成大面积积水,其中以苗寨、武邱、芦岗、方里等乡最为严重,共造成农作物受灾面积 1.42 万公顷,成灾面积 1.13 万公顷,绝收面积 5700 公顷,倒塌房屋 424 间,天然文岩渠四支闸等多座涵闸被毁,直接经济损失 2142 万元。

2010 年 6 月 30 日至 7 月 2 日,全县发生大范围降雨,各地降雨量均在 100 毫米以上,最大的南蒲达 257.5 毫米;7 月 18—19 日,各地降雨量都在 50 毫米以上,其中城区高达 196.1 毫米;8 月 1 日,部分地区又降大到暴雨,降雨量最大的张三寨达到 76.1 毫米。特别是 8 月 19—21 日,又连降中到大雨甚至暴雨,最大降水 257.9 毫米,9 月 5—7 日再降大到暴雨。由于排涝河道在此期间一直处于高水位运行状态,给田间积水外排、下泄带来了很大压力。9 月上旬,全县田间积水面积一度达到 1.15 万公顷。

2018 年 8 月 18—19 日,受 18 号台风"温比亚"影响,长垣普降大暴雨,全县雨量站中 100~250 毫米有 26 个,50~100 毫米有 4 个。过程累计最大降雨量出现在张三寨镇,降雨量为 214.2 毫米,城区累计降雨量为 139.7 毫米,其他乡镇累计降雨量为 50~213 毫米。县委、县政府适时启动防汛Ⅳ级应急响应,通过新闻媒体、微信公众号及时向社会发布防汛信息,动员工作早、部署早,及时启闭闸门,并适时进行了洪水调度,对险工险段、涵闸、堤防重点巡查防范,人员和机械以"临战状态"随时待命,防汛物资到位,各项防范工作准备充足。由于应对汛情做到了科学有效,全县主要河道没有出现大的汛情,没有发生大的洪涝灾害和人员伤亡。

2019 年汛期共出现 3 次暴雨过程,分别是 6 月 5 日、8 月 1—2 日和 8 月 9—10 日。8 月 1—2 日出现中到大雨,部分乡镇暴雨到大暴雨,降雨量分布不均,其中最大降雨量出现在常村镇 131.8 毫米,其余乡镇为 18~90 毫米。受低槽东移和台风"利奇马"外围偏北气流共同影响,8 月 9 日下午到 10 日普降大到暴雨,局地大暴雨,并伴有短时强降水、雷暴大风等天气。城区降雨量 98.6 毫米。达到大暴雨的站点有 4 个,分别为常村(117.1 毫米)、恼里(117 毫米)、蒲西(102.6 毫米)和蒲北(101.2 毫米),最大暴雨强度 38.4 毫米每小时,出现在常村镇,达到暴雨的站点有 15 个,降雨量为 55~98.6 毫米,达到大雨的站点有 5 个。由于各项防范工作准备充足,全市主要河道没有出现大的汛情和涝灾,安全度汛。

2021 年 7 月 20 日至 7 月 21 日,全市遭遇特大暴雨天气,最大降雨量达 248.2 毫米,最大小时雨强 84.7 毫米(20 日 15—16 时),从 7 月 20 日凌晨至 22 日降雨结束,长垣市累计降雨量最大达 295.2 毫米。内河主要排涝河道水位骤涨,其中丁栾沟、文明渠水位上涨 3 米,最大出境流量达 80 立方米每秒;回木沟水位上涨2.5米,由于下游滑县段水位顶托,出境排水不畅,河道几近漫溢;天然文岩渠最大流量达170立方米每秒,右堤个别闸门出现倒灌现象。长垣市水利局采取五项措施应对暴雨:一是及时响应。水利局班子成员及机关干部职工立即深入一线投入防汛工作,各管理局(所)加强工程巡查和监测,及时清除阻水障碍,重要排涝闸门和橡胶坝明确专人值守,确保河道度汛安全;二是科学调度。及时将天然文岩渠石头庄、瓦屋寨2座橡胶坝塌坝运行,开启丁栾沟、文明渠、回木沟节制闸,确保涝水顺利下泄。三是查险排险。暴雨期间,紧急调用机械30余台对唐满沟、何寨沟、吕村沟等河道阻水段及五里沟全段进行清淤扩挖,对过闸流量小的闸门在闸侧开挖导流渠,加大河道过水能力,先后5次组织基干民兵30人,出动泵车6台(次),对内河排水不畅河段及时抽排,并对五里沟部分河段进行人工清淤,对天然渠、文岩渠、天然文岩渠堤防开展巡查,并劝阻无关人员撤离堤防,同时针对右堤个别闸门出现倒灌现象的问题,及时组织机械进行处理,全力保障河道安澜。

全市水毁水利工程71处,其中河道堤防1处、桥梁工程22处、水闸工程11处、河道边坡5处、引黄泵站3处、农村供水工程13处,在建项目16处。

二、典型年份除涝抢险纪实

(一)1963年抗涝纪实

1963年8月1—8日,长垣县连遭大雨袭击,降雨量一般均在300毫米左右,这次降雨连续、集中、强度大、雨势猛。造成天然文岩渠、红旗总干渠(今大功河)、文明渠、丁栾沟、太子屯水库、二干渠6条河道出现险工地段269处。其中天然文岩渠大车集水位高达65.43米,裴固闸下水位高达67.70米,都超过了保证水位。特别是天然文岩渠右堤林寨险工段长达500米堤防坍塌几乎溃决,由于抢险及时终未决口。红旗总干渠裴固土坝9日4时决口,县委副书记杨崇梓带领750名劳力日夜抢堵,因抢险料物运送及时,保证了抢险堵复工程的顺利完成。文明干渠高水位持续半月之久,都在保证水位以上,部分堤防仅距安全水位0.2米,先后出现险工138处,长达6135米,有的亦漫溢决口,用材料、人工、土方很多,因各级领导重视和各部门的大力支持,物料供应及时,确保了主要河道不漫溢不溃决,险工决口地段得到了及时抢堵。据统计,减少淹地面积1533.33公顷。抗洪共用料物:木料110.67立方米、草袋11499条、麻袋2356条、麻绳1932公斤、铅丝1886公斤、席535条、马灯16个、门板152块、柳枝6.69万公斤、秸料87881公斤、竹杆140根、石料80立方米、汽油7943.5公斤、煤油527.5公斤、土方3.24万立方米。用款12.53万元,用粮4.18万公斤,出动人员12.41万。

(二)1996年抗涝纪实

1998年8月,暴雨、洪水、龙卷风灾情发生后,长垣县委、县政府十分重视,立即采取措施,全力以赴,投入抗洪救灾工作。

一是把抗洪救灾作为压倒一切的中心工作。统一思想,坚定信念,全党发动,全民动员,齐心协力,抗灾救灾。县四大班子领导分段包点,责任到人,带领2000名县乡干部、5万名群众投入到抗洪救灾第一线,奋力抢险。同时,与黄河河务部门、水利部门一道,密切监视洪涝水情变化,坚守大堤和天然文岩渠右堤,确保黄河大堤安全。

二是把迁安救护工作作为首要任务。按照迁安救护方案,堤西沿堤乡、村、户做好接收安置工作。县委、县政府派出工作组深入到被洪水围困的村、户,发动群众,迁安救护,及时转移老弱病残群众。

三是紧急开启丁栾沟王寨闸,文明渠北堆闸、肖官桥闸,及时排除内地涝水。

四是把解决被洪水围困群众的生活作为突击工作。筹集面粉 20 万公斤、煤 30 吨、柴油 25 吨、帐篷 1500 个、塑料布 15 吨,组织县直干部职工为灾民捐款 10 万余元。发动堤西群众为被水围困的群众送干粮、送燃料等,解决灾民临时生活问题。

五是把做好灾区的防疫治病工作作为紧急任务。县政府迅速下发了《关于认真做好救灾防病工作的紧急通知》,组织医疗队深入灾区,认真落实各项防疫治病措施,做好霍乱、痢疾等肠道传染病和乙脑、疟疾等介水、虫媒传播疫病的预防控制工作。

六是把恢复生产、重建家园作为救灾的根本措施。县委、县政府及时制订灾区恢复生产重建家园的工作方案,号召灾区人民克服困难,振奋精神,艰苦奋斗,多业并举,重建家园。

在抗洪除涝抢险中涌现出来许多模范人物和先进事迹。灾情发生后,县四大班子领导全部深入抗洪一线,既当指挥员,又当战斗员。县委书记赵继祥、县长逯鸿昌始终同灾区群众在一起,啃干馍、喝凉水,没吃过一顿安心饭,没睡过一个囫囵觉,南来北走,指挥战斗,熬红了眼睛,喊哑了嗓子,连续数日不下火线;副县长傅从臣、滑学之带病紧守岗位,指挥抢险;副县长徐明俭在迁安救护中,不顾个人安危,跳入洪流中勇救 6 名落水群众;县直单位 2000 多名机关干部组成抗洪抢险队,日夜坚守在堤坝、河渠上,白天冒酷暑雨淋,晚上受蚊虫叮咬,没一个叫苦喊累;灾区的党员干部更是处处发挥模范带头作用,身系灾民,为大家,舍小家,谱写了爱民曲,唱响了奉献歌。苗寨乡党委书记顿其录,父母住在重灾区武邱乡的后师家,洪水围困多日,他没有回家看一次,自己住在苗寨乡的房子两次进水,两次搬家,他也没管,只是在电话里对妻子说:"苗寨乡的几万群众被水围困,这时候最需要的是干部,作为党委书记,我不能离开岗位,请你理解、支持我的工作。"

8 月 6 日夜 11 时,恼里乡左寨闸出险,在此关键时刻,恼里乡党委副书记李涛、副乡长张宏俊带头跳入洪水之中,同 500 多名抢险队员一起,一直干到 7 日零晨 4 时 40 分,硬是用 1500 条麻袋、700 条编织袋筑起了一道长 15 米的抗洪护闸大坝,保证了左寨闸的安全。该乡 968 名党员有 650 人战斗在抗洪前线,32 名受伤,48 名累病、累倒,此情此景,群众看在眼里,记在心间,自发地将馒头、鸡蛋、西瓜、茶水送到他们手中,并感慨地说:"有你们这样的好带头人,再大的灾难也不怕。"

水利局组织了 100 名抢险突击队员上堤防守,查找险点,堵塞漏洞,加固堤防;在天然文岩渠上设置了抗洪抢险物资供应站,曾 3 次连夜向周营上延工程、大留寺控导工程和天然文岩渠等抗洪抢险工地运送麻袋、编织袋 1.5 万条;水利局施工队出动 4 台推土机在压实堤防和抢险堵口中发挥了巨大的作用;局长杨国法、副局长赵运锁率先垂范,哪里有险情就往哪里去,始终坚守在一线。

8 月 10 日上午,54776 部队的 67 名解放军官兵,奉命带着 10 只冲锋舟来到长垣帮助抗洪抢险。他们不顾长途奔波的劳累,立即投入了战斗,向苗寨、武邱的 78 个村庄运送食品、迁安救护。在抢险救助中,不少战士高温中暑,也有的受了伤,他们都始终不下火线。几天里,共向灾区群众运送方便面 9000 箱、馒头 1 万公斤、面粉 6000 余公斤,抢救落水群众 400 多人。

(三)2000 年抗涝纪实

2000 年 7 月 3—6 日,长垣县连续普降大到暴雨,平均降雨量在 150 毫米以上,最大降雨量达 260 毫米。加之天然文岩渠上游连降暴雨,客水大量下泄,致使大车集水位一直超保证水位 0.45 米运行。同时,大功河自 7 月 5 日开始按上级防汛抗旱指挥部要求相机北排,流量 50~60 立方米每秒。三路夹击洪水给长垣县造成了严峻的防汛局面,不少堤段出现渗水、滑坡和裂缝,天然渠陶北排口漫溢决口,造成大面积淹地。据统计,全县受灾淹地面积 8000 公顷,成灾 5000 公顷,倒塌房屋 300 间,损坏 600 间,受灾人口 12 万人,成灾 8 万人,直接经济损失 800 多万元。

县委、县政府对雨情汛情非常重视,要求全县上下把防汛工作作为压倒一切的头等大事抓紧抓好。县委书记赵予辉亲临天然文岩渠抗洪第一线,指挥抗洪抢险工作。县长邓立章、副县长王惠臣带领农委、水利局等有关部门的主要负责同志,冒雨、趟水检查了县主要防汛河道,并于 7 日、8 日相继签发了两期关于做好防汛工作的紧急通知。县防汛抗旱指挥部其他领导分三班,对全县 17 个乡(镇)的防汛料物落实情况进行了全面检查。各防汛责任单位和防汛抗旱指挥部成员也立即上岗到位,迅速深入防汛责任区,查看雨情、汛情、灾情,制订防汛抗灾方案,组织指挥群众除涝抢险。魏庄、恼里两镇的主要领导,带领 500 余人的抢险队,跳入洪水中奋力抢险,经过两昼夜的艰苦奋战,堵复了天然渠陶北排 50 多米宽的决口。天然文岩渠和大功河沿岸乡镇的防汛队伍,按每公里 20 人的标准,全部上堤防守,日夜巡逻抢险,共堵复倒灌涵洞 23 处,加固薄弱堤防 12 处,加复土方 8 万立方米,动用麻袋、编织袋 5.5 万条。

第三节 旱 灾

长垣县旱灾的主要特点是:旱灾次数多,范围广,面积大,危害重。历史上,从汉文帝前元三年(公元前 177 年)至 1949 年的 2126 年中,共发生旱灾年份 215 年,平均 10 年一遇。中华人民共和国成立后,从 1949—2012 年的 63 年中,发生旱灾面积在 6666.67 公顷以上的年份 41 年,平均 3 年两遇。旱灾最严重的是 1986 年,全年总降雨量仅有 373 毫米,只有正常年份降雨量的二分之一,受旱减产面积 5.95 万公顷,绝收面积 1.6 万公顷。

一、历代旱灾记载

汉文帝前元三年(公元前 177 年)秋,长垣等地区发生旱灾。

汉文帝前元四年(公元前 176 年),长垣地区发生旱灾。

汉文帝前元五年(公元前 175 年),长垣地区发生旱灾。

汉文帝前元六年(公元前 174 年),长垣地区发生旱灾。

汉文帝前元九年(公元前 171 年),长垣地区发生旱灾。

汉文帝前元八年(公元前 172 年),长垣地区出现旱灾。

汉文帝前元七年(公元前 173 年),长垣地区出现旱灾。

汉文帝后元六年(公元前 158 年)春,长垣等地区发生旱灾。

王莽天凤六年(公元 19 年),长垣地区出现旱灾。

光武帝建武六年(公元 30 年),长垣地区发生旱灾。

汉章帝建初元年(公元 76 年),长垣等地发生旱灾,粮价飞涨。国家免受兖、豫、徐州 3 州田租,并实施救济。

汉献帝兴平元年(公元 194 年),长垣发生特大旱灾,粮食绝收,出现人吃人现象。

晋怀帝永嘉三年(公元 309 年)五月,长垣等地区发生旱灾。

晋成帝咸康二年(公元 336 年),长垣等地出现旱灾。

北魏献文帝皇兴三年(公元 469 年),长垣地区连年出现旱灾,引起饥荒。

北魏孝文帝延兴三年(公元 473 年),长垣地区出现旱灾。

北齐温公天统五年(公元 569 年),长垣等地区因无雨引发旱灾,旱情严重者,国家给予免租。

隋炀帝大业八年(公元 612 年),长垣等多地发生旱灾,出现瘟疫,患病者多数死亡。

唐太宗贞观十七年(公元 643 年)冬,长垣等地区发生旱灾。

唐高宗仪凤二年(公元 677 年)夏,长垣出现旱灾。

唐高宗永淳二年(公元 683 年)长垣出现大面积旱灾。

唐武则天垂拱二年(公元 686 年),长垣等多地区出现特大旱灾,出现人吃人现象。

唐武则天垂拱三年(公元 687 年),长垣大旱,发生大饥荒,出现人吃人现象。

唐武则天神功元年(公元 697 年),长垣地区发生旱灾。

唐中宗神龙元年(公元 705 年),长垣地区发生旱灾,大风拔树。

唐中宗神龙三年(公元 707 年),长垣地区发生旱灾。

唐玄宗开元十二年(公元 724 年),长垣出现旱灾。

唐德宗贞元元年(公元 785 年),长垣等地发生特大旱灾。

后周太祖显德七年(公元 960 年),长垣、濮阳地区发生旱灾。

宋太祖建隆三年(公元 962 年)春夏,长垣等地区发生旱灾。

宋太祖建隆四年(公元 963 年)二月,长垣等地区发生旱灾,国家实施救济。

宋太祖开宝三年(公元 970 年)夏,长垣地区发生旱灾,冬季无雪。

宋太宗太平兴国二年(公元 977 年),长垣地区发生旱灾。

宋太宗太平兴国七年(公元 982 年),长垣、卫辉地区发生旱灾。

宋太宗雍熙三年(公元 986 年),长垣地区发生旱灾。

宋太宗淳化元年(公元 990 年),长垣、内黄、延津发生旱灾。

宋太宗淳化二年(公元 991 年),长垣、辉县、汲县、淇县、濮阳、清丰发生旱灾。

宋太宗淳化三年(公元 992 年),长垣地区发生旱灾。

宋太宗至道二年(公元 996 年),长垣地区发生干旱,冬季无雪。

宋真宗咸平元年(公元 998 年),长垣地区发生旱灾。

宋真宗咸平五年(1002 年),长垣地区发生旱灾。

宋仁宗天圣二年(1024 年),长垣、封丘等附近 12 县发生旱灾。

宋仁宗明道元年(1032 年),长垣地区因干旱引起粮食歉收。

宋英宗治平元年(1064 年),长垣、滑州、濮阳地区发生旱灾。

宋英宗治平二年(1065 年)春,长垣地区无雨,发生干旱。

宋英宗治平四年(1067 年),长垣地区发生干旱,冬季无雪。

宋神宗熙宁三年(1070 年)八月,长垣、汲县、辉县、淇县发生干旱。

宋神宗熙宁七年(1074 年),长垣、卫辉、汲县、淇县久不雨,引发旱灾。

宋神宗元丰六年(1083 年)夏,长垣地区发生旱灾。

宋哲宗元祐四年(1089 年)春,长垣地区发生旱灾。

金世宗大定十六年(1176 年),长垣地区发生旱灾、蝗灾。

宋宁宗嘉定二年(1209 年)四月,长垣出现旱灾,粮价上涨。

金卫绍王崇庆元年(1212 年)春,长垣地区发生旱灾,十一月国家对旱灾地区实施救济。

元成宗元贞二年(1296年)八月,长垣发生旱灾、蝗灾。

元成宗大德元年(1297年),长垣等地区夏、秋季发生旱灾。

元成宗大德二年(1298年)夏,长垣、浚县、汲县地区发生旱灾。

元成宗大德四年(1300年),长垣地区发生旱灾。

元成宗大德五年(1301年)六月,长垣地区发生旱灾。

元英宗至治二年(1322年)三月,长垣、曹州、滑州发生旱灾,引发饥荒。

元泰定泰定三年(1326年),长垣、内黄、修武出现旱灾。

元泰定帝泰定四年(1327年),长垣等多地全年发生特大旱灾。

元泰定帝致和元年(1328年),长垣出现旱灾。

元文宗帝天历二年(1329年),长垣、大名、彰德、卫辉等灾民数十万户,赈济白银9万锭,粮食1.5万立方米。

元明宗至顺元年(1330年)五月,长垣、卫辉等地发生旱灾,引发饥荒。国家赈钞6000锭,粮5000立方米。

元顺帝至正二年(1342年),长垣等地发生旱灾,引发饥荒,国家放赈。

元顺帝至正七年(1347年),长垣、浚县等多地发生特大旱灾。

元顺帝至正十二年(1352年),长垣等地发生旱灾、蝗灾、水灾,引发饥荒。

元顺帝至正十八年(1358年),长垣等地发生特大旱灾。

明太祖洪武四年(1371年),长垣等地发生旱灾。

明太祖洪武五年(1372年),长垣发生特大旱灾,黄河枯竭。

明太祖洪武六年(1373年),长垣、汲县发生旱灾、蝗灾。

明太祖洪武七年(1374年),长垣、汲县发生旱灾、蝗灾,庄稼枯死。

明宣宗宣德三年(1428年),长垣、滑州、浚县6个月无雨,引发旱灾,导致饥荒。

明宣宗宣德七年(1432年),长垣、内黄、清丰、南乐发生旱灾。

明宣宗宣德八年(1433年)一月至六月,长垣干旱无雨,庄稼枯死。

明宣宗宣德九年(1434年),长垣等地发生旱灾。

明英宗正统二年(1437年)夏,长垣、滑州、浚县发生旱灾。

明代宗景泰六年(1455年)冬,长垣等多地,久旱无雨,庄稼枯萎。

明宪宗成化三年(1467年)六月、七月,长垣、浚县发生旱灾、蝗灾。

明宪宗成化六年(1470年),长垣、滑县发生旱灾。

明宪宗成化十年(1474年),长垣因旱灾发生饥荒。

明宪宗成化十五年(1479年),长垣、新乡、浚县发生旱灾。

明宪宗成化十六年(1480年),长垣及其周边地区因旱灾免官税。

明宪帝成化十九年(1483年),长垣等多地发生特大旱灾。

明宪帝成化二十年(1484年),长垣等多地发生特大旱灾。

明宪帝成化二十一年(1485年),长垣等多地发生特大旱灾。

明宪帝成化二十二年(1486年),长垣等多地发生特大旱灾,造成粮食绝收,出现人吃人现象。

明宪帝成化二十三年(1487年),长垣等多地发生特大旱灾。

明孝宗弘治十一年(1498 年),长垣、汲县、浚县等地发生旱灾,粮价上涨。

明孝宗弘治十六年(1503 年)一月至三月,长垣、浚县无雨,引发干旱。

明武宗正德八年(1513 年)秋,长垣、清丰发生旱灾。

明武宗正德十六年(1521 年),长垣、内黄发生旱灾。

明世宗嘉靖二年(1523 年)夏,长垣等地发生旱灾,发生大饥荒,死者众多。

明世宗嘉靖三年(1524 年),长垣等地发生旱灾。

明世宗嘉靖六年(1527 年)春,长垣、濮阳、清丰、南乐、内黄发生旱灾。

明世宗嘉靖七年(1528 年),长垣等多地发生特大旱灾,饿死很多人。

明世宗嘉靖八年(1529 年)春夏,长垣等地区发生旱灾,秋季出现持续降雨天气,发生大饥荒。

明世宗嘉靖十七年(1538 年)春夏,长垣、濮阳发生旱灾。

明世宗嘉靖十八年(1539 年)秋,长垣、浚县发生旱灾。

明世宗嘉靖二十年(1541 年)春,长垣长期无雨发生特大旱灾,引发蝗灾,所过之处,寸草不生,导致大饥荒,出现人吃人现象。

明世宗嘉靖二十八年(1549 年),长垣地区发生旱灾,麦无收成。

明世宗嘉靖二十九年(1550 年),长垣等地发生旱灾、蝗灾。

明世宗嘉靖三十二年(1553 年)夏,长垣多地发生旱灾。

明世宗嘉靖三十四年(1555 年)春,长垣多地发生旱灾,麦枯死。

明世宗嘉靖三十六年(1557 年)夏,长垣、濮阳等地发生旱灾,小麦绝收。

明世宗嘉靖三十九年(1560 年)春夏,长垣、原阳、南乐等地不降雨,引发干旱,禾苗枯死。

明世宗嘉靖四十二年(1563 年)春,长垣等地发生旱灾。

明神宗万历元年(1573 年)春,长垣地区发生旱灾。

明神宗万历二年(1574 年),长垣地区发生旱灾。

明神宗万历八年(1580 年)春夏,长垣地区因无雨引发干旱。

明神宗万历九年(1581 年)春秋,长垣地区发生旱灾。

明神宗万历十年(1582 年),长垣地区发生旱灾。

明神宗万历十三年(1585 年),长垣、卫辉、汲县、淇县、内黄、濮阳、原阳发生旱灾。

明神宗万历十四年(1586 年)春夏,长垣、原阳因久不雨引发旱灾。

明神宗万历十五年(1587 年),长垣发生旱灾。

明神宗万历十六年(1588 年)春,长垣等多地发生特大旱灾,百姓以草根树皮为生。秋季出现连旱,粮食绝收,长垣出现特大饥荒,饿殍满道,出现人吃人现象。

明神宗万历十七年(1589 年),长垣、修武、获嘉、原阳、临漳出现不同程度的干旱。

明神宗万历十八年(1590 年),长垣、原阳夏季出现旱灾,麦歉收,豆田绝收。

明神宗万历十九年(1591 年),长垣、原阳、获嘉发生旱灾。

明神宗万历二十年(1592 年),长垣、东明等地发生旱灾。

明神宗万历二十四年(1596 年)春夏,长垣、濮阳等地发生旱灾,六月才开始播种庄稼。

明神宗万历二十七年(1599 年),长垣、濮阳、延津等地发生旱灾,井水枯竭,濮阳、延津出现饥荒。

明神宗万历三十三年(1605 年),长垣、内黄出现旱灾、蝗灾。

明神宗万历三十六年(1608年),长垣、辉县出现旱灾,粮价上涨。

明神宗万历三十七年(1609年),长垣、辉县、汲县出现特大旱灾,引发大饥荒,死者枕藉。

明神宗万历四十五年(1617年),长垣、濮阳等多地发生旱灾。

明神宗万历四十七年(1619年),长垣、修武、内黄出现旱灾,粮食歉收。

明神宗万历四十八年(1620年),长垣、濮阳、原阳发生旱灾、蝗灾。

明思宗崇祯七年(1634年),长垣等多地冬季发生旱灾。

明思宗崇祯八年(1635年)春,长垣、汤阴、卫辉发生旱灾。

明思宗崇祯十年(1637年),长垣、获嘉、淇县发生旱灾。

明思宗崇祯十一年(1638年),长垣、原阳、获嘉、辉县、卫辉等多地发生旱灾。河南境内,赤地千里。

明思宗崇祯十二年(1639年),长垣等多地发生特大旱灾。河南及邻省大范围内发生特大旱灾,引起大饥荒,部分地区出现人吃人现象。

明思宗崇祯十三年(1640年)四月,长垣等多地发生特大旱灾,六月发生蝗灾,引发大饥荒,出现人吃人现象。

明思宗崇祯十四年(1641年)春夏,长垣及周边地区发生特大旱灾,出现大饥荒并发生瘟疫,造成人死过半。

清世祖顺治二年(1645年)春夏,长垣、原阳、延津、清丰发生旱灾,国家对部分地区免赋。

清世祖顺治十二年(1655年),长垣等地区发生旱灾,十二月对部分地区免赋。

清世祖顺治十五年(1658年),长垣发生旱灾,出现饥荒。

清世祖顺治十七年(1660年)春,长垣、封丘等地发生旱灾,引发饥荒。

清圣祖康熙二年(1663年)春夏,长垣、卫辉发生旱灾。

清圣祖康熙四年(1665年),长垣、洪阳、内黄发生旱灾。

清圣祖康熙九年(1670年)春夏,长垣发生持续旱灾,麦绝收。

清圣祖康熙十年(1671年)秋,长垣、内黄发生旱灾。

清圣祖康熙十三年(1674年)春夏,长垣、原阳等地区发生旱灾。

清圣祖康熙十七年(1678年),长垣、内黄、延津发生旱灾。

清圣祖康熙二十二年(1683年)夏,长垣、滑县、新乡、延津发生旱灾,麦田旱死。

清圣祖康熙二十四年(1685年),长垣等多地发生旱灾。

清圣祖康熙二十七年(1688年)春夏,长垣发生旱灾。

清圣祖康熙二十八年(1689年)春夏,长垣、获嘉、新乡等地发生旱灾。

清圣祖康熙二十九年(1690年),长垣及周边地区发生旱灾,粮食歉收,引起饥荒。

清圣祖康熙三十年(1691年),长垣及周边地区出现不同程度旱情。

清圣祖康熙三十一年(1692年),长垣、修武、原阳、安阳、汤阴发生旱灾。

清圣祖康熙四十七年(1708年),长垣、原阳、新乡发生旱灾,部分地区出现饥荒。

清圣祖康熙四十八年(1709年)春,长垣、原阳出现旱灾。

清圣祖康熙五十年(1711年)夏,长垣出现旱灾,免钱粮。

清圣祖康熙五十三年(1714年),长垣、原阳发生旱灾,麦田歉收,百姓逃亡过半。

清圣祖康熙五十九年(1720年)春夏,长垣、内黄、辉县发生旱灾。

清圣祖康熙六十年(1721 年)春夏,长垣等周边地区发生旱灾,引发饥荒。

清世宗雍正元年(1723 年),长垣发生旱灾,引发饥荒,人多逃亡。

清高宗乾隆八年(1743 年),长垣、原阳发生旱灾。

清高宗乾隆十年(1745 年)春,长垣等地区发生旱灾。

清高宗乾隆十二年(1747 年),长垣等地发生旱灾,粮食歉收。

清高宗乾隆十五年(1750 年),长垣地区因无雨引发干旱,麦未种,导致饥荒。

清高宗乾隆十六年(1751 年)春,长垣地区发生旱灾。

清高宗乾隆三十五年(1770 年)春,长垣地区因少雨引发干旱,麦田歉收。

清高宗乾隆四十二年(1777 年),长垣、卫辉、汤阴出现旱灾。

清高宗乾隆四十三年(1778 年),长垣因干旱麦田绝收,部分地区发生饥荒。

清高宗乾隆四十九年(1784 年),长垣、卫辉等多地发生旱灾。

清高宗乾隆五十年(1785 年)夏秋,长垣等地区发生连续旱灾,国家开展救济,减免钱粮。

清高宗乾隆五十一年(1786 年),长垣、新乡、封丘、濮阳发生旱灾,部分地区麦田歉收,引发饥荒。

清高宗乾隆五十三年(1788 年)春,长垣地区发生旱灾,麦收五成。

清高宗乾隆五十六年(1791 年)秋,长垣地区发生旱灾,秋收五成。

清高宗乾隆五十七年(1792 年),长垣、濮阳等多地发生旱灾。

清高宗乾隆五十八年(1793 年)秋,长垣地区发生旱灾。

清仁宗嘉庆八年(1803 年)春季,长垣地区发生旱灾,粮收五成。

清仁宗嘉庆十五年(1810 年)春,长垣地区发生旱灾,粮收六成。

清仁宗嘉庆十六年(1811 年)夏,长垣地区发生旱灾。

清仁宗嘉庆十七年(1812 年)春,长垣因无雨导致干旱。

清仁宗嘉庆十八年(1813 年),长垣发生特大旱灾,出现人吃人现象。

清仁宗嘉庆十九年(1814 年),长垣及周边地区发生特大旱灾。

清宣宗道光元年(1821 年)季,长垣地区春发生旱灾,粮收六成。

清宣宗道光二年(1822 年)春,长垣等地区发生旱灾。

清宣宗道光五年(1825 年)秋,长垣地区发生旱灾,缓旧征新。

清宣宗道光六年(1826 年)春,长垣地区发生旱灾,借种子粮。

清宣宗道光二十二年(1842 年)秋,长垣地区发生旱灾。

清宣宗道光二十五年(1845 年),长垣、濮阳、新乡、武涉秋季发生旱灾,引发大饥荒。

清宣宗道光二十七年(1847 年)春夏,长垣、原阳、封丘发生旱灾,引发饥荒。

清文宗咸丰八年(1858 年)夏,长垣地区发生旱灾,秋粮歉收。

清文宗咸丰九年(1859 年)秋,长垣地区发生旱灾,秋粮歉收。

清文宗咸丰十年(1860 年)秋,长垣地区发生旱灾,秋粮歉收。

清德宗光绪元年(1875 年)春,长垣地区发生旱灾。

清德宗光绪二年(1876 年),长垣、封丘等多地因无雨雪引发干旱,小麦未播种。

清德宗光绪三年(1877 年)秋,长垣等多地出现特大旱灾,出现大饥荒,出现人吃人现象。

清德宗光绪四年(1878 年),长垣及周边地区出现特大旱灾。粮食绝收,饿殍满道,死者过半。

清德宗光绪八年(1882年),长垣地区全年旱灾,秋季粮食歉收。

清德宗光绪十四年(1888年),长垣地区发生旱灾,麦田歉收,秋禾未熟因霜降成灾。

清德宗光绪二十年(1894年)春,长垣地区发生旱灾。

清德宗光绪二十三年(1897年)秋,长垣、封丘、浚县发生旱灾。

清德宗光绪二十五年(1899年),长垣、济源等地发生旱灾。

清德宗光绪二十六年(1900年),长垣、濮阳、封丘发生旱灾。

清德宗光绪二十七年(1901年),长垣等地区因旱麦枯无收。

清德宗光绪三十三年(1907年)春夏,长垣、封丘、浚县出现旱灾。

民国9年(1920年),长垣、新乡、封丘等地区发生旱灾,庄稼歉收。

民国17年(1928年),长垣等多地因无雨发生干旱。

民国18年(1929年),长垣、安阳、清丰、延津因干旱庄稼歉收。

民国19年(1930年),长垣、内黄、清丰、封丘发生旱灾。

民国20年(1931年),长垣、浚县、汲县、濮阳、安阳、内黄春季发生旱灾。

民国25年(1936年),长垣等地区因雨量不足,导致秋薄收,七成麦未种。

民国27年(1938年)春,长垣地区因旱灾发生大饥荒,以草根树皮为食,死者甚多。

民国30年(1941年),长垣等地发生旱灾。

民国31年(1942年)夏秋,长垣等地发生旱灾,麦田歉收,秋粮绝收,百姓外逃。

民国32年(1943年)春,长垣地区因旱灾发生大饥荒,以草根树皮为食,出现买卖妻、子的现象。饿死者甚多。

民国38年(1949年),长垣地区麦后抗旱点种。

1950年7月,发生旱灾,发动群众挖土井抗旱。

1951年,发生旱灾,受灾面积2.67万公顷,成灾面积1.6万公顷。

1952年秋,发生旱灾旱,除6月、7月、8月、9月外,其他各月降水都很少,受灾面积6万公顷,成灾面积3万公顷。

1953年,发生旱灾,受灾面积1.33万公顷,成灾面积6666.67公顷。

1954年春秋,发生旱灾,受灾面积5万公顷,成灾面积2.5万公顷。

1955年,发生旱灾,受灾面积1.13万公顷,成灾面积5666.67公顷。

1957年,发生旱灾,受灾面积1.2万公顷,成灾面积6000公顷。

1959年,发生旱灾,受灾面积4.67万公顷,成灾面积3.73万公顷。

1960年夏,发生旱灾,受灾面积4.33万公顷,成灾面积2.17万公顷。

1962年,发生旱灾,受灾面积1.67万公顷,成灾面积1533.33公顷。

1964年,发生旱灾,受灾面积1.1万公顷,成灾面积1.1万公顷。

1965年,发生旱灾,受灾面积3.53万公顷,成灾面积2.33万公顷。

1966年夏、秋、冬,发生旱灾,全年降雨量260.7毫米,田间作物干旱严重,全县成灾面积3.91万公顷。

1967年,发生旱灾,受灾面积7666.66公顷,成灾面积7666.66公顷。

1968年春、夏、秋、冬,发生旱灾,全年降雨量376毫米,全年成灾面积4.28万公顷。

1973 年，发生旱灾，受灾面积 7900 公顷，成灾面积 4153.33 公顷。

1977 年，发生旱灾，受灾面积 1 万公顷，成灾面积 8073.33 公顷。

1978 年春、秋、冬，发生旱灾，年降雨量 406 毫米，成灾面积 3.77 万公顷。

1979 年，发生旱灾，受灾面积 1.23 万公顷，成灾面积 1.03 万公顷。

1981 年春、夏、冬，发生旱灾，年降雨量 339 毫米，成灾面积 3.12 万公顷。

1982 年，发生旱灾，受灾面积 1.43 万公顷，成灾面积 8800 公顷。

1983 年，发生旱灾，受灾面积 7866.67 公顷，成灾面积 4333.33 公顷。

1984 年，发生旱灾，受灾面积 1.4 万公顷，成灾面积 6666.67 公顷。

1985 年，发生旱灾，受灾面积 3.5 万公顷，成灾面积 2.24 万公顷。

1986 年，遇到了特大旱灾。干旱时间之长，受灾面积之广，尤其伏旱之重，是 37 年来罕见的。从 1—5 月没降过一场透雨，6 月、7 月 2 个月降雨量只有 25 毫米，受灾时间长达 183 天。干旱致使 749 眼机井干涸，750 个坑塘亮底，18 个村庄 2 万人、3310 头牲畜吃水困难，麦秋两季受旱减产面积达 5.95 万公顷，绝收达 1.6 万公顷，其中，秋前受旱面积 4.67 万公顷。因灾减产粮食 4547 万公斤，其中秋季减产 2500 万公斤。

1987 年夏、秋，发生旱灾。1—5 月降雨量只有 53 毫米，6—8 月降雨量 151 毫米，全年降雨量共 244 毫米。降雨量比特大干旱的 1986 年同期降雨量还少 1 毫米，受旱时间长达 205 天。全县受旱面积 9.73 万公顷，其中麦子 4.67 万公顷、秋作物 5.07 万公顷，因旱减产面积 2.95 万公顷，其中麦子 1.33 万公顷，秋作物 1.62 万公顷。减产 1~2 成的 8000 公顷，其中秋季 2000 公顷；减产 3~5 成的 1.27 万公顷，其中秋季 8000 公顷；减产 5~8 成的 6666.67 公顷，其中秋季 4000 公顷；绝收的 2200 公顷，其中秋季的 1533.33 公顷。全县夏粮比上年减产 510 万公斤，秋季减产 1100 万公斤。

1988 年，持续特大旱灾。县委、县政府采取积极有效的抗旱措施，利用冬季有利时机，大搞引黄蓄水，及早为春灌准备了充足的水源，受到河南省水利厅的通报表扬。一年来，共引提水 2 亿立方米，利用机井 5140 眼，浇灌小麦 3.6 万公顷，共 9 万公顷次，连续战胜了春、夏、秋旱，取得了农业大丰收。

1989 年，发生旱灾，受灾面积 2.02 万公顷，成灾面积 1.28 万公顷。

1990 年，发生旱灾，受灾面积 1.37 万公顷，成灾面积 1 万公顷。

1995 年，发生旱灾，受灾面积 1.1 万公顷，成灾面积 5280 公顷。

1997 年，出现了持续全年的严重旱情。5 月以来，共有四次降雨过程，总降雨量 48 毫米，比 1996 年同期的 386 毫米减少了 338 毫米。6 月 21 日，县境内黄河出现断流，一直持续到 8 月。全县无水可引，沟渠干涸，坑塘见底；地下水位严重下降，西部缺水区平均下降 8~10 米，最深降至 20 米以下；人畜吃水困难。全县共有 200 多个村庄近 30 万人和上万头牲畜用水受到威胁。5.8 万公顷农田均遭受不同程度的旱灾，其中绝收的 1.33 万公顷，减产 5~8 成的 1.2 万公顷，减产 3~5 成的 9333.33 公顷，主要分布在张寨乡、常村乡、樊相镇、魏庄镇、恼里镇、方里乡、赵堤乡、满村乡、孟岗乡等 9 个乡（镇）。

1998 年 9 月，全县出现严重旱情，3.33 万公顷耕地失墒。

2000 年 2—5 月，全县平均降雨量 10 毫米左右，是正常年份的 1/20，6 月 3 日平均降雨量 10 毫米，6 月 20—21 日最大降雨量 90 毫米，最小降雨量 13 毫米，降雨十分不均，属严重干旱年份。由于大功河、大车闸无水可引，致使长垣县西部、南部的樊相、常村、张寨、张三寨等乡（镇）沟渠干涸，坑塘见底，人畜吃水受到严重威胁。麦季大面积受旱，秋作物 4.13 万公顷受旱，其中轻旱 1 万公顷，重旱 1.8 万公顷，3500 眼机井出水不足。

2001 年，发生旱灾，受灾面积 2 万公顷，成灾面积 1.1 万公顷。

2002年,发生旱灾,受灾面积1.2万公顷,成灾面积7333.33公顷。

2003年,从1月开始,全县持续干旱少雨,旱情在全县范围内发生蔓延,特别是3—5月旱情最为严重。地下水位明显下降,加之黄河来水偏少,引水困难,致使全县3.4万公顷农作物受旱,成灾面积达6500公顷,绝收面积900公顷,粮食减产3.3万吨,直接经济损失3300万元。抗旱期间,全县最高投入抗旱机电井4200眼,机动抗旱设备6000台套,累计抗旱用电1576万千瓦时,抗旱用油2017吨,共引调黄河水7000万立方米,引提地下水8000万立方米,投入抗旱资金2262万元,累计灌溉农田7.4万公顷,挽回经济损失5000多万元。

2006年旱情主要发生在上半年。自1月起,降雨一直偏少,随着春节后气温升高,旱情开始在部分地区出现。直至5月,全县累计平均降雨量仅为38.9毫米,基本未形成有效降雨。特别是5—6月,旱情进一步加剧,并迅速发展到最严重阶段,受旱面积一度达到4.4万公顷,成灾面积4000公顷,粮食因旱减产1.2万吨,直接经济损失1440万元。

2008年旱情主要发生在6月、8月和9月,其中8月、9月最大降雨量仅为67.9毫米,且黄河流量长时间维持在300立方米每秒左右,加之黄河河床降低,基本无法引水,全县大部分农田遭受旱情影响。农作物受旱面积3.5万公顷,成灾面积1.3万公顷,粮食因旱减产1.3万吨。

2009年春季,全县基本未发生有效降雨,加之冬季前期气温偏高,土壤失墒较快,旱情在全县大范围发生蔓延。据统计,全县农作物受旱面积4万公顷,成灾面积1.7万公顷,粮食因旱减产3.5万吨,为自1951年以来的最严重旱情,旱情达到50年一遇。

2010年,全县上半年最大降雨量为133毫米,最小降雨量为70.7毫米,特别是1—3月,最大降雨量仅为16.3毫米,9月下旬至12月底,一直持续干旱,全县大部分农田遭受旱情影响,农作物受旱面积2.6万公顷,粮食因旱减产1.15万吨。

2011年1—3月,全县仍未出现有效降水,加之冬季气温长时间偏高,导致旱情在全县大范围发生,且呈持续快速发展态势。全县农作物受旱4.16万公顷,其中重旱5300公顷,为百年一遇的严重干旱。

2013年,长垣县旱情主要发生在秋季,8月初至10月,一直未出现有效降雨,平均降雨量22毫米,最小降雨量13.9毫米,加之气温较高,土壤失墒快,旱情发展迅速,全县30666.67公顷农田受旱,小麦种植困难。

2014年,长垣旱情主要发生在六七月,降水较常年同期明显偏少,全县平均降雨量仅为68.7毫米,加之气温较高,土壤失墒快,而黄河流量除调水调沙外一直在800立方米每秒以下,引水无法保障,全县旱情一度达到37333.33公顷。

2015年,长垣县旱情主要发生在五六月,6月下旬旱情解除。从5月1日至6月22日,全县最大降雨量43.4mm,平均降雨量仅27.4mm,因基本无有效降雨,加之气温偏高,引黄闸门即使全力引水,也无法满足抗旱用水需求,全县40733.33公顷农田受旱。

二、典型干旱年份抗旱纪实

(一)1986年抗旱纪实

1986年,长垣县遇到了特大旱灾,干旱时间之长,受灾面积之广,尤其伏旱之重,是中华人民共和国成立以来罕见的。从1—5月没降过一场透雨,6月、7月2个月降雨量只有25毫米,比1985年同期降雨量少98毫米,受灾时间长达183天。据7月17日对10~20厘米土壤含水量测试,淤地为10.62%,两合土为8.7%,沙地为8.11%。干旱致使749眼机井干涸,750个坑塘亮底,18个村庄2万人3310头牲畜吃水困难。夏秋两季受旱面积达 5.95 万公顷。经过长期持久的抗旱斗争,年产粮食 20.35 万吨,比 1985 年增产 1 万吨。

长垣县采取 5 条措施进行抗旱:一是教育广大干部群众树立抗旱夺丰收的指导思想。县委、县政府认真分析了本县易旱易涝的自然规律和"重夏轻秋"的思想,广泛宣传"无农不稳、无粮则乱"的指导思想,抓住农时季节的中心环节,认真进行思想发动,组织了三次抗旱高潮:①在 3 月初,结合贯彻农村工作会议精神,提出背水一战措施,掀起小麦春灌高潮,全县共浇小麦返青水 3.53 万公顷,浇小麦灌浆水 1.8 万公顷;②在 5 月底至 6 月初,组织抗旱夏播高潮,麦垄点播面积 2.67 万公顷,趁 6 月 12 日小雨抢种面积 2 万公顷,抗旱播种 9266.67 万公顷;③抗旱保秋高潮,浇灌秋作物 5.86 万公顷次,其中浇一遍水的 3.2 万公顷、浇两遍水的 1.93 万公顷、浇三遍水的 7333.33 公顷。二是领导深入实际,实行分类指导。在抗旱工作中,县委、县政府、人大、政协四大班子的领导深入到 15 个乡(镇)的抗旱第一线,及时总结推广先进经验。张寨乡 1985 年冬组织了万余人,整修和开挖了 15 条支斗沟、52 条田间小沟,疏通了孙东闸和大车闸的水源。1986 年在抗旱中连打 3 个漂亮仗:4000 公顷小麦得到了适时灌溉,4333.33 公顷小秋作物适时播种,5000 公顷大小秋作物达到了百日无雨地不旱的要求。县政府在这里召开现场会,并根据各乡水利条件对抗旱保秋分 3 类指导:水利条件较好的张寨、常村、孟岗、方里、满村、赵堤 6 个乡,每人平均保秋 1 亩;对水利条件一般的丁栾、佘家、樊相、城关、魏庄 5 个乡(镇),要求每人平均保苗 8 分;黄河滩区的 4 乡,水利条件较差,要求每人平均保苗半亩。这样一来,有弃有保,可以集中油、电、水源浇地。为了保麦保秋,各乡镇都采取了一些有力措施。方里乡在河水小、电不正常的情况下,提出"不等河水不等电,依靠机井机器转"的口号,发动群众把灌区内过去不用的 180 眼机井利用起来;恼里乡的周村口利用多年来不用的柴油机组发电,带动 22 眼机井浇地。全县抗旱高潮时,利用沟渠 335 条,沿渠架抽水机 1192 台,活动机电井 4465 眼,其他工具 6350 件,累计浇灌麦秋农作物 11.2 万公顷次。三是千方百计挖掘抗旱水源。为保证抗旱用水,采取"引、蓄、拦、提"相结合的措施,县主要领导带领水利部门的人员,顶着寒风,打破石头庄引水总干渠冯楼闸前坚冰泥浆,从腊月一直干到大年三十,将水从黄河中引出,实现了冬引春灌的目的。在春灌的关键时刻,黄河水位下降,县内几条大沟断流。县领导深入实际,察看情况,决定对天然文岩渠进行截流。县委副书记逯鸿昌、副县长傅从臣亲临截流工地,与孟岗、魏庄 2 个乡的干部群众一起,各部门通力协作,奋战了 4 个昼夜,将天然文岩渠拦腰截断,迫使河水西调,从而保证了大车闸、孙东闸正常引水。在沟渠的下游,筑了 7 个拦蓄土坝。通过深沟河网、东水西引、南水北调,把水一直送到百里之外的长滑边界。全年共引提河水 12572 万立方米,不仅满足了沿渠作物的抗旱用水,还补充了地下水源。四是把抗旱经费切实用到抗旱上。1986 年上级 4 次拨给长垣县特大抗旱经费 21.5 万元,实际支付的抗旱经费 23.3 万元。其中:用于石头庄灌区引水清淤的经费 3.53 万元,完成土方 3.53 万立方米,引水流量 4~6 立方米每秒;用于维修常村提灌站和运用马寨提灌站的经费 4.8 万元,提水量达 42432 立方米;用于孙东闸渠首和维修石头庄弯道闸的经费 1.12 万元;用于清捞沟渠阻水杂草和解决恼里干渠坏桥 1.3 万元;用于天然文岩渠截流 3.64 万元,保证了孙东闸、大车闸正常引水 7~8 立方米每秒的流量;兴修王师古寨闸用 5.2 万元;筑 7 处土坝用 1.4 万元;修复 200 眼旧井用 2.31 万元。五是搞好协调服务,大力支持抗旱。农机、电业、银信、水利等部门把支援抗旱斗争作为义不容辞的任务。他们共派出农机水电技术员 165 名,发放抗旱农业贷款 161 万元,县扶持抗旱资金 38.27 万元,乡扶持抗旱资金 11 万元,群众投资 1100 万元,维修水利工程 450 处,维修排涝机械 2972 台,修复机井 305 眼,恢复渠道 95 条,配套沟渠 259 条长 169 公里,新打机井 88 眼,配套机井 200 眼,架设高低压电线 3.9 万米,购买柴油机 436 台、水泵 706 部、输水管 1.4 万米、传动带 1634 米,改善和扩大灌溉面积 5253.33 公顷。

(二)2009 年抗旱纪实

2009 年春季,长垣县基本上未出现有效降雨,加之冬季前期气温偏高,土壤失墒较快,导致旱情在全县大范围发生蔓延。农作物受旱面积 4 万公顷,成灾面积 1.7 万公顷,粮食因旱减产 3.5 万吨,为 1951 年以来的最严重旱情,旱情程度 50 年一遇。面对罕见的严峻旱情,县委、县政府多次召开会议,县防汛抗旱指挥部适时启动抗旱预案,有关部门紧急行动,密切配合,采取一系列强力措施帮助、组织和动员农民群众,迅速掀起了以抗旱浇灌为重点的工作高潮。抗旱高峰期,全县日最高引黄流量 24 立方米每秒,启用机井 5600 眼,出动劳力 1.8 万人,投入抗旱设备 4300 台。全年累计引水 1.6 亿立方米、提水 1.2 亿立方米,累计浇灌农田 21.33 万公顷,投入抗旱资金 3406 万元,抗旱工作取得明显成效。

主要做法和经验:一是领导重视,齐抓共管。县委、县政府高度重视,迅速行动,连续 4 次专门召开由各乡镇、办事处主要负责人参加的抗旱浇麦工作会议,明确各涉农部门的相关职责,形成一把手亲自抓、主管领导具体抓,一级抓一级、层层抓落实的工作机制。县主要领导每天都深入田间地头指导抗旱浇麦,乡镇负责人分头行动,形成了强大的抗旱浇麦"人民战争"态势。二是宣传发动,全民动员。长垣县电视台开辟了专栏,播报实时旱情,及时发布气象信息,开展小麦抗旱技术讲座,播放抗旱浇麦技术知识。还利用政府信息网站、手机短信等形式向广大群众宣传科学浇水和管理技术要点。同时,动员广大乡村干部带头抗旱浇麦,用实际行动引导群众,并通过电视台对抗旱工作中涌现出的典型事例进行专题报道,让群众自己说话,感染身边的人,力求做到一人行动、带动一片的效果,干部群众切实增强了抗旱保墒、小麦浇灌对增产增收重要性的认识。抗旱浇麦期间,共举办电视专题讲座 30 场,通过群发手机短信向群众发送麦田管理技术信息 28 条。三是科学分工,责任明确。县委、县政府领导实行包乡负责,深入到抗旱浇麦现场,做好督促协调;各乡镇实行乡领导包片,乡干部包村,村干部包户,组织和帮助群众解决抗旱浇麦中的各种具体困难和问题;水利部门根据不同旱情、不同水情,科学制订用水方案,及早将水情通报各乡镇,各乡镇工作人员逐村、逐户通知到位,利用一切能用的机具,以最大程度、最快速度投入抗旱浇麦中;各有关部门立足职能,全力做好电力保证、石油供应等后勤保障工作。四是入乡进村,科学指导。农业部门印发宣传技术资料和有关文件 5 万多份,抽派 6 个工作组 30 余名人员深入各乡镇进行具体指导和督导,出动 120 多辆宣传车在全县巡回宣传,入村培训指导。水利部门组织技术人员深入乡村指导农民科学浇水,实行宜井则井,宜渠则渠,宜塘则塘,充分挖掘一切可用水源。五是落实服务,真抓实干。第一,搞好引水调水。长垣县水利局先后 3 次召集各水管单位负责人,根据黄河水位偏低的实际,对引黄抗旱工作进行具体分析和安排;各水管单位及时与黄河河务部门沟通协调,努力争取引水指标,要求加大引水流量;抗旱期间,长垣县水利局组织 86 名专业技术人员,分组深入到抗旱一线和田间地头,针对不同旱情和水情,引导和帮助群众实行轮流浇灌、有序浇灌,落实各项节水措施。第二,出台优惠政策,鼓励群众打配机井。在全县范围内,对抗旱浇麦期间新打的机井,均可得到每眼 1000元的现金补助。仅此一项,就完成新打机井 300 眼,发放补助 30 万元。同时,对无水可引的区域和条件相对落后的乡村,由县财政全部出资,为满村、丁栾、南蒲、张三寨等乡(镇)新打机井 40 眼,完成投资 32 万元。第三,利用河南省下拨抗旱应急专项资金 1719 万元,新打机井 1098 眼,维修、重建渠系建筑物 85 座,延伸疏浚渠道 6 条长 50 公里,完成土方 49.7 万立方米。秋季抗旱期间,长垣县防汛抗旱指挥部还组织孟岗、方里、赵堤、佘家等乡镇对石头庄总干和沉沙池进行了清挖,长 2.3 公里,完成土方 3 万立方米,投资 15 万元,保证了河道输水畅通。第四,积极为群众解决抗旱难题。针对部分滩区乡镇引水困难的实际,及时发放排污泵 13台(套),投入引水抗旱;县财政紧急下拨 10 万元,为滩区的武邱、苗寨 2 个乡购买提水设备,抗旱油料,切实解决了群众的燃眉之急。

1949—2022 年长垣市抗旱浇地情况统计见表 4-2。1949—2022 年长垣市旱灾及抗旱救灾效益见表 4-3。

表 4-2　1949—2022 年长垣市抗旱浇地情况统计表

年份	有效灌溉面积/公顷			实灌面积/公顷	一般井/眼	机电井/眼	提水机械	
	渠灌	井灌	合计				内燃机/（千瓦/台）	电动机/（千瓦/台）
1949		13.33	13.33	13.33	45			
1950		46.67	46.67	46.67	314			
1951		66.67	66.67	66.67	437			
1952		286.67	286.67	286.67	1311			
1953		386.67	386.67	386.67	1707			
1954		506.67	506.67	506.67	1747			
1955	20.00	573.33	573.33	573.33	3238			
1956		6393.33	6413.33	6393.33	9730			
1957	60.00	7500.00	7560.00	7500.00	10211	38		
1958	4846.67	8500.00	13346.67	10500.00	11633	90		
1959	22460.00	8500.00	30960.00	41333.33	11363	90		
1960	29726.67	8500.00	38226.67	36666.67	11321	240		
1961	21153.33	6666.67	27820.00	17033.33	11633	240		
1962		1333.33	1333.33	400.00	6886			
1963		1733.33	1733.33	453.33	7212	97		
1964		2060.00	2060.00		4176	89		
1965	1666.67	4666.67	6333.34	6333.33	7435	102	165/25	52/13
1966	6133.33	8666.67	14800	20000.00	6503	893	1343/147	168/50
1967	6133.33	10000.00	16133.33	23333.33	7389	1700	4263/398	412/101

续表 4-2

年份	有效灌溉面积/公顷			实灌面积/公顷	一般井/眼	机电井/眼	提水机械	
	渠灌	井灌	合计				内燃机/(千瓦/台)	电动机/(千瓦/台)
1969	6000.00	15333.33	21333.33	26666.67	2631	2008	7056/1278	2200/440
1968	6000.00	11333.33	17333.33	23333.33	5281	1548	4116/700	551/148
1970	6000.00	17666.67	23666.67	25333.33	3801	3178	9628.5/1308	5520/1024
1971	6000.00	21000.00	27000	26666.67	4873	4250	14655.9/1914	9130/1826
1972	6000.00	24000.00	30000	25333.33	4981	4358	17617.2/2179	6818/1948
1973	4800.00	24333.33	29133.33	24666.67	6167	5544	18360.3/2498	9054/2012
1974	5000.00	25600.00	30600	32666.67	6775	6152	23007/3076	7449/1673
1975	5066.67	25933.33	31000	34000.00	6628	6005	29789.6/3701	8610/1966
1976	5066.67	25933.33	31000	32666.67	6939	6316	31581.5/3806	8732/2000
1977	5066.67	26266.67	31333.34	30000.00	7166	6543	31541.1/4237	4414/981
1978	5466.67	26666.67	32133.34	30666.67	7375	6752	38134/4552	7952/1868
1979	6000.00	26666.67	32666.67	29333.33	7382	6759	32392.9/4160	12096/2468
1980	7866.67	25333.33	33200	28000.00	7401	6778	31110.3/3856	13466/2941
1981	10866.67	22466.67	33333.34	30666.67	6778	6778	27528.7/3413	16190/3494
1982	10666.67	23333.33	34000	34000.00		6830	31676.3/4040	17828/4013
1983	11000.00	23333.33	34333.33	34000.00		6973	31752.7/4053	19188/4330
1984	9133.33	25533.33	34666.66	34253.33		7061	31752.7/4053	20678/4661
1985	9466.67	25533.33	35000	31400.00		7134	31986/4082	21289/4813
1986	11866.67	24133.33	36000	32306.67		7156	35346/4409	23018/4989

续表 4-2

年份	有效灌溉面积/公顷			实灌面积/公顷	一般井/眼	机电井/眼	提水机械	
	渠灌	井灌	合计				内燃机/（千瓦/台）	电动机/（千瓦/台）
1987	13926.67	22680.00	36606.67	31126.67		7209	37654/4602	24272/5074
1988	12006.67	22633.33	34640	33446.67		7499	35152/4583	28543/5678
1989	14860.00	19726.67	34586.67	30633.33		7492	31634/3608	17756/3590
1990	16140.00	20280.00	36420	36000.00		7861	33288/3797	18322/3694
1991	17560.00	20760.00	38320	36813.33		8054	36560/4142	19430/3886
1992	13206.67	26333.33	39540	38313.33		8204	63953/6947	26228/5264
1993	13966.67	26813.33	40780	33566.67		8316	67307/7292	26363/5294
1994	14046.67	26893.33	40940	32446.67		8388	68675/7444	26408/5299
1995	14353.33	26513.33	40866.66	33053.33		8480	69595/7546	26498/5319
1996	14353.33	26793.33	41146.66	33333.33		8590	70585/7656	26498/5319
1997	14353.33	27193.33	41546.66	33666.67		8700	71575/7766	26498/5319
1998	14353.33	27193.33	41546.66	34613.33		8700	71575/7766	26982/5363
1999	14886.67	26460.00	41346.67	34553.33		8688	71226/7734	27587/5413
2000	15220.00	26793.33	42013.33	35393.33		8808	71488/7760	28362/5483
2001	15220.00	27460.00	42680	36053.33		9054	72912/7932	29601/5598
2002	15626.67	27486.67	43113.34	36480.00		9471	74528/7939	31216/6108
2003	16726.67	26713.33	43440	42346.67		10151	93767/8505	29480/5896
2004	17900.00	25540.00	43440	42346.67		10387	105718/9589	28300/5660
2005	18126.67	25246.67	43373.34	42173.33		10395	99919/9063	28260/5652

续表 4-2

年份	有效灌溉面积/公顷			实灌面积/公顷	一般井/眼	机电井/眼	提水机械	
	渠灌	井灌	合计				内燃机（千瓦/台）	电动机（千瓦/台）
2006	18360.00	24946.67	43306.67	42640.00		10430	101209/9180	27925/5585
2007	18373.33	24900.00	43273.33	42606.67		10545	101286/9187	27875/5575
2008	18766.67	24773.33	43540	41333.33		10633	103447/9383	27730/5546
2009	18766.67	25066.67	43833.34	43166.67		11424	103447/9383	28060/5612
2010	19033.33	25066.67	44100	43433.33		11444	104924/9517	28060/5612
2011	19233.33	25066.67	44300	43633.33		11366	105994/9614	28060/5612
2012	18706.67	25066.67	43773.34	43773.33		11360	95410/8654	24100/4820
2013	18895.11	24934.89	43830	43830		10447	96371/8741	23973/4795
2014	19109.41	24850.59	43960	41000		10436	105336/9522	24105/4779
2015	18910.20	25179.80	44090	41000		10708	104246/9077	24299/4910
2016	19381.30	24908.70	44290	41000		12315	106926/9691	23947/4807
2017	19655.85	24764.15	44420	41040		12789	108363/10024	23773/4804
2018	20996.16	23543.84	44540	41080		13123	115741/10288	22838/4685
2019	21516.95	23573.05	45090	41080		12980	118558/10758	23102/4691
2020	22447.61	23712.39	46160	41280		13006	123911/10999	26084/4742
2021	22447.61	23712.39	46160	41280		11931	123911/10999	26084/4742
2022	30597.40	31389.60	61987	55787		11966	168989/15299	35125/6184

表4-3　1949—2022年长垣市旱灾及抗旱效益统计表

年份	实际播种面积/万公顷		主要受旱时段（月—月）	因旱少种面积/万公顷	作物受旱面积		农田受灾面积/万公顷			本年粮食总产量/万吨	旱灾损失		抗旱效益	
	粮食作物	经济作物			轻旱/万公顷	重旱/万公顷	总面积	其中			粮食/万吨	经济作物/万元	粮食/万吨	经济作物/万元
								成灾	绝收					
1949	11.73	1.07			0.27	0.07	0.59	0.35		5.85	0.08	5.82	0.02	1.21
1950	11.73	1.07			0.11	0.07	0.40	0.20		5.85	0.05	3.64	0.01	0.92
1951	11.31	1.15			0.93	0.67	2.67	1.60	0.63	6.7	0.7	56.02	0.2	18.12
1952	13.08	1.13			2.40	0.33	6.00	3.00		7.75	0.67	46.17	0.18	11.97
1953	13.06	1.17			0.93	0.40	1.33	0.67	0.36	10.25	0.36	25.73	0.12	8.96
1954	13.05	1.01			1.67	0.73	5.00	2.50	0.67	9.65	1.23	75.92	0.4	26.02
1955	12.79	0.95			0.40	0.17	1.13	0.57	0.14	10.05	0.7	41.44	0.2	13.91
1956	12.98	1.15								12.9				
1957	12.69	1.51	8—9		0.40	0.13	1.20	0.60		7.55	0.23	21.84	0.06	5.64
1958	11.89	1.54								7.85				
1959	10.06	1.61	9—12	0.20	2.80	0.53	4.67	3.73		6.40	1.4	179.62	0.5	60.12
1960	9.51	2.29	1—6	0.17	1.33	0.33	4.33	2.17		5.75	0.8	153.94	0.3	57.66
1961	8.81	1.31	1—3		0.13	0.07	0.47	0.20		4.35	0.05	5.97	0.01	1.98
1962	10.51	1.24	1—5		0.07	0.03	1.67	0.15		4.2	0.04	3.77	0.01	1.01
1963	10.81	0.98	6							5.1				
1964	9.85	1.23			0.80	0.27	1.10	1.10		6.1	0.25	24.9	0.06	6.62
1965	8.71	1.26	1—6	0.33	1.60	0.40	3.53	2.33	0.67	7.5	0.52	60.16	0.15	16.03
1966	8.34	1.41	1—6,9—12	0.40	2.67	0.67	3.91	3.91		7.55	0.88	118.74	0.31	41.27
1967	8.37	1.11	10		0.47	0.27	0.77	0.77		9.25	0.17	17.97	0.04	4.15

续表 4-3

年份	实际播种面积/万公顷		主要受旱时段（月—月）	因旱少种面积/万公顷	作物受旱面积		农田受灾面积/万公顷			本年粮食总产量/万吨	旱灾损失		抗旱效益	
	粮食作物	经济作物			轻旱/万公顷	重旱/万公顷	总面积	成灾	绝收		粮食/万吨	经济作物/万元	粮食/万吨	经济作物/万元
1968	8.27	1.26	1—6	0.20	3.00	0.40	4.28	4.28		7.60	0.96	116.96	0.1	43.53
1969	8.28	1.05	10—12		0.13		0.20	0.13		7.7	0.03	3.05	0.01	1.03
1970	8.63	0.84								9.6				
1971	8.48	0.89	1—5		0.27	0.07	0.35	0.35		11.05	0.08	6.69	0.02	1.87
1972	8.89	0.92	1—4		0.20		0.14			11.1				
1973	9.17	0.97	1—3		0.27	0.13	0.79	0.42	0.13	12.10	0.52	43.87	0.14	15.26
1974	9.49	0.89								12.15				
1975	9.63	1.11								13.50				
1976	9.34	0.89								10.30				
1977	7.32	0.93	1—3		0.53	0.27	1.00	0.81	0.19	10.15	0.65	65.83	0.15	13.03
1978	8.43	1.07	1—5		2.00	0.93	3.97	3.77	0.80	12.05	3.74	380.8	0.92	142.03
1979	9.53	0.98	10—11		0.53	0.47	1.63	1.03	0.40	13.81	1.68	138.16	0.51	42.16
1980	9.21	1.01	1—4		0.07	0.03	0.57	0.13	0.07	13.37	0.1	10.93	0.03	4.05
1981	9.23	1.01	1—5,10—12	0.27	2.40	0.67	4.07	3.12	0.65	12.07	4.04	440.8	1.25	145.59
1982	9.25	1.11	1—4		0.67	0.20	1.43	0.88	0.20	13.41	1.22	146.79	0.04	45.97
1983	9.37	1.09	8		0.27	0.13	0.79	0.43	0.07	19.40	0.04	4.64	0.01	1.36
1984	9.27	1.53	1—4		0.47	0.13	1.40	0.67	0.13	21.95	0.74	121.91	0.26	43.56
1985	8.78	1.37	6—7	0.24	1.33	0.53	3.50	2.24	0.47	19.33	3.066	476.76	1.028	185.13
1986	8.99	1.42	1—7	0.07	2.40	1.80	6.93	4.75	1.60	20.35	7.21	1144.72	3.09	512.36

续表 4-3

年份	实际播种面积/万公顷 粮食作物	经济作物	主要受旱时段(月—月)	因旱少种面积/万公顷	作物受旱面积 轻旱/万公顷	重旱/万公顷	农田受灾面积/万公顷 总面积	其中 成灾	绝收	本年粮食总产量/万吨	旱灾损失 粮食/万吨	经济作物/万元	抗旱效益 粮食/万吨	经济作物/万元
1987	9.34	1.59	1—5		1.73	0.53	3.82	2.37	0.53	22.55	21.74	466.54	1.32	246.53
1988	9.13	1.74	1—4,6	0.13	1.67	0.33	3.43	2.59	0.33	23.26	2.57	489.19	1.43	250.49
1989	9.18	1.65	2—4,9—12	0.07	0.80	0.20	2.02	1.28	0.20	24.91	1.69	303.82	0.08	14.99
1990	8.87	1.69	9—10		0.73	0.20	1.37	1.00	0.17	25.10	1.51	288	0.07	13.62
1991	8.63	1.88	9—12		0.10	0.04	0.24	0.16	0.03	27.30	0.04	8.71	0.02	4.42
1992	7.59	1.93	1—4,10—12		0.20	0.07	0.45	0.32	0.07	22.33	0.09	22.91	0.04	10.83
1993	8.50	1.67					0.03			27.07				
1994	8.07	1.79			0.01		0.02	0.02		28.69	0.12	26.61	0.05	13.46
1995	8.17	2.23	1—5		0.33	0.13	1.10	0.53	0.13	33.21	0.91	248.53	0.36	122.67
1996	8.54	2.20	1—3		0.10		0.16	0.10		35.89	0.99	23.14	0.04	13.54
1997	8.63	2.10	1—8,10	0.28	2.27	0.47	4.14	2.81	0.42	38.98	4.43	1043.9	2.36	498.76
1998	8.61	2.10								41.53				
1999	8.83	1.97	1—6		0.07	0.03	0.20	0.13		44.17	0.62	138.65	0.31	59.98
2000	8.57	2.34	1—5		1.60	0.60	3.00	2.30	0.60	42.58	4.48	1223.47	2.21	712.53
2001	8.33	1.88	1—5		1.10	0.23	2.00	1.10	0.23	43.63	4.01	1321.5	3.02	859.81
2002	8.21	1.98	1—5		1.20	0.87	1.93	0.73	0.22	44.84	4.12	1180.2	3.2	892.94
2003	8.46	2.46	3—5		3.40			0.65	0.09		3.3			
2004	8.40	2.58								42.08				
2005	8.59	2.52								44.12				

续表 4-3

| 年份 | 实际播种面积/万公顷 | | 主要受旱时段（月—月） | 因旱少种面积/万公顷 | 作物受旱面积 | | 农田受灾面积/万公顷 | | | 本年粮食总产量/万吨 | 旱灾损失 | | 抗旱效益 | |
	粮食作物	经济作物			轻旱/万公顷	重旱/万公顷	总面积	成灾	绝收		粮食/万吨	经济作物/万元	粮食/万吨	经济作物/万元
2006	8.94	2.77	5—6		4.40		0.40			54.41	1.2			
2007	9.00	2.84								61.97				
2008	8.98	2.75	8—9		3.50		0.70			63.95			1.1	
2009	9.05	3.12	1—3		4.00		3.50			70.2	1.3		2.8	
2010	9.12	3.00	2—3		2.60		2.60			72.35	3.5		1.12	
2011	9.25	2.95	1—2		4.16		3.89	1.16		75.67	1.15	2000	17	3000
2012	9.33	2.95	5—7		5.30					76.8	1.05		1.25	200
2013	9.4	1.93	8—10		3.07					60.15			2.06	230
2014	9.99	1.57	6,7		3.73					63.05			2.4	2100
2015	10.12	1.53	5,6		4.07					66.3			1.8	2700
2016	10.03	1.4								68.65				
2017	9.81	1.53	1—3		0.97					70.65			0.68	50
2018	9.88	1.68	1—3,7—8		0.8					73.2			1.28	610
2019	9.77	1.64	1—3,7—8		1					75.86			2.09	730
2020	10.69	1.09			1.9					79.25			2.28	480
2021										77.89				
2022	10.95	1.18								80.26				

第四节　防汛抗旱指挥机构

长垣市历届党委和政府对防汛抗旱工作都非常重视,每年都要调整、充实和巩固防汛抗旱指挥机构,带领全市人民与洪涝旱灾害作斗争,在抗洪保安、除涝减灾、抗旱保丰中取得了很大成就,积累了不少经验。

一、机构设置

长垣市肩负着黄河防汛和内河防汛的双重任务,在防汛抗旱指挥机构的设置上,主要形式有以下三种。

(一) 黄河、内河防汛指挥部分设

黄河防汛指挥部主要负责黄河抗洪抢险、滞洪迁安等,办事机构设在县政府治黄办公室或县黄河河务局(过去称修防段)。内河防汛指挥部主要负责内河防汛和除涝抗旱等工作,办事机构设在长垣县水利局。这种形式多见于 1950 年到 1960 年。

(二) 一个总指挥部三个分指挥部

县里成立一个防汛总指挥部,下边分设黄河防汛、天然文岩渠防汛、内河防汛三个分指挥部,另设一个溢洪堰滞洪办公室。这种形式多见于 1961 年到 1985 年。

(三) 一个指挥部三个办公室

县防汛抗旱指挥部下设黄河、城区、内河防汛三个办公室,县防汛抗旱指挥部办公室设在水利局,负责指挥部的防汛抗旱日常工作。黄河防汛抗旱办公室设在河务局,负责黄河防汛日常工作;县城区防汛抗旱办公室设在住房和城乡建设局,负责城区防汛的日常工作。这种形式见于 2020 年之前。县防汛抗旱指挥部设政委和正、副指挥长,由市委、市政府主要领导担任,水利局局长、河务局局长任副指挥长兼指挥部办公室、黄河防汛办公室主任。

指挥部成员由各局委领导组成。指挥部下设抢险、迁安救护、物资供应、监察治安保卫、宣传通信、气象 6 个责任组。

二、职责与任务

各级防汛指挥部在同级人民政府和上级防汛指挥部的领导下,是所辖地区防汛的权力机构,它具有行使政府防汛指挥权和监督防汛工作实施的职能。根据统一指挥、分级分部门负责的原则,各级防汛机构明确职守,保持工作的连续性,做到及时反映本辖区的防汛情况,果断执行防汛抢险调度指令。

(一) 防汛指挥机构的职责

贯彻执行国家有关防汛工作的方针、政策、法规和法令;制订和组织实施防汛工作方案及各种防御洪水方案;组织检查汛前防汛准备,组织汛后检查、水毁工程修复及清障等工作;负责有关防汛物资的储备、管理和防汛资金的计划管理;组织防汛抢险队伍,调配抢险劳力和技术力量;组织防汛通信和报警系统的建设管理;组织气象、水文测报预报,必要时发布洪水预报、警报和汛情公报;及时掌握雨情、水情、工情和气象形势,进行防汛指挥调度,组织指挥抗洪抢险,组织灾区群众的抢救和转移工作;开展防汛宣传教育,组织抢险演练和技术培训。

（二）防汛责任制

1. 行政首长负责制

在各行政辖区范围内，由主要行政首长担任本辖区防汛指挥部指挥长，全面负责本辖区防汛工作的组织协调、汛前检查、调度决策、工程抢险、后勤保障及可能出现的洪灾应急措施等，行使组织领导和指挥权，对全辖区防汛工作和上级防汛指挥部负责。

2. 防汛指挥部领导成员分工负责制

防汛指挥部领导成员明确分工，实行包河、包堤或包片责任制，负责所分工的河、堤、片的防汛组织领导、汛前检查、工程抢险等各项工作，对所分工河、堤、片的防汛工作和防汛指挥部负责。

3. 有关部门防汛工作责任制

河务、水利、发改、财政、商务、供销、邮电、铁路、交通、电力、公安等行业，按照长垣市防汛指挥部印发的《长垣市防汛指挥部成员单位职责》，结合本部门工作实际，落实部门防汛工作责任制，为实现抗洪减灾的目标服务。

4. 防汛指挥部办公室工作人员岗位责任制

各级防汛指挥部办公室工作人员按照分工建立工作人员岗位责任制，严格坚持24小时值班制度，做好指挥部的日常工作。

5. 防洪工程管理单位工作人员岗位职责

各防洪工程管理单位对所管工程、机电设备、通信设施、储备物资及汛情信息收集、汇报制度等建立各项工作责任制，把责任落实到基层和个人。

（三）队伍与任务

防汛队伍一般由县、乡防汛指挥部负责组织建立，实行以民兵为骨干的群众性组织形式，落实领导、组织、任务；在汛前进行必要的技术培训和实战演习，做到召之即来，来之能战，战之能胜。防汛队伍一般组建以下几种。

1. 防汛专业队

防汛专业队是防汛抢险的技术骨干力量，由河道堤防、闸坝等工程管理单位的专管和群管人员组成。其任务是划定防守范围，明确防汛任务，熟悉工程情况，密切观察雨情、水情、工情变化，并迅速向主管部门报告。

2. 防汛常备队

防汛常备队是群众性防汛队伍的基本组织形式，由沿河道堤防两岸、闸坝周围和蓄滞洪区内的乡、村、城镇的民兵和青壮年组成，是一线防守力量。汛前造册登记编成班组，做到人员、工具、料物、抢险技术四落实，其任务是分包防守堤段和防洪工程，必要时投入抢险防护。

3. 防汛预备队

防汛预备队是防汛的后备力量，为补充加强一线防守力量而组建，人员组成可以扩大到距离河道堤防、闸坝、蓄滞洪区较远的乡镇。其主要任务是防御较大洪水或承担紧急抢险任务。

4. 防汛机动抢险队

防汛机动抢险队是由水利工程管理单位或县、重点企业组成的抢险队伍。配备一定数量的抢险工具，具备一定通信、运输能力和专业技术人员，组织严密，指挥统一，承担重大险情的紧急抢救任务。

2020年，根据河南省政府81次常务会议精神，防汛抗旱指挥部相关职能由水利部门调整到应急管理部门,防汛抗旱指挥部及其办公室设在应急管理部门,负责统一组织、统一指挥、统一协调自然灾害类突发事件的应急救援,统筹综合防灾减灾救灾工作。水利部门主要承担预警预报、水利工程调度和为防汛抢险提供技术支撑的任务,设立内河防汛抗旱办公室。2020年5月25日,长垣市水利局和长垣市应急局完成了防汛职能交接。

第五章　水利经济

水利综合经营是水利企事业单位的重要经济来源。全县水利系统职工在搞好水利建设、做好防汛抗旱等工作的同时,多方筹措资金,实行"一业为主,多种经营",增加收入,扩大就业渠道,促进水利产业的发展。

第一节　综合经营

自1983年开始,长垣县水利局相继成立一些自负盈亏的经营型企业,承揽长垣县水利局下达的水利建设工程及社会上的业务,取得了明显经济效果。

一、事业单位经营企业

(一)水利建设工程公司

1973年,长垣县水利局成立建桥专业队,简称桥队。一个施工点为一个小队,由工程技术干部带队,施工经费由财务股管理,人员工资由人事股核定,按月计发,不负盈亏。1983年3月,桥队更名为水利局施工队,顿云龙任队长,实行独立核算、自负盈亏,隶属于工程股管理。1984年施工队从工程股分出,成为水利局二级机构,于朝铭任队长。1991年,杨国法任队长。1993年4月,施工队与挖泥船队合并,更名为水利建设工程公司,定编为自收自支事业单位,杨国法任经理,职工32人。1994年10月,顿云汉任经理。1996年10月,刘双成任经理。1999年8月,王茂林任经理。2005年6月,更名为长垣县江河水利水电工程建筑有限公司,张来书任经理。公司在册职工38人,有技术职称人员8人,工程师4人。各专业工种齐全,技工、特种工经过严格培训,全部持证上岗。公司下设7个工程施工队、1个机械化作业队。属股份制三级水利水电总承包企业。公司注册资金680万元,有各种机械设备73台(套),能独立承担中小型水利水电项目、中小型市政及道路工程的施工。2020年企业改制中,该公司被撤销。

(二)水利基础工程公司

水利基础工程公司前身为水利局打井队。1984年以前隶属水利局农水股。1984年机构调整,成立水利局打井队,王惠安任队长,共有职工30余人,主要业务是打井、洗井,属水利局二级机构,单独核算,自收自支。1987年李聚美任队长。1989年韩济重任队长,副队长李长林,技术负责人韩卫,职工45人,主要业务是打井、洗井,兼营标准件批发,有打井和洗井设备11套,年收入165万元。1994年赵军书任队长,副队长杜怀勋,技术负责人韩卫,主要业务是打井、洗井,兼营桩基及修建桥涵,年收入110万元。1996年,县建设银行12层大楼的桩基由公司施工,获得优质工程称号。同年更名为水利基础工程公司,首任经理牛守东,副经理杜怀勋,技术负责人韩卫。1999年杜怀勋任经理,副经理贾金一,技术负责人赵振兴。2002年贾金一任经理,副经理赵振兴。2005年尚俊奎任经理,王庆芳任副经理。2020年企业改制中,该公司被撤销。

(三)挖泥船队

为解决沉沙池及引黄口门清淤问题,1990年3月水利局投资15万元,从广州购置一艘时效40立方米的挖泥船。1991年11月,组建挖泥船队,实行机械清淤,减轻农民负担。任命张来书为副队长,主持工作,顿云汉任副队长,办公地点设在水利局。当年清淤泥沙10余万立方米。1992—1993年,先后投资20余万元,购置4套清塘机,配合挖泥船全年不停清挖淤沙。使黄河水源源不断地输送到石头庄灌区,保证了农田及时灌溉。1993年4月,挖泥船队与施工队(水利建设工程公司)合并。

(四)汽车队

1982年水利局成立汽车队,地址在局机关南院,后迁到东关预制厂。当时共有汽车7部,其中解放牌汽车3部、上海交通1部、南京嘎斯车1部、青海湖柴油车1部、北京212吉普车1部、40型拖拉机2部,人员13人,左俊敏任队长。1984年鲍留然任队长,主要业务是为水利建设工地运送建筑材料,对外承揽运输业务,单独核算,自收自支。由于经济效益不好,1987年汽车队撤销,卖掉3辆汽车,剩下的车随司机分到打井队、施工队、石头庄管理所和除涝管理所,根据车况好坏,每辆车配2—3名司机。

(五)物资供应站

1993年1月,局机关财务股合并到办公室,财务股富余人员承包了水利局仓库,取名为水利物资供应站,傅秀红任站长。主要经营钢材、水泥、木材,定额上缴,自收自支。1996年8月,撤销水利物资供应站,其业务划转到水利公司。

(六)水利公司

1984年底,水利局机构改革,成立长垣县水利公司,殷万州任公司经理,萧永庆、王玉轩任副经理。公司性质为事业单位,企业管理,自收自支。办公地点设在水利局,以经营排灌机械为主。1985—1987年,实现经营收入20万元、利润1.3万元。1988年,宋新民任水利公司经理,仍以销售排灌机械为主,当年实现销售收入8万余元、利润0.5万元。1989年陶志国任经理,水利公司精简富余人员,开创新业务,除原来单一的经销排灌机械外,新增加冶金业务。1990—1995年,累计销售95万余元,创利润11万元。1996年8月,水利物资供应站合并入水利公司,水利公司更名为物资供应站,扩大经营范围,增加钢材、水泥等建筑材料,并在县城西关设立1个经营网点,经营额连年提高。1996—2001年,经营额达590万元,实现利润42.3万元。2007—2012年,郝天俊任经理。2020年企业改制中,该公司被撤销。

(七)抗旱服务队

1996年,从水利建设工程公司分出一部分人和设备,组建长垣县抗旱服务队。9月1日挂牌办公,队长王继文,定编为自收自支事业单位。主要业务是河道清淤、抗旱服务、工程建设等。抗旱服务队有管理人员9人,技术人员5人,工人43人,其中在编人员12人。下设3个施工分队:抗旱服务分队、水利工程施工分队、打井分队。办公面积96平方米,仓储面积610平方米,固定资产312.6万元。主要抗旱设备有:应急拉水车2辆,打井洗井设备6台(套),移动灌溉设备146台(套),移动喷滴灌节水设备7台(套),输水软管9000米,大型挖掘机1台,推土机2台,装载机3台,是长垣县农业社会化服务体系中实力最强的经济实体。

二、水利企业

(一)水工预制厂

该厂成立于1968年,位于长垣县城东关外、长孟公路路北,占地面积0.67公顷,原由电业局管理,1974年归水利局管理,李呈瑞任厂长。原名水工预制厂,是水利系统最早的企业。1978年李呈瑞任水利局副局长兼任厂长。1979年张守学任水利局副局长兼任厂长。1984年该厂更名为水工冶造厂,李永瑞任厂长。1985

年下设 3 个分厂:水工机械厂,王同山任厂长;水工配件厂,傅乃甫任厂长;预制厂,秦士轩任厂长。

主要生产预制构件、井管、涵管。1986 年产值 20 万元,利税 0.5 万元。1987—1990 年,购置 5 套 120 厘米的涵管壳子,总产值 80 万元,销售收入 66 万元,税金 2 万元。1991—1996 年购置 1 套辗辊机设备,销售收入 138 万元,产值 166 万元,利税 6.2 万元。1997 年,开始生产城市和居民排污管,1997—2001 年销售收入 72 万元。

(二)中原精密钢管厂

该厂始建于 1983 年,属长垣县水利局全民预算外企业,厂长郭丙贞。地处县城东关、长孟公路北侧,占地面积 0.73 公顷,各种机械设备 42 台(套),固定资产 788 万元。职工 115 人,其中技术人员 24 人,主要生产不锈钢无缝管。

中原精密钢管厂原属水利局预制厂的一个车间,1983 年随着改革形势的发展,成立长垣县水化冶炼厂,厂长郭丙贞,主要靠回收铜、铝、铅等有色金属的废料进行冶炼加工。1984 年,更名为拉管厂,主要是收旧不锈钢管,除污翻新后出售。1986 年,开始拉拔加工不锈钢管。1990 年曾取名印染设备厂,但与拉管厂为一个厂家两个牌子。1994 年 3 月,为了提高信贷信誉,更名为中原精密钢管厂,由集体企业变为全民小二型企业。

1992—1998 年连续 7 年累计创产值 5845 万元,实现利税 545 万元。2000 年,该厂面对经济效益下降、市场疲软、工业生产不景气的现状,制定管理目标,严格规章制度,层层落实责任制,在逆境中前进,在困境中发展。2001 年,各方筹措资金,新增 70 号穿孔机组及配套设备,新建 8 间厂房并配备 2 台行车,有效改变生产环境,减轻劳动强度,提高了工作效率。当年创产值 1150 万元,上缴税金 50 余万元。中原精密钢管厂被评为河南省水利系统先进单位。

(三)新乡市德诚不锈钢有限公司

新乡市德诚不锈钢有限公司位于长垣县城北关虹桥北、唐满沟西侧,占地面积 0.33 公顷,注册资金 360 万元,总资产 440 万元,有职工 21 人。

该公司最初叫水工机械厂,1985 年从预制厂初分,1987 年彻底分离,王同山任厂长。1989 年 10 月,成立金属冶造厂,姚存建任厂长。同年成立化工材料厂,岳金臣任厂长。1990 年 8 月,成立轻纺机械配件厂,师廷林任厂长。1991 年 10 月轻纺配件厂、化工材料厂与水工机械厂三厂合一,1992 年 1 月正式命名为特种钢材厂,师廷林任厂长。1992 年 8 月,岳金臣竞争应聘接任厂长,更名为新乡市黄河特钢厂。1996 年 8 月,岳金臣免职,张新兴接管。1997 年 8 月,张德诚接任厂长,特钢厂停产,成立新乡市德诚不锈钢有限公司。1998 年 2 月,陈其军接任公司经理。

该公司主要生产不锈钢圆管、方管,产品远销全国各地。2000 年,投资 20 万元购置中频电炉设备 1 台,搞不锈钢精密铸造,生产各种不锈钢精密铸件和铜、铝、铁铸件,当年产值达 400 万元,实现利润 32 万元。2001 年 10 月,自筹资金 60 万元,扩建厂房 840 平方米,新购不锈钢门窗生产设备 13 台。

(四)长垣县精轧管有限公司

公司位于县城东关、长孟公路北侧,占地面积 0.33 公顷,固定资产 60 万元,有职工 36 名。精轧管有限公司原为水工配件厂,是水工冶造厂的一个分厂,1985 年从水工冶造厂分出,傅乃甫任厂长。1987 年更名为水工机械厂,刘亚涛任厂长。1996 年 6 月,张东怀任厂长,更名为长垣县钢管厂。1998 年 10 月,郝天俊任厂长,更名为长垣县精轧钢管有限公司。2000 年,赵学信任厂长。2003 年郝天俊任厂长,主要生产汽车用内缸精密钢管。2001 年产值达 22 万元,实现利润 10 余万元。

(五)长垣县群星医药包装厂

厂址位于县城东关,占地面积 0.33 公顷。成立于 1987 年 12 月,原名长垣县冶造厂,主要生产煤矿用铅制扇形板,厂长张敬州。主要设备有制瓶机 8 台,固定资产 20 万元,有职工 36 人。

1994 年,由于市场需求发生变化,水工冶造厂生产的扇形板积压严重。7 月,经考察和论证,水利局党组决定停产扇形板,由水利局投资 70 万元,新上药用口服液生产线。长垣县冶造厂更名为长垣县群星医药包装厂,任命郭合群为厂长,1995 年销售收入 60 万元。1996 年,由于厂领导管理不力,致使该厂负债达 120 万元,用户拖欠 60 万元,导致企业陷入困境,企业恢复生产无望,面临倒闭,给水利经济造成一定的损失。

三、乡(镇)水利站及工程管理单位综合经营情况

2001 年,全县 17 个乡(镇)水利站及 4 个管理所在完成水利基本建设工作的同时,都抽出人员大力开展多种经营,增加职工收入。同年,石头庄灌区管理所集资 30 万元,购置挖掘机 1 台,年经营收入达 12 万元。恼里镇水利站投资 10 万余元,购置推土机 1 台,年创收 3 万余元。张三寨乡水利站批发摩托车配件,年创利润 2.6 万元。其他乡(镇)水利站、管理所也都相应上了新项目。截至 2002 年底,各乡(镇)水利站投入到多种经营的设备、机械等固定资产达 117 万元,有从业人员 60 多名,年经营收入达 677 万元,完成利润 67 万元。

2002—2022 年,水利系统各基层单位的各种经营项目,由于经营不善,基本上处于亏损状态,相继停止。唯有魏庄水利站还有十几间门市房出租,收取一些租金。

四、企业改制

2003 年,为贯彻落实中共河南省委、河南省人民政府《关于进一步深化国有企业改革的决定》和新乡市人民政府《关于深化国有企业产权改革的意见》,长垣县水利局印发《关于成立企业改制工作领导小组的通知》,局长杨国法任组长,副局长陈爱民、王富廷、赵运锁,纪检组长赵国庆任副组长。成员由局办公室、人事股、多经办、财审股主要成员组成。领导小组办公室设在多种经营办公室,同年 7 月,又印发《关于成立清产核资领导小组的通知》,局长杨国法任组长,副局长陈爱民、王富廷、赵运锁,纪检组长赵国庆任副组长。改制对象是水利局下属的 5 个水利企业。

(一)水工预制厂改制

2005 年 11 月 20 日,水工预制厂提交改制申请,制订改革方案。12 月 2 日,局企业改制领导小组在水工预制厂办公室召开全体职工大会,修改通过改制方案,并上报县国资局。12 月 9 日,经新乡市融通资产评估事务所评估,资产价值总额为 141.66 万元,负债为 98.15 万元,净资产为 43.51 万元。12 月 26 日,县国资局印发《关于对长垣县水工预制厂资产评估项目予以核准的函》。12 月 30 日,县水利局印发《关于长垣县水工预制厂改组为长垣县长远水工预制有限责任公司的批复》,同意该厂的改制方案及申请,要求企业改制后,妥善安置好水工预制厂干部、职工,包括离退休人员,并到县劳动部门及时变更劳动手续,需解除劳动关系的,按照有关政策进行经济补偿。该厂的所有债权、债务均由新企业承担,并及时缴清所欠的社会养老保险金。2006 年 1 月 6 日,县经济体制改革委员会下发《关于长垣县水工预制厂改组为长垣县长远水工预制有限责任公司的批复》。3 月,水工预制厂按照改制方案与职工签订了《解除劳动协议书》,职工按照有关政策得到补偿,该企业改制完毕。

（二）新乡市中原精密钢管厂改制

2001—2003年由于市场疲软，新乡市中原精密钢管厂资金周转不畅，形成大量三角债。2003年6月被迫停产，无力偿还到期债务，向长垣县人民法院提出破产申请，准备进行企业改制。2004年7月14日，长垣县人民法院发出民事裁决书，宣告新乡市中原精密钢管厂破产还债。7月25日，新乡市中原精密钢管厂成立破产清算小组，委托新乡市融通资产评估事务所对该厂机器设备和厂房等进行资产评估审计。2005年1月17日完成资产评估报告，5月20日县国有资产管理局印发《关于对新乡市中原精密钢管厂资产评估项目的函》，6月8日县豫垣土地价格评估公司完成土地估价报告。7月6日，长垣县人民法院发布变卖部分资产公告，7月19日在长垣县人民法院召开新乡市中原精密钢管厂债权人会议。9月13日，水利局破产清算小组印发《新乡市中原精密钢管厂破产清算报告》。9月26日，水利局破产清算小组向长垣县人民法院提交申请，对该厂破产和使用的国有划拨土地变卖和出让所得资金制订出分配方案，并于9月12日经债权人会议通过，请求法院批准。10月9日，长垣县人民法院发出民事裁定书，同意该厂破产清算小组分配方案，由清算组负责执行。12月15日，分配方案执行完毕。12月31日，长垣县人民法院作出《破产程序终结裁定书》，终结本案破产程序。

（三）长垣县群星医药包装厂改制

由于产品销路不畅，亏损严重，该厂于1996年停产。2003年10月15日，该厂向县企业改制领导小组及水利局上报了关闭申请。10月20日，长垣县水利局下发《关于免去郭合群同志职务的通知》，成立包装厂改制领导小组，组长由闫新伟担任。11月10日，针对关闭申请和改制方案召开全体职工大会，经讨论，全体职工一致同意关闭方案。关闭后把原企业所有机械设备及厂房整体转让，所得资产用于补偿全体职工，并解除劳动合同关系。2004年3月6日，长垣县水利局批准了该方案。2005年10月30日，该厂与职工签订了解除劳动关系协议，该厂改制完成。

（四）长垣县精轧管有限公司（原长垣县钢管厂）改制

2000年，由于市场疲软、经营亏损、负债较重，该厂一直处于停产状态。2002年1月，该厂向长垣县人民法院提出破产申请，2003年1月7日长垣县人民法院下达《长垣县人民法院破产程序终结裁决书》。3月5日，长垣县水利局下发《关于注销长垣县钢管厂的决定》，钢管厂破产完毕，工人由长垣县水利局安置。厂区土地使用权归水利局所有。2003年5月，长垣县水利局为安置职工，在原钢管厂基础上重新组建长垣县精轧管有限公司，任命郝天俊为法人代表，主要经营管材加工。由于市场萎缩，产品无竞争力，一直亏损，职工常年下岗在家。2006年，长垣县水利局企业改制领导小组多次召开全体职工大会，商讨企业整改方案，经职工同意一致通过改制方案，根据新乡市劳动和社会保障局、财政局、国资局《关于依法破产企业职工安置补偿办法〈试行〉规定》，从该厂的破产和土地使用权出让金中一次性支付职工补偿金，并签订解除劳动关系合同，完成了企业改制。

（五）新乡市德诚不锈钢有限公司改制

由于公司设备陈旧、资金短缺、无法正常生产，2005年3月该公司向县水利局写出申请，申请企业改制。按照省、市、县企业改制精神，长垣县水利局于2005年4月4日对新乡市德诚不锈钢有限公司的申请进行批复，同意该企业以租赁形式进行改制，妥善安置职工，防止国有资产流失。2007年11月6日，新乡市德诚不锈钢有限公司向长垣县水利局上报《关于德城不锈钢有限公司以土地使用权安置职工、偿还债务的申请》。11月10日长垣县水利局对新乡市德诚不锈钢有限公司申请进行了批复。2008年职工得到安置补偿金后，与该厂解除劳动合同关系，该厂改制完成。

（六）生产经营类事业单位改制

根据《河南省财政厅印发《关于进一步明确从事生产经营活动事业单位改革有关财税政策的通知》（豫财综〔2018〕26号），《中共长垣县委办公室长垣县人民政府办公室印发《关于从事生产经营活动事业单位改革的方案》的通知》（长办文〔2017〕25号）精神及相关配套政策规定，对长垣市水利建设工程公司、长垣市水利基础工程公司、长垣市水利服务公司、长垣市抗旱服务队四个生产经营类事业单位进行改革。采取合并接收转隶方式进行改革，四个单位所有资产均归接收单位长垣市水利局所有。人员安置本着数量不变、身份不变、编制性质不变、社保参保方式及缴纳方法不变的原则，全部转隶至长垣市水利局，对于退休职工，退休金及生活补贴仍由养老保险经办机构发放。

撤销长垣市水利建设工程公司、长垣市水利基础工程公司、长垣市水利服务公司、长垣市抗旱服务队，于2020年11月成立长垣市垣水建设有限公司，注册资金为12000万元，属长垣市水利局独资企业，法人为史洪刚，股东为长垣市农村饮水安全工程服务中心和长垣市大功灌区所。2021年7月正式运营。2022年1月变更为长垣市垣水建设集团有限公司，下设3个子公司，分别为长垣市垣水建设工程有限公司、长垣市垣水供水有限公司、长垣市垣水水资源管理有限公司。

长垣市垣水建设集团有限公司为投资决策中心、战略决策中心，以实现战略控制、协同效应为目标，主要负责集团业务组合的协调发展、投资业务的战略优化和协调，以及战略协同效应的分析与培育。

长垣市垣水建设工程有限公司于2021年1月成立，法人为张鹃鹏，注册资金为5000万元，属垣水集团子公司。营业范围为水利水电工程总承包、测绘服务、水利工程质量检测、工程造价咨询、河道采砂等。2021年7月长垣市垣水建设工程有限公司办理了水利水电工程总承办三级资质。目前主要承担水利工程建设工作。

长垣市垣水供水有限公司于2021年1月成立，法人为李向涛，注册资金为3000万元，属垣水集团子公司。营业范围为自来水生产与供应、农村供水工程运行维护、水厂配套设备及零部件销售、劳务分包等。目前主要承担农村供水工程日常维护工作。

长垣市垣水水资源管理有限公司于2021年1月成立，法人为侯英华，注册资金为3000万元，属垣水集团子公司。营业范围为水资源管理、城市公园管理、游览景区管理、游乐园服务、休闲观光活动、公园景区小型设施娱乐活动、园林绿化工程施工、乡村旅游资源的开发经营、生态保护区管理服务等。目前主要负责水系公园的运营维护工作。

第二节 渔业生产

长垣市河道纵横交错，坑塘星罗棋布，水利条件优越。全县总水面1.02万公顷，其中河道9866.67公顷、坑塘333.33公顷，均为可养水面。已养水面401公顷，这些水面大多分布在黄河滩区及沿天然文岩渠各乡镇，其中仅南蒲办事处养殖水面就达46.67多公顷。长垣市渔业资源丰富。据调查统计，共有鱼类7目10科32种，草鱼、鲢鱼、鳙鱼、鲤鱼、鲫鱼、热带鱼、虾、蟹、泥鳅为主要养殖对象。

一、发展概况

长垣市发展养鱼起步很晚，1980年以前基本上以捕捞为主，养殖也是只放鱼种不投饲料，以自给为主。当时，由于人民群众的生活水平较低，大部分群众没钱买鱼吃，尤其是营养价值较高的甲鱼、黄鳝等，更是无人问津。渔业生产难以发展。中共十一届三中全会以后,特别是进入 21 世纪,人民生活水平大幅提高,对水产的需要极大增加,渔业生产发展突飞猛进。1980 年以后,长垣县渔业生产稳步提高,主要表现为:养殖面积由 1983 年的 17.67 公顷提高到 2022 年的 401 公顷,水产品产量从 1983 年的 50 吨提高到2022 年的 4750 吨,水产品捕捞量从 1983 年的 20 吨提高到 2022 年的 2327 吨,鱼种产量从 1983 年的 50万尾提高到 2022 年的 605 万尾,并且鱼种均为 4 寸以上的大规格鱼种。

二、优种繁育

在长垣民间由于多年养成了以鲤鱼、草鱼为主吃鱼习惯的影响,名优品种养殖基本上是一个空白。只是在 1994 年以后,部分养殖专业户才试着养一些胡子鲇、罗非鱼、淡水白鲳等,但收益都不大。1992—1996 年由于甲鱼价格居高不下,也有一些养殖专业户养了一些甲鱼,但因生长周期长且没有甲鱼饵料,因而最后都没有形成规模。2005—2022 年间,水产品养殖开始向多元化方向发展。

(一)建立供种基地,开展特色养殖

1992 年以前,长垣养殖专业户所需鱼种大都从辉县、封丘、开封等地购进,由于运输距离长且水温有一定的差别,成活率较低。

早在 1976 年,长垣曾在石头庄建立了一个鱼种繁殖场,有职工 4 人,有水面 1.67 公顷,年产鱼苗 30万尾。由于经营管理不善,技术水平低,以致不能发挥应有效益,1983 年 8 月停办,仅由此积累了一些经验。1993 年,长垣县在张寨乡甄庄村再次建立了 10.67 公顷鱼种场,乡政府及市、县水利局给予大力扶持和资金投入,年产鱼种 100 多万尾,效益良好,除供长垣养殖户用外,还供给周边县市,在 1994 年鱼种短缺时,该渔场的鱼种销往濮阳、清丰县及河北磁县等地。

2009 年全县开始调整养殖结构,积极开展特色养殖,建设规模化养殖基地,培育水产龙头企业和水产合作社。先后创建的特色养殖基地有:赵堤镇桑园村泥鳅养殖基地,面积 6.67 公顷;武邱乡曹店村泥鳅苗种繁育养殖基地,面积 13.33 公顷;芦岗乡杨桥村观赏鱼养殖基地,面积 6.67 公顷;魏庄镇参木村河蟹养殖试验基地,面积 46.67 公顷。同时尝试引进试养了罗非鱼、美国鮰鱼、南美白对虾、中华鳖、淡水白鲳鱼等。

2014 年,河南顺鑫生态农业有限公司积极推进生态健康的养殖模式,在苏庄村建成核心示范区 100公顷,采用工厂化车间、外塘两种养殖模式。发展南美白对虾、加州鲈鱼、黄颡鱼 3 个品种的养殖。现已建成南美白对虾工厂化车间 600 平方米,亩产可达 3300 公斤。加州鲈鱼养殖塘 13.33 公顷,亩产可达2250 公斤,黄颡鱼养殖塘 3.33 公顷,亩产可达 2500 公斤。公司采用农业物联网模式,利用现代信息技术的农业发展方式,配套有全自动池塘供氧系统,远程鱼病诊断系统,公司与美国大豆协会、河南示范大学合作通过人工设计生态工程,协调经济发展与环境之间、资源利用与保护之间的关系,形成生态和经济的良性循环,实现农业的可持续发展。

2016 年,河南水投华锐公司受控式高效循环水集装箱养殖热带鱼项目,以废旧集装箱为载体将现有的水产养殖前沿技术(紫外线物理杀菌技术、生物过滤技术、生物膜技术及宏基因组调控技术等)整合其中,形成了以集装箱为单位的,具备循环水养殖、高密度养殖等特点的高效养殖系统。充分利用电厂余热资源发展热带水产养殖,主要品种有罗非鱼、翡翠斑、宝石鲈等。

(二)养殖方式及养殖品种

水产养殖包括池塘养殖、工厂化养殖和集装箱养殖。主要以池塘养殖为主,养殖品种以草鱼、鲢鱼、鲤鱼、鲫鱼、鮰鱼、鲈鱼、鲶鱼等常规品种为主;名特优养殖有河蟹、黄颡鱼、泥鳅、鲈鱼、南美白对虾等品种,集装箱养殖品种主要有南美白对虾、斑节对虾、宝石鲈鱼、鳜鱼、加州鲈鱼、罗非鱼等。

三、技术推广

养鱼新技术的推广,是养殖产量大幅度提高的技术保证。长垣先后普及和推广了多品种混养、以鲤鱼为主的高产养殖模式。放养品种和规模逐步由小到大,以放养3~5寸鱼为主。鱼池建设也逐步由浅到深,三类坑塘已基本消失。80%的鱼塘达到一类坑塘要求,基本上形成了成鱼池面每个0.67公顷、鱼种池面每个0.33公顷的格局。鱼病防治从不重视提升到了积极进行综合防治,技术上的突破和革新使全县养殖单产由1983年的188公斤每亩发展到2022年的3300公斤每亩,优质鱼比价提高了65%。全县还先后完成了省市下达的高产养鲤33.33公顷的技术推广、大面积中高产技术的推广、罗非鱼的引进及越冬管理技术等,均取得了较好的效果。

积极开展渔业科技进塘入场到户活动,推广十大主导品种和主推技术,探索新的养殖模式、养殖品种,并且取得了可喜成绩,如河南水投华锐公司受控式高效循环水集装箱养殖热带鱼项目、河南顺鑫生态农业有限公司工厂化养殖南美白对虾项目、赵堤镇水产园3000亩螃蟹养殖、武邱曹店的300亩泥鳅苗种繁育养殖及苗寨乡杨楼村的100亩观赏鱼养殖等。名优水产品比例不断提高,产品结构日趋合理,市场竞争力进一步提高。

四、休闲渔业

从2007年开始,休闲渔业开始在长垣县逐步发展起来,县城周边、各乡镇将自然坑塘承包给个人,或者个人挖坑养鱼供人垂钓;有40多公里长的天然文岩渠成了人们休闲垂钓的乐园,带动了休闲渔业的发展。2022年全县有垂钓水面85公顷,休闲渔业总产值达220万元,增加值92万元,有效拓展了渔业发展空间,增加了渔业收入。

全县休闲渔业大致可分为三种类型:一是养殖垂钓型。即利用池塘、天然文岩渠带围栏养殖基地的渔业设施,以养为主,放养斤两鱼种和部分成品鱼,配备一定设施开展垂钓业务。这是最为普遍的一种休闲渔业项目,分布范围最广。代表人物有:蒲北区南堆村刘学海,承包水面3.33公顷,年收入33万元;蒲东区顿庄村孙士同,承包水面2.67公顷,年收入14万元;芦岗乡王辛庄村王朝清,承包水面0.4公顷,年收入3.5万元;蒲北区史庄村张利民,承包水面20公顷,年收入40万元。二是垂钓型。专事垂钓休闲,不进行养殖。三是垂钓餐饮结合型。即专业垂钓单位同时兼营餐饮业,既满足城镇居民生活质量提高的需求,也有利于带动相关产业的发展,经济效益和社会效益较为明显,具有良好的发展前景。代表企业有恼里黄河生态旅游区、玫瑰园休闲度假村、芦岗黄河湾旅游区等。

五、个体养殖

长垣县渔业在集体养殖稳步发展的同时,个体养殖也得到迅猛发展。其中樊相镇5户养殖面积达14公顷,城关镇4户26公顷,方里乡3户6公顷。并且这些养殖专业户都掌握了熟练的养殖技术,并且有了一定的规模和水平。2006年开始,养殖模式由原来的粗放管理向精养高产模式转化,由单纯养鱼向"猪场—沼气池—养鱼""种莲—养鱼""种水稻—养鱼蟹"等立体模式发展。扶持河南水投华锐水产有限公司"余热利用年产7700吨热带鱼新建项目"400万元,扶持河南省融余农业开发有限公司"水蛭标准化养殖基地扩建项目"200万元,扶持河南胜雪高新农业有限公司"水产(休闲)基地扩建、重建、改造项目"200

万元,扶持河南顺鑫生态农业有限公司"流水槽循环水养殖项目"70万元。2022年,全县共有规模养殖户182户,养殖面积401公顷。

六、渔政管理

1986年以前,水产管理由长垣县水利局下属企业水利服务公司负责。1987年底,长垣县水利局成立了水产股,专职负责全县渔业行政管理、计划统计、科研推广等工作。

1987年10月14日,《中华人民共和国渔业法》的颁布,使渔业生产有法可依。同年,长垣县配备了渔政监察人员与水产股一起办公,负责维护全县养殖秩序。

1990年长垣县水利局成立水政水资源办公室以后,渔政管理归口水政水资源办公室,配备2名工作人员。其职责是:代表国家行使渔政监督管理权;代表县人民政府对长垣县区域内的所有水面、滩涂核发养殖使用证,向从事捕捞者按规定颁发捕捞许可证;对各种渔业及渔业船舶的证件、渔船、渔具、渔获物和捕捞方法进行检查;与水政执法人员联合执法,壮大执法队伍,加大执法力度,为一些养殖专业户办理坑塘养殖使用证共计18本。但由于养殖效益一般,一直没有征收坑塘养殖增殖费。

2005年,按照上级政策,渔政管理划归长垣县农业局,设水产渔政科和水产技术推广站。

第六章　水利科技

长垣县水利技术推广始于1950年,中华人民共和国成立之后的第一个五年计划期间,大力发展井泉建设,长垣县每年都要举办几期打井下泉培训班,大力推广打井下泉的新技术、新方法。1973年,水利局农水股股长张舜琴试制成功"250型水冲动力钻机",并在全省推广。1980年以后,水利技术推广由单一的打井下泉向多元化发展,诸如治碱稻改、防沙治沙、节水灌溉、引黄灌溉等。至2012年底,建立了强大的水利技术队伍,各项水利技术的推广应用也日益完善。

第一节　科技队伍

一、水利技术推广站(亦称水利技术开发公司)

1988年,为解决工程技术人员晋升技术职称,局机关将工程股、农水股合并,成立水利技术推广站,下设工程、农水两个办公室。水利技术推广站退出行政序列,划为事业单位。张新民、冯国轩分别担任技术推广站工程、农水两个办公室负责人。1990年,冯国轩调水政水资源办公室,明确张新民为水利技术推广站站长,主持全面工作,赵军书任副站长,主要负责农水办公室工作。1993年1月,在水利技术推广站农水办的基础上,成立水利技术开发公司,牛守东任经理。1993年3月,张新民调黄滩办,工程办公室的人员一部分到黄河滩区治理办公室工作,一部分到施工队工作。工程办公室其他人员合并到开发公司。1996年,赵军书调开发公司任经理,牛守东调打井队。1999年7月,赵军书调任局办公室,张瑞现任经理,公司定编为全供事业单位,按照自收自支经济实体进行管理。2007年10月,张瑞现调农村饮水安全办公室工作,明确韩正杰为水利技术开发公司负责人,2009年水管体制改革,水利技术开发公司更名为水利技术推广站,定编为全供事业单位。2012年,韩正杰任水利技术推广站站长。2020年,王庆芳任水利技术推广站站长。

水利技术推广站主要职责如下:

(1)负责水利工程的勘测规划、设计、概(预)算编制;

(2)负责主要渠道新挖、清淤的技术指导,承担桥、涵、闸建设的质量监督与管理;

(3)负责引黄灌溉技术指导;

(4)负责有关水利方面的科学研究工作;

(5)打井配套、建设小型提灌站的技术指导;

(6)地下水的观察和物探;

(7)负责井、站、喷灌建设的技术指导工作;

(8)水利政策法规研究,水利工程建设与管理,水利新技术的开发示范推广,水利技术人员培训,农村水利项目评估、技术咨询。

二、治碱试验站

1979 年,河南省水利厅把长垣县作为旱涝碱沙综合治理试区之一。为搞好试验工作,长垣县水利局成立治碱试验站,站址在杨小寨灌区管理所内,试验站配备工作人员 11 名,黄炳岗任站长。内设化验室(赵堤所内)、气象观测站(翟疃东北地)。1986 年试验站撤销。

试验站的主要任务是:

(1)负责试验区内主要治理措施的实施;

(2)化验和观测土壤内盐碱含量的变化;

(3)观测地下水升降变化及水质变化;

(4)进行气温、地温、雨情、墒情测报;

(5)为试验成果提供论证依据。

三、稻改工作队

1969 年,长垣县水利建设管理站组建引黄稻改淤灌工作队,机关驻址在石头庄东临黄大堤上,石头庄引黄闸北侧,负责人先是朱乃贞,后是王保贞。1975 年,负责人为白耀卿。1980 年,稻改工作队更名为长垣县石头庄引黄灌区管理所。

稻改工作队的主要任务是,在含沙高峰的汛期放水灌淤改土,压沙,压碱,改种水稻。

截至 2022 年底,长垣市水利系统获得国家认可的在职高、中级科技人才 62 人,其中正高级工程师 1 人、副高级工程师 16 人、高级会计师 3 人、工程师 39 人、会计师 3 人。

名录如下:

正高级工程师:张瑞现。

副高级工程师:赵运锁、韩正杰、程玉彬、王庆芳、陈东朝、王慧敏、董海利、姚磊、王洪伟、程巧英、刘红伟、邢整玲、郭会丽、顿华、郝彦昌、李亚罡。

高级会计师:丁彩华、李凤云、张丽敏。

工程师:张来书、于书剑、王茂林、魏相岭、刘洪涛、尚俊奎、赵海霞、侯英杰、牛国如、王宁、李志军、韩伟、王克金、赵小科、张宁、崔继国、林海民、李敬宇、赵华杰、靳阳光、孙玉美、时利卿、李双、胡爱珍、李国朵、吕莉、王丹、李萍、王玉、韩彬、王伟、顿喜雪、麻爱民、任政、孔凡磊、李方、车晓东、董正堂、王潇哲。

会计师:宋洁、冯素敏、于红玲。

第二节 科研工作

一、"250 水冲动力型钻机"研制

1973 年,长垣县水利局农水股股长张舜琴学习河北衡水地区和范县的打井先进技术,结合长垣县打井实践,指导县农机修造厂改革打井钻机,试制成功"250 型水冲动力钻机",将人力推杆改为柴油机带动,曾在黄河滩区的孙堂钻深 300 米。1974 年 12 月,河南省水利厅组织全省各地区和有关县的水利部门领导及技术人员,对"250 型水冲动力钻机"进行鉴定,认为该机性能好,效率高,在全省推广。

二、淤灌稻改

历史上,黄河漫决遗留下大面积沙沟和盐碱地。从引黄灌溉以来,利用黄河淤灌,沙碱地的面貌大大改观。尤其在夏季黄水挟带泥沙最多的时期,压碱压沙,效果更为显著。全县能够用黄水压碱压沙的 6 个乡 202 个村都开展了活动。以放水压碱为主,结合堤背放淤,加固堤防。采用放淤与稻改相结合的办法(即上淤下改),淤灌退水作为水稻灌溉用水,尾水退入丁栾沟和回木沟。灌区中部沙沟及两侧飞沙地,以放淤压沙为主,在飞沙土上加盖淤泥,提高土壤肥力。

到 1982 年底,淤灌压沙 3626.67 公顷,沙碱茅锥地变成了沃土良田。孟岗乡石头庄村有地 77.6 公顷,为 1933 年黄河决口留下的沙地,经过放淤,改土 38 公顷。由淤前粮食亩产 35 公斤,一跃而成为 1982 年的平均亩产 240 公斤。赵堤乡紧靠临黄大堤背洼,低洼盐碱,种不得收。引黄淤灌压碱改变了土壤,试种水稻成功。截至 2012 年,赵堤和方里 2 个乡(镇)水稻种植面积 2000 多公顷,亩产小麦 250 公斤、水稻450 公斤。

三、春旱冬抗

长垣县石头庄灌区自 1969 年开灌以后,直到 20 世纪 80 年代初期,发展一直比较缓慢,除投资管理等原因外,泥沙问题是主要因素。盲目地在沙峰期引水,含沙量高达 40 公斤每立方米,引水渠道水过沙平,历年干、支渠淤积量都在 40 万~60 万立方米,每年不得不动员大量人员进行清淤,甚至一年数次。

为解决泥沙问题,长垣县水利局抽出专人进行调查分析。1982 年石头庄灌区首次采取冬季引水,由于水源含沙量小,渠道淤积少,因而很受当地群众欢迎。从此以后,石头庄灌区每年都尽量减少沙峰期引水,坚持在冬季引水,收到了较好的效果。一是淤积量明显减少;二是错过引水高峰期,缓解争水矛盾;三是降低引水成本;四是蓄水于沟塘,补水于地下,起到春旱冬抗作用;五是灌区外补源效果显著。根据黄河水资源特点,每年都在灌溉前后,选取适当时机,向西部的井灌区、补源区积极送水。经多年补源,西部缺水区地下水位明显上升,为维持当地的水量平衡起到了非常重要的作用。

春旱冬抗的经验受到了中共河南省委委员、水利厅厅长齐新的肯定。这一经验在 1987 年河南省水利厅《水利简报》《河南日报》头版、河南省电台等多家媒体推广。

四、旱涝碱沙综合治理试验

河南省水利厅 1979 年底把长垣县作为黄淮海平原旱涝碱沙综合治理试区之一,1980—1985 年底先后分 5 期完成 4666.67 公顷试区治理。试区采用深沟截渗、浅沟排涝、井灌井排、农桐间作、平整土地、培肥土壤等综合措施。全试区 343.8 公顷碱荒地已开发利用 80%,1035.6 公顷重碱地已有 78%转化为中轻盐碱地。粮食产量由治理前单产 95.5 公斤、总产 616 万公斤,增加到 1985 年的单产 391.5 公斤,总产2162 万公斤,分别提高了 3.1 倍和 2.5 倍。试区工程投资为 39.42 万元每万亩,综合投资 42.56 万元每万亩,年工程净效益 31.24 万元每万亩,年综合净效益 46.93 万元每万亩,还本年限一年左右。

河南省水利厅鉴定意见:试区综合治理技术路线正确,技术方案合理,措施得当,试验资料齐全,达到省内先进水平,该模式可在类似地区推广。建议继续搞好试区水盐监测,进一步加强节水节能和合理调整农业生产结构研究。

五、防沙试验

1991 年,为减少引黄灌区泥沙淤河,减轻广大群众清挖河道的负担,河南省水利厅在长垣县进行了柔体帘子布防沙试验。参加这次试验的有河南省水利厅引黄处的总工程师景万林、工程师秦建法,新乡市水利局引黄科科长程光生。具体设计施工主要由秦建法负责,水利局参与设计施工的有赵军书、程广玉、韩正豪。其原理是根据黄河水上部及表层含沙量较少的原理,在引水口上游,用柔体帘子布做成挡水布坝,根据引水需要,适当调节布坝高度,水流从坝顶漫溢,达到只引上层水(含沙量小)而少引底层水(含沙量大)的目的。

防沙试验地点选择在马寨闸前举行,试验组人员从闸前基坑开挖,对抽水测定不同水层含沙量、加工施工机具、坝体帘子布的加工制作等,都进行了周密细致的安排,后因马寨闸前水流太急,安装后损坏严重,无法投入使用,未达到预期目的。

第七章　水政执法

1988年1月21日,《中华人民共和国水法》颁布实施,标志着水事活动进入依法管理阶段,随着国家和地方相继出台一系列水法规,长垣县也开始进行水行政执法体系的建设,各项水事活动逐步走向规范化、法制化轨道。

第一节　执法体系

长垣县认真贯彻实施《中华人民共和国水法》,1992年以后相继成立了水政监察大队、公安水利派出所、水政法庭、渔政监察等水行政执法机构,系统地建立起全县水行政执法体系。

一、水政监察大队

(一) 机构建立

1998年,长垣县实现水资源统一管理。3月,为进一步保持水事秩序的稳定,创造良好的水事环境,长垣县水利局向县人民政府申请成立"长垣县水政监察大队"。4月,水政监察大队正式成立,在长垣县新城宾馆举行挂牌成立大会,河南省水利厅,新乡市市水利局,长垣县县委、县政府领导出席会议,县长邓立章为水政监察大队揭牌。水利局从水利工程管理所、乡(镇)水利站抽调14人到水政监察大队工作。2002年11月26日,长垣县县编制委员会发文将水政监察大队定编为水利局二级机构,股级建制,事业性质,人员编制10名,实行自收自支与收支两条线管理。长垣县水利局局长杨国法兼任水政监察大队第一任大队长。1999年7月于金标任大队长,2005年3月于洪潮任大队长,于昊永任指导员。2008年水管体制改革,水政监察大队定编为全供事业单位。2012年3月,张学民任大队长。2015年12月张超杰任指导员,2020年5月崔继国任指导员。

(二) 水政监察大队职责

(1)依法对水事活动进行监督检查,对违反水法规的行为作出行政裁决、行政处罚决定或采取其他行政处置措施;

(2)制止水事违法行为,调查处理水事违法案件,对违法行为人实施行政处罚或行政处理;

(3)参与并归口协调水事纠纷;

(4)对水事违法行为进行调查,询问当事人、知情人,查阅复制与违法行为有关的材料、证据,勘测被调查现场;

(5)配合公安、司法机关查处水利治安和刑事案件;

(6)指导、监督乡(镇)水政监察员的工作。

(三) 联合执法工作

2011年8月5日,水利局为强化执法监督,实行最严格的水资源管理制度,同公安局正式成立综合执法队伍,开始重点排查沿河排污口、提取水工程设施,并一一登记造册。

2019 年 10 月，按长垣市委、市政府要求，水利局从各乡(镇)水利站、渠道管理所抽调人员联合长垣市黄河河务局、公安局、农业农村局、生态环境分局成立 30 多人的联合执法巡查队，由水政监察大队副队长侯英华兼任巡查队长；2021 年 11 月，水利体制改革，联合执法组更名为河道巡查队，水政监察大队副队长韩正军兼任队长，主要维护良好水事秩序，对市域内主要河渠及水系工程进行依法管护，现场制止违法违规或其他不规范行为，引领广大市民文明守法，创建美好未来。截至 2022 年底，河道巡查队共出动人员 2700 余次，现场制止萌芽状态违法行为 30 余起，劝阻野钓野游、堤防随意停放车辆等行为 6000 起，暂扣销毁钓具 3000 套，放生被捕钓鱼类 3 万余尾，口头责令野钓人员捡拾河道垃圾近 100 立方米，清除拦河渔网、地笼、船只等 3000 余次。有效维护了天然文岩渠、水系西区良好秩序和环境。

(四)查处的典型案件

1. 违法建房案

1998 年 9 月，马某、于某在丁栾沟保护管理范围内违法建房，水政执法人员口头通知多次无效，即在汛期强行拆除一部分。1999 年 3 月，二人又继续违法建房，长垣县水利局立即对其下达了《责令停止水事违法行为通知书》，马某、于某无视水法律法规，直至楼房建成，长垣县水利局依法予以立案，并下达了《水行政处罚决定书》，二人对此置若罔闻。1999 年 6 月 10 日，长垣县水利局向长垣县人民法院提交了《水行政处罚强制执行申请书》，申请长垣县人民法院强制执行。8 月 30 日，长垣县人民法院发布公告，限二人自公告之日起 3 日内自行拆除，逾期则依法强制执行。马某、于某二人仍拒不拆除。3 日后，长垣县人民法院景素珍副院长带领法警在水政执法人员配合下，对马某、于某二人违法建筑依法强制拆除。

2. 违法采砂案

天然文岩渠是水利部门管理的黄河一级支流，新乡市水利局委托长垣县水利局代管。从 1998 年开始，黄河部门开始对临黄大堤进行加高加固。施工单位不经水行政主管部门批准，在天然文岩渠河道内擅自采砂取土，给天然文岩渠防汛留下了隐患。长垣县水利局依照《水法》《河道管理条例》《河道采砂收费管理办法》，对施工单位进行了查处，为其办理了采砂许可证。划定了采砂范围，指定了作业方式，天然文岩渠管理范围采砂活动逐步走上规范化轨道。

3. 擅自打地热井案

2011 年 3 月 11 日，长城集团华庭、金海湾两居民小区未经水行政主管部门审批，擅自凿打地热井。水政执法人员口头通知无效，对其下达了《调查询问通知书》《责令停止水事违法行为通知书》，长城公司无视法律尊严，继续施工。3 月 18 日水利局依法、依规扣压金海湾打井施工队两台钻头，并对两处项目部下达《权利告知书》，告知停止违法行为补办审批手续，处 6 万元罚款。长城公司以损失较大为由，拒绝停止施工。为有效维护水法律尊严，3 月 24 日对其下达了《水行政处罚决定书》。4 月 2 日，长城公司交纳了罚款。

4. 违法取土案

2011 年 5 月 16 日，水政监察大队接一联名举报材料，举报石头庄村民李某取用天然文岩渠右堤管理范围内土方。水政执法人员经现场取证、走访调查。查明：当事人李某是一私企职工，他承包的责任田西与天然文岩渠右堤相邻，为获取更大的经济利益，挖取邻堤处田内土方进行出卖，因挖掘较深无法耕种，从堤角处取土回填，导致堤防损失土量 26 立方米。执法人员责令其 5 日内恢复堤防，当事人李某积极配合，出动人力、物力 5 日内恢复了堤防并进行压实，通过验收。依据《河南省水行政处罚裁量标准》有关规定，处罚当事人 1000 元。

5. 违章建筑案

2011年6月28日，魏庄镇大车村村民徐某未经水行政主管部门审批，在天然文岩渠右堤管理保护范围内建设厂房，占压河道管理及保护范围。水政执法人员当场下达《责令停止违法行为书》，限期拆除违障建筑部分。次日，当事人继续建房。水政执法人员对其耐心讲解水法规，并克服种种困难在堤上坚守4天4夜，现场监督，督促当事人履行水法规规定。7月5日水政执法人员依据水法规、水行政处罚裁量规定，作出清除违障建筑部分、恢复堤防原状、处1万元罚款的行政处罚决定，维护水法规尊严，保障了水利工程高效运行和安全度汛。

6. 破坏水利设施案

2020年10月，长垣市芦岗乡水利站工作人员反映长垣市芦岗乡金寨村饮水安全工程主管网被人毁坏。水政执法人员迅速赶往现场，经调查核实，当事人张某在金寨村进行天然气输气管道顶施工作业时，导致饮水安全工程输水主管道被毁坏。导致饮水安全工程主管网破坏，停水8小时，自来水大量流失，20个行政村停水，给周边村民吃水造成影响。行政执法人员对其下达了《责令停止水事违法行为通知书》和《责令限期整改通知书》，责令当事人停止施工，恢复主管网原貌并按照有关规定施工。根据《长垣市农村饮水安全工程管理办法（试行）》第三十七条第一款第八项、《河南省水利工程管理条例》第四十六条规定，参照《河南省水行政处罚裁量标准》，结合当事人履行法定义务实际情况，定性为轻微违法，处3000元人民币罚款。张某不服处理结果，拒绝在送达回证上签字，自收到《行政处罚告知书》三日内未提出陈述申辩；自收到《行政处罚决定书》十五日内未缴纳罚款；因张某拒不履行行政处罚决定，长垣市水利局依法对其下达长水催字〔2021〕第2号催告书，催告当事人在法定期限内未申请行政复议或者提起行政诉讼，又不履行本机关作出的行政处罚决定。根据《中华人民共和国行政强制法》第五十四条的规定，对张某下达了两次催告通知书。张某在法定期限仍不履行法定义务。2021年移交长垣市人民法院申请强制执行，张某交纳罚款3000元。

7. 违规取水案

2022年1月8日，执法人员在日常监督检查长垣市某学校的温泉井时，发现该井（北纬：35°7′10″，东经：114°41′20″）取水口处安装有两根取水管道，一根经过取水计量设施（即水表），一根直径7厘米的取水管道在水表下方未经过水表，该校私自加装取水管道的行为，构成未依照批准的取水许可规定条件取水的事实，水政执法人员当场下达了《责令（限期）改正通知书》和《限期提供材料通知书》，责令立即拆除未经过取水计量设施的管道，恢复原取水状态。经调查，2022年1月9日去掉支管，封死支管取水口，在规定限期内改正了违法行为。根据《取水许可和水资源费征收管理条例》第四十八条和《中华人民共和国水法》第六十九条的规定，参照《河南省水行政处罚裁量标准》，对该学校处2万元罚款。

（五）获得的荣誉

2011年7月7日长垣市被河南省水利厅命名为水利综合执法试点县，2012年6月荣获河南省第二届水法规电视知识竞赛优秀，2013年2月荣获2011—2012年度全省水利系统水政监察执法工作先进集体，在2014年度服务型行政执法建设工作中，被评为先进单位，2023年1月荣获2021—2022年度全省水政监察工作先进集体。

截至2022年底，共查处各类水事违法案件667起，调解水事纠纷54余起，封闭城区、规划区内自备井404余眼，挽回经济损失508万元。

二、公安局水利派出所

根据河南省公安厅、河南省水利厅《关于加强各县(市)水利治安保卫力量的通知》和新乡市公安局《关于在汲县等 8 县设置水利公安特派员的批复》,1995 年 8 月 25 日,成立长垣县公安局水利派出所。1996 年,长垣县编制委员会下文,明确水利派出所定编为二级机构事业单位,编制 3 人,实有人数 6 人,陈培才任指导员,主持派出所日常工作。1999 年 5 月,张双喜任公安局派出所所长,负责派出所全面工作。2002 年杨国胜任所长,2004 年芦林献任所长。2008 年因与长垣县公安局工作协调中出现困难,水利派出所被撤销。2016 年,重新设立派出所,由李国庆任所长,靳守谦任指导员。

派出所职责如下:

(1)在新乡市水利局和新乡市公安局的领导下,负责水事治安、保卫和水刑事案件的查处工作;

(2)充分依靠群众,严格治安管理,搞好综合治理,为水利改革与建设保驾护航;

(3)保护全县的一切水利设施,查处破坏水利工程设施的违法犯罪分子;

(4)与各乡(镇)水利站、派出所经常取得联系,共同协作,密切配合,及时迅速地查处各种水事案件;

(5)对下属单位的保卫科室人员,定期、不定期地进行安全检查和业务指导。

三、水政法庭

1992 年 12 月 16 日,长垣县人民法院与长垣县水利局联合发文,成立"长垣县人民法院水政法庭"。水政法庭是长垣县人民法院的派出机构,属于巡回性质的审判组织,依法独立行使审判权。水政法庭由审判员和特邀陪审员组成,司法业务受人民法院领导,人员受人民法院和水利局双重领导。

水政法庭设 1 名审判员和 6 名特邀陪审员。

水政法庭职责如下:

(1)受理水行政主管部门有关水政、渔政、水资源管理申请人民法院强制执行的案件;

(2)受理当事人因不服人民政府或水行政主管部门对水事纠纷、水事案件和水资源管理、渔政检查工作中所作出的行政裁定、行政处罚而提起的诉讼案件;

(3)根据水行政主管部门的要求,提前介入或查处水事违法案件;

(4)对水行政主管部门的执法活动提供法律咨询、法律服务和司法建议,促使其依法行政;

(5)开展法制宣传,教育公民、法人代表奉公守法,增强依法治水、管水、用水意识。依法惩治各种违法用水和破坏水利设施行为。运用法律手段,保证各种水利规费的收缴,依法维护国家有关法规的尊严和水行政主管部门的执法权威。

1998 年,根据上级有关规定,水政法庭撤销。

第二节　边界纠纷

长垣县地处河南、山东两省交界,新乡、安阳、濮阳 3 市边沿,与封丘、延津、滑县、濮阳、东明 5 县接壤,历史上发生过不少水利纠纷。中华人民共和国成立后,在中国共产党和人民政府的领导下,大力提倡团结治水,水事纠纷大大减少。但由于自然、社会、历史等多种因素,水事纠纷在一些地方仍有发生。

一、长垣县周边水利纠纷

(一)长垣县周边水利纠纷历史成因

中华人民共和国成立初期,长垣县为改变低洼地区的生产面貌,根据省、地指示精神,初步试行畦田和围田。经过1956年的雨水考验,取得良好效果。但被延津、封丘县临界群众误解为筑堤挡水行为,几次向上级反映长垣畦田、围田问题。中共河南省委鉴于此种情况,于1957年3月下旬令河南省水利厅派人协同延津、封丘、长垣3县水利负责人进行实地勘察,当时肯定了长垣的畦田(参加人员:河南省水利厅领导、长垣县水利局李永仁局长、封丘县水利局主要领导、延津县水利局主要领导),并于3月28日达成协议:关于水道问题,由原来的6个,确定给延津县1个,封丘县1~2个,长垣县接受延津、封丘两县的3立方米每秒流量的涝水,延津、封丘各保留1.5立方米每秒流量的洪水。

封丘、延津两县相关方面拒不执行"3月28日协议"。在汛期封丘县一方先后组织民工数百人,由南于庄至大石桥、黄游至大石桥,挖大小排水沟13条,破坏长垣县畦田61处,宽达101米之多。延津县一方组织民工300多人,从田二庄至大于庄挖了排水沟,而后又组织2000余人,以鸣枪为令,破坏长垣畦田3000多米,并将大于庄0.27公顷蔬菜拔光。

由于延津、封丘两县相关方面不执行治水方针,违反治水政策,导致水患搬家,使长垣县耕地受淹、村庄被水围困,造成塌房,砸、淹死数人,其他财产损失不可估价,这是长垣县周边水利纠纷的历史原因。

(二)长垣与封丘县水利纠纷

按照河南省委指示,封丘县南于庄到长垣县大石桥的边界沟应平复。1959年封丘县挖沟不但未平,1962年5月又从野城东北地向长垣大辛庄南地至红旗总干渠挖一条长800多米的排水沟,将大面积积水排入长垣,导致水害搬家。

1962年7月19—22日,封丘县大关村强行扒口排水,与长垣县宁庄村发生打架事件。8月2—3日,封丘县南于庄强行扒口排水,与长垣县大石桥村引起了打架事件。

(三)长垣与延津县水利纠纷

1962年5月17—18日夜,延津县的田二庄、陶相寺,聚众500余人,将长垣边界堤强行扒口5处长330多米,将水引进长垣,并绑架长垣大于庄大队中共党支部书记于德怀、大队长于德淇,造成长垣边界群众的强烈不满。1964年11月间,延津田二庄、陶相寺、游庄开挖3条沟(到于庄合并为一条),挖沟路线经长垣于庄南地苇坑内,滑县关邓大队也出动了民工。他们挖沟时将土倒在于庄苇堆上,发生争吵,继而打起了架,结果打伤关邓大队民工3人、重伤2人,当时对凶手进行了处理。

(四)长垣与滑县水利纠纷

1960年,在红旗四干渠八支渠上,长垣县佘家公社与滑县桑村公社发生了水利纠纷。当时地形是南高北低,西高东低,在四干渠八支渠开口处,又有南北老河一道,贯穿长垣、滑县两县。共开口3个,一是开在二干渠内拦河堰的北边,宽10米左右。二是开在二干渠内拦河堰的南边,宽100米左右。桑村公社为了不使长垣县红旗二干渠向滑县红旗四干渠八支渠退水,就在二干渠和四干渠八支渠接口处南边约30米的地方,在二干渠内打了一个拦河堰。三是开在四干渠八支渠上,口宽38.4米。

同年6月30日,长垣县佘家公社南杨庄、朱家等村庄下大雨,平地水深2尺左右,耕地几乎全部被淹没,房屋倒塌严重。当时与滑县南桑村队长张石柱联系,协商排水。因旱时多次给他们送水浇地,张石柱同意往下排水。但后来公社不让排，造成矛盾。他们开枪吓人，并抓走佘家公社水稻专业队队长朱铁锤，迫使游街，后又吊起来毒打，天黑才放回。长垣县水利局局长李永仁和佘家公社党委书记张守学，多次去桑村协商被拒。后滑县方又抓去长垣县群众4名，进行了拷打，并抢去场内的生产工具。

7月30日降大雨，水位不断上涨。由于种种原因，双方边界防汛战线长达15公里，有数百名群众日夜守护。因桑村群众在长垣县二干渠东堤上，用铁锨取土，双方发生争吵，连扒带冲，口子越来越大，结果淹了长垣的西岸下、金岸下、连庄、东岸下、新店5个队，淹地676.33公顷。因韩洪俭、刘夫哲、张守学和地区李文科长在场，双方群众未发生武斗。

1963年8月大雨后，滑县前大寨、寺头、李方屯等村，将排水沟、路面私自扒口多处，将大量涝水排入张三寨沟，因下游无排水出路，使张三寨、临河、大堽积水过多，淹地面积增大。长垣驻张三寨工作组多次找滑县水利工作人员及慈周寨公社领导协商此事，对方推托拒见，造成水利纠纷。

二、长垣县境内水利纠纷

(一) 张寨、魏庄纠纷

因下游不让排水引起纠纷。1964年，由县委书记处书记杨崇梓、副县长韩鸿俭、水利局副局长刘均、魏庄公社书记曹新海、张寨公社书记王子文达成协议，张寨同意魏庄开挖排水沟，即从华寨到二干渠截渗沟中段与何寨沟挖通。

(二) 樊相、满村纠纷

1964年7月14日，樊相公社高庙私自向满村公社毛庄挖沟排水，姚格当向吴坡挖沟排水，被吴坡平复一段。后由长垣县委书记处书记杨崇梓、副县长韩鸿俭、县检察长赵润芝、樊相公社第一书记靳同春、樊相公社农林水助理员冯端然、满村公社第一书记朱乃贞、满村公社副书记张新志、满村公社农林水助理员刘志德等，在满村宜丘达成协议。决定从高庙东北至小集挖一条排水沟，由樊相、满村双方施工，原挖的无头沟停止。姚格当开挖的排水沟由吴坡按原地形平除。

(三) 傅堤沟纠纷

1964年夏，魏庄公社私自在张寨公社境内开挖排水沟排水，造成纠纷。长垣县委第二书记李青云、县长杨青、副县长韩鸿俭，水利局副局长刘均，张寨公社王子文、王好礼、魏庄公社社长、副社长参加，对魏庄进行了批评，并责成有关人员写出书面检查，等候处理，将所挖沟平复1.5公里。

(四) 张屯沟纠纷

常村公社北部和樊相公社段屯相连，1964年原批准挖一个小排水沟。张屯大队私自出动劳力100余人，在青年书记带领下扩挖，发现后制止无效。1964年7月30日，由韩鸿俭、刘均、水利工作组张达三、常村陈金普、农林水助理员韩学亮、樊相公社副社长林玉祥、农林水助理员冯端然，在张屯大队达成协议。樊相公社高姿态，对常村进行批评教育，责成有关人员写出书面检查，然后给水找了出路。

(五) 孟岗、满村、城关纠纷

孟岗、满村、城关3个公社排水沟成三角地带，曾多处发生水利纠纷。1964年8月1日，在三里庄卫生院开会协商解决(参加人员：长垣县委第二书记李青云、书记处书记杨崇梓、副县长韩鸿俭，水利工作组贾国庞、李惠民，城关第一书记刘文录，孟岗第一书记李瑞，满村第一书记朱乃贞等)。协商结果：一是由孟岗完成孟岗公路沟施工，注入城河；二是按照县设计标准，由孟岗施工开挖邱村沟；吕村沟上段开挖由县里测量，满村施工。

三、边界水利工程

1958年以后,由于在平原地区推广"以蓄为主"的方针,学习新乡地区经验,长垣县建设大量畦田。同时,还开挖众多坑塘和平原水库,打断了自然流势。1961年后,贯彻"以排为主"的方针,全县又搞了许多扒平工程,接着搞疏导开挖,组织专门人员进行勘察,然后按自然流势和水系进行治理,又挖了不计其数的干支渠。最主要的边界工程有安阳专署统一安排的11条排水渠,其中长滑边界10条长42.6公里、长濮边界1条。

(一)于庄沟

自滑县游庄东起,向东经长垣于庄西,南过三干渠向东南入文明西支,长3.5公里,控制流域面积12.06平方公里。3年一遇除涝标准,流量4.7立方米每秒,底宽1~2.5米,水深1.35~1.5米,边坡1:2.5,比降1/5000,沟底高程起点61.85米(黄海高程,下同),止点61.00米。

(二)田二庄沟

自滑县田二庄东北起,向东北至长垣于庄西入于庄沟,长2.8公里,控制流域面积2.2平方公里,3年一遇除涝标准,流量1.1立方米每秒,底宽1米,水深1米,边坡1:2.5,比降1/5000,沟底高程起点62.36米,止点61.80米。

(三)陶香寺沟

自滑县陶香寺东南起,向东南至长垣于庄西入于庄沟,长1.5公里,控制流域面积3.96平方公里,3年一遇除涝标准,流量1.8立方米每秒,底宽1米,水深1.1米,边坡1:2.5,比降1/5000,沟底高程起点62.07米,止点61.70米。

(四)大寨沟

自滑县后大寨东南起,向南经前大寨东、陈寨、位寨之间,长垣张三寨西门外向南入张三寨沟,长5公里,控制流域面积12.5平方公里,3年一遇除涝标准,流量4.9立方米每秒,底宽2米,水深1.5米,边坡1:2.5,比降1/5000,沟底高程起点60.78米,止点58.83米。

(五)李方屯沟

自滑县前李方屯南堰外塘坑起,向东北至张三寨西入大寨沟,长2.7公里,控制流域面积6.4平方公里,3年一遇除涝标准,流量2.8立方米每秒,底宽1.4米,水深1.4米,边坡1:2.5,比降1/5000。

(六)张葛沟

自长垣张三寨北门外桥向北500米起,经临河西、大堽东、滑县葛村东、后谢东、东、西刘香寨之间,向北入二分干,长10.96公里,控制流域面积18.1平方公里,3年一遇除涝标准,流量6.6立方米每秒,底宽3.5米,水深1.65米,边坡1:2.5,比降1/6000,沟底高程起点59.52米,止点57.45米。

(七)九女岗沟

自滑县九女岗东起,经长垣郭岗村外、大堽村南向东入张葛沟,长1.5公里,控制流域面积3.13平方公里,3年一遇除涝标准,底宽0.35米,水深1.1米,边坡1:2.5,比降1/4000,沟底高程起点58.77米,止点58.17米。

(八)小屋沟

自长垣小屋东北起,向北过四干,经滑县东大庙、高平南门和东门,再经有理村入黄庄河,长6.75公里,控制流域面积15.39平方公里,3年一遇除涝标准,流量5.7立方米每秒,底宽3.5米,水深1.5米,边坡 1:2.5,比降 1/5000,沟底高程起点 58.77 米,止点 56.80 米。

(九)官桥沟

自长垣县官桥营村东北堰外塘坑起,向东北经滑县冉固西向北,在大庙北向东入小屋沟,长 4.4 公里,控制流域面积 7.13 平方公里,3 年一遇除涝标准,流量 3 立方米每秒,底宽 1 米,水深 1.4 米,边坡 1:2.5,比降 1/4000,沟底高程起点 58.90 米,止点 57.80 米。

(十)杨庄沟

自长垣大浪口北起,经杨庄西过四十八支后,经桑村集南门外入桑村沟,长 3.5 公里,控制流域面积 4.32 平方公里。

(十一)孙庄沟

沿长(垣)、濮(阳)县界以南向西入回木沟。

除此之外,还有以下 5 条边界沟:

(1)大寺沟。自长垣县常村公社大后村至滑县梁固寺,1964 年开挖,全长 3.5 公里,流域面积 6 平方公里;

(2)石桥沟。自封丘南于庄,经长垣县常村公社大石桥,入红旗总干,1964 年开挖,全长 2.5 公里;

(3)上村沟。自长垣县佘家公社前楼至滑县上村,全长 12 公里,流域面积 25.3 平方公里;

(4)桑村沟。自长垣县佘家公社东岸下村至滑县桑村集,全长 5 公里;

(5)冉固沟。自长垣县丁栾公社草坡村东北行,经滑县冉固,至滑县东大庙村,1964 年开挖,全长 4 公里,流域面积为 6.3 平方公里。

第八章　水利专项工作

第一节　水利普查

为贯彻落实科学发展观,全面摸清水利发展状况,提高水利服务经济社会发展的能力,实现水资源可持续开发、利用和保护,按照上级要求,长垣县于 2010—2012 年开展了首次全县水利普查。

一、普查机构

长垣县委、县政府高度重视第一次全国水利普查工作,根据《国务院关于开展第一次全国水利普查的通知》和《新乡市人民政府关于成立新乡市水利普查领导小组的通知》精神,于 2010 年 6 月 10 日下发了《长垣县人民政府关于成立长垣县水利普查领导小组的通知》,成立了以主管副县长刘军伟为组长,县政府办公室副主任兼目标办主任李宏鸣、水利局长王庆云、统计局长勾学岭为副组长,县委宣传部、发改委、财政局、国土局、环保局、统计局、农业局、水利局等相关单位负责人为成员的长垣县水利普查领导小组,领导小组下设办公室,办公室设在水利局,王庆云兼任办公室主任,全面负责水利普查工作,为长垣县水利普查工作提供了坚实的组织保障。由于工作调整,孔德春于 2011 年 3 月任领导小组副组长兼办公室主任。

二、普查任务

根据《国务院关于开展第一次全国水利普查的通知》,长垣县普查任务共有七项:

一是全面查清全县河流的基本情况。通过对全县河流进行全面系统的调查,查清数量及其分布,查清河流的水文特征状况。

二是全面查清水利工程基本情况。通过对水利工程的普查,查清各类水利工程的数量与分布、规模与能力及效益等基本情况。

三是查清经济社会用水状况。通过对城乡居民生活用水、农业用水、工业用水、建筑业用水、第三产业用水等国民经济各行业用水及河道外生态环境用水的调查,全面查清全县经济社会用水状况。

四是全面查清全县河流开发治理保护情况。通过对河流取水口、水源地、入河排污口、河流治理情况等普查,查清全县河流开发治理保护的基本情况。

五是查清水土保持情况。通过对土壤侵蚀情况、水土保持治理措施等的调查,掌握水土流失、治理情况及其动态变化等。

六是查清水利行业能力建设情况。通过对各类水利单位和机构的调查,全面查清水利单位的数量及分布、从业人员数量及结构、资产规模及运营状况等。

七是建立基础水信息平台。通过水利普查,进一步完善基础水信息标准和统计调查制度,建立健全基础水信息登记和台账管理系统,建立基础水信息数据库(包括普查综合成果空间数据库及属性库,主题空间数据库及属性库)和信息管理系统,建立水信息资源整合和共享机制,形成规范、统一、权威的基础水信息平台。

三、普查内容

长垣县水利普查的内容主要分为八项。

(一)河流基本情况普查

查清流域面积 50 平方公里及以上河流的名称、位置、长度、面积等基本特征,重点普查流域面积 100 平方公里及以上河流的河源河口位置、河流比降、多年平均年降雨量和年径流量等水文特征;对于具有水文站(水位站)的河流,查清水文站(水位站)的名称、位置、观测项目、设施状况等情况;对于具有实测和历史洪水调查资料的河流,利用已有资料填报最大洪水的发生情况。同时对重要区间流域(河段)进行普查。

(二)水利工程基本情况普查

以独立发挥作用的各类水利工程为普查对象,查清全县各类水利工程的数量、分布等基础信息,重点查清一定规模以上的各类水利工程的基本情况、工程特征、作用与效益及管理情况等,对规模以下的工程主要查清数量及规模情况。

1. 水闸工程

重点调查过闸流量 5 立方米每秒及以上的水闸工程;过闸流量 1~5 米立方米每秒(含 1 立方米每秒)之间的水闸工程简单调查,仅查清其数量和过闸流量;过闸流量 1 立方米每秒以下的水闸工程不调查。

2. 泵站工程

重点调查装机流量 1 立方米每秒或装机功率 50 千瓦及以上的泵站工程;装机流量 1 立方米每秒且装机功率 50 千瓦以下的泵站工程简单调查,仅查清其数量和规模。

3. 堤防工程

重点调查堤防级别 5 级及以上的堤防工程,5 级以下堤防工程仅查清数量及长度。

4. 农村供水工程

重点调查供水规模 200 立方米每天及以上或供水人口在 2000 人及以上的集中式供水工程;供水规模 200 立方米每天以下且供水人口在 2000 人以下的集中式供水工程和分散式供水工程,以村为单元调查其数量及供水规模。

(三)经济社会用水情况调查

在摸清各类经济社会用水户数量及有关情况的基础上,采取对用水大户逐个调查与一般用水户典型调查相结合的方式,结合流域和区域经济社会发展主要指标调查,查清城乡生活、农业、工业、第三产业等国民经济各行业用水情况,以及河道外生态环境用水状况。

1. 居民生活用水户

参考城市化水平,采用 PPS 抽样(按规模大小成比例的概率抽样)方法,至少抽取 100 个典型居民生活用水户(包含城镇和农村居民用水户)进行调查,主要调查用水人口、用水来源及用水量等指标。

2. 灌区及规模化畜禽养殖场

重点调查跨乡灌区和万亩以上的非跨乡灌区;根据当地规模以下灌区实际情况,区分地表水灌区、地下水灌区和混合灌区 3 种类型选取一定数量的典型灌区进行调查;主要调查灌溉面积、取水量及用水量等指标。重点调查大牲畜大于等于 100 头(匹)、或小牲畜大于等于 500 头、或家禽大于等于 1.5 万只的规模化畜禽养殖场,主要调查牲畜存栏数和用水量等。小型畜禽养殖场不调查。

3.公共供水企业

对所有城镇供水企业和日供水量超过 1000 吨(或用水人口超过 1 万人)的农村供水单位进行调查,主要调查供水企业的水源类型、用水人口、取水量、供水量等。

4.工业用水户

重点调查给定标准以上工业用水大户。根据各地工业企业用水情况将用水大户的确定标准分为年取水量 15 万立方米、10 万立方米和 5 万立方米 3 个档次,自上而下分析县域内年用水量大于等于以上标准的工业企业数量是否超过 50 家,若超出则选用该档标准,若不足则降档分析,但最低标准为 5 万立方米。用水大户以外的其他工业用水户,区分高用水工业和一般工业,采用 PPS 抽样方法,抽取典型工业用水户进行调查。主要调查工业总产值、从业人员数量、主要产品用水量、取水量、用水量和排水量等。

5.建筑业和第三产业用水户

重点调查年取用水量不小于 5 万立方米的第三产业机关及企事业用水大户,用水大户以外的第三产业用水户抽样调查,采用分层随机系统抽样方法确定;建筑业只选取一定数量的建筑业企业进行典型调查(一般选取 5~10 个)。主要调查服务领域、主要社会经济指标、用水量和排水量等。

(四)河流开发治理保护情况普查

查清全县河流的开发利用与治理保护的总体情况。重点调查河流取水口及取水量、地表水水源地及供水量、河流治理保护情况及水功能区划、入河排污口及入河废污水量等情况。

1.河流取水口

普查范围为河流上的所有取水口,重点调查取水流量 0.20 立方米每秒及以上的农业取水口和年取水量 15 万立方米及以上其他取水用途取水口,主要包括取水口的基本情况、取水用途及取水量、取水许可及管理等;规模以下取水口仅查清数量及取水量。

2.地表水水源地

普查范围为向城镇集中供水的地表水饮用水水源地,以及向乡村集中供水且供水人口 1 万人及以上或日供水量 1000 立方米及以上的地表水饮用水水源地。主要调查水源地基本情况、水源保护区、供水用途、供水量及管理情况等。

3.河流治理保护情况

普查范围为流域面积 100 平方公里及以上河流的治理保护情况。重点调查具有防洪任务的河段。河流治理保护情况普查主要包括基本情况、河流治理及达标情况、水功能区划等。

4.入河排污口

普查范围为河流上的所有入河排污口。重点普查规模以上(每日入河废污水量 300 吨及以上或每年 10 万吨及以上)的入河排污口基本情况、排污口设置许可情况、污水类型及入河废污水量等。规模以下排污口仅查清数量。

(五)水土保持情况普查

查清全县主要水土保持措施的数量、分布及治理等情况。水土保持措施普查以乡级行政区为单元,调查基本农田、水土保持林、经济林、种草、封禁治理等各类措施面积及坡面水系、小型蓄水保土等工程措施情况。

(六)水利行业能力建设情况普查

普查范围为全县境内主要从事水利活动的法人单位、水行政主管部门或其所属单位管理的从事非水利活动的法人单位及乡镇水利管理单位。其中,普查的法人单位类型包括机关、事业单位、企业和社会团体4种类型。重点调查水利系统内各类单位的名称、类型等基本情况、主要业务活动、人员情况、供水指标、资产财务状况、资质情况、信息化情况等。

(七)灌区专项普查

全面查清全县灌溉面积及其分布,灌区的数量、分布、灌溉面积、灌排工程设施等情况。以行政村为单元,查清全县总灌溉面积、不同水源工程的灌溉面积、井渠结合灌溉面积、低压管道输水灌溉面积、喷灌面积、微灌面积、2011年实际灌溉面积等情况。重点调查30公顷及以上灌区,主要调查灌区整体情况,包括灌区概况、灌溉面积、管理情况等;调查灌排渠系状况,流量在1立方米每秒及以上的灌溉渠道、灌排结合渠道和流量在3立方米每秒及以上的排水沟道及相应建筑物,以灌区为单元进行逐条调查;流量在0.2~1立方米每秒的灌溉渠道、灌排结合渠道和流量在0.6~3立方米每秒之间的排水沟道及相应建筑物,以灌区为单元按照流量分级填报其数量、长度等。

(八)地下水取水井专项普查

全面查清全县地下水取水井的数量、分布及取水量等情况,查清地下水水源地情况。

1. 取水井

取水井分为机电井和人力井。重点调查规模以上机电井(包括井口井管内径200毫米及以上的灌溉机电井、日取水量20立方米及以上的供水机电井),查清水井位置、埋深、水泵型号、地下水类型等基本情况,水源类型、取水用途与取水量等取水状况及管理情况;规模以下机电井和人力井以村为单元调查,主要查清数量、取水量及供水效益等情况。

2. 地下水水源地

调查日取水能力在0.5万立方米及以上的地下水水源地,查清其位置、地下水类型等基本情况,取水用途、取水量等取水状况及管理情况。

四、普查成果

(一)河湖基本情况

河流:共有流域面积50平方公里及以上河流6条,总长度185.7公里;流域面积30~50平方公里河流5条,总长度66.8公里。

(二)水利工程基本情况

水闸:过闸流量5立方米每秒及以上水闸37座,总过闸流量573立方米每秒;过闸流量1立方米每秒以上5立方米每秒以下的123座,总过闸流量304立方米每秒;橡胶坝4座。

堤防:规模以上堤防3处,分别为临黄大堤、太行堤、贯孟堤,总长度7.66万米;规模以下堤防1处,长4.25万米。

泵站:共有泵站2座,其中规模以上1座、规模以下1座。

农村供水:共有农村供水工程29处,全部为集中式供水工程,2011年实际供水人口6.61万,实际供水量99.08万立方米。

灌溉面积:共有灌溉面积4.49万公顷,其中耕地灌溉面积4.47万公顷、园林草地等非耕地灌溉面积

180 公顷。

灌区建设:共有设计灌溉面积 2 万公顷及以上的灌区 2 处,灌溉面积 3.6 万公顷;设计灌溉面积 666.67~20000 公顷的灌区 2 处,灌溉面积 8846.67 公顷。

地下水取水井:共有地下水取水井 159752 眼,地下水取水量 8507.32 万立方米。其中:规模以上机电井 10223 眼,地下水取水量 7218.44 万立方米;规模以下机电井 58073 眼,地下水取水量 581.59 万立方米;人力井 91456 眼,地下水取水量 707.3 万立方米。

(三)经济社会用水

经济社会年度用水量为 1.27 亿立方米,其中居民生活用水 9400 立方米、农业用水 1.25 亿立方米、工业用水 33.09 万立方米、建筑业用水 15.9 万立方米、第三产业用水 52.87 万立方米、生态环境用水 33.85 万立方米、规模化畜禽养殖场用水 42.35 万立方米。

(四)河湖开发治理情况

河湖取水口:共有河湖取水口 9 个,全部为规模以上,其中农业取水口 8 个、非农业取水口 1 个。2011 年农业取水量为 1.07 亿立方米,城乡供水量为 717.63 万立方米。

地表水水源地:有地表水水源地 1 处,2011 年供水量为 717.63 万立方米,供水人口 13.11 万。

治理保护河流:全县有防洪任务的河段长度为 144.22 公里。其中已治理河段总长度为 42 公里,占有防洪任务河段总长度的 29.1%;在已治理河段中,治理达标河段长度为 42 公里。

(五)水土保持情况

水土保持措施面积 1.46 万公顷,其中其他基本农田 1.13 万公顷、水土保持林 2800 公顷、经济林 510 公顷。

(六)水利行业能力建设情况

水利行政机关及其管理的企事业单位 31 个,从业人员 693 人,其中本科及以上学历人员 99 人、大专及以下学历人员 594 人。

第二节　水利工程管理体制改革

随着社会经济的发展和市场经济体制的建立和完善,现行的水利工程管理体制已不能适应新形势的要求,水利工程管理单位存在的体制不顺、机制不活、工程老化失修、效益衰减等问题十分突出,严重影响了水利工程的安全运行及效益的正常发挥,水利工程管理体制改革已成为亟待解决的重大课题。为解决这一突出问题,国家先后两次出台水利工程管理体制改革方案。

一、2008 年改革

2002 年国务院批准发布《水利工程管理体制改革实施意见》。2004 年 7 月,水利部、财政部发布《关于印发〈水利工程管理单位定岗标准(试点)〉和〈水利工程维修养护定额标准(试点)〉的通知》,2008 年 8 月,水利部发布《关于进一步加快水管体制改革有关工作的通知》,对全国水管体制改革情况进行总结,认真分析存在的困难和问题,进一步明确了加强领导、落实责任、强化措施、加快步伐、确保 2008 年底全面完成水管体制改革的目标任务。

（一）领导机构

2008 年 9 月，长垣县人民政府以长政文〔2008〕144 号文件《关于印发长垣县水利工程管理体制改革实施方案的通知》，成立长垣县水利工程管理体制改革领导小组，名单如下：

组　长：郝贵昌（长垣县委副书记、常务副县长）

副组长：唐有启（长垣县委常委、统战部长）

成　员：张振发（长垣县政府办副主任）

　　　　张桂兰（长垣县财政局局长）

　　　　毛如海（长垣县人事局局长）

　　　　张如志（长垣县劳动局局长）

　　　　惠济华（长垣县人事局党组书记、编办主任）

　　　　王庆云（长垣县水利局局长）

　　　　姬永军（长垣县发改委副主任）

　　　　杨　凯（长垣县法制办负责人）

　　　　赵运锁（长垣县水利局副局长）

领导小组下设办公室，办公室主任由王庆云兼任，副主任由赵运锁兼任。

领导小组主要职责：贯彻执行国家和省、市关于水管体制改革的方针政策，部署全县水管体制改革工作；对在全局性和改革中出现的重大事项进行协调和决策。

（二）改革内容

此次水利工程管理体制改革的目标任务是在 2008 年底前初步建立符合长垣县情、水情和社会主义市场经济要求的水利工程管理体制和运行机制。建立职能清晰、权责明确、保障有力的水利工程管理体制；建立管理科学、经营规范的水管单位运行机制；建立市场化、专业化和社会化的水利工程维修养护体系；建立合理的水价形成机制和有效的水费计收方式；建立规范的资金投入、使用、管理与监督机制；建立较为完善的政策、法规支撑体系。

1. 实施范围

水管体制改革的范围是全县已建水管单位（河道、水闸、泵站、灌区等管理单位）、乡镇水利站及专门服务于防汛排涝、防汛物料的管理单位等；新建水管单位照此执行。乡村或社区管理的小型水利工程设施按照明晰所有权、搞活经营权的原则，依照相关法规、文件在各乡镇指导下进行改革。

按河道和灌区划分，其范围为：石头庄灌区、大功灌区、左寨灌区、郑寨灌区和天然文岩渠。

2. 基本内容

（1）明确职责，规范管理，全县水利工程实行统一管理和分级管理相结合。

（2）划分水管单位类别和性质，严格定编定岗。

（3）全面深化水管单位改革，严格资产管理；分类推进人事、劳动、工资等内部制度改革；规范水管单位的经营活动，严格资产管理。

（4）有重点地推行管养分离，精简管理机构，提高养护水平，降低运行成本。

（5）建立合理的水价形成机制，逐步理顺水价，强化计收管理。

（6）规范财政支付范围和方式，积极筹集水利工程维修养护岁修资金，严格资金管理；

（7）妥善安置分流人员，落实社会保障政策。

（8）落实税收扶持政策。

（9）完善新建水利工程管理体制,实现新建水利工程建设与管理的有机结合。

（10）改革小型农村水利工程管理体制。

（11）加强水利工程的环境保护与安全管理。

（12）加快政策法规保障体系建设,严格依法管理。

（三）主要措施

（1）建立组织,强化领导。县政府成立长垣县水利工程管理体制改革领导小组,贯彻执行国家和省、市关于水管体制改革的方针政策,部署全县水管体制改革工作;对在全局性和改革中出现的重大事项进行协调和决策。

（2）加强协作,全力推进。水管体制改革是一项政策性强、牵涉面广的系统工程,各成员单位把水管体制改革放在重要位置,落实专人,按照各自的职责分工,加强沟通,密切配合,确保改革政策落实到位,保障水管体制改革的顺利进行;依据《长垣县水利工程管理体制改革实施方案》,结合部门实际,认真组织实施,制订工作计划,完善工作程序,规范工作制度,有计划、有步骤地全面推进改革工作,并针对改革中出现的问题,及时研究制定措施予以解决。

（3）积极稳妥实施。认真落实改革方案,对改革方案深入学习、广泛宣传,认真细致地做好职工的思想政治工作,积极稳妥地推进改革工作,确保水管改革的顺利进行和水利工程的安全运行。

（四）改革成果

1. 定岗定员和维修养护经费测算

1）水管单位定岗定员测算

岗位类别及岗位设置:根据《长垣县水利工程管理体制改革水管单位定岗标准》,按岗位类别可分为管理类、作业类和辅助类 3 类。其中管理类包括单位负责、行政管理、技术管理、资产管理、水政监察类;作业类包括运行、观测类;辅助类包括因交通不便、信息闭塞、生产生活条件艰苦,社会化服务滞后等原因而设置的工程保卫、车船驾驶、办公及生活区管理、后勤服务等岗位。

党群岗位设置:党群岗位全部按兼职执行,其人数不影响本次水管单位定岗定员结果,不再另行计算。

岗位设置不包括工程维修养护等其他经营性岗位。

由于郑寨灌区面积较小,不具备设立专管机构的工程规模。结合工程管理现状,经水利局党组研究决定,其管理职能并入石头庄灌区管理机构,本次定岗定员测算,石头庄灌区与郑寨灌区一并计算。

2007 年 10 月,经测算,长垣县水管单位共需定岗定员 272 人,其中天然文岩渠管理所 30 人、石头庄灌区 102 人、大功灌区 105 人、左寨灌区 35 人(见表 8-1)。

2）乡镇水利站定岗定员测算

方法一:依据劳动人事部、水利水电部劳人编〔1986〕253 号文件《基层水利、水土保持管理服务机构编制标准》进行测算,测算结果为 68 人。

方法二:根据水利部调研报告介绍的现行水利站人员测算方法,即按耕地面积大小测算,测算结果为 66 人。

水利站定岗定员取小值,66 人。

表 8-1 2007 年 10 月长垣县水管单位定岗定员测算成果表

岗位类别	天然文岩渠管理所	石头庄灌区(包含郑寨灌区)	大功灌区	左寨灌区	合计
单位负责类	1	2	2	2	6
行政管理类	1	3	3		8
技术管理类	4	10	10	3	27
财务与资产管理类	2	3	3	2	10
水政监察类	1	2	2		5
运行类	10	60	68	21	159
观测类	9	17	12	5	43
辅助类	2	5	5	2	14
岗位定员合计	30	102	105	35	272

3)维修养护经费测算

2007 年 10 月,根据《定额标准》和实有水利工程现状,经测算,全县 4 个灌区和天然文岩渠年需工程维修养护经费总额为 1546.08 万元,其中天然文岩渠 126.28 万元(见表 8-2)、石头庄灌区 579.95 万元、大功灌区 512.39 万元、左寨灌区 208.26 万元、郑寨灌区 119.20 万元(见表 8-3)。

表 8-2 2007 年 10 月长垣县天然文岩渠维修养护经费测算成果表 单位:万元

项目名称	堤顶维修养护费	堤坡维修养护费	附属设施维修养护费	护堤林带养护费	管理房维修养护费	害堤动物防治费	勘测设计及质量监督费	合计
金额	26.17	88.41	4.91	2.59	1.33	0.11	2.76	126.28

表 8-3 2007 年 10 月长垣县灌区维修养护经费测算成果表 单位:万元

项目名称	石头庄灌区	大功灌区	左寨灌区	郑寨灌区	合计
渠道土方维修养护费	49.28	100.64	23.63	13.51	187.06
防护林养护费	18.13	36.99	10.48	6.45	72.05
附属设施维修养护费	2.49	5.01	1.41	0.84	9.75
生产交通桥维修养护费	15.33	24.84	5.99	3.64	49.8
涵闸维修养护费	12.47	14.79	4.91	4.00	36.17
量水设施维修养护费	1.20	1.12	0.72	0.32	3.36
渠道清淤费	438.43	307.06	159.79	89.66	994.94
渠道防渗工程维修养护费	40.01	16.60	0	0	56.61
勘测设计及质量监督费	2.61	5.34	1.33	0.78	10.06
合计	579.95	512.39	208.26	119.20	1419.8

2. 分类定性和机构设置的核定

1) 分类定性

根据分类定性原则,结合 4 个水管单位性质和当时担负的主要职能,天然文岩渠管理所担负着防洪、排涝等公益性任务,定性为纯公益性事业单位;其他 3 个灌区管理单位既有防洪、排涝等公益性任务,又有灌溉、供水等经营性功能,均定性为准公益性事业单位。

2) 机构设置核定

根据上级水管体制改革精神,结合长垣县水利局的实际情况,为了满足以后工作需要,经水利局中共党组研究决定,以本次水管体制改革为契机,对长垣县水利系统内设机构设置情况报请长垣县机构编制委员会进行重新核定。

2008 年 10 月,长垣县机构编制委员会以长编〔2008〕14 号文《关于水利局机构设置人员编制的批复》对长垣县水利局机构设置及人员编制情况进行了批复。批复机构设置情况如下:

内设机构:办公室、人事科、财务审计科、水政水资源办公室、农村水利科、工程建设管理科、纪检监察室。

保留全供事业单位:水利技术推广站、长垣县防汛抗旱指挥部办公室、水政监察大队、节约用水办公室、抗旱服务队、18 个乡(镇)办事处水利站。

保留自收自支事业单位:水利建设工程公司、水利基础公司、水利服务公司。

水管体制改革单位性质界定及人员编制:

天然文岩渠管理局,股级规格,经费实行全额预算管理;

石头庄灌区管理局,规格相当于副科级,经费实行差额预算管理;

大功灌区管理所,规格相当于副科级,经费实行差额预算管理;

左寨灌区管理所,股级规格,经费实行差额预算管理。

水管体制改革单位共核定人员编制 203 人。

3. 水管单位人员经费和水利工程维修养护经费的核定

1) 公益性分摊比例的确定

2008 年 10 月 8 日,河南省机构编制委员会办公室以豫编办〔2008〕201 号文《关于全省水利工程管理体制改革有关机构编制审核问题的通知》对水利工程管理单位公益性分摊比例做了统一调整,将灌区公益部分的分摊比例统一调整为 55%。

2) 水管单位人员经费核定

2008 年底,根据长垣县机构编制委员会以长编〔2008〕14 号文核定的水管单位人员编制 203 人(按公益性分摊比例计算后,公益性财政全供人员 123 人),按当时工资水平,应落实财政全供人员经费 251.10 万元。

3) 水利工程维修养护经费核定

根据测算,长垣县水利工程年需工程维修养护经费总额为 1546.08 万元,按照公益性分摊比例计算,年需公益性工程维修养护经费 907.17 万元。

2008 年底,经上级水管体制改革督察组、新乡市水利局和长垣县县委、县政府有关领导协商确定,长垣县县财政每年支付公益性工程维修养护经费为 300 万元。

4.内部改革情况

2008年12月,根据编制批复情况,长垣县人事局、长垣县编办、长垣县水利局共同制订《关于水利局人员定编和竞争上岗实施方案》,并于2008年12月27日在水利局召开了全体职工大会,传达了水管体制改革精神。

2009年1月3日上午,在长垣县党校进行了笔试。

在改革的关键时刻,长垣县县委、县政府两位主管水利改革的领导因工作需要调离长垣县,加之其他一些不和谐的因素,导致改革无法继续,各项工作均没有落实。

二、2013年改革

为加强小型水利工程管理,深化小型水利工程管理体制改革。2013年3月,水利部财政部以水建管〔2013〕169号文下发了《关于深化小型水利工程管理体制改革的指导意见的通知》,2014年6月,河南省水利厅、河南省财政厅以豫水管〔2014〕56号文下发了《河南省深化小型水利工程管理体制改革的实施方案》,确定了改革范围、主要内容,并明确了时间进度安排。2015年3月,河南省水利厅又以豫水管〔2015〕21号文下发了《关于推进深化小型水利工程管理体制改革工作和加强督察指导的通知》,明确要求2016年12月底前完成省直管县(市)改革任务。2015年11月,河南省农田水利基本建设红旗渠精神杯竞赛领导小组办公室下发的《关于省直管县2014年度农田水利基本建设工作进行考核的通知》中,小型水利工程管理体制改革进展情况也列在考核范围内。

2015年1月,长垣县出台了《长垣县深化小型水利工程管理体制改革实施方案》(长政办〔2015〕10号),随后又相继出台了《关于落实小型水利工程管护经费筹集和建立财政补助经费奖补机制的实施意见》(长政办〔2016〕195号)和《长垣县小型水利工程安全管理责任制度安全管理责任追究制度管护及考核奖励办法的通知》(长政办〔2016〕104号)及《长垣县小型水利工程技术指导方案》(长水〔2016〕119号)等相关文件。此次改革只涉及水利工程管理权限,不涉及机构人事。

长垣县小型水利工程改革涉及天然文岩渠条形水库和三善园调蓄水库2座;30平方公里以上中小河流23条、堤防56.7公里,30平方公里以下县管河道38条;小型水闸582座,提排灌站13座,水源井15237眼,节水输水管道13920.9公里,变压器1441台,地埋电缆40549.49公里,支、斗、农沟(渠)1332条;供水规模20立方米至1000立方米的集中式供水站24处。

经测算,以上水利工程每年需资金维护费用4725.45万元。其中,小型水库、中小河流及堤防、县管河道、中小河流及县管河道水闸、提排灌站的管护费用由县财政全额负担,年维护费403.61万元;支、斗、农沟及水闸的管护费用由乡镇、街道政府负担,年维护费74.66万元,县财政适当给予奖补;水源井、地埋管、变压器、地埋线的维修养护管护费用由用水协会负责筹集,年维护费4247.18万元,县乡财政适当给予奖补。

在实际运行当中,由县财政负担的小型水库、中小河流及堤防、县管河道、中小河流及县管河道水闸、提排灌站的管护费用一直无法落实,改革目的没有达成。

第九章　综合管理

中华人民共和国成立初期,长垣县未设立水利独立机构,仅在建设科里明确专人负责水利工作。随着水利建设工作重要性的日益突出,1955年5月水利机构开始建立并逐步完善,不仅设立了必要的内设科室,还配套了乡(镇、办事处)水利站、灌区管理所等基层机构,形成了完备的水利建设管理体系。水利管理人员由1949年的3人,发展至2022年的456人(其中在职347人,退休109人)。2022年,长垣市水利局内设7个股室,附设11个股室,下辖4个管理所,1个国资企业,9个乡(镇、办事处)水利中心站。

第一节　行政机构

中华人民共和国成立后,长垣县的水利建设工作从明确专人负责到建立专门机构,经历了复杂的过程,机构名称也不断更替,直至1972年才正式恢复水利局并延续至2022年。水利局驻地也曾多次搬迁。

一、机关设置

1949年春,县政府成立建设科,明确专人负责全县的水利建设工作。1955年5月,成立水利科。1956年12月,撤销水利科,正式成立水利局。1959年4月,水利局更名为农林水电部;10月,又更名为水利局。1968年9月,水利局更名为水利建设管理站。1969年12月,撤销水利建设管理站,成立县革命委员会农业组,设内河工作队,负责水利建设工作。1972年1月,恢复水利局,至2022年底。

二、驻地迁徙

1949—2022年,水利局机关驻地曾搬迁过5次。1956年,长垣县正式成立水利局,机关驻地在县城北街南端稍北,当时北街直通东西大街,后来盖百货大楼将北街南端堵住。水利局的位置就是原县政府的县长小西院,机关大门面向西,属北街路东。1958年,水利局机关驻地迁至县城东街老法院驻地,机关大门面向南,在东西大街路北,后院东角门与县政府大院相通。1959年,水利局机关驻地迁至观前街南口,路东、路西两侧,西侧与房产所相邻,东侧与公安局旧址相邻。1960年,水利局迁至观前街北端,这里曾是火神庙,亦做过县医院,机关大门曾面向正南,1996年机关大门改面向西。2001年,水利局机关驻地全部转让给城关镇开发,于2002年11月6日迁往宏力大道中段路西,总占地面积13.77亩,在地块东北建有五层拐角临街大楼一栋,东临宏力大道,北临会友路。建筑面积1000平方米,五层办公面积共计5000平方米,机关大门朝向东面。

三、基本职能

1949—1988年,水利局的主要职责是水利工程规划和建设。1988年以后,职责大幅增加,主要职责是:

(1)拟定全县水利工作的有关政策、发展战略和长期规划;负责《水法》《水土保持法》《防洪法》等法律法规的实施和水行政复议;组织起草有关规范性文件和制度并监督实施。

（2）统一管理全县水资源（含空中水、地表水、地下水）。组织制订全县水资源的中长期供求计划、水量分配方案并监督实施；组织有关全县国民经济总体规划、城市规划及重要建设项目的水资源和防洪的论证工作；组织实施取水许可制度和水资源费征收制度；发布全县水资源公报，负责全县水文工作。

（3）拟定全县节约用水政策，编制全县节约用水规划，制定有关标准，组织、管理和监督节约用水工作。

（4）按照国家和省、市资源环境与保护的有关法律法规和标准，拟定全县水资源保护规划；组织水功能区的划分和向饮水区等水域排污的控制；监测河道的水量、水质，审定水域纳污能力；提出限制排污总量的意见。

（5）组织、指导全县水政监察和水行政执法；协调并处理部门间和乡镇间的水事纠纷。

（6）拟定全县水利行业的经济调节措施；对水利资金的使用进行宏观调节；指导水利行业的供水、水域开发利用及多种经营工作；研究提出有关全县水利工程供水价格、信贷、税收、财务等经济调节意见。

（7）编制、审查全县大中型及乡镇水利基本建设项目建议书、可行性研究报告和初步设计；组织重要水利科学研究和技术推广；组织拟定水利行业技术质量标准和水利工程的规程、规范并监督实施。

（8）组织、指导全县水利设施、水域及其岸线的管理和保护；组织指导河（渠）道及滩地的治理和开发；组织建设和管理具有控制性的跨乡（镇）的重要水利工程。

（9）指导农村水利工作；组织协调农田水利基本建设和乡（镇）供水、人畜饮水工作。

（10）组织全县水土保持工作，研究制定水土保持规划，组织水土流失的监测和综合治理。

（11）主管全县引黄灌溉工作。组织指导引黄灌溉事业的开发利用和引黄灌溉，编制引黄规划和计划；负责引黄工程建设和管理；指导黄河滩区建设和综合防治。

（12）组织指导全县水利科技、教育工作；组织对外水利经济技术合作与交流；指导全县水利队伍建设。

（13）承担县防汛抗旱指挥部的日常工作，组织、协调、监督、指导全县防汛抗旱工作，对主要河流及重要水利工程实施防汛抗旱调度。

（14）组织指导水利移民安置和后期生产扶持工作；管理、监督移民资金的使用。

（15）制定水利工程质量监督、检测有关规定和办法，并监督实施。

2019 年水利局职能调整为：

（1）贯彻执行党和国家有关水利工作方针政策，负责全县水资源的统一管理和监督工作。

（2）负责保障水资源的合理开发利用。贯彻落实有关法律、地方性法规和规章并监督实施，指导和组织编制、审查、申报水利综合规划、专业规划、专项规划。

（3）负责生活、生产经营和生态环境用水的统筹和保障。组织实施最严格水资源管理制度，拟定全县水中长期供求规划、水量分配方案并监督实施。负责河湖及重要水工程的水资源调度。组织实施取水许可、水资源有偿使用制度和水资源论证、防洪论证制度。指导水利行业供水和乡镇供水工作。

（4）负责水资源保护工作。组织编制并实施水资源保护规划，组织开展河湖水生态保护与修复，指导河湖生态流量水量管理及河湖水系连通工作。指导饮用水水源保护工作，开展重要河湖健康评估，负责地下水开发利用和地下水资源管理保护。负责地下水超采区综合治理。

（5）负责节约用水工作。拟定全县节约用水政策，组织编制节约用水规划并监督实施。贯彻落实有关用水、节水标准，组织实施用水总量控制、用水效率控制、计划用水和定额管理等制度，组织、管理、监督节约用水工作,指导和推动节水型社会建设工作。

(6)负责水土保持工作。编制全县水土保持规划并监督实施,组织实施水土流失综合防治和全县水土流失监测、预报并公告。负责建设项目水土保持监督管理工作,指导水土保持重点建设项目的实施。

(7)负责重大涉水违法事件查处工作。负责全县水政监察和水行政执法,协调并处理跨乡镇(办事处)水事纠纷。负责水利行业安全生产工作。指导水利建设市场的监督管理工作,组织开展水利工程建设监督和稽察工作。

(8)负责全县水利设施、水域及其岸线的管理、保护与综合利用。负责水利基础设施网络建设,指导河湖及滩地的治理、开发和保护。指导水利工程建设与运行管理,负责水利工程质量监督检查工作,承担水利工程造价管理工作,组织实施具有控制性的或跨地区的重要水利工程建设、验收与运行管理工作,负责重要河流和重要水利工程的调度工作,负责全县河道采砂的行业管理和监督检查工作。负责并监督检查全面推行河长制湖长制工作。

(9)按规定制定水利工程建设有关制度并组织实施,负责提出中央、省级下达的和县级水利固定资产投资规模、方向、具体安排建议并组织实施,按县人民政府规定权限审批、核准规划内和年度计划规模内固定资产投资项目,提出中央、省级下达的和县级水利资金安排建议并负责项目实施的监督管理。按县政府规定权限,指导和组织编制、审查、申报水利基本建设项目建议书、可行性研究报告和初步设计,负责审批水利基本建设项目初步设计文件工作。

(10)负责农村水利工作。组织开展大中型灌排工程建设与改造。指导农村饮水安全工程建设与管理工作,指导节水灌溉有关工作。指导农村水利改革创新和社会化服务体系建设。

(11)开展全县水利科技和对外合作工作。组织开展水利行业质量监督工作,按照上级制定的水利行业地方技术标准、规章规范组织并监督实施,承担水利统计工作。指导水利系统对外合作交流。

(12)负责落实全县综合防灾减灾规划相关要求,组织编制洪水干旱灾害防治规划和防护标准并指导实施。承担水情旱情监测预报预警工作。组织编制重要河流和重要水工程的防御洪水、抗御旱灾调度和应急水量调度方案,按程序报批并组织实施。承担防御洪水应急抢险的技术支撑工作。承担台风防御期间重要水利工程调度工作。

(13)负责全县引黄灌溉的开发利用,编制引黄规划和年度计划,组织实施灌区配套、引黄补源和滩区综合治理。负责黄河滩区水利建设和综合治理工作。

(14)完成县委、县政府交办的其他任务。

(15)有关职责分工如下:

①自然灾害防救的职责分工。县水利局负责落实综合防灾减灾规划相关要求,组织编制洪水干旱灾害防治规划和防护标准并指导实施;承担水情旱情监测预警工作;组织编制重要河湖和重要水利工程的防御洪水抗御旱灾调度和应急水量调度方案,按程序报批并组织实施;承担防御洪水应急抢险的技术支撑工作;承担台风防御期间重要水利工程调度工作。县应急管理局负责统一组织、统一指挥、统一协调自然灾害类突发事件应急救援,统筹综合防灾减灾救灾工作。

②水资源保护与水污染防治的职责分工。县水利局对水资源保护负责,县生态环境局对水环境质量和水污染防治负责。两部门进一步加强协调与配合,建立协商机制,定期通报水资源保护与水污染防治有关情况,协商解决有关重大问题。县生态环境局发布水环境信息,对信息的准确性、及时性负责。县水利局发布水资源信息中涉及水环境质量的内容,应与县生态环境局协商一致。

③河道采砂管理的职责分工。县水利局负责全县河道采砂的行业管理和监督检查工作。县公安局负责河道采砂治安管理工作,依法打击河道采砂活动中的违法犯罪行为。交通运输、自然资源、农业农村、应急管理等部门按照各自职责,协助做好河道采砂监督管理工作。

④节水型城市创建的职责分工。县水利局负责全县节约用水的统一管理和监督工作,贯彻执行国家、省、市节约用水法律、法规和方针、政策,监督实施节水管理措施。编制节约用水规划。负责制定用水总量控制、定额管理和计划用水制度并组织实施;开展节约用水"三同时"管理工作。配合长垣县住房和城乡建设局开展节水型城市创建工作。

四、领导班子

1956年4月,李永仁任水利科科长。

1956年12月,李永仁任水利局局长,袁宗喜、许庆安、杨振武、宋鹏任副局长。

1959年8月,苏化梅任水利局局长,杨振武、李永仁、张友仁、董化枝、姚荫抒任副局长。

1960年10月,李永仁任水利局局长,许庆安、张友仁、张华然、董化枝、刘均、侯祥卿、单元志任副局长。

1968年9月,李永仁任水利建设管理站站长,王庆荣、赵慎铭任副站长。

1972年1月,李永仁任水利局局长,马龙任副局长。

1972年5月,张忠任水利局局长,李永仁、李连义、于公布、王保贞、苏化梅任副局长。

1973年8月,李永仁任水利局局长,苏化梅、王念惠、刘均任副局长。

1974年4月,李世才任水利局局长,李呈瑞、苏化梅、王念惠、刘均任副局长。

1975年4月,许庆安任水利局局长,顿耀华、张舜琴、萧歧峻、李印修、杜思聪、芦东乐、马增文、马现木、付从臣、高士修、李长江、张守学任副局长。

1984年2月,鲍明海任水利局局长,刘均、顿耀华、李印修、马增文、马现木、张守学、李长江、张舜琴任副局长。

1984年8月,顿云龙任局长,李长江、谷相禹、马现木、张清俊、赵永春、李聚美、杨国法任副局长;1986年11月,傅乃全任纪检组长。

1996年2月,杨国法任局长,赵永春、刘发状、王子训、程传江、赵运锁、李进富、王富廷、陈爱民、赵国庆、殷爱民任副局长。

2003年10月,王庆云任局长,赵运锁、李进富、王富廷、陈爱民、赵国庆、殷爱民任副局长,付秀红任工会主席;2009年1月,赵建海任副局长。

2011年3月,孔德春任局长,韩子鹏、赵建海、殷爱民、赵运锁、陈爱民、赵国庆、张瑞敏任副局长,付秀红任纪检组长,袁玉玺任工会主席,李相军任副主任科员。

2016年1月,栾绍智任局长,韩子鹏、王敏、张瑞敏任副局长,张芳任纪检组长,袁玉玺、李相军任副主任科员,付华鹏任大功灌区管理局局长,吕敬勋任石头庄灌区管理局局长、孟岗水利站站长,田国波任水政办主任。

2019年1月,林振平任局长,韩子鹏、王敏、李建旭任副局长,张芳任纪检组长,袁玉玺、李相军任副主任科员,付华鹏任大功灌区管理局局长,吕敬勋任石头庄灌区管理局局长,田国波任防汛抗旱指挥部办公室主任。

2022年6月刘振红任局长,韩子鹏、王敏、李建旭任副局长,袁玉玺、李相军任副主任科员,付华鹏任大功灌区所所长,吕敬勋任石头庄灌区所所长,田国波任八级职员。

五、机构演变

1949年春,县政府成立建设科,明确殷秀亭、张俊杰、翟承先3人负责全县的水利建设工作。

1955年5月,成立水利科,内设人秘股、农水股、工程股、财务股。

1956年12月,水利科更名为水利局,内设机构不变。

1959年4月,水利局更名为农林水电部;10月,又更名为水利局,内设机构不变。

1968年9月,水利局更名为水利建设管理站,内设机构有办公室、政工股、工程管理股,取消人秘股。

1969年12月,取消水利建设管理站,成立县革命委员会农业组,设内河工作队,负责水利建设工作。

1972年1月,恢复水利局,内设机构有办公室、人事股、财务股、农水股、工程股。1987年成立水产股。1988年工程股与农水股合并为水利技术推广站,退出行政序列,成立综合经济办公室。1990年11月,成立水政水资源办公室,事业编制,撤销水产股,业务并入水政水资源办公室。1993年1月,撤销财务股,业务归办公室。1995年8月,成立公安水利派出所,事业编制。1996年8月,恢复财务股,改称财审股;水政水资源办公室纳入行政序列。1998年4月,成立水政监察大队。1999年5月城区节约用水办公室划归水利局,并更名为"长垣县节约用水办公室",自收自支事业单位。2002年11月,成立防汛抗旱办公室,业务从办公室剥离。2005年3月,成立农田水利科。2006年3月,成立安全饮水办公室。2009年1月,成立工程建设管理科、纪检监察室;撤销综合经营办公室、水利公安派出所。2010年6月,成立水利普查办公室(临时)。2012年1月,成立水利工程建设质量监测监督站。2012年7月,新增农村饮水安全工程管理中心。2012年12月,撤销水利普查办公室。2019年7月,内设机构"科、室"改"股、室"。

2022年,长垣市水利局内设7个股室,即办公室、人事股、财务审计股、水政水资源管理股、农村水利股、水利工程建设股、河长制工作办公室等;附设11个股室,即水利工程质量监测监督站、党建办公室、水旱灾害防御股、水利技术推广站、农村饮水安全服务中心、农村饮水安全办公室、工会、行政事项服务股、水政监察大队、节约用水办公室、水系建设综合股等。

第二节　企事业单位

水利局所属企事业单位包括9个乡(镇、办事处)水利中心站、4个灌区及河流管理单位、1个国资企业集团公司及3个子公司。

一、水利站

乡(镇、办事处)水利站为县水利局的派出机构,实行县水利局与当地乡(镇、办事处)政府双重领导。人员编制、业务工作、经费开支由县水利局管理;党团关系、户籍由所在乡(镇、办事处)政府负责;人员调动、任免、奖惩征得乡(镇)政府意见后,由县水利局批准决定。1981年,长垣县成立城关、满村、丁栾、佘家、赵堤、方里、孟岗、魏庄、张寨、常村、樊相、武邱、苗寨、芦岗、恼里等15个乡(镇)水利站,1989年,新增总管、张三寨2个乡水利站。2003年2月,城关镇水利站、张寨乡水利站分别更名为蒲东办事处水利站和南蒲办事处水利站,增加蒲西办事处水利站。2006年6月,撤销总管乡水利站,增加蒲北办事处水利站。

共有蒲东、蒲西、蒲北、南蒲、满村、丁栾、佘家、赵堤、方里、孟岗、魏庄、张三寨、常村、樊相、武邱、苗寨、芦岗、恼里等 18 个乡(镇)水利站。2020 年 7 月,将蒲东水利站和蒲北水利站合并为蒲东水利中心站,将蒲西水利站和常村水利站合并为蒲西水利中心站,将南蒲水利站和魏庄水利站合并为南蒲水利中心站,将恼里水利站和芦岗水利站合并为恼里水利中心站,将苗寨水利站和武邱水利站合并为苗寨水利中心站,将赵堤水利站和佘家水利站合并为赵堤水利中心站,将方里水利站和丁栾水利站合并为方里水利中心站,将满村水利站和孟岗水利站合并为满村水利中心站,将张三寨水利站和樊相水利站合并为张三寨水利中心站(见表 9-1)。

表 9-1　长垣市 2021 年乡(镇、办事处)水利站情况

乡镇名	建房时间	站址	现有房屋		现有人员/人	
			间	面积/平方米	在职	退休
蒲东	2002	办事处办公楼内	2	36	9	2
蒲西	2005	办事处办公楼内	2	40	5	
南蒲	1991	办事处院内	1	25	11	
蒲北	2011	办事处办公楼内	2	40	5	
魏庄	1997	镇政府驻地长恼路北	36	576	14	2
常村	1982	镇政府办公楼内	2	35	5	
樊相	1986	镇政府院内	12	270	6	
张三寨	2010	镇政府院内	1	16	3	
佘家	1991	乡政府院内	7	140	5	
孟岗	2011	镇政府办公楼内	12	180	5	2
满村	1998	后满村 308 省道路东	10	150	3	
赵堤	2001	镇政府办公楼内	2	40	4	2
丁栾	1993	镇政府院内	1	20	4	1
芦岗	2010	乡政府办公楼内	3	60	3	
苗寨	1990	镇派出所对面	12	280	4	2
武邱	1990	乡政府东边	11	248	3	2
方里	2009	乡政府院内	7	150	5	
恼里	1989	恼里村西头卫生院对面	13	220	7	
合计			136	2526	99	13

二、管理所

1964 年成立长垣县天然文岩渠管理所,办公地点在孟岗镇政府驻地,2015 年搬迁至蒲东水厂办公。1979 年,杨小寨引水闸建成,成立杨小寨灌区管理所,办公地点在赵堤镇政府驻地。1980 年成立石头庄

灌区管理所,2008 年 10 月更名为石头庄灌区管理局,2020 年 7 月更名为石头庄灌区所,办公地点在孟岗镇政府驻地,2015 年搬迁至伯玉水厂办公。1993 年抗旱除涝管理所更名为大功灌区管理所,2008 年 10 月更名为大功灌区管理局,2020 年 7 月更名为大功灌区所,办公地点在县城北关虹桥西侧。2020 年 7 月,天然文岩渠管理所更名为天然文岩渠服务所,左寨灌区管理所更名为左寨灌区所。

三、经营单位

水利局自收自支经营单位长垣市垣水建设集团有限公司,下设 3 个子公司,分别为长垣市垣水建设工程有限公司、长垣市垣水供水有限公司、长垣市垣水水资源管理有限公司。

第三节　群团组织

一、工会

1982 年,经长垣县总工会批准,水利局成立工会委员会,下属基层分工会 4 个,基层工会小组 16 个,会员 135 人。2019 年,长垣撤县设市,"长垣县水利局工会委员会"更名为"长垣市水利局工会委员会",至 2022 年,会员 327 人。

工会对会员进行宣传教育,开展文体活动,解决职工生活困难等福利工作,并协助局领导完成各项工作任务。如:组织职工学习、评选模范,建立困难职工档案,开展见义勇为、送温暖活动,慰问患病职工、开展各类文体活动等。成立劳动争议仲裁组织、劳动监察组织和民主理财工作委员会,维护职工的合法权益。坚持对职工进行思想教育,提高广大职工的政治素质和业务能力,增强职工的主人翁意识和责任感。

长垣市水利局工会委员会(1982—2022 年)

主　席:谷相禹(1984 年 8 月至 1987 年 8 月)

　　　　赵永春(1987 年 8 月至 2002 年 4 月)

　　　　王富廷(2002 年 4 月至 2009 年 1 月)

　　　　付秀红(2003 年 5 月至 2011 年 4 月)

　　　　袁玉玺(2011 年 4 月至 2015 年 12 月)

　　　　于昊永(2015 年 12 月至 2020 年 7 月)

　　　　王　昭(2020 年 7 月至 2021 年 10 月)

　　　　胡爱珍(2021 年 10 月任)

副主席:萧永庆(1982 年至 1989 年 8 月)

　　　　冯国轩(1982 年至 1999 年 2 月)

　　　　张来书(2020 年 7 月任)

　　　　韩正杰(2020 年 7 月任)

开展的主要活动:

2011 年,组织水利系统青年干部演讲比赛活动。

2013 年 4 月 19—21 日,举办水利局首届体育运动会。运动会设拔河、羽毛球、乒乓球、4×100 米接力赛、碰拐、两人三足跑、象棋、慢骑自行车、跳绳、踢毽子、掰手腕共 11 个比赛项目,8 个代表队共 134 名干部职工参加比赛。共产生团体奖 16 个,个人奖 27 名。

2014—2015 年,联合河南省水利与环境职业学院举办两年制水利专业知识中专培训班,141 人参加培训,通过开展此次培训活动,使广大中青年干部职工,尤其是一线职工业务水平和工作能力大幅提升。水利局工会荣获"2015 年度全省水利系统工会工作目标考核先进单位"。

2016 年 4 月,组织职工参加"南水北调"全省水利系统乒乓球比赛,获得体育道德风尚奖。

2017 年 4 月,组织职工参加"水文杯"河南省水利系统乒乓球比赛,获得体育道德风尚奖。

2017 年 5 月,组织 50 余名职工参加长垣县第三届运动会暨首届全民健身大会,共参与 10 余项比赛项目,荣获县直机关组团体总分第五名、羽毛球单项冠军、拔河第四名等奖项。

2019 年 4 月,组织职工参加"设计杯"河南省水利系统乒乓球比赛,获得体育道德风尚奖。

2019 年 4 月下旬,组织开展了长垣县水利局第二届运动会。运动员及裁判员共计 174 人,共设田径、篮球、拔河、象棋等 12 个竞赛项目,共产生团体奖 21 个,个人奖 37 名。

2019 年 9 月,组织职工参加庆祝中华人民共和国成立 70 周年"我和我的祖国"职工合唱比赛,40 人参加,获得三等奖。

2021 年 6 月,为庆祝中国共产党成立 100 周年,组织职工参加市委、市政府举办的"学党史唱红歌颂党恩"红歌大赛,参加 40 人。

2021 年 10—11 月,参加长垣市第一届运动会暨全民健身大会,水利局参赛人员共计 71 名,参与 10 余项比赛项目,荣获"长垣市第一届运动会暨全民健身大会体育道德风尚奖",获得市直机关组围棋冠军、男子立定跳远第二名、羽毛球混双第五名、羽毛球男子双打第五名等奖项,其中 3 名参赛人员还分别被评为"优秀领队""优秀运动员""优秀教练员"。

二、共青团组织

1974 年成立共青团水利局总支委员会。

总支委员会(1974—2012 年)

支部书记:刘双成(1974—1976 年)

乔德彦(1976—1993 年)

刘洪涛(1996 年 7 月任)

支部副书记:张新民(1974—1976 年)

赵运锁(1982 年 8 月至 1996 年 7 月)

段　涛(1996 年 7 月任)

第四节　精神文明建设

1956 年,长垣县水利局成立后,先后成立了水利局党总支部、水利局党的核心小组、水利局党组、水利局直属机关委员会,负责对党员干部进行教育、管理和服务,推进长垣县水利系统政治思想、精神文明与和谐单位建设。20 世纪 80 年代,随着现代化文明建设的开展,长垣县水利局相继开展了"五讲四美三热爱""治理脏乱差""创建文明城市""文明单位"等活动,多次获得县、市级文明单位荣誉称号。1991 年开始,长垣县先后参与了新乡市农田水利建设"大禹杯"和河南省"红旗渠精神杯"竞赛活动,18 个年度获得

"大禹杯",4个年度获得河南省"红旗渠精神杯",同时,长垣县还持续开展了"命脉杯"竞赛活动,使长垣县的水利建设不断创新发展,取得了突出建设成就。2017年开展脱贫攻坚驻村帮扶活动,树立了水利人热心社会公益事业,激发社会正能量的良好外部形象。

一、党建工作

中共长垣市水利局直属机关委员会,主要任务是管党的思想、组织和作风建设,通过党组织的战斗堡垒作用和党员的先锋模范作用,推动机关的各项工作。主要职责是宣传和执行党的路线、方针、政策,宣传和执行党中央、上级组织和本组织的决议,发挥党组织的战斗堡垒作用和党员的先锋模范作用,支持和协助行政负责人完成本单位所担负的任务;组织党员学习党的路线、方针、政策及决议,学习业务知识;对党员进行严格管理,督促党员履行义务,保障党员的权利不受侵犯;对党员进行监督,严格执行党的纪律,加强党风廉政建设,同腐败现象作斗争;做好机关工作人员的思想政治工作,推进机关社会主义精神文明建设。了解、反映群众的意见,维护群众正当权益,帮助群众解决实际困难;对入党积极分子进行教育、培养和考察,做好发展党员工作;按照党组织的隶属关系,领导直属单位党的工作。

(一)党的组织建设

1958年,长垣县大搞水利建设,建立了水利建设指挥部,水利局的党员干部都在指挥部工作,经中共长垣县委研究决定,在指挥部设立一个党支部。1960年7月至1962年9月,成立了农林水系统党分组。1971年5月,经县委、县人武部批准成立水利局党总支部和引黄工程队党支部。水利局党总支部下属12个基层党支部。1972年4月,中共长垣县委决定建立水利局党核心小组。1984年2月,水利局党核心小组改为水利局党组。2020年5月,成立中共长垣市水利局直属机关委员会,下属基层党支部5个,共有党员110名。

(1)水利局党核心小组(1972年4月至1984年2月)

组　　长:张　忠(1972年5月至1973年10月)

李永仁(1973年10月至1974年4月)

李世才(1974年4月至1976年1月)

许庆安(1976年1月至1984年2月)

副组长:李永仁(1972年4月至1973年4月)

王保贞(1973年3月至1973年9月)

苏化梅(1973年7月至1979年1月)

王念惠(1976年3月至1977年6月)

杜思聪(1977年5月至1981年3月)

李呈瑞(1979年3月至1979年9月)

刘　均(1982年7月至1984年8月)

傅从臣(1982年7月至1983年9月)

高士修(1982年7月至1984年8月)

成　　员:李长江(1983年6月至1996年2月)

范宗成(1973年3月至1980年3月)

顿耀华(1977年5月至1984年8月)

王秀兰（1977 年 6 月至 1984 年 8 月）

萧岐峻（1978 年 7 月至 1980 年 10 月）

李印修（1978 年 5 月至 1984 年 8 月）

张守学（1979 年 9 月至 1984 年 8 月）

马增文（1981 年 7 月至 1984 年 8 月）

马现木（1981 年 7 月至 1990 年 2 月）

李朝柱（1981 年 7 月至 1984 年 8 月）

张舜琴（1982 年 7 月至 1984 年 8 月）

（2）水利局党组（1984 年 2 月至今）

书　记：鲍明海（1984 年 2 月至 1984 年 8 月）

顿云龙（1984 年 8 月至 1996 年 2 月）

杨国法（1996 年 2 月至 2003 年 10 月）

王庆云（2003 年 10 月至 2011 年 3 月）

孔德春（2011 年 3 月至 2013 年 8 月）

韩子鹏（2013 年 8 月至 2016 年 1 月）

栾绍智（2016 年 1 月至 2019 年 1 月）

林振平（2019 年 1 月至 2022 年 6 月）

刘振红（2022 年 6 月至今）

副书记：刘　均（1984 年 8 月离职）

高士修（1984 年 8 月离职）

李长江（1984 年 8 月至 1996 年 2 月）

谷相禹（1984 年 10 月至 1987 年 8 月）

张清俊（1986 年 11 月至 1990 年 6 月）

李聚美（1993 年 3 月至 1995 年 1 月）

成　员：马现木（1984 年 2 月至 1990 年 2 月）

苗喜祥（1986 年 6 月至 1996 年 2 月）

赵永春（1987 年 8 月至 2002 年 4 月）

傅乃全（1989 年 8 月至 1993 年 7 月）

李聚美（1990 年 2 月至 1993 年 3 月）

杨国法（1993 年 2 月至 1996 年 2 月）

王子训（1996 年 2 月至 2002 年 4 月）

刘发状（1996 年 2 月至 1999 年 2 月）

程传江（1996 年 9 月至 2009 年 1 月）

赵运锁（1996 年 2 月至 2014 年 7 月）

李进富（1999 年 2 月至 2009 年 1 月）

王富廷（2002 年 4 月至 2009 年 1 月）

陈爱民（2002 年 4 月至 2011 年 3 月）

赵国庆(2002年4月至2011年3月)

殷爱民(2003年5月至2013年2月)

甘永福(2003年10月至今)

付秀红(2003年5月至2016年1月)

张瑞敏(2009年1月至2019年4月)

李相军(2011年3月至今)

袁玉玺(2011年4月至今)

韩子鹏(2016年1月至2023年1月)

张　芳(2018年2月至2022年2月)

田国波(2022年2月至今)

(3)水利局党总支部(1971年至2020年5月)

书　记:王怀玺(1971年5月至1973年)

顿耀华(1974年5月至1984年8月)

董云森(1984年8月至1987年11月)

赵永春(1987年11月至1992年12月)

陈培才(1993年1月至1999年12月)

李进富(2000年1月至2009年1月)

张瑞敏(2009年2月至2016年12月)

王　敏(2016年12月至2019年12月)

张　芳(2019年12月至2020年5月)

副书记:陈金佩(1971年5月至1981年)

马增文(1981年至1984年8月)

韩继孔(1981年至1984年8月)

于朝铭(1984年8月至1987年11月)

苗喜祥(1987年11月至1992年12月)

赵军书(1993年1月至1999年12月)

段秀端(2000年1月至2016年9月)

付华鹏(2016年12月至2019年12月)

田国波(2019年12月至2022年5月)

(4)水利局直属机关委员会(2020年5月至今)

书　记:张　芳(2020年5月至2022年5月)

田国波(2022年5月至今)

副书记:李　鑫(2022年4月至今)

委　员:赵华杰(2020年5月至今)

李海霞(2020年5月至今)

王恒星(2020年5月至今)

（5）基层党组织

5.1 引黄工程队党支部（1971—1973 年）

书 记：王保贞（1971 年 5 月至 1973 年 9 月）

5.2 预制厂党支部（1974—1980 年）

书 记：李呈瑞（1974—1980 年）

副书记：贾永标（1974—1977 年）

贾俊祥（1978—1980 年）

5.3 天然文岩渠管理所党支部（1981—1999 年）

书 记：李印修（1981 年至 1984 年 8 月）

林清真（1984 年 8 月至 1999 年 2 月）

5.4 石头庄灌区管理所党支部（1981 年至 2002 年 12 月）

书 记：李朝柱（1981 年至 1984 年 8 月）

李中录（1984 年 8 月）

注：1999 年，天然文岩渠管理所党支部并入石头庄灌区管理所党支部。

5.5 杨小寨灌区管理所党支部（1981 年至 2002 年 12 月）

书 记：张建立（1981 年任副书记主持工作，1984 年任书记至 1995 年）

靳东旭（1995 年任）

5.6 抗旱除涝管理所党支部（1984 年至 2002 年 12 月）

书 记：张新兴（1984—1996 年）

崔道贤（1997 年至 1999 年 2 月）

刘双成（1999 年任）

注：1991 年特种钢材厂党支部并入抗旱除涝管理所党支部，抗旱除涝管理所 1993 年更名为大功灌区管理所。

5.7 水工冶造厂党支部（1981—1987 年）

书 记：张守学（1981—1984 年）

李华荣（1984—1987 年）

副书记：白耀卿（1981—1984 年）

贾俊祥（1981—1984 年）

李永瑞（1984—1987 年）

牛景松（1984—1987 年）

5.8 水化冶炼厂党支部（1984—1989 年）

长垣县拉管厂党支部（1990—1994 年）

中原精密钢管厂党支部（1994 年至 2002 年 12 月）

书 记：郭丙贞（1984 年任）

5.9 长垣县水工预制厂党支部（1984 年至 2002 年 12 月）

书 记：秦士轩（1984 年任）

副书记：王秀珍（1984—1999 年）

注：2000年水机厂党支部并入长垣县水工预制厂党支部

5.10 长垣县水机厂党支部（1987—2000年）

书　记：傅乃甫（1987年至1992年2月）

　　　　刘亚涛（1992年至1995年2月）

　　　　张东怀（1995年2月至1996年）

副书记：柳芬芳（1987—1992年）

　　　　张　宏（1987—1995年）

5.11 水工机械厂党支部（1987—1991年）

书　记：王同山（1987—1991年）

注：水工机械厂并入特钢厂，党支部撤销，并入抗旱除涝管理所党支部。

5.12 机关支部（2020年5月至今）

书　记：王恒星（2020年5月至今）

组织委员：崔继国（2020年5月至今）

宣传委员：王潇哲（2020年5月至今）

5.13 老干部支部（2020年5月至今）

书　记：段秀端（2020年5月至今）

组织委员：吕伟朋（2020年5月至今）

宣传委员：李安全（2020年5月至今）

5.14 企业支部（2020年5月至今）

书　记：尚俊奎（2020年5月至今）

5.15 大功灌区管理所支部（2020年5月至今）

书　记：刘　伟（2020年5月至今）

组织委员：杜士平（2020年5月至今）

宣传委员：李志军（2020年5月至今）

5.16 石头庄灌区管理所支部（2020年5月至今）

书　记：王振章（2020年5月至今）

组织委员：董正堂（2020年5月至今）

宣传委员：邢士华（2020年5月至今）

5.17 2019年成立党建办公室，配备有3名专职党务工作人员。赵鑫任主任。

2021年6月，长垣市水利局直属机关党委荣获"长垣市先进基层党组织"；2021年8月，在"庆祝建党100周年《初心永恒》党建微视频微电影"作品评选中，水利局提供的作品《不忘初心，牢记使命》荣获新乡市二等奖；2021年12月，水利局直属机关党委被命名为长垣市一星级党组织。

（二）党的思想建设

1978年12月，党的第十一届三中全会彻底否定"两个凡是"的错误方针，重新确立解放思想、实事求是的指导思想，实现了思想路线的拨乱反正，停止使用"以阶级斗争为纲"的口号，作出工作重点转移的决策；水利局党总支贯彻落实全会精神，组织党员干部开展"实践是检验真理的唯一标准"大讨论，教育广大党员和干部解放思想，开动脑筋，自觉把思想认识从那些不合时宜的观念、做法和体制的束缚中解放出来,在党的思想路线指引下,开始了系统的拨乱反正工作。

1982年,中共第十二次全国代表大会召开,围绕大会提出的"把马克思主义的普遍真理同中国的具体实际结合起来,走自己的道路,建设有中国特色的社会主义"的思想,水利局号召全体党员做有理想、有道德、有文化、有纪律"的共产党人。

1987年,水利局认真贯彻学习中共第十三次全国代表大会的社会主义初级阶段理论,执行党在社会主义初级阶段"一个中心,两个基本点"的基本路线,教育党员干部坚持正确的政治思想。

1989年,水利局党总支贯彻党的十三届四中、五中全会精神,加强思想政治领域的工作,教育党员反对暴乱、平息暴乱,各支部组织党员认真学习人民日报"4·26"社论和党的十三届四中、五中全会精神,提高认识,明辨是非,做到在思想上和行动上同党中央保持一致。

1995年10月,水利局印发了《加强党的思想理论教育计划》和《1995年爱国主义教育实施意见》,结合学习孔繁森先进事迹,在全系统开展了"人民公仆为人民,我为事业求生存"的大讨论和"讲究一流风格,树立一流形象,保持一流环境,做好一流工作,争创一流效益"五个"一流"活动。

1997年,围绕香港回归和党的十五大,组织党员干部和职工学习邓小平理论、江泽民在中央党校的重要讲话和精神,开展以讲学习、讲政治、讲正气"三讲"为主要内容的党性党风党纪教育。

2007年,水利局党总支以邓小平理论和"三个代表"重要思想为指导,落实科学发展观,以加强领导干部作风建设为重点,教育引导党员领导干部坚定理想信念、强化宗旨意识、树立忧患意识、加强道德修养、弘扬新风正气、抵制歪风邪气,增强基层党组织创造力、凝聚力和战斗力,为长垣县水利建设成为新农村建设的排头兵提供政治保证。

2008年,学习贯彻党的十七大精神,开展"新解放、新跨越、新崛起"大讨论活动和学习实践科学发展观活动,采取多种形式,加快推进传统水利向现代水利可持续性发展水利转变。

2012年,党的十八大召开,水利局落实贯彻党的十八大精神,围绕富强、民主、文明、和谐、自由、平等、公正、法治、爱国、敬业、诚信、友善的社会主义核心价值观,发扬献身、负责、求实的水利精神,落实和推进水利各项事业的发展。

2014年,在党的群众路线教育实践活动中,长垣县水利局紧紧围绕为民务实清廉主题,牢牢把握"照镜子、正衣冠、洗洗澡、治治病"的总要求,聚焦"四风"突出问题,紧密联系工作实际,扎扎实实完成了学习教育、听取意见,查摆问题、开展批评,整改落实、建章立制三个环节的工作任务,共召开座谈会2次,发放征求意见表225份,个别约谈17人(次),征求到"四风"问题15条,工作方面存在的问题2条,对搞好党的群众路线教育实践活动的意见建议12条,其他意见和建议4条。梳理出班子整改事项20项,班子成员整改事项34项,均进行了立整立改。先后修订完善了《来客招待制度》《机关、站所管理制度》《车辆管理制度》等制度。通过学习,广大干部职工在思想认识、服务水平和工作能力上都有长足进步,为民务实清廉意识显著增强,干事创业的决心更加坚定,取得了显著成效,达到了预期的目标。

2015年,认真开展"三严三实"专题教育活动,针对班子及班子成员存在的党性修养不足,理想信念还不够坚定;权力观、地位观和利益观模糊,服务群众意识淡薄;自律意识不强,制度执行不力等主要问题。局领导班子以"三严三实"为准则,认真进行批评与自我批评,明确整改措施和努力方向,做到立说立行,立行立改。

(三)党的廉政建设

1984年设立纪委监察室,2019年成立党建办公室,合并纪检监察职能,负责党的活动和学习教育,同时对违纪的党组织和党员进行监督查处。

水利局党组以坚强的政治定力和责任担当,坚定不移推进党风廉政建设主体责任落实,不断强化党员干部廉政建设和作风建设。严格履行"一岗双责",每年度签订党风廉政建设目标责任书;对可能出现的苗头性、倾向性问题,每年度对重点科室、重点岗位党员干部进行廉政约谈提醒;加强教育,提高拒腐防变能力,每年度至少观看5部警示教育片。加强监督约束机制,加大源头治腐力度。

2013年,积极组织开展治理商业贿赂专项工作;强化服务意识,开展优化经济发展环境月活动;集中整治"庸懒散奢"等不良风气,进一步提高工作效率。

2015年,在机关院内及大楼走廊设置廉政宣传版面30余副,观看《失德之害》《反腐前线》《蜕变》《鉴史问廉》《剑指四风》等警示教育片,从中吸取教训,提高拒腐防变能力。

2017年,开展侵害群众利益不正之风和腐败问题专项整治工作,维护群众利益。

2019年,水利局多样化开展廉政教育。通过观看警示教育片、召开警示教育大会、聘请市委党校专家上专题廉政党课、转发廉洁信息和纪委通报等方式,坚持廉洁教育常态化,筑牢党员干部拒腐防变思想防线,并要求党员干部严守政治纪律政治规矩,加强对党员干部的监督,及时提醒,防微杜渐。

2022年,加强监督检查,严查违反中央八项规定、毫不松懈纠治"四风"、形式主义、官僚主义,组织领导干部签订不参与违规经商办企业承诺书79份;严格执行党员干部婚丧喜庆不得大操大办制度,签订《党员干部廉洁操办婚丧喜庆事宜承诺书》,接受监督。

自2011年以来,因违规违纪违法对36人进行通报、4人给予行政警告、4人给予党内警告、2人给予诫勉谈话处分、1人给予记过处分、1人给予开除公职处分,在水利系统起到了警示作用。2011年度,水利局被评为新乡市廉洁示范单位。

(四)党的制度建设

建立和完善了集体领导运行机制。首先,坚持决策前的调查研究,做到重大问题没有调研的不决策。其次,坚持决策中的按章办事。最后,坚持决策后的分工负责。

建立和完善了工作运行机制。一是民主集中制,在涉及全局工作的安排部署、重大事项决策及选人用人上,始终按照"集体领导、民主集中、个别酝酿、会议决定"的原则,由班子集体讨论决定。二是坚持民主生活会制度,把开好民主生活会作为增进班子团结的重要途径,在专题民主生活会上,班子成员都能紧密联系个人作风和工作实际,认真开展批评与自我批评,虚心听取意见,有力促进了相互了解和信任,增进了团结和友谊,增强了大局意识和协作意识,工作整体合力明显增强。三是班子例会制度。坚持每周召开班子会,由班子成员分头汇报各自的工作,共同研究解决问题办法,保证了各项决策的圆满完成。

建立和完善了监督制约机制。一是党组每年召开民主生活会。通过会前确定内容、征求意见,会中开展批评和自我批评,会后落实整改措施,实施党组内部的自身监督。使召开民主生活会的过程变成自我教育、开展批评、改进工作、进行民主集中制再教育、加强自身监督的过程。二是党组成员坚持定期向党组会汇报工作和重大问题,坚持请示报告制度及班子成员之间的交心谈心制度,形成党组成员之间的相互监督。三是领导成员坚持以普通党员的身份参加党的组织生活,坚持每年一次的干部述职、民主评议制度,接受群众监督。四是通过与班子成员、基层干部及时沟通情况,印发征求意见表、召开普通党员、群众座谈会,设立举报箱等,努力搞好同级的横向监督、下级的逆向监督和广大党员、干部、群众参与的民主监督、社会监督。坚持和完善"三会一课"、组织生活会、民主评议党员和党员领导干部民主生活会等制度,加强督促检查,不断增强党内政治生活的政治性、原则性、战斗性,推动形成良好的政治生态。

二、创文工作

水利局的文明建设活动开始于 20 世纪 80 年代,紧跟时代步伐,开展"五讲四美三热爱",即"讲文明、讲礼貌、讲卫生、讲秩序、讲道德""心灵美、语言美、行为美、环境美""热爱祖国、热爱社会主义、热爱中国共产党"活动,推进水利事业发展。1997 年起,根据水利部和河南省水利厅开展水利文明单位评选工作,长垣县水利局把文明单位创建作为推动水利改革发展的基础工程,把创建活动与大力弘扬"献身、负责、求实"的行业精神相结合,成立了局机关和二级单位创建文明单位工作小组,有专人管理,先后获得县级、市级文明单位。

(一)创建活动

1997 年,为贯彻落实党的十四届六中全会精神和推进水利行业精神文明建设,水利局依据《河南省水利系统创建文明单位暂行办法》修订了实施方案,积极开展文明单位创建活动,激发广大水利职工干事的积极性和创造性,当年,水利局被评为县级文明单位,5 个基层管理单位被评为县级文明单位。

2002 年,结合文明单位创建活动,学习党的十六大确立的"三个代表"重要思想,开展争创"五好党组织"活动。同时制定了文明单位考核标准,要求局党组班子及二级单位班子成员必须讲政治、讲学习、讲正气,努力践行"三个代表"重要思想,推进了水利建设的创新发展,当年晋升为新乡市文明单位,实现了精神文明与物质文明双丰收。

2013—2022 年水利局在持续巩固市级文明单位创建成果的基础上,立足更高起点,瞄准更高标准,扎实做好长效创建工作,树立了昂扬向上、锐意进取、文明和谐的良好机关形象,为推动全市水利改革发展提供了强大的精神力量。

制定年度精神文明建设工作方案,把创建工作融入各项水利工作之中;加强理想信念教育,达到理论学习有收获、思想政治受洗礼、干事创业敢担当、为民服务解难题、清正廉洁作表率的教育目标;积极培育和践行社会主义核心价值观,在建党节、国庆节举行升国旗暨重温入党誓词活动;组织党员干部到红色教育基地参观学习,传承红色基因,牢记初心使命;深化"六文明"系列活动,在局窗口单位和业务科室开展文明优质服务,提升服务对象满意度和良好形象;注重思想道德教育,坚持每周二日常学习中,开展社会公德、职业道德、家庭美德、个人品德等方面的学习教育;每年开展先进科室、管理局(所)、水利站评选,每季度开展中层干部、一般人员先进个人评选,激发各科室、广大干部职工创先争优、爱岗敬业、开拓进取、奋发向上的精神;深入开展诚信守法建设,切实加强诚信、守法和职业道德教育,不断强化干部职工诚实守信意识和文明服务意识,以诚待人,以信正身,做诚信守法公民;注重机关园林绿化建设,坚持按照"生态、和谐、人本"的创建理念,精心规划设计,形成布局合理、特色明显的园林绿化体系;设立党员活动室、图书室、乒乓球室,开展丰富多彩的文体活动,组建摄影协会、羽毛球队、乒乓球队、篮球队、合唱团等,积极参加上级组织的各项运动会,2013 年、2019 年两次举办水利系统运动会;2011 年组织水利系统青年干部演讲比赛、庆"七一"水利杯知识竞赛,2012 年首次举办元旦晚会,加强干部职工沟通交流,凝聚了人心、振奋了精神、激发了斗志、增进了友谊;开展形式多样的志愿服务活动,成立学雷锋志愿服务队、党员志愿服务队、网络文明传播志愿小组等,去社区、进乡村、到一线开展志愿服务活动,开展文明宣传,维护文明交通,做好路段保洁,提供便民服务,处理应急事件,巩固文明城市创建成果。

(二)创建成果

通过多种形式的文明创建活动,推动了长垣市水利事业的全面发展,树立了水利行业良好外部形象,提高了单位整体凝聚力。各单位通过基础设施,环境文化建设,办公场所和水利工程管理景观建设,做到了整体环境优美干净整洁,达到了优秀标准,取得了丰硕的创建成果。

长垣市人民政府获得全省农田水利基本建设"红旗渠精神杯"4 次,获得新乡市农田水利建设"大禹杯"18 次,河南省节水型社会建设达标县;水利局获得河南省园林单位、河南省水利宣传工作先进单位、河南省水政监察执法工作先进集体、河南省水利系统模范职工之家、河南省水利系统五一劳动奖状、河南省水利基本建设管理先进集体、河南省安全生产业务技能竞赛先进单位;获得新乡市廉洁示范单位、新乡市驻村先进工作队、新乡市"六好"基层工会;县关心支持国防建设先进单位、县服务型执法建设工作先进单位等荣誉称号。有 106 人次获得河南省和新乡市劳动模范、有突出贡献领导干部、优秀共产党员、先进工作者等荣誉称号。

长垣县水利局 1997 年创建为县级文明单位,2000 年、2020 年创建为市级文明单位。

三、扶贫工作

水利局是从 2016 年 4 月开始驻村帮扶工作的,帮扶的村庄有 2 个,分别是赵堤镇大寨村和方里镇陈庄村。

(一)组织领导

水利局召开驻村扶贫会议,成立帮扶领导小组,由党组书记、局长任组长,党组成员和班子成员任副组长,选派 44 名干部担任帮扶责任人,对 74 户贫困户进行结对子,做到干部到户、责任到人。同时选派优秀干部到帮扶村担任第一书记。选派 16 人到贫困村担任驻村工作队队长、队员,履行脱贫攻坚义务和责任。

(二)制度建设

水利局制定了《水利局帮扶责任人廉政建设制度》和驻村工作队严格执行"四天五夜"工作制度。在帮扶工作上,要求帮扶人"二、四、六"必到村、到户走访贫困户,了解贫困户、帮助贫困户出主意、想办法,尽快打赢脱贫攻坚战,严格按照精准脱贫标准,确保不漏一户、不落一人,落实"两不愁三保障",2020 年底实现贫困人口全部脱贫。在驻村工作上,抓住扶贫要点,深入农户开展面对面的政策讲解和谈心活动,体察民情、村情、贫情,合理提出助力脱贫规划,把上级各项制度落到实处。

(三)帮扶措施

大寨村共有建档立卡贫困户 38 户 104 人,截至 2020 年底实现贫困人口全部脱贫。帮扶措施:一是筹措资金 36.1 万元,对村东西主街道下水管道、路面和村委会楼前后路面进行铺设硬化。二是新打配套农用灌溉机井 13 眼,维修配套水毁机井 2 眼。三是帮助推进实施滨河森林公园建设项目,计划总投资 2000 万元。目前,主体工程已完工,附属设施正在谋划中。推进"医养结合"建设,项目已基本完工。四是水利局投资 8 万余元,为村西头东干渠新修桥梁 1 座,解决出行困难问题;申请扶贫道路 1 条,长 300 米,投资 22 万余元。五是落实扶贫政策,先后为全村 13 户建档立卡贫困户 24 名大学、义务教育和学前教育阶段在校生落实了教育助学金;引导 3 户建档立卡户与卫华集团签订资产合作协议,实现了贫困户资产收益全覆盖;制订了光伏项目资金合理分配方案;积极鼓励贫困户参加城乡居民合作医疗,建档立卡户新农合参保率达到 100%;对全村贫困户不住人危房进行了拆除和治理,实现了全村所有贫困户"危房不住人,住人无危房"的目标;帮助 15 户贫困户续签了户贷户用小额信贷合同;为 14 名残疾人发放了残疾人结对帮扶金,每人 2400 元;组织水利局干部职工为一特困户捐款 20900 元,并出资为其修缮房顶;协调百企帮百村企业,筹集资金3万元,为2户贫困户新建房屋2座,解决一名归乡务工人员临时就业问题。六是完善基础制度,制定了村规民约,建立了环境整治、清洁卫生等制度,规范了红白理事会等,群众综合素质和乡风文明得到了大大提升;建立了民事调解制度,选出了矛盾纠纷调解员,及时化解群众的矛盾纠纷,有效避免了治安案件和上访事件的发生。

扶贫工作队名单:

队　　长:韩子鹏(2017年5月至2022年11月)

　　　　　邢利民(2022年11月至今)(兼任)

第一书记:徐洪坤(2017年5月至2021年9月)

　　　　　邢利民(2021年9月至今)

队　　员:杨　朋(2017年5月至2018年8月)

　　　　　张燕杰(2018年8月至2019年10月

　　　　　王世崇(2019年10月至今)

陈庄村共有建档立卡贫困户36户113人,截至2020年底实现贫困人口全部脱贫。帮扶措施:一是扶贫政策落实。为30户54人建档立卡办理慢性病卡,为18户27人办理教育救助,为全部贫困户实施了医疗救助、光伏发电、到户增收和安全饮水全覆盖,收益金额每年1400~4000元不等。二是与市乡村振兴局、镇政府部门结合,争取到道路硬化4285平方米的项目,建成后,将进一步改善人居环境。同时,带领市级、村级公益性岗位开展村容村貌提升工作,对堆放建筑垃圾、生活垃圾重点整理。三是争取到河南建元公路附属设施工程有限公司扩大生产项目,为村集体经济年增收2.4万元。四是协助办理小麦保险协保协管员6户6人,每人每年3000元,残疾帮扶对接11户13人,每人每年2400元。五是落实国能电力百企帮百村协议,带动贫困户创业4户,每户1500元;资助大病户、无劳动力户3户,每户1200元;资助贫困大学生4人,每人1500元;改善村基础设施建设2.16万元。六是第一书记王宁以个人名义筹集资金5万元,帮助2户贫困户发展养殖业,每户年收益2万多元。七是帮助致富带头人闫根川扩大养殖规模,成立"长垣市根川养殖家庭农场",直接带动贫困户3户3人就业。八是完成26户贫困户改厕工作。

扶贫工作队名单:

队　　长:袁玉玺(2016年4月至2022年11月)

　　　　　王恒星(2022年11月至今)(兼任)

第一书记:田国波(2016年4月至2018年5月)

　　　　　吕军民(2018年5月至2019年9月)

　　　　　王　宁(2019年9月至2021年9月)

　　　　　王恒星(2021年9月至今)

队　　员:于金标(2016年4月至2017年11月)

　　　　　杨　朋(2016年4月至2017年5月)

　　　　　张冠华(2018年4月至2019年9月)

　　　　　王恒星(2019年9月至2021年9月)

　　　　　牛志朋(2019年9月至今)

　　　　　李敬宇(2022年12月至今)

四、审计工作

长垣市水利局于1996年8月成立财审股,主要负责筹措和管理全市各类水利资金并监督使用情况;对水利资金进行调控;协调水费征收工作;负责部门预决算的编制和预算执行工作,承担局机关并指导局属单位的财务和资产管理工作;负责局属单位会计事务管理及水利行业的内部审计工作。截至2022年12月底,现有工作人员4名(高级会计师1名,会计师1名)。

(一)水利基本项目竣工决算审计

在每年的水利项目竣工决算审计中,委托第三方机构对工程造价、设计及变更、招标流程、项目施工、监理及物资采购、标段划分及分包转包、合同执行、内部控制制度建设、预付工程款及结算、资金使用情况、工程尾工及预留资金处理、资产移交、工程效益等环节进行逐一审计,通过这些项目的竣工决算审计,确保项目资金合理使用,更好地服务于长垣水利事业。

(二)日常财务收支审计

每年对二级机构(各乡镇水利站、管理所,各乡镇水厂)进行财务收支日常审计工作,督促各二级机构规范财务纪律,完善财务制度和财务流程。

(三)配合审计

近年来,积极配合河南省审计厅、长垣市审计局关于县域经济、农村饮水安全、黄河流域生态保护等各项审计工作。

(1)2017年3—4月,配合河南省审计厅对长垣县2013—2016年农村饮水安全工程审计工作,重点审计了项目规划落实、建设管理、资金管理、机制保障和运营维护等方面,截至2017年9月,对涉及问题已全部整改到位。

(2)2022年9—11月,配合河南省审计厅对新乡市2020年以来黄河流域生态保护情况的审计调查工作,重点审计调查了管理机制建立健全和重点任务开展、加强生态保护修复、水资源节约集约利用、保障黄河安澜、环境污染系统治理、项目建设和资金管理使用等方面的情况,对重要事项进行了必要的延伸和追溯,截至2023年5月,对涉及问题已全部整改到位。

第十章　水文化

　　长垣县水文化历史悠久,有史书记载以来,先民就注重兴修水利,涌出现许多治水英雄,留下不少可歌可泣的故事,骨干河道之一的文明渠,就是公元前 487 年首任县令子路亲率民众开挖。长垣县的县名及许多村庄、堤坝的名称均与水有关,由此可见水对长垣的影响。

第一节　水与地名

一、县名由来

　　关于长垣县名的由来众说纷纭。历代《长垣县志》记载不一。

　　"长垣"之名始于战国。秦并天下设郡县,改首垣邑为长垣县。明嘉靖《长垣县志》载:"以星宿有长垣,故名。"又万历《长垣县志》载:"汉始置长垣县,仍属三川郡,三川分野,张宿上有四星曰长垣,故以名县。"以上两志,均提出"长垣"系以星宿而命名。

　　清嘉庆《长垣县志》载:"按长垣四星,马班志书不载,晋书天文志少微南四星曰长垣,主界域及四裔星经与隋志皆同,两朝天文志长垣四星人张宿十四度十二次度……是长垣四星当应于河内,不当以匡蒲之长垣象矣,或系后人傅会之说耳。"清志不同意明志的星宿说,但未提出长垣县名的由来。

　　《水经注·濮注》引证《陈留风俗传》长垣条"县有防垣,故县氏之"的记载,明确指出长垣县名的出处。长垣自秦至晋皆属陈留郡,《陈留风俗传》成书于东汉,距秦仅 200 余年,其记载比较可靠。据此,长垣之名,当系因县有防垣而命名。"垣"之作用:一防敌人攻城,二防洪水淹城。可见,长垣县名与水有关。

二、"三善"之地

　　公元前 487 年,孔子弟子子路任长垣县历史上记载的第一任县令。子路治蒲 3 年,大见成效。农业丰收,社会稳定,人民安居乐业。今日的文明渠,最初即由子路亲率民众开挖,从始至今为长垣文明的发展起到了不可估量的作用。子路在任期间,孔子路过这里,对子路的政绩 3 次称"善",并对跟随他的弟子子贡解释说:"到了蒲邑境内就可以看到,田野都很平整,不见荒地,沟渠交错,井井有条,这就是仲由恭谨谦敬而树立了威信,人民才尽力而为啊!进了城可以看到百姓们的院墙房屋完整坚固,树木茂盛,这就是他忠于职守、取信于民、宽和公正,才使得人民勤勉,社会稳定啊!进入官署看到庭院清静,属下努力,这正是他能明察事理,决断疑难,所以才政通人和啊!"

　　因此,人们把长垣称为"三善"之地。民国时期,城关镇就曾一度易名为"三善镇",用以纪念治蒲有方的先贤子路。(龙山街碑记)

三、涉水地名

　　在长垣县众多的村名中,有 62 个与水有关。这些村名多以堤、河、渠、湾、口、滩、池、井、岸、桥、堰命名。

（一）以堤命名的村庄

以堤命名的村庄有乔堤、柴堤、王堤、小张堤、单堤、夹堤、傅堤、郑堤、刘堤、张堤、西赵堤、东赵堤、横堤、大堤西、小堤西，共计 15 个村庄。乔堤村，《长垣县志》载：乔氏于明初自山西洪洞县迁来，兄弟三人，一居城东南龙相，一居东明乔庄，一居县东乔井，乔井始祖乔彦和。因屡遭逯家河水患，为避水灾，于 17 世纪中叶，往南迁到小务口堤上，以姓氏起名为乔堤。张寨乡王堤，在县城西南 10 公里，太行堤之阴，南与封丘县北常岗隔堤相望。清初，王氏以堤建村，故名。

（二）以河命名的村庄

以河命名的村庄有陈河、白河、河自上、河里高、临河、河道、司河、牛河、十五里河。陈河，在县城北 2 公里，城关镇西北部，京广公路东侧，新菏铁路南侧，原名陈枣河。相传，此地有一条长满枣树的水沟，陈氏依沟建村，故名。1949 年简为今名。至今，唐满沟西岸仍有一条以村命名的"陈河沟"。

（三）以渠命名的村庄

以渠命名的村庄有小渠、前小渠。原是一村，前小渠在县城东北 27.5 公里，位于赵堤镇中部，临黄堤西侧，为明初山西洪洞县移民建村，以傍有小渠而取名。清乾隆年间，因水患迁出一部分到临黄堤东建村，原小渠村易名为前小渠。

（四）以桥命名的村庄

以桥命名的村庄有杨桥、薛官桥、朱官桥、焦官桥、肖官桥、官桥营、柳桥、大石桥。官桥营，在县城北 16 公里，张三寨乡北部，原名曹村。明洪武二年（1369 年）一武官受命在此架桥，所带兵员依曹村而居，后留驻于此，以官桥营为名。附近，诸官桥村皆依官桥按姓命名。

（五）以河渡口或以堤步口命名的村庄

以河渡口或以堤步口命名的村庄有邢口、周村口、朱口、小务口、蔡口、刘口、林口、于口、胡口、大浪口。周村口，在县城东南 15.5 公里，恼里镇西南部，南与封丘县白王村为邻，原名周宗口。传说过去有一条河，一名叫周宗的人在此辟口摆渡，称为周宗口。后来成为村名，1955 年合作化时以谐音，易为今名。

（六）以岸命名的村庄

以岸命名的村庄有东岸下、西岸下、金岸下、老岸。老岸，曾是有名的古镇，在城北 26 公里，佘家乡北部。因在老河岸边称老岸，明清皆有巡河驻此，民国间建镇，筑有寨墙。

（七）以滩命名的村庄

以滩命名的村庄有滩丘，在县城东北 24.5 公里，武邱乡东南部，东与山东省白寨相望。据该村王氏家谱记载，明嘉靖二年（1523 年），始祖王七迁武邱村南大河滩上建村，因村傍有丘，故名滩丘。

（八）以堰命名的村庄

以堰命名的村庄有堰南村，堰南村与中华人民共和国第一个大型水利工程——石头庄溢洪堰有关。1951 年 4 月 30 日，国务院作出关于预防异常洪水的决定，确定开辟北金堤滞洪区，在平原省长垣县石头庄南修筑溢洪堰，工程建成后，该村建在溢洪堰的南端，故名堰南。（根据《长垣县地名》整理）

四、以姓命名的堤坝

长垣县芦岗乡马寨有一堤坝叫杨耿坝，简称"杨耿"。

1933年夏,黄河发大水,就是民间所说的"黑炭水"。黄河两岸,水深3米,水中有炭,含沙极多。据老人回忆,当时水涨,人往高处攀。3日后,不见水落,有人以足试水深浅,膝盖以下,竟为沙地。这就是水深一丈,落沙八尺。那一年,黄河在长垣县芦岗乡的马寨与冯楼之间决口,水落之后,黄水不归河道,直冲西北,向石头庄流去,大堤以西,仍陷在黄水之中。为使黄水归入河道,9月备料,10月开始堵塞决口。当时参加堵塞决口的都是长垣县的农民和河北省河务局的河兵。那时河兵地位低下,生活穷困,又名"土老鼠",言其终日挖土不止,修堤打坝,其苦自不必说;又名"水老鸹",说他们人人均有一身好水性。河兵冬季每人发一件蓝斜纹号铠,背上写有"河兵"二字,河风冷如剑,一薄薄号铠岂能抵御风寒?但河兵们日日夜夜站在河边与风浪搏斗,一直干到腊月,才开始合龙。合龙时,决口处摆了两条五丈余长的方木船,用数十根一人多高的铁锚固定在"龙门口",然后两岸一齐向船上抛石头铁丝笼。当时河兵班长杨庆坤和河兵耿高生与另一河兵在船上掌握石头笼。忽然间,两岸石笼一齐滚下,锚绳崩断,方船沉入水底,一片惊呼声中,一河兵被岸上人拉出,其腿已伤;杨庆坤与耿高生则随船沉入水底,再也没有出来。

决口合龙,决口处修一大坝,此坝的修筑,保住了芦岗、苗寨、武邱等乡村的大片土地和房产。事后,数万修坝河兵和农民向当局提出以杨庆坤和耿高生两人姓氏命名此坝,河务局批示此坝名为"杨耿路坝"。原因是河务局内有姓路的师爷也在合口之时病死于河务局,所以以三名姓氏为坝名。但是河兵不服,说路师爷没有死在坝上,不能以他的姓氏命名。所以,官方批示为"杨耿路坝",民间仍叫做"杨耿坝",简称"杨坝"。

第二年,当地农民在杨耿坝东端临河处修一庙宇,庙堂三间,内有杨庆坤、耿高生二人塑像,名曰"杨耿庙",百姓说他们到阴间当了守河将军,一年四季,享受人间烟火。1939年,庙被水淹,冲入黄河,只有两块庙碑,高三尺,宽二尺余,现在溢洪堰家属院东边堤北一百米处。

五、内河不叫河

长垣地势平缓,境内沟渠纵横,流量超过5立方米每秒的河流不止10条,可是没有一条叫"河"。流量25立方米每秒的有丁栾公路沟,叫"沟",有2000年历史的文明渠进入滑县叫黄庄河,在长垣叫"渠",贯穿数县的大功河进入长垣叫"红旗总干渠"。

长垣内河为何不叫河,多数人不知道。

1958年以后"大跃进"时期,时任县委书记处书记杨崇梓回忆说:"当时水利化方针是'以蓄为主',提倡'一亩地对一亩天'。那时长垣全县只有文明渠出境处角城留有3立方米每秒流量的水泥管泄水。上下游以邻为壑,经常发生扒、堵口水利械斗。滑县在边境挖了一条堤顶三四米高、能跑汽车的八支渠,到夏季涝水难下。1960年大雨后,大浪口、一溜岸下水深2~3米,长垣群众划船出入,滑县人持枪巡逻,先后发生几次摩擦,新乡专署副专员吕克明坐镇渠顶,以防事态扩大。长垣县向省委反映了情况,省委常委刘宴春到滑县,滑县县委陪他到八支渠,他面对渠南一片汪洋,指着滑县县委书记王文周说:'你还是共产党员不是,叫不叫长垣过水?'王文周马上说:'叫过。'我立即组织业务部门,很快拿出长垣排水规划。刘宴春视察滑县后来到长垣,我汇报说丁栾公路河过水流量25立方米每秒,他急了:'你还叫河哩,挖沟都不想叫你过水,你再挖河!'我马上说:'这是草案,马上改。''丁栾公路沟'的名字就这样定了。为了缓和与滑县干群对立的情绪,长垣排水系统的河一律改成沟,先后挖成了王堤沟、唐满沟、何寨沟、回木沟等。"

第二节　轶　文

一、水患轶文

弥水患文移

明·知县:杜纬

本县知县杜纬为弥水患以便民生事。

昭得长垣南距大河,西际黑羊,山川沮洳,地号洼下。故今岁暑雨一淫,流潦四合,漂庐舍而淹禾稼,水不及城者数里。有司仓皇,百姓离乱,时虽四路差官分投疏导,然一望无涯,尺锸何补,虽幸获旦夕之安,而实非经久之计。况水旱相仍国之常事,若非先事预图,难免临时取罪。思欲防患未然,但一介书生,三月初政,其事情地势,实有未谙其详者,图惟厥心,罔敢轻议。近因策试生儒,各得其概。查得先年百姓告理水患,蒙巡按御史王公批,行兵备副使刘公转,委本府推官柴公督理,起自小务口之东,至于天鹅坡之西,穿为长河一带,延绕七十余里,为桥七所,树柳千株。当时水涝民不为灾,经今岁久人非,桥树圯拔于风雨,河道壅种于富豪,以此下流埋塞,水淫为患。今欲乘此农隙访故道,量加疏凿之功,用逭漂没之患,中间不无任用民力,延伤田地,合无准令兴修,惟复别有定夺,备由申请。(选自《明、清、民国长垣县志整理本》)

黄陵岗塞河之完碑记

明·大学士:刘健

弘治二年,河徙汴城,东北过沁水,溢流为二:一自祥符于家店,经兰阳、归德至徐邳入于淮;一自荆隆口黄陵岗,东经曹濮,入张秋运河。所到坏民田庐,且势损南北运道。天子忧之,尝命官往治,时运道尚未损也。六年夏,大霖雨,河流骤盛,而荆隆口一支尤甚,遂决张秋运河东岸,并汶水,奔注于海。由是运道淤涸,漕舟阻绝。天子亦以为忧,复命都察院右副都御使臣刘大夏治之。即而虑其功,不时上也,又以总督之柄付之内官太监臣李兴、平江伯臣陈锐,俾衔命以往,三臣者乃同心协力以抵。奉明诏遂自张秋决口视溃决之源,以西至河南广武山淤涸之迹,以北至临清卫河,地形事宜既悉,然以时当夏半,水势方盛,又漕舟鳞雍口南,因相与议曰:"治河之道通漕为急,乃于决口西岸凿月河三里许,属之旧河,以通漕舟。"漕舟既通,又相与议曰:"黄陵岗在张秋之上,而荆隆等口又黄陵溃决之源,筑塞固有缓急,然治水之法,不可不先杀其势,遂凿荥泽孙家渡河道七十余里,浚祥符四府营淤河二十余里,以达淮,疏贾鲁旧河四十里,由曹县梁进口出徐州运河,支流既分,水势渐杀,于是乃议筑塞诸口。"其自黄陵岗以上,凡地属河南者,悉用河南兵民夫匠,即以其方面统之。按察副使臣张鼐、都指挥佥事臣刘胜分统荆隆等口,按察佥事臣李善、都指挥佥事臣王杲分统黄陵岗。而臣兴、臣锐、臣大夏往来总督之。博采群议,昼夜计划,殆忘寝食,故官属夫匠等悉用命。筑台卷埽,齐心毕力,遂获成功焉。初河南诸口之塞惟黄陵岗屡合而决为最难。故既塞之后,特筑堤三重以护之,其高各七丈,厚半之。又筑长堤,荆隆口之东西各二百余里,黄陵岗之东西各三百余里,直抵徐州。俾河道恒南行故道,而下流张秋可无溃决之患矣。是役也,用夫匠以名记五万八千有奇,柴草以束记一千三百万有奇,竹木大小以根计一万二百根有奇,铁生熟以斤计一万九百有奇,麻以斤计三十二万有奇。兴工以弘治甲寅十月,而毕以次年二月。会张秋以南至徐州工程具毕,臣兴等遂具工完始末以闻。天子嘉之,特易张秋镇名为安平。赐臣兴禄米岁二十四石,加臣锐太保兼太子太傅,禄米二百石。进臣大夏左副都御使,理院事。及诸方面,官属进秩,增俸有差。仍从兴等请于塞口各赐额立庙,以祀水神。安平镇曰"显惠",黄陵岗口"昭应"。已而,又命翰林儒臣,各以功完之迹,文之碑石,昭示永久。臣健以次撰黄陵岗。臣惟前代于河之决而塞之,若汉瓠子,宋澶濮、曹济之间,皆积久而后成功,或至临塞,躬劳万乘。今黄陵岗诸口溃决已历数年,且其势洪阔奔放。若不可为,而筑塞之功,顾未盈二时,此固诸臣协心,夫匠用命之所致,然非我圣天子至德格天,水灵效职,及宸断之明,委任之专,岂能成功若是之速哉。臣职在文字,睹兹惠政,诚不可以无记述,谨摭其事撰次如右。(选自《明、清、民国长垣县志整理本》)

开小务口碣记

清·知县:王三省

小务口,古堤也。先是不时修筑,近堤居民更番致守,有盗决都抵之法。嘉靖癸未夏秋,霖潦骤溢,极目如平湖,伤民稼穑,荡覆厥居,城苦浸灌。会巡抚御使王公节按长垣,小务口民郭溥等以状上。公悯之,乃檄兵备按察副使刘公躬诣务口相视地形,事宜既悉,图而复之。公乃答令推官柴君督率南乐县丞刘宗和等修浚。稽老考迹得元河故道,因势之高下而疏瀹之,断堤东注,功用以成。河首小务口出水迤北,东抵四王村东明界,以入于河。为受水处大约旋绕七十里有奇,广三丈。淤塞高处浚深八尺,坦易处亦略起岸碛。夹岸植柳株四千余,桥梁七座。义民顿玉、王名、萧禄等共创之,渐次就绪。夫河以通灌溉,桥以济往来。旷尺寸而享寻丈之利,劳一时而贻万世之安,引利偿害,裨益多矣。自是厥后,淤者导之,圮者修之,不为豪右所阻,不种植以规小利,则民其永孚于休,陴有终惠。原显既平,泉流既清,拯溺享屯,厥绩惟懋哉。因勒石以纪云。(选自《明、清、民国长垣县志整理本》)

黄灾救济

民国22年(1933年)、23年(1934年),黄河两次决口,垣属均当其冲。水势浩瀚,弥漫全境,田庐牲畜什物,漂没殆尽。20余万灾黎,嗷嗷待哺,灾情之奇重,为数百年来所未有。所幸官绅函电纷驰,呼吁请赈,迭蒙国府、省府及各慈善团体,派员携带巨款莅垣,散放急赈,继续拨发赈款、食粮、衣被、医药,源源接济,拯救备致,人民始庆更生。合龙后,所有应需农具牲畜均由列宪贷款,始得播种。凡吾人民感不能忘,因志赈灾概略于左。

由官绅组织黄灾救济委员会,县长张钺、步恒勋、张庆禄先后为会长,邑绅孙庭瑞、穆祥仲为副会长。内分调查、交际、文书、庶务、运输5股,分掌各股事宜。国府、省府、黄灾委员会派员莅垣,视察灾况,迭次分拨款粮,按期散放,并设粥厂3处,城内2处,河东1处,以高志、焦宾甫、唐符生为厂长,共收容灾民7000余口,凡四阅月而止。中央义赈会特派唐慕汾莅垣视察灾况,当即运来大批赈衣18000余套,赈款十数万元,赈粮数百石,由委员李畏三、杜一程、饶毓华及查放员4人常年住垣。本县亦派员招待协助,分赴各村调查,先给灾民赈款衣粮等赈票,来县领取。每次一票洋三四元,粮一二斗,赈衣一二件不等,分期发放,约及半载之久。国府为救济灾民疾疫计,特设医务所于城内,由中央委医务所主任一人,医师二人,医生数人,逐日分赴灾区村庄,疗治灾民疾病。红十字会特派于先生圆观携现金数千元莅垣,散放急赈,乘船至各村庄,按灾民大口一元、小口五角,并将各村灾情及领赈灾民,随时摄影,经资纪实,而便继续拨款。

已而又施放巨款,并设粥厂于城内。收容灾民六七百人,以 3 个月为限。河北省府委李铿塘携款数千元莅垣赈济,复请款 2 万余元继续施放。河北省黄灾赈会派李卓章、康振普各委员,陆续监运赈衣 2000 余套,棉花 2 包,棉被 500 余条,棉衣洋布等物,分赴各乡,查视灾民,发给赈票,来县领取。又运小米千余石,由县府发给。上海慈善团马金波先生等人,携带巨款及药品,亲赴各村调查被灾之轻重,施放赈灾药品。慈善团杨子恭、李文铎等先后来垣,均带巨款,按受灾之大小以赈济之。天津慈善团体于民国 22 年冬,委派李学孔等 4 员,携带小米、衣布等赈品来垣赈济,并组设粥厂 2 处。以傅省吾为厂长,收容灾民 4000 余名,自冬令开始,至次年春解散,赖以全活者甚众。河北省委派邑人杨澍霖由天津运来春麦 900 余石,散放各村灾农,以资春耕,而便收获。时届仲冬,各村灾民,尚多露宿,益以凌水骤至,冻饿交逼,惨苦万状。由县救济会电请中央,旋即派员携款来垣查放急赈。该员等履冰涉水,踊跃争先,故河东 20 余村灾民,各得无恙。时至隆冬,灾民尚多露宿,由县救济会电请屋赈,灾民每建屋 1 间,给予国币 10 元,以资救济。由县救济会发启募赈捐单,收入亦数千元。以前任长垣县长仟墉,邑人绥西保安司令田海泉捐为最多。贯台口门于 24 年春合龙后,两岸大堤增高加厚,是岁河水依然泛滥,仅达两岸堤内各村,田禾仍复淹没殆尽,需赈孔殷。经官绅筹款救济,于县内设立粥厂,侯郁堂为厂长,收容大堤以内灾民千余口,自秋末开始以迄夏初,每日施粥二次。移民协会派段绳武先生来垣办理移民事宜,凡灾民无恒产情愿移徙者,登录约千余人,移至包头、五原间。开垦所需家具、牲畜及火车等费,全由会筹备。包头已预筑房舍院宇一切设备。组织农工教育,颇具规模。且选京津良所少女鳌妇,移包择配。移民旷夫以安室家。所居处名河北新村。按此次所移灾民,亦有携带室家者,由长垣集会编队,依次登程。行宿状况,备有摄影师,自垣抵包,上下火车,均拍有照片,以便制成电影,付世界电影院映演,所得资,亦为赈灾用。民国 22 年,冯楼决口,皓皓盯盯,闾阎为河,城不没者三版。除于地方一面设法救济外,复公推杨润之、张敬吾晋省呼吁。组织河北省黄河水灾委员会,附设省政府内,省政府各机关、各慈善团体及平津巨绅均参加,于是举行义务戏娱乐捐,又组织黄灾奖券处,开彩一年,月得奖金 5 万元。各局所、各学校经费无着,大有停顿之势,省政府前后拨发政费共 87000 元,各局所各学校照旧进行。大灾之后,人民卧泾食臭,瘟疫流行,在所不免,募得大批药品,散发各处,活人无算。复与北平垦务委员磋商,移民赴绥远垦荒,该会前后派员 3 次来垣,移去灾民数百家,至今包头附近有河北村云。名旦尚小云、须生谭富英在天津演剧 3 星期,以所得之一部资,作赈济长垣灾民用。电影名星王元龙,在冯楼摄制黄灾影片,分演于上海,长垣灾民受惠实多。名画家徐悲鸿以其作品洪水等多幅,于汉口售票展览,期收入亦多为赈济长垣灾民用。

水淹杨桥记

杨泉欣

1933 年农历六月十九日,长垣县境内黄河水骤然上涨,漫滩出槽,水势甚猛。农历六月二十日中午大水已逼临黄大堤。杨桥紧挨大堤,即刻被水包围。当时没有水情预报,群众心中没数,也来不及搬迁,只好采取应急措施,抓紧打护村堰。下午,水势猛涨,村堰随着水势不断加高。至太阳平西时,土堰已四五尺高。因开始缺乏计划,都是就近取土,且大半都是紧靠院墙或房屋,后来不但堰基无法加宽,连再加高用土都十分困难,都是从十几步远的地方一筐一筐地抬土。最后几乎无法上土,也无土可上,不少地方出现险情。为了抢险,群众摘下门板,抱出棉被,动用了一切能用的东西,勉强支持到擦黑儿。首先是西胡同南段堰决了口,抢堵无效,群众便扛着家具往家跑,边跑边喊:"堰是保不住了,各自顾家吧!"听到喊声,各处都放弃了抢险,喊声是那样凄惨,听了使人手足发颤,个个像丢了魂似的往家跑。有些人甚至两腿发软,手足无措,面色苍白。我当时13岁,是抢险人中年龄最小的一个,我也随着人群奔向自己的家门,还没进门,不知从哪里来的水已经涌进了我家的院中。一家人手忙脚乱,不知道先收拾啥好。我60多岁的老爷爷还是比较镇定清醒一些,说了声:"先搬吃的东西,粮食要紧。"于是一齐动手把紧要的东西搬上了棚板(中间房梁上棚一些板)。我家这时6口人,实际上能趟水干活的当时只我和爷爷,我们俩也是老的老、小的小。我父亲因脚上有伤,溃脓不能下水,我母亲小脚走平地还走不快,趟水更是不行。我嫂子也是小脚,怀中还抱着一岁多的孩子,什么也干不成。忙碌了不到一袋烟功夫,院中水已齐腰深,继而平胸。搬运已经十分困难。一不小心,滑倒就有喝水被淹溺的危险。

天很快黑下来,一些坏土屋开始倒塌,"轰隆""呼拉"惊人刺耳的塌屋声从四面八方传来,我们一家人紧缩在一间棚板上。

夜间房屋倒塌声更为频繁,夹杂着娘呼儿啼,使人毛骨悚然。洪水在不停地上涨,我们一家人默不作声,好像等待着灾祸的降临。只有我爷爷不时地用火光照照,看看水涨的深度和水面到过的砖层,因为他知道砖基只有四尺多高,水如湿着土坯,屋就有倒塌的危险。所以他不断地念叨着"还有两层""只剩下一层了"。到接近半夜时,我爷爷检查水位后出现非常沮丧的神情,说:"水已湿着坯了,再涨屋就要塌了,不过当中一间有梁或许能保住,都要往中间挤一挤,靠拢点,不要被两头塌下时伤着。"棚板上只有一盏小棉油灯,发着微弱的亮光,我父亲只是唉声叹气。时间好像过得非常慢,漆黑的夜空笼罩着一片汪洋大地,天阴沉沉的不见一点星光,只听得到风浪撞击的声音。

灾祸终于降临了,一声霹雳巨响,西间屋塌下来了,震得像是天摇地动。接着像是侄子的哭叫声,一阵风,灯被风刮灭了。我嫂子往孩子头上一摸,额头上黏糊糊、湿漉漉的,头的一边摸到几片碎瓦,孩子的头被打破了。我嫂子在黑暗中胡乱抓了些棉花套子给捂上,孩子的哭声还没有停止。又是一声巨响,东间也塌下来了,这时当中一间像是孤零零的水上凉亭。这时心情反而稍轻松了些,幸运中间总算没塌,保住了一家人的性命。但雨点开始透过塌了的屋顶打在脸上,使人又增添了一丝愁云。就这样熬到天明。

天微亮后,隔着塌了的屋顶,看到全村房屋已所剩无几,百分之九十的房屋倒塌在水里,只露出一个个歪歪斜斜的屋脊,而屋脊上却不堪重负地挤满了人,也有不少人是躲在树杈上。哭泣声、喊叫声、惊呼声、求救声仍不时传来。由于缺乏船只,干着急,只有几个水性好的青壮年游来游去,帮助抢救落水的儿童或打捞东西。平地水深七八尺,不会水的人是无能为力的。我村杨二盼就是这一夜被淹死的。

等到天大亮时,发觉水位已下落,并听到远处有嗵嗵的洪水咆哮声。这才知道大堤已有多处决口,仅我村西南、正北、东北就冲决了三个口。因我村离堤只有半里之遥,看得清清楚楚,滔滔黄水如万马奔腾,驰向大堤以西,流奔长垣全境。同时,也看到在汪洋一片的急流中,漂荡着无数的牲畜、车辆、麦秸垛、桌椅家具等。牲畜背上、车辆上、麦秸垛上还有的放着包袱坐着人,随波逐流,当靠近村庄时,发出悲惨的呼救声。可是大家都无能为力,个个都自身难保。

后来听说在这次大水中,牲畜倒救了一些人。关公刘村据说有一头大犍子牛就救了七条人命,刘好强一家七口就是抓住这条大犍牛逃出水的。还说马的水性也不错,在水中也能带一两个人。

由于决堤,堤东的水下去得很快。在堤东水势下落的同时,堤西的水势猛涨,因堤西地势要比堤东低得多。这是六月二十一日上午的情况。水下去后,由于冲积的泥沙太深(群众叫搭地),七尺深水就搭了四尺深泥沙,没有倒塌屋门只剩一尺来高,人须匍匐而入。一般柳树只露出树丫和树枝,树干全埋在泥沙中。因路陷不驮人,村里的人出不去,全县都被淹也没处去,只能靠吃生南瓜、煮囫囵麦吃,最后连树叶几乎都被吃光。不少人生病无处医,听天由命。

最不幸的是水下去后不几天,有谣传还要来"二次水"。因为生活极端困难,就有个别人听说县城未进水,新搭的泥沙地有些地方可以勉强行人,便有人想逃往城里,投亲靠友。虽然新搭的沙地可以勉强走,但是不能停步,一停步就会陷进去。上路的人只好拼命跑,到跑不动时,进退不得,终因体力不支被陷进去,愈陷愈深,以致死在路上。这种情景从杨桥南到王楼南的一条路上都可见到,几乎没有走到城里的。

水下去一个来月,人们可以安全下地。这时发现在野地里水流急的地方冲积下来的泥沙中有褐煤,土话叫它水火炭,可以烧。便用筛子淘去泥沙作燃料,解决部分烧柴问题。刨的多的还到集上去卖,后来人们还可以用铁锥寻找地面以下的煤炭,所以也有人把这场大水习惯地叫作"黑炭水"。

第二年接着又淹了一次,水深虽不及第一次,但由于搭地,地面增高了,第二次水面还是高出了第一次一二尺,以致第一年没塌的房屋第二年又塌了。其他情况和第一年大水大致相同。经过两年特大水灾,村里村外到处积水,蚊虫大量繁殖,全村普遍流行疟疾,有百分之九十以上的人都患有疟疾。有的一个人染有多种疟原虫,一天能发病两次,个别严重的,两次水没淹死,而最后死于疟疾。灾后,群众元气损伤太重,生活有些濒临绝境,光我村灾后逃荒远去的就有杨岐洲等几十人。

那时也有"黄河水利委员会",不过人们把它叫作"黄河水,利委员会",因它也经常向上级要钱,向群众募款,说是搞水利,实际上什么也不顾。所以沿黄一带有人说:"只见黄水淹,不见委员到。"

"黑炭水"

杨泉欣

1933 年的洪水,为何叫作"黑炭水",大堤东的老人比较清楚,大堤西的人很多不熟悉。因为这次洪水来的很猛,黄河上游有些埋藏很浅的露天煤矿,被洪水冲毁,有些煤屑便随着泥沙,奔流直下,到了长垣境内,水流转缓,随着河水挟带的泥沙淤积在地下。灾区(堤东)群众当时严重缺柴,后来发现泥沙中这些煤屑可以烧锅。并且还可以湿着浇,又加上是黄水带来的,当时群众便把它叫作"水火炭"。实际上煤的种类里没有这个品种,这是群众的习惯说法,并把这次水也就叫作"黑炭水"。要按煤的品级分,这些煤屑应属于褐煤,是半成品煤,有的还保持着树枝的形状,火力还不及烟煤火力强。当时堤东挖这种煤就烧了好几年,有时集市上,如总管集上还有出卖的。

县城南关堵水记

张伯潭

难忘的 1933 年农历六月二十一日,我国举世闻名的第二大河——黄河,就在这天从长垣的石头庄大堤决口了,汹涌澎湃的黄河水直逼县城而来。这不啻于一个晴天霹雳,震撼全城,街上人声鼎沸,惊喊"水来了"。因而各街作紧急防御工事,唯独南街没有进行,以致黄河水夺门而入,冲进城区。若非群众战胜黄河水,全城内将沦为深渊。为此,将这次与洪水搏斗、表现出大无畏精神的人计有三十几人,其事迹如实地写在下面:

当黄河水将近县城时,南街群众谁不担心?比如南街街长翟义修犯了严重的经验主义,当群众请命防御时,他说:"不要紧,打我记事黄水来到城根才花面水。"因此,无情的黄河水乘其无备,势如巨蟒猛兽夺门而入,冲进城内,滚滚急流,令人棘手。在此紧要关头,涌现出的既不是知名人士,也不是地主豪绅,而是劳苦大众、赤脚煮盐人。他们分成两班,由一个领头,首先腰系大缆绳,齐集于城门。此时,如临大敌,双方呐喊关门堵水,眼看就要成功,无如黄河水冲压力大,突然把城门冲回原位,而这些英雄们竟被冲得无影无踪了,有亲人在场者几乎失声。不料,这些英雄们被卷进洪浪中,到北边冯姓门口,才幸运地露出头来,虽无一死亡,但有少数被水下石撞伤。此次英雄们冒着生命危险,与黄水展开搏斗,虽未达到截流的目的,而英雄们的大无畏精神,实在令人钦佩!

滔滔黄河水,一直向城内倾泄,延至22日下午,各街群众不约而同向南门跑去,我和焦鸿年也到了南门。此时地方团队反动头子翟学文不知何故,正大骂群众,只听群众一齐高喊:"他再骂把他撺(音全)到河里。"适伪县长张钺赶到,见此情况,遂将翟拉走,群众的激愤才得以平息下来。大家集思广益地商妥一个好办法:搬倒城垛口作硬埽,于是开始行动,男女老幼齐动手,拆的拆,搬的搬,齐向闸门口抛去,汹涌急流的黄河水霎时变为涓涓细流了,人们才喘了一口气,面颊上现出微丝笑容。兹将与黄水搏斗的穷哥儿们姓名列后(共37人):

王锡泉	王翠洲	王华洲	王海洲	石全山
崔兆贞	李喜堂	张　森	王廷珍	石恒山
王　双	王　聚	王清洲	薄文义	户廷秀
薄文中	张朝栋	王好义	孙新荣	尚德魁
盛聚合	夏聚生	郑逢邻	张明德	鄐运生
石万荣	石万福	石亏禄	王成章	张　春
杨国祥	许明德	冯乐年	牛全山	张　五
张书田	刘钻帽(绰号)			

二、水文化作品

三善园秋色

冯平安

柔柔三善水,幽幽碧波清。

烟秀竹荷韵,苇摇蒹葭风。

暮秋田园美,朝阳天地明。

渔歌何处闻? 隐听舟辑声。

如诗如画的金秋,韵律无声,醉过春的柔情,恋过夏的繁华,丰盈了这一季的沉淀。暮秋时节的三善公园,蓝天碧水,霞飞云染,枫叶飘缈,景色弥新。在阳光的照耀下,长空彩霞漫天,大地铺满斑斓,绚丽多姿,丰润浪漫。秋的温暖,秋的馨香,秋的丰盈,秋的风韵,枫叶似火,黄叶流金,山水云居,暮秋夕照,如诗如画般植入心头。湖中碧水,微波浮动,漾出袅袅诗意,园中落叶,似彩蝶翩跹,萧索中透着喜悦,环侍着城市的南廓,满园清新描诗韵,一方舒朗入画来,一幅静美飘逸、梦幻若离的景象,渲染着季节的风骨,萌发出生命的美好。

一片落叶渲染了秋天,一季落花润泽了流年。

绿竹摇曳的阔大水系公园,占地面积2479亩,光水面就有990亩,占比绿地面积的将近一半,分明察园、忠信园和恭敬园,是长垣绿水润城工程的一部分,也是城市用水的储水源地。迈步其间,云高雾低,耳听鸟鸣,身沐竹风,感时光之流失,忆人生之过往,品湖光之静美,赏园林之清幽。沿落叶满径的湖畔小路踽踽前行,凉薄的秋风陪伴着我,回廊婉转,曲径通幽,穿越忠信园,走恭敬园、明察园,过郭庄湖抵达王家潭,一路前行一路风景,无论路有多远,总能以坚定的脚步抵达,路愈走愈短,心却越来越宽。

云水禅心写意人间凉薄,风月无边,雁鸣秋声。

大自然凝聚了季节的厚重,承载着历史的风霜,历练出天空的胸怀,寄托着人间的喜忧。

时光如梭,匆匆而过,静静地享受这芳菲黄叶落,秋风柔情肠的美好,就这么不经意的游走,任秋天的故事在耳畔索绕,季节往复流转,岁月轻柔,就这样轻轻地与她相遇。这一处遇见,惊艳了时光,这一处风景,迷醉了心灵,三善园就像一曲天籁的清音,写意一季明媚,芬芳了流年。

湖以水波而动,心为诗情而生。

秋如此,心如此,名称亦如此!

三善园名称来源于"三善之地"的故事,延续着文脉的传承。早在春秋时期,长垣属卫国的蒲邑,又称匡城。孔子的学生仲由(字子路)任卫国蒲邑宰。子路治蒲心里没底,就去向孔子请教。孔子就问:"蒲邑是个什么情况呢?"子路说:"蒲邑这个地方强壮之士比较多,很难治理。"孔子说:"那好,我就告诉你该如何治理。谦恭谨敬可以慑服勇士,宽厚正直可以使强者归顺,慈爱仁恕可以容纳困苦的人,温和果断可以抑制奸邪。你要是能做到这些,就不难治理好蒲邑了。"于是子路就严格按孔子的教导治蒲,蒲邑大治。

三年后,孔子带学生们又来到蒲邑,刚进入蒲邑境内,孔子就说:"善哉由也!恭敬以信矣。"意思就是,子路做得很好,这里的人们都做到了外表对人恭顺,内心对人敬重,内外一致,是真正的信啊!进入蒲邑城里,孔子说:"善哉由也!忠信以宽矣。"意思就是,子路做得很好,人们心中都具有了主念,内外一致的信,而且待人宽和。来到子路办公的场所,孔子又说:"善哉由也!明察以断矣。"意思就是,子路做得很好,他已经可以做到以明察来决断了。

弟子子贡给孔子驾着车,不解地问道:"夫子未见由之政而三称其善,可得闻乎?"孔子笑着说:"我已经见到他的政绩了。入其境,田畴尽易,草木甚辟,沟渠深治,此其恭敬以信,故其民尽力也。入其邑,墙屋完固,树木甚茂,此其忠信以宽,故其民不偷也。至其庭,庭甚清闲,诸下用命,此其明察以断,故其政不扰也。以此观之,虽三称其善,庸尽其美乎!"正是由于子路治蒲,孔子过其境,三称其善,后世遂将长垣称为"三善"之地。三善园之名也由此得之。

风情在风景之外,秋色在秋声之间。辉映着古蒲梦华的烁烁长河。

园中有水映日月,秋风无意染霜天。

正是秋色浓霜叶红时,站在彩虹桥上,举目远望,"恭敬""忠信""明察"三园相连成一片完整的围城水系,一水径流,舟楫可通。此刻阳光正好,温情丽日,云蒸霞蔚,水光涟滟,黄叶飘落,仿若一幅浓墨淡抹的暮秋图,亦如李白《秋登宣城谢朓北楼》诗中所描绘的"江城如画里,山晚望晴空。两水夹明镜,双桥落彩虹。人烟寒橘柚,秋色老梧桐。谁念北楼上,临风怀谢公"的意境。园中碧水清澈澄明,波光涟滟,水摇曳着梦幻般的倒影,鸟鸣池静,风微园清,牧野炊烟,黄叶飘舞,写意如诗如画的淡雅脱俗,苍凉旷远的深秋意境。

湖边小径蜿蜒,绿树红花,透着秋天迷人的风彩,黄叶蹁跹,五彩斑斓,落叶缤纷,诗意横流,漫山遍野,层林尽染。碧云天,黄叶地,与人间烟火相辉映,阵阵秋风如同打翻了调色板,为时空披上多彩的红橙黄,为大地盖上温柔的厚地毯,秋的脉络,在层叠的落叶里延续,在亭亭如盖的枝丫间招展,在明朗的天空中肆意炫彩。

金黄的色彩炫耀着天空,一树树耀眼的黄叶在风中轻轻舞动,仿佛在挥手与人作别,又像是对游人恋恋不舍。隐约在园中的粉黛乱子草轻粉如雾,梦幻的粉色,如梦如幻,柔情百结,云雾般的唯美,迷迷离离,在阳光下,呈现出迷人的粉色雾态,美的令人惊艳,美的今人窒息。"兰尘烟云洗清秋,几度风华若闲愁。一壶佳酿对月醉,湖畔落花付水流"。一股股清香荡漾开来,醉了游人,醉了秋光,秋天带来的不只是风景,还有生长和收获,还有思绪和诗情,还有层林尽染,多姿多彩,绿瘦黄肥的休闲时光。

一花一世界,一景一园诗。

晴是碧洗云天,阴是水墨山色。

枫叶飘飘,诗意袅袅,片片枫叶渲染风情,美丽的秀色可餐,红叶如纸,写满秋的热烈,陌上林间,被落日余晖抹上一层红云,演绎出美轮美奂的色彩。随手捡拾一片落叶,满手都是秋的颜色。秋天的味道溢满豪情,相思深种,邃阔而辽远。恰如唐代诗人刘禹锡的《秋词》:"自古逢秋悲寂寥,我言秋日胜春朝,晴空一鹤排云上,便引诗情到碧霄。"秋被无数美词包裹着,情深款款,沉稳干练,行走在秋天里的人们,都能感受到她无限的风光和迷人的魅力。

风轻轻地吹着,阳光洒满游园,听一曲温馨抒情的歌谣,让悠扬的旋律在心头响起。看到一位老人带着孙子正在河边随意的游玩,阳光溢满他们的周身,童心在不知不觉中生长,幸福在天地间延长。似水流年,美好年华,有的渐行渐近,有的渐行渐远。

经年,写满了聚聚散散,唯有阳光与雨露依旧,温暖与美好依恋。

恰有丝丝凉意袭来,红叶寥落凄清之韵,风景摇动一树金黄,秋风潇潇,落叶飘飘,秋天像一首歌把心情带入一个清寒唯美的意境之中,牧野苍苍,秋水茫茫,长天高远,雁字南翔,一缕缕淡淡的清寂在蔓延,在这个枫叶飘零的时光,才知道秋将尽,冬欲来。

有人说过最美的风景在路上,其实我深深地知道,最美的风景一直在心里,知心胜过万语千言,懂得胜过锦上添花。金秋,依风而过,心灵的记忆,写满万水千山,人间凉薄。此时此刻,多想有一声问候,穿过千山万水,暖指尖凉薄,一抹牵挂,越过四季轮回,温暖心扉。人生如同风景,有一种遇见,美丽又浪漫,隔着海角天涯,都能心有灵犀,彼此想起。

秋色斑斓,临高望远,把酒临风,朝迎曦日,夜待秋月。三善园正如一幅水描丹青,临水而居,有园有水,春可赏花闻香,夏可纳凉清心,秋可泛舟休闲,冬可借酒温雪。温情款款,浓淡相依间,忽见一群小学生在长廊中吟咏,那童稚的声音,穿越秋风的凉薄,融入我的视听,周身沐浴着知识的气息,园内流溢着文化的墨香。

在园中随性地游走,深浅不一曲折不平的脚步,丈量着岁月的山川河流。生活的味道,岁月的风雨,点点入心,捡拾人世间红尘烟火,调和着心性的浓淡稠稀,烹煮着情愫的酸甜苦辣,丰盈着灵魂的情趣兴致。人生的每一步就是一程,每一处都风撩清梦,雨洗背影,每一点都蕴含着不经意的美好,真诚而踏实。秋风阵阵,时光染红了枫叶。满目枫叶红似火,如彩霞漫天,涂红了地,映红了水,陶醉了心。

人间朝暮,岁月静好,秋色烂漫,心怡安然。

秋水长天,飘叶摇落,金黄炫彩,明媚了过往,吐露过芬芳,现实和自然和谐,浓墨与重彩融洽。适合散步,适合游玩,适合摄影,适合写诗,更适合凝望星空,扶风弄月,老酒醉弦。依着柔软的秋光,聆听园曲的鸣响,体验阳光的温旭,享受静雅的时光;可以随性怀古,可以对月吟诗,可以感悟人生,随心、随性、随缘,觉察生命的原色,追寻岁月的痕迹和感动;可以放下人生的疲累,享受自然,享受秋天,享受轻松,享受美好,诗意的生活才是我们所想要的。

时光静美,将一份心动的依恋,在岁月积淀里渐渐圆满;将一缕清新的视线,在时光长河中袅袅生烟。

而今,把这一腔热望变为一方文字,作为生命里情怀的寄托,在一笺平仄诗行间,晕开一朵朵遐思,让流年在这飞旋的文字中成熟。让飘满相思的黄叶,蕴含淡淡的清韵,掬一棒阳光,回眸一抹温情的眷念,在指间的缝隙中,慢慢隐入小桥流水,人间烟火。让一园不沾人间烟火色的暮秋,一点点沁入心扉,生长心头,扎根灵魂,借三善园暮秋的一色墨韵,一帧画轴,一弦清音,炫耀心灵中一直追寻的诗与远方。

醉美郭庄湖

闫平章

郭庄湖位于东郭庄、西郭庄、庄科三村交界地,南联王家潭,东接明察园,是长垣水系中调蓄湖之一,日常蓄水容量可达 30 余万立方米,占地面积 400 余亩,说大不大,说小不小,确是长垣水系上一颗灿烂的明珠。

郭庄湖之美美在水。

郭庄湖之水源自王家潭,来自王堤沟,穿过王堤沟景观桥、纬一路桥、德邻路桥流向明察园。一湖三桥,气势宏伟。特别是纬一路三孔大桥横跨在湖中央水面上,将湖一分为二,犹如长虹卧波,又似白鹤亮翅,美丽的倩影映入水中,平添了几分肃静和妩媚。王堤沟清凌凌的水注入湖中,宽阔的水面波澜不惊,依然那么平静和深沉,像什么都没发生一样。观景深思,宁静致远,我想到了大海,体味到了"海纳百川,有容乃大"的至理名言。

湖面上有许多只野鸭,虽品种不一,但很难区分有什么不同。野鸭悠闲地游动,无视游人的存在。突然,一只绿头鸭扎个猛子,转瞬不见,水面上留下一圈圈涟漪。野鸭戏水,给游人增添了不少情趣。人人茫然四顾,个个寻寻觅觅,却不见绿头鸭的踪影。在人们不经意间,绿头鸭却从老远的地方悄无声息地钻出来,一幅漫不经心的样子。有人挑逗性地跺一脚或大吼一声,绿头鸭闻声振翅,双翼对开,两足拨拉着水面,劈劈啪啪,箭一般的连跑带飞,激起一溜儿水花,逗得游人哈哈大笑。我看着绿头鸭仓皇奔命的样子,想起了古汉语学家对"奋"字的诠释:奋,会义字,上"大"下"田",鸟张开翅膀并振动翅膀从田间起飞的样子。而绿头鸭振翅启动,飞中有跑,跑中带飞,把"奋"字演示得更形象、更生动、更传神。

湖边水浅,愈加透明,水中的泥沙、石块、水草、小鱼清晰可见。湖边浅水区有几处小岛,岛与岸边有一架木制小桥相通。桥之娇小,可通一人,岛之玲珑,或数株树木或一片花草。游人登岛,或自拍,或取景,小中见大,近中取远,别有一番情趣。湖边有人垂钓,独处一隅,鱼获多少,钓客自知。湖西南浅水区有一座彩虹桥,是游湖的好去处。桥面木制,有宽有窄,宽处点缀着莲花池,池中有荷,桥外有莲,暗结连理,遥相呼应。桥栏铁制,红漆喷就,页面叠加,林林总总,有高有低,弯曲起伏,倒影灵隐,虚实变幻,平添了几分灵气,宛然一条游龙。人在桥上游,犹在龙背走,显得萧洒飘逸。

绕湖四周,高苇低蒲,前后错落,虚实有致,浑然一道道绿色屏障,给湖水镶嵌一圈绿边。野鸭在密实的苇丛蒲团中钻来钻去,我正不解何意,玩友告诉我,草丛是野鸭繁衍生息的所在。

郭庄湖之美美在景。

傍晚,郭庄湖灯火辉煌,灯光把游人的身影一会儿缩短一会儿拉长。游人驻足四顾,皆有影像,人动影随,搞得光怪陆离,变幻莫测。灯光下的湖面平静得像一面镜子,把岸上的景像都搬进了湖里,倒影楚楚,妙不可言,只是以水为镜,乾坤大反转。忽然"咕咚"一声,或鸭戏,或鱼跃,画风急转,湖中美景扭动起来,哈哈镜里看风景,别有一番情趣。倏忽之间,一阵风掠过,美景瞬间变成了一湖碎琼乱玉,五光十色,

美得一塌糊涂。我触景生情,打油一首:

灯在柳枝头,鱼在天上游。

月在云中藏,云在水中走。

一阵风掠过,波动湖面皱。

摇碎一湖景,满目灯光秀。

郭庄湖的醉美少不了景观配置,游船码头、特色栈道、儿童广场、亲水平台,东、南、西、北入口广场,设计各有特色,引人入胜。以杉岛湿地为主题的景观绿化令人神往,色叶树与观赏草混搭浑然一体,完成了从湖坡到土山绿色的过渡。荷花湾、辛夷堤岸、丹枫山色、花溪等特色景观进行植物配置种植,水杉、黄连木、荷花、辛夷、五角枫、马褂木、狼尾草、矮蒲苇的使用,突出了植物主题特色,三季有花,四季常绿,色彩绚丽,人们一年四季游玩郭庄湖皆有看点,新意盈盈。

郭庄湖之美美在情。

郭庄赋予了郭庄湖以厚重。郭庄已有五百余年的村史。历史上有名的"京封御路"从这里通过,"京封御路"始建于北宋,扩建于明代,成为"三京御路",北起北京,穿过开封,南至南京。御路军管,沿途设有铺递、驿站,官员南巡、商贾货运、举子京考皆行此道。中华人民共和国成立后,御路改为106国道,是长垣连接省、市的必由之路。

明永乐年间,山西省洪同县郭姓移民在这里定居,创建了郭庄村。后来,黄河水患,村庄冲毁,村民死的死,逃的逃,成为荒村。至清代,村民又陆续迁居至此,逐渐形成了七片居民区,分别为西翟湾、邰胡同、闫街、拐东司儿、小辛庄、油坊街、翟大井。因郭氏先建村于此,仍以郭庄命名。

郭庄是经历了明、清、中华民国三朝老村。中华人民共和国成立后,行政管理以路为界,划分为东郭庄、西郭庄两个行政村。现在,根据长垣经济发展和水系建设需要,东、西郭庄两个兄弟村需拆迁取缔,村民们响应政府号召,尽管不舍,仍坚决执行,为改变家乡面貌作出了不可磨灭的贡献!

郭庄村完成了历史赋予它的使命,走下了区域版图,将流失在无情的岁月中,但岁月无情人有情,老村永远是人们抹不去的记忆。郭庄湖是识别周围郭庄、庞相如、庄科、牛店、陈寨、张占等村庄位置的坐标,不管你从哪里来,站在郭庄湖,你能找到你熟悉的村庄,找到生你养你的家,唤起你美好的回忆。

郭庄走了,留下的是一段难忘的记忆,一份难舍的眷恋,一个永恒的名字!

郭庄湖来了,迎来的是一个醉美的景点,一块美好的大学城,一片美丽的社区!

王家潭公园美景如画

甘永福

"大美长垣美景多,王家潭湿地公园像首歌,景区壮美三善地,虹桥长长卧碧波。霓虹初上映荷塘,桃花岛边赏月色,湿地公园美如画,水清天蓝游人多……"优美激情的《王家潭湿地公园之歌》描绘出了长垣治水兴水的秀丽画卷,作为长垣水系建设重要节点的王家潭湿地公园,现在不仅是长垣市民群众休闲娱乐、观光旅游的明星景区,还成为长垣城区的"绿色之肺"。

王家潭湿地公园位于长垣市区西南10公里处,南蒲街道王堤村西北,327国道西侧。从市综合大楼出发自宏力大道向南、阳泽路向西,或者走人民路向西、留晖大道和园区连接线向南等,多条线路均可到达。这是一座集调蓄、防洪、除涝、旅游、休闲于一体的湿地公园。园内,各类植被错落有致、水鸟在湖中嬉戏、鱼儿于水下畅游,波光粼粼的湖水在阳光的照耀下散发出金色的光芒。

美丽传说孕育神奇之地

王家潭有许多美丽的传说,据史书记载,清康熙六十年(1721年)七月,黄河决口,洪水直冲长垣甄家庄、王家堤,形成水面数千亩的深水潭,因潭在王家堤西北而得名,当地人也叫"潭涡"。潭内水美草丰、鸟多鱼肥,栖息有30多种鸟禽、十几种鱼类。传说潭中居有鱼仙,月明之夜,鱼仙浮于粼粼碧波之上,白衣飘飘。因居有鱼仙,便有了王家潭永远不会干涸之说,据说潭下有81个深穴,深不可测,水少时会自动喷出清泉。据老辈人讲,渔家下潭捕鱼前总是先设菜置酒,洒于潭中,向鱼仙敬酒后才敢下网捕鱼。因潭阔水深,潭中鱼多而大,重者可达百斤,几十斤、十几斤的鱼随处可见,尤其是老鳖特别多。

关于老鳖,民间还流传一个凄美的传说,相传,王家潭里修行最深的老鳖精,统领着潭里的虾兵蟹将各类鱼精。一天,老鳖精正在岸边巡视,突然发现一个洗衣姑娘不慎跌落潭中,情急之下,老鳖精化身一健硕小伙,跳入潭中将姑娘救起。姑娘苏醒之后,发现自己躺在一个英俊青年怀里,慌忙站起身。俊男靓女,四目相对,一见钟情,便私订了终身。

翌日,老鳖精要去姑娘家下聘礼,吩咐侍从鲤鱼精外出查看,当得知潭边无人时,老鳖精就驾驭一道金光降落岸边,与鲤鱼精化身主仆二人之后就出发了。因鲤鱼精疏忽大意,他们变化的过程被一个在潭边柳树上折柳枝的孩童看了个清楚。当老鳖精来到姑娘家时,那个孩童也跟随而至,并当众把老鳖精身份公开,姑娘羞愧难当,拂袖而去。老鳖精在人们的驱逐下逃回潭中,他恼恨鲤鱼精麻痹大意坏了他的好事,怒斩鲤鱼精,并驱散了虾兵蟹将和其他鱼精。这便是王家潭老鳖多其他鱼少的缘由啦!众多古老传说为王家潭蒙上了神秘的色彩,这里便也成了世人追逐探索的神秘境地。

王家潭不仅有优美的风光、古老的传说,而且周边文化积淀极为丰厚,名胜文物颇多。潭南孔庄一带为匡城遗址,村内有明代李化龙平辽归来运载的石像、碑刻;潭北5公里有省级文物保护单位明代苏坟遗址;东北10公里有孔子讲学故址"学堂岗";潭西北25公里的大堽村系著名的桂陵之战旧址,据传庞涓在此被孙膑擒获;《汉书》记载,"杜康,少康也,葬长垣",据考证,杜康墓也葬在大堽村附近。可谓人文环境优越。

浅水滩涂蝶变综合功能区

王家潭湿地公园是在自然潭坑的基础上通过疏浚扩挖建设而成,上游自孙东干渠从文岩渠引水,下游经王堤沟和市区水系贯通。占地面积920亩,蓄水量129万立方米,水域面积420亩,园林绿化及园建面积500亩。成为长垣市最大的湿地公园,是城乡生态水系的灵魂项目之一。

然而,在几年前,这里却是另一番景象:由于临潭村庄不断围潭造田,潭面面积大幅度缩小。尤其是20世纪90年代,上游污水排入王家潭,严重污染了水质,使潭内水鸟飞离、鱼虾锐减、老鳖绝迹。加之后来黄河引水困难,水源无保障,到2015年底,王家潭仅剩水面面积129亩,且多是浅水滩涂,蓄水量只有38万立方米。

为恢复王家潭这一传奇水域的生命活力,2016年,长垣县县委、县政府将王家潭纳入《长垣县域生态水系综合治理概念规划》,依托现状水域空间构建水林生态自然风景区——王家潭湿地公园,扩展水面成为城市供水水库水源地。公园于2019年7月开工建设,2020年9月28日建成开园。

王家潭湿地公园是长垣市黄河流域生态保护和高质量发展的重点工程,公园不仅具备提升周边品位、美化生态环境的作用,还有增加市域水资源存量、提高周边防洪除涝能力、缓解水资源供需矛盾、推动旅游业健康发展的重要功能,目前,周边河道防洪除涝能力已由原来的不足5年一遇提高到10年一遇。他说,在营造独特湿地生态环境、人文景观的基础上,实现了旱季可调节下游水量,雨季能蓄滞洪涝的目标,形成了集调蓄、防洪、除涝、旅游、休闲于一体的城市生态综合体。

全园以水源地保护为前提,合理划分动静区。东部临路为湖湾体验区,营造竹山幽舍、荷湾静赏、桃花岛、森林拓展、沙滩浅水区等活动板块。中部主水面为水林涵养区,设置低干扰度的杉林蒲野、森林营地等景观活动空间。西部引水渠为溪谷静心区,水岸两侧形成静心水廊。园内建有青节绛云、荷塘月色、香茗听溪、凌水远眺、闲庭信步、横波浅黛、沙滩区、露台望虹等景观区;建有长虹卧波桥、景观桥及游船码头两座。三个分区间不同的功能和发展活力相得益彰,形成山、水、林、田、湖、草完整的自然生态系统,营造生境共融的城郊绿苑、生命共容的自然家园。

四季美景妆点锦绣画卷

王家潭湿地公园像一幅锦绣画卷,目之所及,皆是美景。

公园北部的桃花岛,是春天最亮眼、最温馨的去处。放眼望去,小岛上遍布盛开的山桃花,宛若一片片绯红的流霞,又像仙女们遗落的柔美梦境。明媚的春光,静静地流淌在山桃花上,使花儿显得愈加艳丽夺目,绚烂多姿。和煦的春风,轻轻地摇曳着山桃的花枝,抖撒着千万朵绽放的花香,满岛弥漫山桃花的馥郁芬芳,沁人心脾,使人陶醉。

桃花岛还是公园最佳观景平台,登高远眺,碧水蓝天、长虹卧波桥、白沙滩、荷塘、溪流、竹林,这些精美绝伦的景致一览无遗。沐浴着山桃花香,欣赏着秀丽风景,怎不令人流连忘返。

夏日的荷花是公园醉美的景致。无论东部的"荷湾静赏"还是西部的"荷塘月色"景区,静静的河水上面,布满圆圆的叶子,像碧绿的毯子,密密匝匝地伸向远方;有叶子出水很高,像少女的裙,随风摇曳舞动。层层叠叠的叶子中间,缀满白色的、粉色的、红色的荷花,有含苞待放的,有激情盛开的。

站在横架荷池的弧形栈道上,如置身碧波花海之中。在阳光的照耀下,绿色的荷叶衬托着娇艳的荷花,好像一幅美丽的水彩画。

秋天的王家潭里,芦苇花是一道靓丽的风景。"江头落日照平沙,潮退渔船阁岸斜。白鸟一双临水立,见人惊起入芦花。"就是最贴切的写照。漫步于公园亲水栈道上,栈道两侧簇拥着成片连方的芦苇,盛开的芦苇花毛茸茸的,远看一片雪白,近看却颜色各异。奶白色、微红色、浅黄色,深深浅浅,渐次递变,晕染开来,美不胜收。阵风吹过,芦苇芦花纷飞荡漾,倒映交融在碧水蓝天和蔚蔚云霞之间,秋意浓浓,诗意绵绵。

倏然间,木栈道上的脚步声惊飞了苇丛深处的白鹭,惊喜中举起手机想抓拍它展翅飞翔的倩影,镜头里却再也找不到她的踪迹。倒是有三五成群的小野鸭在不远的水面上悠闲地游动觅食,丝毫不理会你的存在,除非你用石子投向它,它才会快速地游向更远的水面。

冬日里雪后雾凇是王家潭湿地公园极致的美景。2021年的一场大雪在人们猝不及防的情况下一夜倾城,湿地公园瞬间变成银妆素裹的童话世界,湖湾、洲岛、草地、亭子全部被白雪覆盖,树梢、竹林、灌木、苇丛,皆是凝霜挂露,玉树琼花。银色的雾凇林立,清澈的湖水粼粼,灰色的野鸭子,还有氤氲的雾气,一切都是那么梦幻,宛若置身人间仙境。

山水点映,白雪成诗。没有绚丽的色彩,却用最简单的线条勾勒出最动人的风景,湿地公园数千米美丽的湖岸线,在白雪的映衬下更显得光彩迷人。漫天飞舞的雪花还在不停地下着,空中没有一丝风儿,雪,花落无痕,也悄无声息。此时此刻,站在彩虹桥上,微眯双眼,静静地听雪落下的声音,是那么的轻柔,那么的温馨。万籁俱寂,白雪皑皑,周围的一切都显得那样安静,仿佛在积蓄着来年破土而出的力量。

柳岸斜阳,鱼戏莲叶,春霞秋景,孔庄儒韵。王家潭湿地公园河清、岸绿、润美,休闲娱乐,观赏美景,走进王家潭湿地公园,发现独特的美。

观　水

魏爱真

豫东北长垣之水,一曰黄河,一曰天然文岩渠。

黄河之水天上来,奔腾着,呼啸着,肆意驰骋几千年,孕育了中华文明,却带给长垣老百姓诸多逃荒的记忆。

天然文岩渠则是那么安详、静谧,浇灌出长垣百万亩沃土,一个国家粮食生产基地。

长垣之垣,为防垣,防贼放寇防水患,现在,城墙已不在,立在两水和百姓家园之间有高高的大堤小堤。

如今,黄河已被驯服,经过处理后的黄河水也流入长垣县城,"害河"成了善水,造福一方百姓。

长垣人民多智慧,依水建园,美了城市,百姓也有了观光之地、健身之所。

美丽的风景怎能缺少发现美的眼睛? 美丽的风景值得最美的语言来赞颂!

阳春三月,爱水爱文的甘永福老师发出倡议,笔者有幸与诸文友相约游园——三善园、王家谭湿地公园、郭庄湖、九龙湿地公园、天然文岩渠,都是长垣的园,却各有特色,一万多步的行走,并无疲倦之感。

因为不是周末,游人不多。特别是到了大堤之外,能静静地观水真的很是惬意,九龙湿地公园的芦苇让宁法东老师脱口念出"蒹葭苍苍,白露为霜。所谓伊人,在水一方。"同时即兴注解到,所谓"蒹葭苍苍",在长垣话里就叫芦苇坑。

看着那若即若离的蒲棒锤上面的蒲絮,我突然怔住了——这是什么? 难道不是人生吗? 外面的世界很精彩,外面的世界很无奈,无论心怀向往还是不甘,既然成熟了,终究要离开……

水里长着的还有柳树,无论是在岸边还是在水中央,但凡有一片土地,那树便可以长得郁郁葱葱,甚至那泥土也在水面之下,仿佛柳树就是水里长出来似的,树与水中的倒影连在一起,看起来很美,偶尔几只野鸭打破了水面的平静,仿佛调皮的孩子来到慈祥的长者面前,你闹,你笑,我都不会生气,就像孙悟空在如来佛面前的各种恶搞都无法引起佛祖的半点表情变化。

很奇怪这里为什么叫"九龙",国人以龙为尊,叫"九龙"的地方也有好几处,原来呀,这里向西2公里处有著名的九龙山全神庙,向东不远处的龙相村就是夏代名相关龙逢的出生地,关龙逢为豢龙氏后人,可知此地与中华民族的命运老早就密不可分,我们为出生于此地而自豪!

观水者可以尽情赞美水的灵动、水的丰富内涵、水的滂沱气势……直至"上善若水",以水为伴的基层水务工作者感受到的却是单调枯燥寂寞无聊的日子,他们远离都市,远离人群,孤独地守着一方小院、一堆设施,每天冲击耳膜的或隆隆的水声、或鸟语兽语、或机器马达的轰响。

在这样的日子里,有人选择逃离,有人选择妥协,可我们的群友张晗,他的选择是在坚守中发展自己的专长,写写诗、拍拍照,以自己的生活工作为底色,把日子过出花儿来,同时养了我们的眼,滋润着我们的心田。

《长垣水利志》记载,我县最早的水利工程在周朝已开始出现,天然文岩渠在元代就投入使用,几千年来,多少这样的工作人员投身于水务工作? 正是因着一代又一代人的努力付出,今天的我们才得以如此轻松愉悦地欣赏一处又一处的美景,讨论诗词中的意境。

向他们致敬!

需要说明的是,我喜观水,因为它是风景,我是看客,但我和水亲密接触的经历却不美,水曾几次给我带来恐惧(见《我和水的故事》)。这足以验证那句至理名言"距离产生美"!

水的有效利用,给我们的经济带来发展的同时,也美化着我们的生活,陶冶着我们的情操,没事多看看吧,不负长垣之园的美景,体悟长垣水利人的艰辛和智慧!

秀水绕城看长垣

宁法东

长垣不是缺水城市吗? 什么时候变成水城了? 就是啊,我们的水城到底是个什么概念呢?

今年四月,一个偶然的机会,我和几个同伴用一天时间,彻底揭开了这个谜底。

上午,我们观看的主要是以王家潭湿地公园为龙头的人才公园和三善三园(明察园、恭敬园、忠信园)。

采风车顺着博爱路一直向南走,王家潭很快就进入了我们的视野。远远地,几块山一样的巨石上"王家潭湿地公园"七个鲜红的大字向我们露出了微笑;标志后面,宽阔平静微波荡漾的水面,也在向我们轻轻招手。紧接着,醒目的卧波虹桥,鲜花初绽、渐欲迷人眼的各种环湖绿树,五色缤纷的游船,银色的沙滩,湖畔栈桥,亲密依偎的情侣……都渐次走进我们的视野。

这时,使人情不自禁想起苏东坡赞美西湖的诗句:"水光潋滟晴方好,山色空蒙雨亦奇。欲把西湖比西子,淡妆浓抹总相宜。"

这里虽没有西湖的名气大,但却不输西湖的景色。

看:小园中,木茂花明,风光旖旎;湖中央,虹桥高架,碧波粼粼,光影摇曳,鱼跃鸟翔。不愧是一处难得的游览胜地。

离开王家潭,顺小河向北走,不远处即是郭庄人才公园。园虽不大,设计却独出心裁。根据自然地形依丘堆山,临河造湖。整个公园,山幽径深,高低错落;林木葱茏,风景独特。

出人才公园向东拐,过一座网红桥,就是三善明察园。这里是远近闻名的虹桥卧波之所在。此处水面开阔,虹桥绿水,醒人耳目。未近公园,即闻一阵阵清爽之气扑面而来。湖中游船,悠然自得;南部草坡翠绿,绵延起伏;中间园林,奇树名木,疏疏朗朗。

与明察园一路之隔是三善公园的主题公园——恭敬园。站在桥头向东遥望,一道碧波,绿光闪耀,微澜不惊。绕岛过渚,蜿蜒东去,一望无涯;廊桥水榭,假山亭台,或凌驾水上,或伫立水畔,错落有致。走到南面进公园正门,便可看到一座通体深灰色的雕刻着孔子等先贤名言的儒家文化的标志性建筑。建筑规模虽不大,却分外肃穆凝重。大门向西不远处,是两道东西向的错落排列、造型别致的墙壁,上书"三善园·尚书广场"七个朱漆隶书大字,体现着本市明代时期的尚书文化。

公园西北隅,还专门设置了传统文化角——百家鸣苑。里边石林一样耸立着的一块块墨灰色石板,雕刻着诸子百家的名言。走在这里,你好像时时都会感到有"有朋自远方来,不亦乐乎!""上善若水,水利万物而不争"等先哲名言在耳畔响起。市民们游至此处,在享受碧水美景的同时,还会于不知不觉间,不同程度地感受到我们中华民族优秀传统文化的气息。

王家潭和它统领的一河四园,不但是市民们的休闲娱乐之地,它们还通过不同的渠道漫步市域,对市域的水进行引、提、蓄、调、用、治,使弱水三千,潺潺流淌,绕区过园,晕染民居,给城市增添无限活力。

下午是专程察看天然文岩渠。天然文岩渠长垣段是长垣黄河水利风景区的重要组成部分。上游从九龙湿地公园开始。

这里是天然渠和文岩渠的汇合处。也是仲夫子治水纪念地。此处水面突然变宽,显得开阔幽深。水中一片片蒲苇茂密苗壮;有鱼儿偶然跃出水面,有水鸟珍禽或游弋于水中,可谓碧水悠悠,鱼跃鸟翔。这时会使人不禁遥想起《诗经》的"所谓伊人,在水一方",还会使人梦回李易安女士"常记溪亭日暮,沉醉不知归路……"的少年烂漫时光。

转弯向北,令人眼界突然大开:

河面开阔,碧波激滟。夹河百里,柳绿花红。夕阳西照,浮光跃金,风情万种,仪态万方。恍惚中,你会忘记自己是在家乡大地,还是江南水乡;脑际间还会萦绕每年端午节彩旗飘飘、龙舟竞渡的热闹场景。

山无水不秀,地无水不灵。天然文岩渠和它统率的河流、湿地、公园们,是城市天空清澈的明镜,是城市闪亮的明眸,给城市增加了无限灵气,使城市更加年轻漂亮,更有魅力!

然而,十多年前,这里却是另一番景象:

天然文岩渠不但没有今天的荡漾碧波,而且根本没有今天的河床,那就是一条弯弯曲曲、极不规则、仅能过水的堤外壕沟,水中还常有从上游排过来的工业污水。

王家潭也远不是今天的湿地公园。多年来,由于临潭村庄不断围潭造田,潭面面积大幅度缩小。尤其是20世纪90年代,上游污水排入王家潭,严重污染了水质,使潭内水鸟飞离、鱼虾锐减、老鳖绝迹。

为了提升城市发展空间,近年来,长垣围绕水生态文明建设,依托堤防和控导工程、引黄调蓄工程、防汛除涝和水生态文明城市建设及相关历史人文古迹建设,斥巨资打造城乡生态水系,才有了今天的面貌。

正是:

> 十年拼搏志昂扬,筚路蓝缕不寻常。
>
> 天然文岩今胜昔,公园湿地呈吉祥。
>
> 清水绕城天地秀,百姓快意相与享。
>
> 民族复兴旗猎猎,高挽袖管向远方。

天然文岩渠风光绝美醉人心

李亚霏

碧水汤汤,清涛淼淼,一泻天际,澎湃苍茫……

拈着这些磅礴浩荡,惹人勾起无限美好遐思的句子,你大概会想到长江、黄河亦或是碧波浩淼的南国大湖。但今天我们要说的,却是在豫北边隅,蒲邑城畔,有一泓珠带般明媚的清渠;她波光激滟,阔淼迤逦,静静地绽放着独有的茵茵碧水之魅……

夏日的清晨,倘你有闲心,从长垣城区由山海大道或北环路东行,直上黄河大堤然后转北(南行也可,但俺的家在美丽小镇赵堤,所以夹点儿小私心建议北行),天然文岩渠长垣段独有的百里画廊之大美,就一定会刹那间锁定你的喜欢。

如果有缘,你会偶遇在堤坡草甸上惬意地享受慢生活的老牛。它们悠闲的身姿,倒映在翠波粼粼的水面,宛如一帧巨大的三维银屏上,牧人、花牛、翠柳斑驳参差,明丽灵动,惹人无可抗拒的艳羡醉心……

岸边的垂柳,浓郁葱茏,像一团一团的绿云浮在水面,又像黔南高原阡陌间散落的小山包,悠然飘逸。河水之央或汀湾岸畔,常有朵朵小岛般的水草甸子迎水摇曳亭亭。上面苇草繁盛,再点缀一棵老树或傲立、或柔曼、或曲卧盘虬。风轻云淡的黄昏,须根与细波交相呢喃,不知是吟唱林逋隐士"疏影横斜水清浅"的无尘;还是咏叹马致远先生"枯藤老树昏鸦"的苍然……

猎猎迎风的萋萋芦苇和香蒲,凭任潮起潮落,风雨四季,总是静默安然。"蒹葭苍苍,白露为霜"时,等你!"蒹葭萋萋,白露未晞"时,等你!"蒹葭采采,白露未已"时,等你!既与斯水一吻相约,那就不管"你见,或者不见我,我就在那里……默然相爱,寂静欢喜"……

青缨蔓蔓的芦荡深处,灰头小凫疾驰穿梭,踏波嬉戏,全不管,舞乱了一顷如镜安澜。而几只呆萌的白鹭,优雅着冰洁如玉的雪冠,在水草间高冷地踽踽,无声张扬着东坡居士"小舟从此逝,江海寄余生"那份遗世独立的傲娇……

天然文岩渠发源地为焦作市武陟县张菜园村,分南北两支,南支为天然渠,北支为文岩渠,流经新乡市境内的原阳县、延津县、封丘县至长垣县大车集汇合后称为天然文岩渠,再向东北行于濮阳县渠村乡三合村渠村分洪闸南端汇入黄河。

抚今追昔,沧桑巨变。要点赞近年来,长垣市政府为保护黄河生态,打造中原湿地,投入巨资对天然文岩渠进行了大规模综合整治。扩挖清淤,加宽堤坝,柏油硬化堤顶路面。同时两侧堤坝外分别栽种了百米宽的高大绿植林带和低层花草美化带。春夏时节,堤坡上的草甸和岸边水柳连成一体,从高处鸟瞰,渠水仿佛是在绿树和水草编制的碧毯包裹中流淌蜿蜒。而这时你若在堤顶驱车,由九曲十八弯的林荫下穿行,真的会有人在画中游的绝妙美感!

而就在天然文岩渠将要清波入黄(河)的拐角湾埠,被誉为"豫北小江南"的赵堤镇,也正绽放出越来越迷人的风姿和惊艳。日前,刚刚喜列河南省第一批省级"美丽小镇"的金榜殊荣!

大泽古寨,濮水故渡,东堤荷韵,龙鼎新湖,每一个唯美的名字背后,都有一帧隽美不可方物的风景等着与你相遇!

青舍客栈,红笼木栏,小舸翩旋……在小镇的烟村水郭深处,一条古韵幽幽的"水街"正在缓缓向我们走来。等她撩开神秘面纱的时候,三月踏春,你真的不必再远去扬州……

这世界一直都美丽,只是有时候我们不够开心……也许青江一别,曾去经年草木已深,但涛声依旧,愿你出走半生,归来仍是儿时笑颜!

荷香弥撒的仲夏时节,且不妨暂关一下心底昂扬不羁的欲望火山,停一停眼神里焦燥的车水马龙……

天青色等烟雨,文岩渠在等你!揽几绪江风,入怀拂去乡愁。酎一碗明月,对影饮尽流年……

长垣水系采风

陶太平

出门迎朝日,采风心殷殷。

踏歌王家潭,放眼一湖春。

绿柳翠欲滴,红桥半湖分。

玲珑郭庄湖,处处碧玉堆。

水光山色秀,紫径花缤纷。

明察忠信园,鸟岛卧湖心。

四季柏常青,林下草茵茵。

九龙莽湿地,翩翩白鹭飞。

顺流东北望,碧波穿林荫。

双双野鸭嬉,烟涛河边村。

残阳水中烧,河面镀金辉。

诗人词穷尽,恋恋不思归。

第三节 传 说

一、堤堰

(1)太行堤。西起延津县胙城,东至长垣大车集,创修人刘大夏,因而这里曾留下"刘大夏治水堤"的佳话。明孝宗弘治五年(1492年),黄河决朱家口。翌年春,河决张秋。擢右金御史刘大夏堵治。他自黄陵岗浚贾鲁河,复浚孙家渡,以分水势。而筑长堤,起胙城,历东明、长垣抵徐州,即太行堤,全长180公里,在长垣县境内有22公里。清文宗咸丰五年(1855年),黄河北徙,3次变迁,东南部太行堤强半冲断。河臣谭廷襄奏准修筑民堰,知县王兰广详请上宪,于太行旧堤筑迎水坝,由大车集起斜向东北。清德宗光绪元年(1875年),直隶、山东会筑黄河南岸小堤,南端起自黄集,向北修筑,遂将太行堤截断。大车以西之堤多渐颓废,两堤以内之堤迭经冲刷壅垫,已成平壤。东岸小堤以东之堤断续相间,仅存形迹。民国22年(1933年)8月12日,黄水盛涨,大车集以西之太行堤,漫溢口门7处。1934年,冯楼合龙后,工赈组主任孔祥榕,为求太行堤与大堤连贯,商河北省政府,于河北省黄河善后御水工程款内拨得巨款,将境内太行堤培厚增高。县长步恒勘鉴于灾民流离,乃请以工代赈,招募境内灾民从事修筑,遴选公正士绅监理之。7月,贯台决口,太行堤适当冲要,县长张庆录,呈准黄河水利委员会拨款修筑。以邑绅杨汝贤为督办,并派督工员,按乡出夫,重加修筑,底宽八丈,顶宽一丈五,高一丈二尺。经数月之久,始告完竣。复虑土质松懈,难当洪流,乃于堤根外栽柳,编制柳埽,甚为坚固。近因黄河南徙,日渐颓圮矣。

(2)临黄堤。它上起于大车的0点,也就是太行堤的终点,紧接太行堤向东北蜿蜒而下,至濮阳的郑寨,最终经山东省东阿县陶城铺等地一直延伸到黄河入海口。长垣县境内的堤段长42.86公里,这道堤始修于1855年,也就是清咸丰五年,铜瓦厢决口黄河改道后兴修的。创修人是当时的长垣县知事刘煦,因当时是由刘率领群众修筑的,故当时叫民堤。这段堤到民国6年始收归国家经管。

(3)贯孟堤。上起黄河贯台渡口附近的鹅湾,下至长垣县孟岗东南的姜堂,故称贯孟堤。这道堤在长垣境内有11.8公里,它和太行堤、临黄大堤不连接,而是平行而修,是在太行堤、临黄大堤和黄河之间又加修的一道堤防。这道堤是在1933年以前修筑的,因当时有所谓"华洋义赈会"的投资并参与经办,故当时叫"华洋小堰"。1933年黄河大泛滥时被冲跨。

(4)三尖口堤。在长垣县城东南35里,元贾鲁筑堤始于此。

(5)龙王庙河口堤。在安亭里。明孝宗弘治六年(1493年),河水决溢,自白河至平岗并西岸,具为患,是年修。

(6)朱家河口堤。在宜丰里,西至油坊村18里。明英宗正统十四年(1449年),河决尝补塞之。明孝宗弘治五年(1492年)复决,重加修补,堤铺18座,月堤2道,在堤北者约10里,堤南者约7里。

（7）牛家河堤（月堤）。在黄门里大堤旧址,有月堤,东西 90 余步,北至三尖口,东至平岗坡,皆被患,是年修塞,仍植柳以固其址。

（8）阎家潭堤。在宜丰里,西至牛家口 7 里。明英宗正统十四年（1449 年）,河大涨决,水复回流,冲啮成潭,因阎氏居近,故名。明孝宗弘治六年（1493 年）,复溢,遂修筑之,潭北有月堤 1 道,里堰 4 道,铺 9 座。

（9）三春柳堤。在县东南 70 里,里名宜丰。西至大岗 9 里,堤铺 9 座,坝 1 道,明孝宗弘治六年（1493 年）修。

（10）大岗堤。在宜丰里,西至阎家潭 3 里,堤铺 2 座,堰堤 2 道,月堤 1 道,东西 8 里。明孝宗弘治六年（1493 年）重修。

（11）油坊村堤。在安亭里,西至牛家口 1 里,明孝宗弘治六年（1493 年）增修,有龙王庙、堤铺各 1 座。

（12）牛家口堤。在黄门里,西至周村 12 里,明孝宗弘治五年（1492 年）增修,北有月堤 1 道,堤上有龙王庙 1 座,铺 19 座。

（13）周村口堤。在乌岗里,西至常村 15 里,堤上有速报司,故名。明孝宗弘治六年（1493 年）增修堤铺 15 座,月堤 1 道长 4 里。

（14）常村堤。在常村集南,西至新丰堤 8 里,铺 8 座,明孝宗弘治六年（1493 年）增修。

（15）新丰堤。在县西南 35 里,明孝宗弘治六年（1493 年）修。

（16）小务口堤。《旧志》明世宗嘉靖二年（1523 年）,知县王三省以水溢,开小务口,导水由城北东行。《一统志》在县西 5 里,起自县西北青岗集,缭城南,东到黄家道口,长 60 里。

（17）防黄月堤。《河南省志》清圣祖康熙三十一年（1692 年）,兰阳、仪封与长垣合筑月堤。《续志稿》西自河南兰阳界起,东至河南仪封界止,长 5 里 3 分。清圣祖康熙三十一年（1692 年）,河水盛涨,兰阳、仪封、长垣 3 县并力筑成。清世宗雍正六年（1728 年）,知县胡承遴加帮修筑,长 961 丈,高 1 丈 1 尺,顶宽 2 丈 8 尺,底宽 9 丈,设堡房 3 座,土牛 30 架,堡夫 5 名,栽柳 2130 株。清高宗乾隆十七年（1752 年）知县严遂成详请补修。

（18）护城堤。《续志稿》长 1510 丈,底宽 2 丈,顶宽 1 丈,高 5 尺,内外皆树以柳。清世宗雍正二年（1724 年）,知县赵国麟建。清高宗乾隆十九年（1754 年）,知县屠祖赍修,清高宗乾隆二十二年（1757 年）,知县吴纲重修。

（19）新筑土埝。清穆宗同治四年（1865 年）,知县王兰广奉命修筑。由大车集起,经由梁寨、东了墙、马坊、董寨、王庄、信寨、香里张、卜寨、孟岗、王村、刘村、香亭、燕庙、张拱辰、石头庄、大小苏庄、铁炉、王李二祭城、城隍庙、邵寨等村,直至三桑园止,计底宽 6 丈,高 1 丈,顶宽 3 丈 3 尺 3 寸,共计 60 里有奇。又于埝顶分段搭盖土房 13 处,雇人长川驻守。共占地十顷零九十亩六分一厘一毫七丝,粮银三十五两九钱六分四厘,均经知县王公详请豁免,以免赔累间阎。后屡决屡堵,历经修整成为今临黄大堤。

（20）黄河南岸大堤。清文宗咸丰五年（1855 年）,河身刷成。山东巡抚丁宝祯堵占贾庄口合龙后,咨请直隶总督李鸿章,联衔奏准,会筑堤防,以图久远。统计堤长 180 里,所占之地,则为直、鲁、豫 3 省。豫最少,直次之,鲁最多。长垣境内之堤长 45 里,南自黄集南端河南考城境起,中经阎潭、樊集、穆庄、徐集,到李连庄入东明境,以形势较小,称之曰黄河小堤。竣工后,并诏大顺广兵备道兼管水利,大名府同知移驻高村,垂 40 年之久,曾无溃决之患。

（21）黄河北岸大堤。清代称曰土埝，或曰民埝。民国 6 年（1917 年），伏汛期间，河决濮阳工，堵筑后，改称黄河北岸大堤，设置厅汛。境内之堤，为黄河北岸第一段，并于段内每 5 里筑修堡房 1 所，由河兵常川驻守，屡年增修。于沿堤两岸栽柳树数行，以固堤根，而资保护。

（22）石头庄溢洪堰。为预防黄河洪水，减低洪峰，保障平、豫、鲁、冀、苏各省人民农业生产不受黄水威胁，确保千里堤防安全，经中央批准，于 1951 年 4 月 30 日中财委做了《关于预防黄河异常洪水的决定》，在平原省长垣县石头庄修筑溢洪堰分洪工程。这是中华人民共和国成立后全国第一个大型水利工程。

工程于 5 月 1 日开始，8 月结束，历时 3 个月。参战干部 2500 人，技工和民工 4.5 万人，船工 1.3 万名；动用帆船 1787 只，马车、牛车 2000 多辆，汽车 60 部；抢修兰封至东坝头大铁路 15 公里、小铁路 24 公里；运输各种物料 25 万吨，完成土方 25 万立方米，砌石 45 万立方米，铁丝笼 26 万立方米，木桩 2.34 万根，柳枝 0.9 亿公斤，投工 152 万个，投资 200 亿元（旧人民币）。建成的溢洪堰工程，长 1500 米，宽 49 米，分洪流量 5100 立方米每秒。1976 年修建濮阳渠村分洪闸，石头庄溢洪堰不再利用。

施工期间，工程建设指挥部邀请到河南多位著名画家亲临工地，发现模范人物，并为其速写画像，并派上百名宣传员采访事迹，评出抢救、互助精神好、运输做到"三快"、爱护国家财产模范船只 170 只，模范船工 352 名，模范干部 15 名，并通过放映电影进行表彰。据黄委记载：工程施工期间，由于河道险恶、技术不熟、船稳定性差等原因，造成沉船 25 只，溺死船工 28 人。8 月 13 日，为死难烈士召开了追悼大会。8 月 17 日，举行了盛大的总结欢送大会。在工程竣工时，水利部部长傅作义、副部长张含英和河南省领导人晁哲甫都亲临现场祝贺，并在堰前拍照。

二、河潭

（1）黄河。黄河是中国第二大河流，它跃出上游峡谷，穿过黄土高原，挟带着大量泥沙，进入下游。由于坡度减缓，水流散乱，泥沙沉淀，形成了震惊世界的"地上悬河"。中华人民共和国成立前的 2000 多年中，下游有记载的决漫就有 400 余次；大的改道 26 次，其中在河南境内的就有 20 次。河道时常南北徙移摆动，汉代的黄河跑到濮阳以北，濮阳的北金堤，那时是黄河南岸。每遇河决，长垣首受其害，庐舍倒塌，家破人亡。金章宗明昌五年（1194 年）以后，黄河在长垣境内行河三次，时间长达 439 年。黄河在长垣县第一次行河始于 1194 年 8 月，河决阳武（今原阳）故堤，自阳武东流，历延津、封丘、长垣、兰阳（今兰考）、东明等县流向东北。至明孝宗弘治六年（1493 年）的再次河徙，历时 300 年。清文宗咸丰五年（1855 年）六月十九日，兰阳（今兰考）铜瓦厢北岸溃决，20 日全河夺流，造成黄河又一次大改道，黄河再次流经长垣县境。1855—1863 年的 9 年中，河道两次西滚，形成今日的河道。自东坝头入境，流经恼里、总管、芦岗、苗寨、武邱 5 个乡（镇）东部，至马寨村出境，境内河段长 56 公里。出境后经濮阳、台前进入山东，夺大清河入渤海。

1938 年 6 月，国民党政府以水代兵，扒开花园口南岸大堤，企图阻止日军南侵，迫使黄河改道南流，经河南的鄢陵、扶沟等县入淮河混流入东海，人民遭受巨大的损失，长垣段河道枯竭。到 1947 年 3 月 15 日花园口堵复，河归今道，长垣境内又复行河。所以，整个华北平原到处都有黄河横流的遗迹。如长垣、滑县、封丘等县到处都有与水有关的村名，带堤的（如赵堤、郑堤、刘堤、傅堤）、带口的（如朱口、刘口、王堤口等）、带岸的（如黄岸下、郭岸下等）。其实，这些地方现在很多既没有堤，也不是黄河渡口，又不临黄河。但这些地名，反映了在某一个历史时期这里确实修过堤、临过黄河，还设过渡口。

（2）古济水。古人称长江、淮河、黄河、济水为中国"四渎"。济水源出河南省济源县西王屋山，始发源为沇水，即《禹贡》导流沇水东流是也。东南流为猪龙河，入黄河。其故道本过黄河而南，东流经开封。分南北两支，长垣之济，盖北济也。至山东曹州复合，又经泰安、济南、青州与黄河平行入海，后夺于河。下游故道或被淹没，或为大清河、小清河所占，唯河北发源处尚存。长垣济水故道，原在封丘县北，平丘县（长垣县）南，久已淹废，不可复考。《水经注》济水与河合流，又东过成皋县北，又东过荥阳县北，又东至砾溪南，东出过荥泽北，又东过阳武县南，又东过封丘县北，又东过平丘县南。《一统志》《畿辅通志》记载，称古济水在东明、长垣二县南。

（3）古濮渠水。濮水系古黄河的一条岔流。《水经注》在叙述黄河流经时，有"东至酸枣县西，濮水东出""秦始皇置东郡濮阳县，濮水迳其南，故曰濮阳"。《水经注》称濮水上承济水于封丘县，即地理志所谓濮渠水。《一统志》称，濮水，自河南封丘县流入，经长垣县北，又东经东明县南，又东经开州东，南合洪河，入山东濮州界。长垣县濮水早已废无。

（4）文明渠。为历史遗留下的人工开挖的排水沟，相传为公元前487年，长垣县首任县令子路治蒲时，注重农耕，讲求水利，曾率民众开沟洫，为长垣县文明渠的创始。旧志亦称城北渠，距城三里。清宣宗道光二十四年（1844年），知县陈永皓，亲率民夫重新挑挖。嗣后，复自太子屯向西南，接挖至柳桥，为县西北一带泄水之一大渠。咸丰五年，黄河流经县境内，下流淤淀，不堪宣泄。民国15年（1926年），沿渠村庄，先后呈准知事郭光庭、马德庄二公，组设委员会，动工开挖，水患以除。民国22年（1933年），河决冯楼，大溜直冲渠之下游，口塞后，地势高仰，不可复挖。城西北一带，每值大雨时行，淫潦汇潴直逼城垣，危害甚大。民国28年（1939年），知事金梦祖，偕同邑绅傅省吾重行测量，改挖正副二新渠，上游仍由旧道，正渠自唐庄东首旧渠起，直向东北，经小岗西、学堂岗迤北，前、后满村之间，至宜丘寺东北入滑县境之皮村，宽3丈6尺，深8尺，长16里；副渠自陈枣河旧渠起，直向东北，经聂店东、李楼西、小梨园、马寨之间，至唐洼、老李庄、宜丘寨西门外入滑县，宽3丈，深6尺，长18里。二月中旬动工，五月下旬渠成。民国33（1944年）春，徐县长璞，组设疏浚委员会，重行整理，宣泄顺利，始无水患之忧矣。

（5）王堤潭。王堤潭位于长垣县城西南10公里，即张寨乡王堤村西北，新（乡）长（垣）公路西侧。该潭是清圣祖康熙六十年（1721年）七月黄河决口于武陟，河水直注长垣县的甄庄冲刷成潭。后因黄河水多次淤淀，地势抬高，临潭村庄不断围潭造田，潭面比以前大为缩小。水面最宽处300余米，最狭处100余米，东西长2公里，面积为0.5平方公里，最深约12米，水域面积23.11公顷。涝时能蓄水，旱时可灌田，潭内有鱼虾。

1958年，长垣执行"以蓄为主，以排为辅"水利方针，动员群众大搞平原水库和坑塘化蓄水，在王堤、甄庄、排房、孔庄、鲁山村、柳林等6个自然村的中间，兴建了王堤水库。当时迁出群众3246人，拆迁民房2680间，作价折款81.09万元，国家分别于1964年、1965年按拆房作价的70%，补给群众房款52.59万元，建房1932间。尚有61户202人211间房，原拆房作价6.67万元补偿未作退赔安置。这些住户大多属非农业人口或农业人口外迁未在家。1981年前，这些户不断上访，要求补偿退赔拆迁的房款。经多次呈请，河南省水利厅、安阳地区水利局于1981年拨给长垣县王堤水库移民建房补偿款6万元。经请示县委、县政府领导同意，确定将补偿款6万元一次拨给张寨公社，由公社负责落实，逐户赔退给未赔退的移民遗留户。此款专用，任何单位或个人均不得动用，违者以贪污论处。赔退比例仍按原拆房作价款的70%赔退。

2004年，县委、县政府为合理开发资源，搞好综合利用，决定以潭凹湿地为中心，依托宏力万亩葡萄园、孔庄村等大兴高效观光农业,对王堤潭进行综合开发。施工计划从 2004 年 10 月开始,到 2005 年 5 月完成,时间 8 个月。按照"长垣是我家,建设靠大家"的原则,承担施工任务的单位为:县直及垂直部门 100余个,乡镇 16 个,重点企业 4 个。当时在现场召开了万人参加的动员大会,许多单位按要求栽植了树木,开挖洼地,但由于多种原因,计划未能顺利实施,王堤潭一直未能得到开发利用。

（6）逯家河。在县东北 3 里许,自小务口由县西北东流,至盛家桥、平岗坡入东明县河。

（7）白家河。在县东南 30 里,自毛家潭东入盛家桥。

（8）五里河。在县北,来自滑县,经樊相、杨家楼,历小岗转罗村东南流入于河。西南抵小务口仅五六里,乃黑羊山诸水之冲也。嘉靖间知县白大用,浚小务口达于此河,以引黑羊诸水,俾不近城。然丈尺甚俭,且未有禁,士人往往铲平之。今其遗迹断续可循而理也。倘因而加之疏浚,蒲城永无水患矣。大抵疏河欲广不欲深,广则水易行,弗深则水过可田。稽诸舆论,亦颇相符,姑记之,以俟采择。

（9）下引河。位于城西南 21 里,上接河南封丘县渠,下流由本县康家道口入东明县洪河。清世宗雍正二年（1724 年）知县赵国麟开挖,今淤。

（10）上引河。位于县堤西村,下流至纸坊村,接旧引河,东至朱家庄南止,长 10 里。清高宗乾隆十七年（1752 年）,知县严遂成详请开挖。

（11）南渠。源自河南封丘县,流入长垣县境。至引河合流入康家道口,长 120 余丈,占用民地,召首余地顶讫。清高宗乾隆元年（1736 年）知县朱懋德修浚,已淤废。

（12）城北渠。距县城 3 里。渠有二源:一自青岗西南流,一自太子屯西北流,合于陈枣河。东流经滑县之坡儿马,入东明县漆河,长 60 里,河面宽 3 丈,深六七尺不等。清世宗雍正九年（1731 年）知县刘揆议开。清高宗乾隆二十年（1755 年）知县屠祖赉重浚之。知县屠祖赉议:长垣枕学岗面太行,左环右护,钟灵毓秀,气象从古为最特。唯向因洼流少泄,城之北用凿渠一道而龙脉以伤,兴文塔遂踬圮无他,气不胜也。公余四望,青岗一带沥水,应收入陈枣河,绕城西南而渡,直引入大车大河,以下达东明,则前朝后时,而脉不伤于凿,庶几人文蔚起,可不异于曩昔支。

（13）旧城河。源自野庄起,东至白家寨,下流入东明县漆河。清高宗乾隆二十年（1755 年）知县屠祖赉、县丞吴纲议开,已淤废。

（14）黄家集渠。位于县城东南 70 里,渠长 15 里,下流入淘北河。清高宗乾隆二十年（公元 1755 年）知县屠祖赉、县丞吴纲议开,已淤废。

（15）甘家堂渠。位于县城东南 60 里,渠长 5 里,下流入淘北河。清高宗乾隆二十年（1755 年）知县屠祖赉、县丞吴纲议开,已淤废。

（16）文明渠。渠长 1615 丈,河面宽 2 丈,深 5 尺。起自王家牌坊,至罗村屯入城北渠,归东明县漆河。清高宗乾隆二十八年（1763 年）知县吴纲议重开。

（17）淘北河。《一统志》记载,亦称淘背河,在长垣县南 30 里,东流至纸坊集入河。《畿辅通志》记载,自河南封丘县东流入,至县东南 120 里纸坊集（今属东明）入黄河。凡遇黄河泛滥,即由此北行,亦一要害也。淘北河计 3 段,接河南兰阳、考城,共计 8987 丈,河面宽四五丈至二十丈不等,深二三尺至八九尺不等。清高宗乾隆五十二年（1787 年）,东河总督兰公第锡奏请借项,抽沟挑挖,工竣后摊入地粮,分作二年带征归款。

（18）赵王河。上接淘北河,自山东曹县交界起,下入菏泽县境。清高宗乾隆五十二年（1787 年）东河总督兰公第锡奏请挑挖,工竣后摊征归款。（今已不在长垣境内）

(19)文岩渠。上源来自封丘县,经西柳园、东柳园、孙东、北常岗、纸坊、翟庄、华寨,至西杨庄南,入大车集堤壕内。本境长 20 余里,宽四五丈不等,夏季雨水汇注,冬季干涸。

(20)天然渠。上源来自封丘县,循太行堤东行,至夹堤、朱庄、大车南入堤壕内。县境长 20 余里,宽五六丈,深三四尺不等,夏季雨水汇注,冬季干涸。

(21)兰通沙沟。民国 22 年(1933 年)8 月,黄河泛滥,大溜由兰通东行,至小李庄,循大堤折而北行,至李连庄入东明境。长 80 余里,广约里许,沟所占压,多属飞沙不毛之地。

(22)石头庄沟。民国 22 年(1933 年)8 月,河决冯楼,拖下大溜,由石头庄堤漫溢。北经翟疃东、铁炉西,由葛堂、王庄、雷店、三官庙、张庄等村,北入滑境,直抵金堤,复东北流入河。于次年 3 月堵塞干涸,遗沙沟 1 道,长 18 里,宽半里至里许不等。

(23)香亭沙沟。民国 22 年(1933 年)8 月,黄河大溜由香亭堤漫溢,西北经野寨、孙寨间抵九棘、陈寨折而北行,经大吕村、小新庄入滑县境,旋即干涸,遗沙沟 1 道,长 15 里。

(24)九股路堤沟。民国 22 年(1933 年),河水大涨时,由九股路堤漫溢。次年 7 月,贯台决口,大溜又至,堤又溃决,水势汹涌,冲刷成沟。南起马坊,北至杨桥,长约 3 里许,水势汪洋,内产鱼鲜甚多,渔户多赖以为生。

(25)香里张沟。民国 22 年、23 年(1933 年、1934 年)两年连续溃决,冲刷沟渠 1 道,由香里张经纸坊集东,田庄西,邱村东,西北直冲徐楼村。

(26)九股路沟。民国 22 年、23 年(1933 年、1934 年)连续两年从九股路溃决,冲刷沟渠 1 道,由大傅寨至县城。

(27)东了墙沟。民国 22 年(1933 年)8 月,黄河水漫溢。次年七月,贯台决口,堤复溃决,滔滔大溜,经傅寨、乔堤、苏寨等村直迫县城。至民国 24 年(1935 年)3 月合龙水退,遗沟渠 1 道,每值大雨之际,诸水汇注,禾苗多被淹没,冬季干涸。

(28)沙河。来自封丘大岸村,民国 22 年(1933 年)8 月,黄河泛滥,大溜由兰通东行,至小李庄,循大堤折而北行,至李连庄入东明境,长 80 余华里,广约里许,沟所占压多属飞沙不毛之地。今已不存。

(29)毛家潭。在县东南 15 里,水深满,四时不竭。相传中有神物,天旱往往于此致祷;亦多鱼鲜,故昔人称毛家潭秋月,为邑一景。自万历丙戌大旱后,浅枯不复衍活。经查考,毛家潭就在魏庄镇董寨村。据一,古时通信即称城东南 15 里董寨村;据二,董氏宗谱有"始祖宅毛潭以为乡"的记载。

(30)阎家潭。在县东南 60 里。明英宗正统十四年(1449 年)河决,水势徊流,冲啮成潭,大旱后也常枯竭,旋复有水,居民多于水植荷。夏日花盛开,百顷芳妍足供玩赏,民也取藕之利资生。旧以此渔歌晚棹,为一景。

三、桥梁

(1)普济桥。位于长垣东门,明孝宗弘治五年(1492 年)鸿胪韩瑛建。

(2)阳泽桥。位于长垣南门,明武宗正德十一年(1516 年)义官王璁建;明穆宗隆庆三年(1569 年),知县胡宥、孙琮相继重修。

(3)惠政桥。位于长垣西门,明武宗正德十一年(1516 年)义官王仍建。

(4)周申侯桥。位于长垣北门,乡民周敏、申兴、侯景芳建,故名。

(5)北郊桥。位于长垣北门外,明嘉靖年知县王三省建,以西来诸水由此。

（6）北郊大通桥。位于长垣北郊东二里许逯家河,此河自小务口来,为邑巨津,秋间泛涨,民病徒涉。明神宗万历九年(1581年),封主事成宦倡义民伐石造桥,经二载始完。桥为5孔,长5丈,阔3丈,上可容车,由此,东南一带往来利之。

（7）西郊广济桥。位于长垣西门外,明神宗万历二十五年(1597年),知县袁和率士民王国安、王涓等建。垣桥梁缺略,此地正西来诸水之冲,因用砖石修砌。清圣祖康熙九年(1670年),知县宗琮捐俸,命僧人通妙募化重修。

（8）广济桥。在城南18里吕家夹堤。清世宗雍正三年(1725年),贡生吕兆祥捐建。

（9）文明桥。在南郊外。清世宗雍正七年(1729年),邑人陈肇隆捐建。清高宗乾隆十九年(1754年),邑人蠡县训导杨钟恒等修。清高宗乾隆四十五年(1780年),钟恒子潮阳知县任贡生崔紫等重修。

（10）同人桥。在城西南柳园村。清世宗雍正十年(1732年),学录孔继贤捐建。

（11）朱家道口涵洞。坐落于太行长堤朱家道口,泄东南一带村庄沥水,入淘北河。清高宗乾隆二十年(1755年)知县屠祖赍创建,今废。

（12）东坛口桥。在北关东。清高宗乾隆二十年(1755年)知县屠祖赍命居民于钦等募修。

（13）张仙桥。在东关外张仙庙以南。清世宗雍正七年(1729年)知县胡承遴建。清高宗乾隆二十年(1755年),邑人陈肇隆重修。

（14）引河桥。在吕家夹堤南。清高宗乾隆二十年(1755年),监生吕宗谦捐修。

（15）西偏桥。在南关西,创建无考。清高宗乾隆二十九年(1764年)监生史永福修。清仁宗嘉庆八年(1803年),永福子候选县丞广泰修。

（16）普济桥。清高宗乾隆三十三年(1768年)知县吴纲俱重修。清高宗乾隆五十年(1785年)邑人赵景文、枝珍增修周申侯桥。清仁宗嘉庆元年(1796年)至清仁宗嘉庆十三年(1808年),珍子廷玉重修4次。

（17）广济桥。在西郊外。明神宗万历二十五年(1597年)建,清圣祖康熙九年(1670年)知县宗琮捐俸银命僧人通妙募修。清仁宗嘉庆十二年(1807年)知县李于垣率邑人曲唐、教谕李荩、从九品孟九库等重修。

（18）通济桥。在南关东,创建无考。清仁宗嘉庆十四年(1809年),知县李于垣率邑人候选卫千总傅廷杰、监生顿元龙等重修。

（19）王堤木桥。在王堤南堤下,民国28年(1939年)建。

（20）孟岗木桥。在孟岗东堤下,民国29年(1940年)建。

第十一章 人 物

自古以来,长垣地区涌现出众多水利人物,例如子路亲率民众开挖文明渠等。中华人民共和国成立以后,人民政府高度重视水利工作,大力发展水利事业,很多长垣儿女把水利当成自己终生奋斗的事业,出现许多英雄模范、先进人物。他们在水利一线不怕苦、不怕累,谱写了一部可歌可泣的长垣水利史。

第一节 传 记

本节共收录古代及近现代在长垣县兴水利除水害过程中作出杰出贡献的治水人物26人,不分官职之崇卑,大体上以时间先后为序,记录他们的治水政绩,目的是彰显与传承治水精神,以启迪和鼓舞后来者。

仲 由

仲由(公元前542—前480年),字子路,又字季路,孔子得意门生,春秋末鲁国卞(今平邑县仲村镇)人。为蒲(长垣)大夫,辞孔子。孔子曰:"蒲多壮士,又难治。然吾语汝:恭以敬可以执勇,宽以正可以比众,恭正以静可以报上。"治蒲三年,孔子过之,入境三称其善,子贡问之,孔子曰:"入其境,田畴尽易,草莱甚辟,沟洫深治,此其恭敬以信,故民尽力;入其邑,墉屋完固,树木甚茂,此其忠信以宽,故民不偷;至其庭,庭其清闲,诸下用命,此其明察以断,故其政不扰。"唐开元八年,以十二哲配享孔子。二十七年赠卫侯。宋大中祥符元年,封河内公。成淳三年,加封卫国公。明嘉靖九年,改称先贤仲子。县东关外有墓及祠,又祀名宦。

萧 翼

萧翼(生卒年不详),字体全,江西永新人,进士,明正统间任长垣知县。拓城垣,建四门。十四年河决,岁大饥,翼多方安抚,民无失业,历升顺德知府。

李化龙

李化龙(1554—1611年),字于田,号霖寰,河南长垣人,万历二年(1574年)进士,任嵩县知县。曾任右佥都御史,总督湖广、川贵军务兼四川巡抚,率军讨平杨应龙之乱,屡建战功,后官至兵部尚书。

万历三十一年(1603年)四月,李化龙以工部右侍郎总理河道。当时,黄河决口泛滥,向南侵入淮河流域的单县、曹县、沛县等地,洪水灌入昭阳湖,入夏镇,横冲运河,危及漕运。他鉴于运道形势严峻,上疏主张开通泥沙集塞的河道,得到明神宗的赞许。遂于第二年动工开挖伽河,由夏镇南面的李家口引水合彭河,经韩庄湖口,又合永、伽、沂诸水东南至邳州直河口,长二百六十余里,避黄河之险三百余里。与此同时,开李家港以避河淤;开王市、田家口以远离湖险;中凿郗山以拓展河渠;建韩庄、台庄、侯迁、顿庄、丁庙、万年、张庄、德胜等8个闸,以节宣水利。因此,在伽河开挖使用后,当年就有三分之二的漕粮由此北运。工程还没有完工,李化龙母亲去世,总河侍郎曹时聘接续建设,并于万历三十三年完工。其后,伽河替代了徐州运道,漕运状况得到了进一步改善。

李化龙开河成就了开通水道长久运送物资的便利。著有《平播全书》《治河奏疏》。

王　辅

王辅(生卒年不详),字良弼,陕西同州人。明成化壬辰进士,癸巳授长垣知县。邑两税三岁未集,催科令紧急,民困甚。辅通计田亩,均其税粮,民不知劳而税集。邑东北隅,地最下,横潦积而成壑,辅疏而注之河,化泽国为膏腴地。筑城垣,修学校,革里甲烦费,明劝课之令。报最,行取,擢御使。终浙江按察司佥事。

畅　亨

畅亨(生卒年不详),字文通,山西河津人。进士出身,明成化十四年,登进士,授长垣知县。以诚治民,戒恶劝善,革里正之侵渔,培学舍之俊彦。己亥邑东南患水,亨相共原隰(注:低湿。音同习),筑堤以御之,民不罹水患,人皆戴德。行取,擢御史,巡按浙江。

杜　启

杜启(生卒年不详),字子开,苏州吴县人,进士。弘治三年,授长垣知县。治河有功,筑太行长堤,增坝堰铺舍,暇与诸生讲授易学,人士皆宗之。擢监察御史。

黄　纪

黄纪(生卒年不详),字子陈,号梁山,江西临川人。进士,明嘉靖三十七年授长垣知县。刚直不挠,严保甲以除盗,罢麦曲税,革修河堤夫,民困以苏。邑数遭水患,西南地多污下,民流亡者大半,田畴荒芜。乃招谕宽其赋役,且级以牛具籽种,使之复业,得林和等八百余户。民俗健讼,纪剖决如流,无留狱,亦无抑情,常谕之曰:"勤乐耕织,毋健讼,妨尔生也。"民皆感服。执凶顽蔡秦、李济辈置之法,其后争讼渐息。公暇进诸生讲明经义,士风日振。擢河南道御史,终河南按察司佥事。

孙　錝

孙錝(1525—1594年),字文丙,号鹤峰,浙江余姚人。祖燧,江西巡抚都御史,赠礼部尚书,谥忠烈。父升,南京礼部尚书,谥文恪。兄鑨弟矿,皆尚书。仲兄铤,侍郎。家世通显。錝举隆庆戊辰进士,授长垣知县。清马厂余地,蠲大户余金,整修文庙,奖拔士类,均徭役,惩奸猾,人感颂之。己巳秋潦大集,黑羊山诸水乘之直薄城下,錝督夫役,具畚钌,立雨中,浚城北小河三日,而水有所归,邑赖以安。明年春水涸,加向城垣,并多砌水渠,以利久远。报最,擢河南道御史,历官太仆寺卿。

刘学曾

刘学曾(生卒年不详),河南光山人。进士,明万历十三年补长垣知县。时连岁旱蝗,复遭河决,民困甚。学曾一以宽仁抚字,请蠲租,施赈,修筑堤防,凡利于民者无不兴,政声大著。擢吏部主事,历文选郎中。

袁　和

袁和(生卒年不详),河南安阳人,进士,明万历二十一年任长垣知县。邑屡遭水旱灾,民庶流离。和莅任绥逋赋(注:拖欠),请赈恤,民渐复业。又遍历四乡,部民疾苦,加意抚绥,民戴德焉,绘《抚民图》以颂。擢户部浙江司主事。

董秉忠

董秉忠(生卒年不详),奉天人。副榜,任大名府通判。清顺治十七年摄县事。时河水涨溢,水退后,民多困乏,爱恤感之,人皆感之。升保定府同知,官至直隶通省钱谷守道。

宗　琮

宗琮(生卒年不详),字侣璜,陕西泾阳人。清顺治辛丑进士。康熙九年授长垣县知县。十三年,丁母忧,奉文留任,明年四月,得代乃去。十六年,服阕仍补长垣。琮留心吏治,部民疾苦,有不便于民者即去之。垣邑自明季徭役繁重,兵燹后更苦水灾,城郭颓败,户口流亡,清代虽屡次蠲除,而奸民或开报荒田以匿其供,或诡附优免以逃其役,一有徭赋则取办于畸穷之驯民,而驯者益困。琮力清其弊,以奸民诡,合者分之,分者合之,向所伏匿之田咸出受徭役,令正额之外无杂派,并免征收帮贴诸弊。详请免派河工柳束;葬埋暴露枯骨,民大悦。修城垣,严保甲,建尊经阁、魁星楼。聚生儒课以道艺,武者较其骑射。复取古今忠孝廉节事之最易解者诠注成册,令乡老朔望讲读,使人心日趋于正,风俗顿为改观。由是流徙归业,荒地开垦,生齿日繁,民至今感之,立祠以祀。

赵国麟

赵国麟(1673—1751年),字仁圃,山东泰安人,进士。康熙五十八年任长垣知县。初到官,问民疾苦,革除积弊,遇讼者两造(注:去或到),使各尽其辞,平情断理,无不悦服。修蘧伯玉祠,建寡过书院,择生童之秀者肄业其中,又能周恤寒士,使尽力于学。越明年,办西运军饷,不为民累。辛丑七月,河决武陟,直冲长垣,坏王家堤,城墙几没,漂民田庐。次年正月水又至,国麟相度水势,浚引河,筑堤防,请赈恤,又建护城堤于壕外。经理有方、民获安所,皆颂德矣。雍正二年擢永平知府,历官文渊阁大学士。

胡承粼

胡承粼(生卒年不详),字璞园,江南泾县人,进士。清雍正六年任长垣知县。尝续志稿四卷,又以孝义贞节事,著《开来集》一卷。因邑多水患,修筑防黄月堤九百六十一丈,改建常平仓于县署东,勤于政治。卓异,升云南沅江知府。

朱懋德

朱懋德(生卒年不详),江南靖江人,监生。清雍正十一年任长垣知县。廉明果决,人不敢干以私。遇事则随到随理,案无留牍,免羁候之累。浚南渠以兴水利,尤能培养民生,节财爱物,人有赵父朱母之称。

严遂成

严遂成(1694—?),字海珊,浙江乌程人。雍正甲辰进士。乾隆十五年调长垣知县。博学能文,听断明敏。暇则集诸生,课其文艺,随其才质而指授焉。十六年,河水坏堤。明年,改筑新月堤于南,自堤西村,西接河南滑县堤工,东接太行堤,长十五里。并修河坝四座,建朱家道口涵洞,以备宣泄。建常村等集义仓四处,筹捐留养局经费生息,以为永久,民皆感之。卓异,升云南嵩明知州。

屠祖赍

屠祖赍(生卒年不详),湖北孝感人,进士。乾隆十九年任长垣知县。廉洁爱民,重浚城北旧城等河渠,以利宣泄。以田赋旧多飞射,乃按方定里,丈量亩界,设滚单令民自输,时以为便。详请豁免改筑河堤占用民地租税,捐义谷,建留养局四处,循声大著。卓异,升江南安庆府通判。

荷　绥

荷绥(生卒年不详),满州镶白旗人,举人。乾隆二十二年任长垣知县。时邑境被水,穷黎乏食,即捐米数百石,并劝绅士量捐,于城乡分厂煮粥以赈。又详请蠲赋赈济,民赖以安。明年奉檄办解肃州军需马匹,捐俸不足,劝有力者襄办,不以扰民。自奉俭约,事母孝。凡有利于民者无不举行,尝云:“吾廉洁自矢,以仰报君亲耳。”二十六年以病乞归,民送之,多泣下者。

吴　钢

吴钢(生卒年不详),字晓蒙,安徽桐城人,监生。清乾隆十九年任长垣县丞。管河防事,议开旧城河、黄家集渠、甘家堂渠。上台以为能,卓异,升本县知县。二十六年,豫省河溢,坏县境朱家口堤,伤田庐舍。钢抚绥有方,飞请赈恤,民皆德之。水既退,请留灾赈余米,变价,修筑朱家口、王夹堤、小岸、纸坊等处月堤数百丈,自捐银九百二十两有奇,工始竣。重修护城堤,开文明渠归东明漆河。重筑城垣,修葺学校、坛庙、仓敖,百废具举,而能勤恤民隐,培植生儒。升永定河南岸同知。

谭廷勷

谭廷勷(?—1870年),字竹崖,山阴(今浙江绍兴)华舍人。清道光十三年进士,改翰林院庶吉士。

由于河南兰考县北部的铜瓦厢形势险要,清初以来就是黄河上重点修守的要工。清朝末年,一方面由于河政腐败,国家多故,黄河失于治理;另一方面,悬河已经达到一定高度,河道状况恶化,促成其改道的诸因素都已经存在了。咸丰五年(1855年),黄河在铜瓦厢决口。兰阳(今河南兰考北)三堡河决后,溜势首先趋向西北方向,淹及封丘及祥符县(今河南开封祥符镇)所属村庄,然后折向东北,淹及兰仪、考城(今河南兰考)并长垣县之兰通集(在黄河东岸兰考与东明交界处)。铜瓦厢决口形成了黄河第六次大改道,使黄河结束了长期以来的夺淮入海局面,又回到由渤海湾入海。其后的二十多年,洪水在以铜瓦厢为顶点,北至北金堤,南至今山东曹县、安徽砀山一线,东至运河的三角洲冲积扇上自由漫流,水势分散,正溜无定。直至1876年全线河堤告成,现今黄河下游河道基本形成。下游河道中自铜瓦厢至陶城埠(今山东阳谷县东)一段,决口经常发生,故有“豆腐腰”之称。

同治元年,谭廷勷任河东河道总督。同治二年(1863年)十二月,他上奏朝廷说:自咸丰五年,黄河在铜瓦厢溃决后,黄水经行数十州县,虽受灾轻重不等,然而水势漫淹为患,从没有像今年这样严重的。所以,他建议疏浚马颊、徒骇两河以分减水势,堵塞民埝缺口,培土埝以防水害。咸丰帝览奏后诏谕:“按该署河督所奏,严饬管道府督令各州县趁此冬春水小源微,将可以施工之处赶紧劝令分投兴办,以资保卫。并会同谭廷勷妥筹办理,不得迁延观望。”朝廷督促各州县趁冬春水小、农闲的时机,按照谭廷勷所奏,抓紧分头办理,不得等待观望,延误时机。

王兰广

王兰广(1806—1874年),字耕心,号香圃,今河南焦作人,道光十七年(1837年),王兰广为丁酉科拔贡,次年参加朝考,以知县录用。历署南乐、长垣、大名等13县知县及天津河防同知、安州知州及冀、定、遵化等直隶州的知州,后补授广平府同知。咸丰七年(1857年)五月,黄河决堤,洪水泛滥,死人死畜漂挂成百上千,幸存百姓栖树登堤待救者众。王兰广随太守徐梦卿赴东明救灾,徐梦卿在衙署内大门不出,王兰广则率众顶酷暑,冒暴雨,驾扁舟,涉洪荒,出没在骇浪之间,历时九昼夜,巡回数百里,查勘三百余村,救出难民数万人。王兰广在巡视期间,屡遭危境,差点儿以身殉职。洪水退后,王兰广告别东明,百姓用鼓乐为他饯行。

同治四年(1865年),王兰广任长垣知县,时值长垣屡遭黄河水患。为防范水灾的侵袭,他遂驱车南下,几度查勘,并率民工苦战两个多月,终于修成了一条由大车集起,经由梁寨、石头庄、邵寨等村直至三桑园止的堤堰。新堤堰底宽六丈,高一丈,顶宽三丈三尺三寸,共计六十余里。共用帑(tǎng,金帛钱财)金三万八千两。此堰上接太行老堤,下至与滑县交界处,后经增培成为长垣临黄大堤。同时加固整修旧堤重要地段十三处,并搭盖土屋,设专人随时防护。

乔松年

乔松年(1815—1875年),字鹤侪,号鹤侪,山西徐沟(今山西清徐)人。乔松年出身于一个世代官宦家庭,同时又是满清政府极为倚重的重臣。曾任工部主事、苏州知府、常镇通海道、两淮盐运使、江苏布政使、安徽巡抚等职,同治十年(1871年)任河东河道总督。

同治十二年(1873年)九月,乔松年奏称:查得东岸长垣县楼寨起东明县车辆集止,旧有民埝多半残缺,向东北八十余里至菏泽县并无民埝,统计长一百三十余里。西岸自祥符县(今河南开封)清河集至长垣县大车集无民埝,以下六十里至桑园旧有民埝亦多残缺,滑县无民埝,开州(今河南濮阳)海同镇至清河头长五十里,仅十里尚存基址,其余坍塌无存,再三十里至旧有太行金堤亦无埝,统计长一百四十余里。为节省费用,减轻灾害,他建议"由各地方官随时体察情形,择其所急,劝谕各村庄量力相机修筑民埝"。

张光曾

张光曾(生卒年不详),江苏长洲人。例监生,初任宛平县丞,历署良乡、固安诸县事。升栾城县知县。卓异,改调长垣。甫下车,即严饬胥吏,不得私赋民钱,用以自肥。民有讼狱,刻期传讯,无留牍,民利赖之。乾隆四十三年,旱魃为灾,诸贫民相聚掠食于道,饥且死。公绘图以请,并劝谕富室贷粟于乡里,以俟赈恤,全活者甚众。是岁秋,河决,移檄大名诸属,协济河工。公以民困未复,力陈其不便,未果所请。寻以疾卒于官,远近闻之无不泣下。公莅任三载,廉明果断,恩威并行,邑人思其德政,附祀于吴公祠。

步恒勖

步恒勖(生卒年不详),字勉之,河北枣强人。民国17年任长垣县县长。短小精悍,果断任侠,望之有威。其为政似猛而实宽,尤留心于教育。长垣中等教育之勃兴,实由恒勖惨淡经营促成之。民国22年再宰长垣,时黄河泛滥,决口未塞,办理救灾、筑堤事,每多当上宪意,其劳苦不逊于张庆录,民甚德之。

张庆录

张庆录(生卒年不详),字瑞三,奉天铁岭人。民国23年任长垣县县长,性介直,不善辞令。初至人不异之,及施于为政,实事求是,刚毅果敏,井井有条,吏不能欺。民国24年夏,黄河水涨,已与堤齐。时太夫人病笃,一息奄奄,转侧床褥间,庆录实不可须臾离。太夫人曰:"汝为官亟应勾当公事,勿以我为念也!"挥之使去。庆录心中如焚,忍泪出城,夜走至堤,细雨蒙蒙,北风微起,夜深黑,伸掌不能自见。庆录至则督民夫,具畚锸,徒步风雨中,指挥抢护,足无停趾。已而,雨益暴,风益急,水势益猛,拍堤岸激起如撒网状,溅其衣。衣尽湿,不稍动。一夜之间,堤凡数决,庆录屡塞之,虽手足胼胝不少休,堤防卒赖以安,其功固不在长垣一县已也。报最,调繁隆平,长垣人至今思之。

王汉才

王汉才(1911—1947年),又名王永茂,河南长垣人。1929年考入大名河北省立第七师范,1933年毕业后在长垣简易师范教书。

受抗日爱国热潮的影响,王汉才积极宣传进步思想,投身抗日,1938年加入中国共产党,1940年任长垣县抗日民主政府财政科长,1943年任滨河县(包括今河南长垣、滑县、濮阳,山东东明四县边区)抗日民主政府秘书、教育科长等职。

1945年日本投降后,国民党发动内战,并阴谋堵塞黄河花园口口门,企图以黄水归故淹没解放区,以配合其军事进攻。为粉碎国民党的阴谋,解放区一方面派出代表与国民党方面谈判,一方面成立治河机构,积极进行黄河大堤的修防工作。在这种形势下,王汉才出任长垣黄河修防段段长,担起了修复堤防的重任。

当时黄河故道已断流八年,堤防工程千疮百孔残破不堪,长垣县急需修复的堤段达30多公里,任务十分繁重。王汉才率领广大民工修堤,却常遭到国民党军队的骚扰破坏。

1947年7月17日,王汉才再次率万余民工在大车集一带复堤时,突遭盘踞长垣县城的国民党军第47师一部偷袭。王汉才临危不惧,沉着指挥复堤民工撤退,他和工程队长岳贵田、工人李光山却陷入重围,不幸被捕。敌人对他们用尽酷刑,并用铁丝穿着他们的肩锁骨,带至长垣县城南金寨村活埋。王汉才牺牲时年仅36岁。

第二节　简　介

本节录载中华人民共和国成立后至2022年的治水人物,以历任水利局局长、县级以上劳动模范、水利系统正高级技术人才和水利志主编为条件,共14人,其中省级劳动模范1人,市级劳动模范2人,水利局局长10人,正高级职称人才1人。记述按任职、获得荣誉高低及评职时间先后顺序排列。

李永仁

李永仁,男,1926年2月生,汉族,河南省滑县大寨公社辉庄村人,初中文化程度,1954年3月加入中国共产党。1947年10月参加工作,任滑县工商局干事,1948年11月调任长垣县工商局干事,1949年1月任曲河县工商局干事,1949年4月任曲河县二区部干事,1950年1月在长垣县政府工商科任干事、科员,1951年2月在长垣五区区公所任区长,1954年2月在长垣六区区公所任区长,1954年9月任长垣县新华书店经理,1955年10月任长垣县水利局局长,1974年8月调任长垣县工商局局长。李永仁在任水利局局长期间,为长垣县的水利建设事业作出了突出贡献。

李世才

李世才,男,1929年7月生,汉族,河南省长垣县芦岗乡东于林头村人,高小文化程度,1950年4月加入中国共产党,1952年3月参加工作,在苗寨供销社任会计,1954年7月在樊相供销社任财务股长,1955年8月在县供销社人事科任科员,1958年11月在县组织部任干事,1966年9月在孟岗公社任副书记、主任,1969年4月在樊相公社任书记,1974年4月任县水利局局长,1976年1月任粮食局局长、党组书记、财办副主任。任职水利局局长期间,为水利建设事业作出了一定贡献。

许庆安

许庆安(1924年4月至1993年10月),男,汉族,河南省清丰县双町村人,初中文化程度,1945年10月11日加入中国共产党。1945年8月参加工作,在中国人民解放军一纵二团三营九连任文书,1946年5月在中国人民解放军一纵二团三营九连任连支书,1947年5月在一纵二团团侦察排任中共支部书记,1948年5月至1950年3月在正阳战斗中负伤致残,回家休养;1950年3月在濮阳地委党校学习,1952年7月在长垣一区任组织委员,1954在长垣八区任组织委员,1954年在长垣八区任副书记,1956年在长垣八区佘家乡任中共书记,1958年在长垣八区中共区委任副书记,1959年5月在长垣县水利局渠道管理所任所长,1959年10月任长垣县水利局副局长,1960年6月任长垣县东方红农场书记,1961年3月任长垣县水利局副局长,1965年任樊相公社韩寨基点组组长,1966年12月任方里公社社长,1968年3月任方里公社革委会主任,1969年5月任张寨公社革委会主任,1970年9月在长垣县水泥厂主持工作,1971年12月任长垣常村公社中共党委书记,1973年12月任县引黄局局长,1975年任长垣县水利局局长(兼任农办副主任),1984年离休。在任水利局局长期间,他为长垣县的水利建设作出了一定贡献。

顿云龙

顿云龙(1940年7月至2005年8月),男,汉族,中共党员,大学文化,长垣县城关镇人。1963年8月在新乡师范学院物理系大学毕业,1963年8月在河南省水利厅施工总队工作,任技术员,1974年10月到长垣县水利局工作,先后在局工程股、施工队任技术员、股长和施工队长,1984年8月任长垣县水利局局长、中共党组书记,1996年2月退休,2005年8月去世。

杨国法

杨国法(1963年11月至今),男,汉族,中共党员,硕士研究生,长垣县芦岗乡杨桥村人。历任长垣县水利局工程股副股长、施工队队长、水利建设工程公司经理、副局长,1996年2月至2003年11月任长垣县水利局局长兼中共党组书记。2001年获得新乡市劳动模范称号。他长期工作在水利第一线。1987年,他直接负责实施的粮食基地水利建设项目,被河南省新乡市评为优质工程,水利部把这一建设经验向全国进行了推广。他治水思路清晰,主攻方向明确,提出的实施方案可行,得到了长垣县委、县政府的全力支持,成为广大干部群众和水利职工团结拼搏、开拓进取的目标。1996—2003年,他坚持对丁栾沟、文明渠、天然文岩渠、大功总干渠和贯孟堤等骨干排灌沟渠及堤防进行大清淤、大复堤。引进了喷灌示范、大型灌区续建配套和节水改造、水土保持等一大批国家投资的重点水利建设项目,形成了干、支、斗、农四级配套的排灌体系。实现了城乡水资源统一管理、城乡河道统一治理。筹集 580 万元,建起了水利局办公大楼,提高了职工福利,改善了办公条件。长垣县水利事业以全方位、大跨越的发展态势,跻身于全省水利先进县行列。连续六年获新乡市政府"大禹杯"奖,两次获河南省政府"红旗渠精神杯"奖。长垣县水利局成为市级文明单位、省级卫生管理先进单位、全省水利经济先进单位。他本人亦连年被评为"优秀共产党员",长垣县政府为其记功 2 次;新乡市政府为其记功 6 次,其中二等功 5 次;受到河南省水利厅嘉奖 4 次。2001 年,获"新乡市劳动模范"称号。

王庆云

王庆云(1963 年 8 月至今),男,汉族,大专文化,中共党员,河南省长垣县孟岗乡冯湾村人。1981 年 9 月在安阳农校农学专业学习,1984 年 8 月参加工作,任长垣县芦岗乡中共党委组织干事,1985 年 5 月任长垣县芦岗乡中共党委委员,1985 年 9 月任长垣县委组织部干事,1990 年 6 月任县委副科级组织委员,1991 年 8 月任长垣县樊相乡中共党委副书记,1996 年 1 月任长垣县张三寨乡政府乡长、中共党委书记,1999 年 2 月任长垣县张三寨乡中共党委书记、人大主席,1999 年 9 月在中央党校经济管理专业大学学习,2003 年 4 月任长垣县张三寨乡中共党委书记,2003 年 11 月至 2011 年 3 月任长垣县水利局中共党组书记、局长。

孔德春

孔德春(1964 年 12 月至今),男,汉族,大学文化,中共党员,河南省长垣县蒲东办事处孔场村人。1984 年 9 月在安阳农校畜牧专业中专班学习,1986 年 8 月参加工作,任长垣县城关镇政府办事员,1988 年 9 月任中共长垣县纪委办事员、干事,1992 年 1 月任中共长垣县纪委副科级检查员,1989 年 9 月在中共河南省委党校经济管理专业大专班学习,1993 年 3 月任中共长垣县纪委检查科科长,1996 年 1 月任中共长垣县纪委纪监一室主任,1999 年 2 月任中共长垣县纪委常委,1999 年 6 月任正科级,2000 年 9 月在中共河南省委党校经济管理专业大学学习,2003 年 1 月任中共长垣县纪委副书记,2011 年 3 月至 2016 年 1 月任长垣县水利局中共党组书记、局长。孔德春上任以后积极投身水利建设,作出了突出工作成绩:战胜了 2011 年春季严重干旱和夏季特大暴雨内涝,将水旱灾害损失控制在了最低限度;先后争取并实施了石头庄、大功灌区续建配套与节水改造、中小河流治理等 8 个水利工程项目,累计完成投资 2.8 亿元;实施农村饮水安全工程 4 批,完成投资 1.56 亿元,解决了 18 个乡(镇)、办事处的 27.42 万农村居民和 6.3 万名在校师生的饮水不安全问题;按时完成南水北调基金征缴任务 720 万元,征收水资源费 447 万元;大力加强水利队伍建设,连年开展政策理论、思想素质、专业技术等方面的培训,使干部职工的政治思想素质和业务能力得到大幅提高;积极推进水生态环境建设,编制完成了城区及周边生态水系规划。

栾绍智

栾绍智(1970 年 7 月至今),男,汉族,大学文化,中共党员,山东省青岛市崂山区人,1986 年 6 月参加工作,在长垣县副食品公司工作;1987 年 5 月在中共长垣县委办公室工作;1989 年 2 月在中共长垣县政法委工作(其间:1991 年 9 月在郑州政治干部学校法律专业中专学习,1992 年 9 月在郑州大学法律专业大专学习);1999 年 2 月任长垣县孟岗乡党委委员、纪委书记;2001 年 12 月任长垣县孟岗乡党委副书记、纪委书记;2002年4月任长垣县孟岗乡党委副书记;2003年4月任长垣县苗寨乡党委副书记、政府乡长(其间:2001年8月至2004年6月在济南陆军学院经济管理专业大学学习);2008年11月任长垣县赵堤镇党委副书记、政府镇长;2008年12月任长垣县赵堤镇党委书记、人大主席;2012年2月任长垣县蒲东街道党工委书记、人大工委主任;2016年1月至2019年1月任长垣县水利局党组书记、局长。

林振平

林振平(1969年3月至今),男,汉族,河南省长垣市苗寨林寨村人,本科学历,中共党员,1991年8月参加工作,任张寨乡政府团委书记;1996年6月任长垣县纪检委监察局副局长、纪委副书记;2016年9月任长垣县委巡察办主任;2019年1月至2022年6月任长垣市水利局党组书记、局长。任期内,林振平全身心投入到水利工作中,率先垂范,勤奋工作,为长垣市的水利建设作出了应有贡献,特别是水生态文明城市建设成绩尤为突出,王家潭、明察园、忠信园、恭敬园、人才公园5个调蓄湖和宏力大道桥、德邻大道桥、巨人大道桥、博爱路桥、纬一路桥5座水系大桥相继建成投入使用,治理渠道6条,完成投资数十亿元。

刘振红

刘振红(1972年1月至今),女,汉族,河南省长垣市满村镇周宜丘村人,中共党员,本科学历,1987年9月在河南省新乡第一师范学校普师专业中专学习,1990年8月参加工作,任长垣县张三寨乡政府办干事、团委书记;1995年1月任长垣县张三寨乡企管委副主任;1996年1月任长垣县张三寨乡党委委员(其间:1995年8月在新乡市委党校经济管理专业大专习);2001年12月任长垣县恼里镇党委副书记、纪委书记;2003年5月任长垣县恼里镇党委副书记、人大主席;2005年12月任长垣县恼里镇党委副书记、纪委书记(其间:2005年5月至2007年12月在中央党校法律专业大学学习);2008年11月任长垣县苗寨乡党委副书记、政府乡长;2010年10月任长垣县苗寨镇党委副书记、镇长;2011年9月任长垣县魏庄镇党委副书记、镇长;2013年1月任长垣县孟岗镇党委书记、人大主席;2017年4月任长垣县文化广电旅游局党组书记、局长;2019年1月任长垣县文化广电和旅游局党组书记、局长;2019年10月任长垣市文化广电和旅游局党组书记、局长;2022年6月任长垣市水利局党组书记、局长。

董云森

董云森(1942年8月至今),男,汉族,中共党员,中专文化,长垣县魏庄镇董寨村人。曾任长垣县水利局机关中共党支部书记,局办公室秘书、副主任,防汛抗旱办公室主任,副科级协理员,局长助理等职。1994年荣获河南省劳动模范称号。他长期工作在水利第一线,参与了全县水利建设规划、区划的调研和制定,参与了全县重大治水方案的研究和实施,撰写了大量工作总结、调查报告和水利项目论证。他总结的"春旱冬抗"经验,被河南省水利厅推广到全省;总结的《长垣水利工程当年建设见效益》粮食基地建设经验,被水利部作为典型在全国推广;采写的新闻稿《六任书记同念治水经》,被评选为河南省水利好新闻二等奖;撰写的《天然文岩渠亟待综合治理》,被新乡市政府《内部参阅》和河南省政府《政务要闻》采用,省长马忠臣、副省长李成玉做了重要批示;采写的《服务中定位置,市场上求自强》的长垣县抗旱服务队调查报告,被河南省水利厅、河南省政府发展研究中心、国家防汛抗旱总指挥部采用;共发表过150多篇作品。2002年主编《长垣县水利志》。其事迹被收录到《豫水群英》《中原群英谱》《中华百业英才大典》。1988—1990年曾先后荣获新乡市政府粮食基地建设先进工作者、新乡市水利局先进工作者、河南省水利厅先进信息员。1994年,河南省政府授予其河南省劳动模范称号。1996年,中共新乡市委授予他优秀共产党员称号。1998年,获新乡市防汛抗旱先进个人称号,同年,被长垣县水利系统评为最佳中层领导干部。

赵运锁

赵运锁(1963年2月至今),男,汉族,中共党员,本科学历,高级工程师,长垣县赵堤镇人。1982年12月参加工作,曾任县水利技术开发公司技术负责人、副经理,1996—2014年,任水利局中共党组成员、副局长(1996—2002年兼任局中共纪检组长)。他参加工作后,长期工作在水利建设第一线,做出了突出贡献。1984年,参加设计大车穿堤引水涵闸,竣工运行后为大车灌区提供了充足水源,效益显著。主持实施石头庄续建配套工程、世行贷款和大型灌区节水改造项目,使长垣县排灌系统日臻完善,使石头庄灌区焕发了新的生机和活力。先后引进水土保持、节水示范、小型农田水利重点县、中小河流治理、引黄调蓄工程等一大批国家投资的重点水利建设项目,形成干、支、斗、农4级配套的排灌体系。2005—2009年,他负责实施的农村饮水安全工程项目,改善了群众生产、生活条件,使村容村貌焕然一新。他还主持修建完成了天然文岩渠石头庄和瓦屋寨2座橡胶坝,建成集生态、旅游、养殖于一体的天然文岩渠平原水库,有效解决了石头庄灌区水源瓶颈问题;同时,为引水入城工程、改善城区水环境提供了可靠的水源保证。1996年担任县局领导职务后,带领技术人员和干部职工积极投身冬春农田水利基本建设中,连续获新乡市政府"大禹杯"奖,4次获河南省政府"红旗渠精神杯"奖。在此期间,由于他工作成绩突出,先后获长垣县优秀知识分子称号、河南省水利厅优秀设计奖。参与编写的《河南省引黄灌区渠首引水清淤疏浚方式研究》获河南省水利厅科技进步二等奖。3次被河南省水利厅评为水利系统先进个人,新乡人民市政府为其记二等功8次、三等功1次。2006年被新乡市人民政府授予"劳动模范"称号。

张瑞现

张瑞现(1964年9月至今),男,汉族,河南宁陵县人,1984年8月参加工作,1994年加入中国共产党,长垣县第九届政协委员。本科学历,正高级工程师,一级建造师,造价工程师,监理工程师。长垣市农村饮水安全办公室主任、长垣市水利局局长助理、总工程师。先后参与完成了长垣市粮食基地、引黄灌区、农村饮水安全项目建设。完成水利项目规划实施成果44项,发表科技论文8篇,参与完成6项实用新型专利、2项软件著作,2021年撰写专著《水环境工程与水利资源利用技术》,2021年参与编写河南省地方标准《水利工程施工企业安全生产风险隐患双重预防体系建设实施指南》,2003年、2015年分别作为副主编完成了第一版和第二版《长垣县水利志》的编写工作,2022年作为副主编参与《长垣市水利志》的编写工作。2000年9月《节水灌溉新技术示范推广应用研究》获新乡市人民政府科技进步二等奖,2019年《QQXD新型全自动电解食盐消毒设备研发》获河南省水利创新成果一等奖,2020年《农村饮水安全工程县级信息化综合管理系统》获河南省水利创新成果二等奖。2001年被河南省水利厅命名为河南省水利系统优秀专家,被新乡市人民政府命名为学术和技术带头人,2002年被长垣县委、县政府命名为第五批县管专业技术拔尖人才,2005年被中共长垣县直工委评为优秀共产党员,2009年被新乡市水利局、新乡市人事局评为新乡市农村饮水安全项目建设先进个人,2011年被新乡市委、市政府评为全市驻村工作先进队员,2013年被河南省水利厅评为河南省水利基本建设管理先进个人,2014年获得河南省水利系统五一劳动奖章、获得长垣县第十批专业技术拔尖人才、获得长垣县五一劳动奖章,2017年获得最美长垣人优秀人物荣誉称号。

甘永福

甘永福(1964年6月至今),男,汉族,中共党员,大专文化,聘用制干部。河南省濮阳县海通乡甘吕邱村人,1982年6月参加工作,历任长垣县水利局办公室秘书、副主任、主任,2003年4月为长垣县水利局局中共党组成员。自参加工作之后,他撰写大量工作总结、情况汇报和长垣县领导关于水利工作的讲话材料,1990年参与制定《长垣县渔业区划》任主要负责人,2003年参与编写第一版《长垣县水利志》,任副主编。长期负责水利局的宣传报道工作,先后被各级新闻单位采用稿件450余篇,其中的《侯老汉与井》在国家十家新闻单位联合举办的第四届"大地之光"征文竞赛中获三等奖。2002年,他采写的《长垣水利建设机械抖威》在《中国水利报》发表后,在全省引起极好反映,省内许多县到长垣参观取经。2003年,他上报的工作信息《长垣民营水利发展迅速》受到新乡市人民政府重视,在全市推广长垣民营水利的经验。2020—2021年在《中国水利报》累计发稿18篇,其中3月25日为《中国水利报》第6、7两个整版供稿件9篇宣传长垣市水利建设成就。1991—2002年,连年被新乡市水利局、长垣县县委县政府评为宣传工作先进个人;2001年被《黄河报》评为优秀通讯员;2001年、2002年、2003年、2012年,被河南省水利厅评为水利宣传工作先进个人。2013年参与第二版《长垣县水利志》编纂工作,任主编;2022年参与《长垣市水利志》编纂工作,任主编。

第三节 名 表

1956—2022年长垣市水利局科级干部名表见表11-1。

表11-1 1956—2022年长垣市水利局科级干部名表

机构名称	姓名	性别	民族	政治面貌	职务	任免时间
水利科	李永仁	男	汉	中共党员	科长	1956-04—1956-12
水利局	李永仁	男	汉	中共党员	局长	1956-12—1959-08
	袁崇喜	男	汉	中共党员	副局长	1956-12—1957-11
	许庆安	男	汉	中共党员	副局长	1959-10—1960-06
	杨振武	男	汉	中共党员	副局长	1959-07—1960-12
	宋 鹏	男	汉	中共党员	副局长	1959-03—1959-09
水利局	苏化梅	男	汉	中共党员	局长	1959-08—1960-10
	杨振武	男	汉	中共党员	副局长	
	李永仁	男	汉	中共党员	副局长	1959-08—1960-10
	张友仁	男	汉	中共党员	副局长	1960-02—1961-03
	董化枝	男	汉	中共党员	副局长	1960-02—1966-12

续表 11-1

机构名称	姓名	性别	民族	政治面貌	职务	任免时间
	姚荫抒	男	汉	中共党员	副局长	1959-12—1960-12
水利局	李永仁	男	汉	中共党员	局长	1960-10—1968-09
	许庆安	男	汉	中共党员	副局长	1961-03—1965
	张友仁	男	汉	中共党员	副局长	
	张华然	男	汉	中共党员	副局长	1962-07—1962-12
	董化枝	男	汉	中共党员	副局长	
	刘 均	男	汉	中共党员	副局长	1973-08—1984-08
	侯祥卿	男	汉	中共党员	副局长	1966-03—1970-05
	单志元	男	汉	中共党员	副局长	1960-12—1962-12
水利建管站	李永仁	男	汉	中共党员	站长	1968-09—1972-01
	王庆荣	男	汉	中共党员	副站长	1968-09—1970-11
	赵慎铭	男	汉	中共党员	副站长	1968-09—1970-06
水利局	李永仁	男	汉	中共党员	局长	1972-01—1973-07
	马 龙	男	汉	中共党员	副局长	1972-01—1972-03
水利局	张 忠	男	汉	中共党员	局长	1972-05—1973-10
	李永仁	男	汉	中共党员	副局长	1973-07—1973-08
	李连义	男	汉	中共党员	副局长	1971-12—1972-08
	于公布	男	汉	中共党员	副局长	1971-12—1973-07
	王保贞	男	汉	中共党员	副局长	1973-03—1973-09
	苏化梅	男	汉	中共党员	副局长	1973-07—1979-01
水利局	李永仁	男	汉	中共党员	局长	1973-08—1975-01
	苏化梅	男	汉	中共党员	副局长	
	王念惠	男	汉	中共党员	副局长	1973-08—1977-03
	刘 均	男	汉	中共党员	副局长	1973-08—1984-08
水利局	李世才	男	汉	中共党员	局长	1974-04—1976-01
	李呈瑞	男	汉	中共党员	副局长	1974-12—1980-12

续表 11-1

机构名称	姓名	性别	民族	政治面貌	职务	任免时间
	苏化梅	男	汉	中共党员	副局长	
	王念惠	男	汉	中共党员	副局长	
	刘　均	男	汉	中共党员	副局长	1973-08～1984-08
水利局	许庆安	男	汉	中共党员	局长	1975-03—1984-02
	顿耀华	男	汉	中共党员	副局长	1977-05—1984
	张舜琴	男	汉	中共党员	副局长	1977-05—1984-08
	萧歧峻	男	汉	中共党员	副局长	1977-06—1980-10
	李印修	男	汉	中共党员	副局长	1978-05—1984-08
	杜思聪	男	汉	中共党员	副局长	1977-05—1979-01
	芦东乐	男	汉	中共党员	副局长	1978-07—1980-07
	马增文	男	汉	中共党员	副局长	1980-12—1984-08
	马现木	男	汉	中共党员	副局长	1981-07—1989-12
	傅从臣	男	汉	中共党员	副局长	1981-10—1983-11
	高世修	男	汉	中共党员	副局长	1982-07—1984-08
	李长江	男	汉	中共党员	副局长	1983-06—1996-02
	张守学	男	汉	中共党员	副局长	1979-09—1984-08
水利局	鲍明海	男	汉	中共党员	局长	1984-02—1984-08
	刘　均	男	汉	中共党员	副局长	1973-08—1984-08
	顿耀华	男	汉	中共党员	副局长	1977-05—1984
	李印修	男	汉	中共党员	副局长	1978-05—1984-08
	马增文	男	汉	中共党员	副局长	
	马现木	男	汉	中共党员	副局长	1981-07—1989-12
	张守学	男	汉	中共党员	副局长	1979-09—1984-08
	李长江	男	汉	中共党员	副局长	1983-06—1996-02
	张舜琴	男	汉	中共党员	副局长	1977-05—1984-08
水利局	顿云龙	男	汉	中共党员	局长	1984-08—1996-02

续表 11-1

机构名称	姓名	性别	民族	政治面貌	职务	任免时间
	李长江	男	汉	中共党员	副局长	1983-06—1996-02
	谷相禹	男	汉	中共党员	副局长	1984-08—1989-08
	马现木	男	汉	中共党员	副局长	1981-07—1989-12
	张清俊	男	汉	中共党员	副局长	1986-12—1989-12
	赵永春	男	汉	中共党员	副局长	1987-09—2002-4
	李聚美	男	汉	中共党员	副局长	1989-10—1995-01
	杨国法	男	汉	中共党员	副局长	1993—1996-02
水利局	杨国法	男	汉	中共党员	局长	1996-02—2003-11
	赵永春	男	汉	中共党员	副局长	1987-09—2002-04
	刘发状	男	汉	中共党员	副局长	1996-02—1999-02
	王子训	男	汉	中共党员	副局长	1996-02—2002-04
	程传江	男	汉	中共党员	副局长	1996-09—2009-01
	赵运锁	男	汉	中共党员	副局长	1996-02—2014-07
	李进富	男	汉	中共党员	副局长	1999-02—2009-01
	王富廷	男	汉	中共党员	副局长	2002-04—2009-01
	陈爱民	男	汉	中共党员	副局长	2002-04—2011-03
	赵国庆	男	汉	中共党员	副局长	2002-04—2011-03
水利局	王庆云	男	汉	中共党员	局长	2003-11—2011-03
	程传江	男	汉	中共党员	副局长	1996-09—2009-01
	李进富	男	汉	中共党员	副局长	1999-02—2009-01
	王富廷	男	汉	中共党员	副局长	2002-04—2009-01
	殷爱民	男	满	中共党员	副局长	2003-05—2013-02
	赵运锁	男	汉	中共党员	副局长	1996-02—2014-07
	赵国庆	男	汉	中共党员	副局长	2002-04—2011-03
	陈爱民	男	汉	中共党员	副局长	2002-04—2011-03
	付秀红	女	汉	中共党员	工会主席	2003-05—2016-01

续表 11-1

机构名称	姓名	性别	民族	政治面貌	职务	任免时间
	张瑞敏	女	汉	中共党员	副局长	2009-01—2019-04
	赵建海	男	汉	中共党员	副局长	2009-01—2012-02
	袁玉玺	男	汉	中共党员	科员	2011-03 至今
水利局	孔德春	男	汉	中共党员	局长	2011-03—2016-01
	韩子鹏	男	汉	中共党员	副局长	2013-10 至今
	赵建海	男	汉	中共党员	副局长	2009-01—2012-02
	赵运锁	男	汉	中共党员	副局长	1996-02—2014-07
	赵国庆	男	汉	中共党员	副局长	2002-04—2011-03
	陈爱民	男	汉	中共党员	副局长	2002-04—2011-03
	殷爱民	男	满	中共党员	副局长	2003-05—2013-02
	付秀红	女	汉	中共党员	纪检组长	2003-05—2016-01
	张瑞敏	女	汉	中共党员	副局长	2009-01—2019-04
	袁玉玺	男	汉	中共党员	科员	2011-03 至今
	李相军	男	汉	中共党员	科员	2011-03 至今
水利局	栾绍智	男	汉	中共党员	局长	2016-01—2019-01
	韩子鹏	男	汉	中共党员	副局长	2013-10 至今
	王 敏	男	汉	中共党员	副局长	2016-05 至今
	张 芳	女	汉	中共党员		2018-02—2022-02
	张瑞敏	女	汉	中共党员	副局长	2009-01—2019-04
	袁玉玺	男	汉	中共党员		2011-03 至今
	李相军	男	汉	中共党员		2011-03 至今
	田国波	男	汉	中共党员		2016-05 至今
	付华鹏	男	汉	中共党员		2016-05 至今
	吕敬勋	男	汉	中共党员		2016-05 至今
水利局	林振平	男	汉	中共党员	局长	2019-01—2022-06
	韩子鹏	男	汉	中共党员	副局长	2013-10 至今

续表 11-1

机构名称	姓名	性别	民族	政治面貌	职务	任免时间
	王　敏	男	汉	中共党员	副局长	2016-05 至今
	张　芳	女	汉	中共党员		2018-02 至今
	李建旭	男	汉	中共党员	副局长	2022-02 至今
	袁玉玺	男	汉	中共党员		2011-03 至今
	李相军	男	汉	中共党员		2011-03 至今
	田国波	男	汉	中共党员		2016-05 至今
	付华鹏	男	汉	中共党员		2016-05 至今
	吕敬勋	男	汉	中共党员		2016-05 至今
水利局	刘振红	女	汉	中共党员	局长	2022-06 至今
	韩子鹏	男	汉	中共党员	副局长	2013-10 至今
	王　敏	男	汉	中共党员	副局长	2016-05 至今
	张　芳	女	汉	中共党员		2018-02 至今
	李建旭	男	汉	中共党员	副局长	2022-02 至今
	袁玉玺	男	汉	中共党员		2011-03 至今
	李相军	男	汉	中共党员		2011-03 至今
	田国波	男	汉	中共党员		2016-05 至今
	付华鹏	男	汉	中共党员		2016-05 至今
	吕敬勋	男	汉	中共党员		2016-05 至今

1953—2022 年长垣市水利局正股级干部名表（一）见表 11-2。

表 11-2　1953—2022 年长垣市水利局正股级干部名表（一）

科室	姓名	性别	民族	政治面貌	职务	任免时间
	张新兴	男	汉	中共党员	主任	1980—1984
	韩继孔	男	汉	中共党员	主任	1984—1989
办公室	苗喜祥	男	汉	中共党员	主任	1989—2003
	甘永福	男	汉	中共党员	主任	2003-05—2020-05
	赵华杰	男	汉	中共党员	主任	2020-06 至今

续表 11-2

科室	姓名	性别	民族	政治面貌	职务	任免时间
财务审计科	陈金佩	男	汉	中共党员	科长	
	李忠录	男	汉	中共党员	科长	
	聂蒲生	男	汉	中共党员	科长	
	付秀红	女	汉	中共党员	科长	
	袁玉玺	男	汉	中共党员	科长	2006-08—2011-05
	王学谦	男	汉	中共党员	科长	2020-06 至今
工程建设管理科	张瑞现	男	汉	中共党员	科长	2012-02—2013-01
	王洪伟	男	汉	中共党员	科长	2013-02—2017-12
	徐洪坤	男	汉	中共党员	股长	2020-06 至今
防汛抗旱办公室	董云森	男	汉	中共党员	主任	1995—2002
	赵军书	男	汉	中共党员	主任	2002—2011
	于洪潮	男	汉	中共党员	主任	2012-02—2016-06
	田国波	男	汉	中共党员	主任	2016-07—2022-02
	李 斌	男	汉		股长	2021-10 至今
人事科	王秀兰	女	汉	中共党员	科长	1975-06—1984-07
	苗喜祥	男	汉	中共党员	科长	1984-08—1987-02
	温秀荣	女	汉	中共党员	科长	1987-03—1999-07
	段秀端	男	汉	中共党员	科长	1999-07—2016-09
	李 鑫	男	汉	中共党员	股长	2020-06 至今
水政水资源办公室	冯国轩	男	汉	中共党员	主任	1990-11—1999-07
	于金标	男	汉	中共党员	主任	1999-07—2013-01
	田国波	男	汉	中共党员	主任	2016-06—2016-08
	杨海亮	男	汉	中共党员	股长	2020-06 至今
水政监察大队	杨国法	男	汉	中共党员	队长	1998—1999
	于金标	男	汉	中共党员	队长	1999—2005-03
	于洪潮	男	汉	中共党员	队长	2005-03—2012-02
	于昊永	男	汉	中共党员	指导员	2005-03—2015-12
	张学民	男	汉	中共党员	队长	2012-02 至今

续表 11-2

科室	姓名	性别	民族	政治面貌	职务	任免时间
纪检监察室	王茂林	男	汉	中共党员	科长	2006-11—2015-12
	段涛	男	汉	中共党员	主任	2015-12—2017-12
党建办	赵鑫	女	汉	中共党员	主任	2020-11 至今
节约用水办公室	于金标	男	汉	中共党员	主任	1999-05—2005-03
	顿辉	男	汉	中共党员	主任	2005-03—2014-10
	王宁	男	汉	中共党员	主任	2014-07 至今
水利技术推广站	张新民	男	汉	中共党员	站长	1990—1993-01
	牛守东	男	汉	中共党员	站长	1993-01—1996
	赵军书	男	汉	中共党员	站长	1996—1999
	张瑞现	男	汉	中共党员	站长	1999—2012-02
	韩正杰	男	汉	中共党员	站长	2012-02—2020-07
	王庆芳	女	汉		站长	2020-07 至今
农村水利科	张舜琴	男	汉	中共党员	科长	
	王惠安	男	汉	中共党员	科长	—1984
	冯国轩	男	汉	中共党员	科长	1984—1990
	赵军书	男	汉	中共党员	科长	1990—1992-12
	王慧敏	女	汉	中共党员	科长	2005-03—2016-08
	姚磊	男	汉	中共党员	股长	2020-06 至今
农村饮水安全办公室	张瑞现	男	汉	中共党员	主任	2006-03 至今
质量监督站	王洪伟	男	汉	中共党员	站长	2012-02—2013-02
	张来书	男	汉	中共党员	站长	2013-01—2020-07
	王洪伟	男	汉	中共党员	站长	2020-07 至今
农村饮水安全工程管理中心	于金标	男	汉	中共党员	主任	2012-07—2016-11
	顿辉	男	汉	中共党员	主任	2020-07 至今
工会	于昊永	男	汉	中共党员	主席	2015-12—2020-07
	王昭	女	汉	中共党员	主席	2020-07—2021-10
	胡爱珍	女	汉		主席	2021-10 至今
行政服务股	顿辉	男	汉	中共党员	主任	2017-07—2020-07
	李海霞	女	汉	中共党员	股长	2020-07 至今
河长制工作办公室	王潇哲	男	汉	中共党员	主任	2021-12 至今
水系建设综合股	王慧敏	女	汉	中共党员	股长	2020-05—2022-10
抗旱服务队	王继文	男	汉	中共党员	队长	1996—2017-03

续表 11-2

科室	姓名	性别	民族	政治面貌	职务	任免时间
水利基础工程公司	王惠安	男	汉	中共党员	经理	1984—1987
	李聚美	男	汉	中共党员	经理	1987—1989
	韩济重	男	汉	中共党员	经理	1989—1994
	赵军书	男	汉	中共党员	经理	1994—1996
	牛守东	男	汉	中共党员	经理	1996—1999
	杜怀勋	男	汉	中共党员	经理	1999—2002
	贾金一	男	汉	中共党员	经理	2002—2005-03
	尚俊奎	男	汉	中共党员	经理	2005-03—2021-10
水利建设工程公司	顿云龙	男	汉	中共党员	经理	1983—1984
	于朝铭	男	汉	中共党员	经理	1984—1991
	杨国法	男	汉	中共党员	经理	1991—1994-10
	顿云汉	男	汉		经理	1994-10—1996-10
	刘双成	男	汉	中共党员	经理	1996-10—1999-08
	王茂林	男	汉	中共党员	经理	1999-08—2005-07
	张来书	男	汉	中共党员	经理	2005-07—2013-01
	付华鹏	男	汉	中共党员	经理	2013-01—2016-05
水利公司	殷万州	男	汉	中共党员	经理	1984—1988
	宋新民	男	汉	中共党员	经理	1988—1989
	陶志国	男	汉	中共党员	经理	1989—2006-11
	郝天俊	男	汉	中共党员	经理	2006-11—2017-05
垣水建设集团有限公司	史洪刚	男	汉		经理	2021-10 至今
垣水建设工程有限公司	张鲲鹏	男	汉	中共党员	经理	2021-10 至今
垣水供水有限公司	李向涛	男	汉	中共党员	经理	2021-10 至今
垣水水资源管理有限公司	侯英华	男	汉	中共党员	经理	2021-10 至今

1953—2022 年长垣市水利局正股级干部名表(二)见表 11-3。

表 11-3　1953—2022 年长垣市水利局正股级干部名表（二）

站（所）	姓名	性别	民族	政治面貌	职务	任免时间
大功灌区管理所	王玉轩	男	汉	中共党员	所长	1980—1984
	张新兴	男	汉	中共党员	所长	1993—1995
	崔道贤	男	汉	中共党员	所长	1995—1999
	许金玺	男	汉	中共党员	所长	1999-07—2005-03
	单玉清	男	汉	中共党员	所长	2005-03—2015-12
	吕敬勋	男	汉	中共党员	所长	2015-12—2016-06
	付华鹏	男	汉	中共党员	所长	2016-06 至今
石头庄灌区管理所	朱乃贞	男	汉	中共党员	所长	1969—1970
	王保贞	男	汉	中共党员	所长	1970—1980
	白耀卿	男	汉	中共党员	所长	1980—1982
	黄炳岗	男	汉	中共党员	所长	1982—1984
	李中录	男	汉	中共党员	所长	1984—2011
	贾金一	男	汉	中共党员	所长	2011—2016-06
	吕敬勋	男	汉	中共党员	所长	2016-06 至今
天然文岩渠管理所	王静波	男	汉	中共党员	所长	1973—1978
	李印修	男	汉	中共党员	所长	1978—1984
	林清真	男	汉	中共党员	所长	1984—1998
	张建立	男	汉	中共党员	所长	1998—2004
	李聚朝	男	汉	中共党员	所长	2004—2014-07
	史洪刚	男	汉	中共党员	所长	2014-07—2020-05
	张超杰	男	汉	中共党员	所长	2020-05 至今
杨小寨灌区管理所	魏保禄	男	汉	中共党员	所长	1979—1981
	杜新勤	男	汉	中共党员	所长	1981—1982
	林清真	男	汉	中共党员	所长	1982—1984
	张建立	男	汉	中共党员	所长	1984—1997
	靳东旭	男	汉	中共党员	所长	1997—2014
左寨灌区所	靳东旭	男	汉	中共党员	所长	
	胡相周	男	汉	中共党员	所长	1982—2017-03
	蔡存涛	男	汉		所长	2020-07 至今
蒲东水利站	邢长计	男	汉	中共党员	站长	1981—1990
	王民录	男	汉	中共党员	站长	1990—2009
	邢国利	男	汉	中共党员	站长	2009—2020-07
	韩伟	男	汉		站长	2020-07 至今
蒲西水利站	李军胜	男	汉	中共党员	站长	2004—2021-10
	殷源	男	汉		站长	2021-10 至今

续表 11-3

站(所)	姓名	性别	民族	政治面貌	职务	任免时间
南蒲水利站	刘德一	男	汉	中共党员	站长	1971—1984
	王化贤	男	汉	中共党员	站长	1985—1986
	吕新亮	男	汉	中共党员	站长	1986—2008
	王永杰	男	汉	中共党员	站长	2009—2021-10
	李海杰	男	汉		站长	2021-10 至今
蒲北水利站	李路成	男	汉	中共党员	站长	2006 至今
常村水利站	韩学亮	男	汉	中共党员	站长	1958—1985
	翟建真	男	汉	中共党员	站长	1985—1999
	张汝群	男	汉	中共党员	站长	1999—2018-06
	陈永庆	男	汉		站长	2020-07 至今
芦岗水利站	韩继稳	男	汉	中共党员	站长	1990—2006
	王继军	男	汉	中共党员	站长	2006 至今
满村水利站	于民然	男	汉	中共党员	站长	1982—1996
	石新廷	男	汉	中共党员	站长	1996—1999
	单玉清	男	汉	中共党员	站长	1999—2010
	冯素敏	女	汉	中共党员	站长	2010—2021-10
	王克金	男	汉		站长	2021-10 至今
孟岗水利站	郭成壁	男	汉	中共党员	站长	1966—1970
	景芳艾	男	汉	中共党员	站长	1970—1975
	刘好峰	男	汉	中共党员	站长	1975—1982
	谢崇生	男	汉	中共党员	站长	1982—1990
	蔡秦昌	男	汉	中共党员	站长	1990—2002
	张永强	男	汉	中共党员	站长	2002—2012
	吕敬勋	男	汉	中共党员	站长	2012—2016-06
	贾金一	男	汉		站长	2016-06—2020-07
	户涛	男	汉		站长	2021-10 至今
恼里水利站	胡相周	男	汉	中共党员	站长	1978—2017
	王仓民	男	汉		站长	2015-12 至今
魏庄水利站	韩喜修	男	汉	中共党员	站长	1981—2003
	李学军	男	汉	中共党员	站长	2003—2010
	陈连军	男	汉	中共党员	站长	2010 至今

续表 11-3

站(所)	姓名	性别	民族	政治面貌	职务	任免时间
赵堤水利站	李朝柱	男	汉	中共党员	站长	1974—1976
	牛登峰	男	汉	中共党员	站长	1977—1983
	徐建庭	男	汉	中共党员	站长	1984—2009
	赵保增	男	汉	中共党员	站长	2010—2018-06
	张燕杰	男	汉		站长	2020-07 至今
佘家水利站	尚士彬	男	汉	中共党员	站长	1986-09—2014
	王伟杰	男	汉		站长	2020-07 至今
张三寨水利站	王文杰	男	汉	中共党员	站长	1989—2003
	王伟杰	男	汉	中共党员	站长	2003—2020-07
	滑海兵	男	汉		站长	2021-10 至今
苗寨水利站	姚秀文	男	汉	中共党员	站长	1982—1992
	范存生	男	汉	中共党员	站长	1992—1998
	王军胜	男	汉	中共党员	站长	1998—2005
	黄先堂	男	汉	中共党员	站长	2005—2012
	李学军	男	汉	中共党员	站长	2012—2020-07
	杨利锋	男	汉		站长	2021-10 至今
樊相水利站	冯段然	男	汉	中共党员	站长	1953—1963
	周守禄	男	汉	中共党员	站长	1963—1976
	张勋业	男	汉	中共党员	站长	1976—1991
	孟令珍	男	汉	中共党员	站长	1991—2010
	牛志军	男	汉	中共党员	站长	2010 至今
丁栾水利站	于常波	男	汉	中共党员	站长	1989—1996
	付乃辉	男	汉	中共党员	站长	1996 至今
武邱水利站	曹柱先	男	汉	中共党员	站长	1984—1996
	高红章	男	汉	中共党员	站长	1996—2016
	吕建民	男	汉		站长	2020-07 至今
方里水利站	刘丙礼	男	汉	中共党员	站长	1981—1994
	付进学	男	汉	中共党员	站长	1994—1996
	刘雨林	男	汉	中共党员	站长	1996—2009
	林海民	男	汉	中共党员	站长	2010 至今
总管水利站	王增军	男	汉	中共党员	站长	1989—1998
	李路成	男	汉	中共党员	站长	1998—2006

长垣市水利局2022年在职技术人员名表见表11-4。

表 11-4　长垣市水利局 2022 年在职技术人员名表

序号	姓名	性别	民族	职　称	晋升时间	工作单位
1	张瑞现	男	汉	正高级工程师	2022-03	农村安全饮水办公室
2	王庆芳	女	汉	高级工程师	2019-05	水利技术推广站
3	陈东朝	男	汉	高级工程师	2019-05	水利技术推广站
4	王慧敏	女	汉	高级工程师	2020-05	水系建设综合股
5	董海利	女	汉	高级工程师	2020-05	垣水建设有限公司
6	姚磊	男	汉	高级工程师	2021-04	农村水利股
7	王洪伟	男	汉	高级工程师	2021-04	工程质量监测监督站
8	程巧英	女	汉	高级工程师	2021-04	水系建设综合股
9	刘红伟	女	汉	高级工程师	2021-04	农村水利股
10	邢整玲	女	汉	高级工程师	2021-04	工程质量监测监督站
11	郭会丽	女	汉	高级工程师	2022-03	水政水资源管理股
12	顿华	女	汉	高级工程师	2022-03	水利工程建设股
13	郝彦昌	男	汉	高级工程师	2022-03	水利技术推广站
14	李亚罡	男	汉	高级工程师	2022-03	满村水利站
15	赵运锁	男	汉	高级工程师	2000-03	水利局
16	韩正杰	男	汉	高级工程师	2007-02	工会
17	程玉彬	男	汉	高级工程师	2018-07	农村饮水安全办公室
18	丁彩华	女	汉	高级会计师	2011-04	财审科
19	李凤云	女	汉	高级会计师	2018-07	满村水利站
20	张丽敏	女	汉	高级会计师	2021-04	财务审计股
21	宋洁	女	汉	会计师	2010-05	丁栾水利站
22	冯素敏	女	汉	会计师	2010-05	满村水利站
23	于红玲	女	汉	会计师	2020-07	财务审计股
24	张来书	男	汉	工程师	1995-04	工会
25	于书剑	男	汉	工程师	1997-12	水利建设工程公司
26	王茂林	男	汉	工程师	1997-12	纪检监察室
27	魏相岭	男	汉	工程师	1997-12	孟岗水利站
28	刘洪涛	男	汉	工程师	1998-12	防汛抗旱办公室
29	顿喜雪	女	汉	工程师	1999-12	工程建设管理科
30	尚俊奎	男	汉	工程师	2005-10	水利基础工程公司

续表 11-4

序号	姓名	性别	民族	职 称	晋升时间	工作单位
31	赵海霞	女	汉	工程师	2007-02	水利技术推广站
32	侯英杰	男	汉	工程师	2007-02	农村水利股
33	牛国如	男	汉	工程师	2009-07	丁栾水利站
34	王 宁	男	汉	工程师	2012-05	节约用水办公室
35	李志军	男	汉	工程师	2012-05	水系东区
36	韩 伟	男	汉	工程师	2012-05	蒲东水利站
37	王克金	男	汉	工程师	2012-05	满村水利站
38	赵小科	男	汉	工程师	2012-05	抗旱服务队
39	张 宁	女	汉	工程师	2013-07	芦岗水利站
40	崔继国	男	汉	工程师	2014-07	水政监察大队
41	林海民	男	汉	工程师	2014-07	方里水利站
42	李敬宇	男	汉	工程师	2014-07	方里水利站
43	赵华杰	男	汉	工程师	2015-05	办公室
44	靳阳光	男	汉	工程师	2015-05	石头庄灌区所
45	孙玉美	女	汉	工程师	2015-05	孟岗水利站
46	时利卿	女	汉	工程师	2015-05	常村水利站
47	李 双	男	汉	工程师	2016-07	水利工程建设股
48	胡爱珍	女	汉	工程师	2016-07	工会
49	李国朵	女	汉	工程师	2016-07	行政事项服务股
50	吕 莉	女	汉	工程师	2016-07	水政监察大队
51	王 丹	女	汉	工程师	2016-07	农村饮水安全服务中心
52	李 萍	女	汉	工程师	2016-07	水利技术推广站
53	王 玉	女	汉	工程师	2017-06	农村饮水安全服务中心
54	韩 彬	男	汉	工程师	2017-06	天然文岩渠服务所
55	王 伟	女	汉	工程师	2017-06	佘家水利站
56	麻爱民	女	汉	工程师	2018-07	节约用水办公室
57	任 政	男	汉	工程师	2018-07	石头庄灌区所
58	孔凡磊	男	汉	工程师	2018-07	赵堤水利站
59	李 方	女	汉	工程师	2019-05	节约用水办公室
60	车晓东	女	汉	工程师	2019-05	节约用水办公室
61	董正堂	男	汉	工程师	2021-08	水系建设综合股
62	王潇哲	男	汉	工程师	2022-03	河长制工作办公室

1978—2022 年长垣市水利局先进个人名表见表 11-5。

表 11-5　1978—2022 年长垣市水利局先进个人名表

年份	奖项	获奖人物
1978	河南省先进科技工作者	张舜勤
1981	河南省水利系统先进档案工作者	温秀荣
1982	河南省先进档案工作者	温秀荣
1985	河南省水利系统先进信息员	董云森
1987	新乡市粮食基地建设先进工作者	李长江、李聚美、杨国法、董云森、冯国轩
1988	河南省水利厅先进工作者	杨国法
1989	河南省水利厅引黄工程建设先进工作者	李聚美
	新乡市粮食基地建设先进工作者	李长江、杨国法、张瑞现
	新乡市粮食基地先进工作者	杨国法、张瑞现
1991	在农田水利基本建设"大禹杯"竞赛活动中,有突出贡献,受到新乡市政府的奖励	赵继祥、逯鸿昌、傅从臣、李长江、李聚美、逯福祥、刘庆云、吴国昌、李志明、伦令军、李源州、李毓奇、李子健
1992	新乡市黄淮海平原农业开发先进个人	赵运锁
	黄河河务局 1988—1990 年度河南省黄河滩区水利建设先进工作者	王淑琴
	黄河水利委员会黄河滩区水利建设先进工作者	王淑琴
	在农田水利基本建设"大禹杯"竞赛活动中,连续两年作出突出贡献,被新乡市人民政府记三等功一次	赵继祥、逯鸿昌、傅从臣、李聚美、伦令军、李源州、刘庆云、李子健
	在农田水利基本建设"大禹杯"竞赛活动中,连续两年作出突出贡献,获新乡市政府"突出贡献领导干部奖"	顿云龙、于文庆、傅洪喜、侯世健
	在大功引黄施工工程中,作出重大贡献,被新乡市政府记功一次	李聚美
	河南省粮食基地先进工作者	杨国法
1994	新乡市社会治安积极分子	罗守礼
	新乡市先进工作者	杨国法
	在农田水利基本建设"大禹杯"竞赛活动中,被新乡市政府记功一次	赵继祥、逯鸿昌、傅从臣、顿云龙、杨国法、常绍聪
	在农田水利基本建设"大禹杯"竞赛活动中被评为有突出贡献的领导干部	高政选、辛其礼、张继忠、吕春光、王守书、杨游远、云新民

续表 11-5

年份	奖项	获奖人物
1995	在农田水利基本建设"大禹杯"竞赛活动中，被新乡市政府记功一次	赵继祥、逯鸿昌、傅从臣、顿云龙、杨国法、常绍聪、高政选、张继忠
	在农田水利基本建设"大禹杯"竞赛活动中，被评为有突出贡献的领导干部	韩秋德、伦令军、李子健、孙永军、王子训
1996	在农田水利基本建设"大禹杯"竞赛活动中，被新乡市政府记功一次	赵继祥、逯鸿昌、傅从臣、杨国法、孙永军、伦令军
	在农田水利基本建设"大禹杯"竞赛活动中，被新乡市政府授予有突出贡献的领导干部荣誉称号	江榜成、赵运锁、张宏俊、高国瑞、李玉明、杜守章、李恒全、杜国增、牛相海
	新乡市优秀共产党员	董云森
	新乡市档案先进工作者	刘艳玲
1997	在农田水利基本建设"大禹杯"竞赛活动中，被新乡市人民政府记二等功一次	赵继祥、逯鸿昌、傅从臣、杨国法
	在农田水利基本建设"大禹杯"竞赛活动中，被新乡市人民政府记三等功一次。	江榜成、赵运锁、杜守章、孙永军、李聚美、牛相海
	在农田水利基本建设"大禹杯"竞赛活动中，受新乡市人民政府嘉奖	郭书佩、王守书、侯守亮、傅向阳、薛守聪、宋广民
	河南省水利厅水利经营先进工作者	杨国法
	河南省水利系统优秀企业家	郭丙贞
1998	河南省水利厅水利经营先进工作者	杨国法
	在农田水利基本建设"大禹杯"竞赛活动中，被新乡市政府记二等功一次	邓立章、江榜成、杨国法、赵运锁、杜守章、牛相海
	在农田水利基本建设"大禹杯"竞赛活动中，被新乡市政府记三等功一次	郭书佩、王守书、宋广民
	在农田水利基本建设"大禹杯"竞赛活动中，被新乡市政府嘉奖一次	赵予辉、王惠臣、王培军、杜国增、石海川、高国瑞、李玉明
1999	在农田水利基本建设"大禹杯"竞赛活动中，被新乡市政府记二等功一次	邓立章、江榜成、杨国法、赵运锁、郭书佩
	在农田水利基本建设"大禹杯"竞赛活动中，被新乡市政府记三等功一次	赵予辉、王惠臣、杜国增
	在农田水利基本建设"红旗渠精神杯"竞赛活动中，被河南省人民政府记二等功一次	邓立章
	在农田水利基本建设"红旗渠精神杯"竞赛活动中,受河南省人民政府嘉奖	赵予辉、江榜成

续表 11-5

年份	奖项	获奖人物
2000	在农田水利基本建设"大禹杯"竞赛活动中，被新乡市政府给记二等功一次	赵予辉、邓立章、江榜成、王惠臣、杨国法、赵运锁
	在农田水利基本建设"大禹杯"竞赛活动中，被新乡市政府记三等功一次	王庆堂、佘国海、张军杰、宁俊博、盛建民、马卫兵
	在农田水利基本建设"大禹杯"竞赛活动中，被新乡市政府嘉奖一次	赵继现、杜守章
	河南省水利厅水政水资源工作先进个人	于金标
	河南省水利厅水利经营先进工作者	杨国法
2001	河南省水利厅水利经营先进工作者	杨国法
	河南省水利系统优秀经营管理者	郭丙贞
	河南省水利厅水利宣传工作先进工作者	甘永福
	《黄河报》优秀通讯员	甘永福
	河南省水利系统优秀专家	张瑞现
	新乡市市级学术和技术带头人	张瑞现
	在农田水利基本建设"红旗渠精神杯"竞赛活动中，受到河南省人民政府嘉奖	刘 森、李 刚、王惠臣
	在农田水利基本建设"红旗渠精神杯"竞赛活动中，受到省水利厅嘉奖。	杨国法、赵运锁
	在农田水利基本建设"大禹杯"竞赛活动中，被新乡市政府记二等功	王惠臣、杨国法、赵运锁、郭书佩、宁俊博、张军杰
	在农田水利基本建设"大禹杯"竞赛活动中，被新乡市政府记三等功	杜守章、赵继献
	在农田水利基本建设"大禹杯"竞赛活动中，受到新乡市政府嘉奖	刘 森、李 刚、李金昌、李元功、左金叶、王世军、陈彩虹、程国奇
2002	在河南省农田水利基本建设"红旗渠精神杯"竞赛活动中，被河南省政府记三等功	刘 森
	在河南省农田水利基本建设"红旗渠精神杯"竞赛活动中，获河南省政府嘉奖	孙国富、朱汉枝
	在河南省农田水利基本建设"红旗渠精神杯"竞赛活动中，被河南省水利厅评为先进个人	赵运锁、赵军书
	河南省水利经营先进工作者	杨国法、王茂林
	在新乡市农田水利基本建设"大禹杯"竞赛活动中，被新乡市人民政府记二等功	杨国法、赵运锁、张军杰、赵继献

续表 11-5

年份	奖项	获奖人物
2002	在新乡市农田水利基本建设"大禹杯"竞赛活动中，被新乡市人民政府记三等功	刘　森
	在新乡市农田水利基本建设"大禹杯"竞赛活动中，获得新乡市人民政府嘉奖	孙国富、蔺自治、齐庆民
2003	河南省水利厅 2002—2003 年度水利宣传先进个人	甘永福
	在河南省农田水利基本建设"红旗渠精神杯"竞赛活动中，被河南省水利厅评为水利系统先进个人	王庆云、赵运锁
	新乡市抗洪抢险先进个人	殷爱民、赵军书
	在新乡市农田水利基本建设"大禹杯"竞赛活动中，被新乡市人民政府记二等功	赵运锁
	在新乡市农田水利基本建设"大禹杯"竞赛活动中，被新乡市人民政府记三等功	孙国富、齐庆民、杨军洲、赵　青、李冠臣
	在新乡市农田水利基本建设"大禹杯"竞赛活动中，获得新乡市人民政府嘉奖	安秀廷、牛金平、赵军书、朱振江、李劲柏
	新乡市水利局全市统计工作先进个人	吕敬民
2004	新乡市水利局全市统计工作先进个人	吕敬民
	在新乡市农田水利基本建设"大禹杯"竞赛活动中，被新乡市人民政府记二等功	赵运锁
	在新乡市农田水利基本建设"大禹杯"竞赛活动中，被新乡市人民政府记三等功	牛金平、安秀廷
	在新乡市农田水利基本建设"大禹杯"竞赛活动中，获新乡市人民政府嘉奖	赵丙元、王佩珍、王庆云、张学锋、李继游、陶中民、王国红、宁俊博、李永胜
	新乡市优秀思想政治工作者	王庆云
	新乡市水政水资源工作先进个人	于昊永
	新乡市新长征突击手	赵国庆
2005	在新乡市农田水利基本建设"大禹杯"竞赛活动中，被新乡市人民政府记二等功	赵运锁
	新乡市水利局水利政务信息先进个人	吕敬民

续表 11-5

年份	奖项	获奖人物
2006	在新乡市农田水利基本建设"大禹杯"竞赛活动中,获新乡市人民政府嘉奖	唐有启、宋广民、殷爱民、赵国庆
	新乡市优秀工会积极分子	付秀红
	新乡市水政水资源工作先进个人	于昊永
	新乡市委党校优秀学员	付秀红
	新乡市帮扶困难职工先进个人	付秀红
2007	在"大禹杯"竞赛中被新乡市委、市政府记三等功	唐有启、李广民、殷爱民、于新广
	在"大禹杯"竞赛中被新乡市委、市政府嘉奖	李　刚、李明俊、赵运锁、陶中民、张红方、王新民、张军杰、王富成
	新乡市南水北调工程基金征收先进个人	王庆云
2008	在新乡市农田水利基本建设"大禹杯"竞赛活动中,被新乡市政府记二等功	唐有启、殷爱民
	在新乡市农田水利基本建设"大禹杯"竞赛活动中,被新乡市政府记三等功	李　刚、李明俊
	在新乡市农田水利基本建设"大禹杯"竞赛活动中,获新乡市政府嘉奖	陈耀华、付秀红、李联合、李　琳、李建民、郑文峰、李献文、王晓军
2009	新乡市 2005 年度农村饮水安全工作先进个人	王庆云、张瑞现
2010	河南省水利系统先进工作者	赵军书
	新乡市支持老区建设先进个人	王庆云
	河南省 2009—2010 年度全省水利系统水政监察执法工作先进个人	于洪潮
2011	新乡市 2010 年度全市驻村工作先进个人	张瑞现
	新乡市农村饮水安全工作先进工作者	张瑞现、姚　磊
2012	河南省水利规划工作先进个人	韩正杰
	新乡市驻村先进工作队员	程玉彬
	河南省水利系统水政水资源管理工作先进个人	吕敬民
2013	2012 年度全省水利工程质量监督工作先进个人	王洪伟
	河南省水利系统水政监察执法工作先进个人	张学民
	河南省水利基本建设管理先进个人	张瑞现

续表 11-5

年份	奖项	获奖人物
2014	河南省第一次全国水利普查先进个人	陈东朝
	全省水利系统安全生产业务技能竞赛荣获个人优秀奖	陈东朝
	河南省水利系统五一劳动奖章	张瑞现
	长垣县第十批专业技术拔尖人才	张瑞现
	长垣县五一劳动奖章	张瑞现
	2013—2014 年度全省水利系统水政监察执法工作先进个人	张学民
2015	2013—2014 年度河南省水利基本建设管理先进个人	王洪伟
	河南省水利安全监督管理先进个人	陈东朝
	2013—2014 年度全省水利与公安联动执法工作先进个人	张学民
2016	河南省水利安全监督管理先进个人	陈东朝
	河南省年度信访稳定工作先进个人	徐洪坤
	2015—2016 年度全省水利监察工作先进个人	张超杰
2017	2017 年全省水利宣传先进工作者	赵华杰
	河南省年度信访稳定工作先进个人	徐洪坤
	最美长垣人优秀人物荣誉称号	张瑞现
2018	2017 年全省水利宣传先进工作者	赵华杰
	2017 年度河南省水利安全生产监督先进个人	王洪伟
	2018 年度全省水土保持工作先进个人	郭会丽
2019	2018 年度全省水利与公安联动执法工作先进个人	张学民
	2015—2017 年度农田水利基本建设"红旗渠精神杯"竞赛活动中,受到河南省人民政府嘉奖	秦保建 甘林江 栾绍智 王慧敏
2020	2018—2019 年度河南省水利系统人事统计工作优秀个人	杨 柳
	河南省 2020 年度水旱灾害防御工作先进个人	张鹍鹏
2021	2019—2020 年水土保持工作先进个人	郭会丽
	河南省水利行业科学研究突出贡献奖	程玉彬
	河南省河道修防工职业技能竞赛一等奖	陈永庆
2022	河南省水利青年拔尖人才	姚 磊
	河南省水利学会评选为中原水利英才	姚 磊
2023	2022 年度新乡市学术技术带头人荣誉称号	程玉彬

附　录

附录 1　会议纪要

长垣县、滑县关于大寨沟下段路线问题座谈纪要

时间:1964 年 11 月 27—28 日

地点:长垣县张三寨大队

参加人员:长垣县副县长韩鸿俭、科长戴杰,滑县检察长吴广魁、李志远,金堤河分局科长傅殿朝,会同有关公社等同志

主持人:金堤河分局局长刘振才

议题:大寨沟下段路线问题

双方在道口会议精神的基础上,本着互让、互谅、团结治水的精神,在友好的气氛中进行座谈,其座谈协商结果如下:

(一)大寨沟。下段由张三寨西北向东,沿堰外塘坑至东门顺公路北入张三寨沟;

(二)李方屯沟。下段在张三寨西南向北,沿堰外塘坑入大寨沟;

(三)所有桥梁应按设计标准进行新建或扩建,现有桥梁如无力扩建的,可暂不动,但不得影响施工排水;

(四)所有路口应统一规划,规划后应保留的路口,口宽不应大于 1 米,以利交通,保留的路口和桥梁应在 1965 年 5 月底前,由所在县按原定规划彻底扒除;

(五)排水沟出土问题。由专、县边界组根据实际情况确定;

(六)其他边界排水沟的桥梁、路口问题,应按该纪要的办法执行。

专区代表:刘振财

长垣县代表:韩鸿俭

滑县代表:吴广魁

一九六四年十一月二十八日

附录 2　重要文件及文献

一、河南省对太行堤南北排水问题处理意见

河南省除涝治碱指挥部关于执行省委、省人委对豫北太行堤南北地区排水问题指示的处理意见

〔1963〕水碱字第 39 号新乡专署、新乡专署水利局、安阳专署、安阳专署水利局、封丘县人委会、水利局、延津县人委会、水利局、滑县人委会、水利局、长垣县人委会、水利局。

遵照省委豫发〔1963〕179 号文批转水利厅党分组"关于平原地区边界水利问题处理意见的报告"中，关于处理豫北太行堤南北地区排水问题的指示，我部于 4 月 15—24 日期间，会同新乡、安阳专区和长垣、封丘、滑县、延津等 4 县负责同志共同进行了现场查勘，并根据实际情况，进行了研究，遵照省委指示和平原治水方针，上下游兼顾、团结治水的精神，制定了具体处理意见。由于时间紧迫，工程任务较大，补助粮款有限，希各专、县认真做好工作，教育干部和群众，坚决贯彻执行，按各项工程具体规定和要求，按时保质保量地主动地完成各项任务。每项工程完成后，应主动通知有关专、县，共同验收，并上报省、专。对未按时按质完成的，也要查明原因，提出具体处理意见上报。

具体处理意见如下。

(一) 文岩十一支培堤及二斗排控制问题

1. 文岩十一支培堤及二斗排除涝标准应与文岩渠今年疏汛后的除涝标准相适应。二斗排流域面积 25.5 平方公里，2 年一遇除涝流量为 2.8 立方米每秒，现有泄量为 4.5 立方米每秒，接近 5 年一遇，上大下小不相适应。封丘县应在二斗排下游东林庄东北，结合原计划修建的交通桥，采用临时堵塞部分桥孔的办法做控制断面，今年暂留桥孔，过水宽度不大于 3 米。

2. 文岩十一支培堤及二斗排南，以红旗渠三节沉沙池北堤为界，现沉沙池已作为滞洪区，同意封丘县在车营以东将导流堤与沉沙池北堤接通。筑堤标准应与沉沙池北堤断面相同，经费由天然文岩渠工程费内开支。

3. 文岩十一支下游北堤比南堤薄弱的堤段，由封丘县在该段渠内取土培堤，取土多少以不超过十一支 2 年一遇的除涝标准为原则，在现有断面基础上，开挖底宽 2.5 米，边坡 1:1.5，挖深约 0.5 米，复堤标准与现有南堤相同。如渠内取土不足培堤时，可由渠外白地取土，但要避免践踏青苗。

4. 文岩十一支堤北的三段阻水堤，除靠近王弯的南北堤按去年一般情况扒开足够口门排水，洪水倒灌时，可将口门堵闭，下游水位下降后，应立即开口排水，其他两段阻水堤由封丘汛前彻底平毁。

以上工程，均由封丘县负责施工，应于 5 月中旬以前完成。

(二) 封丘县太行堤以北 14 个村庄经长垣县、滑县排水问题

划分四片，分别处理。

1. 封丘县黄德集以东沿太行堤以北的演马庄、梁庄、南于等一带的排水问题。长垣县同意封丘将已挖的演马支排，与长垣县挖的大石桥沟接通，统一排水，并穿过北干河排入红旗总干渠，统称大桥沟。该沟两县流域面积共 16.1 平方公里，其中封丘县境有 10.6 平方公里。按 3 年一遇的除涝标准分两段开挖，封丘、长垣县界以上为第一段，除涝流量为 2 立方米每秒，封丘、长垣县界以下为第二段，除涝流量为 2.6 立方米每秒。为便于排水沟下游村庄的生产交通，在小街北、大石桥村南、宁庄北等 3 处各修交通桥 1 座，地方自办，国家补助。

2. 封丘县黄德集大庙相、贾庄、梁谷寺等一带的排水问题。长垣县同意经该县大寺寨村统一开挖大寺寨村沟排入北干河。该沟流域面积 10.8 平方公里，其中封丘境内 4 平方公里，长垣境内 6.8 平方公里。按 3 年一遇除涝标准分两段设计段面，县界以上为上段，设计流量为 0.9 立方米每秒，县界以下为下段，设计流量为 2 立方米每秒，并在大寺寨村中由国家补助扩建交通桥一座。

3. 封丘县枣园、范村等一带的排水问题。滑县同意接通滑县境内的鸭固沟，排入北干河。鸭固沟共

有流域面积 26.7 平方公里,其中封丘 10.5 平方公里,滑县 15 平方公里,长垣 1.2 平方公里。按 3 年一遇除涝标准分两段设计断面,封丘县境为上段,除涝流量为 2 立方米每秒,滑县境内为下段,除涝流量为 3.9 立方米每秒。挖沟后,由国家补助在枣园、杜庄、崔鸭固等 3 处各修生产桥 1 座,桥的具体位置由县考虑安排。

4. 封丘县蒋村地区 7.8 平方公里(包括延津 1.06 平方公里)的排水问题。可由蒋村村北与滑县白马寺村的老路沟接通下泄。老路沟的阻水段可稍加清理,非阻水段应维持现状,使上下游相适应。

(三)太行堤以南排水问题的处理

经实地查勘后,大家认为,太行堤南封丘、延津两县的黄德、开州寨、大小庞固、延寇河位邱以南地区,龙王庙水库区及封丘县孟庄、胡庄、老庄和长垣县南新兴等 4 个村庄,共 5 片约 44.6 平方公里的坡洼地区,在文岩渠和柳清河(金堤河上游)未彻底治理前排水出路确有困难,根据不同情况分别作如下处理:

1. 封丘县老庄、孟庄、胡庄和长垣县南新兴等 4 个村庄共 3.7 平方公里面积的排水问题。下游长垣县同意开挖南新兴沟,统一排入红旗总干渠。但需在南新兴南红旗渠打坝,坝顶高应稍高于文岩渠北堤,顶宽 2 米,坝坡 1:3,由长垣县施工,5 月底前完成。在不危害下游的原则下,开启红旗渠二号跌水闸门下泄。排水沟按 3 年一遇排涝标准分上下两段开挖,封丘县孟庄村东至县界为上段,流域面积 1.88 平方公里,排涝流量 0.4 立方米每秒,县界以东至红旗干渠为下段,排涝流量为 0.8 立方米每秒。为便利下游南新兴的生产交通,由国家补助在该村村南、村西南 2 处各修交通桥 1 座。

2. 黄德、开州寨一带,集流面积约 10.9 平方公里,其中封丘县境 7.7 平方公里,延津县境 3.3 平方公里。地形比较平坦,如黄德往南距文岩渠 3.8 公里,地面高基本相平,中间又无明显分水岭。而黄德和前后开州寨村庄比较低洼,为了保护村庄不支离破碎,分清水系,防止水灾搬家,经研究处理意见如下:

2.1 黄德村围堤内的排水可在村围堤内东北部于太行堤上修 1 座底高 64.5 米(黄海高程,下同)、孔径 1 米的砖拱涵洞,排入大石桥沟。

2.2 前后开州寨地区一般地面,可东排入文岩渠。为确保村庄安全,在前后开州寨东、南、西三面筑围堤,北接太行堤,堤顶高程 68.4 米,顶宽 2 米,边坡 1:2。村中积水可修一底高 64.8 米、孔径 1 米的砖涵,向太行堤以北排水,东北流经鸭固沟排入北干河。

2.3 除黄德、开州寨两村之外的排水,计划向东南挖沟接张庄斗排,经老庄滞洪区泄入文岩渠。排水沟分段开挖,设计标准为 2 年一遇,上段是自开州寨东至公路,长 3.5 公里,流量为 1.3 立方米每秒;中段自公路至老庄滞洪区西围堤,长 3.9 公里,流量 2.2 立方米每秒;下段自西围堤至老庄泄洪闸处,长 5.2 公里,流量 3.1 立方米每秒,渠口底高程为 64.02 米,按 1/10000 比降向上推算。由于老庄泄洪闸闸底过高,可以在闸旁另修涵洞 1 座,洞底高程为 63.50 米,按 5 年一遇设计,流量 6 立方米每秒;穿西围堤处原计划的涵洞应加大,洞底高程为 64.04 米,按 5 年一遇设计,流量 4.5 立方米每秒;穿公路处埋设涵管,管底高程为 64.43 米,按 5 年一遇设计,流量 2.8 立方米每秒。此项工程由封丘根据自己力量自行安排,或者在今冬明春工程中统一安排。

3. 延津县太行堤以南大小庞固一带坡洼地,因西邻郭柳洼水库东部为沙丘,南部地形较高,集流面积 9 平方公里,汛期积涝不能排出。关于这一地区的排水,经研究,同意延津县在王新庄西北太行堤的扒口位置,按 3 年一遇除涝标准 1.7 立方米每秒流量修涵洞 1 座,底高 65.5 米,口径 1 米。

4. 延津县位邱以南延寇河穿太行堤北堤问题。延寇河在太行堤缺口以南,集流面积约 13 平方公里,南部以通村为分水界,在太行堤现有缺口处由延津县修建涵洞,由现在排水路线向北排水,排涝标准应于柳清河现有标准(即 3 年一遇的 50%)相适应,但修涵洞时,可按 3 年一遇除涝标准 2.4 立方米每秒的流量修双孔涵洞,涵洞底高 66.0 米,每孔孔径 1 米,今年可暂堵塞一孔,待柳清河排涝标准提高以后开放。同时,延津县应在延寇河分水界(即通村以东排水串沟)筑坝,保证通村以南的涝水不向北串流。

5. 龙王庙水库内排水问题。库内面积 8 平方公里,水库已废除,库内无村庄,经研究,仍维持现状,汛期关闸汛后启闸排水,延津县就切实做到围堤外水不流入库内。

除以上规定地点在太行堤修建涵洞,排除南局部坡洼和村庄涝水外,太行堤上现有的其他扒口,一律于 5 月底以前堵复,并教育干部和群众不得再破堤排水。凡开挖排水沟时,弃土应堆置在河口外线 3 ~ 5 米,留出扩建余地。

上述工程共计土方 16.77 万立方米,砌体 1515 立方米,国家补助经费 5.35 万元(其中安阳专区 3.91 万元,新乡专区 1.44 万元),粮食 5.72 万公斤(其中安阳专区 3.4 万公斤,新乡专区 2.32 万公斤),以上粮款由河南省掌握,小型面上除涝粮款内拨给。全部工程要求在 5 月底,至迟在 6 月底前完成。

一九六三年五月四日

二、天然文岩渠挖压占地资料

(一)关于天然文岩渠工程 1964 年春施工挖压占地等赔偿补助的协议意见书

今年春季在整治天然文岩渠工程中,上起南新兴,下至西青城工段,皆在长垣境内。对于这段施工所挖压之土地、踏毁青苗及土地的附着物(房屋、树木、苇地、砖瓦窑、水井、坟墓等),河南省指挥部为了把补助赔偿工作做到省、县、社、社员四满意,根据省财政、粮食、水利三厅(1963 年)《关于当前水利建设工程施工中挖压占用土地及拆迁房屋赔偿意见的通知》有关条例规定的精神,与长垣县人委共同组成了赔偿委员会,并同各有关公社组成了土地查实丈量组,本着国家少征购、群众多耕地的原则,逐块逐段进行了普查核对,再三落实,按照国家赔补政策共同协商,对赔偿补助范围、数字、单价等项基本上取得了一致的意见,为使今后管理有依据和再施工时作为赔补备查起见,特将这次赔补项目一一列后:

1. 国家征购部分。国家征购范围:从大车集(46+170)到南新兴为上游工段,(文岩渠)河口征购 14 米宽,小堤背水坡脚外有废土占压者征购 5 米,作为护堤及柳阴地之用,其余有生产队整理耕种,靠太行堤,凡不废土占压地段除黄河已征购 3 米,再征购 14 米。小堤占压除以往小堤占压不再征购外,这次小堤占地征购为 20 米;北段征购土地为 97.69 公顷,计款 11.72 万元整。从大车集至西青城工段(15+000 ~ 46+170)(天然文岩渠)河口征购 25 米宽,河口两边各征购 3 米,小堤迎水坡脚外征购 2 米,背水坡脚外征购 5 米作为护堤和柳阴地用;临黄堤凡有废土占压地段,除黄河已征购 6 米外,再征购 14 米;小堤占压征购 20 米,北段国家征购土地 237.87 公顷,计款 28.54 万元整。

上下游两段共征购土地 335.56 公顷,计款 40.26 万元整。

2. 压地赔偿。(主要是废土占压)163.65 公顷,计款 9.67 万元。

3. 青苗补偿。(河道推土行道)369.41 公顷,计款 7.85 万元。

4. 踏麦补偿。42.07 公顷,计款 7572 元。

5. 村庄、房屋等迁移,包括前后宋庄、尚寨、小孟岗,计款 21.93 万元(此项经水利厅同意包干给长垣)。

6. 迁移坟 474 个,棺材 864 个,计款 1.1 万元(但不包括新乡专区施工段)。

7. 排水淹麦、挖压苇地（北常岗 0.33 公顷，王堤 0.06 公顷，前孙东 0.73 公顷，王庄 0.33 公顷）、纸房大队砖瓦窑、马房大队的水井和树等总计 84 元。

以上七项根据 1963 年省财农字 117 号、粮农字 87 号、水迁字 30 号，以及省水利厅〔1963〕水迁字 47 号第六、七、八、九条规定精神，分别进行了赔补，上述七项共计款 851831 元（加上 434 元）。

上述各项工作一一进行赔补，凡国家征购的这部分土地应归国家所有，以后国家再用，不予重购，现附图盖章各存一份，以备后查。

抄送：天然文岩渠长垣县管理段

长垣有关人民公社管理委员会

一九六四年六月

（二）长垣县天然文岩渠施工指挥部《关于天然文岩渠 1965 年度土方工程压占地赔偿补助的协议书》

今年度在整治天然文岩渠工程中，上至青城北地，下至濮阳县境内的闵城涵洞南 100 公尺止（即 15+000~3+000），长达 12 公里，对于这段施工所挖压之土地，踏毁青苗，渠左岸临黄堤前出废土所压之麦苗，县指挥部为了把征购补偿工作做到县、社、队、社员四满意，根据水利厅关于"天然文岩渠干支流整治一九六五年度工程设计预算书"内所编的土地补偿部分有关规定，同有关社、队组织了土地调查丈量组，本着不出偏差的精神，作到补偿政策合理的原则，以生产大队为单位进行了逐段逐块检查、丈量和核对，再三落实，按照国家赔偿办法会同有关社队共同协商，对赔偿补助范围、数字、单价等项取得了一致意见，为便今后国家管理、群众耕种和再施工时作为赔偿备查依据，特将这次所有征购范围及项目一一列后：

1. 国家征购部分。

从青城北地，至闵城涵洞南 100 公尺处（即 15+000~3+000），以老堤背水堤脚以外 3 公尺（3 米内为堤坦原国家已征购过）起至新堤背水堤脚止共为 50.65 公顷（其中有濮阳县 8.41 公顷），此外，再由新堤背水堤脚往外量 3 公尺作为扩堤树阴地用；因长村里涵洞以北，由于借土筑堤挖塘过深（1~1.6 米），没法恢复耕种，为了照顾群众利益，达到赔偿合理，由新堤外脚至塘坑外沿 1 米，全部丈量在内共合 10.73 公顷（其中有濮阳 7 公顷）。

以上两项皆列入国家征购部分，属于永久性占地，总共合计 61.38 公顷（其中濮阳合计 15.42 公顷），每亩 80 元，总共计费 7.37 万元。

2. 废土压地补偿。

在开挖河道时，右岸堤外所倒之废土超过 3 米林荫地以外，土方过大，堆积过高部分和借土筑堤所挖的塘坑平整后，还可以恢复耕种的共 7.67 公顷，白地每亩单价 30 元，麦地每亩半价 40 元，共计款 4114.89 元。

3. 青苗补偿。

3.1 河道左岸到临黄堤脚以内的土地，国家已作废耕地处理，群众现为活产地使用，所有河道开宽，废土占压不量作土地赔偿，凡是有挖、压、踏坏的麦苗，经实量后共为 12.17 公顷，每亩单价 5 元，计款 912.39 元。

3.2 右岸村庄住的民工，因上工地走路所踏坏的麦苗，经双方协商，包干给余家公社 0.33 公顷，武邱公社 1 公顷，由公社自行处理。河南省工程局实量濮阳 1.67 公顷，共计 3 公顷，每亩单价 12 元，合计款 540 元。青苗赔偿两项共计 15.17 公顷（其中濮阳县 1.67 公顷），计款 1453.39 元。

以上各项根据省水利厅〔1964〕水计字第374号下达文件核定数据,结合我县具体情况,按照协商意见分别进行补偿,上述三项共计补款7.92万元。

上述各项——进行了征购补偿,妥善后凡是国家征购的部分土地应归全民所有,以后国家使用不应重购和其他补偿,自将所属内容县、社、队盖章后各存一份作为正式手续备查。

一九六五年四月十五日

三、建设禅房引水工程的文献

(一)新乡市人民政府《关于建设禅房引水工程的通知》(新政文〔1992〕241号)

签发人:刘少斌

关于建设禅房引水工程的通知

封丘、长垣县人民政府,市水利局、市黄河河务局:

禅房引水是我市黄河滩区治理的重点工程之一,各级领导都很重视,李长春省长曾亲自过问此项工程。封丘、长垣两县人民政府,本着统一规划,团结治水,互谅互让的精神,于1992年8月13日签订了建设禅房引水工程的协议。市政府同意该协议,希立即认真组织落实。

市主管业务部门和市、县有关单位,要抓紧做好前期服务工作。于8月20日左右完成设计定线工作;8月31日前完成占压土地转让使用手续;9月10日前预拨征地资金到位;定线后被划定的占压土地秋收后不再进行任何农事活动。

封丘、长垣两县和专业施工单位,要加强领导,成立施工服务和施工领导机构,明确专人负责,为友邻县施工提供方便,解决施工中出现的问题。提高工程质量,加快施工速度;力争1992年底完成建设工程任务,保证明年春灌引水浇地。

两县在施工期间和今后管理中,要继续发扬团结治水、上下游兼顾,互谅互让的风格,使工程充分发挥实效。市政府希望经过两县的共同努力,把该项工程建成全市跨县引黄工程的一个楷模。

附:封丘、长垣两县人民政府关于禅房引水工程协议

一九九二年八月十四日

(二)封丘县、长垣县关于建设禅房引水工程的协议

封丘县人民政府　长垣县人民政府

关于建设禅房引水工程的协议

为加快黄河滩区的建设步伐,解决长垣左寨灌区引水水源和封丘东滩退水出路的问题,根据省、市主要领导的指示精神和主管业务部门的意见,封丘、长垣两县人民政府,本着统一规划、团结治水、互谅互让

的精神,签订建设禅房引水工程协议如下:

1. 引水闸位置,同意定在禅房控导工程32—33号坝之间,设计引水流量为20立方米每秒。

2. 引水渠线路,本着保证渠身安全,渠线顺直的前提下,少留渠外土滩地的原则,商定引水闸出口海漫后按设计规范要求接一个湾道,对准两县界封丘禅房干渠中心线以东200米处,连一直线入左占干渠。由市河务局和市水利局根据设计进行定线。

3. 封丘东滩退水出路,同意排入左占干渠。

4. 占地征购,引水渠占压封丘的土地长约3200米,宽50米,退水渠占压长垣的土地长约1100米,宽38.1米,两县同意土地相抵,差额部分土地进行征购(均以实际丈量为准)。征地单价参照省政府豫政办〔1984〕43号《关于转发黄河河务局〈关于治黄工程征用土地补偿及安置意见的报告〉的通知》中:"永久征用耕地的土地补偿费及安置补助费合计按每亩耕地前三年平均产值的四倍计算"的精神,双方商定每亩2500元。

5. 长垣使用封丘引水渠的土地由封丘土地部门给长垣办理使用手续,封丘使用长垣退水渠的土地由长垣土地部门给封丘办理使用手续(免征手续费)。

6. 工程施工,引水渠土方由长垣县负责施工,退水渠土方由封丘县负责施工,渠首引水闸和引水渠封丘县境内的建筑物及长垣县境内的退水渠建筑物由市黄河河务局负责施工,于1992年底完成。

7. 工程管理,引水闸和封丘县境内的引水渠及长垣县境内的退水渠,由市黄河河务局组织管理,并由长垣县承担引水渠清淤和封丘县承担退水渠清淤任务,其余工程由所在县管理。

8. 本协议正本一式五份,协议单位、鉴证单位各执一份,上报市政府一份,副本若干份,分发至有关单位。

协议单位:封丘县人民政府　　　代表:杨叙让
　　　　　长垣县人民政府　　　代表:李春安
见证单位:新乡市水利局　　　　代表:郭曰学
　　　　　新乡市黄河河务局　　代表:郑原林

一九九二年八月十三日

(三)禅房引退水渠道放线及土地面积丈量纪要

1992年10月24日,经工作小组实际丈量:

1. 禅房引水渠封丘县地段长3100米,宽50米,计面积232.5亩。

2. 退水渠长垣县地段长1488米,宽38.1米,计面积85亩(含封丘土地面积5.5亩)。以此为据,长垣县、封丘县互办土地征购手续和进行赔偿。

三方代表签字:
新乡市黄河河务局　　代表:赵宝贵、韩松年
封丘县尹岗乡　　　　代表:王建立、王锡聚
长垣县恼里乡　　　　代表:傅洪喜、张自立

四、大功引黄工程有关文献

(一)新乡市人民政府新政文〔1993〕110号

关于大功引黄工程干渠土方工程占压土地和附着物补偿的通知

封丘、长垣县人民政府,市政府有关部门:

大功引黄工程是省、市确定兴建的一项重点水利工程,对加快引黄发展步伐,促进工农业生产和国民经济发展都具有重要意义。去冬在土方施工中,封丘、长垣两县广大干部群众,特别是沿渠各乡、村人民,充分发扬"识大体、顾大局"的风格,保证了土方工程顺利实施竣工,市政府希望封、长两县继续发扬风格,再接再厉,搞好总干渠建筑施工和面上配套建设,实现省委、省政府提出的今年年底通水发挥效益的目标要求。

为解决沿渠群众被工程占压的土地和附着物的损失补偿问题,参照河南省对三义寨引黄工程的补偿标准,结合大功引黄工程的实际情况,经研究,决定补偿如下:

1. 补偿标准:张光以上,永久占地每亩补偿800元;临时占地每亩补偿200元;张光以下,系1958年开挖的老渠床,只补偿农业生产损失。其中:鱼池每亩补偿1000元,苇地每亩补偿200元,麦地每亩补偿160元;苗圃每亩补偿1000元,一类果树每棵补偿100元,二类果树每棵补偿50元,幼果树每棵补偿3元;其他补偿包括电杆线路、坟头、围墙和树木等,分别由两县处理,新乡市补助封丘县10.45万元,长垣县1.87万元;封丘县被占压损坏的机电水井、渠道、提灌站、桥涵等原有水利设施,由河南省水利厅补助30万元,包干完成。

2. 占压土地面积范围和补偿金额:

封丘县:张光以上永久占地2835.7亩,其范围边界为引水渠和河口以外两侧各25米;沉沙池两堤防至两截渗沟外口边和东堤防内堤脚以西12米;输水总干渠至两外堤脚以外各3米。临时占地148.99公顷,其范围为永久占地以外的土塘坑、堆土区和沉沙池围堤以内土地。张光以下占压鱼池12公顷、苇地57.67公顷和麦地68.84公顷,其范围均在1958年开挖的老渠身以内。

长垣县:在老渠身以内占压麦地82.81公顷,鱼池1.67公顷。

按上述补偿标准计算,连同果树、电杆线路等附着物补偿在内,封丘县补偿362万元,长垣县补偿28万元,两县合计390万元。

3. 河南省政府1989年127号文件规定引黄总干渠工程占地应由省、市(地)、县三级联办。现照顾两县实际困难,上述补偿经费由市财政下达,两县按调补结合的原则,包干使用,并一次性妥为安置处理。希认真做好工作,抓紧落实兑现,搞好划界定边和土地征购手续,以确保大功引黄工程的顺利实施。

一九九三年四月六日

附:补偿经费表
大功引黄总干渠土方占压地和附着物补偿表见附表1。

附表 1　大功引黄总干渠土方占压地和附着物补偿表

县别	项目	单位	数量	单价（元）	复价（万元）
封丘	1. 张光以上永久占地	亩	2835.7	800	226.86
	2. 张光以下临时占地	亩	2234.9	200	44.7
	3. 张光以下鱼池	亩	180	1000	18.00
	4. 张光以下苇地	亩	865	200	17.30
	5. 张光以下麦地	亩	1032.6	160	16.52
	6. 苗圃	亩	48.6	1000	4.86
	7. 果树				
	（1）一类树	棵	556	100	15.56
	（2）二类树	棵	1328	50	6.04
	（3）幼树	棵	3700	3	1.11
	8. 其他（电杆线路、坟头围墙、树木等）				10.45
	合计				362.00
长垣	1. 麦地	亩	1242.2	160	19.88
	2. 鱼池	亩	25	1000	2.50
	3. 果树	亩			
	（1）一类树	棵	300	100	3.00
	（2）二类树	棵	150	50	0.75
	4. 其他（砖窑、坟头、树木等）				1.87
	合计				28.00
	总计				390.00

（二）长垣县人民政府《关于"修建大功引黄工程"划拨国有土地的请示》（长政土〔1993〕45 号）

签发人：李春安

关于"修建大功引黄工程"划拨国有土地的请示

新乡市人民政府：

　　为了加快引黄发展步伐，促进我县工农业生产和经济发展，根据新乡市人民政府新政文〔1993〕110 号文件精神，县政府将 1958 年开挖的老红旗渠河床内的 84.48 公顷（其中麦地 82.81 公顷、鱼池 1.67 公顷）国有土地使用权划拨给新乡市水利局，作为大功河引黄工程用地。

专此请示,盼复。

长垣县人民政府

一九九三年七月二十九日

(三)长垣县人民政府《关于大功引黄工程占地情况的说明》

大功引黄工程是省办重点水利工程,途经我县常村乡西部五个自然村,设计底宽21.2米,口宽48.2米,河道总宽度(包括堤防)72.2米,共占地1267.2亩。大功工程在我县走向均在1958年开挖的老红旗渠内(老渠床宽130米)。1962年老渠废除后,部分河段复耕,中间留有子河。

以上情况,特此说明。

长垣县人民政府

一九九三年七月三十日

(四)大功引黄新乡市长垣县段总干渠占压地核实面积数

大功引黄是河南省确定兴建的一项重点水利工程。建设单位新乡市大功引黄工程施工指挥部,用地单位新乡市水利局,被征地单位长垣县。

根据工程设计,长垣县段总干渠在1958年开挖的老红旗渠床内,占压农作物面积1267.2亩,其中麦地1242.2亩、鱼池25亩。

上述数量,经新乡市大功引黄工程施工指挥部和长垣县大功引黄工程施工指挥部实地丈量核实无误,县指挥部又落实到乡、乡落实到村。

新乡市大功引黄工程施工指挥部

长垣县大功引黄工程施工指挥部

一九九三年四月三十日

附录3　合同协议

一、水利局机关(老城区)扩建用地合同、协议

(一)关于水利局扩建占用城关公社北街大队公宅地的协议

随着水利事业建设的发展,水利局需适当扩建。在公社、大队、第三生产队的大力支持下,愿将和水利局院北、西北角为邻的集体和个人的宅基地让水利局扩建占用。经局、公社、大队、第三生产队及有关社员五方商定,达成如下协议:

1. 位置与面积

水利局北邻除常金顺、张清枝两户暂时不占用外,其东西两方经丈量:一是常金顺院落东一方,南至水利局墙根,北至大路,长33.5米,东至水利局东墙齐,西至常金顺屋东山,南头东西长30.5米,北头东西

长 32 米,合市制面积一亩五分七厘(其中苇子面积一亩四分);二是张清枝院西邻社员李志国一方,南北长 30.5 米(东西两边相等),西至王玉和院边,东至张清枝门前三米伙巷处,长 49.5 米,合市制面积二亩二分四厘(其中苇子面积四分五厘九毫);三是水利局院西北邻社员田法林一户,宅地面积南、东临水利局家属院,北邻李志国,西邻杨嘉文,南北长 31 米,北头(东西)长 2.6 米,南头(东西)长 14.6 米,合市制面积四分八厘六毫。三块总计市制面积四亩二分九厘六毫。

2. 占地赔款

地价为八十元一亩,合计款三百四十三元六角八分。

3. 田法林、李志国两户迁安问题

原则是队里负责选找院地,水利局负担搬房费。一间房商定为二百元,田法林一户定为五间,搬房费一千元。李志国一户按一间半算,搬房费三百元。另外,关于于德顺一户,他本来借居李志国的房,经大队提议,水利局同意,从照顾困难的贫农社员出发,给其解决一百元。

4. 附属物作价赔款

苇子:定为折实一亩作价三百元,两方总面积是一亩八分五九,合计款五百五十七元七角;树木:李志国院地内有桑树二百株,每株定价两元,合款四百元,新栽小榆树七十株,每株定价一元,合款七十元。田法林一户院内有大树三十四株、小树十株,共四十四株,商定平均每株作价十元,合款四百四十元。

5. 田法林、李志国两户新院垫基和个人附属物作价赔偿问题

水利局付出包干垫基土方款两千元,由队里负责垫平,赔偿个人苇子六百元。

6. 有应负担的款水利局一次交齐。凡属扩建占用范围内的树木、苇子永归水利局所有(包括农林局西边靠北头一亩零八厘三面积的坑苇南北长 20 米,东西长 36.6 米)。

7. 李志国由于单身一口,根据大队和个人意见,大局客观条件许可下,研究可到建桥队当临时工,原则和其他临时工同样。

此协议,有关各方按照执行。

协议单位:长垣县革委会水利局

城关公社北街大队

北街第三生产队

中 证 人:城关公社革委会

一九七六年十月二十八日

(二)关于水利局占用北街大队第三生产队地皮的协议

根据扩建之需要,水利局北街大队第三生产队间隔分散地皮三方,在城关公社党委、大队党支部的大力支持下,经水利局和大队、有关住户三方协商,达成如下协议:

1. 地皮坐落和附属物赔偿问题

1.1 紧靠张同文院东一方,南北长 32 米,东西长 15 米,合市制面积三分二厘。(此方归张清枝占用),面上附属物几何学木桥下料二方半,由水利局付出,归管理者所得,议明无别。

1.2 张清枝屋后一方,南北长 12 米 35 公分,东西长 23 米 70 公分,合市制面积四分四厘。附属物赔偿按一九七六年协定,赔款一百四十三元,水利局付款(其中有张同文小树款十一元,李志国红荆树款十

二元,折实苇子面积四分赔款一百二十元,按张、李两家地积多少均分了,归管理者所得)。

1.3 坐落在水利局后院内张清枝住院一方,南北长 19 米 50 公分,东西长 23 米 70 公分,折合市制面积六分九厘,院内小树赔款二百元。木桥下料一方,由水利局付出,住户所得,林权归水利局所有。

2. 地皮款的问题

上述三方地皮共计一亩八分,仍按一九七六年议定的每亩八十元计算,计款一百四十八元八角,由水利局付给大队。

3. 张清枝迁居问题

张清枝原有住房两间,伙房小厦半间,土墙一道,厕所一个。实行兑现的由水利局另置新房三间,伙房小厦半间,碎砖砌墙两边。旧房、院墙跟常金顺同志一样,归水利局所有。

以上协约,经三方商定,并由公社、大队中合作证,议讫费纠,唯恐今后纠纷,各执一笔为凭。

长垣县水利局

城关公社革委会

北街大队党支部

一九七八年四月十八日

(三)水利局占用李志国宅基地协议书

甲方:长垣县城关镇北街第三生产队李志国

乙方:长垣县水利局机关代表谷相禹

双方因机关与住宅占地达成以下协议:

一九六九年,长垣县水利局因机关建设占去李志国同志住宅长 45 米,宽 7 米,合地四分八厘。现李志国小孩已大,住宅狭小,要求水利局解决宅基地或付款三千元整,自己筹划解决住宅。

一九八五年一月二十二日下午,在水利局办公室经双方协商同意,由长垣县水利局付给李志国同志人民币三千元整,由李志国同志自行解决住宅不足的困难,双方并保证做到:

长垣县水利局和李志国同志宅基纠纷已全部解决,李志国保证永不再向县水利局要求什么,水利局保证做到三千元赔偿费一次结清。

甲方:长垣县城关镇北街第三生产队李志国

乙方:长垣县水利局代表谷相禹

见证机关:长垣县城关镇北街村民委员会

一九八五年十二月三十日

(四)关于要求补办征地手续的呈请

县土地办公室：

随着水利事业的发展，我局从一九七六年九月至一九八五年十二月，为适当扩建机关建设，通过与城关镇北街协商，在靠近我局机关北边和西边北端共征用北街大队第三生产队废地四亩六分三厘六毫，其中：一九七六年九月二十八日征用四亩二分九厘六毫；一九七八年四月十八日征用一亩八分六厘；一九八五年十二月三十日征用四分八厘。

在征用上述土地时，由于处于"文化大革命"后期，在征地上还没有明确的法规，故只和城关镇及北街大队签订了协议。现根据上级指示精神，需要补办征地手续和领取土地使用证。

以上妥否，请批示。

长垣县水利局

一九八七年八月二十四日

(五)基本建设补办用地申请表(见附表2)

附表2　长垣县水利局基本建设补办用地申请表

补办征地单位	被征地单位	建设地点	占地时间	联系人	联系电话
水利局	城关北街群众	北街	1976.10		

基建计划固定资产或现状	原批准机关		主管部门		总固定资产数/万元		总基建支出/万元	
	主要产品	年生产规模	职工人数	年产值万元		年利润万元		
	资源、原材料		燃料、动力			主要设备		
	市场研究			未使用土地				
	建设面积/平方米		已建面积/平方米		5765	计划建面积/平方米		
	总占地面积/亩	20.54	已征地面积/亩		13.904	补办征地面积/亩		6.636
	建筑(构)物名称或用途	建筑面积/平方米	占地面积/亩	建筑(构)物名称或用途	建筑面积/平方米		占地面积/亩	

补办征用集体土地/市亩								
耕地	其中		非耕地	其中				
	粮地	菜地		时园	林地	荒地	荒山坡	其他
			6.636			6.636		

基本建设占地：1. 乡镇以上党政机关、全民事业及县属企业(包括街道办事处、居委会办企业)占地；

2. 乡镇占地：乡镇、村、村民小组企事业与专业户、联合体工商占地。

二、水利局机关驻地(老城区)使用权转让协议

甲方:长垣县水利局

乙方:长垣县城关镇城镇建设委员会

甲乙双方本照自愿、平等、公平、公正、互惠互利、协商一致的原则,就地处本县老城区内的水利局机关占地和家属院占地的使用权转让问题及以上地块上有关附着物的所有权转移事宜,经双方全面分析,认真考虑,共同协商,达成如下协议:

（一）标的及标的物

1. 本协议中的标的是土地使用权及有关附着物的所有权。

2. 土地使用权范围及面积。本协议中所指的土地是指水利局机关占地和家属院占地,即东至:水利局院东边胡同(东拐巷);西至:南段是农牧局门前大路(观前街),中段是农牧局即杜新勤用房西墙和井队用房西墙,北段是北街居民;南至:东段是水利局仓库南边东西路,西段是井队平台房南墙;北至:水利局家属院北边东西路(东湖路)。土地面积共 18 亩。原有建筑面积 7278 平方米。

3. 土地上的附着物。本协议中所指的附着物是指机关占地范围内的楼房、所有平房、平台房、仓库房、院墙、树木和其他建筑物。

4. 价款。本协议中的土地使用权转让费和土地上有关附着物的价值共折合人民币 180 万元整。

5. 付款方式。现金支付或转账均可,分期付款。

（二）双方的权利和义务

1. 甲方的权利和义务:

本协议签订后,有权在签字当日收到第一期款项 160 万元整。在办公楼腾清后交房门钥匙的当日内收到第二期款项 20 万元。在双方约定的时间内腾出办公用房及其他公房内的所有办公用品、电器、生产施工机具、生活用房等。

第一期腾房地段是局办公楼以北部分(包括伙房),在签约后 7 天内腾清(即 2001 年 7 月 19 日前);

第二期腾房地段是局办公楼以南部分(即仓库院),在签约后 75 天内腾清(即 2001 年 9 月 27 日前);

第三期腾房地段是局办公楼,在签约后一年内腾清(即 2002 年 7 月 12 日前)。

家属院内的个人住房根据乙方的再建设进度陆续腾清。同时,原属本人的房子可以自己全部拆走,也可以整体房子不拆,由乙方自行拆除。

负责对家属院住户进行经济补偿。

家属院内的原住户有获得与建蒲东路拆迁户同等优惠的住房安置的权利。

2. 乙方的权利和义务:

本协议签订后,乙方即取得协议中土地的使用权(马献木、王惠安两家占地,保持原土地使用权不变,归水利局)和土地上所有附着物的处置权。在签约当日向甲方支付第一期款项 120 万元。在办公楼腾清后交钥匙的当日内向甲方支付第二期款项 20 万元。在规定的时间内得到实际控制和处置土地上有关附着物的权利。

本协议生效后,所转让土地的用途变更手续及所需款项由乙方自行办理、解决。家属院住户的搬迁问题由乙方自行协调处理,甲方可给予协助。做好个别有住房困难家属的妥善安置工作。应能够提供与其他拆迁安置户同等优惠的住房。

(三)违约责任

1. 本协议签订后,甲乙双方均不得反悔,若一方反悔,必须向对方支付 20 万元的赔偿金。

2. 本协议签订后,甲乙双方必须严格按照协议条款履行,不得违约。如有违约必须付给对方总价款 5%的违约金和每日 2‰的滞纳金。

(四)其他

1. 本协议如需变更和修改,应经甲乙双方同意,共同协商,并达成一致。

2. 本协议在执行中如发生争议,可以:①协商解决;②申请地方法院裁定。

(五)协议生效时间

本协议从甲、乙双方签字之日起生效。

甲方签字(盖章):杨国法、李进富
乙方签字(盖章):李东科

二〇〇一年七月十二日

三、水利局机关(新城区)新迁驻地土地使用权资料

(一)《关于向长垣县水利局协议出让国有土地使用权的通知》(长政土〔2001〕64 号)

长垣县水利局、县政府有关部门:

根据《中华人民共和国城镇国有土地使用权出让和转让暂行条例》《河南省城镇国有土地使用权出让和转让管理规定》及有关规定,结合长垣县水利局用地的实际需要,经研究同意决定将红旗路西侧、公疗医院北侧的一宗国有土地使用权出让给长垣县水利局作为办公用地。出让面积为 10880 平方米(折合 16.32 亩,其中道路占地 2.04 亩),出让年限为 50 年。

望接通知后,抓紧办理用地手续。

长垣县人民政府
二〇〇一年十一月八日

(二)国有土地使用权出让合同

第一条 本合同双方当事人:

出让方:中华人民共和国河南省长垣县土地管理局(以下简称甲方)

受让方:长垣县水利局(以下简称乙方)

根据《中华人民共和国城镇国有土地使用权出让和转让暂行条例》和国家及地方有关法律、法规,双方本着平等、自愿、有偿的原则,订立本合同。

第二条 甲方根据合同出让土地使用权,所有权属中华人民共和国。国家和政府对其拥有法律授予的司法管辖权和行政管理权以及其他按中华人民共和国规定由国家行使的权力和因社会公众利益所必需的权益。地下资源、埋藏物和市政公用设施均不属于土地使用权出让范围。

第三条 甲方出让乙方的宗地位于红旗路西、公疗医院北侧,宗地编号,面积为 10880 平方米。

第四条 本合同项下的土地使用权出让年限为 50 年,自领取该宗地的《中华人民共和国国有土地使

用证》之日算起。

第五条　本合同项下的宗地,按照批准的总体规划是建设办公楼建设项目。

在出让期限内如需改变本合同规定的土地用途和《土地使用条件》,应当取得甲方同意,并依照有关规定重新签订土地使用权出让合同,调整土地使用权出让金,并办理土地使用权登记手续。

第六条　本合同附件《土地使用条件》是本合同的组成部分,与本合同具有同等法律效力。乙方同意按《土地使用条件》使用土地。

第七条　乙方同意按合同规定向甲方支付土地使用权出让金、土地使用费、转让时的土地增值税以及国家有关土地的费(税)。

第八条　该宗地的土地使用权出让金为每平方米 150 元人民币,总额为 163.2 万元人民币。

第九条　本合同经双方签字后 15 日内,乙方须以现金支票或现金向甲方缴付土地使用权出让金总额的 100%,共计 163.2 万元人民币,作为履行合同的定金,定金抵作出让金。

乙方应签订本合同 15 日内,支付完全部土地使用权出让金。逾期 15 日仍未全部支付的,甲方有权解除合同,并可请求乙方赔偿因违约造成的损失。

第十条　乙方在向甲方支付完全部土地使用权出让金后 30 日内,依照规定申请办理土地使用权登记手续,领取《中华人民共和国国有土地使用证》,取得土地使用权。

第十一条　本合同规定的出让年限届满,甲方有权无偿收回出让宗地的使用权,该宗地上建筑物及其他附着物所有权也由甲方无偿取得。土地使用者应依照规定办理土地使用权注销登记手续,交还土地使用证。

乙方如需继续使用该宗地,须在期满 180 日前向甲方提交续期申请书,并在获准期后确定新的土地使用权出让年限和出让金及其他条件,重新签订续期出让合同,办理土地使用权登记手续。

第十二条　本合同存续期间,甲方不得因调整城市规划收回土地使用权。但在特殊情况下,根据社会公共利益需要,甲方可以依照法定程序提前收回出让宗地的使用权,并根据土地使用者已使用的年限和开发利用土地的实际情况给予相应的补偿。

第十三条　乙方根据本合同和《土地使用条件》投资开发利用土地,且投资必须达到总投资(不包括出让金)的 50%(或建成面积达到设计总面积的 30%)后,有权将本合同项下的全部或部分地块的余期使用权转让、出租。

本宗地的土地使用权可以抵押,但该抵押贷款必须用于该宗地的开发建设,抵押人和抵押权人的利益受到法律保护。

第十四条　在土地使用期限内,政府土地管理部门有权依法对出让宗地使用权的开发利用、转让、出租、抵押、终止进行监督检查。

第十五条　如果乙方不能按时支付任何应付款项(除出让金外),从滞纳之日起,每日按应缴纳费用的 3% 缴纳滞纳金。

第十六条　乙方取得土地使用权未按合同规定建设的,应缴纳已付出让金 1% 的违约金;连续两年不投资建设的,甲方有权无偿收回土地使用权。

第十七条　如果由于甲方过失致使乙方延期占用土地使用权,甲方应赔偿乙方已付出让金 1% 的违约金。

第十八条　本合同订立、生效、解释、履行及争议的解决均受中华人民共和国法律的保护和管辖。

第十九条　因执行本合同发生争议,由争议双方协商解决,协商不成,双方同意向长垣县经济合同仲裁委员会申请仲裁(当事人双方不在合同中约定仲裁机构,事后又没有达成书面仲裁协议的,可向人民法院起诉)。

第二十条　该出让宗地方案经有权一级政府依法批准后,本合同由双方法定代表人(委托代理人)签字盖章后生效。

第二十一条　本合同正本一式两份,甲、乙双方各执一份。两份合同正本具有同等法律效力。

本合同和附件《土地使用条件》共 7 页,以中文书写为准。

第二十二条　本合同于 2001 年 11 月 20 日在中华人民共和国河南省长垣县签订。

第二十三条　本合同未尽事宜,可由双方约定后作为合同附件,与本合同具有同等法律效力。

甲方:中华人民共和国河南省长垣县土地管理局　　　乙方:长垣县水利局

法定代表人(委托代理人):李培奇　　　法定代表人(委托代理人):杨国法

法人住所地:人民路 18 号　　　法人住所地:府后街

(三)土地使用条件

第一,界桩定点

《国有土地使用权出让合同》(以下简称本合同)正式签订后 15 日内,甲、乙双方应依宗地图界址点所标示坐标实地验明界址点界桩。界桩由用地者妥善保护,不得私自改动,界桩遭受破坏或移动时,乙方应立即向当地土地管理部门提出书面报告,申请复界测量恢复界桩。

第二,土地利用要求

乙方在出让宗地范围内兴建建筑物应符合下列要求:

主体建筑物的性质规定为:办公大楼;

附属建筑物:配套设施;

建筑容积率:0.7~0.8;

建筑密度:0.3~0.4;

建筑限高:<40 米;

绿化比率:>30%;

其他有关规划参数以批准规划文件为准。

乙方同意在出让宗地范围内一并建筑下列公益工程,并同意免费提供使用。

乙方同意政府的下列工程可在其宗地范围内的规划位置建造或通过而无需作任何补偿。

出让宗地上的建筑物必须严格按上述规定和经批准的工程设计图纸要求建设。乙方应在开工前 15 天内向甲方报送一套工程设计图纸备查。

第三,城市建设管理要求

涉及绿化、市容、卫生、环境保护、消防安全、交通管理和设计、施工等城市建设管理方面,乙方应符合国家和长垣县的有关规定。

乙方应允许政府为公用事业需要而敷设的各种管道与管线进出、通过、穿越其受让宗地内的绿化地区和其他区域。

乙方应保证政府管理、公安、消防、救护人员及其紧急器械、车辆等在进行紧急救险或执行公务时能顺利进入该地块。

乙方在其受让宗地上的一切活动,如有损害或破坏周围环境或设施,使国家或个人遭受损失的,乙方负责赔偿。

第四,建设要求

乙方必须在 2002 年 11 月 20 日前,完成地上建筑面积不少于可建总建筑面积的 30% 的建筑工程量。

乙方应在 2003 年 11 月 20 日以前竣工(受不可抗力影响除外),延期竣工的应至离建设期限届满之日前 2 月,向甲方提出具有充分理由的延期申请,且延期不得超过一年。

除经甲方同意外,在规定的建筑工程量完成之日止,超过 2 年的,由甲方无偿收回该宗地的土地使用权以及地块上全部建筑物或其他附着物。

第五,市政基础设施要求

乙方在受让宗地内进行建设时,有关用水、用气、污水及其他设施同宗地外主管线、用电变电站接口和引入工程应办理申请手续,支付相应的费用。

用地或其委托的工程建设单位应对由于施工引起相邻地段内有关明沟、水道、电缆、其他管线设施及建筑物等的破坏及时修复或重新敷设,并承担相应的费用。

在土地使用期限内,乙方应对宗地内的市政设施妥善保护,不得损坏,否则应承担修复所需的一切费用。

四、水利局下属单位驻地有关协议和资料

(一)大功灌区管理所(抗旱除涝所)、特钢厂

1.《关于长垣县抗旱除涝渠道管理所征用土地的批复》(新建字〔1986〕第 119 号)

长垣县人民政府土地管理办公室:

你办长土字〔1986〕14 号信收悉。根据渠道管理所的实际情况,经研究批准该所征用城关镇北关村民委员会第一生产小组耕地三市亩,兴建办公用房及职工、干部宿舍。望接文后,及时会同有关部门办理土地结案手续。

新乡市城乡建设环境保护委员会

一九八六年十月十一日

2. 关于抗旱除涝管理所建所征地的呈请

县计委:

我县旱涝保收田建设是省水利厅投资扶持的重点建设项目,根据省指示精神,经县政府批准,于一九八四年十月份成立了抗旱除涝管理所,已经市水利局批准,用于水利系统基建自筹资金 9.6 万元,建办公用房和职工、干部宿舍 450 平方米。建所计划报请计委,计委以长计〔1986〕15 号文件批复,现已与北关街协商在北关征地 4.9 亩,请审批。

长垣县水利局

一九八六年四月十五日

3. 抗旱除涝渠道管理所补办手续的呈请

县土地局:

我所 1986 年 6 月第一生产队征地 10.5 亩。按权限审批手续完备,1990 年北关村又提出:望东边(南北)至河岗坡;南边(东西)归路;西边(南北)为耕地,墙外因只留 50 公分不易耕种等理由,要求再征地 1.67 亩。其中西边 0.67 亩为耕地,经双方协商,镇政府、水利局登订合同。

为此,特呈请,请批示。

抗旱除涝管理所

一九九〇年六月二十日

4. 补充征地合同

1987 年水利局抗旱除涝管理所和拉管厂在唐满沟西岸征北关村民一组土地 10.5 亩,一切手续完备,除履行原合同外,经协商再作如下补充:

第一,为了方便双方行路,原征地南边界再向南延征 4 米(原征东边南北长 71 米,再延征 4 米,西边南北长由 85 米延征 4 米)

第二,为方便北关村民一组耕种(西墙外原留的 0.5 米,再延征 0.5 米)(即原征南边东西长 97.6 米延征 0.5 米,北边东西长由原来的 81.8 米再延征 0.5 米)。

第三,西边以河开口为界,北边东西长由原来的 81.8 米延征 3.5 米,南边东西长由原来的 77.6 米延征 3.5 米。

以上所征土地,西边为耕地 0.067 亩,所有权永归渠管所所有,只供方便村民耕种使用,南边所征为旧路 0.61 亩,所有权永归渠管所所有,可供管理所和群众走路之用。东边所征为旧河凸 0.39 亩,所有权永归渠管所所有。渠管所可按水法规定对河岸科学地管理。以上所征零星土地 1.067 亩,待签字合同双方盖章后,水利局一次性付款 8000 元,其余无任何附加条件。渠管所新建房屋、办厂、搞企业,北关不得有任何干预。

此外,渠管所后原征土地,均由水利局按照水利局的统一计划调整使用,北关村委会、村民小组及群众不得出头干预。

此合同一式两份,自立合同之日起生效。

监证机关:长垣县城关镇土地办

征地单位:长垣县抗旱除涝渠道管理所

监证机关:城关镇北关村委会

卖地单位:城关镇北关第一村民小组

一九九〇年五月十八日

记事:合同第三条西边应改为东边以河西边开口为界,合同内所写所有权应改为使用权归水利局渠道管理所。

5. 大功管理所、特钢厂、北关一队合同

根据水利工程的管理需要,渠道管理所和拉管厂两个单位在北关街征地。经双方商定:北关街委会同意将第一生产队唐满沟西岸的 10.5 亩售给两个单位。其中拉管厂占用耕地 4.9 亩,渠道管理所占耕地 3 亩,非耕地 2.6 亩。特立合同如下(下文渠道管理所称甲方,北关街第一生产队称乙方):

第一,四边:东边长 71 米,西边长 85 米,南边长 97.6 米,北边长 81.8 米。四邻:南邻生产路中心,东邻唐满沟、北邻农行家属院,西邻北关街第一生产队耕地。

第二,地价每亩计价 3500 元,另付城关镇和北关街委会地价管理费 15%。

第三,青苗赔偿及迁坟每亩赔偿秋麦两季青苗费 270 元,坟 1 个,赔偿 200 元,赔款后坟必须迁出。

第四,自征地之日起,征地上所有附属物归甲方所有田间青苗等。

第五,甲方建房承受建筑在同等条件下(价格、质量、工期)优先照顾北关街。

第六,除合同外,乙方不得以任何借口给甲方强加任何附加条件。

第七,此合同一式五份,自定合同之日起生效,双方均应信守合同。

甲方:渠道管理所、特钢厂

乙方:北关街第一生产队

监证机关:城关镇政府

　　　　　长垣县水利局

　　　　　城关镇北关街委会

一九八六年六月十日

6.《关于长垣县拉管厂征用土地的批复》(新建字〔1986〕第 91 号)

长垣县人民政府土地管理办公室:

你办长土字〔1986〕15 号文收悉,经研究同意水利局办集体企业拉管厂。征用城关镇北关街耕地 4.9 亩,兴建厂房及职工宿舍。望接文后及时会同有关部门办理土地结案手续。

新乡市城乡建设环境保护委员会
一九八六年七月十五日

注:拉管厂应为黄河特钢厂

7. 关于长垣县拉管厂建厂征地的呈请

县计委:

根据国务院办公厅〔1985〕40 号文件精神,为了开展综合经营,经市水利局同意,用水利系统基建自筹资金 9.8 万元,建厂房和职工宿舍 700 平方米。此计划是经计委以长计〔1986〕16 号文件批复,现与北关街协商在北关征地 4.8 亩,请审批。

长垣县水利局
一九八六年四月四日

注:拉管厂应为黄河特钢厂

(二)石头庄灌区管理点

1.《关于石头庄灌区管理点建设用地的批复》(长土征字〔1989〕2 号)

县水利局：

你局建设用地呈请收悉。经研究同意将孟岗乡石头庄村非耕地划拨给你局 3.523 亩,作为你局石头庄灌区的石头庄管理点建设使用。望接文后,按土地法有关规定办理手续后,抓紧施工。

长垣县土地局

一九八九年九月二十七日

2. 占地协议书

甲方:长垣县水利局

乙方:孟岗乡石头庄村

为了进一步加强工程管理,扩大灌溉效益,经水利局、孟岗乡石头庄村共同协商,在药胡芦西东干上新建节制闸一座,石头庄村给水利局管理所提供地皮一块,现将有关事宜谈妥,制定协议如下:

第一,甲方负责给乙方修节制闸一座,乙方负担块石 100 立方米,由施工队在修闸处验收,石料备齐后立即开工;

第二,甲方支付乙方块石运费 2000 元,由孟岗乡 1988 年水费中解决,此款由石头庄村负责催要。乙方所提供地皮(非耕地)属国家长期征用,所有权归水利局;

第三,乙方给水利局提供管理所住房地皮一块,南边以路中心为界,西边以东干外堤角以东 3 米外计算,南北长 50 米,东西宽 47 米,总面积 3.523 亩,净面积 3 亩,地皮款由乙方负担,作为建闸投资使用;

第四,节制闸修建期间,施工队的住房费、占地赔偿、场地平整费由乙方解决,乙方并负责修闸期间的治安工作。

以上协议,由甲、乙双方共同遵守。

甲方:长垣县水利局　　　　　　顿云龙

乙方:孟岗乡石头庄村　　　　　李富林

一九八九年四月十日

(三)杨小寨灌区管理所驻地有关协议和资料

1. 基建占地合同

甲方:赵堤公社西赵堤大队第九生产队

乙方:长垣县水利局

第一,经甲方双方协商,赵堤公社党委同意,县委批准(参加人:郭振生、许庆安、赵守换、魏保录、高岭、李中玉、赵中胜,时间:1979 年 9 月 12 日,地点:赵堤公社)。甲方将赵堤公社社址路南,东起公社戏院西墙,西至杨小寨到公社驻地之南北公路中心,北起公社门前,东西公路中心,南止戏院南墙外 2 米,南北长 79 米,东西宽 75 米,计 9 亩耕地一块,卖给乙方作基建用地,在此范围内乙方可以根据需要进行建设和改造,甲方不得干涉。

第二,按有关文件规定,甲乙双方协商,上级批准,每亩价 50 元,合计 450 元,从签订合同之日起,由乙方付给甲方,办理财务手续后,一次结清。

第三,该地北头路沟两沿现有杨树 49 棵,柳树 26 棵(其中小的 12 棵),仍归甲方所有,甲方根据需要可以随时通知乙方后砍伐,到全部伐完为止,若乙方建设时砍树,应及时请示公社。

第四，该地上青豆苗5亩，估产1250斤，折合人民币500元，由乙方一次赔偿，并办理财务手续。

第五，本合同自签订之日起执行，一式四份，甲乙双方各一份，赵堤公社一份，报一份，备查。

甲方：赵堤公社西赵堤大队　　　李忠义

乙方：长垣县水利局　　　　　　顿云龙

2. 补办占用土地申请报告

县土地管理办公室：

我单位位于赵堤乡，于1979年9月19日建所，未经批准占用赵堤乡西赵堤村九队土地，不符合占用土地管理法手续，但我所已建立多年，是引黄灌溉不可缺少的一个管理单位。根据目前情况，既需要，又成事实，故特写出占地申请报告，请批准杨小寨引黄灌区管理所占用赵堤乡西赵堤村九队土地合法化。

申请补办征地面积9亩，其中：耕地7亩，非耕地（路和沟）2亩，请领导审批。

长垣县杨小寨引黄灌溉管理所

一九八九年四月

（四）治碱试点气象观测哨

1. 补办占用土地申请报告

县土地管理办公室：

原除涝治碱气象观测哨，为了便于管理，现归引黄灌区管理。1984年经批准占用翟家村三队土地，不符合土地管理法手续，但该哨是灌区和除涝淋碱工作中不可缺少的组成部分，根据目前情况，特向领导写出补办占用土地申请报告，请领导批准。我所气象站占用佘家乡翟家三队土地申请补办征地手续。

面积5.8亩，其中非耕地（沟占地）0.8亩，耕地5亩。请领导审批。

长垣县杨小寨引黄灌溉管理所

一九八七年四月

2. 县水利局、翟家大队第三生产队土地买卖合同书

为了更好地进行除涝改碱的指导工作，县水利局确定在翟家大队公路南沿购买土地建立站哨，现经双方商定，达成协议，签订合同如下：

第一，土地面积及地价。（1）土地面积：公路沟南沿东西向53米，南北向63米，面积3339平方米，折合地积为6亩整，公路沟东西向53米，南北向10米，面积530平方米；（2）地价：公路南沿5亩地块，平均每亩200元，共合款1000元，水利局除付上述款外，另外给翟家新打井1眼，不给配套，打井由公社打井队承担，打成后水利局将用款付清打井队，此外，水利局不付任何代价，以后永远不作任何赔偿，农业税由买方负担。

第二，土地所有权。该块土地除转卖权力外，其他全部权力属水利局所有，水利局对此有无限期使用占用权。

第三，土地界线。北由柏油路南沿起，往南延伸73米，西由公路沟生产桥中心起，往东延伸53米，为长方形地块。

第四，生效期。本合同自10月1日起生效，生效日前水利局付清土地款。

第五，本合同一式三份，双方各执一份，见证人一份。

翟家大队代表人:翟臣钦　　　　　卖方:翟家大队
县水利局代表人:靳东旭　　　　　买方:县水利局
见鉴证:佘家乡

一九八四年九月六日

(五)天然文岩渠管理所

1. 天然文岩渠管理所驻地契约

孟岗村第四生产队今将自己所有的孟岗街路南宅基地 4 亩(东至粮所,西至孟岗村第四生产队,南至孟岗村第四生产队,北至公路),四至分明,经中人说合,情愿卖给管理段名下,永远为业,言明共价 400 元,当日交清,别无私债抵押,立卖契为证。

旧主姓名:孟岗村第四生产队
新主姓名:天然文岩渠管理段
中　证　人:长垣县孟岗公社孟岗生产大队

一九六五年九月十七日

2. 立买卖契约

卖主孟岗大队第六生产队,出卖天然文岩渠管理段以北地一段。长 29 米,宽 26 米,东至粮管所,西至孟岗大队,北至大路中,以上地段上土木相连,价款 800 元,款随即付清,地永归管理段所有,空口无凭,立字为证。

证明人:大队干部:宋景芝、刘廷良、王震、许天然
　　　　生产队:王国礼、宋景波
　　　　东　临:靳丙中
　　　　管理段:李印修、李荣新、李荣甫

一九八〇年一月十四日

(六)水机厂售地契约

经水利局党组和水机厂厂部共同研究,决定将水机厂家属院 10 份宅基地,以每份 1900 元价格售给水机厂职工吕明文使用,使用权从签订售地契约之日起生效,此份地东西宽 14 米,南北长 18 米,东邻是高春景,西邻为田书文。

此契约一式两份,由买卖双方各持一份。

立契约人:水机厂
　　　　　吕明文

一九九〇年十二月三十日

注:此契约及房屋已转卖给郭合群。

五、新菏铁路给水协议

新菏线新长段定测设计

工程名称：新菏线增建二线工程

协议日期：1995 年 8 月 30 日

协议地点：长垣县政府第二会议室

参加人员（姓名及单位名称）：

长垣县支铁办：傅长春、赵运锁　　　　铁三院六队：程义元

新菏线在长垣县境内设立玉皇庙站、满村站两个站，均为生活用水站，用水量为 60～80 立方米每天，经与长垣县支铁办、水利局协商，达成如下一致意见：

1. 长垣县同意铁路方面在玉皇庙站、满村站站区范围内自建深井二座作为水源，井深为 200～400 米。

2. 打井时，由用水单位向水利局提出申请，办理许可证，并按国家规定交纳水资源开发费。

此协议作为铁路车站的永久取水依据。

此协议一式三份，铁路两份，长垣县一份。

协议有关单位签章：

长垣县支铁办：傅长春　　　　铁三院六队：程义元

一九九五年八月三十日

六、大功一干渠征地换地协议

（一）征地协议

经长垣县水利局与常村乡政府、孙东村民委员会就开挖大功一干渠永久性征地协议如下：

1. 长垣县开挖大功一干渠占用封丘县戚城乡东刘园村耕地 3.16 亩。应东刘园村要求，征得孙东村委会同意，从两村相邻耕地中划拨。

2. 作为水利工程永久性耕地征用，每亩征用价格 5000 元，合款 15800 元；另加丈量费用 600 元，共合款 16400 元（大写：壹万陆仟肆佰元整）。

3. 由孙东村委会做好群众工作，负责完成划拨给东刘园村耕地 3.16 亩。不许有其他原因干扰。

4. 县水利局在孙东村委会土地划拨之后，一次性将征地款付给孙东村委会 16400 元，不得拖欠。

5. 征地工作有常村乡政府负责协调，保证顺利实施。

6. 本协议一式四份（长垣县水利局二份，常村乡政府一份，孙东村委会一份），自签字之日起生效。

长垣县水利局：杨国法

常村乡政府：李玉明

孙东村委会：蔡丙廷

一九九五年十月二十四日

（二）大功一干渠开挖涉及封丘县戚城乡东刘园村土地解决办法

1. 地点：长垣县开挖大功一干渠涉及东刘园村土地在常村南新建一干渠桥两侧。

2. 需永久性占地 3.16 亩（其中新桥西东刘园耕地全部征完，新桥东征地宽 26 米）。

3. 解决办法：经长垣县水利局、长垣县常村乡政府、封丘县戚城乡政府东刘园村委会，一九九五年十月十九日共同协商：一、占用封丘县东刘园村永久性耕地 3.16 亩，由长垣县常村乡政府负责解决，把常村

乡孙东村地块(东刘园村南地)划拨给东刘园村永久使用耕地 3.16 亩,划拨孙东村耕地解决办法,由长垣县水利局和常村乡政府协商解决。二、临时占地:临时占地按赔青一季解决,每亩青苗地赔款 640 元,具体占多少等按施工压占多少计算。

4. 本办法按一九九五年十月十九日商定生效。

长垣县水利局:杨国法

常 村 乡 政 府:李玉明

封丘县东刘园:侯守彦

一九九五年十月

(三)孙东村委会与东刘园村委会换地证明

经两村委会商定,东刘园村愿以太行堤以北 3.16 亩耕地与孙东村文岩渠以南耕地进行等量调换。已于一九九五年十一月二十一日丈量完毕。特此证明。

常村乡政府:李玉明

孙东村委会:蔡丙廷

戚城乡政府:张明法

东刘园村委会:侯守彦

一九九五年十一月二十一日

附录4 重要公告

一、《关于加强农田水利工程管理的规定》(长政文〔1986〕23 号)

各乡、镇人民政府,县直有关单位:

建国以来,全县人民在各级党委和政府的领导下,经过艰苦努力,同时国家、集体和群众投入了大量人力、物力、财力,兴建了许多农田水利工程,为抗御旱涝灾害,促进农业增产,发挥了重大作用。特别是农村经济体制改革以来,这些工程与群众的积极性相结合,成为这几年来我县农业持续丰收的重要因素。但是,有些地方的领导和群众对水利在农村经济中的战略地位有所忽视,对水利工程管理有所放松,水利管理责任制没有落实。致使农田水利工程人为破坏,工程老化、效益衰减,直接影响了农村经济的发展。为了巩固和发展水利建设成果,使水利工程更好地为农业生产的发展和商品生产服务,特作如下规定。

(一)建立各级水利管理组织

建立健全完整的水利管理服务体系,是管好用好水利工程的决定因素。

1. 灌区和渠道管理所(处),是国家管理水利工程的机构,县水利局要加强具体领导,按照有关规定的管理编制充实提高。其主要任务是,搞好工程配套养护,行使工程管理权和水的调配权,推广先进管理经验;

2. 乡(镇)水利站,是乡级水利事业专管机构。各乡(镇)要由一名副乡(镇)长任站长,水利助理员任副站长,配备 2~3 名管理员。水利站实行企业管理,一业为主,多种经营,单独核算,自负盈亏。行政上受乡(镇)政府领导,业务上受水利局领导。负责全乡(镇)的水利工程管理,做好乡村水利规划,组织水利建设,指导村水利服务组,落实以承包为主的各项水利工程管理责任制;

3. 各行政村要建立水利服务组,3~5人组成。由一名村主要干部任组长,吸收电工参加。它是基层水利管理组织,行政上受村委会领导,业务上受乡(镇)水利站指导。村水利服务组可根据任务大小,确定管理人员,实行桥涵、井站、沟渠、路林、水电统管(简称"五管员")。

(二)水权集中,分片管理

农田水利设施具有突出的完整性、统一性。因此,必须坚持统一规划、统一治理、统一管护、统一使用的原则。根据我县的情况,实行县、乡(镇)分线调度、各村分片管理。

1. 县境内所有排灌工程的干渠和跨两个乡以上的支渠,按照"水权集中,统一管理"的原则,由县水利管理部门统一指挥调度,任何单位和个人不得干预;

2. 凡属跨行政村的农田水利工程,由乡(镇)水利站统一调度和管理;

3. 在一个行政村范围内的农田水利设施(包括跨乡、跨村通过本村所辖范围的设施)及同水利设施密切相关的农田、道路、林木、机电等,均由水利服务组实行排灌,路林电统一管理,把管理的责任落实到基层。

(三)加强水利工程保护区的管护

根据上级有关规定,所有水利工程都要划定保护区,保护区的范围是:

1. 引黄灌溉渠道:按照设计标准,左右堤脚以外,干渠2米,支渠1.5米,斗渠1米为保护区。要求干渠每边堤顶栽树两行,每边堤脚栽树一行,支斗渠每边堤顶栽树一行,堤脚每边栽树一行;

2. 除涝河道:按照设计标准,左右岸河口以外,干沟4米,支沟3米,斗沟1米为保护区。要求干渠每边栽树两行,支斗沟每边栽树一行;

3. 井、站、桥、闸:机井从井口向外延伸4米,桥、闸、提排灌站,除按沟渠的级别划分保护区外,再向外延伸5米作为保护区;

4. 对水利工程划定的保护区,已经分到户的要调整收回。由水利管理单位统一安排,承包给管护人员栽树种草。

(四)完善农田水利工程的承包责任制

我省根据中央〔1986〕1号文件要求,把1986年定为完善落实水利管理责任制年。切实把水利责任制落到实处。

1. 妥善处理好水利设施的所有权,为实行统管铺平道路。农田水利工程都要按"四统一"的原则,实行统一管理。对于原来已经作价分到户,仍完好的设备,应按现行价格收回;凡是无价分到户的,仍无价收回;对无偿平调挪作他用的设备,要按原设备的现行价格偿还。在统一规划指导下,群众自行兴建的水利工程,应继续发挥作用,但必须接受村水利服务组的统一领导;

2. 建立健全和完善承包责任制。除天然文岩渠堤防由管理所向护堤员签订承包合同外,其他水利工程由村水利服务组承包给"五管员",并要签订合同,明确责、权、利。承包前要把工程维修好、配套齐;

3. "五管员"的人选,必须是热爱水利,责任心强,办事公道,有一定的文化知识和水电技能。其主要职责权力,是在水利服务组的领导下,自主经营,加强水利设施的管理、维护、服务,并取得合理的经济报酬。"五管员"的个人收入,可略高于当地农民的平均收入水平。其报酬来源是:保护地林木收益分成;灌溉水费收入分成;效益好而经济收入不多的工程可从乡、村工副业提留中予以补助。有条件的工程也可以在附近调整出一定数量的耕地,供管理人员常年使用。

(五)积极开展综合经营

水利管理组织,在管好农田水利设施,为农业增产服务的同时,要充分利用水土资源,技术设备等优势,积极开展种植、养殖、副业加工,广开生产门路,搞活经济,增加收入,减少国家补贴和群众负担。千方百计降低成本,提高自我改造、自我发展的能力,把管理单位办成具有活力的经济实体。乡、村水利管理组织,要加强财务管理,管好、用好农民集资、上级拨款及水费、电费和经营收入。必须接受同级财政部门的监督。水利管理单位的收入和工程所需的物资、设备,任何单位和个人不得平调。

(六)严格奖惩制度

为了有效制止破坏水利设施的现象,规定如下奖罚制度:

1. 在灌溉排水沟渠两岸或堤防上取土的,除按标准修复外,每架子车罚款 10 元;小拖拉机每车罚款 30 元;大拖拉机和汽车每车罚款 50 元。在排灌沟渠内,不经主管部门批准私自堵河过路、拦河打坝、扒口抢水、霸水的罚款 100 元。超桥荷载的机动车辆,不准通行;否则予以罚款。损坏者要照价赔偿。毁坏堤防、路旁、河道树木者,毁一棵栽活三棵,并每棵罚款 5 元,偷盗成材树木的,要按《森林法》有关规定处理。水利工程的保护区内不准种植农作物,种植者要立即清除。不听劝阻者,罚款 5~20 元。

2. 在机井保护区内,不准挖坑、拉土,违者除恢复原状外,罚款 5 元;故意往井内投坠物者,视其情节罚款 5~100 元;偷盗水利机具和设施者,按照其价值处以 5~10 倍的罚款。情节严重触犯刑律的,要追究刑事责任。

3. "五管员"按制度处罚的资金应全部上交。主管部门可按罚款的 50% 奖给揭发人或"五管员"。对干预"五管员"行使正当权力的,轻者,批评教育,情节严重者,要按照党纪、政纪和法律严肃追究。

4. "五管员"不负责任、玩忽职守,使水利工程遭受破坏者,3 起以下的,给予批评教育;4~10 起的罚款 5~10 元;10 起以上的,辞退"五管员"职务,并追究责任。对成绩显著的"五管员"和职工、干部,单位要给予表彰和奖励。

5. 根据国务院办公厅国办发〔1985〕70 号文件精神,按照河南省公安厅、河南省水利厅《关于加强各县(市)水利治安保卫力量的通知》,县政府决定成立水利派出所,配备 3 名公安特派员。行政上受水利局领导,业务上受公安局指导。依照法律程序查处破坏水利工程的案件。

6. 加强对水利统管工作的领导

水利设施统一管理是一项政策性强、涉及面广、影响较大的工作,各级领导必须高度重视,当作改革的大事来抓,领导要亲自动手,调查研究,因地制宜,切实抓好。

以上规定,要广泛宣传,达到家喻户晓。乡(镇)政府、村委会要研究实施办法,定出管好水利的乡规民约,共同遵守,互相监督,推动水利事业的发展。

长垣县人民政府

一九八六年五月六日

二、《关于水利工程用地确权有关问题的通知》(长政文〔1995〕174 号)

各乡、镇政府,县政府有关部门:

为依法确认水利工程用地的所有权、使用权,保障水利工程的正常运行和河道的行洪安全,根据《中华人民共和国土地管理法》《中华人民共和国水法》《中华人民共和国河道管理条例》和国家土地局、水利部〔1992〕国土（籍）字第 11 号文件精神,现对水利工程用地及其管理和保护范围内土地的划界、登记发证有关问题作如下通知:

（一）水利工程管理范围内的土地（包括水利工程用地、护渠地、护堤地）,符合国家土地管理局《确定土地所有权和使用权的若干规定》第十一条、第十二条、第十六条规定范围的,属于国家所有。应依法确定水利工程用地和保护范围内的土地所有权,不再补办用地手续。

（二）水利工程用地和保护范围内土地的界定,按长垣县人民政府长政文〔1986〕23 号文件《关于加强农田水利工程管理的规定》执行。即:引黄灌溉渠道,按照设计标准,左右堤脚以外,干渠 2 米,支渠 1.5 米,斗渠 1 米为保护区;除涝河道,按照设计标准,左右岸河口以外,干渠 4 米,支沟 3 米,斗沟 1 米为保护区;天然文岩渠按照《河南省水利工程管理条例》第七条规定,临河背河堤脚外 5 米为护堤地。

（三）水利工程用地确权工作由县水利局和县土地局负责实施。水利局提供工程用地,保护范围,土地局应根据水利管理规定予以登记发证。

（四）水利工程用地涉及的乡镇和行政村要积极支持水利工程用地确权工作,乡镇水利站、土地管理所要指派专人负责此项工作,配合县水利局、县土地局,圆满完成水利工程用地确权工作。

附:长垣县县管河道发证登记表（见附表3）

长垣县人民政府

一九九五年十二月二日

附表3　长垣县县管河道发证登记表

土地证号	河道名称	长度/公里	河口宽/米	保护区宽/米
01	天然文岩渠	42	215	5
02	天然渠	2	80	5
03	东环城河	2.3	23	4
04	贾庄干渠	15.7	18	4
05	孙东引水渠	2.6	16	4
06	大郭沟	6.8	14	3
07	二干截渗沟	16.4	15~16	3
08	张三寨沟	27.97	17~29	4
09	小集沟	13	17	3
10	佘家西支	4.6	16~14	1
11	孔庄南斗	2.1	13	1
12	治岗沟	4.6	10	3
13	山东干渠	5.7	14	3
14	文明南支	15.6	13~21	3
15	文明西支	7.6	16	3
16	大王庄支渠	9.7	15	1.5
17	东干截渗沟	7.85	12~16	3

续附表3

土地证号	河道名称	长度/公里	河口宽/米	保护区宽/米
18	文明渠	17.4	34~42.5	4
19	长孟公路沟	6.2	12	3
20	红山庙沟	8.0	13	3
21	尚村沟	15.3	16~22	4
22	吕村沟	13.6	21~27	3
23	马良固沟	10.4	17	3
24	回木沟	21	21~31	4
25	文岩渠	12.74	190	5
26	林寨支渠	4.5	9	3
27	马寨干渠	1.5	21	2
28	郑寨干渠	11	15	4
29	左寨四支	7	10	3
30	左寨干渠	22	20~18	4
31	大功总干渠	6.1	58	5
32	大功一干渠	10.7	23.5	4
33	魏庄公路沟	5.4	8.5	3
34	总干渠	3.8	30~26	2
35	老四斗	2.85	8	3
36	王堤沟	7.85	14	3
37	太行截渗沟	8.4	14~20	3
38	临黄截渗沟	13.1	21	3
39	乔堤沟	7.6	14	3
40	大车总干	4.5	15.5	4
41	甄太沟	5.4	14	3
42	何寨沟	7.8	18	3
43	西环城河	5.1	20	4
44	耿村沟	3.8	14	3
45	丁方公路沟	3.0	10	3
46	马坡支渠	5.6	13	3
47	杨小寨总干渠	1.4	29	2
48	杨小寨支渠	7.6	22	1
49	北陈沟	5.6	13	3
50	西干渠	22.4	22~20	2

续附表 3

土地证号	河道名称	长度/公里	河口宽/米	保护区宽/米
51	唐满沟	8.6	15	3
52	邱村沟	5.85	12~14	3
53	丁栾沟	23.4	31~41	4
54	孔村支渠	4.2	11	1.5
55	东干渠	10.8	20	2
56	南干渠	8.3	22~16	2
57	沉沙池	1.1	70	5
58	禅房干渠	2.0	46	2

三、长垣县人民政府《关于加强河道管理的通告》

为了加强我县河道管理,保护防洪安全,充分发挥河道排涝、灌溉的综合效益,根据《中华人民共和国水法》《中华人民共和国防洪法》和《河南省河道管理实施细则》的有关规定,特通告如下:

(一)我县河道的主管机关是县水利局。河道保护岸线的建设和利用,应当服从河道整治规划。在河道保护区内兴建建设项目,必须事先征得河道主管机关的同意。

(二)本通告所称河道指跨乡(镇)的干、支、斗渠,共58条。保护区范围是:引黄渠道左右堤脚以外,干渠2米,支渠1.5米,斗渠1米;除涝河道左右岸河口以外,干沟4米,支沟3米,斗沟1米。

(三)禁止向河道内弃置或倾倒垃圾、石渣、煤灰、砖渣、泥土等,违者除将弃置或倾倒物清除外,每立方米罚款8~12元。

(四)禁止在河道保护区内堆放秸草、砂石、建材等物料,不准在河道保护区内建房、建围墙、打井、葬坟、挖窑、建窑及其他附属设施,违者除限期拆除或搬迁外,占压期间每平方米每月交占压费2元。

(五)禁止向河道内排放超标准污水,违者由河道主管部门会同环保部门按有关规定处罚。

(六)河道保护区内绿化应在河道主管机关的统一管理下进行,对统一种植的树木,不得乱砍滥伐,违者按林业法规进行处罚。

(七)任何单位和个人,不得在河道保护区内种植阻水植物,违者每亩处以150~200元罚款。

(八)禁止在河道保护区内取土、挖掘坑塘等,违者处以50~1000元罚款。

(九)对盗窃毁坏防汛界碑、水位监测、测量及通信照明设施的,损坏护岸、闸坎及建筑物的,除处300~2000元罚款外,并视情节依法惩处。

(十)任何单位和个人不得以任何借口和理由干扰河道管理部门的正常工作。违者,给予行政处分;触犯刑律的,依法惩处。

(十一)沿河两侧的居民住户,应自觉遵守以上规定,并与河道主管部门签订临河管护协议,对违反以上规定的,有权进行举报和监督。否则,对弃置或倾倒在自己住宅段内的垃圾由自己负责清除。

(十二)县河道主管部门设有举报电话,对违反以上规定的举报有奖。举报电话:8892364

（十三）本通告自发布之日起执行。

长垣县人民政府

一九九九年四月二十六日

四、长垣县人民政府《关于加强县城区河道管理的通告》

为了加强县城区河道管理,保障防洪安全,充分发挥河道综合效益,根据《中华人民共和国水法》《中华人民共和国防洪法》《中华人民共和国河道管理条例》和《河南省〈河道管理条例〉实施办法》及其他水法规的有关规定,特通告如下:

（一）我县城区河道的主管机关是县水利局。河道保护岸线的建设和利用,应当服从河道整治规划。在河道保护区内兴建建设项目,必须事先征得河道主管机关的同意。

（二）本通告所称城区河道指:东、西环城河及山东干渠、耿村沟、何寨沟、治岗沟、乔堤沟、长孟公路沟在城区的河段。

（三）河道管理范围是:东环城河(河口宽 23 米)、西环城河(河口宽 20 米)、山东干渠(河口宽 14 米)、耿村沟(河口宽 14 米)、何寨沟(河口宽 18 米)、治岗沟(河口宽 10 米)、乔堤沟(河口宽 14 米)、长孟公路沟(河口宽 12 米)。其保护范围是:东西环城河左右岸河口以外 4 米,其余河道左右岸河口以外 3 米。

（四）禁止向河道内弃置或倾倒垃圾、石渣、煤灰、砖渣、泥土等,违者除将弃置或倾倒物清除外,每立方米罚款 8~12 元。

（五）不准在河道保护区内堆放秸草、砂石、建材等物料,禁止在河道保护建房、建围墙、建厕所、打井及修建其他附属设施,违者除限期拆除外,并处 1 万元以下罚款。

（六）向河道排污的排污口的设置和扩大,排污单位在向当地环境保护部门申报之前,应当征得河道主管机关的同意。

（七）在河道管理范围内,禁止堆放、倾倒、掩埋、排放污染水体的物体,违者由环保部门按有关规定处罚。

（八）在河道管理范围内,禁止种植阻水树木。违者,依法予以清障。

（九）河道保护区内绿化应在河道主管机关的统一管理下进行,对统一种植的树木,不得乱砍滥伐。违者按林业法规进行处罚。

（十）对盗窃毁坏防汛界碑、水位监测、测量及通信照明设施的,损坏护岸及建筑物的,除处 300~2000 元罚款外,视情节依法惩处。

（十一）对河道管理范围内阻水障碍物,按照"谁设障,谁清除"的原则,由河道主管机关提出清障计划和实施方案,由防汛指挥机构责令设障者在规定的期限内清除,逾期不清除的,由防汛指挥机构组织强行清除,并由设障者负担全部清障费用。

（十二）任何单位和个人不得以任何借口和理由干扰河道管理部门的正常工作。对干扰河道管理部门正常工作的,按照《中华人民共和国治安管理处罚条例》的规定处罚;构成犯罪的,依法追究刑事责任。

（十三）城区沿河道两侧的住户,应自觉遵守以上规定,并与河道主管部门签订《临河住户管护责任书》,对违反以上规定的,有权进行制止和举报。否则,对弃置或倾倒在自己住宅段内的垃圾由自己负责清除。

(十四)县河道主管部门设有举报电话,对违反以上规定的举报有奖。举报电话:8892364

(十五)本通告自发布之日起执行。

长垣县人民政府

二〇〇〇年六月八日

五、长垣县人民政府《关于加强天然文岩渠堤防工程管理的通告》

为了加强天然文岩渠河道堤防工程管理,保证堤防完整,充分发挥河道和堤防工程的防洪除涝作用,保障人民生命财产安全,根据《中华人民共和国水法》《中华人民共和国防洪法》《中华人民共和国河道管理条例》及其他水法规的有关规定,特通告如下:

(一)天然文岩渠堤防工程管理单位是天然文岩渠管理所,属县水利局派出机构,具体负责堤防工程的日常管理工作。在堤防工程管理范围内兴建建设项目,必须事先征得主管机关同意。

(二)天然文岩渠堤防工程包括长垣境内天然渠、文岩渠、天然文岩渠的所有河道堤防工程,全长56.7公里,其中:天然文岩渠42公里,天然渠2公里,文岩渠12.7公里。其管理范围是:堤防中心线两边各15米;标准堤防临河堤脚外3米,背水堤脚外5米为护堤地。

(三)根据堤防的重要程度和堤基土质条件,在与堤防工程管理范围相连地域划定堤防安全保护区,距离为30米。

(四)对已划定的堤防管理范围,堤防管理机关立标定界,实施管理。

(五)堤防工程管理应设立护堤员,护堤员的管理和报酬,由堤防工程管理机关规定。

(六)禁止在堤防和护堤地内建房、挖渠、打井、挖窑、葬坟、建窑、取土等。违者,责令停止违法行为,除限期采取补救措施外,并处10000元以下罚款。

(七)禁止在堤身种植农作物、铲草、放牧、晒粮、打场、堆放物料。违者,责令停止违法行为,除限期采取补救措施外,并处100元罚款。

(八)对盗窃毁坏堤防界碑、里程碑、水位监测设施的,损毁堤防、涵闸及建筑物的,除限期采取补救措施外,并处300~2000元罚款。

(九)在堤防安全保护区内,除用于防洪工程建设外,其他未经水行政主管部门同意,不得取土、挖坑、打井、建窑、葬坟、钻探、爆破、挖筑鱼塘及其他危及堤防安全的活动。违者,责令停止违法行为,除采取补救措施外,并处500元以上20000元以下罚款。

(十)严禁履带式和重型车辆在堤上行驶。在防汛抢险和雨雪后堤顶泥泞期间,除防汛抢险和军事、治安专用车外,禁止其他车辆通行。

(十一)禁止非管理人员操作堤防上的涵闸闸门,禁止任何单位和个人以任何借口和理由干扰堤防管理单位的正常工作。对干扰堤防管理单位正常工作的,按照《中华人民共和国治安管理处罚条例》的规定处罚;构成犯罪的,依法追究刑事责任。

(十二)护堤林木,由堤防工程管理单位组织营造和管理,其他任何单位和个人不得侵占、砍伐;堤防管理单位对护堤林进行扶育和更新性质的采伐及用于防汛抢险的采伐,免交育林基金。

（十三）堤防工程受法律保护。任何单位和个人都有权制止、检举、控告破坏堤防工程的行为。

（十四）县堤防工程管理机关设有举报电话，对违反以上规定的行为举报有奖。举报电话：8892364、8795107

（十五）本通告自发布之日起执行。

长垣县人民政府
二〇〇〇年十二月二十一日

六、长垣县人民政府《关于加强凿井市场管理的通告》

为进一步加强我县水资源管理工作，依法规范凿井市场，促进计划用水、节约用水，提高水资源管理水平和凿井队伍技术水平，保证成井质量。根据《中华人民共和国水法》、国务院《取水许可制度实施办法》《河南省〈水法〉实施办法》等法律法规，结合我县实际情况，现就加强凿井市场管理的有关问题通告如下：

（一）凡在长垣县境内，利用水工程或者机械提水设施直接从河道（渠道）或者地下取水的单位和个人（农业灌溉、家庭生活除外），必须同施工方持施工合同复印件，到长垣县水行政主管部门办理《取水许可预申请书》或者《取水许可申请书》，经审查批准后，方可动工兴建水工程或凿井。

（二）在长垣县境内承揽凿井业务的单位和个人，必须持县级以上水行政主管部门颁发的《水井凿井资质证》，持外地《水井凿井资质证》到长垣县凿井的，必须到长垣县水行政主管部门填表登记，领取临时凿井许可手续，否则，不得承揽凿井业务。

（三）井成后，凿井队必须呈报成井地质、水文资料和竣工报告。经长垣县水行政主管部门组织有关单位和技术人员验收合格后，再按照规定装置计量设施，经长垣县水行政主管部门核定水量，颁发《中华人民共和国取水许可证》。凿井队离开长垣县境作业时，应到原登记单位核销。

（四）取用地表水的单位或个人（农业灌溉、家庭生活除外）取水工程竣工后，经长垣县水行政主管部门验收合格，并颁发《中华人民共和国取水许可证》。

（五）已经取用地表水或者地下水的单位或个人（农业灌溉、家庭生活除外），尚未办理取水许可手续的，应主动到长垣县水行政主管部门填写取水登记表，领取《中华人民共和国取水许可证》。

（六）任何单位或个人（农业灌溉、家庭生活除外）都必须于每年的 11 月 15 日前报下一年度的用水计划；每年元月份报送上一年度的用水总结；每季度报送本季的取水报表；取水许可证年审工作结合用水总结和下年度用水计划进行。

取水单位或个人必须按照《取水许可证》审批的取水量和下达的取水计划取水。

（七）违反本通告之规定，由长垣县水行政主管部门依照有关水法律、法规和规章，视其违法行为给予以下相应处罚：

1. 由县人政府批准吊销其取水许可证；

2. 警告并责令其停止取水；

3. 对未经批准擅自凿井、违反水利建设规划的，责令其停止违法行为，并处 1 万元以下罚款；构成犯罪的，由司法机关依法追究刑事责任。

（八）本通告自发布之日起实施。

长垣县人民政府

二〇〇一年三月六日

附录5　水利术语

水利专业术语很多,现择其主要的汇集于下。

水利:(1)利用水力资源和防止水的灾害;(2)水利工程的简称。如:兴修水利。

水资源:(1)广义的水资源是指地球上水的总体;(2)狭义的水资源指人类可以利用的逐年可以得到恢复和更新的淡水量,大气降水是它的补给来源。

河流:陆地表面宣泄水流的通道,是江、河、川、溪的总称。

干流:水系内汇集全流域径流的河流,其他河流均汇入干流。

支流:流入较大河流或湖泊的河流称为支流,直接汇入到干流的支流为一级支流,汇入一级支流的河流称为二级支流。

水系:有两条以上大小不等的支流以不同形式汇入干流,构成的一个河道体系,称为水系或河系。

流域:地表水及地下水的分水线所包围的集水区域或汇水区域。因地下水分水线不易确定,习惯指地面径流分水线所包围的集水区域。

洪峰:(1)河流在涨水期间达到最高点的水位,也指涨达最高水位的洪水;(2)河流从涨水到恢复原来水位的整个过程。

水闸:水闸是修建在河道和渠道上利用闸门控制流量和调节水位的低水头建筑物。

堤防:堤防是沿河、渠、湖或行洪区、分洪区、围垦区的边缘修筑用以约束水流的挡水建筑物。

治河工程:治河工程是为稳定河槽或缩小主槽游荡范围,改善河流边界条件及水流流态采取的工程措施。

穿堤建筑物:穿堤建筑物是指从堤防内部穿过的小型水闸及涵闸等建筑物。

险工险段:险工险段是指堤身的薄弱点(段)或河流出险多发区段。

涵洞:公路或铁路与沟渠相交的地方使水从路下渡过的通道,作用与桥类似,但一般孔径较小。

涵管:用来砌涵洞的管子。

涵闸:涵洞与水闸的总称。

虹吸:液体从比较高的地方通过一条拱起的弯管,先向上再向下流到比较低的地方,所用的弯管呈倒U字形而一端较长,使用时管内必须先充满液体。

干渠:从水源引水的渠道。

支渠:从干渠引水到斗渠的渠道。

农田水利:有利于农业生产的灌溉、排水等各种工程。

灌区:指某一水利灌溉工程受益的区域。

比降:渠底线沿流动方向每单位长度的下降量,称为渠底坡度(简称底坡或比降)。

水权:包括水资源的所有权和使用权。

总灌溉面积:农、林、牧灌溉面积构成了总灌溉面积指标体系。

有效灌溉面积(农田):是指灌溉工程或设备已基本配套,有一定水源,土地比较平整,在一般年景可以进行正常灌溉的耕地面积。

有效实灌面积:指利用灌溉工程和设施,在有效灌溉面积中当年实际已进行正常(灌水一次以上)灌溉的耕地面积。

旱涝保收田面积:是指有效灌溉面积中,遇旱能灌、遇涝能排的面积。灌溉设施的抗旱能力,按各地不同情况,应达到30~50天。适宜发展双季稻的地方,应达到50~70天。除涝达到5年一遇以上的标准,防洪一般达到20年一遇标准的有效灌溉面积。

机电灌溉面积:是指在有效灌溉面积中,利用机电动力机械,以江河、湖泊、水库、塘坝、水井、渠道等水源进行灌溉的耕地面积。

机电井灌溉面积:是指在有效灌溉面积中,使用已配套机电井进行灌溉的耕地面积,不论是纯井灌,还是井、渠双灌的面积,均应统计在内。

固定站灌溉面积:是指以江、河、湖、库等地面水为水源,由固定排灌站提水进行灌溉的耕地面积,灌排结合面积,单灌面积之和。

流动机灌溉面积:指使用流动机(包括南方的流动排灌船)进行灌溉,且效益比较正常和稳定可靠的耕地面积。

节水灌溉面积:节水灌溉是用尽可能少的水投入,收得尽可能多的农作物产出的一种灌溉模式,目的是提高水的利用率和水分生产率。节水灌溉面积包括喷灌面积、微灌面积、管道输水灌溉面积、渠道防渗面积和其他节水灌溉面积。

喷灌面积:喷灌是利用喷头等专用设备把有压水喷洒到空中,形成水滴落到地面和作物表面的灌水方法。喷灌面积是指有水源保证,使用各种型式的喷灌机具、设备配套,当年可以进行正常喷灌的面积。

微灌面积:微灌是属于局部灌水方法,主要包括滴灌、微喷灌、渗灌等。该技术是根据作物需水要求,将作物生长所需要的水分和养分以较小的流量,均匀、准确地直接输送到作物根部附近。

管道输水灌溉面积:管道输水是以管道代替土渠的一种输水工程形式,通常要有一定的工作压力。

渠道防渗面积:渠道防渗是减少渠道输水过程中水的渗漏损失的一种主要技术措施。该技术是通过使用各种防渗材料(土料、三合土、石料、混凝土、塑料薄膜、沥青等)对传统的输水土渠进行压实、护面、衬砌等处理,已达到防渗和减少渗漏损失的效果。

易涝耕地面积:是指抗涝能力标准低的低洼易涝耕地面积。即经过治理的"除涝面积"和尚未经过治理的或虽经过治理,但抗涝标准尚未达到3年一遇的"现有易涝面积"之和。

除涝面积:指由于兴修治涝工程或安装排涝机械等水利设施(或进行改种),使易涝耕地免除淹涝,除涝标准达到3年一遇以上者。易涝面积虽经过治理,但标准尚未达到3年一遇标准的,不作为除涝面积统计。

盐碱耕地面积:是指土壤中含有盐碱,影响农作物生长,成苗率(捉苗率)不足70%的耕地面积。盐碱耕地面积包括未改良的老盐碱耕地及未改良的次生盐碱耕地和盐碱耕地改良面积之和。

盐碱耕地改良面积:是指在老盐碱地、次生盐碱地上进行水利、农业、土壤改良等措施,在正常年景使作物成苗率(捉苗率)达到70%以上的盐碱耕地面积。在同一块耕地上,除涝、治碱并举,应分别统计除涝面积和盐碱耕地改良面积。

水土流失面积：是指自然因素和人为因素，使山丘地区地表土壤及母质受到各种破坏和移动，造成水土流失的面积。

水土流失治理面积（又称水土保持面积）：是指在山丘地区水土流失面积上，按照综合治理的原则，采取各种治理措施，如：水平梯田、淤地坝、谷坊、造林种草、封山育林育草（指有造林、种草补植任务的）等，以及按小流域综合治理措施所治理的水土流失面积总和。

小流域治理面积：是以小流域为单元，根据流域内的自然条件，按照土壤侵蚀的类型特点和农业区划，在全面规划的基础上。合理安排农、林、牧、副各业用地，布置各种水土保持措施、林蜉措施与工程措施，使之相互协调、相互促进形成综合的水土流失防治体系。凡列入县级以上治理规划，并进行重点治理的，流域面积在 5 平方公里以上的小流域治理面积均进行统计。

降水强度与等级：24 小时内降水：R<10 毫米小雨，10 毫米≤R<25 毫米中雨，25 毫米≤R<50 毫米大雨，50 毫米≤R<100 毫米暴雨，100 毫米≤R<200 毫米大暴雨，200 毫米≤R 特大暴雨。12 小时内降水 R<5 毫米小雨，5 毫米≤R<10 毫米中雨，10 毫米≤R<30 毫米大雨，30 毫米≤R<70 毫米暴雨，70 毫米≤R<140 毫米大暴雨，140 毫米≤R 特大暴雨。长垣县雨量测报点设在各乡镇电信支局，小雨 12 小时测报一次，中雨 4 小时测报一次，大到暴雨随雨段测报。

径流：陆地上的水在水循环过程中，沿流域的不同路径，向河流、湖泊、沼泽和海洋汇集的水流。

汛：江河定期的涨水现象。

汛期：江河中由于流域内季节性降雨、融水、化雪引起定时性水位上涨的时间。

设防水位：当江河洪水漫滩后，堤防开始临水，需要防汛人员巡查防守时规定的水位。

警戒水位：当江河洪水普遍漫滩或重要堤防段水流偎堤，而有可能出险时规定的水位。

保证水位：根据保护对象要求设计的防洪水位或历史上记载的最高水位。

险情：出现危及防洪工程设施安全的异常现象，包括：漫溢、脱坡、散浸、管涌、跌窝、坐弯、墩蛰、溃膛。

水灾：因久雨、山洪暴发或河水泛滥等原因而造成的灾害。

流量：单位时间内通过河、渠或管道某处断面的流体的量，通常用立方米每秒来表示。

水利工程：利用水力资源和防止水的灾害的工程，包括防汛、排洪、蓄洪、灌溉、航运和其他水力利用工程，简称水利或水工。

水利枢纽：根据综合利用水力资源的要求，由各种不同作用的水利工程建筑所构成的整体。

洪泛区：指尚无工程设施保护的洪水泛滥所及的地区。

蓄滞洪区：指包括分洪口在内的河堤背水面以外临时贮存洪水的低洼地区及湖泊等。

洪保护区：指在防洪标准内受防洪工程设施保护的地区。

糙率：指反映边界表面粗糙程度的值。边界表面越粗糙，糙率越大；边界表面越光滑，糙率越小。

农村饮水安全：就是让农村居民能够及时、方便地获得足量、卫生、负担得起的生活饮用水。

农村饮水不安全的主要标准：农村饮用水安全卫生评价指标体系分安全和基本安全两个档次，由水质、水量、方便程度和保证率四项指标组成。四项指标中只要有一项低于安全或基本安全最低值，就不能定为饮用水安全或基本安全。水质：符合国家《生活饮用水卫生标准》要求的为安全；符合《农村实施（生活饮用水标准）准则》要求的为基本安全。水量：每人每天可获得的水量不低于 40~60 升为安全；方便程度:人力取水往返时间不超过 10 分钟为安全;取水往返时间不超过 20 分钟为基本安全。保证率:供水保证率不低于 95% 为安全,不低于 90% 为基本安全。

附录 6 附 表

1949—2022 年长垣县历年水利建设投工表见附表 4。

附表 4 1949—2022 年长垣县历年水利建设投工表

年度	投工数/万个	年度	投工数/万个	年度	投工数/万个
1949	30	1972	42	1995	504
1950	61	1973	206	1996	506
1951	210	1974	224	1997	468
1952	98	1975	240	1998	500
1953	110	1976	200	1999	635
1954	102	1977	650	2000	620
1955	310	1978	130	2001	623
1956	408	1979	210	2002	410
1957	241	1980	110	2003	308
1958	1210	1981	120	2004	
1959	1450	1982	100	2005	68
1960	980	1983	102	2006	36
1961	52	1984	82	2007	28.7
1962	30	1985	100.7	2008	37
1963	145	1986	180	2009	67.1
1964	440	1987	455	2010	147.47
1965	450	1988	308.49	2011	44.16
1966	210	1989	371	2012	140.4
1967	208	1990	450		
1968	200	1991	514.8		
1969	215	1992	662		
1970	380	1993	320		
1971	140	1994	579		

1949—2002 年长垣县历年水利资金投入见附表 5。

2003—2022 年长垣县历年水利资金投入见附表 6。

附表5　1949—2002年长垣县历年水利资金投入表

单位:万元

年度	抗旱经费	防汛经费	以工代赈	小农水	引黄配套	旱涝保收田	节水灌溉	商品粮基地县建设	粮食基地县建设	水土保持	除涝经费	世行配套	其他	合计
1949													2	2
1950													5	5
1951													6	6
1952													12	12
1953													11	11
1954													15	15
1955													26	26
1956													32	32
1957													41	41
1958													90	90
1959													15.3	15.3
1960													38.5	38.5
1961													37.1	37.1
1962													14.97	14.97
1963					255.28									255.28
1964		3	408.34											411.34
1965				1.18										1.18
1966													64	64

续附表 5

年度	抗旱经费	防汛经费	以工代赈	小农水	引黄配套	旱涝保收田	节水灌溉	商品粮基地县建设	粮食基地县建设	水土保持	除涝经费	世行配套	其他	合计
1967													71.39	71.39
1968				35										35
1969			3										87.82	90.82
1970				53.65										53.65
1971				44.04										44.04
1972				35.4										35.4
1973				50.1										50.1
1974				74.7										74.7
1975				28.5										28.5
1976				46.9										46.9
1977	3			80									22.9	105.9
1978	37			20									83.3	140.3
1979	95	20											43.3	158.3
1980	30	1.2		60.6									6.7	98.5
1981	15	30.9		126.9									7.4	180.2
1982	4.5	4		86.8									7.5	102.8
1983	13	39.7		79.6									5.1	137.4
1984	14	30.5		100.6									5.6	150.7

续附表 5

年度	抗旱经费	防汛经费	以工代赈	小农水	引黄配套	旱涝保收田	节水灌溉	商品粮基地县建设	粮食基地县建设	水土保持	除涝经费	世行配套	其他	合计
1985				179.9									9.4	189.3
1986	3			67	153				121.85				11.9	356.75
1987	8								124.50				13	145.5
1988		0.5	11	87					140.86				15	254.36
1989		0.5		46.22	40				134.92				18	239.64
1990				43.4	95				138.81				19	296.21
1991				69.4									22.6	92
1992				31.3								232.9	28.5	292.7
1993				40.5								129.5	33	203
1994				36.2								141.8	40.7	218.7
1995		0.5	7	34.1	3.6	24					13.5		45.2	127.9
1996	6	5	18.5	29.4	50	12					10	45.8	69	195.7
1997	15	8.5	10	6.6		14.5	9				7.5	22	46	139.1
1998		8.2	10	11.4		29	150	237.58		70			46	562.18
1999	14	3.8	10	6.6		29	75	16.21					144.5	355.11
2000	20	5	15	7.6				31.31		70			89.1	231.01
2001	17	23	10	20			150						135	355
2002			10		66	25							192	293
合计	294.5	194.3	502.84	1971.87	366.6	108.5	384	285.1	660.94	140	31	572	1578.78	7230.43

附表6 2003—2022年长垣县历年水利资金投入表

单位:万元

年度	抗旱经费	防汛经费	除涝经费	小农水	灌区节水改造	旱涝保收田	安全饮水	中小河流	引黄调蓄	以工代赈	水土保持	农业水价综合改革	合计
2003					947								
2004	21	14			146.27								
2005	12	22.98			1070.94		252				68		
2006	30	5			600		633						
2007	23	5					880						
2008	12	19.6			2564.64		980						
2009	1789	15	100	435	489.55		2200						
2010		15		1821.5	2671		1920						
2011	910	15		2110	445.60		4570	2650	6875				
2012		8		1830	3762		6210	4121					
2013	391			1000.27			6568						
2014	90						5397						
2015	30			2504.64			5440						
2016		34.7		3606.02			1527						
2017				2158	1290		2185						
2018	20			2600	72		1344		60148				
2019	40	156					1583					147	
2020	65						1688					94	
2021		180					195					94	
2022	130	10					263					72	

后 记

　　《长垣市水利志》的编纂,是在中共长垣市水利局党组的直接领导下完成的。它既是长垣市水利部门的一项系统文化工程,又是水利系统精神文明建设的又一部里程碑式传世成果。

　　长垣县水利志共有三次编纂过程。第一部水利志截至 2002 年 12 月,记录了有史以来至 2002 年 12 月长垣县水利发展历史;第二部水利志截至 2012 年 12 月,续写了 2002 年至 2012 年十年间长垣县水利建设成就,并与第一部志书融汇贯通,合二为一。2022 年初,时任水利局党组书记、局长林振平决定续修水利志,并成立了以林振平为主任委员的《长垣市水利志》编纂委员会,组建了专门续修志书班子,开始续写 2013 年 1 月至 2022 年 12 月十年间水利志。2022 年 6 月,刘振红任长垣市水利局党组书记、局长职务,继续大力支持《长垣市水利志》的编撰工作。水利志编写采取将续志稿与第二部水利志融合的方式,分 3 个步骤推进:一是按章节内容分解到对口科室,完成初稿后交主管副局长进行一审;二是由总编室汇总并进行二审;三是由局长进行三审。2023 年 4 月,续志初稿三审完成。

　　为保证续志质量,2023 年 4 月,长垣市水利志编纂委员会邀请河南省水利厅宣传中心有关专家进行评审。5 月 13 日,在河南省水利厅宣传中心进行了专家评审,参评人员有:河南省水文水资源中心正高王继新、河南省水文水资源中心部长国立杰、河南省委党史和地方史志研究室处长李娟、河南省农村供电总站站长李世军、河南省水文水资源中心编审杨惠淑、长垣市水利局党组成员兼主编甘永福、农村饮水安全项目办公室主任兼副主编张瑞现、质量监督站站长王洪伟。

　　在编纂过程中,查阅了水利局文书档案、技术档案和财会档案资料,收录了《长垣县志》《(明清民国)长垣县志(整理本)》中涉水内容。长垣市黄河河务局、农业农村局、国土资源局、气象局、档案局等都提供了宝贵资料。

　　本志共 82 万字,11 章并附录 6 节,前置概述、大事记,后有后记,按照"纵述历史、横陈现状、古今兼收、以今为主、详今略古"的原则,对旧县志所载水利内容,引用时去伪存真,补漏拾遗;涉水碑文、传记、纪要详实照录;河患、涝灾、旱灾尽力收集,追溯到周代;对 1949—2022 年的水事活动,则实事求是概其全貌,突出特点,减少重复。力求通过本志,将长垣市水利事业的产生、发展及对政治、经济、社会的促进作用,有一个全面而客观的阐述。

　　由于我们学识浅陋,水平有限,水利志稿虽经一再修改,书中难免有疏漏、谬误和不足之处,敬请广大读者批评指正。

编 者

2023 年 7 月 5 日